最新修訂版

◆長踞紐約時報暢銷排行榜◆
◆全美評價最高的懷孕知識聖典◆

懷孕知識百科

What to Expect When You're Expecting

5th Edition

Heidi Murkoff／著
崔宏立‧賴孟怡／譯

笛藤出版

感謝

「獻給艾瑞克，我的摯愛
獻給艾瑪和懷亞特，讓我成為一個母親，以及倫諾克斯，讓我成為一個祖母。
致敬艾琳，《懷孕知識百科》最初也是最重要的夥伴。
你那關懷體貼並且正氣凜然的典範將與世長存；
你將永遠被愛，永遠被銘記於心。
最後獻給天下所有的媽媽，爸爸和嬰兒—
以及所有關心和照顧他們的人。」

除了感謝還是感謝。

終於，又到了另一次付梓成書的時候了。如果寫一本書就像生小孩一樣—至少很多方面是如此（經歷了懷胎孕育，最後感受壓力孩子要出生了，然後試著呼氣吸氣、呼氣吸氣、呼氣吸氣，在分娩最後一刻用力的推擠、推擠、推擠）─那我實在有太多接生人員要感謝了：

首先要感謝的是艾瑞克、艾瑪及懷亞特的爸爸，同時也是孕育這本《懷孕知識百科》的另一半，他讓我成為這個星球上最幸福的女人。他是我全年無休的生活伴侶、我的摯愛、我的工作以及育兒和（最重要的）育孫夥伴。

蘇珊拉佛（Suzanne Rafer），這位幫助我孕育出《懷孕知識百科》以及多到連我都數不清的育兒叢書編輯與朋友，從這本書一開始（包括命名）就一直孜孜不倦地指導、鼓勵並且為我的雙關語、冷笑話審查把關（其實只刪改一點，意思意思而已）。

另外由彼得·沃德曼（Peter Workman）創建的這間房子，不但是我孕育孩子的發源地，更傳承了他所遺留下來的經典傳奇。

在這裡，每個人都為這本書做出了貢獻：珍妮曼德爾 Jenny Mandel），艾蜜莉柯拉斯納（Emily Krasner），蘇西波登（Suzie Bolotin），丹雷洛（Dan Reynolds），佩姬艾德蒙（Page Edmunds），賽琳娜米爾（Selina Meere，潔西卡維納（Jessica Wiener 和莎拉布萊迪（Sarah Brady）。

謝謝馬特·比爾德（Matt Beard）曾在過去幾版為我們設計封面，再一次在封面上呈現 Lennox 成長前後的美麗畫面。（Karen Kuchar）用可愛的插畫呈現栩栩如生的媽媽和寶寶。麗莎·霍蘭德（Lisa Hollander）和沃恩·安德魯斯（Vaughn Andrews）將這本書巧妙地包裝成一個美麗成品，貝絲雷維（Beth Levy），克萊爾麥肯（Claire McKean），芭芭拉佩拉琴（Barbara Peragine）和茱麗葉佩瑪維拉（Julie Primavera），則完勝生產和管理的無縫製作流程。

謝謝查爾斯洛克伍德博士（在《懷孕知識百科》第4和第5版中恰如其分地扮演產科醫生的角色！），是我們陣容堅強的醫療顧問，隨時準備解決媽媽心中的任何疑問（甚至是那些幾乎快被遺忘的問號），提供他豐富的知識、經驗、智慧、關懷和同情心，幫助我們生出健康且健全（一如健全的建議）的這本寶貝。史黛芬尼羅梅洛（Stephanie Roimero）博士提供了精闢完整的見解。浩威曼德（Howie Mandel）博士，則設身處地的傳達護理資訊，同時也感同身受的傳遞給了倫諾克斯。

感謝ACOG美國婦產科學院，不厭其煩的為世界各地的媽媽和嬰兒奔走倡導，以及為世界各地的醫生、助產士、護士、分娩教育者，產婦看護和哺乳顧問，他們真正培育了我們這些產孕相關人員，幫助每個嬰兒提供最初的健康生活，為我們所有人創造最健康的未來。感謝疾病預防控制中心的專家和倡導者—一個熱心致力於全球家庭健康和福祉的組織，特別是關懷那些最脆弱需要幫助的人—為了共同的使命和承諾，成為傳播健康訊息的寶貴夥伴（和預防疾病傳播！）。

其他在媽媽和嬰兒健康方面的合作夥伴以及#BumpDay：國際醫療團隊（internationalmedicalcorps.org），人道救援組織，緊急救難人員和醫療保健培訓師（像是我個人來自南蘇丹的助產士，登狄洛葛雷斯羅西歐Tindilo Grace Losio，又名感謝恩典）。1000Days™，相信健康的未來取決於健康營養的開端，是隸屬於聯合國基金會普世計劃的組織，旨在維護婦女和女孩的生育權利，並且積極提供健康和福祉保障。

謝謝我們的特殊分娩合作夥伴，USO以及來自世界各地令人驚喜的媽媽軍隊們，那些我有幸擁抱亦或是還沒有機會擁抱的（未來有更多的擁抱！）。

謝謝令人敬畏的懷孕知識百科網站團隊（WhatToExpect.com），由麥可羅斯（Michael Rose），黛安奧圖（Diane Otter）和凱漢非茲（Kyle Humphries）領導，他們無窮無盡的精力、熱忱、創新、誠信、創造力、信念、熱情和共同目標（以及相信紫色的力量）。

最後謝謝靈感和愛的來源，我們美麗的「孩子們」：懷亞特（Wyatt），艾瑪（Emma）和拉塞爾（Russell），當然還有倫諾克斯（Lennox）。豪伍德艾森伯（Howard Eisenberg），艾比和諾門默克夫（Abby and Norm Murkoff），維特沙蓋和克雷格帕斯考（Victor Shargai and Craig Pascal）。

BABY

目次

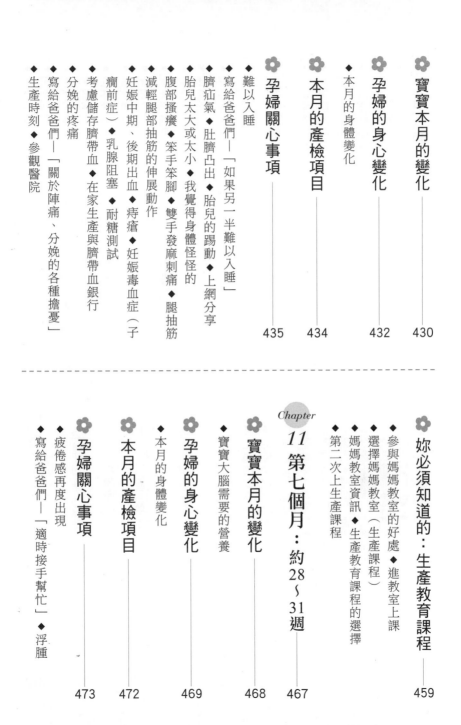

寫在第五版 前言

—查爾斯・J・洛克伍德 醫學博士
（Charles J.Lockwood, MD）
婦產科及公共衛生教授・
南佛羅里達大學 摩薩尼醫學院院長

本書為《懷孕知識百科》的第五版。同樣完美結合體貼與實用性，持續帶給準媽媽們（及他們的伴侶）最準確的新資訊與實際的醫療建議。多年來我推薦這本書的原因除了其內容豐富完整，更因為它針對準媽媽們的疑惑，提供許多來自醫師、醫護人員的專業建議。本書不僅內容睿智幽默、透徹實際，更富有經驗與熱情，有條理且設身處地的提供實用資訊，其中更囊括了恰到好處的細節，提供所有準父母皆會面臨到的關鍵問題，包括飲食和營養，運動和心理健康的建議，均極有助益。內容針對生產的細節進行諸多討論，也符合我對作者海蒂(Heidi)期望的高標準。令人興奮的是，此次新版在每章新增許多專門給準爸爸的建議，強調爸爸是懷孕中不可或缺重要的一環。

簡而言之，這本書充滿了最新的醫學、遺傳學和婦產學的資訊，並且以清晰易懂、饒富趣味的方式完整呈現。身為一名高職業風險的產科醫生，擁有接生數千名新生兒的經驗，常常面臨複雜的生產醫療狀況，我非常清楚讓病患全然了解資訊，是通往成功醫療結果的基石。這本書恰好提供這些準父母們所急需了解的資訊，意料之中，這本《懷孕知識百科》也已經成為其他懷孕書籍的標竿。

現在你可以翹腳，好好享受閱讀本書的樂趣了。

祝您有個愉快的孕途。

第五版 序言

你或許已經知道這本《懷孕知識百科》是怎麼來的？（不好意思～我說過很多次了）它是如何構思孕育的？是的，這正是它發生的原因。因為我懷孕而給我靈感構思這本書。只是，這兩者是我連做夢也想不到會發生的意外。

首先，寶寶這個意外。完全是個「哎呀！」意外懷孕—就是艾瑞克和我結婚僅僅3個月之後，哎呀……我懷孕了。但懷孕這件事我完全毫無頭緒。對於自己怎麼受孕一無所知（除了基本的生物學—這個我知道，但那時十分確信自己不會懷孕）對於接下來應該怎麼做也毫無方向手足無措。於是我開始從書中找資料（這是在網路搜索引擎發明之前的唯一方法）來回答我的問題，解除我的疑惑，找到一雙可以指引的手，一個可以倚靠的肩膀，一種安定安心的聲音來帶領我和艾瑞克一起走過這令人興奮但困惑的懷孕旅程。我仔細閱讀反覆咀嚼，但就是無法找到我們急切需要知道的懷孕相關資訊。正因為寶貝艾瑪，我心裡暗暗決定寫一本書。而就在我即將臨盆的前兩個小時，提出了這本《懷孕知識百科》的計劃大綱。

其餘的就是老生常談的歷史故事了，雖然歷史不會被重寫（或至少不應該被重寫），但懷孕生產資訊卻應該要被更新審視。雖然關於懷孕的科學事實不會改變（例如它仍然是懷胎九月，而你仍然會變得臃腫、不安和便秘），但其餘的懷孕知識確實需要與時俱進不斷的修正。

除了這些變化，還有來自網路上及世界各地爸爸媽媽們所提供的寶貴意見，再一次，我又交付了這第五版的《懷孕知識百科》。

這第五版有什麼新內容？非常多。從封面到封底（後面會提到更多關於封面的故事）。你會在書中找到新的「爸爸專欄」框框，這些框框代表了爸爸在一連串懷孕、分娩和養育過程中，所肩負的特殊角色及其獨特性（還包含了其他非父親角色的伴侶）。所有醫療學理已完全涵括更新，當然也包括最新的產前篩查和診斷，懷孕期間藥物的安全性（包括抗憂鬱藥），臍帶血銀行選擇，補充和替代治療方法，以及關於產後節育的全新章節，都在這第五版的《懷孕知識百科》。生活消費新知也包含在內：從性別揭示到給新媽媽禮物，從咖啡癮重症到啜飲一小杯酒，從電子香煙到吸大麻菸草，以及過度沈迷於網路社交媒體等等。

懷孕期間所攝取的食物清單正急速的擴張多樣化，包括生食和原始飲食，蔬果榨汁，牧草飼養肉品，有機食品和健康食品（以及所謂的超級營養食品），基因改造食品—甚至為什麼吃花生和堅果可以幫助寶寶避免過敏體質。還包括懷孕期間的環境綠化，包括如何避免酚甲烷（BPA）和鄰苯二甲酸鹽（phthalates）。還有皮膚護理，頭髮護理，化妝品和化妝品用法，以及水療按摩護理指南。對於懷孕即將臨盆的準父母來說，這大量的建議資訊還包括：多胎，連續懷孕（包括在哺母乳期間又懷孕）。試管懷孕，減肥手術後立即懷孕。還有更多的分娩選擇：水中分娩和在家分娩，延遲鉗夾臍帶，剖腹產後自然生產（VBAC）和溫和式剖腹產，緩慢自然分娩和自由體位分娩方式。

還記得前面提到的封面故事嗎？嗯，你會發現一些特別的驚喜：封面是懷孕的艾瑪，這位讓這本書開始的嬰兒懷上了她的第一個孩子（和我們的第一個孫子），倫諾克斯。

這些是我期待本書之外，連做夢都沒有想到的驚喜。

願你所有偉大的期望成真，好孕連連！

大大的擁抱！

heidi

✿ 關於《懷孕知識百科基金會》

每個媽咪都應該享有一段健全的懷孕旅程，安全的分娩以及健康快樂的寶寶。

這也是為什麼我們設立《懷孕知識百科基金會 The What to Expect Foundation》的初衷。這是一個致力於實現這個使命的非營利組織，希望幫助全世界有需要的媽媽和寶貝們。這個基金會的內容包括：懷孕知識寶典計畫，為軍人準媽媽提供的產前派對快遞服務（與美國聯合組織協會 USO 合作），以及全球助產士培訓計劃（與國際醫療協會合作）。想瞭解更多資訊及加入志工行列的方法，請上我們的網站瞭解更多訊息 whattoexpect.org。

PART 1

基本知識

- 妳懷孕了嗎？
- 各項懷孕指標
- 孕期的生活習慣
- 妊娠時期的飲食法

CHAPTER

1

妳懷孕了嗎？

或許只是慢了一天，又或者是慢了三週，
也許還不到經期該來的時間，妳卻覺得肚子裡熱熱的，
但是妳有預感（基本上眞的是憑直覺），
好像有東西在發酵中，有可能唯一懷孕的徵兆只是月經沒來而已，
或是全部的徵兆都出現了。
妳可能已經努力了六個月，
甚至更久；或者兩週前的那晚，
是你們第一次沒有避孕；又或許，
妳根本就沒有打算生孩子。
不管讓妳翻開這本書的理由爲何，
妳內心一定充滿狐疑：我懷孕了嗎？
不妨繼續讀下去，
把答案找出來。

妳所關心的事

初期的懷孕徵兆

「月經時間都還沒到呢，但我已經覺得自己懷孕了。這有沒有可能呢？」

在初期唯一能夠證實陽性反應的方式，就是驗孕試紙出現兩條線。但那不代表你的身體對於要當媽這件事毫無反應。事實上，會出現很多受孕跡象。雖然很多人在懷孕初期根本沒有任何感覺（或是要好幾週之後才有），也有不少

人在早期就出現各種跡象，心裡清楚有個寶寶正在肚裡成長。若是感覺或發現到以下任何症狀，就可以去藥妝店買驗孕棒了：

乳房及乳頭刺痛～記得月經要來的前幾天，胸部會有點刺痛嗎？要是和受孕後的感覺比起來，這只不過是小巫見大巫。一旦精子遇上卵子，許多婦女（但並非全部）第一個感覺就是胸部變柔軟、飽滿、刺痛、敏感，甚至一碰就疼。刺痛的現象可能在受精後沒幾天就出現（不過通常要幾個星期後才會發生），而且隨著孕期進展，會越來越明顯，胸部越來越飽滿的情況也會更明顯。

要怎麼分辨這是經前症候群還是懷孕的症狀呢？通常，根本沒法立刻看得出來——只能再猜猜看吧。

乳暈發黑～不僅胸部會刺痛，乳暈顏色也會變深——這現象通常並不會在經前發生。甚至，乳暈的直徑也會變大。乳暈和身體其它部位的膚色改變，妳可能得拜賜於各種妊娠激素的分泌（接下來幾個月，還會有更多荷爾蒙變化）。

雞皮疙瘩～在這之前，妳可能根本沒注意過有這些疙瘩，不過一旦尺寸和數量增多（懷孕初期通常就會發生），很難會被錯過。這些疙瘩稱為蒙氏結節（Montgomery's tubercles），其實是一些腺體，會分泌油脂滋潤乳頭及乳暈；當寶寶開始吸吮的時候，會很需要這種滋潤作用的保護。這是身體正在預做準備的另一徵兆——事實上是有點太早了些。

滲血～多達30％的新手孕婦會在胚胎著床時輕微出血。著床性出血會比月經來得早一些，通常在受孕後六至十二天左右，顏色大概是淡粉紅至淺粉紅，很少會像月經一樣呈現紅色。

疲勞～異常的累，完全沒有力氣，只想躺著。不管妳怎麼形容，只能說真是拖著一個行動緩慢的身體。妳的身體開始要成為一台嬰兒製造機，未來還有更多不適等著妳呢。詳情可參考206頁。

頻尿～最近是否幾乎將馬桶當作妳的座椅了？最近是不是常上洗手間？頻尿的現象很早就會出現，通常是受孕後兩至三週就開始。想知道是什麼原因造成的嗎？請參考218頁，會有完整的解答。

害喜～這裡還有另一個原因會讓妳成為化妝室的常客，而且至少要等到妊娠初期結束才會緩和下來。懷孕造成的噁心、嘔吐，也就是所謂的害喜，可能在受孕後沒多久就出現，不過大都在第六週時開始，不拘什麼時候都有可能。詳情請參考209頁。

嗅覺敏感～有些剛懷孕的婦女表示，第一個出現的身體變化，就是嗅覺變得十分敏銳。如果妳突然覺得聞到更多事物，別人卻聞不到，說不定就是受孕了。

腹部鼓脹～懷孕初期，是否感覺自己是一個漂浮的走路機器呢？腹部可能就會出現脹脹的感覺，而且越來越明顯，不過這種現象很難和月經來之前的鼓脹感區分，但是這不是因為小寶寶長大了，而其實只是荷爾蒙作祟而已。

體溫升高～如果妳一直在使用基礎體溫計記錄每日晨間體溫，可能會發現受孕後基礎體溫會上升約攝氏半度，而且整個妊娠期都維持於此。雖然這徵兆並不是百分之百準確，因為還有許多其他因素會使得體溫升高，卻可以提早得到通知，可能要有好消息了。

月經沒來～妳可能覺得這沒什麼好說的，但是如果月經該來卻沒來，特別是那些月經像時鐘一樣準時報到的人，不用等到驗孕，大概早就在懷疑是不是懷孕了。

懷孕診斷

「有什麼方法可以確定自己懷孕了？」

除了先進的診斷工具，婦女本身的直覺也很準的。有些女性在受孕後沒多久就能「感覺到」自己懷孕了。不過，若要準確驗孕，還是得訴諸現代醫學。還好，有許多辦法，可以確定自己是否有喜了。

家用驗孕棒～這個方法非常簡單，只需花三秒鐘尿尿就完成了，還可以在自家的浴室或廁所進行，既隱密又舒適。驗孕棒或驗孕試紙不僅快速，還很準確，有些廠牌甚至在月經週期之前就可以測試，當然，越靠近月經預定日期的話會越準確。

驗孕棒或驗孕試紙，都是測量尿液中的人類絨毛膜促性腺激素（hCG）來作判斷，這是胎盤分泌的妊娠激素。受精後約六至十二天，胚胎會在子宮中著床，幾乎立即就會分泌 hCG 進入妳的血流和尿液中。只要尿液裡測出 hCG，理論上就是懷孕了。驗孕棒的靈敏度雖然很高，早期使用仍會有限制。受孕一週後尿液中就已經有 hCG，但濃度還不夠高能讓驗孕棒測出來；也就是說，如果是在月經預定日的前七天做檢驗，即使已經懷有身孕，但是驗孕棒仍舊會是乾淨的一條線。

在家驗孕須知

驗孕棒大概是最簡單的檢驗方式了！妳用不著研究透徹，只要詳閱包裝上的指示照著做即可。就算是之前用過也得看仔細，因為各家廠牌都不太一樣。請別忘了以下幾點：

- 不一定要起床後的第一泡尿。什麼時候驗都可以。
- 大部分的產品都希望妳是用中段尿液進行檢驗，如果妳還不會這招，不妨趁現在練習，因為之後每月產檢驗尿時都會用到：先尿一到兩秒後憋住，接著把試紙或尿杯就定位，取得所需尿液。
- 不管多麼模糊，只要驗出有反應，就表示妳的體內含有 hCG。恭喜，妳懷孕了！如果結果並非陽性，月經卻一直沒來，可考慮等上幾天再做一次。有可能是時候還太早。

等不及要使用驗孕棒了嗎？有些產品號稱能在月經預定日前四、五天測量，準確率可達六成至七成五。生性不喜歡冒險？那就等月經遲到後再測，驗孕結果可達99％準確度。不管妳決定何時驗孕，好消息是偽陽性要比偽陰性少得多，也就是說，如果測出二條線，那就八九不離十了。（如果妳最近接受過懷孕治療，那就另當別論了，請參考009頁）

有些家用驗孕棒不僅可以跟妳說是否懷孕了，還能顯示差不多過了幾週；在「懷孕」旁邊還呈現出估計週數：卵受精之後過了1至2週、2至3週，或者超過3週。這只是個「近似大概」，請不要用來計算正式的預產期。市面上還有一種家用驗孕棒商品，可和手機程式相容。

不管妳用的是哪一種家用驗孕棒（從簡單實用型到高科技商品都行），妳都能夠在懷孕很早期就得到正確的診斷，這讓妳有機會在受孕之後幾天，就開始好好照顧自己。不論如何，後續的醫療追蹤是不可或缺的。出現二條線後，就該和醫師連絡，約好時間做第一次產前檢查。

變化難測的月經週期

月經是不是不太規律，難以預測？這會造成驗孕時的困擾。要是不知月經哪天來，怎麼有辦法剛好在那天驗孕？這時最佳的驗孕策略就是以最近六個月內最長的那次經期為準（最好是用手機程式追踪），多等幾天再驗。若結果是陰性，但月經依然沒有來，一週後再驗一次（要是真的按耐不住，至少再多等幾天）。

血液檢驗～這項更精準的檢驗，受孕後一週便可以利用幾滴血液測試，準確度近乎百分之百。由於血液中的hCG值會隨著懷孕的進展而攀升（關於hCG濃度，請參考228頁），所以藉著測量血液內 hCG 數值，也有助於追蹤受孕日期。為了交叉確認，醫生大多會採行尿液和血液兩項檢驗。

醫療檢查～醫生會檢查各項孕徵，像是子宮變大、陰道及子宮頸的顏色改變或是子宮頸的組織變化，這些都能證實是否懷孕。但是因為驗孕棒以及血液檢查已相當準確，醫療檢查就顯得較無關緊要。不過初次產檢以及定期產檢，仍舊非常重要（請參考012頁）。

驗孕和助孕醫療

每位滿心期待的待孕婦女都坐立難安（幾乎以馬桶椅為友），等待最後終於能用驗孕試紙，證實自己真的懷了孩子。不過，如果妳正接受助孕醫療，等待驗孕結果更加令人緊張萬分，要是被交待不要用驗孕試紙，而必須忍耐等到可以驗血再說，這更為煎熬。依據就診機構不同，可能是再移植胚胎之後的一到兩星期。不過，大多數助孕機構會這麼指示，當然有它的道理：接受助孕治療的人使用一般驗孕試紙，結果並不可靠。那是因為家用驗孕試紙所要測的 hCG 常用於助孕治療，來刺激排卵，所以就算是沒有懷孕，依然可能殘留在妳體內（並且出現於尿液當中）。

通常，助孕專家所做的第一次驗血結果若是陽性，會在兩、三天之後再做一次。為什麼要再三驗血？醫師要看的不僅是你體內有 hCG，還要確定 hCG 濃度至少增加三分之二（表示到目前一切進行的很順利）。如果有增加，會要求過了兩、三天之後再驗一次，這時 hCG 濃度又要增加三分之二才行。驗血的時候也會測其他賀爾蒙，像是黃體素以及助孕素，它們的濃度足以維持妊娠狀態。如果三次驗血結果都指出懷孕跡象，就要在孕期第5至8週安排超音波檢查，看看心跳和消化腔的狀況（請參考262頁）。

很淡的二條線

「我用了便宜陽春的驗孕棒而非數位化的自己測，出現淡淡的二條線，我懷孕了嗎？」

尿液中hCG的濃度要夠，驗孕棒才會出現二條線；尿液中會有hCG，唯有懷孕才辨得到（除非妳正在接受懷孕治療）。也就是說，如果出現二條線，不管線條顏色多淺多淡，就是懷孕了。

至於為什麼線條很淡，而不是清楚明白的一條直線，這取決於產品靈敏度。想知道驗孕棒的靈敏度如何，看看包裝上怎麼寫。找出所標示的每升多少百萬國際單位（mIU/L）數值，就曉得它的靈敏度了。數字越小越好，（20 mIU/L的產品會比50 mIU/L的試劑更早測到懷孕）。妳可能猜到了，通常價錢較貴的驗孕棒靈敏度會比較高。

同時也別忘了，受孕越久hCG濃度也就越高。若是在懷孕極初期檢測（例如預定月經日的前幾天或是後幾天），可能體內沒有足夠的hCG可以驗到明白的二條線。多等幾天再測一次，保證能一掃妳心中的疑惑。

二條線只出現一次

「第一次驗孕有二條線，幾天後再測卻不見了，然後月經就來了。這是怎麼回事？」

很可惜，大概是遇到所謂的化學性懷孕，卵子已經受精，但由於某種因素沒有辦法完成著床。結果就像是月經來潮而沒能繼續懷孕。雖然專家估計受孕後約有70%會成為化學性懷孕，這種時候大多數婦女並不自知已經受孕（當然是指自行驗孕前，懷孕徵兆要之後一陣子才會出現）。化學性懷孕的唯一跡象，往往只有極早期的陽性驗孕反應和月經晚到（晚了幾天至幾週）；若要說太早驗孕有何缺點，就是指這種狀況，妳一定也曾遇過。

醫學上來說，化學性懷孕比較像是不曾懷孕的月經週期，而不是真正流產。對於像妳一樣在早期驗出二條線的人來說，感受卻又大不相同。雖然以技術層面來說絕非流產，期望落空對夫妻倆一樣令人喪氣。請參考第20章，將會談到關於如何面對流產的情況，或許有助於調整心情。別忘了，妳如果曾經一度受孕，應該很快又會再次受孕，接下來的就是迎接健康順利的妊娠經驗，以幸福愉快的結局收場。

再接再厲

如果後來結果是這次並沒有懷孕，但妳很想趕快有小寶寶。請運用《*What to Expect Before You're Expecting*》列出的步驟，開始好好在受孕前階段作準備。開始嘗試受孕前如果能用良好孕前準備，有助於確保卵子和精子相遇時能有最佳懷孕機會。再者，你還可以讀到一大堆如何增進受孕機率，加速受孕的各種建議。

驗孕結果為陰性

「我的月經遲了，而且覺得很像懷孕，但是驗了三次結果都是陰性。該怎麼辦？」

如果有早期孕徵，並且自認懷孕了，那麼不論有沒有驗孕或檢查（就算驗了三次也一樣），在確認沒有懷孕以前，一切行為舉止都要以「有孕在身」來看待（開始服用產前的維生素、別碰酒精飲料、戒菸、注意飲食……）。即使是最好的驗孕棒產品也有可能出錯，出現偽陰性反應，尤其是在受孕早期。孕婦對自己的身體最了解，勝過驗孕棒上的驗尿結果。一週後再測，看看是妳的直覺還是驗孕棒比較準確，目前要做出正確的診斷恐怕還言之過早。或是直接請醫生抽血檢驗，驗血的 hCG 靈敏度會比尿液高。

也可能所有早期懷孕的徵兆和症狀都出現了，結果卻沒有懷孕。畢竟這些孕徵並不能視為懷孕的絕對證據。若後續驗孕持續為陰性，但是月經依然沒來，一定要去看醫生找出原因（比如說，荷爾蒙不平衡）。要是連以上情形也排除了，那「懷孕」可能是心理因素的影響。有時候人的心理會對身體產生難以想像的作用，甚至不曾受孕也會出現妊娠徵兆，這可能是迫切想懷孕，或是強烈排斥受孕使然。

預約第一次產檢

「我在家驗孕的結果是陽性，什麼時候該找醫生作第一次產檢呢？」

孕育健康寶寶的過程中，良好的胎兒期照顧是最重要的，所以不要拖延！只要一懷疑自己可能有身孕，或是在家驗出兩條線，就可以打電話預約看診時間。多快才能排到就診時間，取決於診所的看診流量和制度。有的醫生可以馬上為妳安排，可是非常忙碌的診所，可能要等上幾週、甚至更長的時間都排不上呢。也有診所規定要等到懷孕六至八周才能進行第一次產檢，不過有些診所在妳懷疑自己是否懷孕，或是驗孕驗出兩條線時，會讓妳就診確認是否真的懷孕。

不過就算診所的產前照護會拖到第六至八

周，不表示自己對本身以及寶寶的照顧也要因此順延。不論何時才能排到看診時間，只要驗出兩條線，都要以孕婦的標準來照顧自己；許多基本的妳大概都已經很熟悉了，要是對於孕期有什麼特殊的疑問，儘管打電話去問，甚至可以先拿一份懷孕媽媽須知（很多診所都會提供，裡面有各種建議，像是什麼該吃、什麼不該吃，產前維生素攝取，可服用的安全藥物清單等等），可稍微填補這段時間。當然，本書也會提供很多相關建議。

若是屬低風險妊娠，並不需要早早去做第一次產檢。只是等待讓人心急，如果乾著急讓妳很焦慮，或是覺得自己可能屬於高危險群（譬如說，患有慢性病或者之前曾經流產），可向診所詢問，可否早點進行初次產檢。（有關第一次產檢的更多資料，請參考199頁。）

預產期

「我剛用驗孕測出陽性反應。要怎麼算預產期呢？」

一旦確知這個大消息，就可以拿月曆來把預定生產的那個大日子圈起來。不過等等，哪天才是預產期啊？是不是從今日起算9個月？或是從可能的受孕日起算？或許該加40週？那要從哪天加上40週？你才發現有了身孕，馬上就被搞得胡里胡塗。到底寶寶哪一天才會來報到？

深吸一口氣，準備好來上算術課囉。為方便（因為你得要有點概念好做準備），也為習慣（因為要有個參考基準用來測量寶寶的成長發育，這十分重要），一次孕程是以40週來計算，即使說，只有約百分之三十的孕期是剛好40週。事實上，39～41週都被認為算是足月妊娠（39週的寶寶並不算「早」，41週生也不算「遲」）。

不過接下來就更令人困擾了。懷孕40週並不是從寶寶受孕那天或那晚開始算，要以最後一次月經的第一日為準（或稱LMP）。為什麼要在精子與卵子都還沒相遇的時候就開始起算呢，甚至連卵都還沒從卵巢釋出？LMP只不過是個可靠好用的日子。再怎麼說，即使妳對於哪天排卵有十足把握（就因為妳是子宮內膜行家，或是排卵預測專業），而且絕對確定是哪天做愛，恐怕還是沒法精確得指出精卵相遇那刻，也就是所謂受精日。這是因為精子通過陰道之後，可以待上3至5天等卵子成熟，而卵排出之後最多要花上24小時才會成熟，這段時間其實比妳想像的還要長。

正因如此，別用什麼難以確定的受孕日來起算孕期，要用確實可靠的LMP，通常的月經週期就會是寶寶受孕之前2週。這就表示，卵子和精子真正相遇之際，已算是40週的第2週，而月經沒來已是第4週了。而且最後總算來到第40週的時候，胎兒才養了38週。

還是搞不清楚這個算法嗎？這也沒什麼稀奇，這本來就很容易令人混淆。還好，妳用不著完全明瞭，就可以拿來運用。要算出「預產期（EDD）」，學理上的預估，只需依此方式計算：最後那次月經週期的第一天減去三個月，然後再加上七天——就是預產期。舉例來說，假設妳最後一次月經是從四月十二日開始的，那麼往回倒算三個月，再加上7天，預產期就是元月19日。一點都不想做算術是嗎？根本沒那必要。只要把你上一次來月經的日期輸入「懷孕知識百科」app，答案就出來啦！預產期已幫妳算好，而且還會知道是在孕程第幾週，並且開始每週倒數。

可別忘了，如果妳的經期不規律，這套公式可能就很難適用。而且，就算妳的經期十分規律，醫生也可能會給一個日期，但卻和app用LMP算法得到的結果不同。這是因為預估生產日最準確的方式，要用超音波，通常是在差不多6到9週的時候實施，可準確測量胚胎或胎兒的大小（懷孕第一期之後所做的超音波測量沒那麼準）。

雖然多數醫生會用超音波加上LMP的方式來為妳定出正式的日期，也還有些其他身體變化徵兆可用來當作後備，包括子宮的大小、子宮底高度（子宮頂端的位置，第一階段之後的產檢每回都會測量，20週左右，會抵達肚臍部位）。

所有這些線索是否都指向同一天？請記住，就算是最準確的預產期也不過是個估計值。只有寶寶最清楚自己的生日在哪一天…只不過，寶寶是不會告訴妳的。

妳必須知道的：選擇醫護人員並攜手合作

大家都知道，孕育寶寶需要兩個人的努力，但要安全又成功地讓受精卵發育成長到順利出生，至少要仰賴三個人的合作——準父母和專業醫療人士。假設妳和另一半已經完成了受孕

工作，接下來要面臨的挑戰便是挑選懷孕小組的第三名成員，並且要確定這位中選的人能與妳相處愉快，一起努力。

產科醫師？家庭醫生？助產士？

想要找到最佳醫護人員，幫助妳度過妊娠期並順利生產，要從哪裡著手？首先，妳得先認清，究竟哪一種專業醫療最能迎合妳的需求。

產科醫師～想要找一位受過專門訓練，可以處理妊娠的大小事，包括孕期、陣痛、分娩和產後期照顧……，從最簡單的問題到最棘手的疑難雜症？那麼，妳要找的應該是產科醫師。產科醫師不僅能提供完整的產科醫療服務，同時也兼顧非孕期的女性健康需求（子宮頸抹片檢查、避孕、乳房檢查等等）。有的甚至也提供一般的醫療服務，所以也可以做妳的家庭醫生。

要是屬於高危險群妊娠，那就更應該要找個產科醫師了，甚至要尋求專家中的專家，專門研究高危險群妊娠，學有專精，而且對母親與胎兒的醫療領有證照的產科醫師。除了標準的4年婦產科住院醫師訓練，這類醫師另外多花3年時間受訓，來可照顧高風險孕婦。如果妳是在受孕專家協助之下懷孕，或許可以和同一位醫師合作開始之後的孕期照護，然後「畢業」去找位普通的婦產科醫生或助產士（通常是快接近第一階段末，不過也可能早些）——或者，如果妳的狀況成為高風險一族，就得找母嬰醫療專家。

超過百分之九十的婦女會選一位產科醫師負責。如果妳有自己喜歡且敬重的婦產科醫師，在婦科方面的診療也讓妳十分自在，那麼懷孕以後，應該沒有理由另尋高明。要是之前常看的婦科醫師不做產科，或者妳並不確定目前的醫生是否能夠在孕期或在生產時提供良好照護，現在正是開始物色的好時機。

家庭醫生～家庭醫生可提供一條龍全包式的醫療服務。家庭醫生和產科醫師不一樣，產科醫師在醫學院畢業後的訓練中只涉及婦女的生殖和一般醫療及手術，而家庭醫生在取得醫師資格以後，還要接受家庭醫學照顧、育幼照顧和小兒科的訓練。要是決定找家庭醫生，那麼這位家庭醫生便可以是妳的內科醫師和婦產科醫師，等寶寶出生後，還可以是妳的小兒科醫師。理想上，家庭醫生會非常熟悉妳們全家的健康史，關心妳的整體健康，而不單單只是妊娠狀況而已。如果出現妊娠併發症，家庭醫生會將妳轉診給產科醫師，可是依然會參與醫療照顧，讓妳安心。

上網找答案

當然要去看看懷孕網站和app，可是要當心找，小心搜尋。妳得要明白，千萬不可以讀到什麼就信以為真，尤其是網路上的東西，更得當心社交網站。在妳考慮依照谷歌博士，網路的指示之前，一定要去找有牌照的醫療人員尋求第二意見——他們通常是最佳的懷孕情報來源，尤其是針對妳個人的懷孕狀況。

合格助產護理師～如果希望醫護人員重視的是妳，而非把妳視為患者，除了檢查身體狀況，還願意花時間和妳面對情緒困擾、分享飲食建議和哺乳協助，而且對於輔助和另類療法以及其他多源的生產方式抱持開放態度，並強力支持不需醫療介入的生產，那這樣的助產護理師大致上就是最適當的人選了（當然還是有許多醫師符合這樣的需求）。

助產護理師是專業的醫療人員，具有合格臨床護理師或者護理學學士的資格，還通過碩士級的助產士訓練課程，並經由美國助產護理學院授予證書。助產護理師受過完整訓練，照料低危險群的孕婦，並能應付沒有併發症的接生工作。在有些情況下，助產護理師會繼續提供例行的婦科服務，有時更提供新生兒的照料服務。大部分的助產士都在醫院或是生產中心服務，也有提供到府接生的服務。助產護理師主持的生產，百分之九十五是在醫院或生產中心。雖然美國各州多半允許助產護理師，可以提供止痛藥，也能開催生劑，可是助產護理師很少會涉及醫療介入。平均來說，助產士經手的產婦，其剖腹產（由合作的產科醫生來做）機率要比醫師經手者低得多，而且前胎剖腹後還能自然產的成功機會更高。這有一部分是由於他們比較不會訴諸非必要的醫療介入，另一部分是因為他們只負責照顧低風險孕婦，較不會到最後需要剖腹產。據研究顯示，以低危險群妊娠來說，由助產士接生，是和醫師接生一樣安全。如果妳得要全額或部分自費，還有一點可別忘了：請助產護理師來做產前照護，費用通常要比產科醫師便宜。

要是選擇助產護理師（大約9%的孕婦會做這樣的抉擇），務必要挑選合格且領有證照（美國五十州都可以核發助產護理師證照）。大多數助產護理師都有一位醫師做為後援，以處理妊娠併發症；有的是與醫師聯合開業，或是和多位醫師組成的團體配合。關於助產護理師的更多資訊，請上網查詢 midwife.org。

直接入門的助產士～這類助產士的訓練，針對不是由護士學校出身的人所進行，不過他們也有可能持有其他的醫療相關領域的學位。直接入門的助產士要比助產護理師更可能到府接生，也有人會待在生產中心為小孩接生。經過北美助產士註冊處（NARM）評鑑並發給證書，稱為合格專業助產士（CPM）；其他的直接入門助產士則未領有合格證書。美國有幾州也會發給直接入行助產士執照，但是卻在其他州不能合法執業。重要的是，妳得曉得合格專業助產士所受訓練不符合多數的國際標準，有很多人在其他已開發國家沒法成為合格助產士。美國這邊由助產士負責的生產不到百分之一的一半。欲知更多相關訊息，可聯絡北美助產士聯合會（Midwives Alliance of North America）：mana.org。

產房的專業分工

如果你生產那天，負責產科醫師不在，那可怎麼辦？有些產科醫師和醫院會去找產房醫師（laborist）——這類的產科醫師(OBS)完全只待在醫院裡（所以亦被稱產科駐診醫師〔hospitalist〕），只管負責照顧分娩、接生小寶寶。這些產房醫師沒有個人診間，也不會在整個妊娠期間照顧孕婦的狀況，但如果妳的產科醫師沒法趕過來的時候（也許去度假或參加會議了），會在場協助妳把寶寶生出來。

若妳的醫生說，分娩時會有位產房醫師負責，先請問主治醫生，之前是否曾和這位產房醫師密切合作，還要問清楚兩人的理念和手法是否相似。妳可能會想先去拜訪一下醫院，詢問是否能在入院待產前先了解工作人員的資訊，分娩時才不會由完全陌生的人負責照顧。如果妳有準備生產計劃的話（請參考491頁），到醫院的時候一定要有一份在手邊，這麼一來不管由誰接手，即使和妳沒有很熟，仍能理解妳對這次生產有何期待。

若是對於這種安排感到不舒服，或許可以考慮更換醫師，寧可早換也不要拖延。不過，如果本來就是由多位醫師集體執業，那位「常看」的醫師很有可能在妳要臨盆當天剛好排休。

要記得，產房醫師是輪流排班，用不著二十四小時待命，所以他們休息充足。而且，他們專管接生，經驗豐富，能夠提供孕婦分娩時的最佳照顧。

執業方式

已經想好要找產科醫師、家庭醫生或助產士了嗎？接下來，該決定哪種醫療執業方式最能滿足妳的需求。最常見的執業方式，以及其中的可能優缺點如下：

單獨執業～想找一名獨一無二的醫生嗎？那妳可能要找的是單獨執業者——妳挑的這位醫生獨自作業，當他（她）不在的時候，會另請其他醫生來接替代理。產科醫師或家庭醫生可能會採取這種方式；而在美國各州幾乎都要求助產護理師都必須和一位醫師聯合執業才行。單獨執業的最大好處在於，妳每次去看的都是同一位醫師，這麼一來，妳對這位醫師會越來越熟悉，分娩時感覺也會更為自在。妳得到的建議也會連貫，不會因為見到抱持不同理念（有時甚至還會彼此矛盾）的不同醫師，經常被混淆。單獨執業最大的缺點在於如果分娩那天（或那晚）醫生出遠門、生病或沒法趕到，就必須由陌生的醫師來幫妳接生，有時會請產房醫師，詳見框中的說明。如果孕程過到了一半，妳才發現並不怎麼喜歡這位獨一無二的醫師，那也會遇到麻煩。要是發生了這種情形，並且決定更換醫師的話，則必須重新物色能符合孕婦需求的醫護人員。

合夥或集體執業～這種執業型態，就是聯合兩個或更多位醫師在同一個專科診所，以輪班的方式為病人診療（通常會是固定的醫師看診，直到後期必須要每周去診所報到，才會遇見不同醫師）。同樣的，產科醫師與家庭醫生都可能採取這種執業方式。這種型態的好處，就是每次由不同的醫師看診，妳會認識診所裡所有的醫師，生產開始時，會有熟悉的面孔在分娩室裡陪著妳。缺點則是妳不見得喜歡每位醫生的看診方式，而且通常無法指定接生醫生。要聽取每位醫生的不同看法也是有好有壞，妳可能會覺得更安心，也可能被搞得頭昏腦脹。

結合式執業～包括一個以上產科醫師以及一個以上助產護理師的集體執業，就被視為結合式執業。優缺點和集體執業類似，額外的優點在於有時候是由助產士看診，可以獲得較多時間和關注，有時是由受過密集訓練的專業醫師看診，會提供更多醫療上的實用知識。妳可以選擇助產士來指導分娩，萬一有突發狀況時，也有認識的醫師可以就近處理。

產婦中心或生產中心～這一類執業方式是由合格的助產士提供主要的妊娠照顧，醫師則在有必要時隨傳隨到。有些產婦中心是附設在醫院裡，備有特別的產房，也有的是獨立機構。所有的產婦中心只能照顧低危險群的孕婦。

對於偏好合格助產護理師的孕婦來說，這種執業型態的優點真是顯而易見。那一個可能相當重大的好處在於支出：合格助產護理師和產婦中心通常要比產科醫師和醫師來得便宜。這會是個關鍵考量，因為雖然健康保險包括產婦及分娩，可能還有部分負擔，全都要看妳有哪種健康保險、可扣稅額度、是否轉進或轉出的身份。潛在的缺點則是，萬一在妊娠期間出現了併發症，必須轉由產科醫師接手，就得從頭和醫師建立關係。如果在陣痛或分娩時出現併發症，則必須交由待命的醫師來為妳接生，這位醫師可能是毫不相識的陌生人。萬一在產婦中心分娩到半途出現緊急狀況，則必須轉送到最近的醫院。

獨立的合格助產護理師執業～美國有些州准許助產護理師獨立執業，為低危險群產婦提供了個人化的妊娠護理和自然分娩（通常是在生產中心或醫院內生產，偶爾會在家生產）。獨立執業的助產護理師在必要時，應隨時有一位醫師可供諮詢，且在緊急狀況時能夠隨傳隨到，不論是妊娠、分娩和產後期間皆然。雖然只有一些保險公司會給付助產士到府接生，或不是在醫院分娩所需的費用，可是針對獨立合格助產護理師的醫護開銷，大部分的健康保險方案都會買單。

小組照護

想找一種與傳統產前照護模式截然不同的選擇嗎？或許「小組照護」會適合妳。並不要為為每個月的產檢約時間，妳得要加入由8至12名其預產期和妳差不太多的其他產婦（以及她們的另一半）組成小組，在孕期和產後初期通常會有十次左右的聚會（還會幫忙照顧寶寶呢！）就和個別照顧一樣，可以收到醫師發的每個月狀況評估，但每次也要花2個小時提問、和其他孕婦分享經驗，並且討論各種事情，從孕期營養到分娩方式的選擇，無所不包。

小組照護正是妳要找的產前照護方式嗎？詳情請上網站 centeringhealthcare.org 查詢，並找看看家裡附近有沒有設點。

尋找適當人選

充分了解自己想法和醫護人員的種類以後，要到哪裡尋找適當人選呢？以下都是理想的管道：

- 妳的婦科、家庭醫生（如果他們不負責接生工作的話），或是內科醫生，都是絕佳的推薦來源，前提是妳要對這幾位的行醫風格很滿意，因為相對熟識的醫師比較會推薦與他們理念相近的人。
- 最近剛生完小孩的朋友或同事，或是 WhatToExpect.com 網站上當地討論區的夥伴，前提是她的個性以及育兒想法和妳很接近。

◆保險公司，可能會給妳一個名單列出和他們有合作關係的醫師，包括他們的醫學訓練、專長、專門興趣、執業方式還有專科認證等等資料。

◆美國醫學會（American Medical Association）網址是：ama-assn.org，請按「找醫師」就可協助妳尋找住家附近的醫師。

◆美國婦產科醫師學會（ACOG）醫師名錄，列有產科醫師或婦幼專科醫師的姓名。請到網址：acog.org，按下「找婦產科醫師」。

◆想找助產護理師的話，請洽美國助產護理師學會，網址是：midwife.org，按下「找助產師」。

◆如果哺餵母乳是妳的優先選擇，可以請當地的國際母乳會（La Leche League）推薦。

◆若是覺得附近的醫院、產婦中心或生產中心的設備十分吸引人，例如產室設有按摩浴缸、嬰兒和父親都可同房，或新生兒加護病房，可向這些地方索取主治醫師名單。

抉擇

一旦決定可能人選後，便可以打電話預約看診時間。動身以前，先把要提出的問題想清楚，有助於確認彼此的理念是否吻合，以及個性是否合得來。不要奢望雙方對所有問題都能取得共識。還得仔細觀察，從言談之間讀出弦外之音。醫師或助產士，是否能耐心解說？對妳和另一半同等積極應答？是否有幽默感？是否能顧及身心兩個層面？藉此機會，探知候選者對妳關心的議題抱持什麼樣的態度，問題包括：哺餵母乳、引產、胎兒監測、例行的點滴注射、剖腹產後自然分娩、水中生產，或任何妳覺得在乎的問題。知識就是力量，瞭解要與妳配合的醫護人員，以後才不會做出意料外的事，讓妳感到不愉快。

第一次會面時最重要的一件事，便是讓醫師了解妳是哪一類型的病人。有話不妨直說，展現本色。從對方的反應態度，便可以判斷彼此是否能夠愉快相處，而且對妳盡責。

另外，也要了解與這位醫護人員配合的醫院或是生產中心，是否符合妳所重視的部分？雖然生產時的喜好當然不能當做是挑選醫護人員時的唯一標準，也應拿出來討論。問問看有沒有那些妳在乎的設備（別忘了，在更進入孕期之前不需要決定好生產時的安排，有很多是要到生產當下才能做決定）：醫院或生產中心是否備有緩和陣痛用的浴缸，可供出力時使用的蹲架，讓爸爸進住的舒適空間，還可容納家人朋友來訪，新生兒加護病房？陣痛期間是否可以飲食或例行的靜脈點滴注射，有無彈性處理空間？是否有值班麻醉師，如果你想要無痛分娩的時候不用等？如果妳有適用的話，是否鼓勵剖腹產後自然分娩（參考540頁）？有沒有提供「溫柔的」剖腹產（參考533頁）？兄弟姊妹可否進入產房？院內是否以母嬰親善為設計導向，或者實施餵母乳且母嬰親善的做法（例如一出生最優先讓母嬰有肌膚直接的接觸）？是否隨時都有授乳諮詢人員提供哺餵母乳的支援（或妳選擇不要餵母乳的支持方式）？參考491頁，列出更多可能的生產選擇及選項。

做出最後決定之前，再想一下這位醫師是否能夠給妳信賴感？妊娠期是一趟相當重要的人生旅程，一定要找個自己完全信賴的人。

妳將會在哪裡生產？

絕對要在醫院裡生？在想在生產中心會不會比較合適？希望能在家裡生產？懷孕和生產的過程充滿個人抉擇，往往還包括了要在哪裡迎接新生寶寶來到世上：

醫院～先別想到醫院冷酷無感。幾乎所有醫院的產房都是舒適且待人親善，具有柔和的燈光，舒服的椅子，牆上掛的畫賞心悅目，而且床看起來就像是來自家具展場且不會出現在醫療設備供應商的目錄。醫療器材都收納在居家式的櫥櫃裡遠離視線。產床的後背可以抬高，當母親採蹲踞或半蹲踞姿勢時，可以做為支撐（有需要的話還能加上腳踏板），床腳可以輕鬆移除，騰出空間讓醫生作業。分娩過後，換過床單，扳動幾個按鈕後，很快地妳又回到床上了。許多醫院和生產中心在產房內或隔壁，也會提供淋浴間、甚至是按摩浴缸，這兩項設備在陣痛期間也可以提供水療的舒緩效果。有些醫院還有浴盆的設備，以供水中分娩用。（更多水中分娩的訊息，請參考495頁的框內文字。）產房多半還備有沙發床讓加油團以及其他陪產客人休息。

大多數產間只用於陣痛、分娩和產後休息，也就是說，寶寶出生後差不多一個小時，就會被送到產後房，全家人在一起不受打擾。

如果最後得要進行剖腹產，就得從產房移到手術室，然後是恢復室——不過只要寶寶生下來之後，還是會儘快送回到美好舒適的產後房。

生產中心～生產中心通常是獨立設置的機構（往往離醫院只有幾分鐘的路，不過也有可能是附屬於某家醫院，或是直接設在醫院內），提供溫馨、低科技而個人化的生產空間，備有燈光柔和的房間、淋浴設備，按摩浴缸可在陣痛或水中生產時運用，還可能有廚房可供家屬使用。生產中心通常是由助產士負責，不過可能會有產科醫生待命。生產中心通常不會使用胎兒監測之類的醫療介入行為，但是醫療器材仍舊齊全，等待轉送鄰近醫院時可即時開始緊急的醫療照護。生產中心同樣只適合低危險群的孕婦。另需考量一件事：生產中心致力於分娩時沒有醫療行為介入，雖然可用輕量的麻醉劑，但無法進行硬膜外注射（無痛分娩）。如果最後決定要打無痛分娩，就得轉送醫院。

在家～在美國，僅有百分之1是在家中生產。在家生產的優點不需多做解釋，像是親朋好友可以聚在一起，在溫馨慈愛的氛圍裡迎接新生兒；媽媽能在自己舒適隱密的家中待產、分娩，大家都關心她的需要，而不是勉強接受醫院的標準作業流程。缺點則在於，萬一出現預期以外的危急狀況，需要緊急剖腹或搶救新生兒時，無法馬上取得相關的醫療設備。

統計資料顯示，相較於在醫院由助產士協助生產，在家由助產士協助生產時寶寶面臨略高風險。依據助產護理師協會規定，如果妳想

要在家生產，必須屬低風險族群，由合格的助產護理師接生並有醫師可供諮詢，而且交通工具隨時待命，住家距醫院50公里範圍以內。

CHAPTER

2

各項懷孕指標

驗孕結果出來了，懷孕的喜訊（好像）也已經大致底定，恭喜妳懷孕了！隨著心情越來越興奮，擔心的事項也就越來越多。當然，許多疑問和妳已經感受到的孕徵有關。但還有許多困擾是關於妳個人的懷孕指標。何謂懷孕指標？那些可不是你會在社交網站上貼出來的東西（或妳計畫當中每周要拍的大肚自拍照）。其實就是妳的婦科、一般內科以及產科史（若這不是第一胎），換句話說，就是懷孕之前的背景故事——這些事眞的都會影響到接下來即將展開的妊娠進展。

請記住，本章有許多內容可能並不適用在妳身上，因爲每個人的懷孕指標都是獨一無二（即將到來的小寶寶也是一樣，獨一無二）。符合情況的，請詳讀。不符合的就可以略過。

妳的婦科史

為所有家庭而寫

家就是家，不管組成如何，最重要的就是愛。不過當妳在閱讀《懷孕知識百科》時，妳會發現文中有許多地方會用傳統的家庭關係稱謂。這些說法並非有意排除不能被套入傳統家庭型式的孕婦（和她們的家人）——譬如自願或因環境一般迫而單身、同性伴侶、同居但沒有結婚。確切來說，「配偶」或「伴侶」這類用語是為了避免十分拗口的講法（舉例來說，「妳的先生或另一半」），只是為了文字通順之用。同理，我們用「爸爸」而不是「爸爸或另一位媽媽」，指稱雙親當中沒有懷孕那一位。舉凡不適用在妳身上的用語，敬請在心裡自行把它刪除，然後選用與自己狀況吻合的字眼替換。

是否由代理孕母懷胎？這妊娠也是屬於妳們的，這本書也是屬於妳們的。運用本書提供的資訊，跟上代理孕母和妳寶寶的進展。

避孕中卻懷孕了

「我在服用避孕藥期間懷孕了，卻在不知情的情況下，繼續服用了一個多月。這會不會影響到胎兒？」

最理想的狀況是在嘗試懷孕前就停止使用口服避孕藥，至少有一次正常的月事來潮（也就是由體內荷爾蒙所致的月經）以後再行懷孕。不過，懷孕就是這樣，未必都會等到理想時機，而且雖然十分少見（如果完全按照規定服用的話，幾會少於百分之一），服用避孕藥丸還是有可能會懷孕。雖然妳可能讀到包裝盒內附上的警語，但是不要驚慌。目前尚無足夠的實證顯示母親在服用避孕藥期間懷孕會增加寶寶的風險。需要更進一步消除疑慮嗎？和醫生討論看看這個問題，應該足以能夠讓妳放下煩惱。

如果妳用的是避孕環、貼片、注射或植入劑，同樣都能從醫生那得到回答解除心中顧慮。這些種類的避孕方式是用藥丸裡同樣的荷爾蒙，這就表示正如同服用避孕藥期間懷孕會並不會增加寶寶風險，並無證據顯示使用其他型式荷爾蒙避孕法會增加風險。

「我使用的是附有殺精蟲藥的保險套，可是卻懷孕了，在我察覺之前，還用過好幾次殺精蟲藥。該不該擔心？」

如果妳使用保險套、子宮帽、或海棉配合殺精蟲劑、塗有殺精蟲劑的保險套或單獨使用殺精蟲劑，依然能夠受孕，請放寬心。殺精蟲藥的使用和新生兒缺陷之間，絕對沒有任何已知的關聯。請放輕鬆，好好享受這場孕事，雖然是稍稍有點出乎意料之外。

「我是用子宮內避孕器（IUD）來避孕，卻發現懷孕了，我能不能擁有健康的妊娠？」

在避孕期間竟然懷孕了，總是會令人感到不安（使用避孕裝置，不就是要避免懷孕？），不過偶爾也會發生這種事。安裝子宮內避孕器卻意外懷孕的機率相當低，約為千分之一。

還裝著子宮內避孕器，卻中了極小機率，此時妳有兩個抉擇，要儘速與醫生研討，看是要讓避孕器留在原位，還是把它取出來。哪個抉擇比較有利，通常有賴醫師先作檢查，看看拆除線是否突出於子宮頸外。要是看不到拆除線，雖然子宮內避孕器還在定位，可是卻有極佳的機會可以安然度過整個妊娠期——就算是會釋出荷爾蒙的那種也沒有關係。包裹著胎兒的羊膜囊會日益擴張，避孕器只是被它向上推頂到子宮壁，在分娩的時候，子宮內避孕器通常會隨著胎盤一起娩出。

如果在妊娠初期看得見子宮內避孕器的線，那麼感染的風險就會增加了。在這種情況下，一旦確認懷孕，便要儘早把子宮內避孕器除去，妊娠平安而成功的機會比較大。如果不加以拆除，胎兒馬上就流掉的機率將會大增；拆除的話，這項風險就降至兩成。要是依然無法令妳寬心，請謹記一件事，已經知道自己懷孕的婦女當中，估計流產率大約是15%到20%。

如果讓子宮內避孕器留在體內，頭三個月當中一定要特別留意出血、腹部絞痛或發燒等徵兆，因為子宮內避孕器已經使妳成為妊娠初期併發症的高危險群；一出現這些症狀，就要立刻通知醫護人員。

✿ 子宮肌瘤（fibroids）

「我在好幾年前就患有子宮肌瘤，

但從未感到任何不適。懷孕後會不會怎麼樣？」

子宮肌瘤應該不至於對妊娠期造成阻礙。事實上，這些在子宮內壁上非惡性增生的組織，根本就不會影響到懷孕的過程。

有的時候，患有子宮肌瘤的孕婦會感到下腹部壓迫或疼痛，不過通常沒什麼好擔心的。減少活動，或是每天臥床休息四、五個小時，再配合使用安全的止痛劑，大多就能舒緩痛感。

在少數情況下，子宮肌瘤會稍稍增加併發症的機率，像是胎盤剝離、早產或臀位產。由於每個人的肌瘤狀況不同，每位孕婦也都不一樣，要和醫師討論自己的子宮肌瘤病況，才能更了解病症的情況，以及妳個人所冒的風險。若醫生覺得自然產不保險，可能會選擇採取剖腹產。然而，大部分的情況中，子宮會隨著妊娠進展越脹越大，即使大顆的子宮肌瘤也不會擋到寶寶出生。

「幾年前我割除了一些子宮肌瘤，會不會影響到懷孕？」

手術割除小的子宮肌瘤大多不會影響到往後懷孕（尤其是採內視鏡手術者更不會）。如果是割除大型子宮肌瘤的手術，便可能會使子宮功能減弱，以致無法承受分娩過程。如果醫師認為妳的子宮屬於這一類型，應該會計畫剖腹生產。孕婦要了解初期陣痛的徵兆，以防在預定手術日期以前，子宮便開始收縮。同時還要未雨綢繆，先擬定立即前往醫院的緊急應變計畫，萬一真的快要生了，才不致於慌了手腳。

子宮內膜異位（Endometriosis）

「飽受多年的子宮內膜異位之苦，

我終於懷孕了！這一次懷孕會不會出問題？」

子宮內膜異位通常有兩大挑戰：不易受孕和疼痛。恭喜妳！懷有身孕表示妳已經克服第一項挑戰，這項喜訊的後頭還有更好的消息，那就是懷孕後有助於面對第二項的挑戰。

子宮內膜異位會造成骨盆部位疼痛，是因為子宮內膜長到子宮外面，和經期的荷爾蒙循環變化起作用，增生、破裂，然後出血（這是子宮內膜本來就會有的變化）。懷孕期間，排卵及月經暫時停止而且黃體酮增加，所謂的內膜植入物會變得比較小也比較柔軟，經常會引起內膜異位所致疼痛復發。實際上，許多婦女在整個妊娠期間毫無症狀，有的會隨著胎兒的成長而覺得越來越不舒服，尤其是踢撞到比較敏感易痛的部位。

比較麻煩的是，懷孕對子宮內膜異位的症狀來說，只提供短暫的喘息機會，並不會因此痊癒。妊娠期和哺餵母乳的時間一過（甚至更早），症狀通常又會回來報到。另一個麻煩則在於，患有子宮內膜異位的婦女的確面臨較高早產以及子宮外孕風險（因此，一定要警覺相關的徵兆；參考885頁）。由於這些風險升高，醫師可能會更頻繁監測懷孕狀況（比如說，更常用超音波）。最後，很少見的例子裡，之前有為此做過子宮手術，那醫師也許會選擇要採剖腹產。

陰道鏡檢查（Colposcopy）

「受孕前一年，我曾接受過子宮頸切片檢查並以 LEEP 切除若干異常細胞。我是不是屬於高風險妊娠？」

還好，通常不會。子宮頸切片本身絕對不成問題，因為取走的細胞極小。線圈電刀切除術（LEEP，使用電流將病變子宮頸組織切除）也非常不可能對之後懷孕造成任何影響——事實上，做過LEEP的女性有絕大多數都能擁有完全正常妊娠。以冷凍手術（將不正常細胞冰凍）將異常細胞切除的女性也是一樣。然而，依據手術切除的程度，有些女性會有較高的風險遇上幾項併發症，像是子宮頸閉鎖不全和早產。要確定妳的產前照護人員知道妳有子宮頸病史，才能更嚴密監控懷孕。

如果第一次產檢時抹片檢查發現有不正常細胞，醫護人員可能會進行陰道鏡檢查，一探究竟，不過組織切片或其他的進一步處理通常要等到嬰兒出生後再說。

之前曾經墮胎

「我墮過兩次胎，會不會影響這次懷孕？」

多次初期三個月內的人工流產，對未來的懷孕不會有所影響。也就是說，如果在第14週以前進行，那就無須為此掛慮。然而，多次妊娠中期的墮胎（在14到27週之間進行），確實會提高早產的風險。不論妳的情況是屬於哪一種，務必要讓醫護人員知道，他們對妳的完整婦產科病史愈是熟悉，妳就愈能獲得更好的照顧。

妊娠與其他性傳染病（STD）

大部份的性傳染病都會影響妊娠，這並不令人意外。還好，大多數的性病都能輕易地被診斷出來，並且安全地予以治療，在妊娠期間也一樣。不過，受到感染的婦女往往並不自知，因此疾病管制局建議，所有孕婦在妊娠初期都應檢驗對母嬰都造成嚴重危害的幾項性傳染病。包括有：

淋病～長久以來，人們早就知道淋病會引起結膜炎、失明，並且對經由產道出生的胎兒造成嚴重的全身感染。因此孕婦要是發現感染淋病，便會馬上用抗生素治療。治療後會另外進行細菌培養來加以追蹤，以確定這名孕婦完全痊癒。為了多一層防範，新生兒一出生，便在他們的眼睛內擠入抗生素藥膏。

梅毒～梅毒會引起各種的新生兒缺陷和死胎，因此第一次產檢時也會做此例行檢驗。受感染的孕婦需在懷孕第四個月以前，使用抗生素治療，不然病毒會跨過胎盤影響胎兒，如能把握時機治療，幾乎都可以避免胎兒受到危害。還有個非常好的消息，那就是由母親直接將梅毒傳給寶寶的機率十分罕見。

披衣菌感染～披衣菌感染，要比淋病或梅毒還更常見，尤其好發於二十六歲以下的的性活躍婦女，特別是有多重性伴侶者。披衣菌感染是最常見的母嬰垂直傳染，而且對胎兒與母親都潛藏著風險。中於半數受到感染的婦女不會有症狀，這就表示有可能在某個時刻被染上卻不自知，常規披衣菌篩檢十分重要。

披衣菌感染的最佳治療時機是在懷孕前。不過，懷孕期間迅速以抗生素治療（通常是用azithromycin），便可預防母親在生產時把披衣菌傳給胎兒。披衣菌會讓寶寶感染肺炎，所幸都很輕微，至於眼睛感染，偶爾會很嚴重。新生兒一出生所使用的抗生素軟膏，可以同時防範淋病和披衣菌眼睛感染。

滴蟲病～這項由寄生蟲所引起的性傳染病，又被稱為滴蟲感染，症狀是陰道分泌物會帶有綠色的泡沫狀，還會散發使人不快的魚腥味，往往伴隨搔癢現象，約有一半受到感染的人絲毫沒有任何症狀。這項傳染病通常不會導致嚴重的病症或妊娠困擾，也不太會影響到胎兒，可是症狀卻相當惱人。通常，出現症狀的婦女會接受檢測，如果發現受到感染就用抗生素治療，相當安全。

HIV感染～美國婦產科醫學會（ACOG）建議示，每次懷孕都應儘速接受**HIV**篩檢，除非孕婦本人拒絕（所謂「自願放棄受驗」），美國各州多半也要有此要求。那是因為在妊娠期遭受感染不只對母親造成威脅，寶寶也會遭殃。若母親受到感染卻未經治療，產下的寶寶約有25%會受感染（出生六個月就可以檢驗得知）。還好，現在已有許多治療法可供運用，還是有希望。HIV檢驗為陽性的母親，可以使用**AZT**（又稱為**ZDV**或Retrovir）或其他抗反轉錄病毒藥物治療，大幅降低傳染給寶寶的風險，而不會有任何有害的副作用。體內**HIV**數量高的婦女，分娩時選擇剖腹產（在開始收縮而且破水以前），則可以進一步降低傳染給孩子的風險。

如果不確定是否測過性傳染病，請與醫護人員洽詢。懷孕時檢測性傳染病是個性命攸關的預防手段，就算妳相當確信自己不會感染也是一樣。萬一檢查結果出現陽性反應，務必接受治療。若有必要，性伴侶也得一併治療，不但可以維護妳的健康，同時也維護寶寶的健康。

人類乳突瘤病毒（Human papillomavirus, HPV）

「感染生殖器型HPV是否會影響我的妊娠？」

生殖器型HPV是美國最為常見的性傳染病，雖然拜HPV疫苗所賜，受感染的人數逐漸下降。大部分的人被感染卻毫無自覺，這是因為HPV多半不會造成什麼明顯症狀，而且通常在六到十個月之內就會自行痊癒。

不過有時感染HPV確實會出現症狀。子宮頸抹片檢查會發現，有些菌株會導致子宮頸細胞不平整；有的菌株會造成尖形濕疣（外觀差異甚大，可能是幾乎看不出來的潰瘍、軟而光滑的「扁平」凸塊，甚至長成花椰菜模樣；顏色可由蒼白至深粉紅色不等），出現在陰道、陰唇以及直腸內外。雖然通常沒有痛感，尖形濕疣偶爾也會出現灼熱感、發癢，甚或出血。大部分的狀況下，幾個月後尖形濕疣會自行痊癒。

正在發病期的生殖器型HPV，對妊娠有什麼影響？幸好，根本不太可能有什麼影響。不過，偶爾懷孕的荷爾蒙變化會導致尖形濕疣增生或變大。若是妳遇到這種現象，而且濕疣似乎不會自行消退，醫師可能會建議在孕期治療，要是太大阻礙產道的話更是如此。妳可選擇冷凍、電燒或雷射治療等方式，將濕疣安全切除。要是不會影響懷孕的話，可延到產後再處理。

如果孕婦感染HPV，醫師也可能要檢查子宮頸，看看子宮頸細胞是否出現病變。不過就算是發現異常，可能要等小寶寶出生之後，才能進行必要的子宮頸鏡手術，切除不正常細胞。

擔心小寶寶是否會受HPV感染是嗎？用不著焦慮。HPV傳給寶寶的機率極低，而且即使是難得感染到了HPV病毒，一般都不需治療就會痊癒。

HPV可用疫苗避防，建議11或12歲的男孩女孩都去接種，如果之前沒注射過的話，二十六歲之前都可以打疫苗。一共要連續三劑。如果妳開始接受疫苗注射，卻在三劑都注射完成前懷孕，必須暫停未打完的針劑，等寶寶出生後再說。

皰疹

「我患有生殖器皰疹，寶寶會不會被我傳染呢？」

小寶寶應該能夠安全出生的機率極大，而且健康完全不受皰疹影響；如果妳和醫護人員在妊娠期間以及生產時有採取預防措施，那就更安全了！以下為妳詳細解說。

首先，新生兒受到感染的情形相當少見。母親在妊娠期間再度感染（也就是以前罹患過皰疹），寶寶的罹患率還不到1％。其次，在妊娠初期的原發性感染（第一次出現的感染）固然會提高流產和早產的風險，可是這一類的感染並不常見，一般孕婦和另一半參與危險行為的可能性極低（例如像是沒有防護就和新的伴侶發生關係）。即便寶寶處於最高的風險，也就是母親快要臨盆時，才爆發第一次的皰疹感染，寶寶也有高達五成的機會不被感染。即使之前沒有得過生殖器皰疹，而且發現任何原發性感染的徵兆：發燒、頭疼、倦怠、隱隱作痛2天以上，伴有生殖器疼痛、發癢、排尿時灼熱、陰道及尿道有分泌物、鼠蹊部觸痛，潰瘍起泡然後結痂，請和醫師連絡。

如果是在懷孕前便感染了皰疹，此時寶寶的風險非常低；要讓風險性更低，醫師可能會在孕程第36週給妳抗病毒藥物，就算沒有出現活性病灶也一樣。如果陣痛初發時病灶未癒，通常都會採行剖腹產，以保護小寶寶不會在產道受感染。若遇上寶寶受到感染的極少數情況，就得使用抗病毒藥物治療。

產後如果採取正確的防範措施，母親依然可以照顧寶寶，甚至哺餵母乳，不會把病毒傳給嬰兒，即使處於感染活躍期亦然。

妳的產科史

試管受孕（IVF）

「我是經由試管受孕而懷孕的，妊娠時和別人有什麼不一樣？」

先恭喜妳試管受孕成功！經過那麼多努力，終於懷孕了，祝福孕婦孕程順利。在實驗室而不是床笫之間受孕，對於妊娠並沒有多大的影響，至少過了三個月後就是如此。經由其他受孕治療懷上的寶寶，例如像是 ICSI 或 GIFT，道理也是一樣。不過在這之前，妳的孕期及照護會有些不同。

因為驗到兩條線不表示懷孕會持續下去，尤其是，IVF 受孕往往是在極初期以驗血測定，而且要是得重做一次試管受孕的話，既花錢又耗費精神，又因為無法立即知道移入的胚胎有多少能夠發育成胎兒，所以做試管受孕的婦女在最初六週當中，內心的忐忑不安真是無以復加。可能要在助孕專家的診所耗費一些時間，反覆驗血並做超音波檢查。性交和其他體能活動可能要受限，甚至被要求要臥床，即使研究顯示臥床似乎並不會對 IVF 成功機率有所助益。為求謹慎，可能要服用黃體酮（還可能有低劑量阿斯匹靈），在最初兩到三個月幫助妊娠持續進展。

一旦度過這個極度小心的階段，這時妳也轉到一般產前醫師，差不多是在大約8至12週之間，妊娠幾乎和大家一樣——除非妳懷了多胞胎；人工受孕有超過40%的機率為多胞胎，如果妳也是，請參看第15章。

誠實告知

不論妳之前發生過什麼，現在可不是將之全部拋諸腦後的時候。事實上，妳的性史、生產史及醫療史，重要性和相關性都要超過妳所想像。之前曾經懷孕（以及併發症）、流產、墮胎、手術、性傳染病或是其他感染，不一定會影響這次懷孕，但相關的資訊，或是過去經歷，都要讓醫護人員了解，這些全都會列為機密處理。若有抑鬱症或其他心理病症，以及飲食失調等等，也應一併告訴醫護人員；他們對妳越是了解，越能提供妳和嬰兒必要的照護。

第二次懷孕

「這是我的第二胎，和第一次懷孕會有什麼不同？」

每次懷孕的經驗都會有所差異，所以沒辦法預測這九個月和上一次究竟有何異同，不過妊娠狀況多少可以互通，下面列出比較常見的狀況：

◆ **在初期就「覺得」自己懷孕了～**懷第二胎的孕婦比較容易感受到早期妊娠症狀，因此更容易辨識出來。

◆ **孕徵可能與上次重覆～**一般來說，條件相同的話，第一次妊娠可確準預測之後的狀況。即便如此，所有的懷孕狀況都各不相同，所有寶寶也不一樣，這就表示這次妳的孕徵也會不同。有些症狀也許好像比較沒那麼明顯，因為妳太忙了沒注意到（或者本來就很累了，沒能分辨出是因懷孕而感到疲勞）有些可能比較早出現（例如頻尿）有些可能比較晚，甚至完全沒出現。而有的症狀，比如對食物的好惡、乳房脹大且敏感，在第二次以及以後妊娠時比較不明顯，因為身體已經經歷過一次而有印象。妳也可能比較沒那麼焦慮，如果懷第一胎時擔心這擔心那的話，那就更是如此。

◆**在初期就「看得出來」是懷孕了～**因為腹部和子宮肌肉變得比較鬆弛，所以會比懷第一胎時更早看出肚子。妳可能會發現，這次肚子凸得和懷老大時的凸法不太一樣。排行第二（或第三、第四）傾向於比第一胎來得大，所以會覺得更有份量。腹部「鬆垮」也可能讓背部和臀部的痛感更甚，也可能會更早出現。

◆**比較早感覺到胎動～**也是要感謝比較鬆弛的肌肉，經產婦會更早感受到寶寶的踢動，差不多在第16週左右，或許早些，或許晚些。感覺到的時候，也會比較容易曉得那是胎動，畢竟之前已經有經驗了。當然，胎盤位置會造成首次胎動被發現的時時有所不同，就算二次或之後懷孕也是如此。

◆**妳可能不會像上次一樣那麼興奮～**倒不是說再度懷孕沒那麼高興，只不過，妳會注意到興奮之情並沒有那麼高昂。這是完全正常的反應，因為孕婦已經有過同樣的經驗了。這和妳對寶寶的愛無關，別忘了，這次還要忙著照顧老大呢。

◆**陣痛過程比較輕鬆，分娩速度也會加快～**再次感謝肌肉鬆弛的貢獻，這些鬆弛的肌肉（特別是涉及生產的部位），加上身體已有先前的經驗，都有助於讓第二個寶寶會更快速產出。不過產房裡的事沒人說得準，但陣痛每個階段都可能會比較短，用力的時間明顯縮減，第二個寶寶往往幾分鐘就呱呱墜地了。

好還要更好？

初次懷孕時書上所列的症狀幾乎無一倖免？甚至出現一兩種併發症？那不必然表示這回妳運氣不會比較好，而且孕程一帆風順。事實上，如果第一次妊娠有什麼可以改善的空間，現在正是個好機會，可以做些微調，或許能夠減少2號寶寶遇到顛簸的機會，包括了：以穩定速率增重並且符合增重指導建議（參考276頁），吃得好（參考第4章），做足夠且適當的運動（參考353頁），如果做媽媽壓力大的話可以找方法放鬆。已有小孩往往會讓孕徵加劇，請參考下頁的對話框內文字，提供一些祕訣，可儘量減少當妳身兼媽媽和孕婦兩項工作時的懷孕症狀。

「我懷第一胎時吃盡了苦頭，出現許多併發症。這次還是會一樣地難熬嗎？」

懷孕時遇到併發症，不表示每次都會如此。雖然有些併發症會反覆出現，但是許多狀況並不會重覆發生。有些只是偶發事件而已，例如因為感染所引起，那應該就不會再遇到了。如果是因為生活習慣造成但妳現在已經改善（比如說，吃得不好或什麼運動都不做），那也比較不會再犯。如果是出於慢性疾病，如糖尿病，要是能夠在受孕前便將病況控制，就能大幅降低併發症再度發生的機會。別忘了，即使說不管妳採取什麼預防措施，上次遇到的併發症還是有可能再犯，及早發現及早治療（因為妳和醫生都會注意是否復發），情況將大有不同。

和醫生討論上回懷孕所發生的問題，看看是否能採取防範措施，避免重蹈覆轍。不論是什麼問題或原因為何（甚至不知確切原因），框中提供的祕訣都有助於讓懷孕期間更舒服，妳和寶寶也更安全。

和孩子們配合

有些懷第二胎的孕婦，為了照顧其它孩子的生活起居便已忙得暈頭轉向，根本無暇注意懷孕的不適，不管是大是小。可是對其他孕婦而言，追著家中的小孩跑來跑去更容易使孕期症狀惡化。舉例來說，在匆匆忙忙送小孩上學，急著準備晚餐的緊張之下，害喜和胃灼熱便會更厲害；似乎永遠不得閒，疲勞感就會加倍累人；小孩需要媽咪抱來抱去，背痛會更劇烈；忙得沒時間上廁所，便秘更嚴重。媽咪也比較容易因為其它孩子的傳染，得到感冒或其他傳染病。

生過第一胎之後，就很難把身體狀況擺在第一位了；要是其他孩子吵著要媽媽疼，這時根本無法先照顧自己有孕的身體。但還是得想辦法關愛自己，像是唸故事給孩子聽時把腳墊高；孩子睡午覺時妳也一起睡，別忙著去吸地板；沒空坐下吃頓飯，不妨來些健康的小點心；只要有人想幫忙就把握機會，有助於減輕妳的體力負荷，把妊娠期的不適減至最小。

反覆流產

如果妳承受反覆流產之苦（定義為連續二或三次），可以理解妳會很難相信自己在未來還能如妳所願擁有健康的妊娠，生個健康寶寶。但有可能的是，能有正確照護方式，正確處置，就能更好。

有時，反覆早期流產是找不到原因的，但有些檢驗可以更透澈了解是什麼理由所導致，就算每回狀況都可能各有不同。搞清楚每次的流產成因通常並不具意義，不過要是連續出現兩次以上，可能就會建議做醫學評估。

反覆流產一度是個謎，原因難以釐清，但現在已有長足進步。如今已有許多檢測可找出流產的危險因子，並提出可能的避免之道。請和醫療人員討論妳的狀況可有哪些選擇，或許包括轉介給母嬰專科醫師。

反覆流產之後，可能會有以下幾種檢測可供運用：

- 父母親雙方可能都需抽血，做一次核型檢驗，看看是否哪一方帶有平衡異位，這是一種染色體排列的變化，可能會造成流產。
- 驗血檢查抗磷脂質抗體（有些婦女會生成抗體攻擊自己的組織，造成血栓阻塞通往胎盤的母體血管）。
- 孕前超音波檢查，這時會把生理食鹽水注入子宮，檢查看看是否有生理異常。
- 分析流掉胚胎或胎兒的染色體組成，有助於判定流產原因。
- 檢測維生素缺乏症。

◆ 檢測荷爾蒙濃度。

一旦了解原因，不論是單純還是多重原因，都可以和醫討論可能的治療選項，還有下次懷孕應如何照護。有些案例，具初期或晚期流產史的病患可用荷爾蒙治療取得良好效果：體內產生太少黃體酮的婦女，或許可以補充這種重要的懷孕荷爾蒙；若檢測顯示原因出在泌乳激素過多，可用藥減低母體的血中泌乳激素濃度。如果測出甲狀腺的病症，很容易就可治療。

就算是找不出原因也無法治療，仍有很大機會成功懷孕生子。不過妳可能會很難相信，甚至想都不敢想。重要的是得找出方法克服心中不安，處理再次懷孕就表示將要再次流產的那種恐懼。瑜珈、靜坐、觀想、深呼吸、運動等等，都有助於處理焦慮，並可向同樣有多次流產經歷的其他女性尋求支持。你可以在WhatToExpect.com 網站「悲傷與失去」論壇找到很多分享文。開誠布公將自己的心情和另一半分享，也會有用；千萬記得，這件事兩人一體同心。

關於流產的更多詳情，請參考第 20 章，從875頁開始。要想知道避免反覆流產的詳細情報，請讀《孕前知識百科（*What to Expect Before You’ re Expecting*）》。

✿ 懷孕間隔太近

「才剛生完頭一胎，十週以後竟然意外地又懷孕了。我們當然很高興，但計劃可不是這樣。這麼快懷上第二胎，會不會對我的

健康和腹中的寶寶會有什麼影響？」

家庭和肚子又再變大的速度有點太快了嗎？還沒有完全恢復，便又再度懷孕，真是累人又有壓力。雖說兩胎間隔太近會對新手媽媽造成身體負擔，但還是有許多方法，幫助身體應付一胎接著一胎的情形，方法如下：

◆ 一旦認為自己懷孕了，就要實行最好的產前照顧。兩次懷孕十分接近（間隔少於12週）會增加早產風險，如果能從一開始就得到良好產前照顧，有助於降低風險。

◆ 飲食越營養越好（參看第4章），妳的身體可能還來不及貯存已傳給上一個寶寶的維生素和礦物質，餵母乳的話更加困難，讓妳成為營養不足。因此必須特別補充大量的營養，才能確保妳和胎兒不會缺乏營養。當然要繼續吃妊娠維生素（如果已停掉的話就再開始），但這樣還不夠。儘量別因為沒時間或沒力氣就吃得不夠多（妳現在一定也是沒時間、沒力氣）。少量多餐，多吃些健康的小點心，或許有助於在忙碌之餘滿足營養需求，可以儲存一大批可直接食用的零嘴，像是起司條、杏仁、果乾、小包裝的幼胡蘿蔔沾即食豆泥。

◆ 體重的增加要足夠。腹中的寶寶可不在乎妳是否得花些時間才能把上一胎所增加的體重消掉，這就表示在這寶寶生出之前一切減重計劃得先暫停。和醫師討論出一個合理增重目標，這可能和上次一樣，或更高更低。專心注意入口食物的品質，這在妊娠期間都很重要，但一胎接一胎時更重要，不過也得留意體重計的讀數。

◆ 公平餵養，如果正在給較大寶寶哺餵母乳的話，只要妳願意，可以繼續（參考下方框中文字。

◆休息，妳所需要的休息要多過一般人（以及首次分娩的媽媽）。要獲得充分休息，仰賴的不單單是妳個人的決心而已，更需要配偶和家人的協助。還要排定事情的先後緩急，寶寶正在小睡的時候，先擱下無關緊要的瑣事或工作，強迫自己也躺下來，至少伸伸腿放鬆。要是已經不再哺餵母乳了，夜晚的餵奶工作就交給爸爸吧；如果還在餵母乳，請他把小孩抱過來。

◆運動，日日夜夜帶著新生兒或許很像是在做體能鍛練，更何況現在還加了一個無時無刻有所需求的胎兒，要用到妳已疲乏的身體。然而，正確份量、正確種類的運動可在妳最需要的時候提振精神，更可以增進比較健康且比較舒適的孕期。如果找不出時間做常見的那些妊娠運動，那就把每天的體能活動和帶小孩結合在一起，幾次15分鐘的步行就很夠了。或參加提供托幼服務的妊娠運動班，或是到同樣有托幼服務的俱樂部或社區中心游泳。或者，讓寶寶坐在嬰兒椅上看你跟著《*What to Expect When You're Expecting Pregnancy Workout DVD*》跳。

✿懷孕時哺餵母乳

還在餵小寶貝母乳，可是剛發現肚子裡又有另一個小寶寶了是嗎？餵母乳和懷孕這兩件事通常都能完美搭配，這就表示如果妳並不願意的話，應該用不著在接下來9個月停止授乳。

是否擔心餵母乳時所分泌的催產素會造成宮縮，進而導致流產或者早產？先別顧慮。若是低風險妊娠，授乳誘發的溫和宮縮根本不成問題。事實上，在子宮準備好從裝寶寶轉換成生寶寶的模式之前，通常是在第38週左右，催產素可說是對子宮完全不起作用。

害喜現象可能真的相當惱人，還會讓妳失去營養和水份，這些都是養育手頭這個寶寶和肚裡另一個寶寶所必須。如果噁心、嘔吐特別嚴重，而且妳一開始就掉體重，要和醫護人員商討此事。可能會獲得共識，對三方面（母體、寶寶和胎兒）的最佳選擇就是先讓前一胎斷奶。不過，要是孕吐還在可接受的程度，而且並沒有掉體重，而且醫護人員也支持，可以撐過前幾個月，再用接下來兩階段好好養身體，更增孕期體重，同時重建消耗殆盡的養分儲量。這麼一來，妳可以確保手裡的寶寶和肚裡的胎兒都能得到一切必要的熱量和營養素。

擔心體內的那些荷爾蒙會進到母乳裡？好在，妳的母乳在懷有身孕的時候一樣安全無虞，而且專家表示懷孕荷爾蒙並不會輕易進到母乳當中。

害怕一旦懷有身孕，母乳的供應會開始減緩？有這可能，不過通常要到孕程中期才會發生。妳餵哺的這個寶寶，不一定會發現產乳速度慢了下來。另外還有一件事，它也不一定會發現：一旦開始分泌初乳之後，乳汁的稠度或味道會有所不同，這同樣通常要到孕期中後段才會發生。

有些小寶寶會在媽媽懷孕到某個階段的時候自己斷奶，乳量減少或者味道改變都有可能，然而有的並不放過任何機會，甚至下一胎都生了之後也不變。事實上，只要妳把後面這胎生下來之後身體夠健康，奶水也充足，可以同時哺餵一大一小兩個孩子。

如果寶寶選擇斷奶，或是妳不想在懷孕期

間哺乳，或太煩、太累無法繼續下去，可別心懷愧疚以為自己是在逃避。妳已經給這孩子許多母乳帶來的好處，而接下來的親親抱抱仍可將妳和寶寶緊密連繫在一起。如果妳不想全部以母乳餵食，可是也還沒準備好完全斷奶，另外還有一種選擇：需要、想要的時候就用配方奶補充。

擁有大家庭

「我這是第六度懷孕了，這會不會對胎兒或我本身增添額外風險？」

喜歡家裡熱鬧，越多越好是嗎？好在，再添一位，或是更多，並不會伴隨更多風險。事實上，除了懷上多胞胎的機率略有上升（雙胞胎、三胞胎或更多，也就是說妳的大家庭有可能會更大），多胎次妊娠就和其他只生一胎、兩胎的婦女同樣能夠平順到底。只要確定照顧自己還有這次懷孕的時候，並不會忽略掉已經有的這幾個孩子。更多祕訣，參考042頁的框內文字。

早產

「我生第一胎的時候早產。就算這次已經排除一切危險因素，心裡還是擔心會不會再度早產。」

恭喜妳，已經努力讓這次懷孕盡可能健康順利，讓寶寶儘可能待到足月再出生。這是相當重要的第一步，和醫生配合，還可以採取更多預防措施，將復發性早產的機率降至最低。

若之前曾發生過早產，可請教醫護人員自己

是否適用黃體激素治療。研究顯示，從第16至36週間持續注射黃體激素，就能降低只懷一胎且曾經有過早產經驗婦女的早產風險。

醫生也可能會給妳做一種胎兒纖維腺元（fFN）篩檢，看看早產高風險婦女（比如說之前已有過早產兒）是否有早產跡象。胎兒纖維腺元是一種身體生成的膠，把寶寶黏在子宮。fFN檢測通常是在診所進行，要是結果為陰性，表示fFN尚未開始分解因此無法測出，那麼接下來2週內分娩的機率小於百分之1，儘管放心。若為陽性，早產的風險便會明顯提高，醫護人員可能會進行醫療延長妊娠，幫助胎兒肺部成熟，可面對早期分娩。

第二種篩檢法是子宮頸長度。子宮頸的長度是以超音波測量，若出現任何跡象顯示子宮頸變短或張開，醫生可能會開黃體激素凝膠，是採用像棉條型式的加藥器置入陰道，從第20週開始持續用到第37週。如果妳因為之前早產，而且孕程中已用超音波測得子宮頸過短而接受黃體激素注射，醫生可能會建議環紮（縫合子宮頸）。詳情請見下一個問題。

懷孕指標與早產

只有約12％的新生兒被歸類為早產，也就是在第37週過完以前出生。而其中約半數出現在早產高危險孕婦，如多胞胎孕婦的發生率為好幾倍。

若因懷孕指標被歸為早產的高風險群，是否能做預防措施？某些情況下，即使風險因素一模一樣（通常不會如此），也不見得能夠預先掌握。但在另一些例子中，可能導致早產的危險因子可以控制，或至少將早產機率減至最低。若妳符合以下所提到的狀況，應該可以消除該項危險因子，讓寶寶在肚子裡多待一陣子，直到足月再出來。已知的可控制早產危險因子，列舉如下：

體重增加太少或太多～體重增加太少都會增加早產的機率，但增加太多也是一樣。懷孕時體重增加的份量恰到好處，可以讓寶寶在比較健全的子宮環境成長，理論上也就更有機會待到足月。要和醫生討論出理想的增重目標，然後盡力達成。

營養不足～想讓寶寶一出生就有個健康的開始，除了適度的增加體重，攝取正確的食物也很重要。若缺乏必需的營養素，尤其是葉酸鹽（這是葉酸在飲食中的型式），就會增加早產風險；營養充足則能降低早產機率。

經常久站或大量勞動～絕對沒有必要整個孕期都坐著——事實上，大多數的孕婦都會接到醫生或助產士指示，要保持活動。而且，日常的站立，例如像是去賣場採購或看電影時排隊，在普通的妊娠情況下並不成問題。不過，如果妳的工作需要每天久站，尤其還有粗重勞動或搬東西的話，請洽詢醫生是否需要限制站立時間，或要求更換工作內容，尤其是在妊娠後期。

極度情緒壓力～已經有些研究顯示，極度情緒壓力（不是日常忙得要命、工作都做不完那種壓力）會和早產有關。正常壓力和極度壓力有什麼不一樣？正常壓力會讓妳專注於眼前事物（面對它，即使很趕），但還有辦法應付，而且處理得來。另一方面，極度壓力不健康，會把妳榨乾沒法行動，不能好好睡覺，無法享受人生。有時這類壓力是可以消除或減少的，譬如說辭掉不健康的高壓力工作，或是減量；有時仍是無法逃避，像是失業有一堆帳單待繳，或家中有人生病或過世。然而，許多壓力還是能夠設法化解，可嘗試放鬆技巧、健康飲食、均衡的運動與休憩，也可以和另一半、朋友、醫護人員或者治療師談談是什麼事情讓妳情緒低落，尋求抒發。

飲酒以及濫用禁藥～孕婦如果喝酒或是使用禁藥，早產機率就會上升。

抽菸～妊娠期間抽菸，和早產風險上升有所關聯。越早戒菸越好，最好能在受孕前就戒菸，不管何時戒除抽菸習慣，總比無法戒掉來得好。

牙齦發炎～有些研究顯示，牙齦發炎也會造成早產。研究者懷疑，造成牙齦發炎的細菌進入血液循環，觸及胚胎，並誘發早產。另有研究者提出其他可能途徑，造成牙齦發炎的細菌，誘發免疫系統造成子宮頸和子宮發炎，進而誘發早產。經常刷牙、使用牙線，並且定期去牙科洗牙並接受其他照護，可避免感染。現有的口腔感染狀況要在懷孕前治療，有助於降低各種併發症的風險，包括早產。

子宮頸閉鎖不全～所謂子宮頸閉鎖不全，是指無力的子宮頸提早擴張，可藉由把子宮頸縫起來關上，即環紮，並且用超音波嚴密監控子宮頸長度，減少此狀況所造成的早產風險（詳見052頁）。

曾經早產～若之前曾發生過早產，那麼這次再出現的機會就比較高，本次妊娠，醫生可能會開黃體激素針劑或凝膠，以避免復發性早產。

下列危險因子是難以控制的，但在某些情況下多少能夠加以改善。清楚這些危險因子的存在，有助於醫生和妳攜手共同處理危機，一且真的早產也能大幅改善結果。

多胞胎～雙胞胎最理狀的出生時機是在38週。然而許多懷有雙胞胎及多胞胎的孕婦會比較早生。良好的產前照護、充足的營養、消除其他危險因子、多休息並在妊娠後期視需要限制活動量，都能避免過早生產。詳見第15章。

子宮頸變短～有些婦女的子宮頸會在妊娠中期變短而使得早產風險增加，原因不明，而且與子宮頸閉鎖不全無關。妊娠中期的常規超音波檢查，可以發現風險已經增加。某些狀況，醫生可能會開黃體激素凝膠或栓劑，試圖延長孕期。

妊娠併發症～妊娠糖尿病、子癇前症、羊水過多以及胎盤方面的問題，像是前置胎盤或胎盤剝離，會使得早產更容易發生。盡一切可能醫治這些併發症，可以延長妊娠至足月。

母體患有慢性病～心臟、肝、腎臟的疾病，或是其他慢性病，可能會提升早產的風險，若能得到良好照護，有助於避免併發症發生。

全身感染～有些感染會造成早產高風險，像是某些性傳染病，尿道、子宮頸、陰道、腎臟感染。若是感染狀況會危及胎兒，身體可能會以早產的方式試著解救寶寶離開不健康環境。避免感染或儘速治療，可有效防止早產。

年齡～青少年懷孕，往往有很高的早產風險。年紀比較大（超過35歲）也比較容易早產。良好營養以及產前照護，有助於降低風險。

子宮頸閉鎖不全

「我的第一胎在五個月就流產了，

原因是子宮頸閉鎖不全。我剛驗孕發現已經有了，可是很擔心會不會又遇到同樣問題。」

放寬心，不一定會再度流產。既然已經診斷出妳是由於子宮頸閉鎖不全造成上一次妊娠流產，那麼產科醫師應該能夠採取防範措施，以避免再次流產。只要適當治療、小心注意，這回應該可以有個健康的妊娠，順利分娩。

所謂子宮頸閉鎖不全，就是子宮頸受到脹大子宮和胎兒的壓力，在尚未足月便擴張開來，據估計，每100個孕婦當中會有1至2人發生這種情形。一般認為，10～20%的妊娠中期流產，就是出於這個因素。子宮頸閉鎖不全通常是在妊娠中期流產才會被診斷出來，孕婦沒有明顯的子宮收縮或陰道出血，也沒有疼痛的情況下，卻發現子宮頸擴張（變短變薄）。造成這狀況的原因並不十定確定，可能肇因如下：遺傳性的子宮頸虛弱；先前分娩時子宮頸極度撐拉或嚴重撕裂；因為癌症前期細胞而做的全面「錐狀」切除術；或子宮頸手術和雷射治療等。多胞胎也會導致子宮頸閉鎖不全，因為更多寶寶的額外重量會壓迫子宮頸，若是這個原因，之後再懷單胞胎時，通常不會再發生。

為防護這次妊娠，產科醫師可能會在妊娠中期（第12週到第22週之間）進行環紮手術，把子宮頸口縫合起來。這項簡單手術是在局部麻醉下，經由陰道來進行的。手術後十二小時，患者就可以恢復正常活動，雖然之後孕程禁止性交，而且須經常接受檢查。通常是在預產期的前幾週除去縫線；有些案例，除非受到感染、出血、或提前破水，否則一直要到陣痛開始才會拆除。

然而，環紮術的效用如何，是否應對於子宮頸閉鎖不全的婦女常規施行這個手術，仍大有爭議。許多醫師只對之前有早產史的孕婦實施，即早於34週分娩，且24週之前做超音波檢查時發現子宮頸已變薄或變短。另一些醫師會把環紮術當作預防措施，在13至16週針對之前有過一次以上妊娠中期流產經驗的孕婦實施，即使並沒有子宮頸已變薄或變短的跡象。妊娠中期子宮頸變短但之前沒有流產經驗的孕婦，目前並不會建議做環紮術，這時會建議用陰道黃體激素凝膠。多胞胎妊娠也不再做環紮術了。

不管這次妳有沒有做環紮術，之前的流產經驗就表示妊娠中期或後期的時候，就得要留意會造成妨礙的徵兆：下腹部受壓迫、滲血、不尋常的頻尿、或陰道有塊狀東西的感覺。如果出現任何一項徵兆，要立即就醫。

RH血液因子不合症

「醫生說我的血液檢驗為Rh陰性，那對我的寶寶會造成什麼影響？」

幸好，這不是很嚴重的問題，只要妳和醫師都知道這個狀況，採取幾個簡單的步驟，就能有效避免寶寶罹患Rh血液因子不合症。

何謂Rh因子不合症？為什麼要避免寶寶發生？一些生物學知識可以為妳解惑。人體內的每個細胞都有為數眾多的抗原，類似天線的結構，分布在細胞表面，Rh因子就是一個類似這樣的抗原，出現於紅血球表面。大部分的人遺傳到Rh因子（就會呈現Rh陽性），而其他人缺乏這個因子（呈Rh陰性），妳是Rh陰性或陽性並沒有太大意義，到懷孕時可就不一樣了。如果母親的血液細胞內沒有Rh因子（她是Rh陰性），可是胎兒的血液細胞卻遺傳自父親而具有這個因子（使胎兒呈Rh陽性），母親的紅血球就和胎兒不合。如果Rh陽性的紅血球進到Rh陰性母親的血液循環裡，她的免疫系統可能會把它們視為「外來的」，還可能會動員抗體大軍，攻擊生成這些細胞的外來者，即胎兒。這就是所謂的Rh血液因子不合症。

所有孕婦在懷孕初期便會做Rh因子的測試，通常是在第一次產檢。如果測出是Rh陽性，有85%的孕婦是如此，那麼根本沒有Rh血液因子不合的問題，因為不論胎兒是Rh陽性或Rh陰性，胎兒的血液細胞上都沒有外來抗原，不會牽動母親的免疫系統。

如果母體是Rh陰性，那麼胎兒的父親就要去接受檢查，以判定他是Rh陽性或陰性。如果妳是Rh陰性，配偶也是Rh陰性，那麼胎兒也將會是Rh陰性（因為兩個「陰性」父母不會造出一個「陽性」寶寶），那就表示妳的紅血球細胞和胎兒相合，不可能出現問題。不過，要是配偶為Rh陽性，那麼胎兒很有可能從爸爸那邊遺傳到Rh因子，造成妳和寶寶之間的不合問題。

在第一次懷孕時，Rh因子不合通常不成問題，因為還沒有針對寶寶的抗體出現。但是首次分娩（或是墮胎、流產）的時候，如果胎兒的血液流入母親的循環系統內，免疫系統自然的保護反應就會發動，產生抗體。這還不成顧慮，直到下回懷有另一個Rh陽性寶寶時才會出問題。之後妊娠時，上述抗體可能會穿過胎盤，進入胎兒的循環系統，並攻擊胎兒的紅血球細胞，造成貧血症，可能輕微（如果母親的抗體濃度偏低），也可能非常嚴重（如果血中抗體濃度較高）。

當Rh因子出現不合的時候，保護胎兒的關鍵就在於防範Rh抗體的產生，大部分醫師是採用雙管齊下的方式。懷孕28週時，會為Rh陰性的準媽媽注射一劑Rh免疫球蛋白，就是所謂的RhoGAM，以預防抗體形成。如果血液測試顯示寶寶是Rh陽性的話，則在分娩後的72小時內注射另外一劑。寶寶要是Rh陰性，那就無需進行治療。如果流產、子宮外孕、墮胎、絨毛膜取樣、羊膜穿刺術、子宮出血、或在妊娠期間受到外傷時，也應注射RhoGAM。在上述時機視需要接受注射RhoGAM，可以預防未來懷孕時遇上問題。

如果Rh陰性婦女體內已經產生Rh抗體，足以攻擊Rh陽性的胎兒，那該怎麼辦？如果之前沒做過的話，首先要檢驗父親的Rh因子。如果是Rh陰性，再來測寶寶的，這可透過羊膜穿刺術或非侵入性血液檢驗得知（不過，因為價格昂貴所以並非所有保險公司都會給付）。若胎兒是Rh陰性，那麼母親和寶寶血型相合，無需擔憂也用不著治療。如果是Rh陽性，與母親的血型不合，而且母親的抗體濃度已達危險值，就要每隔一至兩週進行特殊的超音波檢查，評估胎兒狀況避免貧血。萬一已出現貧血症，可能需要把Rh陰性的血液輸入胎兒體內。這是藉著超音波指導，將一根細針置入臍帶達成。這種胎兒輸血法十分有效，結果也相當出色。

還好，RhoGAM的運用大幅降低了Rh不合妊娠的輸血需求，比例不到1%。

血液中有另外的因子，也會引起類似的不合情形，例如像是Kell抗原，不過這比Rh因子不合的情形更罕見。如果父親具有這種抗原，而母親沒有，同樣就有可能會發生問題。第一次的例行驗血當中有一項標準篩檢，用來尋找母親的血液裡有無Kell抗體。要是發現這種抗體，那麼父親就要接受檢驗，看看他是不是呈Kell陽性反應，這種病例的處理方法與Rh不合是完全相同的。

另一半派駐外地的孕期因應

如果妳嫁給軍人，另一半經常會派駐外地出任務，遇到人生大事不能和配偶在一塊，像是週年記念、假期和畢業，就成了稀鬆平常。在這種歡欣場合少了擁抱，說不上樂意，大概也只能接受。

不過，要是妳懷孕時而老公派駐外地，那怎麼辦？懷胎十月兩人得要分隔兩地，甚至寶寶誕生時也不在場，如何心心相繫？來點創意，加上一些科技。妳可以從以下幾點開始：

◆ 把大肚子記錄下來。每天早上自拍一張孕肚照。每天每天看或許不覺得有變化，不過每天都更新孕肚狀況寄到他的信箱，可以讓他日日都有好心情。再加上，回過頭看自己腹部從平坦到後來圓滾滾的，兩人都會受到感動。快接近生產時，可考慮花筆錢專為了他去拍孕婦寫真。

◆ 在孕肚上做裝飾。準備好了嗎？發揮妳的藝術天分，還可以在節慶期間保持親密。把孕肚當做假日祝賀的畫板：國慶日畫一面國旗，萬聖節來顆南瓜。感恩節畫隻火雞，聖誕節就是聖誕樹囉。

◆ 一起跟著成長。開一個遠距離寶寶讀書會：現在讀的這本同樣給他送去一冊，然後是《週歲寶寶知識百科》，就可以一起閱讀。一起下載相關app，看看那些影片並且分享寶寶的最新進展，還要讓他知道妳所承受的那些惱人症狀。還可以來玩命名遊戲：一起玩寶寶命名app，合作擊敗參賽者。

◆ 帶他去產檢。如果兩地時差能配合約診安排，試看看找個時間讓他能透過視訊參加，還要確定爸爸想到什麼問題都可以提出來。如果產檢沒法視訊，試看看弄些超音波影像或動態檔傳過去。至於聽覺方面，可以把寶寶的心跳錄下來。

◆ 愛吃大連線。黑橄欖花生醬三明治怎麼吃都不夠？香蕉一根接一根？裝一份愛吃關懷包裹。沒法兒送很遠的就要用替代品，比如像是香蕉，妳可以寄一袋冷凍乾燥的過去。或是傳個相片給他看看，前一天半夜吃進肚子的超級冰淇淋聖代有多壯觀。

◆辦一場遠距揭祕會。如果妳打算第20週做超音波時知道胎兒是男是女，或者要辦一場盛大的揭祕派對，一定要讓孩子的爸能夠參與。謎底揭曉時來個視訊通話，或是請知道答案的親戚或朋友裝兩箱一模一樣的包裹，依寶寶性別放入藍色或粉紅的碎紙片或糖果，一箱寄過去一箱交給妳，然後透過視訊通話同時拆開揭曉。

◆讓他和寶寶建立感情。從第6週開始，寶寶的聽覺就發展得很好了。充分利用這點，開始和爸爸培養感情。視訊通話或講電話的時候，把聲音靠近肚皮讓寶寶聽見爸爸的聲音，孩子聽起來絕對是宛若天籟。這麼一來，寶寶就可以從最開始就認得爸爸的聲音。另一個方法：一旦可以從外頭見到胎動，就把他的各種動作編成一個專輯寄過去。

◆一起去採購。或許他沒時間一頁頁翻看嬰兒床、推車和監看器的型錄（說不定那正合他意），關於育嬰用品方面，如果妳已經稍微縮小選擇範圍，做爸爸的說不定會想要表達意見。小孩房要漆什麼顏色用什麼主題，也同樣比照辦理。改裝嬰兒房或專屬角落的時候，別忘了隨時拍照（可別自己粉刷或搬重物）。還可以一起上網申請，弄一份寶寶用品清單供親友送禮參考。

◆找到適合需求的支援。每位準媽媽都需要有個堅強的支持系統：有個肩膀可靠著哭泣，有人當出氣筒，有人加油或一起分享特殊的時刻。妳更需要，也更必要。和其他軍眷建立關係，不管是在網路上或在基地，彼此支持，分享資源。各地聯合服務組織（USO）可提供協助，並有方案能把媽媽們團結在一起，還可以協助提供資源。如果分娩時另一半不克前來，找一位親戚或朋友擔任生產時陪在身旁的啦啦隊，幸運的話，還能隨時來段視訊通話。還可以一起去上媽媽教室，以及哺餵母乳、嬰兒CPR等課程。

還可以考慮請一位陪產員（見497頁）。很多陪產員對軍眷提供免費服務，或有優惠，尤其是另一半派駐外地的話。如果妳覺得光是朋友來聽妳說說話還不夠，如果妳覺得憂慮、焦躁、吃不好睡不著，或不能自己照顧自己，那就得請醫師幫忙。專業諮商，或許配合支持團體，其助力無與倫比。

◆ 參加小組。如果妳的基地有小組照顧方案，可考慮參加，可得到額外支持並有同樣境遇的伙伴。詳情參考022頁。

肥胖問題

「我超重了將近27公斤，會提高我和胎兒的風險嗎？」

過重甚至是肥胖（超過標準體重20％以上）的婦女，大多都能安然度過妊娠階段，擁有健康的小寶寶。然而，帶著額外體重還要懷小寶寶，確實會提高某些併發症的發生率，像是流產、新生兒缺陷、胎死腹中、早產、高血壓和妊娠糖尿病。肥胖也會有些實際的孕期困擾。過多的好幾層脂肪，可能會厚到醫生難以用超音波確定胚胎的大小和位置（自己也比較難感覺到胎動）。胎兒要是過大，則會導致陣痛過久及難產，這種情形常常出現在肥胖的孕婦身上（即便在妊娠期間飲食並未過量亦然，尤其是患有糖尿病的婦女）。如果必須剖腹，在手術過程與恢復階段都可能引起併發症。

再來就是孕期的舒適，或說孕期的不適，很遺憾，隨著體重倍增，不舒服的孕徵也會增加。體重過重（不論是孕前所累積還是孕後才增加）會加深背痛、靜脈曲張、水腫、胃食道逆流等症狀。

怕了嗎？別氣餒。有許多方面可以和醫生配合，將多出體重所導致的風險減到最低，並減少自己的不適，只要努力一定能辦到。在醫療方面，大概會比一般低危險懷孕婦女做更多樣的檢驗，譬如說，可能要更早、更經常篩檢妊娠糖尿病，並做額外的超音波檢查，以確認胎兒的大小。

孕婦要好好照顧自己，最要緊的是在能力範圍內消除所有妊娠風險（譬如喝酒和抽菸）。避免體重過度增加也很重要，妳的目標會比平均建議增加值低，並應由醫護人員仔細監控。美國婦產科醫學會建議，過重的孕婦妊娠時增加7～9公斤，而肥胖孕婦不要超過7公斤，每個醫師可能會有不同的建議值。事實上，有些醫生會建議肥胖婦女在孕期別增加體重，不過，還是一樣，嚴格遵循主治醫師或助產士為妳安排的規劃。

即使應遵守的總量會調降，每天的飲食仍應富含維生素、礦物質和蛋白質（參看131頁開始的「妊娠時期的飲食法」）。重質不重量，每一口食物都達到效果，讓攝取的熱量全都派上用場。認真服用妊娠維生素可提供額外保障。在醫師的指導建議下，定期運動，可以讓妳攝取更多健康且寶寶必需的食物，卻不會增加多少體重。經常運動、正確增重、健康飲食，合起來就能降低發生妊娠糖尿病的風險。

在想是否能用號稱可抑制食慾的瓶裝補充品或罐裝飲料，堅守孕期增重目標？懷孕時使用這些東西會造成危害，要離它們遠一點，就算是標為「純天然」的產品也一樣。

如果計畫再生個寶寶，那麼在下次受孕以前，盡可能調整到接近理想體重，會讓下回的妊娠過程大為輕鬆愉快，併發症機率也比較低。

體重過輕

「我一直都是皮包骨，體重都很難增加。體重過輕會不會對懷孕造成影響？」

不管妳是否瘦到像皮包骨，懷孕絕對是享受飲食，增加體重的大好時機。如果孕婦真的很瘦（BMI不足18.5；計算方式請參考178頁），一定要多吃，因為太瘦或營養不良會增加潛在風險，例如新生兒小於胎齡，還有早產，要是營養不足的話更是如此（要是妳吃得健康，只不過是天生就瘦，比較不會發生）。只要媽咪飲食良好（攝取許多熱量和營養素），補充妊娠維生素並適度增重，任何增加的風險都可以消除。醫護人員會依據妳原來的體重提出建議，大概在13到18

公斤，而不是正常體重孕婦的11到16公斤。如果妳是因為代謝率較快，使得體重不容易增加，可參考299頁所提出的訣竅。不過，只要體重穩定成長，除了肚子凸出之外，妊娠之路不會遇上什麼阻礙。

✿ 減重手術後懷孕

是否做了減肥手術而減去許多贅肉？醫生可能會建議妳，術後至少12至18個月別懷孕，這段期間體重減幅最為劇烈，營養不良的可能性也較高。但是度過這道關卡還懷了寶寶，真是喜上加喜，不僅減去許多贅肉，還可以生個孩子！這是件值得鼓勵的事，因為減去肥肉（不管是怎麼做的，胃袖狀切除術、胃束帶成形術或胃繞道手術）可讓妳更有機會擁有健全妊娠，生個健康寶寶。妊娠糖尿病、子癲前症，胎兒太大等風險，都已經因而降低。

這不是雙贏的局面嗎？

不過，做過減重手術的孕婦，有幾件事還是需要額外注意：

- ◆ 請減重手術的主治醫師參與妊娠照護團隊，關於胃繞道術後病患的特殊需求，只有他最了解，可提供婦產科醫師或助產士相關建議。
- ◆ 維持維生素攝取。懷孕期間要持續服用專用的維生素，再怎麼說，妳現在的營養是供兩人使用。可先服用孕婦專用維生素，可能會因為吸收不良的問題，而需要更多的鐵質、鈣質、葉酸、維生素B_{12}以及維生素A。記得要和產檢醫生與外科醫師討論，需要什麼特殊補充劑。
- ◆ 留意體重計讀數。原本習慣看著體重下降，不過現在懷了一個小孩，可能要開始增重。妳的工作是要堅守增重目標，太多太少都會讓妳的妊娠和寶寶遇上不必要的風險。別忘了，減肥手術後的孕婦，新生兒體重過輕的風險會增加，如果能達成正確增重數量，就有助於保障寶寶出生時體重可以達標。

◆留意飲食。做過減重手術的患者食量受限，想要一人吃兩人補就更具挑戰。隨著胎兒和子宮開始長大，更壓縮胃部空間，妳可能會覺得挑戰更加倍。由於食量受限，必須注重飲食品質。別亂吃不能滿足營養需求而浪費空間或熱量的食物，應該選擇體積最小而營養成分最高的食物。

◆留意各種症狀。只要覺得特別想吐或是噁心，或發現不正常的腹痛，馬上和產科醫師以及幫妳動手術的醫師聯絡。這些狀況或許是和懷孕有關，或更嚴重的是和妳之前的手術有關，若是後面的情形就得立刻送醫。

飲食障礙

「過去十年我一直在和暴食症奮戰，原以為一旦懷孕就能擺脫，可是似乎事與願違。這樣是否會傷及胎兒呢？」

要是馬上得到協助的話，那就不會造成傷害。多年來暴食（或厭食）表示身體儲備很少的營養，讓妳和胎兒一開始就處於不利立場。所幸，妊娠初期的營養需求比後期來得少，所以在損及胎兒以前，妳還有機會把過去欠缺的養分補回來。

飲食障礙和妊娠相關的研究十分稀少，部分是因為這類病症常會使月經週期中斷，這就表示患有這類困擾的婦女一開始就很少能夠懷孕。不過，已有的研究做出如下建議：懷孕時狂吃狂吐，即暴食症，似乎會增加流產和早產的風險，產後憂鬱症的機率也升高。懷孕時厭食，流產、子癇前症、早產和剖腹產的風險會提升。懷孕期間服用通便劑、利尿劑、食欲抑制劑，以及暴食症和厭食症患者有時會吃的其他藥品，也會造成傷害。因為在營養素和水分被運用來滋養胎兒（以及日後用來分泌乳汁）之前，就被這些藥物給排出孕婦體外了，而且經常使用的話可能導致多重嚴重問題，包括可能會有新生兒缺陷。妊娠期間若體重增加不足會導致各種問題，包括早產以及新生兒體重不足齡。

幸好，研究也指出，如果現在就把那些不健康的習慣丟開，在其他條件相同的情況下，妳和其他婦女一樣，可以擁有健康的寶寶。如果妳沒法吃得正常吃得好，不能區分是孕吐還是暴食症狀，或是妳假借害喜做為暴食症的藉口，一定要去尋求所需的協助。首先要告知產前醫護人員妳有飲食障礙的問題，不僅有助於讓他們確認狀況是否會影響到胎兒或整個妊娠，妳也可以得到支持，獲致健康並保持健康。醫生可能會把妳轉介給有對付飲食障礙經驗的治療師。如果妳一直深受暴食症或厭食症所苦，能有專業諮詢總是好的，不過，懷孕時一人吃兩人補，那就一定要尋求專業協助。此外，相關的支持團體也會有所助益（可上網搜尋，或請醫護人員或治療師提供建議）。

最重要的就是跨出第一步，立志戰勝飲食障礙，讓自己開始孕育健康的小寶寶。搞清楚妊娠期間增加體重的原理，也會有所助益。下列事項請謹記在心：

◆全世界都認為懷孕的體形既健康又美麗。圓圓的肚子很正常，表示腹中正在孕育新生命。大肚子曲線萬歲！好好愛惜懷孕的自己！

◆妊娠期間一定會增加體重。正確的量（依醫護人員建議），正確的時刻，正確的食物，對寶寶在肚裡成長以及生出來之後幸福極為重要（懷孕時多增一些額外脂肪，在產後哺餵母乳時會派上用場）。這合乎情理的策略不僅對寶寶好，也對母體好。為了自己的健康，也為了寶寶的發育及幸福，適度地增重絕對必要。如此有助於確保孕期更健康，更舒適，而且產後更快回復原本身形。如果看著體重計數字隨必要增重而逐步上升會不安，那就請醫生去看。把家裡的體重計藏起來，就不會忍不住自己去量體重，檢查秤重時把眼睛閉上（請護士把數字記在圖表不用大聲宣布）。

◆懷孕期間可以保持身形，也應保持身形。運動有助於體重適度的增加，而且重量會增加在正確的部位，主要是寶寶以及相關副產品。務必確認妳做的運動都是適合孕婦，而且獲醫師認可。如果妳之前是用激烈的鍛練把吃進肚的過多熱量燒掉，現在該換成比較健康的方式。還要避免那些會讓體溫上升太多的運動，這在妊娠期間並不安全，三溫暖和熱瑜珈就別列入考慮了。

◆生產時會除掉許多妊娠期間增加的體重，不過可不是全部。剩下的部分得花費好幾個月的功夫，回復原有身材就更久了。因此，患有飲食障礙的婦女，有時會抱持著對本身體態的負面情緒，使得她們在產後又陷入大吃大喝再排掉，或讓自己挨餓的惡性循環。這種行為會妨礙產後的復原和哺育，要是選擇餵母乳的話，還會干擾乳汁的分泌。有鑑於此，產後應持續治療，接受專業諮詢。支持團體也會有幫助，可在社區或網路上找。

要記得，寶寶過得好不好，全看妳在懷孕時有沒有善待自己。如果沒有認真攝取養分，胎兒當然會營養不足。正面的提醒絕對有所助益，把可愛俏皮的小嬰兒照片貼在冰箱門上、辦公室、汽車內，可提醒自己要吃得健康的任何場所，並想像入口的食物一路直抵胎兒，而你的寶貝很快樂地享用。

如果還是無法擺脫大吃、大吐、使用利尿劑或通便劑的惡習，或在妊娠期間老是處於半飢餓狀態，就應該與醫師討論是否可以住院治療，直到病症受到控制。為了孩子求得健康並且保持健康，絕對是最佳理由。

如果妳有慢性病

慢性病患者都知道，日子會因疾病的關係而過得相當複雜，又要服藥，又要另外去看專科醫師，更別提還得跟上最新的治療方法。如果再加懷孕這個因素，真是千頭萬緒。好在，只要更為小心多加努力，如今大多數的慢性病都能夠與妊娠和平共處。接下來針對幾個常見的慢性疾病，概略提出一般通用的建議，然而，務必遵循醫師指示，才能針對個人需求量身訂製：

糖尿病～不管是所患的糖尿病是第1型（身體無法生成胰島素）或第2型（身體對胰島素的反應不佳），要想成功安渡糖尿病妊娠，關鍵在於受孕以前要有正常的血糖數值，而且在隨後的九個月當中還要加以維持。配合謹慎規畫的一套飲食計畫（會和我們提出的

「孕期飲食」差不多，少量含糖的甜食及精製穀物，大量富含纖維的食物以及健康的點心），規律運動，小心監控血糖，正確用藥（若有必要，使用胰島素），就能達成目標。妳也會拿到一個孕期增重目標，堅守這個目標特別重要，因為增重太多會讓妳冒著遇上懷孕併發症的風險。

為確保一切均安，會在妊娠期間小心觀察妳的狀況。除了定期測試血糖濃度，還要檢測尿液（檢查腎臟功能）以及眼睛檢驗（檢查視網膜）之外，腹中寶寶還要做胎兒心臟超音波（確定寶寶心臟發育沒有問題）。醫師也會仔細注意有沒有子癲前症（見826頁）以及妊娠糖尿病（見825頁）的先期徵兆，因為糖尿病患者得到這兩種狀況的風險頗高。

因為糖尿病患者的寶寶有時會長得很大，甚至媽媽的體重符合目標也是一樣，要用超音波更嚴密監控胎兒成長。較重的嬰兒會使得分娩更加困難，如果嬰兒很大的話，生產併發症、剖腹產的機率都比較高。要是在妊娠後期出現狀況的話，可能必須提早生產，不過，在引產或施行剖腹產之前，妳的醫療團隊會確定寶寶的肺部已經足夠成熟。

最後，如果妳打算哺餵母乳的話，試著儘可能在生產後越快開始越好（最理想是在30分鐘之內），還要每2至3小時餵一次，以避免低血糖。為求保險，能夠維持血糖濃度並且得到良好母乳哺餵之前，糖尿病媽媽的寶寶通常不會馬上出院。

高血壓（Hypertension）～如果患有慢性高血壓，就會被視為高風險妊娠。不過，藉由良好的醫療和自我照護，那麼妳和胎兒便能安度整個妊娠期。妳得要追蹤在家的血壓，經常做些可降低血壓的運動，減少壓力（藉由放鬆操、冥想以及例如像是生物回饋的其他CAM治療），吃得好，補足水份，而且體重增加要按規定進行。如果有需要的話，可在孕期安全使用的藥物也能有助於確保血壓維持受到控制。同樣，醫療監控也可以依需要介入，確保不會發展成子癲前症（見826頁）。

腸激躁症（Irritable Bowel Syndrome）～懷孕對腸激躁症（IBS）的影響難以預估，反過來也是一樣，因為妊娠期間腸子一直受到擠壓。孕婦容易出現便秘，不過有的孕婦則是更容易腹瀉，這兩者都是IBS的症狀。有的人會脹氣，這現象通常會隨懷胎而更加嚴重，不論是否患有腸激躁症都一樣。

為了讓症狀不會失控，要堅守原本尚未懷孕時用來對付腸激躁症的那些技巧：少量、多餐、多喝水、避免過多壓力、千萬別碰那些會使症狀惡化的食物。如果妳採行FODMAP飲食法，要和醫師溝通，以確保可正確平衡攝取孕期的營養素。如果用藥協助改善IBS症狀，也要和醫師確認可在孕期安全使用，並非所有用藥都是如此。妳也可能會考慮在飲食中加入益生菌。益生菌調節腸道功能十分有效。

鐮狀細胞貧血症（sickle-cell anemia）～懷病症的孕婦通常會被列為高危險群。不過，要是能夠接受正確的醫療照護，患有鐮狀細胞貧血症的孕婦也有大好機會擁有安全妊娠並生下健康寶寶，即使是已出現像是心臟病或腎臟病之類併發症也一樣。高血壓和子癲前症在患有鐮狀細胞貧血症的孕婦也比較常發生，而且懷孕的九個月期間，很多患有此症的孕婦會住院至少一次以上。流產、早產、胎兒發育受限等併發症，也更常發生。

儘管能否因這種療法獲益依然無法確認，可能的話，至少會輸血一次，或甚至在整個妊娠期間定期輸血，陣痛初期或是即將分娩之際也要輸血。

甲狀腺疾病～如果患有甲狀腺機能減退，也就是說，妳的甲狀腺沒法生產足夠甲狀腺素，繼續服用甲狀腺藥物就十分重要，這種藥物不只安全，還是孕期所必需。妳也得更加密切監控甲狀腺素的濃度，看看服用劑量是否符合妳和寶寶的需求，若是之前曾經遇過甲狀腺疾病，但已經停止服藥，那就得和醫師反映，再次測定甲狀腺素的濃度。甲狀腺機能減退若未經治療，會增加流產風險。此外，胎兒如果在妊娠前期不能獲取足量的這類荷爾蒙，會出現神經方面的問題，而且可能天生耳聾。（過了妊娠前期，胎兒可自行製造甲狀腺荷爾蒙，即使母親的分泌濃度不足也不會受害。）甲狀腺素濃度低下，也和妊娠期及產後的母親憂鬱症有關，這又是另一理由促進妳應繼續接受治療。

由於含碘食鹽的攝取量減少，美國育齡婦女罹患碘缺乏症的情形變得越來越普遍，這會干擾甲狀腺荷爾蒙的分泌，所以務必要確認自己獲取充分的這項微量礦物質。

中度到嚴重的葛瑞夫茲症，即甲狀腺機能亢進，甲狀腺產出過量甲狀腺荷爾蒙，若不加治療的話，會帶來嚴重的併發症，包括流產以及早產，所以適切的治療是不可或缺的。好在，只要妊娠期間得到適當治療，母子的健康都沒有問題。針對孕婦，最佳的治療法是採最低有效劑量的抗甲狀腺藥物丙硫脲酮（propylthiouracil, PTU）。

在這列表中沒見到妳的狀況？氣喘可參考338頁，脊柱側彎參考391頁，至於其他慢性病的相關訊息，包括囊腫纖維症、癲癇、纖維肌痛、慢性疲乏症候群、狼瘡、多發性硬化症、PKU、肢體障礙以及類風濕性關節炎，都可在WhatToExpect.com 網站找到。

憂鬱症

「好幾年前我就被診斷出患有憂鬱症，從那之後就一直服用抗憂鬱劑。現在懷孕了，是不是該停止用藥？」

差不多百分之十五的育齡婦女在和憂鬱症作戰，妳並不孤單。有相同狀況的女士們十分幸運，此症的展望極佳：只要得到適當治療，患憂鬱症的婦女一樣也能好好懷孕。不過，妊娠期間怎樣的治療方式才叫適當，實在是精巧的平衡之道，若涉及用藥更是費思量。妳必須和精神科醫師還有產科醫師充分討論，衡量腹中有個小寶寶的時候服用此類藥物（或是停藥）的風險如何，又有什麼好處。

乍看之下，似乎很容易做這決定，不管怎說，有什麼好理由足以把自己的情緒健康看得比寶寶的身體健康更重要？然而，實際上要更加複雜得多。首先，懷孕荷爾蒙會大大影響妳的情緒。即使是從來不曾出現過情感性疾病、憂鬱症或其他心理疾病，在妊娠期間也會遇上強烈的情感起伏，但是具憂鬱症病史的婦女在懷孕時爆發憂鬱的風險較高，也比較容易得到產後憂鬱症。妊娠期間停用抗憂鬱劑的婦女更是如此。

此外，憂鬱現象若不予以處理，不僅會影響到自己（以及親密的家人），也會影響到胎兒健康。憂鬱的準媽媽可能會吃不好、睡不熟，還可能不認真注意產前護理，更有可能尋求不健康的生活方式，例如像是抽菸、喝酒。已有若干的研究證實，一或多個上述因素再加上過度憂焦慮及壓力的虛耗作用，會有較高的早產機率、出生體重過輕、阿帕格指數較低等等風險。不過，有效治療憂鬱症，並讓此症在妊娠期間持續得到控制，就讓準媽媽有機會好好照顧自己身體，成長中的胎兒也能受惠。

說了這麼多，和妳有什麼關係？在妳把抗憂鬱劑扔掉以前，得和醫生討論，自己也要詳加思考。在決定接下來是否要調整用藥之前，應和產檢醫師以及治療憂鬱症的主治大夫或治療師商量。某些藥物更適合孕期使用，有的則根本不建議用於孕婦，這就表示孕前所服用的藥物如今未必是正確選擇，或者需要改變劑量。

你的產檢醫師會和心理健康照護人員攜手合作，提供最新、最正確的資訊，了解哪些抗憂鬱劑可在懷孕期間安全使用，因為這些訊息變動很快，而且在網路上往往有很多錯誤解讀或報導。尋求專業指導而不是自行上網搜查還有個原因：

目前所知的研究會彼此矛盾，有些研究指出，懷孕期間吃某些抗憂鬱劑的話，會增加新生兒罹患自閉症、心臟缺陷及出生體重過輕的風險，而另一些研究顯示，根本毫無相關。如今所知，西酞普蘭 (Citalopram)、氟西汀 (Fluoxetine) 和舍曲林 (Sertraline) 以及其他選擇性血清素再攝取抑制劑（SSRI），一般來說是懷孕期間較好的選擇；另一種 SSRI，帕羅西汀 (Paroxetine)，則不然，因為它可能讓與胎兒心臟缺陷的機率略微增加。血清素及去腎上腺素再攝取抑制劑（SNRI），例如像是度洛西汀 (Duloxetine) 和文拉法辛 (Venlafaxine)，也是孕婦可選的治療用藥。安非他酮 (Bupropion) 並非妊娠期間的用藥首選，不過如果患者對其他可用藥物沒什麼反應的話，或可一試。

妳和醫師權衡各種可用選項之際，有件重要的事不可忘記：雖然懷孕時用藥（包括抗憂鬱劑）並不是絕無風險，專家認為如果沒法以別種方式有效治療的話，不應由於這些風險就讓懷孕的病患別用抗憂鬱劑。那是因為未經治療的憂鬱症本身就有其風險，還有長期影響。儘可能選擇最安全的用藥，儘量在孕期最安全的時段服用，會有助於緩和憂鬱症和用藥兩方面的風險。

還有可別忘了，有些非藥物的治療方法相當有效，或可獨自發揮功能（某些案例，可讓輕度憂鬱的準媽媽完全不需用藥），或與藥物合併使用（讓準媽媽用較少劑量或換成比較安全的藥物）。這類的治療法就包括：心理治療（會談治療），光照療法以及補充與另類療法，例如針灸，或許還有神經治療。運動（會釋放出令人感覺良好的腦內啡），冥想（有助於應付壓力）還有飲食（三餐和點心要規律，保持血糖濃度）都可在療程之外更有所助益。可洽詢醫生和心理醫療提供單位，看看是否有更多選擇。

寫給爸爸們

「高齡爸爸」

歷史上有好長一段時間，人們都以為生小孩這件事，父親的責任只有授精而已。一直到了二十世紀，才發現決定弄璋或弄瓦，完全是由父親的精蟲基因所決定（這對許多未能生下男嗣而走上斷頭台的皇后來說，實有「遠水救不了近火」之嘆。）而一直到最近幾十年，研究者才開始發現，高齡父親的精蟲也可能會造成寶寶的風險增加。和高齡母親的卵細胞一樣，高齡父親的精母細胞（尚未發育成熟的精蟲）長期暴露在種種危險環境當中，可能會有變異或受損的遺傳因子及染色體。這對於高齡爸爸未出生的孩子來說，代表什麼意義？事實上，研究報告顯示，不論媽媽年紀多大，流產風險會隨著爸爸的年紀增加。同時也顯示，父親年齡超過50或55歲（一樣，不論媽媽的年齡多大），唐氏症的發生機率也會上升。若爸爸大於40，自閉症或心理健康問題的風險稍有提升。

爸爸年紀較長，是否表示媽媽和胎兒就得要做更多診斷檢驗？遺傳諮詢專家不會單純因為父親的年齡而建議羊膜穿刺或CVS之類的侵入性檢驗，好在，現在的孕婦都要接受例行篩檢，不管做爸媽的歲數如何，而且篩檢可排除大多數的染色體問題。

總而言之，如果你是高齡爸爸，就像高齡媽媽一樣，風險極小，而在你人生這個時刻擁有一個寶寶的好處極大。所以囉，放輕鬆一起享受妊娠過程的喜樂，等待都是值得的。

高於35歲懷孕

「我38歲才懷頭一胎，不知年齡是否會對懷孕或寶寶造成影響。」

年齡過了35歲後才首次懷孕的婦女，其實不少，而且有越來越普遍的趨勢。40幾歲婦女懷頭一胎的，數目也在增加。

幸好，妳和同齡的孕婦都有福了。首先，懷孕的風險本來就很小，隨著年齡的增長，風險僅略微上升。這些隨年齡而增加的風險，大多都有辦法減到最低，甚至完全消除。

先來講風險的部份。超過35的婦女（這個年齡層被稱做是高齡產婦，真是不公平），最大的風險在於難以受孕，因為一旦離開二十歲初那幾年最佳受孕時段，生育力就會開始下降，並不是到了35歲一夕之間惡化。既然克服困難而受孕（恭喜妳！），迎面而來的就是生下唐氏症寶寶的風險略有升高。再次強調，隨媽媽年齡增長而逐漸增加的風險還是相當低的：25歲母親的機率是1/1,250，30歲是3/1,000，35歲是1/300，到了45歲則為1/35。據推斷，唐氏症以及其他染色體異常漸增，是因為卵細胞較為老化（每位女性一出生就帶有這輩子所有的卵子，會跟著變老）。也就是說，由於據估計至少百分之25的唐氏症以及其他染色體異常是爸爸較老的精子所致，而且年紀大的孕婦往往是嫁給年紀大的爸爸，究竟是媽媽的年齡還是爸爸的年齡涉及此事，不是每回都能分得清清楚楚。

有一些其他風險會隨孕媽年齡略微上升，其中有一項，或許根本就不算風險，還是個好事：年紀較長的媽媽更可能懷雙胞胎，即使自然受孕也一樣，這要感謝因年齡而更容易一次釋出多個卵子。一般來說，會隨年齡增大的風險有：流產（因卵子較老）、子癲前症、妊娠糖尿病和早產。平均來說，陣痛和分娩時間會比較長，也比較容易出現併發症，通常是由於妊娠風險一開始就比較高，使得高齡產婦剖腹的比率較高。

雖說隨著年齡的增長，風險略微上升，還是相當低的，而且妳的熱切期待有了回報，相較之下這都算不上什麼了。最棒的是，更常見於年長孕婦的懷孕併發症有的能夠避免，若不能避免的話通常也能得到良好控制。正確的醫療處置配合用藥，可搶先對付早發陣痛，而且一直有突破性的發展可減少生產時的風險。唐氏症並非不可避免，能用多種篩選檢驗、診斷檢驗在未出生前測知。更大的好消息是，不具侵入性的初期篩檢（見53頁）如今已成基本，不論孕婦年紀大小都建議實施，也就是說，並不是特別找妳麻煩，而且要比以前的方法更加準確。通過這類篩檢的準媽媽，即使大於35歲，就不必像以前例行實施更為侵入性的檢驗（羊膜穿刺）。這做法省時，省錢，更重要的是省去心理壓力。

不過，雖然產科的學問可儘量幫助妳擁有更安全的妊娠和更健康的寶寶，都比不上自己能做的努力，也就是運動、良好飲食、合理增重以及規律的產前照護。年紀大未必就要列入高危險群，但如果累積許多的個別風險，那又另當別論。如果高齡孕婦能夠盡力排除或降低許多風險因素，那就可以抹去歲數對妊娠所造成的影響，與一般年輕母親一樣能生下健康寶寶，甚至更優秀。

放輕鬆，安心的享受妳的喜訊吧！35歲以後懷孕生個健康寶寶，一點也不成問題。

不只是寫給爸爸看的

心懷期待的家庭有各種組合。也許妳們是兩位媽媽，其中一人懷了胎；或是兩位爸爸透過代理懷孕還是計畫要公開領養，全都很像是自己懷著胎兒的女性一樣，在生理和心理方面有可相比擬之處。或者妳是單親媽媽，但並沒有傳統觀念所公認的另一半，要由身旁親朋好友提供那人應有的支持。不論妳的家庭組成是怎樣，整本書都可適用，貫穿全文到處都有的「爸爸們看過來」也是針對妳的家庭況狀而寫。妳可以隨意編排，充分運用本書的內容，協助妳的家人適應從無到有的重大轉折。

基因篩檢

「我一直擔心自己很可能有遺傳疾病，只是不曉得而已。該不該去做基因篩檢？」

每個人幾乎都帶有至少一種遺傳疾病的基因，就算是未曾有家族史出現也一樣。還好，大部分的疾病都需要致病基因搭配成對，一個來自母親，而另一個來自父親，子女發病的可能性並不高。由於基因檢測技術，夫妻其中一方或雙方可以在懷孕期間接受檢驗，確定是否帶有疾病的基因，要是能在受孕以前接受篩檢的話那更好。一般來說，建議父母只需一方先做，只有第一位測出陽性反應時，另一位才要受檢。直到最近，誰該受檢，檢查什麼項目，往往涉及人種或地域背景，而且只針對少數幾種病症。舉例來說，祖先來自東歐的猶太裔夫婦，應該接受泰－歐克斯症、腦白質海綿狀變性（Canavan disease）或者其他疾病的測試（更多資訊請參考 victorcenters.org 或 jscreen.org）。其他種族也會出現泰－歐克斯症，包括法裔路易斯安那州人以及法裔加拿大人，以及賓夕法尼亞州的荷蘭裔，如果妳的家族當中有這類血緣關係，就應該考慮接受檢驗。同理，非裔美國人夫妻必須檢查鐮狀細胞貧血症基因，而地中海和亞洲地區的後裔則須檢查海洋性貧血（一種遺傳性貧血）。

然而，現今無遠弗屆的多元族裔社會當中，越來越難指出某個單一種族或地域背景，以上的建議已變得不那麼牢靠。最好的例子就是：歐洲裔白種人一直以來都被告知囊腫纖維症（CF）檢驗十分重要，因為他們大約有1/25的機率帶有這個基因，族裔之間的交流已使帶因者的母群體擴大。因此，CF篩檢的準則也有所擴大。如今建議所有夫妻都接受CF篩檢，不論祖先來自何方。

遺傳疾病篩檢的準則是否還應該更為擴大？很多人覺得是這樣沒錯。而且，現在基因檢測的進展可讓所有夫妻接受檢測，在受孕前就測出多種遺傳疾病風險，不管種族或地域背景如何。這類所謂全面帶因者篩檢，可檢出超過300種的帶病基因，也讓妳和伴侶有能力可以曉得，兩人共同孕育出來的下一代，是否有將這些遺傳疾病傳下去的風險。如果男女雙方都測出帶有某一項遺傳疾病基因（還是一樣，如果女方測得陰性就不需檢查男方），可用進一步的遺傳諮商及檢測，篩檢這一胎及後續胎次是否有此風險。此外，事先了解他們懷上的孩子具有遺傳疾病的風險很高，就讓小兩口能選擇運用新的生殖科技，比如像是試管嬰兒在植入前先預做基因診斷，以便植入前篩檢出帶有那病症的胚胎。或者可考慮借用別人捐贈的精子，還有其他非傳統途徑來打造家庭。

雖然許多專家呼籲，指導準則應讓所有夫妻常規接受全面基因篩檢，ACOG尚未支持這個立場。此時此刻，他們建議全面基因篩檢主要係以依據家族史及族裔（無論自行報告的族裔屬性是多麼不可靠），而常規篩檢僅限於囊腫纖維症基因。

即使如此，ACOG和美國醫療基因及基因體學院（ACMG）贊成，只要願意，所有夫妻都應該有權在開始嘗試受孕之前接受帶病基因篩檢。不過，為了減少篩檢可能帶來的情緒不良影響，專家建議做篩檢時要和與產科醫師或遺傳專家的諮詢一起進行，可以正確解釋全面基因篩檢檢查的病症有哪些，以便夫妻如果有什麼結果他們不想知道，就可以選擇不要收到那項的檢驗結果。ACMG還補充，帶病基因篩檢只應檢查和生殖決定相關的疾病，不應包括成年發病的疾患（上述300項篩檢的病症當中，有些要到成年後才會發作），除非夫妻特別同意全部都做。

不管目前的建議如何，要怎麼進行基因篩檢，最好的決定方式還是和醫師充分討論。這麼一來，妳和另一半就能決定對妳們以及即將成形的家庭最好的處理方式。

孕期的預防注射

幾乎所有可用疫苗預防的疾病都會造成妊娠問題，懷孕時疫苗接種完備就十分重要。大多數使用活病毒的疫苗都不建議在懷孕時接種，包括MMR（痲疹、腮腺炎、德國痲疹）和水痘疫苗，若能在受孕前就補齊是個聰明的做法，也是必須。疾病管制局建議，其他疫苗不應視為例行措施，但可視需要接種，包括A型肝炎以及肺炎鏈球菌。妊娠期間也可以安全接種B型肝炎疫苗。

孕期還有個不可少的：疾病管制局建議在流感季節（通常是十月至翌年四月）懷孕的婦女都應注射，並在27週至36週之間接種Tdap疫苗，保護寶寶不會得到白喉、破傷風和百日咳（關於Tdap請參考499頁）。

關於疫苗的更多詳情，請和醫護人員洽詢，並參考800頁。

沒有健康保險？

現今社會要生養下一代費用很高，這還不包括採買昂貴的名牌童裝。話雖如此，準媽媽不應在缺乏母嬰都需要產前照顧的情況下，度過妊娠期和分娩階段。幸好，有許多方法可以得到這種產前護理：

- 平價醫療法案（Affordable Care Act, ACA）。ACA要求私人保險公司為已經存在的狀況買單，包括懷孕在內。若妳的雇主或配偶不提供保險，或妳無業，或許可以透過「健康保險交易市場」申請一張保單。不論如何，你必須在開放期間提出申請（每年一次），除非符合「合格人生大事」的特殊申請資格。懷孕本身並不被認定是「合格人生大事」，不過結婚、離婚和搬家就算，而且妳通常都能把寶寶加進保單當中，或改成出生後60天內包含新生兒的方案，即使是在開放申請期間以外亦然。欲知更多詳情，包括要如何聯絡當地交易市場的業務代表，可上 healthcare.gov 網站。

◆醫療補助計劃（Medicaid）和聯邦兒童健康保險計劃（CHIP）。即使妳之前並不符合資格，很多州都提高了懷孕期間的收入門檻，以協助更多孕婦能透過醫療補助計劃得到保障。「凱澤家庭基金會」（kff.org）有一個各州收入限制的清單，而美國衛生及公共服務部也有一份實用的實況介紹（medicaid.gov）。或可撥電話 800-318-2596 聯絡當地的交易市場業務代表，詢問妳是否符合資格。

所有各州，聯邦兒童健康保險計劃提供廉價的健康保險，供家庭收入太多不符

Medicaid 資格的兒童使用。某些州，CHIP 也保障孕婦。若想知道妳是否合乎 CHIP 的產前保障，請填妥貴州的交易市場申請書，或上網 insurekidsnow.gov。

◆COBRA。如果妳或配偶最近失業而且之前有健康保險，或許能夠透過一個名叫 COBRA 的方案得到最多36個月的保障。可惜，COBRA 的保費通常很貴，因為並沒有包含雇主負擔，但在妳或配偶找到提供健保的工作之前，這或許是個不錯的折衷辦法，詳情請洽之前雇主的人資部門。採用 COBRA 之前，如果是在開放申請期間或合乎特別申請資格，得要好好把它和透過健康保險交易市場買到的保單做一比較。交易市場的保單會比 COBRA 這個選項便宜得多，要是妳符合 ACA 的補助資格那就更是如此。

◆父母。依據ACA，如果妳不滿26歲而且父母之一有健康保險，他們應該能夠把妳當做是附帶人加保，即使沒有住在一起也可以，有沒有結婚都沒關係，而且和報稅時是否列為接受撫養無關。問題在於：妳可能需要等一個開放申請期間才能加保，而且許多保險計劃並不包括保障附帶人的孕婦照護。

◆診所。如果妳負擔不起任何健康保險，也不夠資格透過Medicaid或CHIP獲得保障，也許可以在附近社區健康中心或診所得到低廉的健康照護。請上網findaheathcenter.hrsa.gov或撥電話800-311-BABY（800-311-2229）找一間。

◆折扣。如果妳已經研究過其他保險選項，結果孕期照護仍然要自己掏腰包付費，撥電話給妳的健康照護提供者，或許他們可提供協助。許多醫生和醫院會給妳折扣，如果用現金支付的話，有時多達八折或七折。他們通常也會提供多種付款方案，讓妳可以選擇分期付款，不過要確認這種安排是否有收取利息。簽字之前，也要查看有沒有由醫療機構提供的健康保險金援信用卡可以支付這項費用——妳會付出百分之20甚至更高的利息。另有一種可能：健康保險折扣服務或折扣卡，每月繳費就可以得到健康保險服務費用的折扣。一定要研讀那些小字，確認妳的健康照顧提供者以及所提供的服務在保障範圍內，而且沒有隱藏費用。如果妳要自費，另一個省錢的辦法：如果妳無病無痛，併發症風險低，而且想要有不需醫療介入的分娩，可找生產中心而不用去醫院，省一大筆費用。若在生產中心，一般沒有併發狀況、沒有用到醫療的自然產，其支出通常要少於醫院的收費。選一位助產士也可以幫妳省更多，即使妳選擇在醫院生也一樣。

「懷孕前，我和另一半都沒做過基因檢查。現在該不該去尋求遺傳諮詢？」

幸好，大部分的準父母將遺傳疾病傳給下一代的風險都很低，多半不需尋求遺傳諮詢，妳們屬於大多數人的機率相當高。為消除不安，和產前的醫護人員談談這個特殊狀況，看看是否需要進行進一步的遺傳諮詢。通常，只限於下列需要額外專業人士的情況，才會轉介給遺傳諮詢人員或母嬰專科醫師：

- ◆ 夫妻雙方的血液檢查及／或全面基因篩檢顯示，兩人都帶有某種遺傳疾病基因，有可能把疾病傳給下一代。
- ◆ 之前已有一個或更多子女出現遺傳性先天缺陷。
- ◆ 有過二次或更多連續流產經驗。
- ◆ 女方大於35歲，男方大於40歲。
- ◆ 夫妻任一方的家族，曾出現遺傳疾病。例如囊腫纖維症或某種地中海型貧血症，在懷孕以前父母便先做DNA檢驗，可以讓日後胎兒檢驗結果的判讀更容易。
- ◆ 夫妻一方（或其父母、兄弟姊妹，或前幾胎小孩）患有先天缺陷（如先天性心臟病）。
- ◆ 孕婦作胎兒染色體缺陷篩檢時，呈現陽性反應。

◆ 夫妻兩人是近親。如果父母有血緣關係，子女患有遺傳疾病的風險最高（舉例來說，夫妻是一等表親，那麼風險高達八分之一）。

單親媽媽與妊娠

準媽媽是否為單身？不用因為沒有一個伴，就獨自面對妊娠期。妳所需的支持，每一位媽媽該有的支持，並不是只有配偶才能提供。在妊娠期間，任何與妳感情融洽的好朋友或親戚，都可以在身心方面伸出援手。他／她在九個月的懷孕期間和往後的生活，可以扮演另一半的角色：陪妳作產檢、上媽媽教室，聽妳傾吐憂慮、恐懼與喜悅，幫助妳準備居家環境與生活，以迎接新生兒的加入，並且在陣痛與分娩期間陪伴妳，給妳支持與鼓勵。只有同樣身為單親媽媽的人，最能了解妳所承受的辛苦，所以也可以考慮加入，或是發起單親媽媽的支援團體，或者上網尋求支援（搜尋whattoexpect.com的單親媽媽討論區）。也可以考慮請一位陪產婦加入團隊（參考497頁）。或者，如果附近有的話，可選一個小組照護計劃做為產前照護，因為團體取向就表示妳在做產檢時絕對不會孤單一人（參考022頁）。如果妳因為伴侶外派或離家很遠工作，一次好幾星期或好幾個月，參考056頁。

很喜歡獨來獨往，而且說不定會更快樂是嗎？那也是某些單親媽媽的選擇，高興就好。

妳必須知道的：產前診斷

小寶寶是男生還是女生？金髮還是棕髮？綠眼珠還是藍眼珠？會不會有媽媽的嘴巴和爸爸的酒窩？或是爸爸的音樂天分加上媽媽駕馭數字的本事（或是剛好相反）？

嬰兒出生前，爸媽就會東猜西猜（朋友們還會為此打賭），甚至還沒懷孕，就開始這種無止盡的猜測。不過，父母最想知道，卻又最不敢妄加推測的仍然是：「我的寶寶是否健康？」

以前這個疑問要到出生時才能揭曉。時至今日，藉助多種產前篩檢與診斷檢測之賜，甚至早在懷孕初期就能知道上述疑問的答案。這40週期間，需要做哪些篩檢？孕期會不會納入診斷檢驗？這個領域持續成長，相關建議不斷變化，妳得仰賴醫師協助，帶著妳做出對自己對妊娠都好的正確決定。不過，先閱讀也有助益，如此就能了解幾種最常見的篩檢和診斷檢驗。

篩選檢驗

多數的孕婦，即使被認為生出缺陷兒的機率很低，懷胎40週期間都要做一些篩選檢驗。這是因為為篩選檢驗屬於非侵入性，而且越來越準。除了可能會造成緊張，此類篩檢對媽媽或胎兒無害，卻能讓人大為放心。輕易就能鬆口氣。

產前篩檢利用抽血及/或超音波，辨別新生兒帶基因缺陷的風險是否增高，例如唐氏症或神經管缺陷（例如像是脊柱裂）。篩檢不能診斷出是否出現這類狀況，只有診斷檢驗才有辦法，但可判定胎兒帶有缺陷的可能性，準確率介乎百分之80至99。以下概略介紹各種篩選檢驗。

非侵入式產前篩檢（第9週之後）～妳可知道，胎兒的DNA斷片會在妳的血液裡跟著循環？非侵入式產前篩檢（NIPT，或NIPS）指的是第9週之後所做的簡單血液篩檢，分析DNA，即游離胎兒DNA（cfDNA），以指出寶寶患有某些遺傳病的風險，包括唐氏症在內。NIPT是一種篩選檢驗，這就表示它只能告訴妳胎兒得病的機率，卻不能得到百分之百肯定的答案；如果妳想知道的話，還有個額外禮物是可以知道寶寶的性別。進行這類新型篩選檢驗的公司宣稱，NIPT的偽陽性結果要比標準血液篩檢（例如四項指標篩檢，見087頁）更少。所得結果可幫妳和醫師決定下一步，包括是否值得冒風險進行侵入性診斷檢驗，這類檢驗更準但具有若干風險。

因為NIPT只需用針筒抽個血即可，妳只需在醫師的診所或檢驗室伸出胳臂就好了，對妳對胎兒都絕對安全。接下來把妳的檢體送去實驗室，檢查血中的DNA，看看有沒有徵兆指出異常的風險提高。

一旦NIPT結果送回來，妳的醫師可能就會把這結果和孕程初期超音波或頸部透明帶篩檢（見後文）的結果合在一起看，判定是否需要做更多檢驗。如果結果是陽性，醫師會建議再接著做羊膜穿刺（見092頁）或CVS（見090頁），以確定此結果，還可檢查其他NIPT無法偵測到的問題，例如像是神經管缺陷。

由於NIPT相對而言比較新，尚未經FDA核可。目前，ACOG建議NIPT僅提供給懷有染色體異常胎兒風險較高的孕婦，例如年齡大於35歲，或之前生過有遺傳疾病的小孩，或有遺傳病家族史，不需提供給低風險孕婦。至於懷了多胞胎或用的是別人捐贈的卵子，完全不建議進行NIPT檢查。

在妳安排NIPT之前，要和保險公司確認是否可得到全額支付（大多數方案可獲保障），如果不行的話，就得自費。

頸部透明帶篩檢（10到13週）～「頸部透明帶」（nuchal translucency, NT）篩選檢驗基本上就是一種特別的超音波，讓妳曉得胎兒帶有染色體問題的風險是否增高，例如唐氏症。然而，和診斷檢驗不同，NT篩檢不能給妳肯定答案，說明寶寶是否帶有基因異常，反而是給一個發生機率的統計值。有了這項資料，接下來妳和醫師就可以決定是否需要做更侵入性、但更準確的進一步診斷檢驗，例如像是羊膜穿刺或CVS。

NT究竟是在測量什麼？它是針對胎兒後頸部組織一處很小、透明的區域，稱為頸褶。專家發現，帶有基因異常的寶寶，這位置會蓄積液體，尺寸也就因而變大。這類異常包括唐氏症（這是由於包含人類遺傳碼的23條染色體當中，第21對多複制了一份所致）、三染色體18（染色體18多了一份），以及三染色體13（染色體13多了一份）。

NT篩檢必須在孕期第10至13週實施，在那之後，組織就變得太厚而不透明，檢驗難以得到定論，方法是用用一種極度敏感的超音波機器，但是和標準超音波一樣都很安全。首先由一位超音波技師測量胎兒以確定孕齡，然後才把注意力放在頸褶，並在螢幕上測量其厚度。這些測量值再配合孕婦年齡以及胎兒孕齡，輸入一個公式，計算染色體異常的機率。

NT篩檢通常會是初期所做常規產檢的一部分，建議每位孕婦都做。雖然到處都能做，有些地方，尤其是鄉下，可能沒有機器或缺乏專業技師能實施這項檢查。

由於NT測量值也和胎兒心臟缺陷有關，若妳測得較高數值，醫生可能建議在20週左右進行心臟缺陷篩檢。NT測量值也和早產風險有點關聯，要是妳的NT結果高，醫生也會監控妳的早產徵兆。

✿了解偽陽性的負面效果

接受篩檢就是為了安心，而且到最後通常都會令人安心。但在去做篩檢程序之前有件事很重要，妳應和醫師開誠布公地討論，弄清楚偽陽性的負面效果（送回的檢驗結果說某項疾病的風險增加，但其實寶寶好得很），得到陽性檢驗結果究竟表示什麼意思，哪些檢驗的偽陽性比率較高（例如，單獨只做四項指標篩檢或NT）。醫生會告訴妳：篩檢為陽性的孕婦之中，超過90％生下來的寶寶都是完全正常而且健康。別怕篩檢出陽性反應，要抱持正向思考。

複合篩檢（11到14週）～由於NT結果本身的準確率只有百分70至75（這就表示這項檢查會漏掉百分之25至30的唐氏症寶寶），妳的醫師可能會提供一種所謂的複合篩檢，其中NT超音波結合和1或2項血液檢驗合起來，測量並比較妳的2種荷爾蒙，**hCG**和**PAPP-A**（妊娠性血漿蛋白）的濃度，這兩種荷爾蒙是由胎兒分泌，流入母親的血液裡。把這些驗血結果和NT測量值合起來看，唐氏症的正確偵測率大幅提升，來到約百分之83至92。

若複合篩檢顯示寶寶可能有染色體缺陷的較

高風險，就可以做CVS或羊膜穿刺。若篩檢並未顯示風險增加，醫生可能會建議在妊娠中期做整合式篩檢（見左方解說），以排除神經管缺陷。

請記得，這項篩檢不會直接檢驗染色體的問題，也不能診斷出特定的症狀。結果僅提供寶寶有缺陷的統計機率如何。複合篩檢的結論若是異常，並不表示胎兒有染色體缺陷，而是風險較高，建議要做後續的診斷檢驗。事實上，大部分篩檢結果為異常的孕婦，後來都生下正常且健康的寶寶。另一方面，篩檢結果為正常，也不絕對保證胎兒確實正常，但意思是說寶寶有染色體缺陷的可能性極低。

整合式篩檢（妊娠初期及中期）～另一個可能提出來供妳選擇的篩選檢驗，把妊娠初期的PAPP-A及（可能做過的）NT和中期四項指標篩檢（見下文）所測出4種荷爾蒙的測量值合起來。初期與中期的測量值合起來，才能得到更敏銳的篩檢結果。

四項指標篩檢（14到22週）～四項指標篩檢是用血液檢驗四種由胎兒分泌，而後流入母親血液中的荷爾蒙濃度，包括甲型胎蛋白(AFP)、人類絨毛膜促性腺激素（hCG）、雌素三醇(estriol)以及抑制素A（inhibitor-A）。甲型胎蛋白濃度高，表示寶寶出現神經管缺陷的風險性較高（但並不表示一定有缺陷）。如果出現不正常的低值，而且其他指標的濃度也不正常，表示染色體缺陷（例如唐氏症）的風險提高。四項指標篩檢和其他篩檢法一樣，並不能診斷出先天缺陷，只能顯示風險高低而已。任何異常結果，僅意味著必須再做後續的檢查。

妳的醫生可能會建議四項指標篩檢，而不是NIPT篩檢，因為NIPT可能在妳那地區沒法做，或是可能並沒有包含在保險給付範圍內。此項篩檢的準確率也比不上NT篩檢加上妊娠初期的驗血結果，所以通常僅建議已進入孕程中期的婦女採用。

若真有異常，四項指標篩檢頗能偵測到風險增加，約85％的神經管缺陷、80％的唐氏症，以及80％的三染色體18疾病。但單獨做四項指標篩檢，偽陽性出現機率頗高。在50位指數異常偏高的孕婦當中，只有1或2位最後證實懷有異常的胎兒。至於其他的48位，經進一步測試後顯示並無異常。有時，荷爾蒙濃度之所以異常是由於多胞胎，有時是因為EDD不準確，胎兒大幾週或是小幾週，或純粹因為篩檢的結果錯誤。要是只有單一胎兒，而超音波顯示的妊娠天數也是正確的，那就得進行羊膜穿刺來加以追蹤。但在妳考慮依據四項指標篩檢結果採取任何行動之前，一定要有位遺傳諮商員，或有解讀這類篩檢結果經驗的醫生，為妳評估並且查核各項結果。

另有一件事值得列入考量，研究發現若四項指標篩檢結果為異常，但後續檢驗（如羊膜穿刺）得到正常結果，發生妊娠併發症的風險可能會稍有增加，例如胎兒不足月齡、早產或子癇前症。

請教醫生妳的狀況是否如此。

高層次超音波（18到22週）～即使在初期已經照過超音波確認預產期（見262頁），妊娠中期可能還需要再做一次超音波篩檢。這種高層次超音波掃描（或稱解剖掃描，見400頁框中文字）是為了更詳細的掃描，重點在於胎兒的生理構造，或是其他原因，確定該有的都有成長發育。這時的超音波檢查有趣許多，因為比起之前妊娠初期第一次模模糊糊的樣子，可以看到更清晰的胎兒影像。

高層次超音波掃描也會檢查若干硬標記和軟標記，這些特徵可指出患有染色體異常的風險增加。前往接受掃描之前一定要有所認識：顯示出軟標記的寶寶（脈絡叢囊腫、回波亮點或腎盂擴大等等），極少到最後是有異常。事實上可在多達百分之11至17的所有新生兒身上發現這些標記，如果妳寶寶被找到一個這類標記，不需過於擔心。醫師會告知是否需要做什麼後續的檢驗，往往並不需要。

和任何超音波一樣，會有一個探頭（感測器）放在肚子上，發出聲波穿過妳的身體。聲波遇到內臟和液體就會反射，由電腦將這些回波轉換成胎兒的2-D影像呈現在螢幕上。有時會運用3D甚至4D技術取代2D。

做高層次超音波檢查的時候，可以辨別胎兒的心臟跳動、脊椎曲線、臉、臂膀和腿，甚至可以逮到胎兒正在「吃雞腿」（吸吮自己手指）的畫面呢！通常，可以看到胎兒的會陰部並能辨認其性別，但這並非100%準確，得靠寶寶配合才成。如果還不想知道胎兒的性別，要等出生才揭開驚喜，一定要事先告知醫師或掃描師。

診斷檢驗

雖然幾乎每一位孕婦都會同意做篩選檢驗，往前更進一步去做診斷檢驗，並不適合每個人。許多做父母的，尤其是篩選檢驗得到陰性結果的人，就可以繼續等待，很安心地確認寶寶健康來到世上的機率非常高。

不過，如果某個篩選檢驗妳得到的是陽性結果，醫師可能會建議後續追加一個診斷檢驗，看看是否異常真的存在，絕大部分情況並非如此。孕婦考慮做產前診斷檢驗還有其他原因：有家族史且／或是某遺傳疾病的帶因者、之前孩子有天生缺陷，或曾經暴露於可能會對發育中寶寶造成傷害的感染或有害物質。

和篩檢不同，診斷檢驗（例如像是CVS、羊膜穿刺）分析從寶寶胎盤或羊水中取得細胞內的遺傳物質。這些檢驗更能準確偵測染色體異常，例如唐氏症，以及，如果是做羊膜穿刺的話，對神經管缺陷尤其有用，因為它們直接檢驗問題所在，並非僅是可能指向問題的徵兆。在接受診斷檢驗之前，妳可能會考慮和遺傳諮商員談談，這麼一來就能帶著正確資訊去做。

如果有風險，為什麼還要做診斷檢驗？最佳理由是它通常可讓人安心。多數情況下，診斷檢驗是在診斷一位完全健康的寶寶，這就表示爸爸、媽媽可以不再擔心，開始享受孕育新生命的過程。

檢驗總會有出錯的時候

說到產前診斷，重要的是千萬要記得它並非不會犯錯。檢驗是會出錯的，即使最好的檢驗室和器材，即使最有經驗的專業人員配上最高科技的設備——偽陽性會比偽陰性仍為常見。因此總是需要有進一步的檢驗，並且／或與另外的專家諮商，用以確認指出胎兒出

現什麼問題的結果，以及，如果確認檢驗結果，妳和寶寶的預後如何。

絨毛膜取樣（10至13週）～CVS是在孕程初期所做的診斷檢驗，會從胎盤上的絨毛膜的指狀突起，即絨毛膜絨毛，取得一小塊組織樣本，檢驗樣本偵測染色體是否有異常。比起羊膜穿刺往往要到第16週之後才能做，由於CVS是在初期實施，可在孕程更早獲得結果（最常見的狀況是獲得安心保證）。前絨毛膜取樣可用來偵測多種病症，包括唐氏症、泰－歇克斯症、鐮狀細胞貧血症，以及大部分類型的囊腫纖維症，準確率達百分之98。絨毛膜取樣無法檢驗神經管和其他結構上的缺陷。除了唐氏症以外，其它特殊的疾病通常是有家族病史，或已知父母帶有基因的情況下才會進行。

絨毛取樣最常在超音波室內，由母嬰醫學專

家執行。視胎盤的位置而定，細胞樣本要嘛是經由陰道穿過子宮頸（經子宮頸CVS）取得，或是將針插入腹壁（經腹部CVS）。兩種方式都不全完全無痛，不舒服的程度由輕微到中度不等。有些婦女會在採樣時出現腹部絞痛（很像經痛）。從開始到結束，兩種方式都需要30分鐘左右，不過實際抽取細胞的程序只需一、兩分鐘而已。

經由子宮頸的話，孕婦需仰躺，雙腳置於腿架上。醫生會把一支細長的導管經由陰道插進子宮內。藉助超音波影像的導引，醫生會將導管置放在子宮內膜和絨毛膜之間，後者是胎膜的一部分，最後會形成胎兒側的胎盤。然後將絨毛剪下或吸下，以供診斷研究。

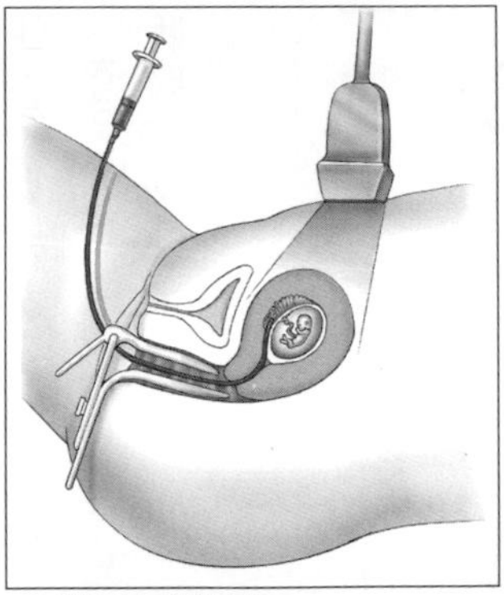
◎ 橫切絨毛膜取樣

如果是由腹部取樣，孕婦一樣要仰躺。醫生會利用超音波來判定胎盤位置並查看子宮壁，接下來，藉助持續的超音波導引，將針插入腹部和子宮壁，直到胎盤邊緣，然後吸取細胞取樣以供研究。

由於絨毛膜的絨毛源自胎兒，檢驗絨毛就可以獲悉胎兒的基因組成全貌，檢查結果在一到兩週內便可以得知。

絨毛膜取樣技術安全可靠，流產機率與羊膜穿刺不相上下，不到百分之0.5。選擇享有良好紀錄的檢驗中心，等到懷孕十週後再進行，可進一步降低絨毛膜取樣的相關風險。

做完絨毛膜取樣以後，陰道可能會稍許出血，不用掛心，但仍要告知醫生。要是出血達三天以上，也要通知醫生。進行此術有非常輕微的感染風險，所以取樣完後那幾天，如果有發燒的現象，務必要讓醫生知悉。如果妳的血型是Rh陰性，就會在做完CVS之後注射一劑Rh免疫球蛋白（RhoGAM），以確保這手續不會造成之後的Rh狀況（見054頁）。

✿這真是……驚喜！

診斷檢測（以及某些篩選檢驗，例如像是NIPT或中期超音波）可以判斷這胎懷的是男孩還是女孩。不過，除非診斷必要，妳可以在收到絨毛膜取樣或羊膜穿刺的檢驗報告時，選擇是否要提早知道性別，或是想要以傳統方式等待答案揭曉，進了產房才真相大白。只要預先讓醫護人員了解妳的決定，就不會無意間破壞驚喜。

羊膜穿刺術（16至20週）～這項診斷檢驗，通常是在孕程第16至第18週實施，會把一根細長而中空的針插入腹部，穿過子宮壁，進到充滿液體的羊膜內。同時要用到超音波，胎兒才不會不小心被針戳到（參考092頁的插圖）。妳會覺得刺了一下，或許有些輕微的疼痛和痙攣。約有1到2湯匙的液體被抽取出來，送去檢驗，別擔心，很快就會補足的。羊水裡包含寶寶身上脫落的細胞，以及若干化學物質。分析這一鍋寶寶濃湯，醫師可評定胎兒的健康狀況，查看是否有某些染色體異常所造成的病症，例如唐氏症。整個程序，包括準備時間以及超音波檢查，不會超過30分鐘，但實際抽取羊水用不了一、兩分鐘。Rh陰性的孕婦做完這項手術後，通常會注射Rh免疫球蛋白，以確保這個程序不會引發Rh問題（參看054頁）。

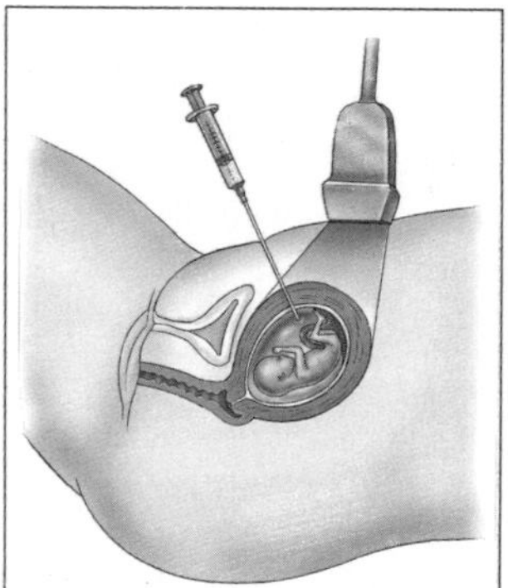

◎羊膜穿刺術圖示

如果發現問題

大多數的情況中，產檢結果會如父母們所盼望的，寶寶一切健康。不過，就算傳出不那麼愉快的消息，結果真的有什麼問題，令人心碎的診斷依然可提供極有價值的訊息。搭配上專業的遺傳諮詢，不論是此次還是下次妊娠，都可利用這些訊息做出重大決定。

明確診斷檢驗得到陽性結果之後，妳就會被轉介給專家，或應該自行提出要求，例如像是遺傳諮詢師和／或專精妳寶寶所患病症的醫生，這樣才能了解有什麼選項可用，包括是不是想要重做一次檢驗，以確定診斷正確無誤。最好也可以自己做功課。再怎麼說，妳對寶寶的狀況還有一家人要共同面對的事情了解越多，越能為將來做好身、心雙方面的準備，不管是接納具有特殊需求的孩子，還是要處理終將失去寶寶的痛苦。妳也能夠開始逐步克服種種反應；否認、悔恨、罪惡感，這些或許都會隨著發現養育健康寶寶的夢想不能實現而冒出。參加特定病症的支持團體，就算是透過網路也好，既能提供答案又有個群體依靠，多少有助於應付得更加從容。

依據寶寶的病症，如果可能的話，或許會建議在專門醫院生產。專門讓妳去生小孩的機構，更能處理妳的特殊需求，或建議某些醫療介入手段，如果孩子一出生就進行的話，就能改善寶寶的生活品質。此外，除了專門新生兒加護病房（NICU）可在需要時提供寶寶最妥善照顧，這類專為高風險妊娠準備的醫院有許多早在其社區推展服務計劃裡就安排了支持團體。還在孕期就先安排具特殊訓練的小兒科醫生，保證妳的孩子從出生第一天開始就得到專屬照顧。

某些情況下，異常可在生下來之前處理。舉例來說，如果寶寶具有嚴重心臟疾病或脊椎側彎，或許可以選擇產前手術加以矯治，不要等到孩子出生才開始治療。確認問過醫師，是否妳的寶寶適合進行產前手術。孩子一出生就進行早期介入，例如像是治療以及其他醫療行為，也能大幅改善預後以及生活品質。

要是妳被告知寶寶恐怕無法撐到足月，因為具有某些染色體疾病的胎兒往往不能活到出生那刻，或是出生後活不了多久，或許可以將健康的器官捐贈給有需要的嬰兒。有些父母覺得這樣做多少可撫慰他們的傷痛。可洽詢母嬰專科醫師或新生兒專科醫師，提供相關的有用資訊，甚至可以幫妳在身心雙方面都先做好準備。如果想要把出生後沒能活多久的寶寶繼續懷到底，也有許多醫院、安寧療護機構和診所，針對這類家庭提供周產期安寧療護以及緩和照護支持。

如果缺陷可能會致命或造成極度障礙，而且二度檢測時，遺傳諮詢師的解讀也證實上述的診斷，有些父母會在徵詢過醫師或其他專家之後，做出終止妊娠的痛苦抉擇。如果妳做此決定，要給自己一些時間和空間，孕程無法如願而失去胎兒的準媽媽都同樣會感到悲痛傷心。

羊膜穿刺和CVS診斷出幾乎所有的染色體疾病，包括唐氏症在內，準確率百分之99，至於並非專門用來檢查的另外好幾百種其他遺傳病，例如鐮狀細胞貧血，準確率至少百分之90。然而，它並不能偵測每一種異常，包括唇顎裂，而且它沒法判定問題的嚴重程度。若妳對於特定幾類異常具高風險，之前生過先天陷缺陷的孩子，具有遺傳病家族史（除非妳已做過篩檢確定自己沒有帶因），以及／或做NT、NIPT、合併篩檢或四項指標篩檢等得到陽性結果而且妳錯過妊娠初期做CVS的機會（或選擇不要做CVS，因為那檢驗不能偵測神經管缺陷），通常會建議進行羊膜穿刺。檢驗結果一般可在10至14天之後送回。

雖然羊膜穿刺所偵測到的狀況大多數都無法治療，但檢驗讓父母預先知道孩子的異常狀況。這就讓他們有時間更了解這個病症，並且決定寶寶未來的健康照顧，或是否要繼續下去的艱難決定。

不過，很少會有壞消息傳來。羊膜穿刺只發現寶寶健康良好其他別無問題的機率，超過百分之95。要是妳想知道胎兒的性別，羊膜穿刺也可以得到答案。

羊膜穿刺完成之後，就能自行駕車回家；有些醫生建議為確保安全還是請別人開車送妳回去比較妥當。還可能會要妳躺幾小時甚至一整天。接下來3天，妳要避免行房、抬重物、激烈運動以及搭飛機。可能會有輕微腹部絞痛，不過要是變嚴重或腹痛不退，要趕快通知醫師。要是發現羊水滲漏和滲血，或者發燒，也要和醫師連絡。

羊膜穿刺導致的併發症很罕見，不過妳想要做的時候就應該和醫師討論。

CHAPTER

3

孕期的生活習慣

懷孕後的日常生活習慣或多或少得做些調整（告別緊身Ｔ恤，改穿寬鬆Ｔ恤）。不過孕婦可能還搞不清楚，當體內有個新生命時，生活習慣究竟會有多大的改變。原本喜歡來杯餐前酒，是不是得等到產後再說？泡熱水澡，也得緩一緩？可不可以用那種刺鼻，但是效果極佳的消毒水刷洗浴室？還有，貓咪大便要怎麼辦？一旦懷有身孕，難不成連之前想都沒想過的問題都要三思而後行？可不可以讓最要好的朋友在家抽菸？快速方便的微波食品還能不能吃？妳會發現，其中少數幾項，確實是非改不可（例如「我不喝酒，謝謝。」）；至於其他事項，就算是懷孕了，還是能夠像從前一樣繼續工作繼續享樂，只不過要多加小心謹慎（「親愛的另一半，接下來九個月該你清貓砂盆了！」）。

孕婦關心事項

運動與健身

「懷孕時可不可以繼續原本的運動習慣？」

對大多數的孕婦來說，運動健身不僅可做，還是非做不可。事實上，絕大部分的健身項目都能在絕大部分的妊娠狀況下進行，這就表示在接下來九個繼續原本定期健身課表。為求慎重，和醫師確認妳目前所的健身規劃全都可以照做，而且開始做新的之前也該問一問，懷孕的時候並不適合從事極限運動。而且，切記孕期的再三叮嚀：傾聽自己的身體。可別操練到倒下……或是受傷了。做媽的，孕期的健身還是適度就好。更多相關資訊，可參考353頁。

咖啡因

「我一整天都靠咖啡來提神，懷孕時一定要禁絕咖啡因嗎？」

不需要將星巴克隨行卡送人，但是拿出來使用的機會恐怕會減少。大部分的證據顯示，妊娠期間每天約200毫克的咖啡因並無安全顧慮。這究竟是什麼意思？恐怕並不如妳所想的那麼多：大約是中杯美式（或2小杯），或者差不多兩次的濃縮。也就是說，如果妳只是輕度到中度的咖啡愛好者，繼續無妨（起床來一杯也行），要是嚴重到酗咖啡的程度（譬如說，能夠一次連灌五杯美式），那就得重新檢視咖啡因攝取量。

為什麼要限制咖啡因？其中一個原因在於，寶寶也會喝到這些咖啡（懷孕時所有吃的、喝的都是如此）。咖啡因（咖啡中富含而得名，但其他食物及飲料中也有）的確會穿過胎盤，可是對胎兒究竟會有什麼影響，以及需要多少劑量才會影響，則尚未完全明朗。最新情報指出，懷孕早期若攝取較多咖啡因，流產機率會稍微增加。

咖啡因的作用還不僅於此，服用過量的時候就會遇到。雖然咖啡因有不錯的提神效果，可是大劑量將會阻礙鐵質吸收。它還具有利尿作用，導致鈣和其他重要營養素還來不及被身體充分吸收就被排出，更別說會造成頻尿，這妳大概早就受夠了吧。它也會刺激膀胱，而懷孕的時候膀胱早就承受許多壓力。減量的動機還不夠強嗎？過多的咖啡因再加上各種懷孕荷爾蒙的作用，對許多孕婦來說都太強了，加劇心情起伏，情緒會更反覆無常。此時身體更需要休息，咖啡因卻會干擾休息，中午過後才喝的話情況更為嚴重。咖啡因會滯留在體內，讓妳全身備戰至少8個鐘頭。

對於咖啡因攝取有何建議，實在是見仁見智。妳最喜愛的咖啡，底線該設在何處，要和醫生討論一下。計算每日攝取量的時候，要記得不是只算喝了幾杯那麼簡單，因為杯的容量不同濃度也有差別。咖啡因並不只存在於咖啡內，還包含加了咖啡因的軟性飲料（提神飲品可別喝太多）、咖啡口味的冰淇淋、茶、能量補充點心和能量補充飲品，還有巧克力，都含有咖啡因（顏色越深，咖啡因含量越高）。同時要留意，咖啡館販賣的咖啡，咖啡因含量遠比自己在家泡的還要多，而即溶咖啡的含量會比滴濾式的含量少（參考下方框內文字）。

如何減少（或戒除）大量攝取咖啡因的習慣？那就要看是什麼原因讓妳如此依賴咖啡因。如果只是生活習慣，一天要喝上一杯（或好幾杯），而不是因為任何狀況而興奮，因此要戒掉也無所謂的話，自然不需為此感到焦慮。只要把起床喝的改成中杯，下午喝低咖啡因的就可以了。又或者，儘量點低咖啡因的產品，少喝濃縮咖啡，多喝有加牛奶的咖啡（至少可以多補充鈣質）。

如果少了咖啡因就全身沒勁，而且身體也習慣了，要減量根本是難上加難。咖啡愛好者都非常瞭解，想要減量或戒掉咖啡是一回事，實際做起來又是另外一回事。咖啡因是會成癮的（所以才會那麼想喝），而酗咖啡成性的人，想要減量或斷然戒除，則會出現戒斷症狀，包括頭痛、易怒、倦怠和昏昏欲睡。有鑑於此，漸進的戒除方式會是個好主意。試試看一次減少一杯，讓身體適應幾天較低劑量，之後再減一杯。還有另一個方法：咖啡因和低咖啡因摻半，然後逐漸增加低咖啡因的杯數，直到咖啡因總攝取量降到一天兩杯以下的目標。

如何計算咖啡因攝取量

每天究竟喝下了多少咖啡因？可能比妳想的多，也可能更少（若以約 200 毫克為大概的上限計算）。此處提供一個簡易列表，忍不住想喝之前可以計算一下。不管是咖啡還是巧克力都得注意。

- 一杯沖泡咖啡（小杯，8 盎司）＝135 毫克
- 一杯即溶咖啡＝95 毫克
- 一杯低咖啡因＝5～30 毫克

◆單份濃縮咖啡（或用這做成的其他飲品）＝90毫克
◆一杯茶＝40～60毫克（綠茶的咖啡因比紅茶少）
◆一罐可樂（標準鋁罐，12盎司）＝約35毫克
◆一罐健怡可樂＝45毫克
◆一罐紅牛＝80毫克
◆一小片牛奶巧克力（約28公克）＝6毫克
◆一小片純巧克力（約28公克）＝20毫克
◆一杯巧克力牛奶＝5毫克
◆半杯咖啡口味冰淇淋（4盎司）＝20～40毫克

不管是什麼原因驅使妳去買咖啡，若能遵照以下方法提振精神，要減量或戒除咖啡因就沒那麼難了：

◆血糖濃度增加，精神也會隨著提升。少量多餐，自然就能活力充沛，長效而持久，飲食要富含蛋白質和多醣類，這種組合可以讓妳保持好精神。

◆每天做一些適合妊娠期的運動。體能鍛練能排除對咖啡的渴望，也有助於釋出感覺良好的腦內啡，讓妳渾身有勁；做些戶外活動呼吸新鮮空氣，更能加倍提振活力。

◆充足的睡眠。晚上好好休息，滿足身體所需，沒了那些咖啡因在體內作用，大概就更加容易。即使早晨醒來還沒喝咖啡，仍會覺得精神比以前更好。

◆眼光放長遠。自己算好荷包，減少上咖啡廳

的次數，就表示妳可以存下更多錢，用在小孩的身上。

飲酒

「還不知道自己懷孕以前，喝了幾回酒。真擔心那些酒會傷害到胎兒？」

要是精子遇上卵子的瞬間，身體就發出訊息，通知妳已經受孕，那該有多好！（「在此通知您，肚子裡有小寶寶了，請改喝礦泉水。」）可惜並沒有這種app（至少現在還沒有），許多準媽媽要等到懷胎好幾週後才恍然大悟，自己居然早就有孕在身，而在毫不知情的情況下，做出不恰當的事，譬如喝了點小酒。因此，許多新手孕婦都和妳一樣有這方面的顧慮。

所幸這個疑慮也是最容易拋開的一項。並沒有任何證據表明，在妊娠初期，連自己都不曉得自己已經懷有身孕的時候，小酌幾杯會危害到發育中的胚胎，因此妳和其他不知情的媽媽大可放心。

也就是說，這是個決斷時刻，應該改點別的飲料了。請繼續讀下去，會有更多說明。

「我聽說，懷孕的時候偶爾喝幾杯紅酒無所謂。是否真的如此？」

這種說法最近在孕婦圈傳聞甚廣，可是並沒有任何研究支持妊娠期偶爾飲酒完全無虞，不管是紅酒、啤酒還是雞尾酒。事實上，美國醫學會、婦產科醫學會還有小兒科醫學會以及許多專家都指出，沒有所謂的安全飲酒量，孕婦喝酒就是不好。

妳也可以請教醫生，看看他們的見解如何。有些醫師對於孕期飲酒抱持寬大態度，尤其是幾口紅酒佐餐。例如英國以及許多歐洲國家的醫學教材就有寫，孕婦少量飲酒尚可接受。

然而，美國的醫療界得到共識，認為懷孕時絕對別喝酒才是上策，原因如下：首先，這都是為了以防萬一，懷孕時還是謹慎一些比較妥當。雖然沒人知道懷孕時，酒精攝取量是否有所謂的安全標準（或是標準是否會因人而異），已經知道的是，酒精流入胎兒血液的濃度幾乎與母體血液內的酒精濃度相同。換句話說，每一杯紅酒、啤酒、雞尾酒，寶寶都得和妳分享。不過，胎兒得花上兩倍的時間才能排除體內的酒精。其次，對某些孕婦來說，妊娠期間偶爾來一杯會導致不可收拾的後果：某人淺嚐即止，某人則是開懷暢飲，離酒精遠點才是明智之舉。杯子有大有小，倒的量也各不相同，不管在家在外都一樣，這又是個乾脆滴酒不沾的好理由。往往，淺酌會和發展中胎兒已知的嚴重風險有關，參考103頁框中文字。

✿ 孕期飲酒會害妳難以消受

要到什麼程度，對於還在發育的胎兒才算飲酒過量？很難用個數字表明，因為每位媽媽、每個寶寶都不一樣，而且酒類和倒酒量也各不相同。不管怎麼說，懷孕期間喝得兇或是開懷暢飲（一次來4杯，即使偶然為之也算）不僅會引起嚴重的產科併發症，也有可能導致寶寶罹患「胎兒酒精症候群」。這種情況會使得嬰兒出生時比正常值小，顏面畸形，而且伴有腦部損傷（表現出來就是：顫抖、運動功能發展障礙、注意力不集中、學習困難、IQ較低，還可能有其他心智缺陷）。但即使在妊娠期間都適量淺酌，仍會增加早產和死胎以及孩子出現發展和行為問題的風險。

懷孕期間飲酒的後果深遠而長久，只要完全避開酒精就能根本免除它的作用。越早停止喝酒，寶寶所承受的風險就越低。要是無法滴酒不沾，應向醫生反應，迅速尋求協助。

懷孕期間戒除酒精飲料，對有些婦女來說易如反掌，尤其在妊娠早期對酒產生嫌惡感的孕婦，而嫌惡感有可能在整個妊娠期都盤旋不去。可是，對其他孕婦來說，尤其是習慣來罐啤酒為一天畫下句點，或以葡萄酒佐餐的婦女，要她們滴酒不沾，可能要經過一番努力，甚至連生活習也得改變。舉例來說，如果喝酒是為了放鬆，那就嘗試以其他方式替代，如聽音樂、泡熱水澡、孕婦瑜珈，或是打坐冥想。如果飲酒已成為生活儀式的一部分，而妳又不想放棄的話，中午可以試看看「處女瑪麗」（也就是不加伏特加的「血腥瑪麗」），晚餐則改以氣泡果汁或不含酒精的麥芽飲料代替，上酒的時間、盛裝的杯子都不要變動，不過如果很像酒的飲料反而讓妳更想喝酒，那另當別論。假如配偶也能一起戒酒（至少兩人在一起時），執行起來應該會更得心應手。

要是無法滴酒不沾，應向醫生請求協助，並參加戒酒課程幫忙斷除酒癮。

✿ 抽菸

「我已經抽了十年的菸，這樣會不會傷害到胎兒？」

很高興地告訴妳，並沒有任何明確證據顯示，懷孕之前所抽的菸（縱使是10年或更久）會傷害到現在肚裡的胎兒。不過，文獻明白記載，香菸包裝上也標示著，在妊娠期間抽菸，尤其是在第三個月以後，不僅對自己有害，還會危及腹中寶寶。

抽菸時，妳的寶寶其實就是被關在一個菸氣迷漫的子宮裡，導致心跳加速，更糟糕的是，由於氧氣不足，將無法正常的成長茁壯。

寫給爸爸們

「你的二手菸」

懷孕當然是由媽媽承受最大負擔，要生也要養。但有個例外：若想創造一個無菸害的環境，光靠媽媽一個人是辦不到的。如果環境當中有人抽菸，寶寶的環境裡就是烏煙瘴氣，還有一堆有害的菸草副產物。就算不是孕婦自己點上一根，要是你還在吸菸，或是身旁別的人，寶寶攝入的量幾乎和媽媽親身吞雲吐霧不相上下。遠離正懷著身孕的另一半吸菸，遠遠好過在她和胎兒身旁解癮，但毒素會沾染上你的衣服和皮膚，媽媽和胎兒仍然會接觸到。

最大的戒菸理由就是可以讓你的孩子擁有絕佳機會，健健康康出世。不過，爸爸不吸菸的話，寶寶得到的好處還不僅於此。父母雙方有一人吸菸的話，嬰兒猝死症、呼吸疾病、肺部損傷和其他各種病的風險都會升高。而且小孩總有一天也染上菸癮的機會也增加。現在就戒掉，可讓你的孩子誕生到一個更為健康的家，過更為健康的生活。更別提，還有機會和更加健康、活得比較久的爸爸一起成長。有關戒除菸癮的協助，參考107頁的框中文字。

如果也可以不吸雪茄和菸斗的話，孩子一樣會感謝你。因為這些東西的煙並沒有被吸進身體裡，飄散到空中的煙霧要比捲菸更多，對胎兒的潛在危害也更大。要就吃吃巧克力雪茄好了。

孕期抽菸的結果可能會產生大災難，提高各種妊娠併發症的風險，比較嚴重的有陰道出血、子宮外孕、胎盤植位異常、胎盤早剝、早期破水，甚至是早產。

有力證據顯示，孕婦抽菸會直接影響胎兒在子宮內的發育，而且是不良影響。媽媽是菸槍，生下的寶寶常見以下風險：新生兒體重過輕、身長太短、頭圍較小、裂顎畸形或兔唇，或是心臟陷缺。而出生時體重過輕是新生兒生病和死亡的主因。

另外還有其他的潛在風險，抽菸媽媽所生的寶寶容易出現嬰兒猝死症（SIDS），也比較容易發生睡眠呼吸中止症（呼吸暫停），健康也比不上不吸菸媽媽所生的寶寶。更有證據顯示，平均而言，這些孩子將長期遭受身體缺陷和智力不足之苦，要是出生後孩子還是身處二手菸的環境下更是如此。媽媽在懷孕時抽菸的話，孩子週歲之前住院治療的機率要高得多，特別容易患有免疫力薄弱、呼吸道疾病、耳朵感染、急性腹痛、結核病、食物過敏、氣喘、身材矮小、肥胖症。上學後也會有注意力不足過動症（ADHD）的問題。他們從小就更容易出現異常的攻擊性，成年後會持續有行為以及心理問題。其他研究則指出，媽媽在懷孕時抽菸，女兒長大也懷孕的時候罹患妊娠糖尿病的風險較高。最後，這些孩子在長大後，也比較容易染上菸癮。

菸草的效應就和酒精一樣，都與劑量有關，吸菸量與寶寶出生時所減輕的體重成正比，和不吸菸的孕婦做比較，媽媽一天一包菸的話，有百分之30以上的機率會產下體重偏低的孩子。所以，減少菸量會有些幫助。不過，減量有可能會造成誤導，因為抽菸的人往往會多吸幾口而且吸得更深來做為補償。如果改抽低焦油或低尼古丁香菸想要降低風險，也會發生同樣的情況。

那麼電子菸又如何？雖然妊娠期抽電子菸的相關研究很少，大多數專家都說最好也別吸這種東西。電子菸雖然號稱毒素和尼古含量都比傳統捲菸少，還是足以對胎兒造成潛在傷害。而且，除非 **FDA** 規範全面實施，很難弄清楚妳和寶寶接觸到多少的尼古丁，即使是標榜「不含尼古丁」的產品。對孕婦來說，就連裡頭放的添加劑、香料也都令人心生疑慮。總歸一句話：除非有更明確訊息，更多法律規範，最好別碰電子菸。

有些人會改吸水煙，用個特殊裝置讓菸葉燃燒所產生的煙穿過水，然後以橡膠管連到吸嘴。吸水菸和吸捲菸一樣毒。不管妳聽別人怎麼講，上述設備裡頭的水並不能濾去毒素，像是焦油、一氧化碳和重金屬什麼的。還有更糟的呢：吸水菸的人恐怕要比吸捲菸吸入更多尼古丁，因為吸入的煙量極大。

急著想要把吸菸習慣改掉是嗎？正該如此。因為研究顯示，孕婦如果能在懷孕初期（不能晚於第3個月）把抽菸的習慣戒掉，就能一舉消除上述的相關菸害。對某些抽菸婦女來說，沒有比妊娠初期更容易戒菸的時機點了，因為她們可能突然對香菸產生厭惡感——或許是來自身體的直覺警告吧。越快戒除越好，不過，即使到最後一個月才戒掉，在分娩時也有助於保留更多的氧氣給胎兒。關於戒菸，參考上方框中文字。

協助戒除菸癮

恭喜，妳已下定決心給寶寶一個無菸環境，裡裡外外都免除菸害，而且妳的動機超級強大。幸好，有很多方法可幫助人們戒掉菸癮。已知能有效達成戒菸目標的策略包括：催眠、針灸和放鬆技巧。如果妳能接受團體式的戒菸法，獲得同伴支持，可考慮匿名戒菸會、美國肺臟學會、美國癌症學會，以及SmokEnders。或可上網向其他也在努力戒菸的孕婦請教，尋求支持。更多訊息及協助，請上網站 smokefree.gov 或 cdc.gov/tobacco/quit_smoking 查詢。

至於尼古丁替代法治療，例如尼古丁貼片、口含錠或口香糖，或是用來舒緩癮頭的處方藥 Chantix，在懷孕期間的安全性如何？這要請教醫師。大多專家並不建議把這些當做妊娠期戒除菸癮的第一線治療法。

吸食大麻

「多年來，我偶爾會吸大麻，基本上是和朋友一塊時才吸。這樣會不會危害胎兒？在妊娠期間吸食大麻會不會有危險？」

之前吸過的大麻，妳可以安心。通常會建議想孕育下一代的夫妻戒除大麻，因為它會干擾受孕，要是妳已經懷孕了，就沒有這層顧慮。目前並沒有證據顯示先前所吸的大麻會傷害到胎兒。

既然已經懷孕了，那麼大麻菸的風險如何？目前研究尚未完整，得到的資料助益也不大，因為平均而言，在孕期內吸大麻的人往往做些對妊娠不那麼好的事情：抽菸、喝酒、不按時產檢，因此很難判定胎兒沒能存活或新生兒不健康究竟該怪哪一項因素。有些研究顯示，經常吸大麻會和新生兒不足月有關，也有些研究顯示並無相關性。另有別的研究指出，如果媽媽孕期內都在吸大麻的話，孩子到兒童期之後會有注意力、學習和行為等等問題。

目前已經確知，妊娠期間吸食大麻，藥效會穿過胎盤，也就是說，妳吸大麻時，寶寶也會一起吸。並沒有確切證據說明妊娠期間吸大麻安全無虞，倒是有些跡象顯示大麻的危害，懷孕時，對大麻菸最好「堅決說不」，嚼食大麻也可以免了，這時的潛在風險和吸食並無不同。

如果在懷孕初期已經吸過幾次或嚼得十分過癮，不用擔心，但現在就得戒除。可以試著找些能讓妳自然得到快感的方式：可釋出腦內啡的運動、瑜珈、冥想、催眠、針灸。如果是藥用大麻，例如要緩解慢性疼痛，請教醫師其他孕期安全無虞的治療法。

萬一很難戒掉吸食大麻的習慣，要儘快找醫護人員談一談，儘速尋求專業協助。

健康妊娠的用藥

帶著一塵不染的生活習慣進入孕期，不喝酒、不抽菸，而且絕對不碰禁藥是嗎？這對妳對寶寶來說都是個大好消息。但醫生開的處方藥又該怎麼辦？依據妳所服用的藥物，懷孕時可能需要花點時間來調整用藥。關於如何降低孕期用藥風險，請參考806頁。

家庭暴力

準媽媽最基礎的本能，就是保護寶寶不受傷害。很遺憾的是，有些婦女在妊娠期間連自己都保護不了，因為她們是家庭暴力的受害者。

家庭暴力可能發生在任何時刻，但在懷孕時特別容易暴發。雖然有個小寶寶通常會為兩人的關係帶入新的（或重現）柔情，但是有些配偶反而覺得受到挑戰，而產生難以預期的負面情緒（憤怒、妒忌，或是覺得被綁住了），尤其是意外懷孕時。很不幸的，有些配偶的表達方式，就是對準媽媽還有未出生的小寶寶施加暴力。有時，文化或經濟因素，或有針對婦女家庭暴力的家族史，也都會有助於另一半出發暴力行為。

光看統計資料就夠驚人了，幾乎有20%的婦女在懷孕時會遭受伴侶動手施暴。以統計數字而言，這表示在孕期九個月當中，孕婦受虐的機率是碰到早產或子癲前症的兩倍。更嚇人的還在後頭：家暴成為孕婦致死因的首位。

孕婦受到家人虐待（不論是生理或心理虐待），影響所及遠超過準媽媽或胎兒當下可能會受到傷害，例如像是子宮破裂或出血等等。懷孕期間被毆打，對健康有許多不良的影響，包括營養不良、產前照護不佳、藥物濫用；也可能造成流產或胎死腹中、早產、提早破水，或是新生兒體重過輕等問題。若是寶寶誕生在充滿暴力的家庭，也很容易成為直接暴力以及精神虐待的受害者。

受家暴虐待的婦女不分背景，遍及各種社經地位、宗教、年齡、種族或是教育程度。如果妳是家暴受害者，要記得這不是妳的錯，妳沒有做錯什麼。如果妳正陷於受虐的親密關係，不要猶豫，馬上尋求協助。沒有外力的介入，暴力只會越演越烈。別忘了，要是妳和伴侶之間的關係不安全，寶寶也不會安全。

告訴醫護人員、信得過的朋友和家人，

撥打當地的家暴防治專線。很多州都設有社福單位，可協助妳找到住所，提供食品、衣物以及產前照護。請洽詢反家暴連盟，ncadv.org；疾病管制署的家暴資源 cdc.gov/violenceprevention，或洽詢家暴熱線（800）799-7233（thehotline.org）。如果遇上緊急危險，快報警求助。

古柯鹼和其他毒品

「在發覺懷孕前一個星期，我吸了些古柯鹼。現在我擔心那會對胎兒造成什麼影響？」

不要為過去所吸食的古柯鹼而擔憂，可是要確定那是最後一次，下不為例。好消息是，在妳發覺懷孕以前，一次的吸食不太可能會造成任何影響；壞消息則是，在妊娠期間如果繼續吸食，就很危險。究竟有多危險，並不是十分清楚，妊娠期間使用古柯鹼的研究結果不容易解讀，多半是因為吸食古柯鹼的人往往也是菸槍，也就是說，很難將已知的抽菸與可能的古柯鹼負面效應區分開來。大量的研究結果顯示，古柯鹼不只會穿過胎盤，還會損害胎盤，限制胎兒的成長，尤其是頭部的發育。同時也會導致早產、出生體重過低、新生兒會出現精神緊張和像是戒斷症狀的啼哭；還會在孩童時期引發無數問題，包括神經系統、行為還有發展的問題，也可能智商較低。的確，準媽媽的吸食量越大，寶寶風險也越高。

要把受孕以來任何一次吸食古柯鹼的情形，都一一告知醫護人員。誠如醫療病史的每個層面，醫師或助產士對妳了解愈多，妳與胎兒便能獲得越好的照顧。如果無法完全戒除古柯鹼，要立刻尋求專業協助。

毫不令人意外，產前如果接觸其他禁藥（包括海洛因、安非他命、快克、搖頭丸、冰毒和天使塵），並寶寶造成嚴重風險。不過，有些經常被濫用的處方藥，持續服用的話，對發育中的胎兒、甚至是孕婦本身，都可能造成重大危害。萬一妳還在嗑藥的話，就要尋求專業協助，即刻戒除。現在就登記加入無藥物妊娠計劃，這會使懷孕的結果大有不同。

✿行動裝置

「我每天花好幾個小時使用智慧手機，工作娛樂都免不了……還有各種和寶寶有關的事情。這在懷孕時安不安全？」

妳是否手機成癮？瘋上網路論壇？只要玩手遊就覺得不亦樂乎？若是這樣，以下消息應能讓妳十分高興：證據指出，行動裝置和它們發出的輻射不太可能對妳的胎兒構成任何風險。

又要繼續玩手機，又覺得謹慎一些比較好是嗎？專家建議，別把手機放在腰際，或是說原來有腰的那個位置，而且靠近孕肚的時候要關成靜音。研究顯示，胎兒聲到這麼近的嗶嗶叫或嗞嗞聲或鈴響，會被嚇到，可能會打擾到寶寶的睡眠。

至於駕車時使用手機，不管是傳訊息還是講電話，無論有沒有懷孕，其危險性已充分得到證明。事實上，在很多地方還算違法。即使不需手持的裝置，也會讓妳在駕車時分心，在車上最好把手機關靜音，這樣就不會聽到任何簡訊叮叮叮、社群媒體噹噹噹，或是根本關機。如果要通話或是傳簡訊，最好停到路邊再做，以求保險。

走路的時候不專心（邊走邊講手機）也會讓

妳遇上危險。隨著孕期進展，身體的重心已經移位，而且見不到自己雙腳，本來就比較容易跌倒，不需要再加一個危險因素進來。公園裡找張椅子坐好，大賣場就靠著牆站，或者先停下來別走，然後才用手機看看簡訊，或前天晚上貼的照片得到幾個讚。

另外還有一些事得要記在心上：睡前在床上用手機或平板讓妳有事可做，而且該做的事很多的話還可以很有效率，可是一旦想睡可能就沒法睡著。螢幕發出的光會改變睡和醒的狀況，也會抑制體內褪黑激素濃度，妳的內在時鐘都靠這荷爾蒙調節，是睡眠循環的重要因子。所以，睡前至少½小時把妳的電子裝置都關機別再用了。

雲霄飛車

肚裡懷著一個寶寶還不夠過癮嗎？還想找更刺激的樂子？倒是不需要跳過去遊樂園玩的機會，不過請找一些比較冷靜，比較不那麼可怕的項目，懷有身孕的話，高速或突然轉向的飛車都會請妳別玩。這類極限飛車會掛著牌子警告準媽媽是有原因的：忽快忽慢以及撞擊力道可能會導致胎盤剝離或其他併發症。之前玩過的就別擔心，從現在開始先別搭就好了。

微波爐

「我幾乎每天都要用微波爐熱菜、煮飯，懷孕期間是否不要接觸到微波比較好？」

跟這些煩惱說再見吧。所有的研究都顯示，妊娠期使用微波爐絕對安全（什麼時候用都一樣）。只有兩點要注意：只用微波爐專用器皿，找找不含 BPA 的微波爐可用容器，微波時不要讓保鮮膜碰到食物，用適當的微波爐可用上蓋把食物蓋住，或是用紙巾。孩子出生後當然也要繼續按照這些規矩來做，不僅是因應妊娠期。

電毯不好嗎？

冬天到了冷颼颼，想躲進電毯裡嗎？或是想用加熱墊舒解刺骨的背痛？懷孕時太熱不好，這些產品會讓體溫過高。與其使用電毯，不如緊緊依偎另一半，萬一你們的腳一樣冰冷，那就買條羽毛被，打開恆溫器，或先用電毯把床鋪溫熱，在鑽進被窩以前關掉。還是覺得冰冰冷冷的嗎？別忘了，隨著孕期發展，由於懷孕會加速代謝率，孕婦的體溫會越來越高，最後可能還會想把被子全都踢掉。

把加熱墊放在背部、腹部或肩膀上之前，不妨先用毛巾將它包裹起來，以降低熱度的傳導（腳踝或膝蓋可承受那樣的熱度），使用時間以15分鐘為限，睡覺時不要使用。懷孕前使用過熱墊或是電毯睡覺嗎？別擔心，其風險尚未經證實。

熱敷墊又如何？請參考390頁。

熱水澡和三溫暖

「我們家有個按摩浴缸。懷孕時泡熱水澡是否安全？」

懷孕後用不著改洗冷水澡，不過最好先別泡熱水。無論是浸在熱水澡盆中、或很熱的熱水澡，或是大熱天運動過度，體溫上升到攝氏38.9度以上並維持高溫一段時間，都會對發育中的胚胎或胎兒具有潛在危害，尤其是在懷孕前幾個月。有些研究指出，泡熱水澡時並不會立刻就讓孕婦的體溫上升到危險地步，至少須歷時10分鐘（如果肩膀和手臂並未浸入，或水溫不到攝氏38.9度，則須更長的時間）。但是，由於個人反應和環境因素的差異，肚子別泡熱水還是比較保險，泡泡腳倒是無所謂。

如果妳之前泡過熱水澡，也不必為此驚慌。大多數的婦女會在體溫上升到攝氏38.9度以前，自然而然地離開了澡盆，因為這樣的溫度會讓她們感到不適，妳或許也是這種情形。

懷孕的時候也要先略過三溫暖或蒸氣室，因為它們可能讓體溫升得太高，還會導致脫水、暈眩以及低血壓。

不養貓就不會得弓蟲病？

貓並不是唯一會散播弓蟲病的罪魁禍首。肉可能會受污染，或是水果蔬菜生長的土壤內已有弓蟲寄生其中，妳也可能會因為處理或吃下這些東西而被感染。幸好，被感染的風險很低。然而，為求保險起見，請遵循以下準備食材的小訣竅，它們也都是食品安全的最佳做法：

- 清洗水果和蔬菜，尤其是家中自行栽種的，要沖洗得非常徹底，或是削皮或烹煮後再食用。
- 不吃生肉或未煮熟的肉，也不飲用未經高溫消毒的牛奶或乳製品。
- 處理生肉後，雙手要徹底清洗乾淨。

✿ 家裡的寵物貓

「我家養了貓，聽說貓會傳染一種疾病，可能危害到胎兒，我是不是該把寵物送走？」

在妳把貓朋友和養貓用具送走之前，請牢記如果妳的貓只待在室內，感染弓蟲病的機率極低。而且，如果已經養了一段時間，很可能已經對它免疫（因為可能已經感染過——大部分貓飼主都會感染）。有個簡單的血液檢驗可確定妳是否免疫，可是除非在孕前檢測，現在也沒什麼用處（那是因為檢驗不夠敏銳，無法顯示是新近感染，還是之前感染就有抗體）。可詢問醫師，了解自己是否在懷孕前已經接受檢查。

如果懷孕期就做過檢驗，發現沒有免疫力，或不確定是否有免疫力的話，可以採取以下防範措施，以防感染：

◆ 找獸醫檢查妳養的貓是否具傳染性，如果其中一隻或以上有傳染性，便將牠們送到寵物店寄養，或要求朋友代為照顧至少6週——這是弓蟲病具有傳染性的期間。如果牠們並未遭受感染，別讓牠們吃生肉、到戶外遊玩，捕捉老鼠或小鳥（這些小動物會把弓蟲病傳染給貓），或與其他貓親近。

◆ 請別人清理貓砂盆，貓砂必須每天清理，要是必須自己動手，可以使用 棄式手套，事後要清洗雙手，碰觸過貓以後也要洗手。至少每天清理貓砂盆一次。

◆ 進行園藝工作時要戴手套。不要在可能被貓咪糞便污染到的土壤中栽植花木。

雖然目前ACOG並不建議對弓蟲病進行全面篩檢，有些醫師會要求所有的婦女在受孕前或懷孕初期進行例行檢查，這麼一來，有免疫力的孕婦可以放心，沒有免疫力的孕婦，也能夠採取必要的防範措施，以避免感染。洽詢醫生，請教他們的建議。

✿家事上的危害

「做家事時會使用清潔用品和BPA之類的物品，會產生危害嗎？還有懷孕時飲用自來水安全嗎？」

懷孕時很容易變得吹毛求疵。事實上，家裡算是相當安全的場所，妳和寶寶可以安心待在家裡，要是能多用點常識，小心謹慎，那就更加安全了。以下列舉幾種所謂的家務危害：

家庭清潔用品～懷孕時擦地板、抹桌子，可能會害妳背痛，但不會危及妊娠。當然，此時小心點也是應該的。相信自己的嗅覺，依循以下幾項要訣：

- ◆走環保路線。儘可能選用以環保方式清潔、不含毒性成分的產品，市面上有許多產品的效果出乎意料得好十分有效令人驚艷。在寶寶開始在家裡爬來爬去還要把一切都放進嘴巴之前，清潔時走環保風是個值得現在就投入的習慣。
- ◆如果產品本身具有強烈的香氣或氣味，不要正對著它吸氣。選擇通風良好的地方使用，或根本別用。
- ◆即使沒懷孕時也一樣，千萬別將含氯的產品混合阿摩尼亞使用，會產生致命的氣體。
- ◆使用廚房清潔劑時，盡量選用無毒性標示的產品。

◆使用去漬力特強的產品時要戴手套。不僅可以保護玉手，還能防止皮膚吸收化學藥劑。

重金屬鉛～鉛不但對幼兒有潛在危害，也不利於孕婦和胎兒。幸好，妳可以採取一些步驟，減少居家周圍的鉛暴露，讓妳有個安全環境帶寶寶回家。遠離常見的鉛來源，以下便是防範之道：

◆檢查自來水管。自來水是最常見的鉛來源，務必要確認妳的水源不含鉛（參考下文）。

◆檢查油漆。老舊油漆是鉛的主要來源，如果妳的住宅是在1955年或之前建造的，施工期間刮除舊漆時，務必要遠離房屋。如果在更為老舊的房子內，發現牆面油漆正在剝落（或古老傢俱掉漆了），則可考慮重新粉刷、上漆，把含鉛成分包裹起來，或把舊漆給刮除掉，再次強調，施工時遠離房屋。

◆檢查瓷器。是否常去逛跳蚤市場？古老、手工製造、進口的陶瓷器可能會釋出鉛。如果不確定妳的陶器、土器、瓷器碗盤、水罐是否不含鉛，不要拿來盛裝食物或飲料。用來裝飾沒有問題。

◆檢查不尋常的食慾。異食癖好，也就是想吃不是食物的東西，會導致某些準媽媽攝入泥土、鉛或掉落的漆塊，每一項都可能含鉛。

自來水～白開水是家中最好的飲品，家裡的自來水通常可以直接生飲。如果想確認手中這杯接自水龍頭的水對妳和胎兒的健康是否有益，可依循下列方法：

◆可向水公司或當地環保局（EPA）消保團體接洽。如果如果妳們家或社區的供水可能不安全（因為水管老舊、水源受到污染、住家位在廢棄物堆置場附近，或是有奇怪的味道和顏色），可以安排水質檢驗。當地的環保局或衛生局會告訴妳如何申請。

◆要是家裡的自來水受到不安全污染物的污染，那就裝濾水器吧，至於要買哪種濾水器，則是依據檢驗結果而定。或是飲用烹飪時用瓶裝水。不過，要注意瓶裝水並不保證天然純淨，有的瓶裝水比自來水含有更多雜質，也有的是直接將自來水裝瓶販售。而且許多瓶裝水不含氟化物，這種物質對寶寶長牙齒特別重要。若想確認某一品牌瓶裝水的純淨度，可聯絡美國國家衛生基金會（NSF）：，網址 nsf.org。或是瓶上有 NSF 的認證標章。還要找瓶子不含 BPA 的（參考第120頁），方法是瓶底的回收碼標示1。要避免使用蒸餾水，因為其中的有益礦物質已經被除去了。

◆如果檢驗出家中用水含鉛，改用瓶裝水，或是用經認證能減少或消除鉛的淨水系統，拿來飲用、烹調和刷牙。用含鉛的水洗澡、淋浴沒有關係，因為水中的鉛不會透過皮膚吸收。

◆住家的水要是聞起來、或是喝起來有氯的味道，要將水煮沸，或不要加蓋擺放24小時，大部分的氯都會散掉。

殺蟲劑～和蟑螂、螞蟻或其他昆蟲誓不兩立？好在，害蟲防治和懷孕這兩件事可以並存；只要採取一些預防措施就可以了。如果鄰居在噴藥，就別在戶外待太久，等藥劑氣味消散——通常須要2到3天的時間；如果待在室內，則把門窗關上。公寓或住宅需要全面噴藥消除蟑螂或其他昆蟲時，務必要把所有櫥櫃和廚房的櫃子都緊閉，而且所有料理檯面都須加以覆蓋。打開窗戶，使空氣流通，直到氣味消散為止。噴灑過後，噴灑區或附近的料理檯面，請家人全部擦拭過，以策安全。

至於室內，可在蟑螂和螞蟻出入頻繁的地方設下陷阱，完全掃蕩；在衣櫥則用香柏除蟲劑，別用萘丸；儘可能使用最沒有毒性或最環保的殺蟲劑。而且，只要有可能，試著採取天然的害蟲控制法。例如，購入一批瓢蟲或其他益蟲，專吃讓妳困擾的小害蟲，這可向園藝商洽購。

最重要的在於，請記得短暫而間接的暴露於殺蟲劑或除草劑不致於有所危害，不過可能的話還是要避免；長時間接觸這類化學物質，每天工作都要用這種東西那種程度，才會受到影響（例如在這類藥廠工作或置身於大量噴灑的區域）。

油漆～嬰兒房重新裝修是否還包括粉刷？幸好，現在的油漆不含鉛或汞，妊娠期間可安全使用。而且市面上有很多環保油漆，製造時不含揮發性有機物（VOC）、毒性去黴劑以及化學顏料，可用在孩子的育嬰室。

然而，即使妳用的油漆不具潛在危害，實際去進行粉刷卻是危險。即使妳很想在最後幾週的等待日子裡，把自己安排得十分緊湊忙碌，還是應該把工作交給別人代勞。因為粉刷牆壁的反覆動作，會增加背部肌肉的負擔，它們早就由於懷孕之故承受壓力了。而且，光是要在梯子頂端站穩身體，就已經很不牢靠了，況且，油漆的氣味雖然多半不致於有害，但也會刺激孕婦而引起噁心感。由於這理由，進行粉刷工作的時候要離開屋子。不論妳是否在場，一定要打開窗戶，讓空氣流通。

絕對要避免接觸到去漆劑，因為去漆劑具有很高的毒性，整個去漆過程當中（無論是利用化學物質或採磨砂的方式），務必要遠離現場，若是舊漆可能含有汞或鉛的成分，更要躲得遠遠的。

BPA～BPA（雙酚A）這種化學物質，可在某些塑膠容器、瓶罐、甚至某些商店的收據上，過度暴露可能會對妊娠造成危害。那是因為**BPA**被認為會模仿荷爾蒙，並擾亂負責確保胎兒發育的內分泌系統。**BPA**無所不在，依據疾管署報告，百分之93的美國人在血裡含有BPA，但是幸好很容易就能避免過度接觸暴露。妳可以：

◆ 選用標為「不含BPA」的罐裝食品，或另行選購裝在玻璃罐裡的食品。

◆ 儲存容器、砧板和餐具，都要選擇用不含BPA的塑膠或玻璃、木材或瓷器製品。

◆ 使用不鏽鋼或「不含BPA」的水瓶，回收碼標為3和7的那些更可能含有BPA。

苯甲酸～苯甲酸，有時又稱為塑化劑，是來自要增強塑膠類彈性的那類化學物質。各式各樣產品之中都可找到它的身影，像是靜脈注射管、建築配管用的易彎PVC管、某些易彎的塑膠袋（例如用過即丟的購物袋），還有一些食品飲料容器，等等。許多個人護理用品也含苯甲酸，香芬劑、唇膏、洗髮精或指甲油無所不在，而且已有越來越多案例要反對使用這種化學物質。研究已發現在妊娠期間過度接觸塑化劑會傷害體內細胞及DNA，可能導致妊娠併發症像是子癲前症、早產和流產。在媽媽肚子裡就暴露於太多塑化劑，已被認為和較低IQ以及兒童期的學習障礙較高風險有關。

幸好，現在已有更多產品製造時沒有添加塑化劑。不僅要選標有「不含塑化劑」的產品，也得小心成分並未標明「不含塑化劑」的產品會用「芳香」兩字來做為掩護。也應減少使用塑膠，用布袋不用塑膠袋，用玻璃的食品和飲料容器而不用塑膠的。還沒準備好完全放棄塑膠儲物容器嗎？越來越多產品標示「不含塑化劑」、「不含BPA」可供選用，或至少確定別用一般的塑膠容器裝食物或飲料加熱，因為加熱塑膠會讓化學物質分解而滲到食物裡。

✿ 空氣污染

「都市的空氣污染，會不會傷害到胎兒？」

深呼吸一口氣吧，在大城市裡呼吸，比妳想像的安全許多。再怎麼說，全國有上百萬的婦女生活在大都市中，呼吸著大都市的空氣，並且生下了數以百萬計的健康寶寶。然而，既然研究已顯示對於空氣污染的極高暴露會讓胎兒陷入出生體重過輕、較可能患自閉症，或長大得到氣喘等等風險，避免接觸極高濃度的空氣污染物，也是合乎情理。方法如下：

◆ 注意戶外空氣品質。空氣品質不佳的時候要限制待在戶外的時間，並且關閉窗戶。可用美國肺臟學會的空氣狀況app（lung.org/healthy-air）或是使用您居住地的空氣狀況app查詢住家附近空氣品質。

◆ 晚上加油。過了黃昏再去把油箱加滿，尤其是在氣溫較高的那幾個月份，會比白天加油少釋放一些有害污染物。

◆ 檢查車子的廢氣排放系統，確定不會漏出有毒氣體，而且還要檢查廢氣管有無銹損。車庫門還沒有開啟以前，千萬不要發動車子；當引擎還在運轉的時候，要把休旅車或廂型車的後門關好

◆ 聰明發呆法。行駛在交通繁忙的地段，要把通風窗關上，避免站在引擎待速空轉的車輛附近。

◆ 不要沿著擁塞的公路跑步、散步或騎腳踏車，因為活動量大的時候，會吸入更多的空氣——以及更多的污染。可以另選車輛稀少而樹木林立的路徑。樹木和室內植栽皆有助於清淨空氣。

◆ 保持室內空氣潔淨。環保署建議，定期更換HVAC的空氣濾材。另一個訣竅：居家周遭

放些盆栽，因為研究顯示它們確實能夠吸收刺激性的化學物質，像是甲醛，讓妳家空氣更清新。不過，選擇的時候要避免吃下去有毒性的植物，像是蔓綠絨或長春藤。妳不會去嚼這些灌木，不過一但寶寶開始在家裡到處爬，那可就不一定了。

◆確定家中壁爐、瓦斯爐和柴爐都能良好通風。而且，確定壁爐的煙道是開放的，以利生火。

妳必須知道的：輔助與另類療法（CAM）

或許妳已是腳底按摩的常客。或者，整脊師已把妳原本會痛的背治好了。也許為了頭痛去做過幾次針炙，或要戒菸的時候稍稍試過催眠治療。也許每個月一次的按摩是妳想要不靠藥物就能放鬆的方法，講到不用藥，說不定妳也常買藥草類食品補充劑。或者，可能妳一直對其他輔助和另類療法（CAM）很好奇，或者忍不住覺得CAM只是個騙局。

還有，現在有孕在身，妳可能在想CAM是否能在妊娠期間發揮作用。再怎麼說，懷孕不是生病，而是生命循環的正常部分，這就使得輔助和另類療法所持的全面健康觀念，看似不會對妊娠造成作用。

而且，越來越多的孕婦這麼認為，負責照顧她們的傳統醫學醫生和助產士也抱持同樣想法。目前已有多種輔助和另類療法可應用在妊娠，而且多少都有一些功效，項目包括：

針灸～針灸的理論基礎在於要改正中醫所謂的「氣」不平衡或不順，即順著體內能量通道（經絡）流動的生命能量。乍聽之下有點難以理解，甚至是超乎尋常，但是數千年來針灸已經舒緩數不清的妊娠不適狀狀。

要怎麼進行？針灸師會用一些細針下在經絡沿線的特定穴道（全身有超過一千個下針點）。一看到「針」就受不了是嗎？大多數人都說一點都不會痛，或只會痛一下下（如果見到針會緊張就別盯著針看，閉上眼睛好好放鬆）。研究已發現，這些穴位對應到深層的神經，因此，捻針（或是電針術時通電）會活化神經、釋出腦內啡，因而舒解壓力、憂鬱、背痛、倦怠、頭痛、坐骨神經痛、腕隧道痛，以及其他症狀妊娠相關症狀，像是胃灼熱和便祕。對於緩和孕吐，甚至是最嚴重的妊娠劇吐，已證明針灸特別有效，也可在陣痛時止痛，並有助於加速陣痛進展。針灸師表示，孕期只需每個月一次針灸治療就能幫妳去除壓力，雖然偶爾也會不舒服，更能享受這段生命歷程。一定要找有經驗的針灸師，而且程序清潔而衛生，譬如說，認真消毒或　棄式的針。而且，針灸師應該曉得妊娠中後期要避免仰躺接受治療。

指壓～指壓的原理和針灸一樣，不過是用指頭加壓代替下針，治療師會用姆指或其他指頭施力，或藉小珠施加足夠壓力，以刺激穴位。按壓手腕內側略高處的某一點，可舒緩噁心（這就是止吐帶的原理，參考215頁）。據說，按壓足部趾球中央可幫助生產。事實上，針灸可以舒緩的那些疼、痛以及妊娠症狀，據說指壓也同樣有效。好幾個穴位會引起子宮收縮（例如腳踝上就有好幾處），所以在足月之前應該避開這些部位（等不及寶寶出生的準媽媽或許會想試看看）。

艾灸～這項CAM治療法把針刺和加熱結合。除了把針刺入皮膚，治療師還會在某些穴位旁點燃長長的艾草棒。雖然大多科學研究示成功率低，CAM社群裡有很多人說，在小腳趾外側施艾灸可以讓臀位寶寶轉身。若妳有意試試灸術，或醫師建議不妨一試，應找一位熟悉此技巧的師傅。一般來說需要多次治療，差不多從第7個月未到第8個月中開始。

整脊療法～這是利用脊椎以及其他關節的身體推拿，使神經衝動平順的在體內傳遞，促進身體的自癒能力。懷孕期間妳體內會分泌放鬆韌帶的荷爾蒙，這是好事，因為不這樣的話寶寶絕對沒法通過骨盆腔。但這些荷爾蒙，再加上特別凸出的肚子，會讓妳因為重心很快往下調而導致下肢無力、身體後傾，而且不尋常地行動笨拙。這些都會對脊椎施加很大壓力。整脊治療可改正大多數此類損傷，讓下半身正確對齊，比較好生。有些整脊師還宣稱，整脊療法可減少流產機率，控制孕吐，並可降低早產風險。整脊師有本事能夠調正脊椎，以及放鬆骨盆腔韌帶和肌肉，就得出一種「韋氏技巧」，據說可以幫助胎位不正的寶寶自己自然而然調正。

要確定妳找的整脊師熟悉孕婦護理，使用專為孕婦調校過的桌子，治療期間不會壓迫到腹部。而且應該避免要妳平躺，尤其是孕期後段。最後，就如同其他輔助與另類治療法，一定要先和醫師說清楚，他可能會出於什麼十分特殊的理由要妳避免整脊。

按摩～做過專業按摩的人都曉得，好好按過之後身、心都會更加舒暢。而且研究也支持按摩之後感覺良好的說法，顯示出按摩可減少體內的壓力荷爾蒙，並放鬆緊繃肌肉，這些在懷孕期間都是大受歡迎的好處。按摩也可以增加血流及循環，對妳對寶寶都好，並且讓淋巴系統以最高效率運作，把毒素排出體外。不過，按摩不只是妳去做spa時順便做的那種（更多詳情參考第239頁）。由受過訓練的治療師按摩手掌，可以緩和關節痛、頸背痛、臀部痛、腳抽筋以及坐骨神經痛。按摩也可以減少手、腳水腫，前提是水腫並非子癲前症所造成，緩和腕隧道症疼痛，並且減緩鼻塞，全都是懷寶寶時常見的副作用。由於物理治療師會為每個人安排減痛療程，妳的或許會教妳一些能在家裡做的伸展和運動，協助減輕妳的疼痛狀況。這些伸展有很多也是針對改善肌肉的彈性、穩定性而設計。大部分案例當中，醫師開的物理治療處方都能得到保險給付。

反射療法～和針灸很像，反射療法的理論根據是認為手、腳特定部位和體內其他區域以及內臟有關。反射療法是用指尖按壓特定區域，主要是腳，有時也會按手，以治療許多身體部位的症狀。理論是說如此按壓可讓被阻塞的能量流通，增加通往身體相應部位的血流，並且促進排毒。懷孕期間，反射療法可用來紓解背部和關節的疼痛，這些地方都因肚子越脹越大而受到傷害。但還不止如此。反射療法師父表示，他們在腳上按壓的工夫可以緩和大部分頑強而影響甚廣的狀況。包括了有：孕吐、胃灼燒、水腫、便祕、高血壓（但不是子癲前症）、失眠、頻尿，甚至是痔瘡。此外，反射療法似乎可以減低情緒壓力，並緩和輕度憂鬱和焦慮。生產後也可以幫得上忙，有些研究顯示可以刺激產乳。

有一件重要的事必須了解，反射治療師往往會按壓腳踝和腳腫之間的區域，以刺激陣痛和子宮收縮。除非已經足月，務必要避免長時間刺激那些部位。

和大多數另類療法一樣，開始反射療法之前要先和醫師商討，而且要確定妳找的反射治療師有治療孕婦的經驗。而且，請記住，有些反射治療師寧願等到孕婦已經過了妊娠前期再開始療程，而且，有些併發症特別不建議採取反射療法。

水療法～運用溫水的治療法在孕期特別有效，因為身體對水的生理反應有助於改善循環，緩和背痛（還有腳、膝蓋、任何地方的疼痛），緩和陣痛和分娩時的痛感，一般來說讓妳孕期更加愉快。有好幾種方式運用水的力量。分娩時，臉上噴冷水可以幫妳專心冷靜。冷敷脖子可以助妳呼吸更加穩定，更深，並且增加能量減少疲勞。後背熱敷有助於在子宮收縮期間放鬆骨盆肌肉。

有些婦女深信水療的效用，選擇大部分陣痛時間都要泡在水裡，有的甚至就在水中生產。水的功用這麼好，有個原因是浮力可以緩和加在脊椎上的壓力，有助於骨盆張開。一旦進到浴缸或特別的生產池，不再需要注意姿式，妳的身體不再有壓力，有助於把子宮收縮的痛減到最小。

由於懷孕期間保持體溫在安全範圍內十分重要，只能用舒服的溫水，可別泡熱水。而且，雖然對大多數孕婦來說水療很棒（真的，令人驚喜），也是個分娩時處理疼痛的好選項，水中生產通常只保留給低風險生產。

冥想、觀想、和放鬆技巧～深度放鬆技巧、冥想以及觀想，都可以助妳克服妊娠期間身、心壓力，從可憐的孕吐到分娩生產時的疼痛不一而足，讓妳能夠放鬆，專注、減少壓力、降低血壓，並且增進心境平和。它們對孕婦的焦慮也有奇效。不妨試試232頁的放鬆運動，或是試試冥想app，把妳帶到如願以償的快樂境地。

催眠術～催眠，妳理性的意識退居二線而讓主管感覺、記憶、情緒的潛意識暫時掌控，通常是用音樂、舒緩的圖片以及導引式觀想達成。新生兒催眠術，就是在懷孕期間用的那種，會運用深層放鬆以及暗示的力量，開發妳心理負責身體功能的那一塊（心跳、荷爾蒙製造、消化系統，還有妳的情緒），助妳應付伴隨妊娠而來的焦慮。很多孕婦會用催眠術減緩（或消除）生產時的疼痛（參考507頁），但倡導者說催眠也可以有效緩和妊娠症狀（噁心或頭痛不等）、協助延遲早產、舒解壓力，或是協助扭轉臀位生產的寶寶。

要記得，並不是所有人都適用催眠，約有20％的人極度排斥催眠的暗示語，還有更多人難以接受暗示，也就不能藉此有效止痛。催眠也不能隨傳隨到，若想發揮功效，妳得要在分娩之前學習（並練習）催眠技巧。還有當然啦，要確定妳找的催眠師擁有合格證照，並有治療懷孕者的經驗。

生物反饋～這種方法可協助患者學習如何掌控生理疼痛或精神壓力所引發的生物性反應。是怎麼做到的呢？治療師會在妳身上放置感測器，提供各種因子的反饋，像是肌肉張力、腦波活動、呼吸、心跳、血壓和體溫。當治療師監測這些感測器所提供反饋的同時，會用放鬆技術讓妳平復下來，減少肌肉張力並且緩和疼痛或壓力。久而久之，妳應能透過自我放鬆而控制身體反應，而不再需要治療師或生物反饋機。

生物反饋能安全地用來降低血壓，對抗焦慮和壓力，並且舒緩各類妊娠症狀，包括頭痛、背痛、其他疼痛、失眠和害喜。生物反饋也可以。它可也有效治療尿失禁，孕期前後都適用。

藥草療法～自人類開始尋求病痛的紓解以來，便知道利用「植物」，現今則被應用來舒緩妊娠症狀。如今，藥草多半是製好販售而不用自行採摘，還被當作天然治療法為號召，用於孕期的不適症狀，像是腳抽筋、痔瘡之類。雖然有些大概無害而且可能有效，例如像是早晨起來一杯洋甘菊茶安撫一下躁動的腸胃，或是過了預產期卻沒動靜就用覆盆子的葉泡茶喝，發動子宮收縮。大多數的專家並不建議孕婦使用藥草療法，因為安全方面的研究還不充分。

還有件重要的事得記在心上：天然的產品並不表示安全無虞。事實上，早就知道某些藥草在孕期會造成危險，而且可會在妳不知道的情況下藏身於藥草療法當中。例如，蘆薈、小檗、升麻、葳嚴仙、當歸、小白菊、北美黃蓮、杜松和野山藥，都是子宮刺激劑，會有可能導致流產或早發宮縮。秋水仙、艾草（可用於艾炙但吃了有危害）、美洲商陸、檫樹，已知會和先天缺陷有關。紫草和槲寄生會有毒性作用。

逛健康食品的藥草區要小心，另一個原因在於：藥草類食品補充品並沒有像處方藥和成藥那樣，受FDA管理。雖然在德國、波蘭、奧地利和英國的藥草療法治劑是受官方規範，就表示它們經過詳細檢驗，其他國家生產的產品就不行了（包括美國）。也就是說，強度、品質甚至成分，都會隨品牌和包裝而有所不同。它們也許含有污染物（看是來自哪，說不定含鉛）、成分表沒標示的原料、有效成分比表列更高，或根本不含有效成分。

因此，懷孕期間請把藥草治療（包括藥草茶在內）都當成藥品來看：除非醫師已說沒問題，千萬碰不得。

CAM要特別小心

顯然，輔助和另類療法給產科醫學帶來衝擊。連最傳統的婦產科醫師也體認到其影響力不容小覷，並且把它融入產科的一般運用。然而，若要把輔助和另類療法列為妊娠照護的一部分，一定要謹慎為之才是明智之舉，切記以下警告：

◆CAM是輔助。接受輔助和另類療法之前，先告知醫師。更好的方法是先請他們推薦一位治療師。

◆CAM是藥。輔助和另類療法的用藥會很強，效力就跟一般處方藥或成藥一樣，可是有一點明顯不同之處：由於它們並未經美國食品藥物管理局管制或核准，無從得知這類藥物在臨床上的安全性。可是，這並不表示CMA藥物在妊娠期間使用並不安全，而是說沒有官方單位來判定其安全性，或效果如何。正因為如此，妊娠期要避免任何藥草或是順勢療法，食品補充劑或是芳香療法也都一樣，除非是產科醫師或助產士所開的處方，或已經得到認可，在懷孕期間對其他用藥都是採取相同態度。

◆懷孕時，輔助和另類療法的規則會不一樣。多年來，看同一位整脊師做一樣的治療調理是嗎？或是每回背痛都去找人按摩？請記得：平時安全無虞，懷孕時可能並不安全。因此，務必挑一位對孕婦所需特殊預防措施受過訓練並且有經驗的治療師。

CHAPTER

4

妊娠時期的飲食法

小生命在妳體內一步一步成長，可愛的小手指、小腳趾冒了出來，眼睛、耳朵也逐漸成形，腦細胞快速發育。不知不覺間，一丁點大的胎兒開始有了雛形，正如妳夢寐以求的，全身健全，讓人好想緊緊抱在懷裡。

孕育寶寶需要付出許多心血，準爸媽們大可放心，大自然的安排極其巧妙，寶寶會以健健康康、惹人憐愛的樣子來到世上。再說，孕婦還能更努力讓寶寶發育得更好，自己同時也擁有更健康、更舒適的孕期生活。方法眞的很簡單（當然感到噁心反胃時，就沒那麼簡單了），至少一天有三次機會，而且妳可能已經做到了。猜到沒？答案就是：飲食。妊娠期的挑戰不僅要能吃（剛懷孕時這可能是項挑戰），還得盡力吃得好。這麼想好了，懷胎時吃得好，就是給寶貝一份終身受用的大禮，不僅健康地出生，而且一輩子都更健康。

為了寶寶和媽媽，在此為大家獻上「妊娠飲食法」。對寶寶有什麼好處？除了其他重大好處，更有機會能有健康出生體重，腦部發育更好，先天缺陷的風險降低，而且不管妳信不信，妊娠飲食法還附贈一份好禮，就是寶寶到了學齡前可能會挑食的時期，飲食習慣也會比較好（就算餐桌上有青花菜也不挑，光是想到這點，孕婦應該躍躍欲試吧）。小孩長大成人後，身體也會更加健康。

不只有寶寶受惠，「妊娠飲食法」也可以提高安全妊娠的機率，孕婦如果吃得好，能夠降低併發症的風險，像是貧血、妊娠糖尿病和子癲前症，也避免體重增加太多；合宜的飲食可以減少害喜、疲憊、胃燒灼、便秘，以及許多妊娠症狀，孕期也會更舒適；營養均衡有助於調適搖擺不定的心情，情緒會比較穩定；陣痛與分娩時間恰當（一般來說，飲食規律的孕婦比較不會提早分娩）；產後恢復快速，營養狀況良好的身體比較快也比較容易恢復，若能以適當速率增加體重，可以更快甩掉。懷孕期間的健康飲食好處無窮，更多訊息可參考《孕期飲食百科指南（*What to expect: Eating well when you' re expecting*）。》

幸好，要得到上述各種好處一點也不難，如果妳早就吃得很健康，那更是輕而易舉。就算目前的飲食習慣不佳也很容易做到，只要挾菜入口時再多挑選一下就好了。那是因為妊娠飲食法和一般健康飲食並沒有多大的差別，只要稍做調整即可，畢竟孕育小寶寶需要更多熱量以及特定的營養素。飲食基本架構不變：精瘦的蛋白質與鈣質、全穀類、各色新鮮蔬果還有健康的油脂，要均衡、充足、分配得宜。聽起來很耳熟嗎？這也難怪，營養學界早就以此為號召，行之有年。

按照自己的方法

對特殊飲食法心存疑慮？對飲食計畫並不熱衷？討厭別人指示妳應該吃什麼，得吃多少？沒關係。本書的「妊娠飲食法」只是方法之一，並不是唯一的方法。只要飲食均衡、健康（包括足量精瘦蛋白質、全穀類、各色蔬果，還得每天額外增加300卡熱量），一樣能達到目的。所以說，要是妳不願意一板一眼依照食譜吃東西，那就不要勉強。按照自己的方法，好好吃！

不僅如此，就算懷孕前的飲食習慣不理想，要想改變原有習慣，遵守妊娠飲食法並沒有那麼難，能下定決心就更容易了。送進嘴裡的東西，幾乎都能找到健康的替代品（參考136頁框中文字），也就是說，即使是蛋糕、餅乾、洋芋片，甚至速食，也是有辦法貢獻營養素。還有許多數也數不清的秘訣可將重要的維生素、礦物質在不知不覺間溶入食譜和最愛吃的菜裡頭，懷孕時提升營養，味蕾也不需受罪。

回到現實層面，本章提出的飲食法是一種理想境界，懷孕時想要吃得好，就得以此計畫為目標。努力達成，但不要給自己壓力。也許妳會想要嚴格遵循這套飲食法，或者妳決定只把握大原則（但要持之以恆）。也許妳會盡量，但沒法總是盡如人意，尤其是有時會覺得很噁心……有時很想吃零食……或者持續反胃。即使對漢堡、薯條無法忘情，依然可在本章找到幾項指標加以活用，在這九個月當中好好提供自己和寶寶充足的營養。（吃漢堡時配一份沙拉好嗎？）

孕期健康飲食九大基本原則

吃一口是一口～想想看接下來的這九個月，正餐、點心還有零嘴，在寶寶還沒出世之前，有好多機會能把他／她餵得頭好壯壯。大口的吃，但要想清楚。挑選食物的同時，別忘了也是在幫寶寶挾菜，要讓每一口食物都發揮作用。

熱量相等，營養不相等～要慎選熱量來源，盡可能重質不重量。一個甜甜圈所含的200卡，與全麥葡萄乾麥麩馬芬內的200卡並不一樣。十片洋芋片所含的100卡，與帶皮烤洋芋的100卡也不相同。攝取相同熱量時，營養的2,000卡帶給胎兒的好處，比沒營養的2,000卡多太多了，而在產後也會看出對媽咪的好處。

一千天獲得更健康的人生

妳想不想知道，要怎麼為尚未出生的孩子開啟更健康人生？科學家已發現最為重要的關鍵因素：寶寶最一開始那1000天要有良好營養，算起來就是從媽媽肚子裡一直到二歲生日。這第1000天可為一輩子的優良健康狀態打下基礎，降低寶寶得到肥胖症以及眾多可避免疾病的風險，從乙型糖尿病到心臟病都算。除此之外，還能增進腦部發育，改善在學以及出社會之後成功的機會。想想看，未來這九個月好好吃東西，就為寶寶關鍵 1000 天奠定勝基。詳細訊息請參考網站：thousanddays.org。

自己挨餓，等於胎兒挨餓~寶寶需要的是定時定量的營養——而且只有妳能供應。即使妳還不餓，可是寶寶會餓。不要有一餐沒一餐的！胎兒營養要好，經常進食可能是最好的途徑。研究顯示，如果準媽媽一天至少吃五餐（例如，三次正餐加兩次點心，或六份小餐）比較能夠懷胎到足月。當然，這可是知易行難，要是妳忙著跑洗手間嘔吐，怎麼會想要吃東西呢？如果胃食道逆流導致進食十分痛苦，那該怎麼辦？請參考209及249頁，討論到要怎麼吃才能避免孕期不適症狀。

講究效率最好~覺得不可能每天補足「每日十二項營養所需」（參考140頁）？擔心全部吃下肚最後變得圓滾滾？別擔心，開始講求效率吧！挑選低熱量高營養的食物。舉例來說，要攝取一份蛋白質，吃一個炸雞三明治得到700卡，比起一個只有300卡的火雞肉漢堡，顯然很沒效率。再舉一個例子，攝取一份鈣質，吃下1杯半的冰淇淋或許過癮，熱量約500卡（知名品牌的熱量可能更高），但食用1杯脫脂優格，美味不減，熱量卻少了200卡，可見冰淇淋也是比較沒效率的飲食方式。

運用同樣的效率模式，挑選瘦肉棄肥肉；捨全脂而選擇脫脂或低脂的牛奶或其他乳製品；食物寧可用煎的或燒烤，不要油炸；煎、炒食物只要下一茶匙的橄欖油，用不著四分之一杯。有效率的飲食策略還有另一招：盡量選擇同時符合多項每日十二大類營養素的食材，就可以一次達成兩三項營養要求。

如果體重增加太少的話，更要講究效率。為了讓體重計的數字能往更健康的方向前進，要選擇飽含營養素和熱量的食物（例如酪梨、堅果類和水果乾），可以同時餵飽妳和胎兒，又不致於太胖。

✿ 來點不一樣的

想為妳最愛但沒營養的食物找到健康的替代品嗎？下列替代方案可供參考：

別吃	改吃
╳洋芋片	○小扁豆、黃豆、甘藍或全粒玉米脆片
╳整包 M&M's 巧克力	○綜合乾果（搭配少許 M&M's）
╳彩虹糖	○冷凍葡萄
╳餐前德國結	○餐前毛豆
╳炸雞	○烤雞
╳冰淇淋聖代加熱糖漿	○優格霜淇淋配水果及穀片
╳玉米脆片配起司醬	○蔬菜條配起司醬
╳炸薯條	○烤蕃薯脆片
╳白麵包	○全麥麵包
╳汽水	○蘇打水加果汁
╳一片蘋果派	○一個烤蘋果

碳水化合物是一個爭議性的話題～說到醣類，妳會想到什麼？很多人都會想到「贅肉」。對體重很在乎的人，早就對醣類不懷好感，棄而不取。那真是太可惜了，尤其是對那些對體重很在乎的孕婦來說，醣類只要吃得對，就能得到很多營養素，卻不會增加很多重量：要吃多醣。的確，精製的醣類（如白米、白麵包、白麵條、去皮洋芋）營養價值不高，除了增加熱量少有其他成份。更洩氣的是它們會讓血糖增高……然後又急速掉下來。可是，複合醣類（全麥麵包和全穀

穀片、糙米、新鮮蔬果、豆子和豆莢）能夠提供豐富的維他命B群、微量礦物質、蛋白質、以及重要的纖維，遠遠不只貢獻熱量。不但對胎兒有幫助，對妳本身也是好處多多，有助於抑制噁心，又可以避免便祕。加上這類食物富含纖維，具有飽足感，也有利於體重的控制。最近的研究指示，食用複合醣類還有另一項好處：攝取大量的纖維可以降低罹患妊娠糖尿病的風險。

罪惡感不要來

意志力很重要，為自己和寶寶努力加餐飯時更是如此。話雖這麼說，偶爾也會抵擋不住誘惑，不需因此充滿罪惡感。真正很想要的時候就來點好料享受一下，不需為了嘴饞心懷愧疚。

即使是較沒營養的食物，也可試著多些配料為營養加分，冰淇淋聖代加上新鮮草莓和堅果；黑巧克力棒就挑裡頭有杏仁的。

和大家分享一份洋蔥圈，不要自己點一份；只吃薄薄一小片胡桃派，而不要切一大塊。要記得在難以挽回之前適可而止，要不然，恐怕就得開始感受到罪惡感排山倒海而來。

沒營養的甜食～就實話實說吧，很遺憾，糖所產生的熱量是不具營養價值的空熱量。這還不是它唯一的缺點。已知大量食用糖分會和多種健康顧慮有關，像是肥胖、大腸癌，不一而足。懷孕的時候，過多糖會變成過多的體重，還會造成妊娠糖尿病還有蛀牙（身為孕婦已經非常容易得到）。此外，營養價值不高的食物和飲料常會含有大量的糖，恐怕早就應該避開比較妥當，例如像是糖果和汽水。

精製糖在超市的貨架上有許多化名，包括玉米糖漿和濃縮甘蔗汁。不過，蜂蜜算是非精製糖，因為它含有健康的抗氧化物，具有營養價值。而且蜂蜜經常被添加在營養成份較高的食品裡。不論如何，最好能夠盡量限制各種型態的糖類攝取。

可用更全面完整的方式滿足愛吃甜食的欲望，只要做得到，就用水果（新鮮的、乾燥的、冷凍乾燥的）、濃縮果汁和果泥代替糖。也可以尋找沒有熱量的代糖，供妊娠期間安全使用（參考178頁）。

良好食品，新鮮為上～天然的最好，難怪營養食物往往未經過複雜的料理。盡量選擇當令的新鮮蔬果，買不到新鮮貨或沒時間烹調時，可選擇無添加的冷凍食材。冷凍乾燥是另一個方便又營養的選擇，妳會發現冷凍乾燥的水果蔬菜風味更濃，吃起來更脆更飽足，而且熱量比傳統乾燥的產品還低。關於食物的營養成分，調理程序越少留下的越多。盡量每天吃一些生的蔬菜、水果，或是用清蒸或稍加翻炒等方式烹煮，才能留下更多維他命和礦物質。

大家都曉得，加工食品不是天生的，它們是工廠的生產線製造出來，那種東西不僅添加一大堆化學藥劑、脂肪、糖、鹽，還喪失了好多的營養成份。只要可能就挑天然型式，選擇新鮮的火烤雞胸肉，而不是加工過的火雞；挑選全麥通心麵和天然起司所做成的起司通心麵，不要選亮橙色的綜合通心麵；選擇輾壓燕麥所製成的新鮮燕麥片，而不是低纖維高糖分的即食燕麥。

✿ 和WIC一起注意飲食

是否擔心自己沒法在懷孕的時候好好吃東西？如果妳的收入符合，就可以申請婦幼補助計劃（Women, Infants, and Children’s program）。這是特別針對孕婦、新手媽媽和五歲以下幼兒設計的食品補助方案。藉由WIC，孕婦和寶寶會收到支票或提貨券，可以在當地雜貨鋪購買有益健康的食品，像是蛋、牛奶、起司、豆子、全麥麵包和蔬菜水果。WIC也在診所提供營養教育與諮詢服務，並且篩選、轉介給其他健康、福利和社服單位。更多訊息，請查閱網站fns.usda.gov/wic。

健康飲食從家裡開始～面對現實吧！要是親愛的老公抱著冰淇淋筒埋頭猛吃（還坐在妳旁邊），那就很難心甘情願把新鮮水果當零嘴啃；食物櫃裡全都是老公買的橘色起司球，要怎麼忍住誘惑只吃起司條。所以，要把另一半（還有家中其他成員）納入妳的同盟，讓家裡成為健康食物專區。自製全麥麵包，冷凍庫放滿優格霜淇淋，禁絕放在手邊就會忍不住想吃的垃圾食物。分娩後最好持續這項健康飲食法。健康的飲食不僅對懷孕有幫助，還可以降低許多疾病的風險，包括成人糖尿病和心臟病。

壞習慣會破壞良好的飲食～良好飲食只是產前健康的一環，萬一妳還沒做到這點，要把其他生活習慣糾正過來。

一天6餐的解決之道

是不是太脹、噁心、胃燒灼或便祕，或者各種毛病都來，害妳沒法好好吃完一頓飯？不管是什麼腸胃方面的困擾讓妳吃不下，或沒法把吞進肚的食物留在胃裡，如果把每日十二項營養（參考140頁）分成5到6份小餐，而非傳統的3大份，就會容易得多。這種吃個不停的辦法可以讓妳的血糖濃度維持穩定，精力也跟著暢旺，大家都能受益。這樣一來妳比較不會頭疼，心情大起大落也會少些。

妊娠期的每日十二項營養組合

熱量～「一人吃，兩人補」這句話說得真是對極了（愛吃的孕婦，歡呼吧）。不過，切記兩人當中，有一位還是正在發育的小小人，所需要的熱量遠比妳少得多——每天只需300卡左右（抱歉啦，媽咪）。平均而言，只需額外攝取300卡的熱量，等於兩杯脫脂牛奶和一碗燕麥粥（並不像妳想的，可以隨意在冰淇淋店開懷大吃）。這些額外的營養需求，很容易就能達成，但也很容易就會超過。此外，除非妳的體重過輕，否則妊娠初期不需要額外的熱量，因為此時的胎兒只不過像豆子那麼大。到了妊娠中期，代謝開始加速，可將目標設在300～350卡；妊娠晚期寶寶長得很大了，可能需要更多熱量，每天要至少增加500卡以上才夠。

攝取超過母子所需的熱量不僅沒有必要，還會造成體重增加太多。另一方面，要是熱量攝取不足，隨著孕期進展，就會不健康。孕婦若是在妊娠的中、後期沒有攝取足夠熱量，會妨礙胎兒的發育。

這項基本原則有四種例外，如果妳符合任何一種，務必要與醫護人員討論熱量需求：過重的婦女，在適當的營養指導下，或許熱量攝取較少也行得通，但要更注重食物的質；體重嚴重不足的婦女，則需更多熱量，讓體重迎頭趕上；正值青春期的孕婦，自已都還在成長階段，因此有特別的營養需求（不過還是一樣，熱量需求會因妳的體重而有所調整）；懷有多胞胎的孕婦，每多一個胎兒就必須增加大約300卡的額外熱量。

妊娠期間的熱量攝取固然重要，也不用真的斤斤計較。與其每餐計算熱量，或把吃了什麼全都抄錄下來。那要怎麼知道有沒有攝取夠多熱量呢？簡單，只要看體重就可以了。如果增加的體重合乎設定的目標，那就表示熱量攝取正確；如果增加的重量不足，或太慢，表示熱量攝取太少；而重量超過或是增加太快的話，則表示熱量攝取過頭了。依實際需要維持或調整食物的攝取，但是小心別把極需的營養連同熱量一起縮減掉了，吃的時候要特別注意率效。參考276頁更詳細討論增重問題。

不含動物成分的蛋白質選擇

懷孕初期的嘔心想吐，讓妳沒法吃肉和其他動物性蛋白質是嗎？或者妳是素食者？好消息來了。有很多方法可以達成蛋白質需求，不用去動物界探尋。更棒的是，許多這類食物在滿足蛋白質需求的同時，也滿足了全穀類的需求，而且有許還加了一點的鈣。

豆類（半份蛋白質）

¾杯煮熟的各種豆子、小扁豆、裂莢豌豆或鷹嘴豆

½杯煮熟的毛豆

¾杯豌豆

43克花生

3湯匙花生醬或堅果醬
¼杯味噌
113克豆腐
85克天貝（tempeh）
1.5杯豆漿＊
85克大豆起司＊
½杯素絞肉＊
一大根素香腸或素漢堡肉＊
28克（未烹煮的）大豆或高蛋白義大利麵＊＊

穀類（半份蛋白質）

85克（未烹煮的）全麥義大利麵
⅓杯小麥胚芽
¾杯燕麥麩
1杯未烹煮的燕麥，或是煮過的2杯燕麥
2杯（大概量）全麥即食穀片
½杯未烹煮的（煮過的1.5杯）布格麥食、蕎麥或全麥庫斯庫斯、
½杯未烹煮的藜麥
4片全麥麵包＊＊
2份全麥皮塔餅（Pita）或英式馬芬＊＊

堅果和種子類（半份蛋白質）

85克堅果類，像是核桃、胡桃或杏仁

57克芝麻、葵花子或南瓜子

½杯亞麻仁粉

*蛋白質含量差異甚大，務必查看標籤確認每半份含有12～15克的蛋白質。

**高蛋白義大利麵可能含有更多蛋白質，請查看標籤。

每日三份蛋白質～寶寶是怎麼長大的？各種營養素當中，首推胺基酸（也就是人體細胞的基礎材料），全靠妳每天所吃的蛋白質供應。因為小生命的細胞正在迅速繁殖，蛋白質是妊娠飲食中相當重要的一項。目標攝取量是每日約75克蛋白質。聽起來似乎很多，其實大部分的美國人（可能包括妳在內）不用刻意努力就能達到目標值，若是依循高蛋白飲食法，甚至還會更多。加總蛋白質份量時，不要忘了計算許多高鈣食物裡的蛋白質，例如起司和優酪乳（尤其是希臘優格）；全穀類和豆類也含有蛋白質。

每天攝取三份下述食物（各為一份的蛋白質，或約25克蛋白質），或等同於三份的各式組合。別忘了，乳製品也可滿足鈣質需求，是特別有效率的選項。（植物性蛋白質的清單，參考本頁框內文字）：

680克（3杯）牛奶或白脫乳（buttermilk）

1杯鄉村起司（cottage cheese）

2杯優格或1 ¼ 杯希臘優格

85克（磨好的¾杯）起司

4個大顆全蛋

7個大顆蛋白
99克（瀝乾的）罐頭鮪魚或沙丁魚
113克（瀝乾的）罐頭鮭魚
113克烹調過的甲殼類
113克（生重）鮮魚
113克（生重）去皮雞肉、火雞肉、鴨肉或其他禽肉
113克（生重）瘦牛肉、羊肉、羔羊肉、豬肉或水牛肉

乳清可以嗎？

近年來，蛋白質營養棒、粉末還有奶昔混合飲料十分流行，妳可能很想知道這些東西能不能算在妳的蛋白質攝取量裡。雖然沒有懷孕及哺乳期的乳清蛋白相關科學證據，大多數專家表示只要妳能遵循以下要點，應該可以適量使用。

首先，乳清蛋白是由牛乳製成，如果對牛乳過敏或有乳糖不耐症，那就要避免。再來，檢查產品裡所有的成分，因為有些會含有添加的甜味劑（天然或人工都有可能）、藥草、酵素和其他成分，並不適合孕婦。第三點，要記得查核所食用乳清產品裡的維生素和礦物質含量，有些已有加強添加，會讓妳某幾類的營養素超過限制。還有最後一項，要記得乳清產品不應是唯一的蛋白質來源，試看看吃些別的食物平衡一下。

每日四份鈣質～小學時代妳八成學過，成長中的孩童需要充足的鈣，才有強壯的骨骼和牙齒。

成長中的胎兒也需要大量的鈣，才能變做成長中的孩童。鈣同時也是肌肉、心臟、神經發育、血液凝結和酵素活動中不可或缺的物質。若是鈣攝取不足，受影響的可不只有腹中的胎兒而已；要是吃進的鈣不夠供應，身體會從媽咪的骨骼吸取鈣，以滿足胎兒的需求，使妳日後罹患骨質疏鬆症。所以，盡量達成每日四份高鈣食物的攝取。

無法忍受每天要喝四杯牛奶？還好，鈣的攝取未必得靠喝牛奶。一杯優酪乳或是一片起司同樣可以滿足需求。鈣同時還隱身在奶昔、湯、燉菜、穀片、沾醬、醬汁、甜點等食品當中。

患有乳糖不耐症的人可用不含乳糖的乳製品代替（牛奶、鄉村起司，其至冰淇淋都可以不含乳糖）。對那些根本不吃乳製品的人而言，也可以從其它食物攝取鈣質。舉例來說，一杯鈣質強化的柳橙汁便能提供一份的鈣以及維他命C。一杯鈣質強化的杏仁奶也能提供一份鈣，而且放進果昔裡味道很棒。更多非乳製品的鈣質來源，請參考後文列出的項目。

如果準媽媽吃素，或不確定飲食中所攝取的鈣是否充足，則會建議補充鈣片（要選擇成份中含有維生素D的那種）。

目標是每日食用4份含鈣食物，或各種組合搭配後等於4份，可別忘了把半杯優格，以及菜餚上灑的起司粉算在內。下列每一項的份量，大概含有300毫克的鈣，妳的每日需要量約為1200毫克，其中許多項能夠滿足蛋白質需求。

¼杯磨碎的起司

28克硬起司

½杯消毒過的瑞可達起司（ricotta cheese）

1杯牛奶或白脫乳

142克高鈣牛奶（飲用前搖均勻）
1杯優格或希臘優格
1.5杯優格霜淇淋
1杯高鈣果汁或杏仁奶（飲用前搖均勻）
113克帶骨的罐裝鮭魚
85克帶骨的罐裝沙丁魚
3湯匙芝麻粉
1杯煮過的綠葉菜，例如像是羽葉甘藍或甘藍類
1.5杯煮過的大白菜
1.5杯水煮毛豆
食用鄉村起司、豆腐、無花果乾、杏仁、青花菜、菠菜、豆乾，也可以增加鈣質攝取。

營養加倍

有許多妳愛吃的食物符合多項「每日十二項營養」，一份就可以得到兩份營養價值。舉例如下：一片哈密瓜含有一份綠葉菜和維生素C；一杯優格就有一份鈣，以及半份蛋白質。盡可能吃這種含有多項營養素的食物，節省熱量，肚子也輕鬆。

每日三份維他命C～妳和胎兒都需要維他命C，以利組織修護、傷口癒合，以及其他新陳代謝（營養利用）運行。而寶寶也需要它才能好好成長，發展強壯的骨骼和牙齒。人體無法儲存維他命C，必須每天補充。還好，維生素C很容易從美食中取得，就連看來綠色的菜裡頭也有。以下所列出的食物當中，妳會發現隨手可得的柳橙

汁並非唯一，也不是最佳的維他命C來源。

每天至少食用三份維他命C，再次強調，妳的身體沒法儲存，需要每日補充。（嗜吃水果嗎？放開懷好好享受吧。）要記得，許多維他命C食物也可以滿足綠色葉菜類和黃色蔬果的需求。

- 半顆中型葡萄柚
- 半杯葡萄柚汁
- 半顆中型橘子
- 半杯柳橙汁
- 2湯匙柳橙汁
- ¼杯檸檬汁
- 半顆中型芒果
- ¼顆中型木瓜

- ⅛個小哈密瓜或香瓜（切丁的話就是半杯）
- ⅓杯草莓
- ⅔杯黑莓或覆盆子
- 半顆中型奇異果
- 半杯新鮮鳳梨丁
- 2杯西瓜丁
- ¼杯冷凍乾燥芒果、草莓，或其他富含維生素C的水果
- ¼個中型紅椒、黃椒或橘色甜椒
- 半顆中型的青椒
- 半杯青花菜
- 1顆中型蕃茄

¾杯蕃茄汁

半杯蔬菜汁

半杯花椰菜（生的或熟的皆可）

半杯煮熟的羽葉甘藍

¾杯煮熟的芥藍

1滿杯生波菜，或煮過的半杯

2杯蘿蔓生菜

¾杯生的切絲紫甘藍菜

1顆蕃薯或烤馬鈴薯，帶皮烤

1杯熟的毛豆

每日三至四份綠色葉菜以及黃色蔬果～兔子所鍾愛的蔬果，提供β-胡蘿蔔素型態的維他命A，是細胞成長（胎兒的細胞正以驚人的速率生長）以及皮膚、骨骼與眼睛健康不可或缺的營養素。這些色彩亮麗的蔬果也會給妳其他不可或缺的類胡蘿蔔素和維他命（維他命E、核黃素、葉酸以及其他維他命B群）、無數礦物質（許多綠色葉菜類不但提供大量的鈣，還有多種微量礦物質）、對抗疾病的植物化學物質，以及有助排便的纖維質。以下列表當中，有許多綠色葉菜類和黃色蔬果可供選擇。無論妳是長期就不愛蔬菜，或孕期產生反感而新加入，都會很開心的發現，原來青花菜和菠菜並不是維他命A的唯一來源。事實上，要維他命A的話就該多吃橙色：很多大自然最甜的橙色果肉食品含有大量這種維生素——如杏、芒果、黃桃、哈密瓜，還有胡桃南瓜、南瓜和蕃薯。至於愛喝蔬菜汁的人，應該很高興知道一杯蔬菜汁、一碗紅蘿蔔湯或一份芒果冰沙，都算一份綠色葉菜類及黃色蔬果。

每天至少要食用三至四份。可能的話，目標

設在每天都有黃有綠，有生有熟（不過如果看到綠葉就發愁也不必勉強，就吃些淺黃色的）。要記得，其中許多食物可以同時滿足維生素C的需求。

⅛顆哈密瓜（切丁則為½杯）

2顆新鮮的大杏桃或6片杏桃乾

½顆中型芒果

¼顆中型木瓜

1顆大型油桃或黃桃

1顆小型柿子

¼杯冷凍乾燥芒果或其他富含維生素A的水果

¾杯粉紅葡萄柚汁

1顆粉紅或深紅葡萄柚

1顆柑橘

½根胡蘿蔔（刨絲則為¼杯）

½杯青花菜切塊，生熟皆可

1杯洗選生菜

¼杯熟甘藍菜、君達菜（Swiss Chard）、羽葉甘藍

1整杯綠葉萵苣，像是蘿蔓生菜、芝麻菜，或綠葉菜、紅葉菜

¼杯煮熟的冬南瓜

½顆小蕃薯或山藥

2個小型蕃茄

½個中型紅椒

¼杯碎洋芹

水果不可貌相

談到營養，絕大部分的蔬果顏色越是鮮豔，可攝取到的抗氧化物、維生素（尤其維生素A）和礦物質越多。試試紫色（甘藍、馬鈴薯和花椰菜都有紫色的），各種七彩的莓果、紅蘿蔔和芒果，淺紅、橙色和黃色的甜椒以及番茄，還有你想得到的各種綠葉菜，青花菜、甘藍和莙達菜。不過，請記住通常是裡頭的顏色表示其營養特別好，和外皮沒關係。因此，黃瓜（瓜肉是白的）算輕量級，甜瓜和奇異果（果肉色深）就特別出眾。

每日一到二份其他水果和蔬菜～這類食物原本被列為「次級」的營養，可是現在又重獲平反；這類蔬果不僅富含礦物質（例如鉀或是鎂），也是健康妊娠不可或缺，而且含有相當多的微量礦物質。很多蔬果也含有植物化學物質以及抗氧化物（尤其是色彩亮麗的品種，所以盡量挑選色澤鮮亮的蔬果），像是每天一個蘋果、報上大肆宣揚的藍莓和石榴，在每日的飲食中留個位置給「其他蔬果」吧。

這類蔬果一定有妳喜愛的種類，每天就下列清單挑選一到兩份。

1顆中型蘋果

½杯蘋果汁或蘋果泥

2湯匙濃縮蘋果汁

1支中型香蕉

½杯藍莓

½杯新鮮去核新鮮櫻桃
1杯葡萄
1顆中型桃子
1顆中型梨子或2片梨子乾
½杯不加糖鳳梨汁
2個小型李子
½杯石榴汁
¼杯冷凍乾燥「其他種類」水果
½個中型酪梨
½杯煮熟的四季豆
½杯新鮮的生香菇

½杯熟的秋葵
½杯洋蔥丁
½杯煮熟的防風草根
½杯煮熟的櫛瓜
1小根煮熟的甜玉米
1杯撕碎的捲心萵苣
½杯鮮豌豆或豆莢

全穀白麥

不喜歡吃全麥食品嗎？很不舒服的時候只想吃白麵粉做的東西？市面上推出一種新的麵包，也許正符合這個需求。全穀「白麥」麵包是用全穀白麥製成，這種穀物要比全麥麵包通常所用的紅麥口味更甜、更溫和。難道說，全穀白麥麵包是繼切片麵包以來最棒的發明？如果妳是白麵包的愛好者，那很有可能，因為它提供的營養和一般全麥（連麩皮在內）相同，但具有與白麵包幾乎一樣的風味和口感。但一定要看清標籤，因為白麥麵包不見得就是全穀，除非有標明。妳也可以找到白麥的麵粉，如果想做比較鬆軟，沒那麼紮實的烘培品、煎餅等等，就拿它來替代一般的全麥麵粉。

每日六份以上的全穀類～多吃穀類有很多好處。全穀類都含有多種營養素，尤其是維他命B群（B_{12}除外，只有動物食品才有），胎兒身體的每一部位都極需這些營養素。這些濃縮的複合碳水化合物還富含鐵質和微量礦物質，如鋅、硒和鎂，對於孕婦也是十分重要。還有另外一項附加好處：醣類可緩和害喜現象，對抗便祕。這一類食物雖然具有許多相同的營養素，卻也各有所長。為了獲取最大的益處，飲食中要包括多樣化的全穀類和豆類。可以大膽的嘗試以下作法：把魚或雞肉裹上以香草和帕瑪森起司調味全麥麵包粉；把藜麥（一種蛋白質很高的美味穀物）或全麥庫司庫司當配菜，或是菰米燴飯（wild-rice pilaf）裡加入蕎麥或布格麥食。在最拿手的餅乾配方中加入燕麥；把湯裡的利馬豆用菜豆來代替。雖然偶爾吃吃無妨，精製穀類食物的營養並不夠。這類食物即便「強化營養素」，依然欠缺全穀類裡富含的纖維、蛋白質、各類維他命和微量礦物質。

每日至少食用6樣清單中的食物。這類食品也可貢獻蛋白質，份量往往很多。

1片全麥、全燕麥、糙米、全黑麥、其他全穀麵包（或全白麥）

½全麥皮塔餅、小餐包、貝果、12吋餅皮、玉米餅或英式馬芬

1杯煮熟的全穀類穀片，如燕麥

1杯全穀即食穀片（份量依廠牌不同，參考包裝説明）

½杯烘烤穀片什錦果麥

2湯匙小麥胚芽

½杯煮熟的糙米或菰米

½杯煮熟的小米、布格麥食、庫司庫司、蕎麥、大麥或藜麥

28公克（未烹煮的）全麥或黃豆麵條

½杯熟的豆子、小扁豆、豌豆仁或毛豆

2杯爆玉米花

¼杯全麥麵粉或黃豆粉

每日攝取一些鐵質～由於胎兒血液日益增加，母體本身的血液量也多了，都必須用到大量的鐵質，懷孕這九個月期間要增加鐵質攝取。

有時候光靠飲食很難滿足妊娠期間的鐵質需求，醫護人員也許會建議孕婦大約從第20週開始，或是例行檢驗發現體內缺鐵時，除了補充孕婦專用維他命以外，每天還要服用鐵劑。為了促進鐵質的吸收，最好在兩餐之間，喝點富含維他命C的果汁（含咖啡因的飲料、制酸劑、高纖食品和高鈣食品會干擾鐵質吸收）。含鐵食物也要用含維生素C的當配菜。

大部份每天所食用的水果、蔬菜、穀類和肉類中都含有少量的鐵，不過，除了鐵劑以外，盡量每天選用以下所列舉的高鐵食物。同樣，很多富含鐵質的食物同時也可以滿足其他營養素的需求。

牛肉、水牛肉、鴨肉、火雞肉

煮熟的蜆、蠔、貽貝和蝦
沙丁魚
菠菜、芥藍菜、羽衣甘藍和蕪菁葉
海藻
南瓜子
燕麥麩
大麥、布格麥食、藜麥
豆子類和豆莢類
毛豆和黃豆製品
水果乾

每日四份脂肪和高脂食物～接下來，有個要素很容易達成，更容易超過標準。雖然多吃一些額外的綠葉菜或維生素食物並沒有害處（說不定還有些好處），過多油脂會成為贅肉。而且，雖然適度攝取過多脂肪合乎情理，但是把脂肪完全排除在外，也會有所危害。脂肪對正在發育的胎兒來說是維持生命的必需品，因為脂肪的本質脂肪酸，正是不可或缺的要素。其中的Omega-3脂肪酸在妊娠後期尤其有益（參考156頁）。

油不油，有關係

為了降低熱量，沙拉不淋醬，炒菜也不放油？妳的意志力可以得到A，但是蔬菜的維生素A攝取量會變少。研究顯示，如果炒菜不放點油，蔬菜的許多營養物質就無法被身體充分吸收。因此要注意，蔬菜應該配點脂肪，只要一點油就很管用，可以在炒菜時安心放油，青花菜撒些堅果，沙拉加上淋醬。

計算脂肪的攝取量，滿足每天的需求，盡可能不要超量。別忘記用來烹煮和調理食物的脂肪也要一併計算在內。炒蛋時放的奶油，澆在生菜上的美乃滋。幸好，料理蔬菜的時候加一些油脂，可促進吸收菜所含的營養素。參考154頁框中文字。

要是體重增加太少，而且增加其他營養食物的攝取也未見成效，試著每天額外添加一份脂肪，脂肪所提供的高密度熱量，有助於逐步達到最佳體重。要是體重增加太快，可以減少一或兩份脂肪，還是那句話，不能完全不碰油脂。

表中所列舉的食物完全是（或幾乎是）由脂肪構成。當然，飲食當中的脂肪來源絕對不只這些（全脂乳酪及優格、某些肉類、堅果類等食物的脂肪含量都很高），但只需注意這些食物就可以了。如果增重符合目標值，那就定為每天約4份（每份大概14克）或8個半份（每份約7克）。如果增重不如預期，那就得隨之增減。

1湯匙油，例如像是植物油、橄欖油、油菜籽油、葡萄籽油或麻油

1湯匙原味奶油或人造奶油

1湯匙原味美乃滋

2湯匙原味沙拉醬

2湯匙高脂鮮奶油

¼杯混合奶

¼杯打發鮮奶油

¼杯酸奶油

2湯匙原味奶油乳酪

2湯匙花生醬、杏仁醬或其他堅果抹醬

Omega-3脂肪酸～妳是否對脂肪避之唯恐不及（尤其是懷孕期間，體重快速上升）？別怕脂肪，只是要挑選對孕婦好的脂肪。總之，油脂好壞各有不同。有些是脂肪好，而且對懷孕的妳特別好。Omega-3脂肪酸，又稱DHA，絕對是一人吃兩人補的首選。原因在於：DHA是胎兒與嬰幼兒腦部成長和眼睛發育不可或缺。研究指出，如果媽媽在懷胎時攝取大量DHA，那麼寶寶到了幼兒期，手眼協調比同齡者優秀，雖然說並不清楚這是否能解讀成兒童期之後會提升腦力。尤其是妊娠後期（此刻胎兒的腦部正處於快速成長階段）以及授乳期間（寶寶出生三個月內，腦部的DHA含量成長了三倍），飲食當中一定要有足夠的DHA。

而且，對寶寶好的，對媽媽也很好。攝取足夠DHA，可緩和情緒起伏，降低早產以及產後憂鬱症的風險。產後不得安眠嗎？孕期攝取足夠DHA，將來寶寶比較可能有良好的睡眠習慣。好

在，許多受歡迎的日常飲食中都富含DHA。

鮭魚（儘量選野生的）、其他油脂多的魚類（像是沙丁魚）

罐裝真鰹

核桃

添加DHA的雞蛋（又稱Omega-3雞蛋）

草飼牛肉及水牛肉

雞肉（土雞通常含有較多DHA）

也可以請教醫護人員妊娠期間可安全服用的DHA補充劑。有些妊娠補充劑當中已經含有DHA，可高達200到300 mg的DHA。不怎麼喜歡某些DHA補充劑服用過後那股魚腥味是嗎（還會反覆出現）？市面上有不含魚的素食及蔬食替代品。

加點鹽巴

是否害怕鹽會導致水分留滯而水腫，想改掉烹調時灑點鹽的習慣呢？是啦，有這可能，不過對懷孕的人來說也不算什麼壞事。其實，妊娠期體液增加被視為必要且正常的（妳以為的發胖並沒有那麼胖），所以需要適量的鹽分（鈉）來維持體液標準。孕期嚴重缺鈉可能會造成重大危害。

不過，大多數美國人都攝取太多鈉，包括孕婦在內。經常攝取極大量的鹽以及很鹹的食品，例如像是一口接一口的醃菜、炒菜已經夠鹹了還要加醬油、一袋又一袋重鹹的洋芋片，對誰都沒好處，有沒有懷孕都一樣受害。高鈉飲食會高血壓密切相關，這病症會導致妊娠期間、陣痛及生產時的併發症。一般來說，與其在烹調時加鹽，不如在餐桌進食時才酌量加鹽調味。嘴饞的時候，可以吃片醃黃瓜，盡量吃一、兩片就打住，不要一口氣吃掉了半罐。還有，除非醫生另有建議（譬如，由於妳罹患甲狀腺機能亢進），可以使用加碘食鹽，以確定滿足妊娠期間的碘需求量。事實上，務必要查驗妳用的鹽，確認有含碘，例如說，大多數的鹽都不含碘。約有三分之一的孕婦被認為患有缺碘症，這在孕育寶寶的時候是個問題，因為胚胎需要這種元素發育健康的頭腦。

每日至少八杯水～妳不只為兩人而吃，也為兩人而喝。寶寶和成人一樣，體內幾乎都是水。隨著胎兒身體逐漸成長，對水分的需求也會增加。母體也會比以往需要更多水分，因為懷孕時肚子裡會裝滿很多羊水。水分有助於緩和便秘，排除體內的毒素和廢物（還有寶寶的呢），減少過度浮腫，並降低尿道感染以及早產的風險。懷孕期間攝取充足水分十分重要。

可是多少才算「充足」？妳可能聽說過，每天要喝至少8杯的水，然而這種一套公式眾人適用的水分攝取量，並沒有科學基礎。一個人需要補充多少的水，彼此差異懸殊，跟據活動量、居住地、飲食、BMI數值以及一大堆其他因素而定，包括有沒有懷孕這項。如果一天去陽光普照的海灘隔天去有空調的大賣場，或一天動來動去隔天又久坐，甚至會每天需求不同。幸好，身體會跟妳講需要多少水分，請仔細傾聽。開始覺得渴了，就要喝水，最好在這之前就先補充。如果比平常流更多汗，例如像是在運動或戶外很熱的時候，剛吐過，或體內積了一堆水，那就拿水瓶來喝幾口吧。怪得很，可多喝水分促進排除體內過多積蓄。水分攝取最佳評判標準：排出水分的量。如果尿液是淺黃褐色，量也不多，就是水喝得不夠。要是呈現深而稀少，還得補充更多。

當然，並非所有水分都必須來自白開水，牛奶（其中的⅔是水）、杏仁奶、椰子汁、果汁和蔬菜汁、湯。蔬果類也都可以計算在內，尤其是像西瓜那樣多汁的水果。

每日一顆孕婦專用維他命～每日十二項營養組合（或是任何健康飲食法）已經具備那麼多營養素，為什麼還需要另外補充妊娠維生素？難道不能靠這些健康食物，滿足一切營養所需？事實上，妳做得到，前提是要住在實驗室裡，每日攝取準確的份量，確定所有食物都保留了維他命和礦物質，而且妳不會隨便吃吃了事，或是過於不適而沒胃口。至於住在現實世界中的妳、我，一顆營養補充劑可以同時為寶寶和媽媽提供額外的健康保障，全面補充沒能從飲食當中攝取的基本營養素。正因為如此，才會建議服用孕婦專用維他命。

話雖如此，營養品畢竟只是輔助用，不論成分如何完整，都不能用藥丸或藥粉取代良好的飲食。這一點非常重要，大部分的維他命和礦物質應該從食物中攝取，這樣營養素才能夠發揮最大效用。新鮮食物不僅含有那些人類已知，能夠合成放入藥丸的營養素，也許還具備更多人們還未發現的營養素。食物也能提供纖維和水分（水果和蔬菜兩項兼備），以及重要的熱量和蛋白質——這些養分根本不可能全裝進一顆營養補充品。

千萬別以為吃一點很好，那吃很多絕對更棒。超過每日建議量的營養品，應該只在醫師的監控下服用。藥草類和其他營養補充品的情形也是如此。日常飲食中的維生素和礦物質，不可能超過建議攝取量，所以突然很想吃胡蘿蔔或青花菜的時候，儘管放心吃吧！

補充劑含有哪些成分？

一顆「孕婦專用維他命」藥丸、藥粉或嚼錠裡頭，含有哪些成分？這要看妳服用的廠牌而定。孕婦專用維他命並沒有設定標準，各家配方也就各有不同。如果醫生建議補充劑或開處方，妳就不需自己猜想（並研究）應該挑哪種配方。如果沒內建議自行到藥局挑選，就得看看罐上說明，尋找下列成分的配方：

- 維他命A不要超過4,000國際單位（IU），即800微克；超過10,000 IU可能具有毒性。許多廠商已降低補充劑裡的維他命A含量，或以β-胡蘿蔔素來替代，這是更安全的維他命A來源。
- 葉酸含量至少400到600微克。

◆ 250毫克的鈣。要是飲食中未能獲得充分的鈣，便需要額外補充，以達到妊娠期間所需的1,200毫克。鈣和鐵劑不要一起服用，一次不要超過250毫克，因為這些礦物質會互相干擾吸收。
◆ 30毫克的鐵
◆ 50～80毫克的維他命C
◆ 15毫克的鋅
◆ 2毫克的銅
◆ 2毫克的維他命B_6
◆ 至少400IU的維他命D
◆ 約每日建議攝取量（DRI）的維他命E（15毫克）、維他命B_1（1.4毫克）、維他命B_2（1.4毫克）、菸鹼酸（18毫克）以及維他命B_{12}（2.6毫克）。大部分孕婦專用維他命的含量為參考攝取量的兩到三倍，目前尚未得知這樣的劑量是否有所危害。
◆ 150百萬分之一的碘，並非所有孕婦維生素含碘，或有這麼大量。
◆ 有些配方也可能含有鎂、硒、氟化物、維他命H、維生素B_1、磷化物、泛酸、更多量的維生素B_6（以對抗噁心想吐）、薑（同樣功效），或促進胎兒腦部發育的DHA。

還有一點很重要：檢查看看有沒有什麼不該出現在妊娠補充劑裡的成分，像是藥草類。若有疑問，應該請教醫護人員。

孕婦關心事項

不喝牛奶的媽媽

「我有乳糖不耐症，一天喝四杯牛奶會讓我非常不舒服。可是胎兒需要牛奶，怎麼辦？」

胎兒需要的不是牛奶，而是鈣。在美式飲食中，牛奶是最天然也最方便的鈣質來源，因此在鈣需求量大增之際，常會推薦喝牛奶補充鈣質。如果牛奶除了讓妳嘴裡發酸、嘴唇上有白鬍子之外，還出現其他不適反應，當然可以考慮是否要喝牛奶。好在，不需為了讓寶寶長出健康牙齒和骨骼而強迫自己受罪。如果妳原本就有乳糖不耐症，或對牛奶沒有好感，仍然有許多替代品可以滿足這項營養需求。

就算一般的牛奶喝了會拉肚子，妳還是能試試其它不含乳糖的乳製品，如硬起司、完全調製過的優酪乳（要挑活菌產品，真的有助消化），還有羊奶製品。食用脫乳糖乳製品的另一個好處，就是部分產品還強化了鈣質，請參考商品標籤挑選此類產品。攝取牛奶或乳製品以前，可先服用乳糖酵素，或在牛奶內添加乳糖酵素滴液或藥錠，也能夠減少或排除乳製品所引發的腸胃不適。

即便長年不耐乳糖，可是在妊娠中、後期，也是胎兒最需要鈣的時候，卻發現能夠應付某些乳製品。縱使如此，也要有所節制，盡量以比較不會引發反胃的食品為主。而且別忘了，一旦寶寶報到，隨意享用乳製品的期間可能會告一段落。

要是無法忍受任何乳製品，或是對乳製品過敏，可以飲用鈣質強化果汁或杏仁奶，或是參考144頁「富含鈣的食物」中所列舉的非乳製品食物，以滿足胎兒的鈣質需求。

如果只是單純不喜歡牛奶，可以嚐試一些乳製品或其他富含鈣質的非乳製品，絕對有許多食物能讓妳食指大動。或者可以試著將牛奶加入穀片、湯以及果昔當中。

萬一無法從飲食中獲取足量的鈣，可要求醫生推薦鈣片（市面上有許多口嚼錠型式的鈣片，對不愛吞藥丸的人來說頗為方便）。此外，務必要確認攝取了充足的維生素D（牛奶中也有添加），許多鈣片中含有維生素D，可以促進鈣質吸收，孕婦專用維他命裡也應該會有。

乳製品要經過低溫消毒

十八世紀中期，法國科學家巴斯特（Louis Pasteur）發明了低溫殺菌法，對乳製品來說，這項殺菌法是自有母牛以來最了不起的發明，對孕婦來說更為重要。為了保護自己和腹中的胎兒免於細菌危害，所喝的牛奶都要經過低溫消毒，食用的起司和乳製品也務必是由低溫殺菌過的牛奶所製成的（「生乳」產品便不是）。如果是用生乳製成的軟起司就要特別小心，例如莫茲雷拉、費塔、布里、藍起司、軟墨西哥起司，它們可能含有一種特別危險的李斯特菌（參考187頁）。這些起司要挑選經低溫殺菌處理的，國產會比進口貨機率大些，但一定要查核標籤，或食用前加熱到冒泡。要記得，粗食風潮使得市面上未經低溫殺菌的產品數量大增，孕期採購要特別留意。

需要低溫殺菌的不只是乳製品而已。連蛋也要低溫殺菌（排除沙門氏菌的感染風險），要是在家自行調製沙拉醬，或是喜歡吃嫩嫩半熟的炒蛋，挑那種就對了。果汁也應經過低溫殺菌處理，以除去大腸桿菌以及其他害菌。大部分市售包裝都是殺菌過的，但並非全部，購買之前一定要先看標籤。如果不確定，或很確定未經殺菌處理，比如現榨果汁，那怎麼辦？請不要喝。在妳面前現剖現喝的椰子汁沒有問題，因為椰子汁被保護在堅固的椰子殼裡處於無菌狀態。

那麼，「高溫短時間殺菌法」是否夠安全？此法比較快，但和低溫殺菌法一樣有效，殺菌又保持風味。自己在家做的果汁呢？只要有把器材徹低洗淨，都很棒，而且好喝又有營養。

不吃紅肉

「我吃雞肉和魚，但是不碰紅肉。不吃紅肉的話，能滿足胎兒的營養需求嗎？」

飲食中有沒有紅肉，寶寶不會有什麼意見。事實上，相較於牛肉、豬肉、羊肉和內臟類，魚類和精瘦的家禽類提供更多胎兒成長所需的蛋白質，而且脂肪較少，是懷孕時較好的肉類選項。白肉和紅肉一樣含有寶寶所需的維生素B群，家禽類和魚類無法與紅肉抗衡的只有鐵質（鴨肉、火雞肉和貝類富含鐵質，是例外），但是鐵質有許多其他來源，也能以鐵劑的方式攝取。

素食者的飲食

「我吃素，懷寶寶的時候是不是應該改變飲食習慣？」

各種型態的素食者都可以生育健康的寶寶，用不著改變飲食原則。只要在計畫飲食的時候，更小心謹慎就好。選擇素食時，要確實攝取下列各項營養：

充足的蛋白質～若是奉行蛋奶素，只要攝食足量的蛋和乳製品，尤其是希臘優格，蛋白質含量特高，便可確保蛋白質不虞匱乏。至於純素食主義的人（完全不碰動物來源食品，蛋和牛奶也一樣），可能就得多花點心思，由乾豆子、豌豆、小扁豆、豆腐和其他黃豆製品當中尋求豐富的蛋白質（更多的素食蛋白質，請參考141頁）。

充分的鈣質～對食用乳製品的素食者來說，絲毫不成問題，但是對於不吃乳製品的素食者來說，可能就有點棘手了。幸好，乳製品雖然最為普遍，但並非唯一的鈣質來源。加鈣杏仁乳和加鈣果汁，提供的鈣質和牛奶相當（飲用前記得搖晃均勻）。其他非乳製品的鈣質來源包括深色綠葉菜、芝麻、杏仁，以及各種黃豆製品，例如豆漿、大豆乾酪、豆腐和印尼黃豆發酵食品「天貝」。為了保險起見，純素食主義的人可能要服用鈣片，請洽醫生尋求建議（最好有添加維生素D；參考165頁）。

維他命B12～很少有人會缺乏維他命B12，可是吃素食者往往未能充分獲得這項維他命，尤其是純素食主義者，因為這項維他命主要蘊藏在動物性食物內。因此務必要額外補充維他命B12，還必須兼有葉酸和鐵質（請教醫生，除了已服用的妊娠專用維生素，是否還需更多維他命B12）。其他膳食來源包括B12強化豆漿、強化穀片、啤酒酵母以及營養強化素肉。

維他命D～每個人都需要維生素D，但不喝牛奶或不吃魚的素食者要特別費神去找含有維生素D的食品（參考左方表格中文字）。

缺乏維生素D

雖然只要接受日照，人體就能自行製造維他命D，要達到足夠分量卻不容易尤其是膚色較深的人、居住地區沒那麼陽光普照、在戶外待得不夠久，或是擦了防曬。能不能用吃的或喝的補充？並不容易，因為食品中的含量都不高。強化牛奶和果汁含有一些，沙丁魚和蛋黃裡也有，可是幾乎不夠避免維生素D缺乏症。請醫師測測妳的維生素D，如果有需要就開補充劑。

低醣飲食法

「我採取低醣高蛋白飲食法減重，懷孕時是否還可以繼續這麼吃，以免體重增加太多？」

懷孕時不能繼續低醣飲食。妊娠期間任何基本營養素都不能少，此時最優先的課題就是飲食均衡，正確的醣類（複合醣類）當然也包括在內。雖然流行，限制碳水化合物（包括水果、蔬菜和穀類）的攝取，就是限制胎兒所需的營養素（尤其是葉酸），不僅對寶寶不好，對媽媽也不利。吝於攝取複合醣類，就等於把抗便秘的纖維，以及可對抗孕吐與妊娠紋的維生素B群都排除在外。

想做個懷孕的原始人嗎？所謂「原始人飲食法」，模仿穴居原始人所吃的東西，並不符合現代孕婦的需求。雖然富含動物性蛋白質、蔬菜，一些的水果和堅果，卻排除乳製品、全穀類和豆類，全都是些對懷孕有益的營養素來源。噁心想吐的孕婦也可能會想要吃些餅乾，和麵包，以及其他能安撫肚子的醣類食物，難以把這類食品完全撤出。

不可節食

懷孕期要吃得健康，不要節食。為了好好養育胎兒，請把減重書收進櫃子裡，節食app關掉，排毒果汁暫且別喝，從無麩質飲食法當中解放出來（除非妳患有乳糜瀉或是麩質不耐症），吃生食要合宜適量，而且保持均衡。

生機飲食

「我一直在吃生機飲食，全身上下都煥然一新，充滿能量。現在懷孕了要不要先暫停？」

完全遵照生機飲食法，對妳和寶寶並不公平。原因有好幾個，最重要的在於：生的食物有被污染的可能，而這些污染可藉由烹調或殺菌處理去除。不僅是顯然值得懷疑的食品如此，譬如像是生的乳製品、生肉、生魚，就連在健康食品市場販售的即食品，也一樣可能處理或儲存不當。另一層顧慮則是：只吃生的很難得到妊娠期所需的所有營養素：有些維生素要經過烹調才好吸收。妳會少掉的最重要養分就是維生素 B_{12}，無法從生冷、植物性的食物獲得，還有維生素 D、硒、鋅、鐵和 DHA。而且，如果妳走全生食路線，蛋白質攝取量就很不容易達到安全標準，舉例來說，蔬食和素食的人可從煮過的豆子和藜麥取得蛋白質，但生食者沒辦法。

懷孕時是否得要完全讓步？好好吃生鮮蔬果、沙拉，更得每天吃蘋果（還有桃子、新鮮芒果），而且別忘了，有些食物煮過（或加熱殺菌）才好，至少養育胎兒的時候得要如此。

有關健康食品

或許妳是健康食品商店的常客，或許妳在想現在懷孕了，為了母嬰兩人的健康，是不是應該開始進去逛逛。然而，健康食品真的就是孕婦的健康好選擇嗎？大致上來說，是沒錯……但有另一方的意見認為應小心謹慎。舉個例，拿亞麻籽產品來說好了，據說它有眾多功效，也還真有那麼一些。某些醫師建議要限制孕婦的亞麻攝取量（油、籽或補充劑等型式），引用動物實驗說大量食用可能會危及胎兒發育，不過，並沒有明顯證據顯示如此結果也同樣適用於人類。另一些醫師會說，妊娠期間適量亞麻沒有影響，特別是因為它富含對嬰兒有幫助的 omega-3 脂肪酸。搞不清楚該不該買亞麻回家？請教妳的醫師。

其他熱銷的健康食品呢？適量大麻籽、大麻食品，以及大麻籽油（每天1至2份）對孕婦大概是安全無虞，還是優良的蛋白質、纖維和脂肪酸來源。但是由於妊娠期間的大麻使用未經研究確認，避免大量食用（例如補充劑的型式）應該說得通。奇亞籽是極佳纖維、omega-3 脂肪酸、蛋白質、鈣和鐵的來源：然而，雖說灑一些在沙拉、優格、穀片或果昔上頭大概安全又有營養，大口吞下奇亞籽之前先要和醫師確認，因為它在妊娠期間的安全性未經研究。螺旋藻，一種天然藻類的粉末，富含蛋白質和鈣，還可提供抗氧化劑、維生素B以及其他礦物質，對於懷孕的人是否安全也是沒人研究過，有些醫師因而建議孕婦要限制或避免使用這種相當營養的粉末。另外還有一個理由，這類產品裡有時會含有毒素，包括重金屬、有害的細菌。普遍常見的「綠色食物」粉末也是同樣道理，有時它們還會含有藥草和補充劑，未必適合孕期使用。小麥草也不行，並不是因為它的安全性未經證實，仍是因為同樣會被細菌污染。

想要來一杯蛋白質綜合飲料？先讓醫師看看這些產品的標示，因為有的會含有令人疑心的補充劑，而且維生素和礦物質的含量過高。

在得到醫師認可之前，已經喝了好多小麥草汁，或好幾杯綠色粉末泡的奶昔，那怎麼辦？別擔心，只要記得從今以後，到健康食品店大肆採購之前先問過醫師得到同意比較好。

✿ 嗜吃垃圾食物

「我很愛吃垃圾食物，像是甜甜圈、洋芋片和速食。我知道該吃得健康一點，我也很想辦到，卻沒有把握改掉這個習慣。」

準備好要把垃圾食物丟進垃圾桶了嗎？想要改變飲食習慣就要跨出第一步，妳該為此鼓勵自己一下。這個改變並不容易，但對寶寶對妳來說，一切的付出絕對是值得的。下面提出一些方法，幫助妳輕鬆戒除垃圾食物：

改變用餐場所～如果在公司吃早餐時好想多咬一口脆皮咖啡蛋糕，那就在家吃頓更好的早餐（要富含可穩定血糖、不會立刻消化的複合醣類和蛋白質，例如燕麥粥，之後又想吃垃圾食物的時候才能夠幫助妳抗拒誘惑）。如果知道自己無法抵擋金黃薯條的誘惑，那就別踏進麥當勞——說到做到。改去附近的熟食店點一份營養的三明治，或找一家不供應油炸食品的餐廳。

計畫、計畫、再計畫～事先計畫好三餐和點心，可讓妳整個妊娠期都吃得好。不要隨手拿了食物就吃，比如像是從販賣機買來的起司餅乾。備妥食物隨身帶著，哪家餐廳的食物很健康，也可準備一份它們的外帶菜單，一通電話就會送來營養豐富的餐點（要在餓壞之前先預訂）。準備好一堆有益健康或令人飽足的點心：新鮮、乾燥或冷凍乾燥的水果（試看看先在家把葡萄放冷凍，變成一道冰涼小甜點）；堅果類；健康的脆片（烘烤黃豆、小扁豆、全粒玉米、甘藍或其他蔬菜口味）；全穀類烘烤穀片，或穀片棒和薄脆餅乾；小盒裝的優格或果昔；起司條或起司塊（或是酥脆的 Moon Cheese）。為了口渴時不受汽水誘惑，記得要準備水。

不要考驗意志力～如果意志力不夠堅定的話，把糖果、洋芋片、餅乾還有加了很多糖的汽水全都掃地出門，即使心裡想要，也沒法伸手拿了就吃。遠離甜點櫃，別讓丹麥麵包有機會對妳擠眉弄眼。開車回家時寧可繞點遠路，千萬避開速食店的外帶區。

尋找替代品～酷愛甜甜圈配上晨間咖啡？改由全穀類馬芬來取代。尋找多力多滋當宵夜嗎？改吃烘焙的全粒玉米脆片（沾點莎莎醬做口味的變化，順便攝取有益健康的維他命C）。想吃冰淇淋想得受不了是嗎？路過果汁店的時候來一杯濃稠、香甜的水果冰沙吧。

時時想著肚子裡的寶寶～妳吃什麼，胎兒就跟著吃什麼，但有時難免會忘記（特別是賣場裡肉桂捲香氣誘人之際）。如果覺得有幫助，可以在需要增強意志力的地方放些健康寶寶的照片。一張放辦公桌，一張放皮夾，一張放車上（這樣才不會受誘惑開進速食外帶區，而是直接從旁邊開過去）。或是用自己小寶寶的超音波照，說服自己遠離賣場裡的垃圾食物區。

了解自己的極限～有些垃圾食物愛好者能夠偶爾淺嚐解饞而不沉淪其中，有些則會一發不可收拾（妳當然知道自己屬於哪一種）。如果再多的垃圾食物也無法滿足妳，吃完一小根棒棒糖再來根特大的，吃了一個甜甜圈讓妳想再吃半打，打開洋芋片非得整包吃完才罷休，可能就需要一次了斷才能戒除惡習，而不是溫和漸進減量。

好習慣終身受用～一旦養成健康的飲食習慣，就會想要繼續下去。分娩後繼續維持均衡的飲食，讓妳更有活力面對做媽媽的新生活。而且，由於寶寶未來的飲食習慣是從妳這學習而來，分辨好食物、壞食物、垃圾食物，這麼一來就更有機會在長大後也喜歡這種健康的生活。

健康飲食也有捷徑

健康的食物也可以像速食一樣快速完成：

◆ 如果每天匆匆忙忙，不妨在家做個烤火雞肉佐起司、萵苣和蕃茄的三明治帶去上班（或是到熟食店點一份），不見得比去速食店裡排隊花更多時間。

◆ 要是每天準備正式晚餐太大費周章的話，不妨一次多煮兩、三餐的份量，這樣就可以讓自己休息幾個晚上。

◆ 健康的烹調方式要力求簡單。來準備一頓快餐吧，魚排烤或煎一下，淋些喜愛的罐裝莎莎醬，加上一些切碎的酪梨，擠點萊姆汁。去骨的雞胸肉煮熟後，塗上一層蕃茄醬、再一層馬茲瑞拉起司，然後用火烤。或炒一些蛋，連同切達起司和一些微波燜熟的蔬菜，一起包入玉米捲餅內。

◆若是無暇從頭做起（什麼時候有空過？），不要猶豫，利用罐裝豆子、罐頭湯、冷凍或健康前菜調理包、冷凍蔬菜，或超市自行包裝的洗選蔬菜。

出外用餐

「我很努力要堅守健康的飲食法，但外食的次數頻繁，似乎不太可能。」

許多孕婦會發現，將餐前的馬丁尼調酒換成礦泉水並不難，難就難在一頓飯吃下來要能營養均衡，熱量還不能超過。在心中設定目標，並依循下列建議，外出用餐時要實踐「妊娠飲食法」絕非難事。

◆只吃全麥麵包，如果餐桌上的麵包籃裡沒有，那就問問廚房。要是這間餐廳不供應全麥麵包，也別吃太多白麵包，佐麵包的奶油或是橄欖油也得適量。餐廳的食物往往會有許多油脂（沙拉醬、蔬菜上的奶油或橄欖油），總是特別容易過量。

◆前菜要選綠葉菜沙拉。其他優良選項包括：蝦拼盤、清蒸海鮮、烤時蔬或湯。

◆點湯要點以蔬菜為底的湯品（尤其是番薯、胡蘿蔔、南瓜或蕃茄），小扁豆湯或豆子湯也富含蛋白質。事實上，一大碗湯幾乎等於一餐了，要是再加些起司那更營養、更完整了。一般來說要避免濃湯，除非是湯的濃稠是來自優格或白脫乳，如果想喝巧達湯，盡量挑選蕃茄風味。

◆要好好利用主菜，從魚類、海鮮、雞胸肉或牛肉（精瘦肉為宜）取得蛋白質，盡量挑選燒烤、炙燒、清蒸和水煮的烹調方式。如果主菜都有濃厚醬汁，交代侍者，將妳的醬汁淋在旁邊或者分開放。不用為了提出特殊要求而感到不好意思（拜託，大廚對這種事早就司空見慣，再說，誰能拒絕孕婦呢？），詢問看看雞胸肉是否能改用火烤而不要沾麵包粉油煎，或是鯛魚採燒烤而不要油炸。

◆配菜要有變化，可選洋芋或蕃薯、糙米或菰米、藜麥、豆類，還有新鮮蔬菜。

◆餐後來點水果（新鮮莓果很不錯）。光吃水果不夠過癮？偶爾加些發泡奶油、雪泥或是冰淇淋搭配鮮果。

✿有關膽固醇

好消息，妊娠期間不需把膽固醇趕下桌。孕婦受到保護，不受膽固醇的血管阻塞作用影響；事實上，膽固醇是胎兒健康發育的必要成分，母體甚至會自動增加製造，使血液的膽固醇濃度升高25％～40％。雖然無須採取高膽固醇的飲食方式來幫助身體製造膽固醇，也不用擔心害怕（要是醫生有其他建議，那就另當別論）。儘管吃吧：譬如說，來點起司，炒蛋，並且大口嚼漢堡，不用去在乎膽固醇的問題。要記得儘管挑選能帶來營養的食物，毫無疑問，速食店的漢堡比不上全麥麵包夾草飼牛漢堡肉。

✿閱讀食品標示

「我一心想吃得健康，可是食品標示令人混淆，搞不清楚所買的食品到底有哪些成分。」

食品標示不是設計來幫助妳，而是用來讓妳掏腰包的。採購食物的時候，把這點謹記在心，並且學會閱讀那些印得很小的字句，尤其是成分表和營養標示（這就是設計來幫助妳的）。

成分表通常是依據數量多寡排列（首位的成分含量最多，排名最後的含量最少），可以明確地告訴妳產品的內含物。迅速閱讀一下便可得知穀片的主要成分究竟是全穀物呢（例如「全粒燕麥」），還是精製產品（例如「玉米粉」）。當產品含有大量的糖、鹽、脂肪或添加物時，也可以一目瞭然。舉例來說，如果糖的排名貼近成分表的榜首，或是在表中以多種不同名稱重覆出現（如玉米糖漿、蜂蜜、糖），就知道這項產品添加了很多糖。

查看標示上的含糖量多寡，根本無濟於事，除非食品藥物管理局下令，分開計算「添加糖」與「天然的糖」（像是葡萄乾穀片中的葡萄乾，或是優格裡的牛奶，原本就有糖分）。就現行的標示法來說，一盒柳橙汁和一盒果汁飲料的含糖量或許一模一樣，可是營養價值並不一樣。這等於是拿柳橙和玉米糖漿相比，柳橙汁的糖份是水果本身擁有的，而果汁飲料的糖卻是添加的。

大部分在貨架上的包裝產品都有營養標示，這對盤算蛋白質又緊盯著卡路里的人而言，特別有幫助，因為標示上會載明每一份的蛋白質和熱量。但要注意所謂一份可能會比妳所想要少得多，這又是要細讀小字的另一個原因（在妳發現一根糖果棒算2.5份之前，每份只有100卡熱量似乎很划算）。表上所列的百分比是政府所建議的參考攝取量（DRI），用處並不大，因為包裝上的標示是針對一般成年人，然而孕婦所需的攝取量與這不同。儘管如此，只要營養素多樣化，便是值得採購的好產品。

要留意小字說明，有時候也要對大字視而不見。什麼意思呢？例如一盒標榜「全麥、麥麩以及蜂蜜製成」的馬芬，可是一看小字上的說明，才發現主成分（表上的第一項）竟然是白麵粉，而不是全麥麵粉，所含的麥麩少得可憐（在成分表近乎墊底的位置），而其中所含的白糖（名列成分表的高位）還比蜂蜜（排名殿後）多出許多。要記得「小麥」、「燕麥」或「玉米」指的是穀物名稱，不管是否全穀粒（如果是的話，會標示出來）。

對那些大張旗鼓寫著「添加」和「強化」的字眼，也要特別注意，在低劣的食物中添加一點維他命，並不會因此變成優良食品。最好是來一碗燕麥粥，裡面所含的營養成分實實在在，遠遠勝過精製穀片所添加的12克糖以及值不了幾分錢的維他命和礦物質。

壽司的安全

「壽司是我最喜愛的食物，可是我聽說懷孕時就不要吃，這是真的嗎？」

很遺憾，壽司和生魚片在妊娠期間都不符標準，至少大多數專家是如此認為。生蠔、生蛤、酸橘汁醃魚、韃靼式生魚、生牛肉片、以及其他生的或半熟的魚類、貝類都要忌口。這是因為海鮮若未經烹煮，可能導致食物中毒（懷孕時妳絕對不是意想不到的）。不過，妳不用與喜愛的日本餐廳拒絕往來，其實用完全煮熟的魚、海鮮、或是蔬菜做成的手卷都是很健康的選擇，要是能提供糙米壽司那就更棒。

還在擔心之前下肚的生魚片嗎？這倒不必（至少，妳並沒有因此而生病），從現在開始避免食用就可以了。

魚的安全

「懷孕的時候該吃魚嗎？或是應該避免比較好？我聽到的各種訊息矛盾得很。」

魚肉是優良的瘦肉來源，也富含有助寶寶腦部發育的Omega-3脂肪酸，這兩者就有足夠理由讓妳在妊娠期間食用魚類，如果妳之前不怎麼吃魚的話，甚至應該增加魚肉攝取。事實上，研究結果顯示，懷胎期間時常吃魚的話，有益於寶寶出生後的腦部發育。所以說，儘量多吃魚吧，目標是每星期至少227至340克的魚肉（差不多每星期二或三份）。

但是要挑選魚類，只吃汞含量較低的那幾種魚類。這個元素如果劑量累積夠大的話，有可能傷害到胚胎還在發育的神經系統。幸好，許多常吃的魚種含汞甚低：可以選擇鮭魚（野生撈捕的最好）、鯧魚、鰈魚、黑線鱈、鱒魚、大比目魚、海鱸、青鱈、鱈魚、罐頭小黃鰭鮪、鯰魚，以及其他比較小的海魚（鯷魚、沙丁魚、鯡魚不僅安全，而且富含Omega-3脂肪酸）。

應該避免食用鯊魚、旗魚、大耳馬鮫、馬頭魚（尤其是來自墨西哥灣的），因為這些魚類含有高量的汞。要是已經吃了幾次，不用擔心，要大量食用才會有風險，只要從此之後別食用這類魚種即可。

休閒釣來的淡水魚，也要限定食用量為每星期大約170克（烹調後的重量）；商業捕撈的魚貨通常污染程度比較低，可以安全地多吃一些。同時也要留意，不要食用水域受到污染（例如下水道污水或工廠所排放的廢水）的任何魚類或熱帶魚，諸如石斑魚、鰤魚、和鬼頭刀（這些魚有時含有毒素）。

那麼，美國人最愛的鮪魚呢？EPA、FDA和ACOG都說鮪魚罐頭可安心食用，含汞量並不高。長鰭鮪魚塊的汞含量要比小黃鰭鮪高三倍，專家建議每星期長鰭鮪不要超過170克，鮪魚排也是一樣。有些專家覺得這樣對孕婦來講還是太多，要享用在之前可以先請教醫師意見。或者，可以改吃罐裝鮭魚或沙丁魚，或小黃鰭鮪。

有關最新的魚類食用安全資訊，可上網站fda.gov，以「魚類」當關鍵字查詢。

辛辣食物

「我酷愛吃辣——越辣越好。懷孕時這麼吃安全嗎？」

準媽媽可以繼續享用辣得要命的辣椒、醬料、熱炒和咖哩來挑戰味蕾。孕期食用辛辣食物唯一的風險是在之後會消化不良，尤其是在妊娠後期：今天吃辣，明天胃燒灼……其實當晚就會發作。如果妳寧願冒此風險，那就吃吧——別忘了要準備好飯後來點制酸劑（或杏仁奶，已知可緩和胃燒灼）。

懷孕之後才突然愛吃辣椒是嗎？辣椒就跟所有椒類一樣，都富含維他命C。

腐壞的食物

「今天早上不小心吃了一盒已經過期一週的優酪乳，吃起來並沒有壞掉的感覺，是否需要為此擔心？」

沒必要為餿掉的牛奶或優酪乳煩惱，雖然吃到過期的乳製品並不是很好，但也絕少發生危險。吃了過期的點心後，要是沒有出現任何不良反應（食物中毒的症狀通常會在八小時內發作），顯然是沒有造成什麼危害。如果妳所食用的優酪乳一直處於冷藏狀態的話，那是不太可能食物中毒的。不過，以後購買或食用容易腐敗的食物之前要更加謹慎確認日期，當然，聞起來或嚐起來已經走味，或是看起來似乎已經發霉的食物，那就絕對不能食用。關於食物安全方面的更多資訊，請參考187頁。

「我覺得昨晚吃的東西害我食物中毒，一直上吐下瀉。這樣會傷害到胎兒嗎？」

食物中毒是媽媽比較受苦，寶寶還好。不管是母親還是胎兒，主要風險是上吐下瀉會使妳脫水。所以，務必要飲用大量水分（短時間內，流質的水分補充要比固體的食物來得更為重要），以補充所流失的水分。要是腹瀉嚴重，甚至糞便中帶有血液或黏液的話，則要趕緊就醫，腸胃炎的相關資料請參考793頁。

發酵食品

妳是否超愛酸白菜，沒有泡菜不行，非納豆不可？像這類的發酵食品在許多文化裡自古以來就受人喜愛，還包括優格、卡菲爾乳、天貝和味噌等等，如今又重新獲得大眾歡迎，而且它們號稱健康而攻佔商店的貨架。至少，那是裝滿了對腸道健康有益的好菌，孕婦怎會不喜歡腸胃舒舒服服的呢？

然而，是否所有發酵食品都是妊娠期的好朋友？恐怕未必。有些具有大量添加的糖分或鈉，有些根本不含任何健康的益生菌，還有的會導致輕微頭疼、胃痛和脹氣。為求保險，請教醫師妳最愛的發酵食品如何。

紅茶菇引起妳的好奇心嗎？這種用茶、糖、菌和酵母製成的發酵飲料，宣稱具有許多好處：從改善消化和肝功能到激發免疫系統，但都未經科學實際驗證。如果妳好想要喝紅茶菇，開懷暢飲之前要先問過醫師，因為它在妊娠期間的安全性如何並不清楚。它也可能會讓某些剛開始喝的人肚子不舒服。而且要記住未經低溫殺菌的紅茶菇，尤其是在家自製的，會被害菌污染，而且有的還含酒精，顯然並非孕婦應該服用。

代糖

「我喝咖啡加 Splenda，喝一大堆健怡可樂，還有無糖優格。妊娠期是否能夠使用代糖呢？」

乍聽起來是個好辦法，但事實上代糖對孕婦算是兩面刃。大多數的代糖製品或許安全，但是有些研究結果認為寶寶長大後超重或肥胖的風險可能會增加。目前所知的各種代糖狀況如下：

蔗糖素（Sucralose，商品名為 Splenda）～這是糖，應該是啦。至少一開始的原料是糖，經化學處理成為人體無法吸收的型式，基本上等於無糖。甜味劑會有後味，但蔗糖素較少後味，似乎懷孕期間安全無虞，而且經 FDA 認證孕婦可食用。妳可以隨意加入咖啡、茶、優格、水果冰沙，或是享用已經添加的食物或飲料。用於烹飪或烘焙也很穩定，這和阿斯巴甜不同，這樣就能做出無糖巧克力蛋糕，不再只是空想。要記得適可而止就好了。

阿斯巴甜（Aspartame，商品名為Equal、NutraSweet）～許多專家認為它無害，而另一些人認為它是種不安全的甜味劑，不管是否懷孕。雖然FDA已核準孕婦食用，阿斯巴甜建議孕婦要限制用量。偶爾用一兩包，一陣子才喝缺健可樂，沒問題的。妊娠期間只需避免大量食用，患有苯酮尿症的話絕對要避免。有些健怡可樂會用蔗糖素代替阿斯巴甜，或許是媽媽們更好的選擇。

糖精（Saccharin，商品名為Sweet' N Low）～FDA認為糖精安全，但有些研究認為糖精會穿過胎盤傳到胎兒身上，而且這時排除的速度非常緩慢。因此，妳應該會想要遠離這些粉色包裝，或只是偶爾用用，例如黃色包裝的用完了。

愛沙芬克（Acesulfame-K，商品名Sunnett）～這項甜味劑要比糖甜上200倍，被核准用於烘焙食品、果凍、口香糖和冷飲。美國食品藥物管理局(FDA)認為可以在妊娠期間適量使用，不過，因為能證實其安全性的研究很少，食用前先詢問醫生的意見。

山梨醇（Sorbitol）～山梨醇事實上是一種具養分的甜味劑，懷孕期間沒有問題。不過，雖然不會傷害胎兒，卻可能對妳腸胃帶來不舒服的作用。攝取過量的話會導致脹氣、腹痛以及腹瀉，這三個症狀絕非孕婦所需。適量山梨醇安全無虞，但要記得它比其他代用品具有更多熱量，而比起一般的糖比較不甜。

甘露醇（Mannitol）～甘露醇不像糖那麼甜，且不易為人體所吸收，所以卡路里比糖少（比其他代糖多）。與山梨醇類似，適量食用是安全的，過量則會引起腸胃不適，懷孕的時候早就遇過太多這種事了。

木糖醇（Xylitol）～這種糖醇化合物是由植物製成的代糖（天然存在於許多蔬果當中），木糖醇常用於口香糖、牙膏、糖果和某些食品。適量食用是安全的，它比糖少40%的熱量，也已經證實過可避免蛀牙。這是個好理由，飯後或用過點心沒法刷牙的時候，可以取一包用木糖醇增甜的口香糖來嚼。

甜菊（Stevia）～這是由一種南美洲的灌木提煉而成，看來在懷孕時可安全使用，但為是最近才加入甜味劑陣容，使用前要先問過醫生。

龍舌蘭（Agave）～因為含很少葡萄糖，龍舌蘭並不像一般的糖那樣會讓血糖飆升。但它要比其他甜味劑含更多果糖，包括高果糖玉米糖漿，而且專家認為果糖轉換成脂肪要比蔗糖快，這就表示使用龍舌蘭當糖代用品無助於體重控制，或血糖調節。龍舌蘭糖漿也經高度精煉。在懷孕期間使用或許安全，但要適量。

乳糖（Lactose）～乳糖的甜度只有砂糖的六分之一，添加進食物中甜味較低。它會讓不耐乳糖的人產生不適症狀，除此之外，倒是一項安全的甜味劑。

低乳清（Whey Low）～果糖、蔗糖和乳糖混合在一塊，製成這種低升糖的甜味劑，據製造商說，並不會被人體完全吸收，只給妳糖份熱量的四分之一。妊娠期間使用或許安全，不過要請教醫師指示。

蜂蜜～近來大家都一窩蜂擁抱蜂蜜，因為它的抗氧化劑含量很高（較深色的品種，例如蕎麥蜜，抗氧化劑最豐富）。但並不是只有好消息，雖然是很好的糖類代用品，熱量卻不低，每一湯匙所含的熱量比糖高出19卡。愛用的人覺得怎麼樣呢？

濃縮果汁~濃縮果汁（例如白葡萄和蘋果）算是懷孕時可安全轉用的甜味劑，但熱量可不低。妳可拿它們取代食譜當中的糖，在超市中也常見到相關的冷凍產品。市面上很多食品都有它們的身影，像是果醬、果凍、全麥餅乾、馬芬、穀片以及什錦果麥棒，還有吐司大小的酥餅、優格甚至是汽水。用濃縮果汁增甜的食品，有許多是用營養的原料製成，例如全粒小麥粉和健康的脂肪，與其他用糖或代糖增甜的食品大不相同。

花草茶

「我喝大量的花草茶，懷孕時間也能喝嗎？安全上有沒有問題？」

能不能來一、兩杯香草茶呢？很抱歉，香草對懷孕究竟有何影響，至今未見完整的研究，所以目前尚無明確答案。有的香草茶如果小量的話應該是安全的，例如洋甘菊；有些恐怕並不安全，例如覆盆子葉茶，如果大量飲用（一天超過960 ml）會引發子宮收縮。要是超過40週又等得不耐煩，這倒是不錯的方法，但若還未足月就不好了。美國食品藥物管理局呼籲，在取得更多訊息以前，大部分的花草茶在妊娠與哺乳期間務必要小心。儘管很多婦女在妊娠期間喝過各式各樣的藥草茶，也沒有出現任何問題。可是懷孕時，最安全的方式還是盡量避免，或減少飲用量，除非是醫生特別推薦或已經證實無害。可以和醫護人員索取一份，詳細載明哪些花草茶安全，哪些別碰的清單。

下回泡茶時，要小心閱讀包裝上的標示，才不會用到醫生未認可的藥草而惹上麻煩，有些花草茶光看名稱似乎是以水果為主，但同時也含有各種藥草。堅持飲用一般的調味（紅）茶，或在沸水或茶普通的湯中加入以下列舉的食材自行調配，包括柳橙、蘋果、鳳梨、或其他果汁；檸檬、萊姆、柳橙、蘋果、梨子、或其他水果切片；薄荷葉、肉桂、豆蔻、丁香或薑（可有效減輕反胃）。少量的洋甘菊是安全的，並且可以舒緩懷孕時的腸胃不適。綠茶目前尚無共識，可能會減低葉酸的功效，而這項維生素在孕期十分重要，如果妳愛喝綠茶，要適可而止。千萬別拿自家後院所栽種的植物來煮茶，除非妳確定那是什麼而且絕對安全無虞。

關於基因改造食品（GMO）

蕃茄、李子要從農場運到超級市場，有些顯然還是大老遠送來，為什麼還是這麼新鮮？很多時候可能是因為種植者求助於基因改造技術。基因改造食品和作物（在食品工業裡統稱基改食品）原本的DNA經過人工改造，獲得更多受歡迎的好處，像是更保鮮，或更能承受除草劑和殺蟲劑連番噴灑。如今，玉米、木瓜、李子、馬鈴薯、黃豆、南瓜還有蕃茄等等，在美國都得到許可經過基因改造。問題在於FDA並不要求基改食品必須標示，這就很難曉得妳買的食品是否由基改原料製成。

妊娠期間GMO是否不安全？GMO安全性的爭議越來越多，民間團體和食品產業兩方面都堅守各自立場互不相讓。尚未有定論之前，同時也不想拿寶寶的健康來冒險，那就找標示「USDA有機」的食品，就不含GMO以及令人懷疑的添加劑或化學物質。或可查查「非基改方案」（Non-GMO Project）認證的清單。持續關注，因為有好幾州正在進行立法，規定GMO食品必須標示，這就表示採買非基改食品會比較容易。

食品中的化學物質

「蔬菜有殺蟲劑，魚類有多氯聯苯（PCBs）和汞，肉類有抗生素，熱狗有硝酸鹽……在懷孕期間，還有什麼東西可以安心食用？」

為兩人而吃，風險似乎就成了兩倍，不過其實妳並不需要為了保護寶寶不受食品中的化學添加劑危害而過度擔心（或挨餓……或吃垮）。因為只有極少數的物質被認為是絕對會傷害到胎兒，要是大多能依照健康的飲食法，更是如此。

雖然這麼說，儘可能減少風險還是明智之舉，尤其現在是兩個人要承擔後果。其實要作到食品安全一點也不難。盡可能努力為寶寶、為自己吃得健康，遵循下列指南，協助妳在採購時有所取捨：

◆ 以「妊娠飲食法」作為食物選擇的基礎，這項飲食法避開了加工食品，也就遠離了許多可疑、不安全的化學物質，同時也補充了綠色葉菜和黃色蔬菜，這兩項富含保護健康的β胡蘿蔔素，其他水果和蔬菜也含有豐富的植物化學物質，可以對抗食物中的毒素。

◆ 盡可能以新鮮食材來烹煮，或利用冷凍和盒裝的有機即食品，可以避免加工食品內許多令人質疑的添加物，膳食也會更為營養。

◆ 越天然越好。挑選不含人工添加劑（色素、調味料、防腐劑）的食品。仔細閱讀食品標示，選出無添加或使用天然添加劑（買切達乳酪脆餅時，要挑用胭脂素染成橘色的，不要用40號紅色染料，而且風味要來自真的乳酪，而非人工乳酪調味劑）。切記，不是所有的人工添加劑都是安全的，有些添加劑純粹是用來為不營養的食品增色添味。（可疑添加劑以及安全添加劑的清單，可上網站 cspinet.org 查詢）。

◆一般來說，要避免吃到用硝酸鹽或亞硝酸鹽（或亞硝酸鈉）保存的食物，包括熱狗香腸、沙拉米香腸、波隆那香腸、燻魚、燻肉。尋找不含這類防腐劑的品牌（市面上已經有許多這種食品）。食用任何熟肉或燻魚之前都應加熱至冒氣（不是為了防止化學物質，而是避免李斯特菌，參考187頁）。

◆選用精瘦的肉類，烹煮前要把看得到的脂肪切除，因為家畜所攝取的化學物質容易積存在脂肪內。至於家禽類，則要把脂肪和皮去除，以減少化學物質的攝取。基於相同理由，除非是有機家禽，不要太常食用內臟類（如肝臟和腎臟）。

◆如果買得到，而且預算上也許可的話，可以購買有機飼養（或草飼），沒有注射荷爾蒙和抗生素的家禽和家畜（別忘了，它們吃了什麼也會進到妳肚裡）。同理，盡可能選購有機乳製品及雞蛋，放山雞（和放山雞蛋）除了比較不會受到化學物質的污染，也比較不會感染沙門氏桿菌，因為這類家禽並非圈養在擁擠且容易孳生疾病的雞舍中。草飼牛還有一項好處，它所含的熱量和脂肪較少，蛋白質較高，也富含有益胎兒的Omega-3脂肪酸。

◆可行的話，要購買有機產品。一般來說，經過有機認證的產品幾乎沒有化學物質殘留。尚處轉換階段的農作物，可能依然還有土壤污染的殘留，不過應該要比傳統栽植方式來得安全。若住家附近買得到有機產品，而且負擔得起，那就選擇有機產品吧！不過，購買有機食材時別忘了它們的賞味期較短（有機家畜或家禽的肉類也是如此）。如果價格令妳卻步，那就選擇性採用有機食品。

◆還想把採購提升到另一個層次嗎？雖然並不必然更有營養，生產、加工、運輸的方式都有助地球健康的農產就可以獲頒「生機互動」認證，妳可以在某些健康食品行見到這種標章。而這這是三贏的局面：對妳健康、對寶寶健康，對地球也健康。問題在於，價格高得驚人（消費者對有機還有生機互動農產品的需求，將有助於降低它們的價格）。

◆所有蔬菜水果都要加以清洗，即使是有機食材也可能沾染病菌，徹底洗淨相當重要，不過關鍵在於清除蔬果上沾染到的化學殺蟲劑。清水可以沖去一些，不過用洗劑浸泡或噴灑可以除去更多（之後要充分清洗）。可行的話，要用力搓洗表皮，確實清除表面上的化學殘餘，尤其是那些表面經過上蠟處理的蔬菜（如小黃瓜，有時候連蕃茄、蘋果、辣椒和茄子也有），要是清洗過後似乎還有「一層蠟」的感覺，便把皮削去。

◆多多眷顧國內產品。進口產品（以及利用進口食材製成的食品）往往比在美國栽植的農產品含有更多殺蟲劑殘留，因為其他國家的殺蟲劑使用規定通常比較寬鬆或根本毫無限制。

◆購買本地生產的農產品，可能含有更多營養素（剛從田裡採收），殺蟲劑殘留量可能也較少。即使他們的產品並沒有標示「有機」，傳統市場有很多在地農人不使用殺蟲劑（或用量很少）。這是因為申請認證過於昂貴，有些小農根本無力負擔。

◆飲食要多樣化，除了能夠享有更有趣的美食經驗、獲得更多營養，如果吃的是慣行農法的產品，也能避免過度接觸單一化學物質。

◆追求健康的同時可別把自己逼瘋，或者沒法買到有機的反而迫使妳不吃蔬果類的營養食物。避免理論上的食品危害固然好，但如果為了追求絕對自然飲食而讓生活變得緊張不堪，或是超出預算，那就沒有必要了。盡妳所能，然後坐下來，放輕鬆，好好吃一頓。

有機食品的挑選

雖然隨著需求增加，有機食品的價格下降，若要用僅限有機的方式採購，恐怕會超出預算。以下揭示其中真相，告訴妳何時應該堅持有機，何時可以安全地使用慣行農法的產品：

最好買有機產品～蘋果、櫻桃、葡萄、桃、杏、梨、覆盆子、草莓、甜椒、芹菜、馬鈴薯和菠菜，這些食物即使經過清洗，仍然比其他種類帶有更高濃度的殺蟲劑殘留。

不需購買有機產品～香蕉、奇異果、芒果、木瓜、鳳梨、酪梨、蘆筍、青花菜、花椰菜、玉米、洋蔥類和豆莢類，這些農產品通常並不帶有殺蟲劑殘留。

可以考慮有機產品～選擇不含抗生素或荷爾蒙的有機牛奶、牛肉和家禽肉，但是價格會比較高。草飼牛通常被認為是有機的，還是要檢查標示確認。別買有機魚，美國農業部並沒有海鮮類的有機認證（也就是說，這是商人自吹自擂。）反倒可以參考175頁的指引挑選魚類。

煮些什麼好呢？

妳可以在《*What to Expect: Eating Well When You're Expecting*》中找到營養又美味的食譜。

一人吃，兩人飽的飲食安全

擔心手中這顆採自南美洲的桃子有農藥？這種憂慮可以理解，尤其現在為了寶寶，要吃得更安全。可是，用來洗桃子的海綿呢（過去三個星期都一直吊在水槽邊）？妳有想過，它之前洗過什麼東西？還有，切桃子用的砧板，不就是昨晚做炸雞塊時用來剁雞肉的那塊嗎？飲食安全的真相在此：食物當中有一項比化學物質更為立即（且獲得證實）的威脅，那就是可能會污染食物的微生物、細菌和寄生蟲。雖然肉眼看不見，這些小搗蛋會引發程度不一的危害，由輕微的腸胃不適到嚴重的病症都有可能。為了確保餐餐安全，在採購食品、備餐、還有進食時都應該謹慎小心，方法如下：

李斯特菌的真相

懷孕的時候會聽到別人規勸，冷肉要熱過再吃，希臘沙拉不能放費塔羊酪，是怎麼回事？這些懷孕飲食限制看似毫無來由，而且不公平，但實際上是要保護妳和肚子裡的胎兒不會染上李斯特菌（Listeria）。這種細菌會導致嚴重的病症（李斯特菌症），對高危險群的為害尤烈，包括：幼童、老年人、免疫系統受損的人，以及孕婦。因為孕婦的免疫系統也受到抑制。雖然李斯特菌症的風險極低，即使在孕期也是如此，可是一旦得了，造成孕期不順的可能性卻高得多。李斯特菌與其他病菌不同之處，是會直接進入血液，因而經由胎盤快速直達胎兒處（其他食物污染物通常會停留在消化道內，唯有進到羊水裡的時候，才會引發問題）。

應該一開始就避免受到感染，避開可能帶有李斯特菌的風險食物，尤其是懷有身孕的時候。這些包括：冷肉切片（熟食店的肉）、熱狗、冷燻魚（除非加熱至冒出蒸氣）、未經殺菌的牛奶（包括某些莫扎瑞拉乳酪、藍乳酪、墨西哥起司、布里乳酪、卡門貝爾乳酪、以及菲達羊酪），除非加熱至冒泡；未經消毒的果汁，生肉或未熟透的肉類、魚類、貝類、家禽類、蛋，未清洗的生蔬菜和沙拉。

◆ 對食物有所質疑的時候，便棄之不食，要把這項原則視為飲食安全的金科玉律。要是懷疑食物有腐敗現象時，這項原則也適用。仔細查核包裝上的保存日期。

◆ 採買時，避開沒有妥善冷藏或放置在冰塊上的魚、肉、和蛋。罐頭漏氣或開罐時沒有發出「啵」的聲響，以及生鏽、看似膨脹或有缺損時，也都不要購買。開罐前先把罐頭洗乾淨，開罐器也要經常用熱肥皂水或放入洗碗機洗淨。

◆ 處理食物前，接觸生肉、魚、或蛋以後，都要清洗雙手。除非是用拋棄式手套，所使用的手套要像雙手一樣，時時加以清洗。

◆ 廚房的流理台和水槽要保持乾淨，砧板也一樣（用肥皂和熱水或放入洗碗機內清洗）。擦碗巾要常常洗滌，海綿也要保持乾淨（經常換新，每晚放入洗碗機洗，或定期打濕後放入微波爐加熱幾分鐘），因為這些器具都會藏有細菌。或可找能放進洗碗機內用熱水洗的海綿。

◆農產、魚、肉要分別使用不同砧板。

◆熱食要趁熱上桌，冷食則要冷冷上菜。剩菜應該迅速加以冷藏，再行食用前，一定重新加熱至冒出蒸氣。（容易腐敗的食物放置兩個小時以上未加冷藏，便該倒棄。）解凍退冰後又再冷凍的食物，就別吃了。

◆利用冰箱溫度計測量冰箱內部的溫度，務必要保持在攝氏5度或更低。冷凍庫應該達到攝氏-17.8度或更低，以維持冷凍食物的品質。

◆時間允許的話，在冰箱內解凍食物。如果趕時間的話，放進防水的塑膠袋內，再浸泡在冷水裡融解（每三十分鐘換一次水）。千萬不要在室溫下解凍食物。如果用微波爐解凍，選取解凍功能。若妳用的微波爐並不會自動轉食物，解凍到一半就要自己動手轉個方向。安排好一解凍立刻烹調，因為食物內某些部位可能變得太暖而不安全（讓細菌滋生散佈）。

◆醃製肉類、魚、或家禽類時要放置在冰箱內，不要放在流理台。浸泡過的湯汁不要重覆使用。

◆懷孕的時候，千萬不要食用生的或沒有完全煮熟的肉類、家禽類、魚類或貝類，務必要把肉類和魚類煮到半熟（達攝氏71度），而家禽類要全熟（達攝氏82度）。魚要煮到能與刺輕易分開，禽類要煮到肉汁變清，並且達到適當溫度。

◆不要食用未煎熟的蛋（全熟的炒蛋勝過荷包蛋）。攪拌含有生蛋的麵糊時，要忍住別去舔湯匙（或手指）！這項原則有個例外，如果所使用的蛋經過低溫殺菌的話，便不在此限。

- 水果和蔬菜要徹底清洗乾淨（如果未經完全煮熟就要食用，更是如此）。即使是最新鮮的有機農產品，也可能帶有一層細菌。
- 避免食用苜蓿芽和其他芽菜類，因為這類芽菜往往會受到細菌污染。

食物安全的最新情報，請參考網站 cdc.gov/foodsafety。

PART

2

幸福孕期 9 個月

受孕到分娩

- 第一個月
- 第二個月
- 第三個月
- 第四個月
- 第五個月
- 第六個月
- 第七個月
- 第八個月
- 第九個月
- 陣痛與分娩

CHAPTER

5

第一個月：約 1 ～ 4 週

恭喜妳——歡迎加入孕婦的行列！
雖然這麼早當然還看不出懷有身孕，卻可能開始感受到身體的變化了。
也許只是乳房觸痛、容易疲倦，
或是書中所提到的每一項妊娠症狀都有出現。
不過，即使一個孕徵都沒有（至少妳有注意到）
媽媽的身體正在爲了孕育寶寶而動員起來。
隨著懷孕週數的增加，身體會開始產生預期的變化，
例如腹部一定會慢慢變大；也會出現一些不在預期範圍內的變化，像是腳和眼睛的小症狀。此外，孕婦也會察覺到生活方式有所改變，看待生命的角度也開始有所不同。
但是可別想過頭或是閱讀過多資訊。
現在只要放輕鬆，
好好享受生命中最刺激又最有價值的旅程吧。

寶寶本月的變化

第一週：即使尚未懷孕，孕期仍舊從這週開始計算。為什麼還沒懷孕，孕期就已經開始了呢？這是因為精子可以待在女性身體內長達好幾天，而且卵子也有二十四小時的生存期，所以要推算精卵受精的時間非常困難。但是我們卻能清楚知道上一次月經週期的第一天，靠著這點醫生便能方便推算預產期。因此四十週的孕期，事實上是有兩週處在無懷孕的狀態。

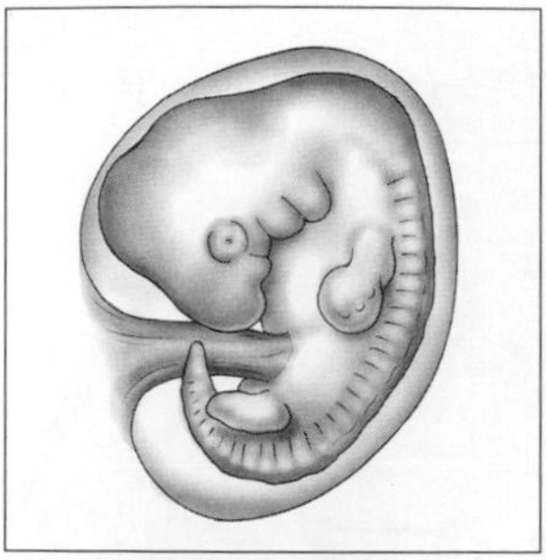

◎ 你的寶寶，第一個月

第二週：肚子看起來沒有任何動靜，但是身體裡可忙得很，卵子逐漸成熟，等待著要從卵巢排出，子宮內膜持續增厚，為受精卵的來臨做準備，最快成熟的卵子會被排出卵巢，有時候會一次排出兩顆，這時候就有可能懷上雙胞胎。小小的卵子一旦受精後，就會快速分裂成長，四十週後媽媽的手中就會抱著可愛的小女生或小男生了。在這之前，卵子要能順利通過輸卵管，遇到幸運的精子，達成受精的任務。

第三週：恭喜，妳懷孕了！受精卵就要從單一細胞分裂成可愛的寶寶。卵子和精子相遇數小時之內，受精卵分裂，再分裂，之後會持續不斷的分裂成長。幾天後，已成了一個細胞組成的小球，差不多只有這個點的五分之一。這時囊胚開始長途拔涉，從輸精管往準備週全的子宮移動，這時候妳的懷孕旅程只剩下八個半月囉！

第四週：著床的時間到了。那一球細胞抵達子宮後，會鑽進子宮內膜，安心的待在這裡直到出生，這時候稱為胚胎，還不到胎兒的時期。一旦受精卵在子宮中固定下來後，會分裂成兩部份，一個是黏附在子宮壁上形成胎盤，另一部份就會發展成寶寶。胎盤是寶寶賴以為生的生命線。寶寶這時候比一顆罌粟籽還小，但可是新生命的泉源喔。千萬別小看這段過程，卵子可是歷盡千辛萬苦才能安全抵達子宮著床的。卵黃囊也在這時候形成了，之後會成為寶寶消化道的一部份。這時候胚胎有三層，會分別成長為身體的不同部位。內胚層會發展成寶寶的消化系統、肝臟和肺臟。中胚層會發展為心臟、性器官、骨頭、腎臟和肌肉。外胚層則是形成寶寶的神經系統、頭髮、皮膚和眼睛。

現在到底是第幾週？

雖然本書的編排是按照月數計算，但是也會附上週數方便孕婦參考。第一到第十三週是妊娠初期，也就是第一到第三個月；第十四到第二十七週（第四到第六個月）為妊娠中期；第二十八到第四十週（第七到第九個月）為妊娠晚期。只需記得，是按照月數或週數開頭起算。舉例來說，過完第二個月就算是懷孕第三個月，過完第二十三週就算懷孕第二十四週。

孕婦的身心變化

雖然懷孕是一件美好又彌足珍貴的過程，卻會讓人經歷許多的不適。最常見的應該就是孕吐，但是也有人有口水分泌過多的症狀。有些症狀不適合在公開場合談論或是進行，像是忍不住放屁就會遭人側目，其實還有很多症狀孕婦可能過了就忘，畢竟忘東忘西也是懷孕的症狀之一。

害喜症狀就要發生了嗎？

早期懷孕症狀大約是從第六週開始，但是每位女性，甚至是每次懷孕的歷程可能都不太一樣，有些人很早開始，有些人較晚，有些幸運兒甚至一點害喜的現象都沒有。如果妳一點症狀也沒有，那就翻到下一章節吧，幸運兒。

每個人甚至是每次懷孕的症狀都不盡相同，有可能姊姊或是好朋友懷孕時，一點噁心的感覺都沒有，但是妳卻時刻抱著馬桶狂吐。待會列舉出來的害喜症狀只是幫助妳瞭解「可能」會發生的不適感，不過衷心希望孕婦們都不用經歷這些痛苦，至少不要同時間發生，能一個一個讓妳慢慢適應解決。不管是心理或身理上的不適，都是正常懷孕可能會發生的情況。但如果某個症狀讓妳非常困擾，請妳一定要詢問醫生，也許可以找出解決的方法。

儘管一直到第四週結束妳才會知道自己懷孕了，但在這之間妳可能會開始注意到身體有些不一樣了，下面是這個月可能經歷的變化：

生理

- ◆在受精後的第六到第十二天之間，可能會發現有微量出血的情形，這稱為著床性出血（參考224頁）。
- ◆乳房會變得更加豐滿、沉重、柔軟、有些刺痛、乳暈顏色會加深。
- ◆腸胃脹氣。
- ◆容易疲倦、提不起勁、嗜睡。
- ◆頻尿。
- ◆開始會感到噁心，但不一定真的吐出來（不過通常要到第六週之後才會出現）。
- ◆口水變多。
- ◆嗅覺變得敏銳。

心理

- ◆和經前症候群一樣，情緒容易起伏，易怒、煩躁、莫名奇妙的想哭。
- ◆等待驗孕前的心情很緊張、期待。

✿ 本月的身體變化

這時候完全看不出任何異樣，不過妳可能會注意到乳房變得較為豐盈，小腹有點突出，但這是因為脹氣，絕對不是寶寶長大的關係。沒有人會發現妳的身體這些微小變化，好好欣賞一下自己仍舊平坦的腹部吧，接下來可會有好長一段時間看不到了。

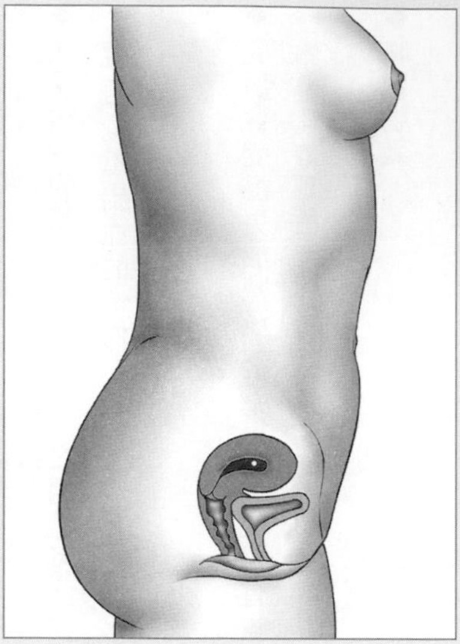

第一次產前檢查

在整個妊娠期間，第一次產檢可能歷時最長，項目也最多，而且有許多項目只在這次產檢時進行。醫生會記錄孕婦的完整醫療病史，花更多時間提問問題。醫生會給妳飲食上的建議、是否要額外補充營養品以及運動等等，無所不包。所以產檢前先把心中想到的問題和擔憂列成一份清單，帶著筆記本、手機或「懷孕知識百科app」，把醫師的答案都記下。

在此提醒，第一次正式的產檢大概不會這麼早，而是安排在第二個月（參考012頁），不過有些診所可在這之前先約診。

懷孕連線

登入WhatToExpect.com網站或「懷孕知識百科app」，就可以取得按星期編排的寶寶成長發育訊息，還有更多精彩內容。在討論區和其他媽媽連線，一同經歷這個過程。再怎麼說，只有孕婦最瞭解孕婦。

每位醫生的例行檢查項目可能會有些許不同，但大致如下：

確認懷孕～即使妳已在家做過驗孕，醫師多半還是重做一次尿液驗檢，還有驗血。接下來也會進行下列檢查：確認孕婦目前所出現的懷孕徵兆；上次月經來潮的日期，以判定預產期或足月日期（參考013頁）；檢查子宮和子宮頸，以查看孕徵和妊娠週數。許多醫生也會做妊娠初期超音波，這是計算孕程最準確的方式（參考262頁）。

完整病史～為了提供最好的醫療照顧，醫生會儘可能瞭解妳的詳細病史。做第一次產檢以前，可以先把過去的醫療紀錄準備好，或打電話給妳的主治醫師針對下列項目作確認：個人病史（注射過的疫苗、是否有慢性病、過去的重大疾病或手術、已知的過敏包括藥物過敏）；目前正在服用或受孕後服用的營養品（維他命、礦物質、草藥、順勢療法）；藥物（成藥、處方藥）；心理健康史（任何憂鬱、焦慮症或其他心理健康狀況）；個人的婦科資料（第一次月經來潮的年齡、月經週期的細節、是否曾患經前症候群或經前情緒低落、之前的婦科手術、子宮頸抹片異常或得過性病）；個人的產科史（包括任何妊娠併發症或流產，前次分娩的詳情）。醫生還會詢問妳的個人生活習慣（飲食情形、是否運動、喝酒、抽煙、或服用娛樂性藥物）、以及可能影響妊娠的其他因素（胎兒的父親年齡、妳的種族資料）等等。

完整的身體檢查～這包括一般的健檢（心、肺、胸部及腹部）；量血壓，以作為之後回診的參考值；記下身高、體重；手腳有無靜脈曲張和浮腫，以供後續產檢做比對；檢查外生殖器、陰道和子宮頸（就和子宮頸抹片檢查時一樣，會需要用到擴張器）；以雙手檢查骨盆內器官（一隻手伸入陰道，另一隻手按著腹部，也可能會檢查直腸和陰道）；最後會評估子宮大小，還有寶寶出生時要經過的骨盆形狀和大小。

其它檢查～有些是例行檢查、有些只針對特定地區的孕婦、或是醫生的診療習慣，也有的是視情況需要才進行的。最普遍的產前檢查包括：

- 驗尿，以篩檢有無尿糖、尿蛋白、尿白血球、潛血反應和細菌感染。
- 血液檢查，以判定血型、Rh狀態（參考054頁），並測量hCG濃度。妳的血液也會用於篩檢抗體力價，以及對於特定疾病的免疫力，像是德國麻疹和天花，還可能測維生素D缺乏症。
- 篩檢梅毒、淋病、B型肝炎、披衣菌、以及HIV。
- 子宮頸抹片檢查，和妳每年都做的一樣，用來篩檢有無子宮頸細胞異常。

什麼是德國麻疹抗體力值？

第一次的驗血報告，醫師會看一個東西叫做德國麻疹抗體力值，這是在測妳對於德國麻疹的抗體濃度。低力價表示妳得要加一劑疫苗，或妳之前沒注射過，但要等到把孩子生下來之後再去接種。還好，疾管局認為德國麻疹在美國境內已經絕跡，這就表示就算妳的抗體力價甚低，也是幾乎不可能得到這種病。更多詳情可以參考800頁。

依據個別情況而做的檢查：

- 遺傳疾病的檢驗，要是受孕前未曾接受篩檢，就要檢測例如像是：囊腫性纖維症（每位孕婦都會接受此項篩檢）、鐮狀細胞性貧血、地中海型貧血、黑矇性家族癡呆症，或其他遺傳性疾病。（遺傳疾病篩檢的詳情可以參考075頁）。

◆血糖檢驗，特別是針對前胎出現妊娠糖尿病（以及／或寶寶很大）、糖尿病家族史或有其他妊娠糖尿病風險的婦女。關於妊娠糖尿病篩檢，請參考449頁。

討論時間～檢查到最後，可以把握時間，提出自己的問題。

孕婦關心事項

何時宣佈喜訊

「我剛發現自己懷孕了，等不及要和大家分享這個消息。現在就告訴家人、朋友會不會太早？」

忍不住了嗎，就跟妳的膀胱一樣？妳好想在社交網站上公開，對家人和朋友宣佈，這並不令人驚訝，要是第一胎的話更沒什麼好奇怪的。不過，要等多久才享這個消息好呢？什麼時候揭曉才恰當？

這全由妳決定，不管是打電話、傳簡訊、

電子郵件或是公開貼文。有些夫妻會選擇暫且不宣佈，等到前三個月都過去了才講，有的還設法越晚揭曉越好，直到例如像是：肚子凸得藏不住了，或突然滴酒不沾，或時常臉色發白。還有一些人會挑人講，一開始先告訴最親最近的，或可以信任不會搶著到處宣揚的朋友。什麼時候，什麼方式，並沒有對錯可言，只要適合妳就行了。現在講，晚點講，告訴某些人，告訴全部的人。有什麼就說什麼，或者讓大家猜。

但要注意，一旦把這個好消息分享出去，或是變得明顯，妳認識的人，其至不認識的，都會迫不及待跟妳分享各種不請自來的意見，對妳的體重多所評論，提供各種可怕的生產經驗，還會對妳一早喝的拿鐵指指點點，更別說自顧自的來摸妳肚子。想要保守祕密嗎？由妳自己決定。

小倆口可以商量一下，以彼此最自在的方式進行。別忘記在宣佈喜訊時，夫妻倆一定要共用其中的喜悅。

公開懷孕消息要注意哪些事項，參考310頁。

孕期補充劑

「我討厭吃藥。就算我認為自己好得很，也一定要吃孕期補充劑嗎？」

很少有人能夠餐餐攝取到完善營養的膳食，尤其是在懷孕早期，害喜讓人胃口盡失，即使勉強吃下一點東西，過一會卻又吐光光，或是反胃讓妳對能給健康有點幫助的東西都提不起勁。服用維他命固然不能取代良好的妊娠飲食，卻不失為一種保障。尤其是懷孕初期，胎兒正在進行重要的身體建造工程時，若一直無法達到理想的營養目標，也能確保寶寶不會受委屈。

服用維他命還有幾項好理由，首先，研究顯示，在妊娠初期幾個月（甚至是懷孕前）便服用含有葉酸以及維生素B12的補充劑，能大幅降低神經管缺陷（如脊柱裂）、先天心臟缺陷以及寶寶患自閉症的風險，還有助於避免早產。再者，研究發現，在懷孕前和懷孕初期，如果服用含有至少10毫克的維他命B6，能夠減輕害喜的症狀。還有一項：許多婦女缺維生素D（妳可以請醫師檢測，看妳是否有維生素D缺乏缺症），服用孕期維他命可助妳把維生素D的濃度提升到該有水準。

那麼，應該怎麼吃？市面上買得到的配方多不勝數，有處方劑，也可直接購買，最好還是先請教醫師提供建議，或開處方。如果藥丸的大小很重要，譬如說妳覺得通常的維他命藥丸大得難以吞嚥，可要到較小顆、糖衣錠，或膠囊型式。或者乾脆不要考慮藥丸，也有些配方是用粉末、軟糖或嚼錠的型式，不過要先問過，因為並不是所有的孕期補充劑都相等。已證實長效劑型比較不會激刺孕期敏感的腸胃，要是孕吐很嚴重的話更是如此；添加維生素B6以及／或薑的配方，也有助於抑制噁心。挑選一天當中最不會把藥吐掉的時刻，配合食物一起服用，或是晚餐後，或是睡前，也可以幫妳順利吞服，並且留在肚子裡。

如果妳決定把醫師建議的補充劑或處方換成比較好吞服的產品，先讓醫師確認這種配方是否適用。妳選的孕期補充劑應大致接近建議量（參考159頁）。

妊娠專用營養品裡的鐵質會讓有些孕婦便祕或腹瀉，同理，變更配方或許能夠改善這個問題。孕婦可以服用不含鐵質的孕婦綜合維他命，再另外服用鐵劑也許有效，大概要到孕期中段之後才需要額外補充鐵。醫師可以建議對腸胃溫和的鐵劑。

太早通知親友的優缺點

即使為了驗孕有好消息而歡喜，並且想到要和朋友、家人，甚至是全世界分享，幾乎所有夫妻都會擔心「萬一」。萬一好消息變壞消息，萬一才剛開始就結束了，最後流產怎麼辦？別的原因都比不上這一項，促使許多夫妻推遲宣佈喜訊，一直到三個月過後都安然無事了才公開。

這點可以理解，要是妳之前曾流產過的話更是如此。不過，一開始完全不透露已經懷孕的消息也有缺點。要是不幸的事情真的發生了，不管是流產還是產前的檢測發現令人心碎的結果，妳都得一個人承受壞消息，不是更難承擔嗎？如果之前沒有告訴別人，現在也沒什麼必要跟人家講了，是比較解脫呢，還是妳在這最需要的時刻，好想得到親朋好友的支持？

這值得深思，不過這方面只有妳和另一半可以做決定。

「我吃很多營養強化的穀片和麵包，要是同時服用孕婦專用補充劑的話，會不會吃下太多維他命和礦物質？」

這麼做並不會造成營養過剩。一般飲食加上攝取大量的營養強化食品，再搭配孕婦專用營養品，不會導致維他命和礦物質的過度攝取。要想吃下那麼多營養素，除了妊娠補充劑，還必須額外增添許多補充劑才辦得到——除非醫生很瞭解孕婦的狀況，也建議這樣額外補充，否則準媽媽千萬不可這麼做。對於添加了超過每日建議攝取量的維他命A、E、和K更要格外謹慎，大量服用這些營養素是有毒的。其他維他命和礦物質大都是水溶性，只要攝取超過人體所需的量，就會經由尿液排出。順道一提，愛吃營養補充品的美國人，也就因此被稱為擁有全世界最昂貴的尿液。

疲勞

「懷孕之後，我一天到晚都好累，有時候我甚至覺得撐不到下班時間！」

早上爬不起來？整天都覺得雙腳沉重？晚上一回到家就迫不及待想躺到床上睡覺？聽起來就像個正常的孕婦。雖然孕婦外表看不出有何異樣，但是體內正歷經一場大改造，如果不覺得累，那才奇怪！孕婦忙著打造一個小孩，體內有好多事情要忙，只是外表察覺不到而已。就某些方面而言，孕婦即使是處在休息狀態，甚至睡覺的時候，身體運作的情形卻比一般人在跑馬拉松更為賣力，但是自己並不曉得。

孕婦的身體在忙些什麼？頭一件要緊的事，正在製造寶寶的生命供給系統——胎盤，這項工作一直要到第3個月底才能完成。另外，身體也在分泌大量荷爾蒙、製造更多的血液、心跳速度會加快、血糖降低、新陳代謝不斷的消耗能量，甚至是休息時也不例外、身體對於營養和水份需求更大……如果這樣還不夠累人，光想想身體為了適應懷孕而做的各種心理與生理上的調整，就知道當個孕婦真不簡單。也難怪孕婦常常覺得每天都像在參加鐵人三項比賽，身體累到要瓦解一樣。

幸好，一旦身體調整好狀況，適應了懷孕所帶來的荷爾蒙和情 變化，加上胎盤也完成後（大約是在第4個月），孕婦又會開始精力充沛。

在這之前，孕婦要瞭解疲倦是身體要妳多休息的信號，要聽話，好好休養，讓身體可以順利完成體內的改造工程。下面有幾項建議可以幫助妳重獲幹勁：

寶貝自己～如果是頭一次當媽媽，那就好好享受一下最後一次可以專心照顧自己的時光，不用有罪惡感。如果已經有孩子的話，便得把注意力分一些出來。要記住現在可不是扮演超級好媽媽的時機。比起把屋子打掃得一塵不染，或為家人烹煮四星級晚餐，充份休息更加重要，叫外送又何妨。碗盤可以晚點洗，餐桌下有點灰塵也沒關係，能上網訂購的東西就上網買，不需要自己常常跑出去採買。經常到外面用餐或是外帶回家吃，晚上也不要安排非必要的活動，或是做太多家事。從沒這樣偷懶過？沒有比現在更好的時機了！

讓別人寶貝妳～身體為了懷孕已經夠辛苦了，這時另一半有義務分擔、甚至負責大部份的家事，包括洗衣服和採購。當婆婆來看妳時，若是願意幫忙做晚餐，大方接受吧！如果有好朋友要去採購，請她幫忙帶些必需日用品。這麼一來，妳可以有多餘的力氣散散步，這些都可以在妳衝上床睡覺之前處理完畢。

找時間放鬆～一天下來累得要命？天黑了就好好放鬆，把腳抬高，別忙著出門。別等夜闌人靜才想到要休息。午休時最好能夠小睡片刻，要是睡不著，可以躺下來休息。如果妳還在上班，在辦公室小睡片刻可能有點難度，除非是工作彈性，而且還有一張舒服的沙發。不過，利用休息和午餐時間，把腳抬到辦公桌上，或在休息室的沙發上稍做休息，一定是可行的。如果是利用午餐時間休息，務必要找機會用餐。

做個偷懶媽媽～家中要是有較大的孩子，妳可能會更疲勞，因為休息的時間相對減少，身體負擔更重，這再明白不過了。從另一個角度看，也可能比較不會覺得累，因為家有幼兒的母親通常已習慣疲憊，甚至是太忙而忽略了身體的疲累。不管如何，有其他的孩子時一定會比較難找時間休息。可以嘗試和孩子解釋媽媽現在懷孕了，需要體力讓肚子裡的小寶寶長大，身體常常覺得很累，需要哥哥姊姊幫忙分擔一些家事。花更多時間陪他們做些靜態活動：一起閱讀故事書、拼圖、玩醫生病人遊戲（妳當病人躺下來）、看影片。全職媽媽想要小睡一下恐怕也有困難，下午儘可能讓孩子午睡，自己也可以一起稍事歇息。

多睡一點～這點或許用不著講，不過還是值得一提。晚上多睡一個小時，隔天的精神一定會比較好。不過也不要做過頭了，睡得太多其實會讓妳覺得更累。

攝取均衡足夠的營養～為了維持體力，孕婦需要補充足夠的營養。每天都要攝取足夠的熱量，特別要留意攝取蛋白質、複合碳水化合物的組合，可長時間提振精神。咖啡因或糖，或兩者一起，看似能夠快速提振精神的良方，其實不然。雖然糖果棒或罐裝的機能飲料或許可以短暫提神，血糖高峰一過反而會直線下降，反而會比先前更為疲倦。再說，許多罐裝的機能飲料也許會含有不適合孕婦飲用的成份。

少量多餐～一天六餐的方案（參考139頁）對許多其他孕期症狀有效，同樣可以對付倦怠疲累。維持血糖平穩也讓妳保有元氣——每餐都要吃、可改採多次的小餐和點心。

散步～或是輕鬆的慢跑，不然到雜貨店逛逛。也可以做做瑜珈等適合妊娠的運動。的確，躺椅看來是那麼吸引人，不過恰巧相反——過度休息而不做任何活動反而會更累。即使小小運動一下（走10分鐘，甚至5分鐘的懷孕知識百科健身操）都會比沙發上發懶更提神。當然也別運動過量，妳做完操要覺得更有活力，而不是累到不行，千萬要遵循355頁的運動指南。

疲倦的問題差不多會在第4個月減輕，可是到了最後三個月又會捲土重來，寶寶一旦出生，將有許多不成眠的夜晚等著妳，這也許是一種天然的熱身預備操吧？

害喜

「我沒有任何害喜或不適，我真的有懷孕嗎？」

害喜就像特別想吃酸蜜餞和霜淇淋一樣，是常見的受孕徵兆，但是未必人人都會經歷。研究顯示，接近七成五的孕婦會出現噁心和嘔吐的害喜現象，也就是說，會有超過二成半的孕婦不會害喜。如果孕婦是屬於不害喜，或是偶爾覺得有些噁心，那可真是相當幸運的孕婦！而且，如此好運也可能很快用盡，因為這狀況或許要到幾週之後才發作，甚至還更晚。

「我整天都在害喜，真擔心無法攝取足夠的營養給寶寶。」

歡迎加入孕吐一族！幾近百分之七十五的孕婦都跟妳一樣。晨間不適（morning sickness）只是命名上的缺失，其實它可能發生在早上、中午或夜間，甚至像妳一樣持續一整天。好在，這現象不致於會危害到胎兒的發育，因為現在寶寶還不到一粒碗豆那麼大呢，營養需求很小。即便在妊娠初期，因為嚴重害喜無法進食而減輕體重，也不會傷害胎兒，只要在之後的幾個月能把減輕的體重彌補回來即可。這通常沒什麼難度，因為噁心想吐的狀況大都不會超過第十二到第十四週。

是什麼原因引發害喜？目前仍舊沒有確切答案，不過，相關理論倒是不少。像是：妊娠初期懷孕激素hCG大量分泌；動情激素濃度高；胃食道逆流；消化道的肌肉組織變得鬆弛，消化速度因而跟著降低；而且孕婦的嗅覺也變得極為敏感。

並非所有的孕婦都會害喜，害喜的程度也不儘相同。有的只是片刻的噁心，也有人噁心感不斷，但卻不會吐，或者是頻頻嘔吐。之所以會有這些差異，大概基於下列這些原因：

荷爾蒙濃度～比正常值高時（懷有多胞胎時也是如此）會使害喜情形更為嚴重；若是比較低，害喜現象會減輕或是完全消失；不過，荷爾蒙濃度正常的孕婦也可能沒什麼感覺，甚至毫無症狀。

敏感度強～有些人的腦部對噁心和嘔吐的反應較大，也就是說對荷爾蒙和其他刺激很敏感，例如容易暈車或暈船的婦女，妊娠期間便可能有較為嚴重的害喜症狀。從來不覺得噁心？那懷孕時大概也不會有害喜的問題。

壓力～大家都知道心理壓力會引發腸胃不適，壓力變大也會加重害喜問題也就不足為奇。這並不是說，孕吐是「腦子的問題」，其實是荷爾蒙作怪，但妳腦袋在想什麼（被壓力整垮了）會加重症狀。

疲勞～生理或心理上的疲勞也會使症狀加劇，反過來說，嚴重的害喜也會讓孕婦更累。

初次懷孕～第一次懷孕不僅容易害喜，程度也比較嚴重，這就證明瞭生理和心理因素都有關係。就生理層面而言，相較於生產過的媽媽，初次受孕的女性需要更大的改造工程；而心理上也比較容易因為焦慮和擔心，而出現反胃的情形。然而，經產婦為了照料較大的孩子，分散了對噁心的注意力。（不過，每個人的情況都無法一概而論，也有媽媽在後續的懷孕中，害喜現象卻比第一次懷孕嚴重。）

有件事不太可能成為是否發生孕吐的作用因素，那就是寶寶的性別。是沒錯，有些孕婦信誓旦且，說懷女孩的時候害喜症狀會比較嚴重，不過，也有同樣多的媽媽堅持事實正好相反，覺得懷女兒的時候從來就沒遇過噁心想吐什麼的狀況。是有一些證據顯示，在妊娠期間經歷嚴重孕吐的孕婦，胎兒是女的機率稍稍高了點，不過專家表示這些結果並不適用於一般的準媽媽。

不論是什麼原因造成的，目前並沒有絕對可行的對策，只能熬過這段日子。幸好，仍然有許多小秘方可以舒緩症狀，降低害喜對妊娠的影響。

寫給爸爸們

幫忙舒緩孕吐

孕吐症狀，一天二十四小時都有可能出現，你的伴侶可能早也吐、午也吐、晚也吐，抱著馬桶的時間比抱著你的時間還多。

你可以採取一些步驟幫忙，讓她覺得比較舒服，或至少不要更糟。突然受不了的刮鬍水就先別用，要吃洋蔥圈的時候躲遠一點別在她聞得到的範圍內，由於荷爾蒙作用，現在她的嗅覺可是超級敏銳。你可以負責開車去加油站，這樣她就不需聞到油氣。弄些可以壓住噁心感的食物，才不會又要衝去浴室吐。包括：薑汁汽水、水果冰沙、酥餅之類的都不錯，不過要事先問好，每位孕婦的喜好各有不同，甚至剛好相反。鼓勵她一日多次小餐，不需堅守三大餐，把該吃的食物分散開來，保持胃中有點東西，可以緩和噁心。不要為了吃這或吃那而責怪她，這時不適合逼她一定得吃花椰菜。正在吐的時候要在一旁提供支援，幫忙挽起頭髮，倒點冰水、按摩後背部。還有可別忘了，不要開這方面的玩笑。如果你一連吐了好幾個星期，絕對不會覺得好玩。將心比心，不足為奇。

◆提早進食。害喜最常在空腹時發生，像是早上剛起床，昨天的晚餐早就消化一空，胃裡面除了胃壁以外，別無其他東西可供胃酸消化，這便會引起反胃。在床頭櫃放一些小零食，像是蘇打餅、米餅、燕麥片或水果乾，先拿些把胃填一填再下床；這樣也方便妳在半夜肚子餓時不用起床到廚房覓食。起來上廁所時也可以吃一點東西，讓胃部隨時有一些東西可以消化。

◆吃點宵夜再睡。就寢前吃一點宵夜，要含有豐富的蛋白質和複合醣類，例如一杯牛奶和一個馬芬蛋糕、乳酪條配冷凍乾燥的芒果乾。

◆少量。吃太飽和空腹都會加重反胃，即使很餓也不要一次吃太多，會吐得更嚴重。

◆多餐。保持血糖穩定，胃裡有點東西，是遠離噁心感覺的最好方法。要想避免噁心的感覺來襲，不妨隨時吃點。一天吃六小餐要比三大餐來得理想，出門前記得隨身攜帶一些營養點心，像是水果乾、堅果、全麥小餅乾、燕麥乾餅、蘇打餅、椒鹽卷餅或乾酪。

◆吃得好。富含蛋白和複合醣類的食物可以對抗噁心。營養高的食物也會有所幫助，只要吃得下，營養好的食品妳就盡情地吃吧！

◆能吃就是福。如果富含蛋白質和複合碳水化合物的飲食法不適用的話，能吃得進肚子又不會引發嘔吐的食物就吃吧，不必擔心營養的問題，等到害喜時間過去了，孕婦可以再慢慢補回來。如果只有冰棒和薑餅能夠止吐那就多吃，把冰棒改成水果冰棒、薑餅換成全麥薑餅會更好，不行的話也沒關係。

◆多喝水。特別是在吐得七葷八素時，損失大量水分，這時流質食物比固體食物更加重要。噁心想吐之際，如果覺得流質食物較容易入口，就可以利用這種方式來獲取營養。可以把維他命和礦物質加在蔬果昔、果汁或是湯中一起飲用。要是流質飲食會讓妳更想吐，可以改吃水分多的固體食物，像是水果和蔬菜，特別是瓜類（西瓜是首選）和柑橘類水果。如果在同一餐吃飯又喝湯會想吐的話，可以把湯或飲料放到兩餐之間飲用。要是吐得很厲害，運動飲料和椰子汁特別有用。

◆ 冰涼的食物。也可以試看看不同溫度的食物。有些孕婦覺得冰涼的飲料、水果比較好入口，像是冷凍葡萄。當然也有人喜歡溫熱的食物，如果是這樣，可以把起司三明治加熱，不要冷冷的吃。

◆ 變化口味。往往，一開始的療癒食品，唯一能夠吃下的產品，所以妳成天到晚都吃它，到後來會和嘔吐建立關聯，反而變成會催吐。當妳覺得蘇打餅讓妳不舒服時，就該嘗試其他可以舒緩的醣類食品，說不定最愛變成了Cheerios穀片。

◆ 看了噁心，那就別碰。別逼自己吃不感興趣、甚至作嘔的東西。這陣子就讓味蕾掌控，依照好惡來決定飲食內容。萬一甜食是唯一能夠下嚥的食物，那就吃吧，可以選擇黃桃和優格來獲取維他命A和蛋白質，不用勉強自己一定要吃青花菜和雞肉。要是只有點心才能減輕肚子翻騰，把早餐麥片換成披薩又有何妨。

◆ 避免聞到讓妳作嘔的氣味。也別看到。拜懷孕讓嗅覺變敏感之賜，許多孕婦對於喜愛的味道會突然感到倒胃口，而原本就討厭的更是徹底的噁心。盡量遠離會讓妳反胃的味道，無論是另一半週末特製的臘腸炒蛋，還是他身上鬍後水的味道，只要讓妳想直衝洗手間的話就要避免，更別提光看就令人想吐的食物了！

◆ 服用妊娠維他命補充劑。服用孕期專用維他命可以補充未能攝取到的營養素。是否害怕很難把藥丸吞下去而不會吐出來？事實上，每日一錠能夠減輕反胃感，要是服用含高濃度B6的緩釋劑型維他命，那就更有用。記得選在一天當中最不會把維他命吐出來的時間服用，可以搭配點心一起吃。請教醫師能不能開另外的維他命B6，或搭配Unisom Sleep Tab，或抗組織胺doxylamine的其他種類成藥；或者是補充鎂，或用鎂油噴劑，據說有助於舒緩孕期噁心症狀。

◆ 多吃薑。老祖先的智慧不容忽視，薑的確能降低害喜的程度。可以把薑加入料理：紅蘿蔔薑湯、做薑汁蛋糕，喝薑茶，吃薑餅，嘗嘗糖薑，或來幾顆薑糖。真用薑做成的飲料也可能有舒緩作用，不過一般的薑汁汽水未必含薑，要看清標示。就算是生薑的味道也能減少不適感，切幾片放在碗裡，想吐時就可以聞個幾下。或是試試看檸檬，很多婦女懷孕後覺得柳橙或檸檬的味道和酸酸的滋味都有舒緩的效果。另有些人認為口味酸的糖果，或薄荷糖，也有同樣的作用。或者試試冰冰的杏仁奶，號稱可以安撫妳的腸胃，對胃燒灼也有功效。

◆ 小睡片刻。多睡點覺，因為疲累會促發噁心不適。

◆ 慢慢來。以和緩的心情迎接早晨，不要匆忙跳下床，就往門外衝去上班，這樣噁心的情形會更劇烈。稍微在床上賴個幾分鐘，吃一些放在床頭櫃的點心，再不慌不忙的悠閒起身吃個早餐。如果有其他孩子的話，要這麼做似乎不太可能，妳可以提早醒來，讓自己享有片刻的寧靜時光，或是讓先生去張羅孩子。

◆減少壓力。消除壓力就能減輕害喜。有關如何妊娠期的壓力舒緩，請參考228頁。

◆口腔衛生要注意。每回吐完後要使用不會讓妳想吐的牙膏刷牙，或是漱洗口腔，每餐飯後也要這麼做。可以請牙醫師推薦適合的漱口水，保持口腔清新、減少噁心感，也可以避免細菌在分解嘴裡殘餘的反嘔物時，對牙齒或牙齦造成傷害。

◆試一試止吐護腕（Sea-Bands）。這種戴在兩隻手腕上的彈性束帶，約一吋寬，可以針對手腕內側的穴道加壓，減少噁心感，沒有任何副作用，藥局和健康食品店均可購得。或者，醫生會推薦更精密的指壓設備，這類腕帶只要裝上電池就能做電療，像是ReliefBand或Psi Bands。

◆嘗試輔助療法。不妨試試看如針灸、指壓、生物反饋療法、冥想或催眠…等方式，都能舒緩害喜症狀，相當值得一試（可以參考123頁）。

◆用藥。如果自己的辦法都沒法見效，請教醫師是否需要進一步，用到處方藥。Diclegis含有維他命B6和doxylamine（常被推薦的成藥也具有相同組合），屬於緩釋劑型，可讓妳整天都比較沒那麼噁心想吐，日間也比較沒那麼想睡。要是真的十分嚴重，就會加上止吐藥，像是Phenergan、Reglan或東莨菪鹼。除非是醫生開立的藥方，不然請不要服用任何成藥或是草藥。

據估計，大約有5%的孕婦會經歷非常嚴重的噁心和嘔吐，而必須仰賴藥物治療。萬一遇到這種情形，要和醫師聯繫，並請參考822頁。

✿ 嗅覺敏銳

你是否注意到懷孕後，嗅覺變得無比敏銳，不用踏進餐廳，就彷彿聞得到餐點的味道？嗅覺變得敏銳可算是懷孕的副作用，因為雌激素會放大任何飄過妳鼻前的氣味，慘的是敏銳的嗅覺會加重害喜的問題。可以試試看下面這些方法，減輕味道的刺激：

◆ 如果無法忍受那味道，請儘速離開現場，不管是廚房、餐廳、百貨公司的香水專櫃，或是任何氣味令妳作嘔的場所。

◆ 愛用微波爐。微波爐烹調的氣味，通常比較沒那麼刺鼻。

◆ 來不及了，已經出現怪味了是嗎？儘量打開窗戶或是抽油煙機，消除惹人厭的氣味。

◆ 更常清洗更換衣物，因為氣味會依附在衣物纖維上。如果洗衣精的香味也會讓妳不舒服，可以改用無香味的洗衣劑和柔軟精。所有清潔用品都比照辦理。

◆ 改成無香味或是味道淡的化妝品，或聞了不會想吐的香味。

◆ 請身旁的人幫忙（當然要熟到可以提出這個要求）。像是請另一伴更常換衣服、洗澡、吃完味道重的食物也要趕緊刷牙。請每日相處的同事或熟識的朋友香水噴少一些。

◆ 如果有喜歡的香味，可以放在身旁讓自己舒適放鬆。像是薄荷、檸檬、薑和肉桂都有舒緩的作用，特別是在噁心的時候。不過有些孕婦會突然愛上寶寶的味道，例如像是嬰兒爽身粉。

唾液過多

「我的口水多到不可思議，吞下去還會令我作嘔，這到底怎麼回事？」

流口水會讓人覺得很糗，尤其是在公眾場合，然而對許多懷孕前三個月的婦女來說，這是個不幸的日常現實狀況。唾液分泌過多相當常見，尤其是出現孕吐症狀的時候。雖然嘴裡一堆口水會增加噁心感，而且吃東西的時候作嘔讓人不舒服，但是無害，而且很短暫，一般過了最初幾個月便會消失。

是不想再到處吐口水吐個不停是嗎？經常使用薄荷口味牙膏刷牙，用薄荷口味的漱口水漱口，或咀嚼無糖口香糖，都有助於改善唾液過多的情況。

嘴巴中的金屬味

「我的嘴巴老是有一股金屬味，這是因為懷孕還是吃到什麼怪東西？」

這種情形還蠻常見的，只是人們不把它當一回事而已，這又是荷爾蒙在作怪。荷爾和味覺有關，當荷爾蒙大量分泌時，像是月經來潮、懷孕等，都會影響味覺的變化。通常會和害喜一樣在三個月過後緩和下來，運氣好的話會完全消失，那時各種荷爾蒙已開始回復穩定。

在那之前，妳可以試試用酸味抑制口中的金屬味，柑橘類的果汁、檸檬蘇打水、酸味硬糖；要是腸胃受得了，還可以試試醋漬食品，像是酸黃瓜等等。酸味食物可以去除口中異味還能刺激唾液分泌，減低金屬味，不過要是已經口水過多的話，可能不太好。也可以試試看用牙刷刷舌頭，或是用鹽水（一茶匙鹽加上250 C.C.的水）、小蘇打水漱口（¼茶匙加上250 C.C.的水），一天幾次便能消除口腔中的不適感。有些維他命似乎會加重這股金屬味，可以要求醫生換成別種孕期維他命。

寫給爸爸們

「如果她一直需要去上廁所」

她又要上廁所了……。懷孕初期的前三個月，你的另一半會一直有頻尿困擾，而且到了後期又會捲土重來。為了讓上廁所時更加舒服，請注重如廁的清潔和禮節。不要長時間占據廁所，隨時準備好讓她能用。記得每次使用後把座墊放下，尤其是晚上的時候，而且走道也要淨空，別放些背包、球鞋什麼的東西，還要有夜燈照明，夜間上洗手間才不會跌跌撞撞。而且，電影看到一半頻頻起身，或跟你去爸媽家拜訪的路上要停車六次，要儘可能去理解體諒，可別翻白眼。請記住，頻尿並不是她所願，也沒法控制，要是經常憋尿的話，會導致尿道感染。

頻尿

「每半個鐘頭，我便得跑一趟洗手間。如此頻尿是否正常？」

馬桶不是家裡最舒服的坐椅，卻是妳懷孕後的好朋友。面對它，該上就得上，孕婦不分日夜都會頻尿，雖然很不方便但是卻很正常。

這是什麼原因造成的呢？首先，荷爾蒙不

僅會增加血流，也會增加尿量。再來，妊娠期間腎臟的效率變高，讓身體加快排出廢物的速度（包括寶寶的，也就是說，妳排出了兩人份的尿液）。此外，日漸變大的子宮緊鄰著膀胱，儲存空間變小而常常需要去上廁所。大約在第4個月，子宮會上升到腹腔，膀胱上的壓力就能減輕。到了妊娠後期三個月，或在第9個月，當胎兒的頭「降」回骨盆內，頻尿的現象便可能再現。不過，孕婦內在器官的排列都各有差異，所以頻尿程度也因人而異。有些孕婦幾乎不會頻尿，卻也有人整整九個月都深受其擾。

排尿時身體向前傾，尿完後再用力尿一次，可以完全排空膀胱，兩個方法都能減少上洗手間的次數，但這當中其實也少不了幾次。

不要因為怕上廁所而減少喝水，寶寶和妳都需要充足的水分，而且缺水可能會讓尿道感染。不過減少喝咖啡倒是好事，因為咖啡因會讓人更常想上廁所。要是夜晚必須頻頻上洗手間，可以在就寢前的幾小時減少水分的攝取。

如果才剛上完廁所，不到幾分鐘卻又想再上，可得請醫生檢查一下是不是尿道發炎。

「我怎麼沒有頻尿現象？」

可能妳本來就比較勤跑廁所，所以並不覺得頻率增加，或者只是沒有意識到而已。不過要先確認是否獲得足夠的水份；水份攝取不足，不光是不會頻尿，還會引起尿道感染。不旦要注意排尿頻率，還得注意顏色：應該是清徹或淺黃色，不應該是深色。

何時該打電話給醫師

遇到什麼狀況應該和醫師連絡？要多急？怎樣可能算是緊急，怎麼比較不像？以下列出的症狀，可當作一般的指導方針，不過要記得，醫師要妳注意的事項可能不一樣，理由也未必相同。因此，最好先和醫師充分溝通，在事情發生之前取得共識，有些醫師會在第一次產檢的時候就先講好緊急應變程序。

如果沒有和醫師討論過，而且並沒有遇到表列的症狀，或其他需要立即醫療處置的情形，可以試著如此進行：首先，打電話到醫師的診所，詳細告知妳的狀況，要是幾分鐘後，醫師仍舊沒有回電，再打一次，或是立刻聯絡就近的急診室，和檢傷護士說明妳的情形。要是她請妳過去，那就直接急診並且留話給妳的主治醫師。如果沒有人可以接送妳到醫院急診室，直接撥打119。

和醫師或是檢傷護士說明自己的狀況時，要鉅細靡遺的將所有症狀通通說清楚，不管乍看之下是否毫不相干。要明確的告訴醫生每個症狀初次發生的時間點、發生頻率、嚴重程度、症狀是加重還是減輕。

如果出現下列情況，請馬上就醫：

◆ 出血嚴重，或是出血伴隨下腹部劇烈絞痛。

◆ 下腹部劇烈疼痛，中間、單邊或是兩邊都會痛，而且疼痛持續不退，即使沒有出血仍舊需要就醫。

◆ 突然感到口渴、但是尿量減少，甚至整天都不需要上小號。

◆ 排尿疼痛甚至出現強烈的灼熱感，打冷顫還有發燒超過攝氏40度，可能伴隨著背痛。

◆ 腹瀉帶血。

如果出現下列情況，請在當天就醫（若發生在深夜，請隔天一早就去）：

- 血尿。
- 手、臉部和眼睛突然腫脹。
- 小便灼熱或疼痛。
- 長時間暈眩、頭昏眼花。
- 畏寒、發燒超過攝氏37.8度，但是沒有感冒症狀。如果超過40度，馬上使用泰諾林（Tylenol）之類的乙醯胺酚類藥物退燒。
- 嚴重的噁心感和嘔吐，妊娠初期一天嘔吐的次數超過二到三次；或是妊娠初期沒有嘔吐現象，但是到懷孕後期卻開始嘔吐。

- 全身搔癢，可能有（或沒有）深色尿液、糞便顏色太淡，或是出現黃疸（皮膚、眼白發黃）。
- 經常拉肚子（一天超過三次），排泄物呈黏液狀。

請牢記在心：可能有的時候妳並沒有出現以上情況，但感覺就是「不對勁」，或者妳的症狀不在列表之中，本書也沒提過。很可能目前的經歷是正常的懷孕現象，妳可以放心睡個好覺就能回復。然而，只要感到疑惑，務必直接和醫生聯絡。

乳房的變化

「我幾乎要認不出自己的乳房了，不僅變得很豐滿而且摸還會

痛。會一直這樣嗎？生完後會不會下垂？」

看來妳已經注意到胸線正在逐漸擴張了，胸部變豐滿是懷孕的首要表徵。肚子通常要到妊娠中期才會開始明顯變大，但是懷孕後的幾週內，乳房會越來越豐盈，甚至加大到三個罩杯。如此成長是荷爾蒙突然大量分泌所導致，和月經來潮前的情況完全一樣，可是妊娠期的變化更為顯著。胸部的脂肪和血液流量都會增加，這些變化是為了寶寶的出生而預先做哺乳準備。

除了胸部變大，孕婦還會發現乳暈的顏色加深，向外擴張，上面還會出現更深顏色的小突點。雖然分娩後顏色會變淡，但是不會完全消失。乳暈上的小顆粒是皮脂腺，在懷孕期間顯得特別明顯，過後又會恢復正常。藍色血管像複雜的道路地圖分佈在乳房上，膚色白的孕婦更明顯，這是母親輸送營養和液體給嬰兒的象徵。分娩後，若餵母乳的話要到斷奶後，才會恢復正常。

幸好懷孕初期的乳房刺痛或不適感不會一直持續。整個妊娠期乳房會持續成長，但是過了第3或4個月後，刺痛的感覺就會消失。有些孕婦甚至在初期就不再感到刺痛，冷敷或熱敷也有助於減輕不適感。

至於生產過後乳房會不會下垂，主要還是要看個人遺傳，如果母親會下垂，那妳也很可能發生同樣的現象，但是自己還是可以主宰部分因素。下垂不光是懷孕所造成的，在懷孕期間欠缺支撐也是主因。不管現在乳房是如何堅挺，為了防患於未然，都必須穿戴支撐力良好的胸罩來加以保護。也許在初期不適時，可以改穿沒有鋼圈的胸罩。如果是「波霸」，而且有下垂的傾向，那最好穿胸罩睡覺。可以選購棉質的運動胸罩，穿著睡覺也很舒服。

不是每位孕婦這麼早就會有明顯的胸部變化，有些人的變化很緩慢，慢到幾乎無法察覺。孕婦對懷孕的反應都不一樣，快或慢都很正常，不用擔心自己和他人進度不同。變化較慢就不用常常更換內衣的尺寸，而且一點也不影響哺乳的能力。

「初次懷孕時乳房變得好大，可是第二次懷孕，卻毫無改變，這樣正常嗎？」

初次懷孕，乳房尚未擴張，需要較多的準備工作，第二次懷孕乳房已有先前的經驗，而且對妊娠荷爾蒙的反應也比較不那麼戲劇化。妳可能會發現，妊娠期間胸部變大的速度非常緩慢，甚至按兵不動，直到生產後，開始分泌乳汁才見變化。無論是變化慢還是二次妊娠的變化不相同，都是正常現象。

下腹的壓迫感

「我的下腹一直有不舒服的壓迫感，要擔心嗎？」

聽起來妳對自己的身體感覺很敏銳，排卵的時候都能認得出來，這是件好事，白讓人為許多無害的疼痛而擔心，就沒那麼好了。

別怕，只要不出血，壓迫感或是輕微的抽筋很平常，尤其初次懷孕的婦女，通常這表示一切都很順利，並非出了什麼狀況。比較可能是因為妳感覺太過敏銳，更容易接收到下腹部的變化。不適感可能是受精著床、血液流量增加、子宮內膜增生、或只是子宮開始漲大，換句話說，就是胎兒生長造成的疼痛。下腹的不適感有可能是脹氣或腸痙攣，因便祕而起，這也是懷孕的常見現象。

慎重起見，如果疼痛一直持續的話，下回產檢時記得詢問醫生。

✿ 出血

「上廁所的時候發現衛生紙上有一些血跡，這是流產嗎？」

懷孕時擦到血跡真的會讓人很擔心，但是出血並不一定是孕程發生危險。每五位孕婦都會有一位發生出血的情形，但是寶寶仍舊安全的在子宮成長。如果只發現輕微的出血，和月經前前那樣，就可以鬆一口氣讀下去，看過這些解釋之後或許可以安心。這類輕微出血可能的原因如下：

著床性出血～二成到三成的女性會出現胚胎著床性出血的現象，通常是在受精後六到十二天內發生，大約是在月經來之前，也有人是遲至月經該來時才發生著床性出血。血量比月經少很多，持續數小時到數天之久，顏色大都是淡粉紅色或是淡咖啡色。這是因為胚胎鑽進子宮內膜所造成。著床性出血並不表示有什麼問題。

性交、內診或抹片檢查～懷孕後子宮頸會變得更柔軟，而且血管充血。有可能因為性交或內診受到刺激而感到不適，引起輕微出血。這種型態的出血是普通現象，孕期內隨時都會發生，而且通常不會造成問題，不放心的話可以詢問醫生，再次確認。

陰道或是子宮頸感染～發炎或感染可能造成輕微出血，但是治療後出血的現象應該就會停止。

絨毛膜下出血～絨毛膜是胚胎的外膜，緊鄰胎盤，若有血液累積在絨毛膜下，或子宮與胎盤之間，就會發生出血的狀況。出血情況不一，可能很輕微也可能持續大量出血，有些人只有在產檢超音波時才會發現。大多數的絨毛膜下出血會自行痊癒，不會對懷孕造成影響（請參考820頁）。

出血的原因有很多，是懷孕過程的常見現象。有些孕婦在整個孕程中都會斷斷續續出血，有些婦女出血一至兩天，甚至好幾週。血液的顏色從淡粉紅、咖啡色或是深紅色都有可能發生。不過幸好在妊娠初期有過出血經驗的大部分孕婦都可以懷胎到足月，並且生下健康的小寶寶。所以放寬心享受懷孕種種甜蜜的點滴吧。當然事實上這並不表示妳就會不再擔心。

為了更加安心，可以打電話給醫生做確認，除非出血嚴重到浸濕整塊衛生綿，甚至有腹部絞痛才需要馬上就醫，這時醫師可能會驗血檢測hCG濃度，或進行超音波檢查，或兩項都做。如果懷孕已經超過六週，應該可以透過超音波看到胎兒的心跳，即使依舊有些出血，這時孕婦應該可以更安心胎兒的狀況良好。

如果出血變得像月經來時一樣嚴重怎麼辦？這樣的情況比較令人憂慮，要是伴隨著抽痛或下腹部疼痛更要注意，務必馬上通知醫生尋求支援，這不表示一定會流產。有些孕婦會因為不明原因而出血，但仍舊安全生下足月的嬰兒。

萬一真的流產的話，請參考876頁。

放寬心

孕婦很容易焦慮，尤其是頭一次懷孕或是在不穩定的初期。在眾多的焦慮中，流產可說是最讓人擔憂的一環。

幸好大都只是白擔心而已，雖然多數的孕婦會經歷抽痙、下腹痛或出血，還是都能安然渡過整個孕程，產下健康的寶寶。這些症狀當然令人不安，往往無害，但並不表示懷孕遇到麻煩。雖然下次產檢時需要告訴醫生，或想得到專業意見好安心的話就要早點表達，下面這些情況都是正常的懷孕現象，不用擔心：

下腹部單邊或雙邊感到輕微的抽痙、疼痛或是緊綳：發生在初期的話，這可能是和受精卵著床有關，流到那個部分的血量增加，子宮內膜增厚，或只是因為子宮擴大扯到韌帶。除非疼痛劇烈、持續很久，甚至伴隨明顯的出血，不然無需擔心。

輕微出血，但是沒有抽痙或是下腹痛：懷孕婦女出血的原因有很多，通常和流產無關，詳情可參考對頁說明。

妊娠初期的婦女擔心的不僅是這些異常的症狀，沒有懷孕的徵兆也會讓人很煩惱。最常讓初期孕婦擔憂的就是毫無懷孕的感受，這很容易理解，在這個時期，即使有許多害喜的症狀，懷孕對妳來說仍舊很抽象，更不用提不會害喜的孕婦了。看不到隆起的肚子、感受不到胎動，總是會讓準媽媽們胡思亂想寶寶在肚子裡面是否安然無恙，甚至會懷疑自己到底有沒有懷孕。

真的不用擔心沒有害喜或者乳房刺痛等現象，妳可是幸運的媽媽，不用經歷這些懷孕初期的不適。每位孕婦的懷孕歷程不盡相同，症狀發生的時機點也不會完全一樣，也許正在擔心一點症狀也沒有的隔天就發生了。

hCG懷孕指數

「醫生給我的驗血報告上，寫著 hCG 指數是 412 mIU/L，這是什麼意思？」

這表示妳確定懷孕了！在受精卵著床的數天後，初長成的胎盤細胞會開始分泌人類絨毛膜促性腺激素（hCG），是懷孕時才有的荷爾蒙。可以從尿液中測試到hCG，因此月經沒來時，女性會用驗孕棒檢測尿液確認是否懷孕，血液中也能測出hCG，因此到診所進一步做確認時，醫生會抽血檢測妳的懷孕指數濃度。懷孕初期hCG指數很低，但是幾天內濃度就會以倍數升高，在四十八小時內會增加為兩倍，急速上升會在七到十二週之間到頂，之後再慢慢下降。

沒有必要了數字而和懷孕的好朋友互相比較，兩位孕婦的狀況不會相同，hCG指數也不可能一模一樣。從月經錯過那一開始到整個妊娠期間，變化的速度很快，每天不同，每個人不同，無從比起。

比較重要的是自己的hCG指數是否有在正常的範圍，請看此頁框中的數據，要注意的是增加的比率而非單就數字本身下工夫。如果測出來的數據落在表列範圍之外也別擔心，很有可能一切均安。或許是排卵期沒算對，受精時間相對也往後延，這是hCG數值造成困擾的常見原因；或妳懷的是雙胞胎，這機率就相對少些。只要寶寶正常發展，hCG在初期三個月持續上升，孕婦大可不用太在意這些數字所代表的意義。只要醫師沒有對數字有負面的表示，就可以放一百二十個心。在第五或第六週的超音波檢查會比hCG指數更實際，更能預測懷孕結果；還是擔心的話，可以詢問醫師測出數據所代表的意義。

✿ hCG懷孕指數

真的很想知道hCG數值所代表的意義嗎？下面的數據是hCG的正常範圍值。請記住，只要落在範圍內就算正常，不是要用這張表來給自己和寶寶打分數，看看進展是否完美；日期稍微有出入，就可能造成很大的誤差。

懷孕週數	hCG數值mIU/L
第三週	5～50
第四週	5~426
第五週	19~7,340
第六週	1,080~56,500
第七到第八週	7,650~229,000
第九到第十二週	25,700~288,000

✿ 生活壓力

「我的工作壓力很大，自己也會給自己壓力，現在懷孕了，開始覺得有壓力是否太大。過多壓力是否對胎兒不好？」

懷孕九個月期間，多數孕婦都會偶爾覺得壓力太大受不了，其至經常有此感覺。不過以下情報應能讓妳冷靜下來：研究指出懷孕不會受正常的壓力所影響，如果妳能負荷目前的日常壓力，即使要比一般人承受得還更多，寶寶也不會有問題。事實上，如果妳應付得來，某個程度的壓力還可以為懷孕加分。這樣會讓妳小心謹慎，保持動機要儘可能好好照顧自己、照顧胎兒，為這次妊娠努力。

也就是說，過度壓力，或沒法好好處理的壓力，要是放任不管持續到妊娠中期和晚期，就有可能傷及胎兒。這就表示，是當前的第一要務就是學會如何有建設性地應付壓力，或在必要時減少壓力。下列方法應該會有所助益：

說出來～釋放壓力，壓力要有出口，妳才不會被擊垮。要有一個人讓妳舒發，有地方轉移壓力。多和另一半溝通，每天快要結束的時候（最好不要太接近就寢時間，那段時間應該儘量排除壓力），撥一些時間共處，把內心的焦慮和挫折感說出來。也許可以一起想辦法找到舒壓和解決之道、甚至能對壓力一笑置之。如果先生壓力也很大，無法多為妳承受壓力，可以尋找其他的家人、朋友、最瞭解妳工作狀況的同事、線上好友，要是擔心壓力造成身體作用或許可以找醫師談談。如果這樣還是起不了作用時，也許該考慮尋求專業諮詢，幫妳找到更能處理壓力的策略。

寫給爸爸們

「對於生活改變所帶來的焦慮」

我們的夫妻關係會不會改變？實話實說：沒錯，小倆口的關係會變。寶寶從醫院回到家那一剎那開始，不需做作的親密和完全不受打擾的兩人共處，將變成珍貴且不可得的稀有事物。浪漫情事必須經過籌畫（趁寶寶睡著時匆忙進行）而不能順應瞬間的火花引燃，中途被打斷則是家常便飯。但只要你倆費神為彼此騰出時間——不論是等寶寶入睡後再共用一頓晚餐，或是放棄和哥兒們打球的機會，找別的活動兩人一起做，或是開始每週固定晚間約會，小倆口的關係都能經得起這些變化的考驗。事實上有許多夫妻發現，變成「三人行」以後，兩人的關係不但改善，而且更加根深蒂固。

工作會受到什麼影響？這要看你的工作安排而定。如果目前的工作是工時長而又休假少，也許必須（也想要）有所改變，把做個好爸爸列為生活中的優先順位。而且，不要等正式當爸爸了才這麼做。可考慮現在就休個假陪太太去做產檢，同時協助疲憊的配偶做準備，迎接孩子到來。開始戒除工作到半夜的日子，並抗拒夜以繼日地把工作帶回家的誘惑。在預產期前後兩個月當中要避免出差和沉重的工作負擔，此外，如果可行的話，在寶寶初生那幾週則可以考慮請育嬰假。

是否必須放棄我們的生活型態？也許並不像你所認為的那樣，需要告別熟悉的活動或是社交生活，但應該預期得做些許修正改變，至少是最一開始的時候。新生嬰兒勢必成為生活的重心，某些舊有的生活習慣至少得要暫時拋開。頻繁餵奶之際要參加宴會、看電影或看球賽，可能會相當麻煩；以往在喜愛的咖啡館共進兩人的溫馨晚餐，則要改在可以「闔家光臨」的餐廳吃頓吵雜的三人行餐點，因為這種「家庭」餐廳可以容忍扭動不安的嬰兒。往來的朋友圈也會出現變化，自己突然發現，基於「同病相憐」的夥伴關係，傾向於會與家中有幼兒的人為伍。當然不是說老朋友（還有之前的休閒活動）無法相容於有小孩的新生活；只不過優先順位可能得做些必要調整。

是否供養得起人口增多的家庭？教養費用水漲船高，許多準父母為這個非常現實的問題整夜無法闔眼。可是有很多方法可以節約花費，包括：選擇哺餵母乳（不用買配方奶粉和奶瓶），收下別人提供的二手衣物（反正只要吐過幾次，新衣服看起來也和舊的差不多），讓親戚朋友確切知道你所需要的禮物是什麼，而不要購買華而不實和其他到頭來只會惹塵埃的物品。如果打算自己帶小孩（或暫時離開職場），讓你為財務狀況而擔憂，則要認清一點，衡量優質育嬰服務再加上接送所需支出後，你會發現短少的收入恐怕並沒有那麼多。

最要緊的就是：別去想生活中無法擁有什麼（或是沒那麼多機會可以怎麼樣），改成思考生命中可得到哪些，更棒的是有寶寶可與你共同分享。生活會不會有所不同？那是當然的。會不會過得更好？好到無以復加。

設法排解～找出壓力來源，釐清應如何做調整，以減輕壓力。要是工作量太大，要設定輕重緩急，先縮減不緊要的事物。寶寶出生後，妳也是一定會面臨到同樣的情況。如果在家務或工作上承擔了太重的責任，可以列出輕重緩急的順序，再決定哪些要延後處理，或交由他人幫忙。學習在不堪負荷以前，對新企劃或活動說「不」，在寶寶還沒出生之前就把這技巧學起來實在是明智之舉。

有時，把待辦的家事或公事一一列出，計畫好處理的先後次序，有助於重新控制忙亂的生活。當事務處理完成後，就從清單中一一刪除，給自己一點成就感。

一睡解千憂～睡眠是讓身心回復元氣最好的方法。睡眠不足會使緊張和焦慮加劇，而壓力也讓人難以入睡。試著打破睡不著↓壓力大↓睡不著的惡性循環。如果有睡眠方面的困擾，可以參考403頁的祕訣。

注意營養～緊張的生活型態會導致三餐不正常，妊娠時期營養不足，無疑是雪上加霜，不僅會降低排解壓力的能力，還會影響胎兒的發育和成長。所以飲食一定要正常，少量多餐（一天吃六餐）可以幫助妳對抗壓力。多補充複合碳水化物和蛋白質，不要攝取過多咖啡因和糖，這兩項東西似乎是緊張生活之下的主要糧食，實際上反而會讓妳更無法對抗壓力。

洗去緊張的情緒～溫水澡能有效的舒緩緊張，忙了一天後輕鬆的洗個澡，可以睡得更好。

靠運動舒解壓力～也許妳覺得自己已經夠忙了，實在沒有時間運動，但是運動是消除壓力的好方法，動一動可以提振心情。忙碌的日子，一定要安排時間去慢跑、游泳或是做瑜珈。

輔助療法～找出其他可以促進內心平靜的活動，如針灸、催眠療法、按摩，或請另一半幫妳揉揉肩膀。靜坐或冥想，可化解壓力（參考下方框中文字）。關於輔助與另類療法，可以參考123頁。

轉移注意力～找尋可以讓妳放鬆的活動，像是閱讀、看電影、聽音樂；打毛線，忙著幫寶寶織用品時就能放鬆；上網選購嬰兒服；午餐時找個好朋友聚聚；寫日記，舒發心情；隨手塗鴨。或是離開壓力現場，只需稍稍散個步，都能令人放鬆並且快速恢復心情。

✿ 保持樂觀

人們總是認為樂觀的人更健康、更長壽。科學家也建議孕婦保持好心情，可以讓未出世的寶寶擁有更美好前程。研究發現，凡事往正面思考的話，可以降低高風險孕婦早產或是新生兒體重過低的機率。

較低的風險絕對是由於樂觀者的壓力較低，再怎麼說，高度壓力都會導致孕前孕後的各種健康問題。樂觀的媽媽在承受壓力時，比較能照顧好自己，吃好睡好，經常運動，不抽菸喝酒或是吸毒。健康的行為和態度都是源自於她們健康的思惟，讓自己和胎兒都能有更正面、良好的照護。

研究指出，隨時都可以開始培養正面樂觀的思考，哪怕妳已經懷孕了。從現在開始期待好事發生，停止擔憂壞事降臨。思想的力量不容小覷，記得半杯牛奶是還有半杯，而不是只剩一半。

戒離～也許妳會覺得造成壓力的那件事根本不值得。如果是為了工作承受這諸多緊張與壓力，如果經濟許可的話，可以提前請產假或改成兼差，或是暫時調整職位，減少工作負擔和降低壓力別被壓垮。在懷孕時期離職或是轉換工作跑道也許不是很實際，不過妳的壓力指數並不會隨著寶寶的出生而降低，還是該趁早考慮如何調整比較好。

要是壓力會導致焦慮、失眠或憂鬱，引發身體症狀，例如像是長期頭痛，或沒有胃口，或甚至導致不健康的行為，例如抽菸，那就得和醫師討論。

學習放鬆，樂在生活

被壓力擠得喘不口氣來嗎？現在正是學習放鬆的好時機，除了讓自己不要過度擔心孕程的進展，更能讓自己從新手媽媽的忙碌生活中短暫抽離，休息充電一下。瑜珈是釋放壓力的好方法，如果有時間，可以到瑜珈教室上課，或是跟著DVD練習。要是沒時間的話，可以試試看下面這些簡單的放鬆技巧，任何時間地點都可以輕鬆練習。覺得有幫助的話，只要一感到壓力大，就找個時間，一天幾次，讓自己的心情沉澱。

坐下來，閉上眼睛，想像一幅美麗、詳和的光景，例如沙灘上夕陽漸漸西沉，海浪輕輕的拍打著海岸，或是潺潺小溪、溫暖的夏日公園，不然就想像自己的小寶寶安寧的躺在臂彎中甜甜的睡著。然後從腳指開始，一直往上到臉部，試著讓全身的肌肉放鬆不再緊繃。慢慢呼吸，用鼻子吐氣，每次吐氣時，嘴巴發出像是「好」、「可以」等簡單的音節。十到二十分鐘應該就能舒解壓力，沒時間時做個一、二分鐘，也總比整個人一直沉浸在壓力中好。

妳必須知道的：作個美麗的孕婦

懷孕會讓體型產生很大的變化，可能因為皮膚變好讓妳容光煥發，也可能因為臉上長痘子和雜毛讓妳覺得失去吸引力，亦或是兩者同時發生。現在正是孕婦確認是否需要更換保養品的時機。使用慣用的抗痘軟膏之前，或到美容中心除毛或做臉時，都要特別小心。接下來這個章節，將會給妳從頭到腳，完整的美容指南，讓妳安心作個美麗的孕婦。

✿ 頭髮

懷孕時頭髮也會產生變化，可能從原本像稻草一樣毛燥，變得亮麗有光澤，而豐盈的秀髮也可能變得軟塌服貼。唯獨有件事是確定的，由於體內荷爾蒙濃度增加，毛髮量會變得比以前多，以下是針對毛髮的保養對策。

染髮～懷孕時難道就要放任著布丁頭不管嗎？新長出來的髮根和染色的髮尾顏色有落差該如何是好？沒有確切的研究顯示染髮時，皮膚吸收的少量化學藥劑在懷孕時有害，有些專家仍舊建議婦女至少要等到第三個月結束後再染髮，不管是去美容院還是在家自己動手都一樣。另有些人認為，整個孕期都可以染髮沒有關係。諮詢醫師意見的話，答案通常是染髮沒問題。如果整頭染會讓妳不安，也許改成挑染就好，挑染時化學藥劑不會碰到頭皮，而且挑染的效果會比整頭染髮還要持久，這樣孕期中就不需要經常染髮了。

也可以請髮型師使用不含氨水，或是純天然植物配方的染劑，比較不那麼刺激。只是要記得荷爾蒙的變化可能會讓頭髮變得不受控制，導致染髮的效果不如往常，即使使用同樣的染劑也會發生。染髮前先在一小撮頭髮上做試驗，免得原本要染酒紅色，卻變成誇張的龐克紫。

離子燙或是燙拉直頭髮～想要把頭髮拉直嗎？沒有證據顯示直髮膏會傷害胎中的寶寶，頭皮吸收的藥劑應該相當有限。當然也沒有研究指出直髮膏對身體完全無害。「巴西角蛋白」也是一樣，許多配方裡含有福馬林，懷孕時用可能不安全，而且氣味很嗆。還是先和醫師商量再決定是否拉直頭髮，不過醫生大概會建議懷孕時，尤其是前三個月，還是保持自然就好。如果決定要燙直頭髮，也別忘了荷爾蒙的變化可能會讓燙髮的結果不如預期，要拉直反倒是燙出整頭捲髮或是過於僵直不自然都有可能。此外，懷孕時頭髮生長速度會加快，沒一會兒又長出原本的自然捲。熱塑燙的藥劑通常比較溫和，也能改善毛躁的髮質，應該是比較安全的選擇，當然還是要先請教醫生。不然就是自己買插電式的直髮夾，每天整理頭髮。

燙捲～頭髮變得塌平？燙成捲髮大概是讓秀髮看起來豐盈有份量的好方法，安全方面應該沒問題（可以詢問醫師的意見），但是孕期中燙髮可能不太恰當，因為荷爾蒙會讓頭髮變得無法預料，也許燙不捲，甚至變成難看的毛躁爆炸頭。

除毛～如果懷孕讓妳變得像黑猩猩一樣多

毛，不要驚慌，這樣的改變只是暫時的。腋下、比基尼線、上唇甚至是肚皮都會因為荷爾蒙作祟而長出雜毛，不過也有些好運的準媽媽發現腿毛長得慢了。要是不想毛絨絨，也不需要，可以安全地去找古老可靠的除毛術：刮、拔、捲、除毛蠟。即使是比基尼線除毛也是可以的，只不過要小心，因為孕期肌膚超敏感，很容易不適。去美容院做之前，要告訴美容師妳已經懷孕了，讓她下手時特別輕柔。是不是考慮其他除毛做法？就和其他除毛法或除毛產品一樣，雷射、電解，或是利用藥劑來脫毛、染淡毛色，都還沒有足夠研究證明妊娠期間的安全性如何。有些醫師會認為某幾種方式在前三個月過後就沒有問題了，然而有的會建議懷胎九個月都忍耐一下別做。

眼睫毛～就跟怎麼做都嫌不夠的頭髮造型，現在的睫毛也要將就一下。增長睫毛的處方藥 Latisse，以及許多號稱可長睫毛的成藥，都不建議懷孕及哺乳的女性使用，它們未經研究證明在妊娠期安全無虞。最好能夠避免染睫毛。往好處看，懷孕之後，妳的睫毛可能會比平常更濃密。

臉部保養

這個時期還看不出懷孕的樣子，但是臉上的肌膚已經開始在變化囉，皮膚可能會有許多狀況，保養方法如下：

美容護膚～不是每個孕婦都幸運地在懷孕時容光煥發。要是妳剛好沒能光采熠熠，去做個臉或許可行，清除毛孔中因為荷爾蒙旺盛所引起髒汙和油垢。大多數的美容在懷孕時都安全，只要並不包含任何不能用的成分就好了，像是視黃醇或水楊酸（參考下文）。有些比較激烈的去角質療程，像果酸換膚或是鑽石磨皮這種，可能會嚴重刺激孕期中敏感的肌膚，讓妳做完沒麼光輝，更紅更雜。微電流美容（electrical microcurrent）或雷射在妊娠期間不行，在家自己來的雷射美容也一樣，最好暫時別碰，等到孩子生下來再說。可和美容師討論有哪些藥配配方可能比較舒緩，比較不會引發反應。如果對臉部保養療程的安全性有疑慮的話，要先諮詢醫生的意見。

抗皺療程～寶寶皺起臉來很可愛，但是媽媽臉上的皺紋可就一點也不吸引人了！到皮膚診所注射玻尿酸或豐唇時，要先確認這些填充劑的安全，即使是膠原蛋白、喬登雅（Juvederm）和瑞絲朗（Restylane）也尚未經過實驗證實對孕婦完全無害。肉毒桿菌也是一樣的狀況，懷孕期最好還是暫停注射。在購買除皺面霜之前，也要仔細閱讀包裝上的小字說明，並且先和醫師確認。含有維他命A（任何形式的視黃醇）、維他命K或是水楊酸（又叫BHA）的護膚產品在懷孕時期都得暫停使用。如果妳對其他成分不太確定，先和醫師確認。果酸成份（AHA）的保養品應該沒問題，事先和醫師作確認對妳和寶寶都會更安全。不過因為體液增加的關係，大部份的孕婦皮膚應該會變得豐盈飽滿，不用擦保養品，皺紋也會不明顯。

面皰治療～痘痘長得比高中時期還誇張？這都要怪旺盛的荷爾蒙。懷孕時期在使用抗痘產品時絕對要比平常謹慎，一定要和醫生確認。含乙醇酸和果酸的去角質磨砂膏或藥劑大概能安全使用，不過要注意其刺激性。如果太過嚴重，有些處方藥（壬二酸和局部抗生素，例如紅絲菌素）會很有幫助，也是一樣要先經醫師確認。BHA和水楊酸是局部抗痘產品中經常出現的兩種有效成分，在妊娠期間通常得要束之高閣。壬二酸（azelaic acid）是許多抗痘製劑裡的有效成分，也常被禁止在懷孕時使用；在使用BHA、水楊酸和壬二酸的產品之前，還是需要和醫生確認其安全性。異維A酸（accutane）會導致嚴重新生兒缺陷，絕對禁用；Retin-A也不行，含有視黃醇的成藥得先問過醫師。雷射和化學換膚療程最好都等到寶寶出生後再進行。也可以靠著天然的方法減少痘痘的爆發，像是良好飲食（有的孕婦會覺得儘量減少糖和精製穀物大有助益）、經常清潔肌膚、不要太依賴磨砂膏，還有別忘無油的保濕劑，皮膚太乾燥更容易生痘痘。千萬不要去擠或是摳痘痘。更多情報請見258頁。

✿ 孕期化妝技巧

除了長痘痘、褐斑、膚色不均和水腫，接下來九個月的孕期對臉部肌膚還有更多的挑戰，幸好我們可以使用化妝品來掩蓋：

◆ 粉底液可以蓋掉妊娠斑和膚色不均等皮膚問題（請參考395頁）。深色黑斑可選用遮瑕膏，不過要選擇不會導致粉刺和無刺激性的化妝品。選擇接近自己膚色的粉底，但是遮瑕膏要比膚色稍微淡一點，在膚色不均或是黑斑的部位擦上遮瑕膏，用手指推勻，不要擦太多，才不會看起來不自然。擦完後再輕輕刷上一層蜜粉定妝。

遮蓋痘痘時底妝要輕，免得讓痘痘看起來更明顯。先上一層粉底液後，在痘痘上直接擦遮瑕膏，用手指輕輕按壓，讓遮暇膏和皮膚融合。如果想在化妝前先貼上面皰貼布，要選擇孕婦專用的透明貼布。

◆ 懷孕會讓雙頰越來越豐盈，如果覺得臉大，可以在完妝後輕輕打上陰影。先打亮前額、眼睛下方、顴骨上方和下巴底端，之後再用大刷子在臉頰兩側打上陰影，製造小臉效果。

◆ 懷孕時我們希望肚子變大，臀部變翹，但可沒人希望因為臉變大，而讓五官變得不立體。這時候只要學會畫鼻樑的技巧便能改善這個問題。化完底妝後，打亮鼻樑中間，鼻骨兩側在用深一點的粉底上陰影，記得要畫得自然，才不會看起來很奇怪。簡單的二下，就讓臉變得立體許多。

牙齒護理

懷孕時笑口常開對寶寶很好，妳想不想要一口潔淨整齊的白牙，讓人眼睛為之一亮呢？牙齒美白的生意很好，但是孕婦是否能進行，目前仍舊是懸之未決難有定論。

牙齒美白～想要一微笑就讓人看到如珍珠般光亮的牙齒嗎？在懷孕期間美白牙齒是否安全，目前沒有定論或是有力的證明，醫生大多抱持安全為上的原則，希望等產後再進行。孕婦做好口腔清潔，使用牙線，保護敏感的牙齦應該就是最好的保養，不需暴露於刺激的美白產品。

鑲牙冠～沒有研究證明懷孕時鑲牙冠會不會危及孕婦和寶寶的安全，所以和牙齒美白一樣，一般醫生也會建議等到生產完後再考慮。而且懷孕時牙齦特別敏感，治療過程可能會比平常更不舒服。

身體保養

懷孕時期身體會歷經許多無法想像的大轉變，好好寵愛自己、照顧身體是應該的，可以參考下面這些安全的方式：

按摩～因為懷孕而腰酸背痛，甚至是晚上無法入眠嗎？按摩大概是消除這些惱人現象的最好方式。雖然按摩是很好的辦法，也要注重安全性才是。

◆找到適合的專業按摩師：要確定按摩師有執照，而且瞭解懷孕婦女哪些部位可以按摩，哪些部位不能按壓。

◆等待安全時機：至少要到三個月後才能接受指壓按摩，妊娠初期身體還在調適，也還在經歷害喜的階段，這時候按摩可能會讓妳頭暈，使孕吐現象更嚴重。不過如果在妊娠初期去按摩也不用擔心。

◆適當的姿勢：四個月後，肚子日漸突出，按摩桌最好在肚子的部位有個洞，趴下時才不會壓到肚子，也有專為孕婦設計的枕頭或抱枕，讓妳在躺下時身體有良好的支撐，或可側躺。

◆使用無香味按摩油：請按摩師換成無香味的乳液或按摩油，不只是因為孕婦對氣味敏感可能會受不了，還由於有些味道可能會造成子宮收縮。

◆按摩恰當部位：有些部位對孕婦來說比較不安全，所以按摩時要避開這些地方。在踝骨和腳後跟之間直接按壓的話會刺激子宮收縮，所以要找有幫孕婦服務經驗的治療師十分重要；肚子也不能直接按壓，一方是是舒服一方面為了安全：深層腹部按摩有極小風險會引發宮縮，導致其他併發症。如果按摩師傅壓得太深或太大力的話，一定要提醒他小力一點，畢竟舒壓才是按摩重點，免得越按肌肉越緊繃。

芳香療法～妊娠期間只要和氣味有關，都要想過。懷孕時期要進行芳香療法時要特別謹慎，因為很多植物精油尚未確定是否對懷孕造成影響，有些還會有害。下面這些精油對孕婦應該是安全無害的，但專家們認為濃度要稀釋成一半：玫瑰、薰衣草、洋甘菊、茉莉、柑橘、橙花和依蘭精油。

下面的精油則容易造成子宮收縮，要避免使用：羅勒、杜松、迷迭香、鼠尾草、胡椒薄荷（peppermint）、普列薄荷（pennyroyal）、奧勒岡和百里香。產婆在幫助婦女生產時，經常會使用這些精油加速產婦的子宮收縮。如果按摩師傅使用這幾種精油，或是妳在家泡澡時會倒一兩滴也沒有關係，皮膚只會吸收到非常微量的精油，而且背部肌膚通常比較厚，只要記得以後不要再使用就好了。市面上的身體乳液或是美容產品，像是薄荷味的乳液就沒有問題，因為不是濃縮的精油。

身體去角質、美膚泥和水療法(hydrotherapy)～只要產品不會太粗糙，身體去角質一般來說很安全。有些美膚泥算是安全，但大部分都不恰當，因為會過度提高身體溫度。稍微洗個水溫不超過攝氏38度的溫水澡不會有大礙，但是要避免蒸氣室、桑拿浴和泡熱水澡。

曬黑床、仿曬產品～懷孕時要絕對禁止使用曬黑床，曬黑床不僅對健康不好，增加皮膚癌風險，而且加速老化過程，提升得到黃褐斑的風險。更糟的是，曬黑床會升高身體的溫度，傷害腹中正在成長的胎兒。那改用仿曬乳霜或是仿曬噴霧呢？即使醫師認為這些產品對孕婦是安全的，自己也要考慮荷爾蒙可能會改變擦上去的顏色，讓膚色變得很怪異。而且肚子正在撐大中，過一陣子肚子變得更大，可能連大腿都看不到，更別提想全身塗抹均勻了！

關於刺青、植物染劑紋身和身體穿環在懷孕時是否安全，請參考264和298頁。

✿ 手足保養

懷孕也會影響手足的外觀，手腳可能會水腫，但還是有辦法保持美美的，雖然懷孕到後期時，可能會連自己的腳指頭都看不到。但就算是妳覺得全身浮腫，例如手指和腳踝充滿液體，依然可以把手腳弄得漂漂亮亮。

做指甲～懷孕時做指甲非常安全，要好好把握這段指甲長得健康又強韌的時期。如果是到美容中心做指甲，室內要通風良好。懷孕時期更要小心不要吸入強烈的化學氣味，不然可能會讓妳感到暈眩。記得提醒足部保養師不要按摩踝骨和腳後跟，才不會引起子宮收縮。如果要除去老繭，請師傅只用浮石研磨即可，不要動刀，即使取自滅菌的拋棄式器材也一樣，因為可能會導致感染，更何況妳切得越多，長回來的也越多。

要是妳擔心的是一般指甲油的氣味，可以去找市面上越來越多的無毒指甲油，或是無毒去光水。如果是長效的凝膠或蟲膠，目前未經證實會對懷孕有害，萬一妳不小心的話，絕對會對皮膚不好。那是因為偶爾用來硬化凝膠指甲油的光含有紫外線，也就是曬黑罩裡用的那種，而且那有可能造成皮膚過早老化以及皮膚癌，再加上會讓手臂出現斑點。若用凝膠，請他們提供特製手套把手遮住，只讓指甲照到紫外光，或是去找使用LED光源的店家，硬化速度快得多了。最好事先請教醫師得到同意，要是想在妊娠期間做很多次的話，更應該先問個清楚，比較保險。

目前沒有研究證明水晶指甲的材料對孕婦是否有害，不過妳應該寧可保險一些，得寶寶出生後再說。不僅是因為氣味極難聞，而且水晶指甲也可能變成細菌的溫床，而這種況在懷孕期間更會有這種傾向。真的要做的話，不要做太長，因為現在的指甲生長速度比平常快，也會比之前更堅韌。

CHAPTER

6

第二個月：約 5 ～ 8 週

孕婦應該還沒向眾人宣布懷孕的好消息，
旁人應該也還未發現，
但是寶寶可是對妳釋放了很多訊息，
像是久久不散的噁心感、口水變多、
頻尿、肚子老是脹氣……。
雖然有這麼多懷孕徵兆，
但是孕婦大概也還在適應新生命正在體內成長的事實，
許多生理、飲食和觀念上的變化
也正在努力習慣中。
孕程中充滿驚奇與挑戰，
現在才剛啓程，
加油！

寶寶本月的變化

第五週：現在寶寶看起來就像隻帶著尾巴的小蝌蚪，正努力的在肚子裡快速成長，大小像顆柳丁籽，雖然還很小，還是比剛開始受精時大上許多。這一週心臟已經開始成形，心臟和血液循環系統可是第一個開始運作的器官。寶寶的心臟目前只有罌粟花種籽的大小，是由兩個微小的單管所組成，雖然功能尚未發育完整，但是已經開始跳動了。這一週可以透過超音波看到寶寶的心跳。這時形成的還有神經管，最後會發展成寶寶的腦部和脊髓。目前神經管是張開的，但是到下一週就會合起來。

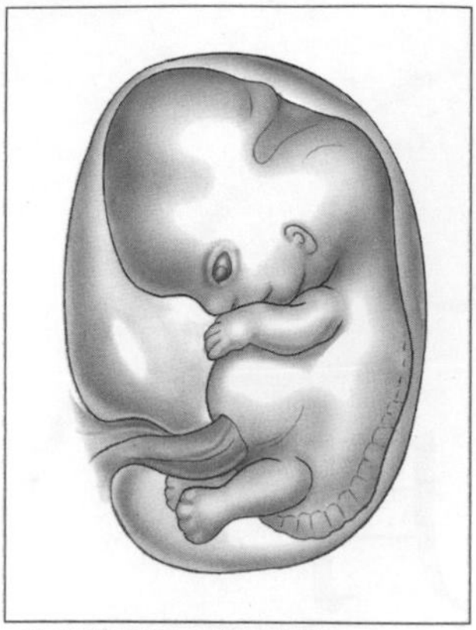

◎ 你的寶寶，第二個月

第六週：懷孕前半，胎兒長度的測量都是從頭到臀部，因為尚在發育的雙腳還很小，而且通常處於彎曲狀態，很難測量全身的長度。寶寶這週的大小約在0.4到0.5公分左右，比釘頭還小。寶寶會開始長出下巴、臉頰和下顎。兩頰旁邊的小凹陷會長成耳朵、臉上兩個黑點會形成眼睛、臉部前方的小凸起會在幾週後長成鼻子。這週正在形成的器官還有腎臟、肝臟和肺臟。寶寶小小的心臟一分鐘可以跳動一百一十下，而且一天還比一天快，這狀況可能會讓妳心跳加速。

第七週：寶寶這週已經長到像一顆藍莓的大小囉，這可比剛受精時大上一萬倍呢！這週的成長大多集中在腦部，正以每分鐘分裂出一百個腦細胞的速度在成長。寶寶的舌頭和嘴巴會在本週形成，胚胎上伸出的幼芽將長成手臂和腿，像是附在身體上的小短槳，慢慢的會發展成手、手臂和肩膀，腳的部份也會發展成腿、膝蓋和腳。寶寶的腎臟也開始運作了，寶寶會開始尿尿和排泄，不過好消息是，媽媽還不用擔心換尿布這件事。

第八週：寶寶成長的速度就像暴風雨一樣迅速，本週胚胎已經有1.2至1.7公分長，像一顆覆盆莓的大小。寶寶也長得越來越像個人了，嘴唇、鼻子、眼皮、雙腿和背部正在逐漸成形中，心跳速度約為每分鐘150到170下，幾乎是媽媽兩倍速度，不過現在時間還太早沒法從外邊聽到。寶寶這一週會開始出現自主動作，不過身體四肢都還太小了，孕婦感受不到。

孕婦的身心變化

這個月會有什麼症狀出現呢？每位孕婦、每一胎都不盡相同，以下列出的狀妳可能會全都遇上，有的人也許只出現少數幾項。即使如此，還是不覺得自己懷孕了，也不需驚訝：

生理

- 疲倦、無力、嗜睡。
- 頻尿。
- 噁心，不一定會孕吐。
- 口水增多。
- 便秘。
- 胃灼熱、消化不良、脹氣。
- 對食物有個人好惡。

✿ 本月的身體變化

雖然肚子尚未大到像孕婦，但是褲頭可能有點緊繃了，罩杯也慢慢升級。到了本月月底，子宮會從原本如拳頭大小長到和葡萄柚一樣大。

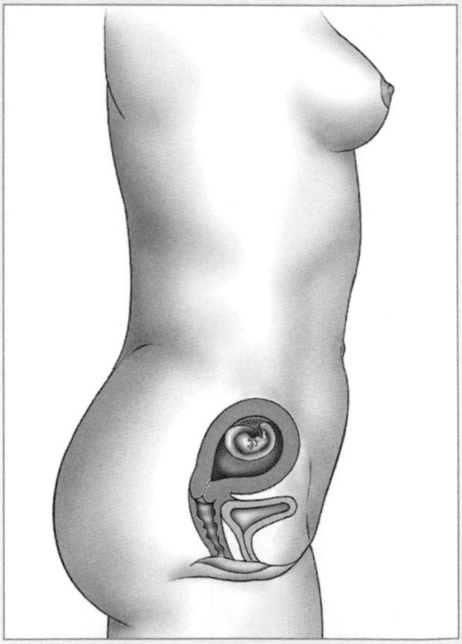

- 各種乳房變化（參考221頁）。
- 白色陰道分泌物。
- 偶爾會發生頭痛。
- 偶爾會發生暈眩。
- 肚子稍微變圓，衣服開始感到有點緊。

心理

- 情緒起伏變化大，如同經前症候群，包括心情起伏、容易煩躁、欠缺理性、莫名的想哭。
- 欣喜、興奮、擔憂、疑懼，什麼都來。
- 懷疑自己是否真的懷孕了。

本月的產檢項目

如果這是第一次產檢，請參考199頁。如果已經是第二次的產檢，孕婦會發現這次要快多了，除非需要做超音波確定懷孕週數（參考262頁）。因為基本的檢測都已完成，就不用像上回那樣大費周章。醫生可能會為妳做下列檢查。不過，據妳的特殊需求以及每位醫生的行醫風格，檢查項目可能稍有不同。

◆ 體重和血壓。
◆ 尿液檢驗，看看有無尿糖和尿蛋白。
◆ 手和臉是否浮腫，腿部有無靜脈曲張。
◆ 迄今出現哪些症狀，尤其是不尋常的徵狀。
◆ 孕婦想要討論的疑問或狀況，有問題的話記得列張清單。

孕婦關心事項

胃灼熱和消化不良

「為什麼一直覺得胃灼熱？該怎麼辦？」

沒有人會像孕婦一樣飽受胃灼熱之苦，胃灼熱不只難過，還會持續到最後一個月，不像其它懷孕初期的症狀時間到了就會消失。

是否覺得胸口好像在燃燒？妊娠初期，體內會分泌大量的黃體素和鬆弛激素，使體內各處的平滑肌鬆弛下來，包括腸胃道。因此食物在消化系統內的移動速度變緩慢，造成各式各樣的消化不良：脹氣、放屁、嚴重的胃灼燒感。雖然對孕婦很不舒服，卻對胎兒有好處，因為消化速度減緩，腸胃可以更徹底的吸收營養，再經由胎盤，把養份傳送給胎兒。

胃灼熱是因為分隔食道與胃之間的括約肌變得鬆弛，使得食物和刺激的胃液從胃逆流回到食道。胃酸會刺激敏感的食道內壁，就在大約心臟的部位，引發灼熱的感覺——這就是「火燒心（胃灼熱）」名稱的由來，英文稱為**heartburn**，不過和心臟一點關係也沒有。到了妊娠中、後期，這個問題會更加明顯，因為子宮向上壓迫到胃部，推擠消化系統。

胃食道逆流

如果懷孕前就有胃食道逆流的問題，那麼應該很熟悉胃灼熱的症狀，但是懷孕時期該如何治療呢？懷孕後要和醫生確認之前使用的胃藥對胎兒是否安全，有些藥並不建議孕期使用，但大多無害。對抗胃灼熱的祕訣，有很多也有助於處理胃食道逆流的問題。

在九個月的妊娠期內，想要完全避免消化不良，幾乎是不可能的事，這只是妊娠當中較令人不快的其中一件事而已。不過，有些相當有效的方法可以防範胃灼熱和消化不良，嚴重時也可以降低不適，方法如下：

◆剔除會引發腸胃不適的食物或飲料。辛辣、口味重、油炸或油膩食物、加工肉類、巧克力、咖啡、酒、碳酸飲料、薄荷等都是最常見的「肇事者」。

◆少量多餐。避免消化系統負荷過重，消化液蓄積，一天六小餐來替代正常三餐，請參考139頁。

◆細嚼慢嚥減少腸胃的工作量，吃太快會吞進很多空氣，增加胃腸不適；吃得匆忙就表示沒能細嚼慢嚥，胃就需要更努力來消化，也就更容易消化不良。即使超餓或超忙，還是要努力一次一小口並且完全咀嚼。

◆主食和湯品要分開吃，吃飯喝湯或配飲料會讓胃部膨脹，加重消化不良的情況。因此水份的攝取要在餐與餐之間。

◆進食後不要馬上躺下來，保持身體直立，胃酸才不會往上逆流。躺著時不要吃東西、就寢前不要吃太多。頭和肩膀墊著約15公分高的枕頭睡覺也可以讓胃酸不逆流。撿拾物品的時候避免直接彎腰，改以曲膝蹲下的方式。只要低頭，就有可能感覺到灼熱。

◆避免增加太多體重。漸進而度增加體重，可將對於消化道的壓力減到最小。

◆腹部和腰部的衣物不要過緊。肚子受到束縛會增加壓力，增加胃燒灼。

◆吃一點胃藥，隨身帶著胃腸藥像是 Tums 或 **Rolaids**，緩和胃灼熱的同時還能供應鈣質。不過要避免其他藥物，除非得到醫生的許可。

◆嘴巴嚼東西，吃飯後半小時嚼一片無糖口香糖，唾液能夠中和胃酸。如果覺得薄荷味讓妳更不舒服，可以改成其它口味的口香糖。

◆來點杏仁。每餐飯後吃些杏仁，這美味的堅果可中和胃液，可緩和甚至避免胃燒灼。或是來一杯杏仁奶，每餐飯後或是症狀出現時飲用，順便補充鈣質。有些準媽媽覺得熱牛奶加蜂密很舒服，還有些是吃木瓜，新鮮、乾燥皆可，也算是維生素A和維生素C食品。

◆放輕鬆，壓力會增加腸胃不適以及胃灼熱的症狀，學習放鬆可以緩和燒灼感（參考233頁）。也可以嘗試一些輔助療法，如靜坐、冥想、針灸、生物反饋或催眠（參考123頁）。

現在胃灼熱，未來寶寶的頭髮比較多？

胃灼熱讓孕婦感到很難受嗎？妳也許要開始採購寶寶的洗髮精了！已有研究支時代代相傳的說法：懷孕期間胃灼熱得越厲害，生下來的寶寶髮量可能就越多。聽起來很不可思議吧，彷彿讓胃灼熱不適的荷爾蒙也影響了寶寶頭髮的生長。

對食物的特殊好惡

「有些食物我一向都很喜歡，現在卻覺得味道怪怪的。反而開始喜歡以前討厭的食物。」

想像一個老掉牙的害喜情節，丈夫在半夜裡氣急敗壞地跑出門，雨衣內還穿著睡衣，只為了買冰淇淋和醃黃瓜讓懷孕的老婆吃。這類情節出現在喜劇作家腦海的機率，大概要比實際生活中來得頻繁。一般來說，害喜的孕婦並不會這麼折騰人。

話雖如此，許多孕婦仍舊發現對食物的喜好有所轉變。至少會偏好某項食物（最常見的是冰淇淋，醃黃瓜則沒有上榜），過半數的孕婦至少會厭惡一項食物（蔬菜和家禽肉在排行榜中算是前幾名）。這些反常的口味變化應該歸咎於荷爾蒙，此時正是荷爾蒙大量分泌的高峰，這也是為什麼懷孕的前3個月最常出現強烈的食物好惡。然而，荷爾蒙並不是妊娠期食物好惡的唯一原因，常久以來人們認為，對食物的好惡變化，是身體發出的明智訊號——厭惡某樣東西時，它通常是有害的，而偏好某種食物時，往往正是身體所需。譬如本來妳一早起床一定要喝咖啡，可是懷孕後咖啡卻變得毫無吸引力、以前很愛的紅酒現在卻像醋一樣難喝、突然狂喝起葡萄柚汁、不然看到魚肉就反胃，或是突然覺得青花菜吃起來好苦，卻對牛奶糖愛得不得了……當然，有時候無法指望身體一定會發出最正確的訊號。

對食物喜好的身體訊號加上荷爾蒙的變化，讓人很難理解其中的原因。或許是因為人類遠離大自然食物鏈很久了，無法再對這些訊號做出正確的詮釋，畢竟現代社會的食物鏈很多都被垃圾速食所取代。在巧克力糖尚未出現以前，孕婦若想吃甜食，便會去摘新鮮的莓果，現在大多是開一包M&M巧克力來吃。

要孕婦完全漠視對食物的好惡並不合理，而且很難不受荷爾蒙的影響。最好是找出能顧及營養又能滿足喜好的方法。如果妳只想吃健康的東西，像是鄉村起司（cottage cheese）和水果，那就儘量享受。即使暫時會有點營養失衡也沒關係。等到慾望過去之後，再來補足即可。

要是想吃的東西妳明知最好別碰為妙，那就另外找可以解饞的替代品，以確保可以攝取到營養而不只是熱量：譬如說，烘烤過的天然起司球替代那些會讓手指頭變橙色的零食。萬一替代品無法滿足妳，那就轉移注意力。當洋芋片狂叫妳的名字時，試著去做其他事，像是快走、和網路論壇的好友聊天、上網逛孕婦寶寶網站。偶爾向不健康的零食投降也無妨，那就好好享用吧，只要這些東西不會一直排擠營養的食品就可以了。

四個月以後，對食物的好惡便會慢慢遞減或消失。要是持續不減，很可能是情緒上的需求所引發的——例如需要家人或朋友額外的關心。如果妳和先生有察覺到這樣的需求，那就容易處理。半夜又想吃巧克力冰淇淋時，犯不著大費周章，只要準備一、兩片燕麥餅乾，抱著老公一起吃，或一同洗個浪漫的鴛鴦澡，就能克服對食物的喜惡。

有些婦女發現自己甚至很想吃一些稀奇古怪的東西，例如黏土、灰燼和紙張，還真的去吃了。這種怪癖被稱為異食癖，可能帶來危險，同時也是營養不足的徵兆（像是特別愛嚼冰塊應該和缺乏鐵質有關），請務必告訴醫生。

寫給爸爸們

「想吃就一定要吃到」

你有沒有發現，另一半看到之前愛吃的食物就想吐，或是原本絕對不吃的東西反而一口接一口，甚至出現特別奇怪的食物搭配？可別拿這種強烈的食物好惡來開玩笑，她對這些無力控制，就和你搞不懂是一樣的道理。反倒是應該幫忙，把她討厭的食物放遠一點。（愛吃雞翅嗎？請到別處去吃。）如果她突然愛上醃黃瓜、甜瓜和起司的組合，就幫她準備好驚喜。一定要鳳梨批薩，那就過去買吧，這樣你們兩人都會比較好過。

靜脈的變化

「我的乳房和腹部佈滿不雅觀的藍色血管，這樣正常嗎？」

靜脈讓胸部和肚子看起來就像一張道路地圖？用不著擔心，這是身體正常運作的表徵。為了供應更多的營養給胎兒，妊娠期間血流會增加，要靠這些血管來運輸。在纖細或皮膚白暫的孕婦身上可能很早就會出現，也比較明顯。至於其他人，尤其是超重或膚色較為黝黑的孕婦，則比較看不出來，或一直要到妊娠後期才會變得明顯。

寫給爸爸們

「憐惜症候群」

覺得很怪……難道是有喜了？婦女也許壟斷了妊娠市場，可是並未享有妊娠症狀專利。多達一半，甚至更多的準爸爸在太太懷孕期間都患有某種程度的擬娩症候群或「憐惜孕徵表現」。擬娩症候群幾乎可摹擬所有正常妊娠症狀：包括噁心和嘔吐、腹痛、胃口改變、脹氣、體重增加、對食物有特殊好惡、便祕、腿抽筋、暈眩、疲累和情緒不定。這就表示家裡會有兩個人養出大肚腩、一見到漢堡就吐，或三更半夜跑去翻冰箱找橄欖吃（或是三種情況都有）。

這個時候，你的內心可能會有各種情緒交雜，誘發上述現象，例如像是：憐惜（你好想也能了解那種痛苦，沒想得到竟然能感同身受）、焦慮（想到養兒育女、要做爸爸了就覺得壓力很大）、嫉妒（大家都在關心孕婦，你也想要站上舞台中央）。但是憐惜症候群不單只是憐香惜玉（以及其他一般的準爸爸心情）。事實上，真的是有生理因素在作用。信不信由你，老婆懷孕，做父親的荷爾蒙也會變化，雌激素分泌升高（請參考343頁）。

除了買大桶裝冰淇淋回家，還能怎麼對付這些憐惜孕徵表現呢？試著把自己不安的情緒導向有益的追求，例如打掃車庫或上健身房；把憐惜之情用在煮晚餐、刷廁所，和另一半坦誠交心化解這些焦慮……還要找已經做爸爸的朋友談談，或透過社群網站認識。更投入懷孕以及育嬰的準備工作，就比較不會覺得受到冷落。

放心好了，所有懷孕期間揮不去的症狀，都會在生產後一掃而空，不過你會發現產後另有一批症狀接踵而來。要是另一半懷孕期間你並沒有覺得想吐（或暈眩或疼痛），也不需覺得有壓力。沒有承受孕吐之苦或沒有變胖，並非表示你對另一半不憐惜、不能感同身受，也不表示你不適合養育下一代：只不過你有其他方式可以紓發情緒。每位準爸爸各不相同，就像懷孕的婦女一樣。

蛛網狀靜脈

「因為懷孕的關係，大腿出現難看的紫紅色紋路，就像蜘蛛網似的，這是靜脈曲張嗎？」

雖然不好看，不過幸好不是靜脈曲張，應該是蛛狀痣（spider nevi），或被戲稱為「蛛網狀靜脈。」為什麼在懷孕的時候會有蛛狀痣盤據在妳大腿上？首先，因為身體血液增加，會加重對血管的壓力，讓細小的靜脈都腫脹得肉眼可見。其次，妊娠期的荷爾蒙，對大大小小的血管都有影響；第三，因為遺傳，有些婦女本來就比其它人更易發生蛛狀痣，尤其好發懷孕期間。

如果妳註定要出生蛛狀痣，沒有辦法避免，倒是有些方法可以減輕症狀。血管健康要靠飲食，多補充維他命C，身體需要靠它來製造膠原蛋白和彈力蛋白，這兩種組織都能修護血管。經常運動可以提升循環、增強腿部的肌力；不要蹺腿，蹺腿會阻礙循環，加重蛛狀痣的症狀。

前一段提到的都沒有用？一般在分娩過後蛛狀痣便會淡化消失，要是沒有，可以到皮膚科治療，治療方法有兩種，一種是注射鹽水或甘油，不然雷射也能發揮效用。這兩項治療方法都會破壞血管，最終可讓血管萎縮消失。不過價格可不便宜，而且妊娠期間千萬不能進行。可以暫時用遮瑕膏來掩飾，或是腿部用的「噴槍彩妝」，專門為遮掩各種瑕疵而設計。

✿ 靜脈曲張

「我媽媽和外婆在懷孕期間都有靜脈曲張的情形，有沒有辦法可以預防呢？」

靜脈曲張是家族遺傳，聽起來妳得到的機率也很高，不過這並不代表自己也非得如此不可，現在就考慮到防範工作的確是明智之舉。

靜脈曲張往往會在懷孕時首度出現，之後胎次會更嚴重。這是因為妊娠期間血流量增加，會加重對下肢血管的壓力，腿部血管需要對抗地心引力，把更多的血液由末梢帶回心臟。子宮對骨盆腔靜脈的壓力增加，妊娠荷爾蒙也會造成靜脈內鬆弛，種種原因而導致靜脈曲張。

要辨識靜脈曲張的症狀並不難，只是嚴重程度不一。可能只是腿部會產生輕微或嚴重的疼痛，伴隨沈重感或出現腫脹。也可能完全沒有這些症狀，但是可以清楚看到腿上的藍色靜脈，就像蛇蚊一樣從腳踝一路凸起到大腿上方。嚴重的病例中，甚至連覆在靜脈上方的皮膚都會腫脹、乾燥而發炎。有時候，在曲張部位會發展成血表層栓靜脈炎（由於血液凝塊所引起的表層靜脈發炎），所以，面對靜脈曲張的症狀時不要大意，務必向醫生諮詢。

幸好，還是有方法可以排除腿部靜脈的壓

力，加以預防或減輕妊娠期間的靜脈曲張症狀，方法如下：

◆保持血液循環的暢通，避免久站或久坐，不行的話定時動一動腳踝。坐著的時候避免蹺腳，盡可能把腳抬高。躺下來時在腳下放枕頭墊高雙腿，休息或睡覺時，盡量躺左側，幫助血液循環，不過左右兩邊都可以。

◆注意體重。增重過多會增加身體的負荷，要保持在建議的體重增加數。

◆避免提重物，靜脈會更為曲張。

◆排便時勿過度用力，儘量避免便秘，會有所幫助。

◆穿著彈性褲襪（丹數低的效果好，而且不會不舒服），或是彈性襪，起床之前便穿上，避免血液往腿部聚積，一直到晚上就寢前才脫掉，雖然無法讓妳做個性感的孕婦，卻可以給腿部一點喘息的空間。再說，彈性褲襪的樣式和舒適度已有長足進步。

◆不要穿著緊繃的衣物防礙血液循環，像是過緊的腰帶或褲子、有伸縮束口的的褲襪或短襪，擠腳的鞋子。也要避免高跟鞋，改穿平底鞋，要有良好足弓支撐，或中、低跟的鞋子。

◆每天做運動（參考第353頁）。如果靜脈曲張會痛，請避免衝擊力道大的有氧舞蹈、慢跑、騎腳踏車和重量訓練。

◆從食物中攝取大量的維他命C，有助於維持靜脈的健康與彈性。

分娩過後幾個月，可以考慮手術摘除曲張的靜脈，可是在懷孕期間，並不建議進行。大多數的案例中，這個問題通常會在分娩後改善，不需等到恢復孕前體重。

✿ 疼痛、腫脹的骨盆腔

「整個骨盆腔感到異常疼痛和腫脹，非常不舒服，覺得會陰部也跟著腫起來，這是什麼原因呢？」

並是只有腿部會發生靜脈曲張，也會出現在會陰部、臀部和直腸，都是出自相同原因，而且很可能會發生。這情形稱為骨盆腔鬱血症候群（pelvic congestion syndrome），造成會陰部或下腹部腫脹、疼痛，有時性交也會因此而疼痛。腿部靜脈曲張的預防方法對骨盆腔鬱血也有幫助，不過還是讓醫生確認病情會比較安全，產後也可以詢問醫生如何治療。

✿ 長痘子

「我的臉竟然像中學時代一樣長起痘痘來了，一點都不可愛。」

有些孕婦很幸運，在懷孕期間紅光滿面，這不單是散發即為人母的喜悅，而是因為荷爾蒙的變化，致使油脂分泌增加所形成的。可惜有些孕婦就沒有如此幸運，而會長出不討喜的妊娠疹（尤其是月經前會長面皰的婦女）。雖然無法根治，但是以下所提供的方法，有助於把症狀減到最輕：

- 使用溫和的潔顏乳，每天洗臉二或三次，但是也不能過度搓洗。不僅是因為妊娠期間皮膚極為敏感，而且太乾燥反而會長痘痘。
- 使用之前，外用或內服的抗痘藥劑都要先經過醫生同意（參考237頁）。
- 使用無油的乳液加強保濕，皮膚有時會因抗痘產品過於刺激而乾燥，反而更容易長痘痘。

- ◆選擇不含油脂並標明「不長痘配方」的護膚產品和化妝品，減少毛孔阻塞。
- ◆觸碰到肌膚的東西都要保持清潔，粉刷或粉撲也要時常清洗。
- ◆不要去擠或摳痘痘。這樣容易讓細菌更深入肌膚底層，使發炎更嚴重，而且懷孕時期比較容易感染，很可能留下痘疤。
- ◆良好飲食，少糖、多蔬果，選全穀以及健康的油脂，基本上就是我們建議的「孕期饍食」，有助於減少荷爾蒙爆量成的後果。
- ◆背上的痘痘一直冒？除了遵從清淡健康飲食習慣，請教醫師或皮膚科是否有孕期可用的乳液，大多數醫師都會說壬二酸沒問題。醫師可能會建議妳用乙醇酸或果酸為主要成分的清潔劑清洗背部，有助於清除惱人的紅色凸起。

皮膚乾燥

「我的皮膚特別乾燥，這也是因為懷孕而引起的嗎？」

覺得自己的皮膚乾得像爬蟲類嗎？荷爾蒙的變化使皮膚變得又乾又癢。荷爾蒙會降低皮膚的彈力並且減少油脂的分泌，讓皮膚看起來就像鱷魚皮一樣粗糙。下面這些方法可以幫助妳改善皮膚乾燥的問題：

- ◆改改用溫和不含皂的沐浴用品，如舒特膚（Cetaphil）或Aquanil品牌，一天一次，需要卸妝的話就晚上使用，其餘時間用清水沖洗就好。

◆洗臉或沐浴後趁皮膚依舊濕潤，趕緊擦上保濕乳液，睡覺前一定要再擦一次，其餘時間只要可以就記得多擦。

◆減少洗澡時間，淋浴也別太久，常洗澡會讓皮膚乾燥。還有只要用溫水，別太燙。熱水也會洗去身上的天然油脂，讓皮膚變得又乾又癢。

◆泡澡時加入無香精的沐浴油，要小心別滑倒了，肚子變大後行動會比較不方便。

◆多喝水讓身體有足夠的水份，飲食中也要攝取好的油脂，富含 omega-3 的食物對寶寶好，對妳的皮膚也好。

◆在室內使用加濕器。

◆每天記得擦上防曬係數至少 15 到 30 的防曬乳液。

懷孕也要留下美好身影

也許妳最近一直都在閃避相機，怕變胖太多不好看，然而，說不定可以考慮為下一代留幾張挺著大肚子的倩影。當然，這時還沒什麼可以表現的，不過一旦開始就做記錄，就表示之後還有空間大展身手。每天、每週或每個月都要拍，照著鏡子自拍，或是請朋友幫忙都可以；或是露出肚皮，或是穿著合身的服裝顯示身形。接下來，把這些照片收到懷孕相片本或者特製相簿，傳到網路上讓親朋好友都能看得到，也可以拍成影片一路追蹤這次了不起的育兒事跡。燈光架好，拿出相機……寶寶就位！

濕疹

「我很容易長濕疹，懷孕後濕疹的

問題越來越嚴重，我該怎麼辦？」

懷孕後分泌的荷爾蒙會加重濕疹的問題，搔癢和脱屑的症狀可能變得難以忍受。但是也有婦女在懷孕後，濕疹的情況反而轉好。

幸好在妊娠期間，適量塗抹低劑量的可體松（cortisone）藥膏是安全的。請醫生或皮膚科醫師開給妳孕婦適用的可體松藥膏。抗組織胺也能有效減少搔癢，當然也要先經過醫師的同意才能使用。其他選項多半無法在妊娠期間使用，例如説環孢素，長期用來對付其他治療法不起作用的頑固病例，通常不會在開給孕婦。非類固醇濕疹軟膏，如普特皮（Protopic）和醫立妥（Elidel）並不適合在妊娠期間使用，因為並未做過孕期的研究，更加了解之前不能視為安全無虞。總之，可在懷孕時準備一些局部用及全身用的抗生素，在使用前也是要先徵得醫師同意。

濕疹患者都明白，預防遠勝於治療。可嘗試下列方法，避免濕疹爆發：

- 冷敷搔癢的皮膚，用指甲抓皮膚會受傷，容易造成感染。經常將指甲修剪得整齊光滑，避免不小心抓傷皮膚。
- 避免接觸刺激物質，像是家用清潔劑、肥皂、泡泡沐浴乳、香水、果汁。烹飪以及打掃時要戴手套。
- 經常使用保濕乳液，碰水後也要馬上再補擦，鎖住皮膚中的水份，避免乾躁和龜裂。
- 不要經常碰水，尤其是熱水更不適合。
- 不要讓體溫過高或是流汗，不過懷孕後體溫會變高，實在很難做到這兩點。穿著寬鬆綿質的衣物保持涼爽，不要選擇羊毛、人造纖維或是其它發癢的材質。避免過熱，愛用多層次穿衣法，一開始覺得熱就一層層調節。

◆保持心情輕鬆愉快。壓力是濕疹爆發的常見原因。感到焦慮時記得多做深呼吸（參考 233 頁）。

◆看看吃了什麼。如果對某些食物過敏，或有所疑慮，先別吃，看看是否有助於改善濕疹狀況。雖然不像網路流言讓妳相信的那樣，飲食似乎沒什麼效用，還是可以問問皮膚科醫師改變飲食能否發揮作用。雖然未經證實益生菌是否能夠減緩濕疹，也許有助於減少新生兒以後得到濕疹的風險。雖然仍有所爭議，維生素D補充劑已現出一點希望能夠治療濕疹，不過要先請教醫師。

請記得，雖然寶寶也可能會遺傳到濕疹的體質，研究學者建議哺餵母乳應該可以避免寶寶長大後得到濕疹。要是可以的話，選擇餵母乳又多一項好處。

妊娠初期超音波

目前當然還不能看出可愛小寶貝的五官長相，或分辦出是男孩或女孩，不過妊娠初期超音波（約6至9週）已成為常規的產前檢查項目，讓心急的爸爸媽媽們可一睹還是豆子般大小的寶寶。事實上，ACOG 建議所有準媽媽都要做初期的超音波檢查。主要理由在於：和 LMP 合起來看，妊娠初期的胚胎或胎兒測量是定出懷孕周數最準確的方法，過了前三個月，超音波胎兒測量就沒那麼準。妊娠初期超音波也可以用來看出心跳，並確認真的如妳所想的肚子裡有個小孩，而且是在子宮裡，排除子宮外孕的情況。要是妳懷了兩個或更多胎兒，初期的超音波可以更早探知。

超音波是怎樣得到子宮內小生命的影像？藉由掃描棒發出的超音波，遇到各種人體構造反射，例如妳的寶寶、消化器官等等，得到一個影像呈現在螢幕上。如果是第6或7週去做，可能會採用陰道超音波檢查，掃描棒得插入陰道內，先用像是保險套的罩子包住，還有滅菌的潤滑液。醫師會輕柔地在陰道內移動掃描棒照射子宮，取得極為早期的胎兒影像。過了這時期，大概就能採用腹部掃描。這時妳得要先把膀胱裝滿，更清楚看出還很小的子宮。醫師會在妳的腹部塗抹凝膠，如果沒溫熱過的話還蠻冰涼的，然後拿著掃描棒在肚子上來回移動。

兩種程序都會持續5至30分鐘，沒有痛感，可能會因為腹部超音波需要讓膀胱漲滿而覺得不舒服而已，還有經陰道檢查也可能會不舒服。妳可以和醫師一起看螢幕，不過大概需要妳指出見到的是什麼東西，說不定還能帶一張列印圖回家留念。

雖然多數醫師會等到第6週才指示要做個妊娠初期超音波，前次月經過後第4.5週的時候說不定能夠看出胚囊，而第5週到第6週即可偵測到胎兒心跳（並不是所有情況都能這麼早偵測到）。

肚子忽大忽小

「很奇怪，為什麼昨天肚子明顯突起，而今天就全消了呢？」

其許實突出的應該是腸子，腸子因為過多的氣體和便秘而膨脹，讓腹部一下子脹起，看起來「孕味」十足，一下子卻又消下去，其實就是去上個廁所罷了。這現象是會有點令人不安，但完全正常。

不要擔心，很快的肚子就不會如此多變了，

子宮和寶寶都在不斷的增大，肚子也會一天比一天明顯。想要改善便秘的問題可以參考292頁。

肚臍環

肚臍穿環性感又有型，還能展示自己平坦緊實的小腹。但是懷孕後肚子慢慢變大，是否需要將臍環拔除呢？答案是不用，只要傷口已經復原就沒有問題（也就是說傷口不能紅腫、發炎或流膿）。孕婦的肚臍是妳和母親的連結，不是寶寶和妳的連結，所以肚臍穿環並不會把細菌傳給寶寶，對生產或是剖腹手術也不會有影響。唯一的問題就是肚皮撐緊時，臍環可能會造成不舒服。臍環也會因為向上撐大的肚子，去摩擦或勾到衣服，尤其到了後期，肚臍突出來後，大量的摩擦更會刺激到皮膚。

如果妳決定拿下臍環，記得每隔幾天戴一下，免得洞口合起來，除非已經戴了好幾年，就不用擔心。也可以把臍環改成可彎折的鐵弗龍或PTFE材質。

如果想要穿環，不管是身體的哪部份，還是等到生完後再進行。懷孕期間非必要的刺穿皮膚都不是什麼好事，因為這樣會提升感染的機會。

要是已經來不及了，妳剛去裝了一個紀念懷孕，或在發現有身孕之前沒多久才剛裝上怎麼辦？如果傷口尚未癒合，仍然紅腫，最好先取下來等產後再穿。不僅是因為有感染風險，而且肚皮伸展會撐大未癒合的穿孔，大到妳會不喜歡，像被扯開一樣。

身材走樣

「生過小孩以後，我的身材還會一直是這副德性嗎？」

會不會這樣當然是決定在妳。研究顯示，小孩已經兩、三歲的時候，約百分之二十五的婦女仍有多於4.5公斤懷孕胖起來的體重減不掉。而且，大多數新手媽媽會發現，即使已接近之前的體重，肚子、髖部、臀部，懷孕之後全都走樣。這時還不用去擔心以後的事，反而更應該集中心力讓體重增加的數量正確、增加速度適中，而且吃對東西。如此一來，不但能緊盯目標，也就是為寶寶攝取健康營養，恢復原本體態的機會也會增加。還想更提升？合理的飲食計畫配上適合孕婦的運動，而且寶寶出生後也要保持飲食計畫。當然啦，當然要瘦回原來的體態也不是一蹴可幾，請給自己至少三到六個月的時間。時限拉長來看，更有可能達成目標。

黃體囊腫

如果醫生說妳有黃體囊腫的問題，妳大概毫無頭緒這是什麼病。婦女在每個月排卵後，會留下小小的一團淡黃色細胞，稱為黃體，填滿先前被卵子所佔據的濾泡空間。黃體會分泌黃體素和雌激素，約在14天後便會自然分解。分解時，荷爾蒙數值降低便會帶動月經的來潮。懷孕時人類絨毛性腺激素（hCG）會維持黃體的存在而不崩解，繼續分泌足夠的激素來滋養寶寶，直到胎盤發育完成接手為止。黃體大多在上次月經週期後6到7週便會開始萎縮，且大約在10週時失去功能，這時黃體就完成了它的階段性任務。但是，估計有一成左右的孕婦，黃體並沒有在預期時間內消退，反而形成黃體囊腫。

也許妳會疑惑，黃體囊腫會影響孕程嗎？答案是：應該不會。通常沒什麼好擔心的，也不用去處理。到了妊娠中期，黃體大都會自行消退。但為防範起見，醫師會利用超音波定期監控它的大小和狀況，妳可以順便多看寶寶幾眼。有些孕婦反映，懷孕早期在下腹部一側會有像是排卵的夾擠感，或許與黃體或黃體囊腫有關。一樣，不需擔慮，但要告訴醫師以求確認。

排尿困難

「不知為何這幾天即使感到膀胱很滿，但是排尿仍舊不順暢。」

似乎是妳的膀胱受到從子宮而來的壓迫。每五人大約有一人的子宮會傾斜（或後屈），也就是子宮底（或頂端）向後而不是向前傾。若是沒法自己調正，傾倒的子宮就會壓到尿道，如此越來越重的壓力，會造成排尿困難。膀胱很滿時，甚至可能造成漏尿的現象。

大部分的孕婦，在妊娠初期那三個月結束之前，子宮本身就會自行轉正了，並不需要醫療行為的介入。但是如果妳現在很不舒服或是排尿很困難，請到醫院就診。醫生可能會用手將子宮移開尿道，讓妳能夠再次順利排尿。多半這就能夠行得通，如果還是無效，可能就需要插入導尿管將尿液導出。

長時間沒有排尿另外還有一種可能，那就是尿道感染，因此遇到排尿困難還是要通知醫師才行。（請參考789頁。）

寫給爸爸們

「熬過老婆大人的心情起伏」

歡迎來到美好（偶爾瘋狂）的妊娠荷爾蒙王國。美好是因為她們正努力培育肚子裡住著的那個小小生命，你很快就可以抱在懷裡呵護。瘋狂是因為寶寶除了會控制太太的身體，往往會害她很不舒服，還會控制她的心靈：愛哭、過度興奮、不成比例地愛生氣、極度高興、緊張……而這才只是半天的光景。

不用奇怪，準媽媽的心情起伏通常是在妊娠初期最嚴重，那時妊娠荷爾蒙的分泌在最高點，而且太太才剛習慣懷孕這件事。即使到了妊娠中、後期，荷爾蒙已趨於穩定，還是要有心裡準備，你的伴侶可能還是心情起起落落，而且一直到孩子都已經生了，甚至是產後，情緒都還會持續高低頻繁變化。

那麼，準爸爸該怎麼辦才好？以下提出幾項建議：

要有耐心～懷孕不可能沒完沒了，雖然在這九個月當中，有時真覺得看不到盡頭。情緒大幅波動的狀況，也應隨之消散；如果你有耐心，就會過得比較愉快。在此同時，試著要把目光放遠，盡一切可能尋求內在的聖潔本性幫忙。

別把發飆看得太認真～而且可別以牙還牙，畢竟這不是她所能控制的，都是荷爾蒙在作怪，而且還會沒來由就哭了起來。也要避免指出她的情緒。也許是無能為力，但太太也可能對心情不定特別敏感。更有可能，她要比你更不喜歡這個樣子。懷孕可不是扮家家酒。

協助緩和心情起伏～由於低血糖會讓她情緒搖擺不定，在她消沈時，送上一些點心、零食（一盤脆餅配起司、一份水果優格冰沙）。運動可以釋放讓人心情愉快的腦內啡，正是她目前所亟需，不妨在晚餐前後散散步，也可以讓她趁此機會抒發令人心情低落的擔憂和焦慮。

多走幾步～意思就是說，去洗衣間再脱掉外出服、下班回來順便去她最愛吃的那家餐廳買外帶回來、星期天去超市、去洗碗機把碗盤取出……想得到的就去做。不僅另一半會很感激你的主動幫忙，你也會感激她的心情比較愉快了。

心情起伏不定

「我知道懷孕要開心，有時做得到，有時又會難過得想哭。」

心情難免會起伏，懷孕可能會讓情緒的變化更大，一下子高興得像要飛上天，不一會兒工夫卻又難過到覺得世界一片灰暗，甚至看著沒有意義的電視廣告都會讓妳掉淚。難道這又是荷爾蒙搞得鬼？答對了！妊娠初期的荷爾蒙分泌達到高峰，讓心情更加難以捉摸。有月經症候群的婦女懷孕時更容易情緒起伏不定。懷孕讓妳心情矛盾不已嗎？其實很正常，即使是計劃懷孕的婦女都還是會有這樣的心情變化。懷孕要面臨的衝擊很多，不管是心理或生理，還有觀念和人際關係也都會受到影響，諸多因素一定會影響心情。

過了妊娠的初期階段，因為荷爾蒙漸趨平穩，心情通常也會隨著平靜許多，而且心理和生理都比較適應懷孕的種種改變（當然沒法全都調適得很好）。在此同時，雖然沒有辦法擺脱忽高忽低的情緒，仍有一些好方法可以幫助孕婦保持心情愉快：

◆ 維持血糖平穩。血糖會影響心情嗎？沒錯，當兩餐之間血糖太低時，可能會讓心情變得很低落，改掉一天固定三餐的習慣，換成六小餐方案（參考139頁有更詳細的介紹）。餐飲要包以複合碳水化合物和蛋白質為主角，才能讓血糖維持穩定，心情也能跟著一直平穩愉悅。

◆減少糖和咖啡因的攝取量。糖果棒、大片的餅乾和可樂會讓血糖迅速升高，但是也會快速下降，導致心情跟著受影響。咖啡因同樣也有同樣效果，和糖份一起更是如此，例如「摩卡冰沙」。限制糖和咖啡因的攝取量是保持心情穩定的好方法。

◆良好的飲食會讓人不由自主的感到心情愉快，身體也會活力充沛。儘可能遵照本書提出的「妊娠飲食法」，多補充 omega-3s 不飽和脂肪酸，像是胡桃、魚肉、草飼牛和營養強化的蛋都是 omega-3s 的豐富來源。不僅能適當調節心情，更是寶寶大腦發育的重要成份。

研究已顯示，每天來點黑巧克力也有助於提升心情。

◆保持身體活動。多活動有助於心情愉快，這是因為運動會讓身體釋放腦內啡，讓人神采亦亦。先和醫師討論適合懷孕時期進行的運動，每天都讓自己動起來吧。

◆多做愛。只要妳不會一直吐，也享受和伴侶之間的互動，做愛可以釋放讓心情快樂的荷爾蒙，和伴侶之間的關係也會更加親密，尤其是懷孕這段期間，你們的關係可能面臨更多的挑戰。如果不想做愛，那麼享受彼此之間的親密互動也很棒，像是擁抱、枕邊細語、牽手等等，相信都有助於心情的提升。

◆多曬太陽，研究發現陽光可以讓人有個好心情，擦上防曬油，在陽光舒適的午後到戶外走走吧。

◆擔心？焦慮？不安？這麼多負面的情緒卡在心裡，心情哪能不低落。懷孕時總會有許多情緒交戰，找人傾訴心中的煩憂，不要自己默默承受。另一半或是同樣懷孕的準媽媽，都能理解妳的心情，也可以上 WhatToExpect.com 的孕婦論壇，彼此分享心事，一定會提振情緒，至少妳會發現原來不是只有自己有這樣的問題。另一方面，如果你發現看太多網路上的留言反而心情波濤洶湧，一直在擔心寶寶會得什麼病，或該有什麼沒有，就得考慮暫時別去看。

◆休息一下再出發。疲倦會使心情更加低落，要確保自己睡眠時間充足，當然也不要睡太多，免得更累，心情更不好。

◆學習放輕鬆。壓力會讓妳心情緊繃，找些緩和或應付壓力的更好辦法。可以參考228頁介紹的祕訣。

當妳心情不好，另一半首當其衝，他也會跟著受影響。要讓他理解妳的情緒變化是因為荷爾蒙的影響，免得他老是覺得莫名其妙。讓他知道可以做什麼來幫助妳恢復好心情，告訴他，妳要的是什麼：像是幫忙做家事、去最愛那家餐廳好好吃頓大餐，還有不要什麼：講妳臀部好像寬了些……或是髒襪子內衣褲隨手亂丟亂掛；怎樣會心情好，怎樣會心情差，都要明確的讓他清楚妳的想法。即使老公很愛妳，他也沒有超能力可以看穿妳的心思，在心裡責怪他是沒用的，清楚的講出來才是解決之道。

恐慌症

懷孕很容易讓人焦慮，尤其是第一次做媽媽，更容易煩惱一大堆。擔心是正常的，大概也避免不了。不過擔心如果轉變成恐慌就不太妙了。

要是之前罹患過恐慌症，對此問題的症狀應該不陌生，曾經罹患恐慌症的人在妊娠期間很容易再次發作。恐慌發作時，患者會感到心跳加速、強烈的恐懼和不適、冒冷汗、顫抖、呼吸困難、感覺喉嚨有異物阻塞、胸悶、噁心、下腹緊縮、頭暈、身體突然感到發麻、刺痛、寒冷或是燥熱。恐慌症發作時會讓人非常不安，尤其是對於懷孕時才第一次發作的人。幸好，雖然妳受這症狀影響，沒有任何研究證實恐慌症會影響寶寶的發育。

發生這樣的情形時，一定要詢問醫師的意見。心理治療是妊娠期間的首選方式，即使沒有懷孕也是一樣。如果焦慮已讓妳吃不下、睡不著，或無法顧及腹中胎兒，必須服用藥物來確保自身的安全，才能讓妳安然的照顧腹中的胎兒，請先和醫師、心理治療師共同商量，服用何種藥物才能產生最大的效益，以及最低的風險。詢問醫生服用的最低劑量，但同時又能讓藥物發揮療效。如果受孕前已經在服藥治療恐慌、焦慮或憂鬱，也可能要請醫師換藥或是調整藥量。

藥物能夠對抗嚴重焦慮，但不是唯一有效的方法。許多不需用藥的輔助療法或是天然植物配方都能夠輔助甚至取代傳統治療。包括良好而規律的飲食、補充大量的omega-3，避免吃糖或是咖啡因（咖啡因很容易引發焦慮）、經常運動、學習放鬆或冥想靜坐的方法；妊娠瑜珈也能夠幫助妳放鬆，穩定情緒，還會教妳深呼吸緩和焦慮。和另一半或是其它孕婦分享自己心中的恐懼，也是很好的釋放方式。

妊娠憂鬱症

「我知道懷孕的情緒起伏會比較

大，但是心情低落不足以形容我的感受，我覺得自己快要得憂鬱症了。」

孕婦心情會起起伏伏，正常得很。要是低落的情緒揮之不去或頻頻來襲，就可能罹患了妊娠期的輕度到中度憂鬱症，10%到15%的孕婦會有此困擾，這是懷孕無法免除的一個部分。

憂鬱的症狀各有不同，心理、身體方面都會出現，超出一般孕婦的抑鬱情緒。可能包括了：感到悲哀、空虛、無助及無精打采；睡眠困擾（睡得太多或太少）；飲食習慣改變（不吃或吃個不停）；不尋常的疲勞、沒有能量，或是過度焦躁不安；對工作、玩樂和其他活動提不起興趣；專注力和思考能力降低；情緒起伏過大，甚至有自我毀滅的想法。另外，也可能出現原因不明的疼痛。

個人或家族具有情感疾患病史，會增加懷孕時憂鬱的機率。其他助因還包括：壓力（經濟、婚姻、工作或家庭）；缺乏精神支持；為胎兒的健康憂心（尤其是之前遇過併發症或流產）；或有嚴重孕徵或併發症需要做額外的醫療篩檢、住院或臥床。

要是妳認為自己的狀況就是憂鬱，即使是覺得好像憂鬱，就要開始試試上一節提出處理情緒起伏的祕訣。如果症狀持續兩週以上，應該和醫師討論是否有什麼治療方法可用，或轉介給治療師。別等到症狀更嚴重時才通知醫師，例如說，已經法照顧自己和胎兒，或已出現傷害自己的想法。由於甲狀腺出現問題時也會造成情緒嚴重低落，這現象相當常見也很容易治療，可做個甲狀腺素快篩，先把這方面的狀況排除，如果醫師沒說就要主動要求。

重要的是得尋求適當協助，而且要快，才能

好好地照顧自己和胎兒，要知道分娩後寶寶更需要妳。憂鬱症會增加妊娠併發症的風險，就算是一般人都會因為憂鬱症而影響健康情形，更何況是孕婦呢？持續的極端情緒壓力也會對寶寶的生長發育造成不利影響。

幸好，已有很多方法可有效處理妊娠憂鬱。尋求正確治療，或結合數種治療法，可讓妳心情好起來，就能夠開始享受這次懷孕。可用的選項包括：

◆支持療法。每個憂鬱的治療計畫都包括定期與有經驗的治療師會面，而且這絕對是輕度至中度妊娠憂鬱。不論原因為何，治療師會幫妳理出頭緒並解決已有的情緒，並幫妳應付。「平價醫療法案」規定，多半健保都應提供某個級別的心理健康治療保障，不過內容差異甚大，依據各州以及各保險方案而定。

◆用藥。要決定是否目前的治療就足夠，或者治療方案需要用到抗憂鬱劑，又該用哪種藥物，就要和醫師以及治療師共同商討，權衡可能的利弊得失（參考071頁）。

◆輔助與另類療法。冥想（以及其他放鬆技巧）、瑜珈、針灸、音樂治療，只不過是輔助與另類療法的幾個例子，都有助於緩解憂鬱症狀。光照療法有助於提高體內的血清素濃度，而血清素是腦內穩定情緒的荷爾蒙，出乎意料能夠藉此有效減輕妊娠憂鬱症狀。妳只需坐在特製的全頻譜強光燈具前方，要比一般室內照明強二十倍，依據妳對這療法的反應，每天照個10到45分鐘。不過，未經醫師認可之前，別去找那些號稱能夠提振情緒的藥草，像是Sam-e或金絲桃，迄今尚未有充分的研究足以認定妊娠期間服用是否安全。

◆運動。除了對身體好，促進健康，已知運動能夠有效提振心情，釋出感覺良好的腦內啡。

◆吃得健康。這或許算不上第一線的憂鬱治療，但是攝取富含 omega-3 不飽合脂肪酸的食物有助於降低罹患妊娠鬱憂，甚至對產後憂鬱症也有功效（參考156列表）。而且，這些食物都是對寶寶健康有益，多方嘗試提振心情的時候加這一項絕對不會造成危害。妳也可以請醫師建議安全的 omega-3 食品補充劑。吃些黑巧克力，可可含量越高越好，也有助於提振情緒、減少焦慮。

妊娠期間的情緒低落會提高產後憂鬱症的風險。幸好在妊娠期間，甚至剛分娩後，若能得到恰當的治療，都有助於避免產後憂鬱症。有的醫師會開處方給曾有憂鬱病史的孕婦，做為妊娠中期開始的預防措施，還有的醫師會建議高風險孕婦在分娩之後立刻服用抗憂鬱劑以避免產後憂鬱症。有關訊息可向醫生查詢。

✿ 寫給爸爸們

「你個人的妊娠期情緒起伏」

除了期待當中的那個甜蜜包袱，準爸爸還會和太太分享許多負擔。早在寶寶出生之前，就可能同樣出現各種產前症狀。包括妊娠期間的心情低沉——這現象在準爸爸身上出乎意料十分常見。體內荷爾蒙濃度的變化是個原因（妊娠期間男性的荷爾蒙多少也會受到影響），情緒也參與其中。很可能你的情緒低潮是和衝突矛盾的心情有關，這完全正常，許多準爸爸（以及準媽媽）都會在面臨這個人生重大改變的幾個月當中，覺得焦慮、恐懼甚至是愛恨交織。難怪你的心情會受到損害。

但你可以找方法提升心情，以避免約一成新手爸爸會得到的產後憂鬱症，方法如下：

◆多談談內心的感受。找個宣洩的出口，可以和太太談一談你的感受（別忘了也得讓她講講自己的感受），每天都要互相溝通。或是找方為人父的朋友（可沒人比他更了解）。或是藉由為爸爸設立的社交媒體舒發心情。

◆動一動。加快心跳可提振心情，沒有其它方法比得上。健身不僅助你排解情緒，還可以讓感覺良好的腦內啡給妳持續好心情。

◆為寶寶而忙。一起參與育兒籌備工作，準備好迎接即將到來的新生兒。說不定為孩子設想也有助於提振精神。

◆戒酒（或是減量）。酒喝太多，也會讓心情更低落。雖然大家都以為酒精能夠帶來好心情，其實它算是抑制劑，酒後醒來絕對不會比醉倒之前更快樂。再說，這種應付方法只是把你想要處理的情緒遮掩起來。其他藥品也是一樣。

◆吃得好。就和身旁的準媽媽一樣，吃得好，維持血糖濃度平穩，有助於緩和心情起伏。注意精瘦蛋白質和複合醣類，而不要塞太多咖啡因和糖，它們會讓血糖急遽降低，帶著情緒忽高忽低。

要記得，情緒起伏和真正的妊娠期憂鬱並不一樣，這對男生女生都適用。真正的憂鬱會導致身、心兩方面失去活力：消耗夫妻關係，影響用餐進食、睡眠、一般功能、工作表現和社交生活，還會讓你無法應是享受令人興奮且歡欣的人生轉變。但研究顯示做爸爸的憂慮也會影響寶寶的福祉。如果有了憂鬱症狀，甚至出現氣憤或暴力想法，要馬上向醫生或治療師請求專業協助。

妳必須知道的：妊娠時期的體重增加

也許多年節制飲食甩掉一堆體重之後（至少是努力別讓它們堆積更多），說不定妳正期待再多個幾公斤。或者妳好怕看到體重計的指數節節上升。不管心態如何，對大多數的孕婦來說，增重是個事實，也是必要。事實上，體重增加的份量正確，對孕婦和胎兒的健康非常重要。

然而，增加多少體重才恰當？怎樣算太多？怎樣又算太少呢？增加的速度又是如何？生完後有沒有辦法減掉這些公斤數呢？全部嗎？還是只能消除一部分？簡單講，減得掉。只要孕婦飲食正確，而且以正確的速度增加適當的重量，一定可以恢復原本苗條的體態。

體重應該增加多少？

懷孕是往身上累積體重的好藉口。畢竟寶寶在長大，媽媽跟著大一點也是正常的。但是體重增加太多對自己和寶寶都不好，增加太少也是一樣不好。

怎樣才是完美的增重方案呢？實話實說，因為每位孕婦體態各異，彼此差異甚大。在這40週當中，增重目標要設在哪兒，全都取決於懷孕前的體重。

針對妳的懷孕指標，醫師會提出一個最適合

的建議增重目標，不管本書怎麼講，這就是妳該遵循的指導原則。一般來說，增重多少是要依據懷孕前的BMI值（身體質量指數）來計算，BMI值的計算公式為：BMI＝體重（公斤）／身高的平方（公尺），可以用BMI計算app，省去自己計算的麻煩。可以在cdc.org網站找到，或使用《懷孕知識百科：飲食指南》書中的對照表。

◆ 如果BMI介於18.5到25，那增加的體重應介於11到16公斤，這是正常體重的婦女在懷孕時應該增加的體重數。

◆ 如果一開始有點過重，BMI介於25到30，增加的體重會比較少，應介於7到11公斤

◆ 要是屬於肥胖等級，BMI值超過30的人，只能增加7到9公斤，甚至可能更少。

◆ 超級瘦，體重過輕的人，BMI低於18.5，妳的目標很可能會訂得比平均還高，可以增加13到18公斤。

◆ 多胞胎的準媽媽，多懷一個孩子就要多增加一些體重；可以參考670頁。

設定了理想的增重目標，通常是說的比做的容易，理想總是和現實不符。體重增加不只是設定每餐的餐量而以，還有許多因素會影響結果，像是新陳代謝的速度、基因、活動量、害喜症狀（反胃讓妳吃不下，不然就是變得愛吃高熱量食物），種種變數都會影響體重增加的快慢。記得經常量體重，盡力達到目標。

為什體重增加過多或太少都不好？

體重增加過多會有什麼問題嗎？懷孕期間身上堆積太多重量會造成各種問題。輕者可能會難以測量胎兒的大小，或是造成自

己活動的困難，像是背痛、靜脈曲張、容易疲勞和胃灼熱。嚴重的話，可能會早產、妊娠糖尿病或是妊娠高血壓，寶寶變得過大而難以自然生產，若是剖腹產也會有較多的併發症，新生寶寶會有較多的健康問題，哺母乳的難度也會提高。不意外地，產後減重的困難度會變高，很多體重增加過多的媽媽就再也瘦不回來了。

體重增加太少的話，在某些情況下甚至會比體重增加過多還危險。體重增加少於9公斤的話，寶寶容易早產、體重過輕和發育不良。不過也有例外：孕前就算肥胖的婦女，在醫生的監督之下，增加的總體重少於9公斤的話是安全的。

✿ 增加的重量來自哪裡？

胎兒／3.4公斤

胎盤／0.7公斤

羊水／0.9公斤

子宮／0.9公斤

乳房／0.9公斤

血液／1.8公斤

母親本身的體液／1.8公斤

母親本身的體重／3.2公斤

總增加重量13.7公斤

（以上均為估計近似值）

體重增加的速度

像龜免賽跑中的烏龜一樣穩定地前進，也能幫助妳贏得體重增加的比賽。平穩的增加體重對妳的身體和寶寶的健康都是最好的方式，體重增加的速度和增加的體重數一樣重要。寶寶需要穩定的營養和熱量供給，尤其到了中期和晚期，寶寶正在迅速成長的階段。平穩的增加速度可以讓身體有時間適應體重變化，皮膚才不會因為快速擴張而出現妊娠紋，產後也比較容易瘦身成功。

穩穩定成長的意思是將理想增加體重，難道是要把14公斤平均分配在40週嗎？並不是這樣。即使妳做得到，也不是最好的方式。可以分成妊娠的前、中、後三期來討論：

◆懷孕初期，寶寶只有小小一點，根本就不需要額外多吃，體重要增加的話也是儘量少。妊娠初期最好只增加1到2公斤，但是很多婦女在這段期間的體重很容易不增反減，這都要感謝「害喜和孕吐」，但是有些人會吃很多高熱量食物來壓制噁心，反而多了些體重。這也沒關係。到了妊娠中期，害喜症狀會逐漸消失，食物聞起來又和以前一樣美味了，這時候再來追體重很容易。而從妊娠初期已經開始增加體重的準媽媽，記得接下來的六個月，要注意自己增加的重量，盡可能努力不要超標。

◆妊娠中期，寶寶和妳都會快速成長，在第四到第六個月應該要每週增加0.5到0.7公斤，總共增加約5到6公斤。

◆妊娠晚期，寶寶體重增加得很快，但是孕婦最好一週只增加0.5公斤，這一個階段總共增加3.5到4.5公斤。有些孕婦在最後一個月體重會稍微下降，因為子宮撐滿整個腹腔，壓縮到胃部空間，很容易吃一點點東西就飽了。

到前期陣痛開始出現的時候，也可能會掉幾公斤。

妳能遵循增重規劃方案到什麼程度？說實在，沒那麼容易。有的時候胃口大開，難以節制，難以堅守增重目標。也有的時候覺得吃東西好辛苦，特別是腸胃不適會把妳吃下的又全都吐了出來。不需要為體重計的數字給自己太大的壓力。只要總重不遠離目標太遠，而且增加的速度平均而言符合預定規劃，都是安全合理的範圍。

為了達成理想目標，要經常量體重做好監控，因為不知不覺中就可能會失控。量體重時要固定時間、穿一樣多的衣服、使用同一個磅秤，這樣量出來的體重才會正確。一週量一次即可，太常量只會被體內含水量的增減變化搞混，反而會讓自己很痛苦，如果這樣對妳來說還是太多了，那麼一個月量個兩次也沒問題。當然，等到每月一次的產檢才量也可以，只是一個月內可能會發生很驚人的變化，甚至將近五公斤，也可能完全沒有增加，要達到既定目標就更是難上加難。

如果發覺體重的增加已經嚴重偏離既定計劃，又多又快，譬如在妊娠初期就增加了6公斤，而不是1或2公斤，或在妊娠中期三個月增加了9公斤，而不是5公斤，這時就得和醫師討論，採取必要行動，使體重回歸合理的增加速率，不過可別停下來。節食減重在懷孕期間萬萬不可行，也不能使用抑制食慾的飲料或藥丸，這些都是非常危險的。應該在醫師的協助下重新調整目標，已經增加的部分納入計算，估量接下來剩餘時間所要增加的體重，請務必將目標謹記在心。

增重期間的警示

如果在妊娠中、後期體重突然大增，尤其是如果伴隨下肢浮腫，或是手、臉頰泡泡泡的，要通知醫師。第4到第8週期間，如果一連兩週體重沒有增加，也要和醫師連繫，除非妳肥胖而且醫師要妳遵循緩和的增重規劃。

CHAPTER

7

第三個月：約 9 ～ 13 週

終於要滿三個月囉！
妊娠初期的害喜症狀也許還是很嚴重，
這時可能還無法確定是初期不適，
還是半夜上廁所三次讓妳感到疲累，
也許兩者都有吧。不過好日子即將到來。
害喜造成的身體不適和食慾不振問題已經快過去了，
頻尿的問題也會逐漸改善。
更棒的是，孕婦會在這個月的產檢聽到神奇的胎兒心跳聲，
應該會讓媽媽覺得所有的不適都值得了！

寶寶本月的變化

第九週：妳的寶寶身長已達到2.5公分，大約是一個橄欖的大小。頭部持續成長，樣子也越來越像個嬰兒。寶寶開始長出小肌肉，讓胎兒可以活動手腳，不過至少要等到下個月才能感受到寶寶的動作。雖然還無法感受到胎動，但是可以透過超音波聽到心跳聲，相信父母親還是非常感動。

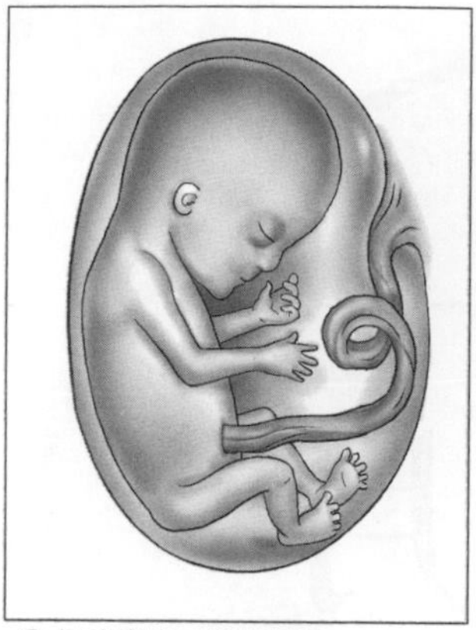

◎ 你的寶寶，第三個月

第十週：寶寶的大小達到4公分，大約是一個蜜棗的尺寸。寶寶成長的速度飛快，骨骼和軟骨已逐漸完成，腿上的凹陷發展成膝蓋和腳踝，更不可思議的是，像蜜棗一般大的小人，手肘已經可以彎曲自如了。牙齦中開始長出牙胚，胃部也有了消化液，腎臟能夠製造出更多的尿液，如果寶寶是男孩，這時他的睪丸已經開始分泌睪固酮。

第十一週：寶寶的身長達到5公分，體重約為10公克。軀幹慢慢變長，身體也可以舒展伸直。毛囊形成，手指甲和腳指甲床開始發育，再幾週指甲就會長出來了。手指和腳指已完全分開，不像過去幾週都還像蹼一樣連在一起。這時候超音波還無法辨視性別，但是女寶寶的卵巢已經開始發育。寶寶在這個時期已經是人模人樣了，手腳放在身體前方，耳朵的塑造工作已經完成，鼻孔也清楚可見，嘴巴裡也有了舌頭和上顎，還看的見胸口上的乳頭。

第十二週：過去三週，寶寶發生了巨大的變化，本週的體重約為14公克，頭到臀部的長度為6.5公分，約為一小顆李子。雖然大部份的系統已經建立，仍舊有許多發展尚待完成。消化系統開始試著收縮，代表著寶寶能夠吃東西了。骨髓開始製造白血球，產生了自己的抵抗力。腦下垂體開始分泌激素，意味著有一天寶寶成人後也可以製造新生命。

第十三週：隨著妊娠初期的結束，寶寶在本週身長約為7.5公分，像是一顆桃子般大。頭部的大小是頭到臀的一半尺寸，但是身體部份會加緊腳步努力生長，到了出生時，寶寶的頭部只會佔¼的大小，而身體約為¾。寶寶的腸子本來長在臍帶內，現在開始從臍帶往腹部移動。聲帶也會在這週發育完成，再幾個月媽媽就會聽到寶寶宏亮的哭聲了。

孕婦的身心變化

沒錯，每位孕婦，甚至是每次孕程都不盡相同，也許有人會經歷下列所有的症狀，也有人只出現一、兩種而已。有些症狀會持續到孕期最後一個月，也有的來去匆匆，沒多久就會消失。也有孕婦已經很習慣這樣的感受，而沒有注意到有症狀發生，或是有其它較不尋常的害喜情形。下面列出本月可能出現的症狀：

生理

- 疲倦、無力、嗜睡。
- 頻尿。
- 噁心，伴有或無孕吐。
- 口水增多。
- 便秘。
- 胃灼熱、消化不良、脹氣。
- 對食物有個人好惡。
- 食慾增加，尤其是害喜情況減輕時。
- 乳房持續變化（參考221頁）。
- 由於血量增加，腹部和腿部以及其他部位都會清楚看到血管。
- 白色陰道分泌物略微增加。
- 偶爾會發生頭痛。
- 偶爾會發生暈眩。
- 肚子稍微變圓，衣服開始感到有點緊。

心理

- 情情緒依舊大起大落，就像經前症候群，包括心情起伏、容易煩躁、欠缺理性、沒來由的想哭。
- 可能會有不安、恐懼或喜悅的情緒。
- 心裡較為踏實。
- 仍舊會懷疑自己是否真的懷孕了。

本月的身體變化

本月子宮會比葡萄柚略大，腰線會稍微加粗。到了月底，可以在恥骨上方摸到子宮。

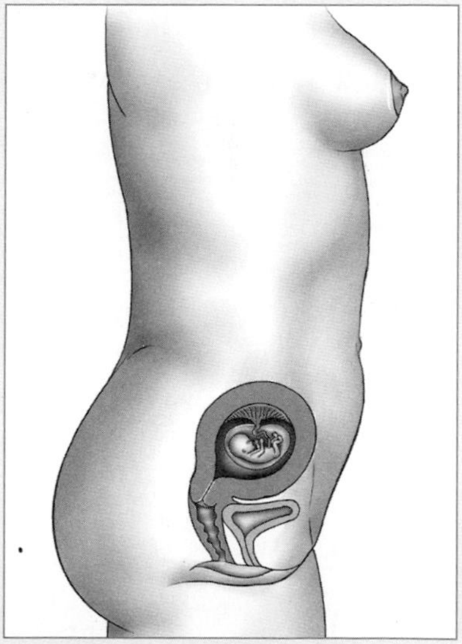

本月的產檢項目

醫生可能會做的檢查如下，基於孕婦的個人特殊需求和醫生的執業型態，檢查項目可能會有些許差異。

- ◆體重和血壓。
- ◆尿液檢驗，有無尿糖和尿蛋白。
- ◆胎兒心跳。

- ◆由外部觸診，測量子宮大小，印證是否符合預產期。
- ◆測量子宮底高度（子宮的頂端）。
- ◆手腳是否浮腫，腿部有無靜脈曲張。
- ◆孕婦想要討論的疑問或狀況，可先列出備忘清單。

孕婦關心事項

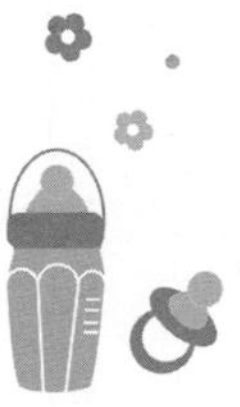

便秘

「過去幾週來便秘很嚴重，這樣的情形普遍嗎？」

婦女們常常抱怨懷孕後，變得容易脹氣、放屁和便秘，這是因為大量分泌的黃體素讓腸子的肌肉組織變得鬆弛，使得腸胃蠕動變慢、食物停留在體內的時間拉長。好處是可以吸收更多的營養，供應胎兒成長所需，缺點就是腸胃的廢物累積過多，造成便秘。另一個排泄功能變慢的原因是，日漸膨脹的子宮壓迫到腸子，因而抑制腸子的正常活動。

然而無須因為懷孕，就把便秘視為無可避免的現象。採取下列措施便可以克服排便不順的情形，同時也能降低得到痔瘡的機率。

多攝取纖維質～腸子每日需要25到35公克的纖維質，不用仔細計算，只要多攝取纖維豐富的食物，如新鮮水果（但要注意香蕉會造成便祕）、蔬菜（新鮮或稍微烹煮的都可以，最好連皮一起食用）、全穀類、豆類（豆莢和碗豆）和水果乾。不一定只能攝取綠色蔬菜，奇異果也有很棒的通便效果。要是本來就不愛吃這類食物，建議逐步增加食用量，否則消化道可能會發出強烈的抗議。不過脹氣在妊娠期間很普遍，所以無論如何消化道都會有好一陣子的不適。

若是便秘嚴重，飲食可以增加麥麩和車前子（psyllium），車前子含有所有食物中最豐富的天然纖維，可清腸、軟便、防止便秘、腸炎和痔瘡。逐量增加維纖質的攝取，當然也不要太超過，免得食物在消化系統中快速移動，身體來不及吸收營養。

避免精製食品～高纖食物可以讓腸胃道保持暢通，精製食品剛好相反，因此要避免白飯、白麵包。

多喝水～如果攝取足夠的流質或水分，便秘就會消失無蹤跡。大部分的流質，尤其是開水和蔬果汁，都有軟便和促進消化道食物前進的良好效果。多喝溫開水或熱湯也有幫助，像是熱開水加檸檬汁，可以刺激腸胃蠕動，增加便意。如果便秘情形嚴重，可以試試看年長者愛用的黑棗汁。

心情不好、疲憊和便秘的另一個原因

最近會不會常常覺得心情不好、疲勞和便秘？歡迎加入孕婦俱樂部！妊娠激素讓多數的婦女都免不了這些討人厭的症狀，但是欠缺甲狀腺素，也可能出現同樣的情形，甚至伴隨著其它症狀，如體重增加、皮膚問題、肌肉疼痛、痙攣、性慾減退、記憶力喪失、手腳浮腫？因為症狀類似，醫師很容易忽略孕婦可能有甲狀腺功能減退的問題。（另一個常見症狀，對冷敏感，在妊娠期間特別明顯，因為孕婦比較熱而不會偏冷）。不過，孕婦罹患這項疾病的機率是百分之二至百分之三，可能是在懷孕時或產後首度發作。而且，若是放任不管，會對妊娠帶來負面影響，就跟之後會提到的產後憂鬱症一樣（可參考748頁），因此一定要得到正確診斷，接受治療。

甲狀腺過度活動，分泌太多的甲狀腺素而造成的甲狀腺功能亢進，在妊娠期間較為少見，假如沒有治療的話，也會引起併發症。甲狀腺功能亢進症狀的許多症狀和妊娠症狀有些類似，例如疲倦、失眠、易怒、體表溫度高、對熱敏感、心跳加速、以及體重減輕（或難以增加體重）。

如果以前不曾有甲狀腺問題，現在卻出現甲狀腺功能減退或甲狀腺功能亢進的症狀，特別是有甲狀腺疾病家族史的人更要小心，務必請醫師做檢查。甲狀腺檢查很簡單，只要做血液檢驗就能判定。

關於妊娠期間甲狀腺的狀況，請參考069頁。

不要忍住便意～經經常憋住便意會減弱肌肉的力量導致便秘。改變生活節奏有助於避免便秘，舉例來說，早點食用高纖維早餐，那麼在上班之前，便有時間解決這件「大事」，而不是便意來的時候，妳偏偏卡在車陣中動彈不得。

少量多餐～三餐吃得飽飽的，腸胃道一次擠進較多的食物，很容易造成便秘。改成少量多餐，正餐吃少一些，兩餐之間可以再進食，便能減輕脹氣和容易放屁的不適情形。

查看所服用的營養補充品和藥物～很矛盾，許多對孕婦身體有益的補充劑，像是妊娠維生素、鈣片、鐵劑，會導致便祕。還有孕婦常用的制酸劑也是一樣。可以和醫生討論是否變更維他命的配方或補充份量。也可以改成長效釋放的配方，或者詢問醫生是否增加鎂的補充，鎂可以幫助排便，夜間服用也能放鬆肌肉讓妳好入睡。

增加腸胃道的好菌～益生菌可以刺激腸胃，增進消化功能，加快食物移動速度。可以多喝含有活菌的優格和優酪乳，也可以請醫生開給妳好的益生菌補充劑，膠囊、嚼錠都行，或粉末狀可加在果昔汁中一起飲用。

養成運動的習慣～活躍的身體可以促進腸胃蠕動，所以養成習慣，每天快走個半小時吧！有的人發現，即使是十分鐘的快走也能奏效。快走加上妊娠期間安全的運動，一定對便秘有所幫助。可參考362頁的「妊娠期的運動」。對抗便祕的基本運動就是「凱格爾操」。經常練習，這些骨盆的動作可讓妳按時排便（詳情參考353頁）。

要是這些努力都沒有用，可洽詢醫生，或許會開膨脹式軟便劑，讓妳偶爾使用。除非醫生建議，否則別隨意使用任何輕瀉劑，包括通便的藥草或是蓖麻油。

排便順暢

「懷孕的朋友似乎都有便秘問題，只有我不曾遇過，甚至比以前還順暢。這樣看來，我的系統運作正常嗎？」

聽起來妳的身體運作得很好，這應該要歸功於良好的生活和飲食方式。多攝取纖維質豐富的食物（像是水果、蔬菜、全穀類和豆類），飲用大量的水分，加上規律的運動，都能夠反制懷孕期變慢的消化速度，維持排便順暢。

有時改成健康飲食習慣一時之間會適應不及，腸胃蠕動變慢。但是當消化系統適應較粗糙的食物後，腸胃不適和便秘的情況就能大幅改善了，排氣現象也會隨之消失。

要是太過頻繁，每天超過三回，或是水樣、帶血或黏膜，要和醫生聯絡。懷孕期間遇上這類腹瀉可能需要立刻治療。

放屁

「我一直脹氣，而且放屁的情況很嚴重，整個孕期都會這樣嗎？」

幾乎每一位懷孕的婦女，都會遇到脹氣、排氣的困擾。幸好，一直排氣只是讓妳一直遇到尷尬情況，寶寶的安全無虞。胎兒蜷伏在安全的子宮內，受到羊水保護，羊水可以吸收外界的衝擊，不受腸胃的影響。如果當真有影響，那就是胎兒會聽到腸胃裡咕嚕咕嚕的聲響而受到撫慰。

孕脹氣和放屁通常越到晚上會越嚴重，而且症狀會持續整個孕期；如果情況嚴重，進而影響食慾的話，可能就對寶寶有負面的影響。為了改善放屁的聲響和氣味，可以運用以下方法：

保持規律～便秘是脹氣和排氣的普遍原因，參考289頁的解決技巧。

不要暴飲暴食～豐富的大餐會增加消化系統的負擔，加重脹氣的問題，讓情況更加不適。與其一天吃三次正餐，不如改成六小餐或三次適中的餐飲再加上一些點心。

不要狼吞虎嚥～草草結束一餐，或囫圇吞下飯菜時，也會吞進許多空氣，這些空氣會在腸內形成令人不適的氣袋，有進就有出，放屁當然就是這些空氣的出口。

保持鎮定～尤其在進餐時，更要保持平靜的心情，緊張和焦慮會使妳吞進更多的空氣。進食以前，先做幾個深呼吸，幫助自已放輕鬆。

避免會脹氣的食物～妳的肚子會告訴妳哪種食物是罪魁禍首。脹氣食物因人而異，除了豆類絕對是惡名昭彰，常見的食物包括洋蔥、包心菜、油炸食物、甜食和汽水。

不要太快服用藥物～抑制脹氣或放屁的處方、成藥或是藥草，並不是全部都適合孕婦使用，先詢問醫生的建議絕對比較安全。喝一些甘菊茶，可以安全的舒緩各種因為腸胃不適所引起的問題，熱檸檬水也能減少排氣的狀況，效果不輸藥物。

頭痛

「我發現頭痛的情形比以前嚴重，該如何是好？」

孕婦不宜服用止痛藥，頭痛卻偏偏喜歡找上門，這真是折磨人啊。雖然會頭痛，但不表示需要默默咬牙忍耐。預防勝於治療，再搭配適當的療法便能解決或減輕頭痛的困擾。

解決頭痛最好的方法，端看頭痛的起因而定。妊娠時期的頭痛大多是荷爾蒙變化所引起的。其它像是疲倦（這在懷孕時經常發生）、緊張、血糖低、生理或情緒上的壓力、鼻塞（孕婦常見）、過熱，或多項綜合因素也會造成頭痛。

痛歸痛，大多數的妊娠頭痛都不需擔心。有許多不靠藥物就能克服與預防頭痛的方法，可以就個人的起因對症治療：

緊張型頭痛或偏頭痛～試著關掉電燈，在安靜的房間躺下來，閉上眼睛。如果是在工作，只要花幾分鐘把腳抬高，閉上眼睛，都很有幫助。放鬆的時候或許可以在後頸放個冰袋或冰敷20分鐘。某些輔助醫療法，包括針灸、指壓、生物反饋、按摩甚至鎂劑（這要先問過醫師），也可舒緩頭痛。

竇性頭痛～鼻竇炎引起的竇性頭痛，可試試吸蒸氣、使用冷霧加濕器、飲用大量液體，並且經常用食鹽水噴劑或洗劑潤濕鼻道。若要緩和疼痛，在患部進行冷熱敷，通常是在眼睛正上方或周邊、臉頰和前額，以輪替的方式各敷30秒，一回總共10分鐘，一天敷四回。如果發燒或頭痛持續，請洽詢醫師看看是否鼻竇出現感染而造成頭痛，這在妊娠期間相當常見。

各種頭痛～相當不妙，布洛芬（商品名為Advil或Motrin）在妳懷孕的時候絕對碰不得。幸好，妳可以用乙醯胺酚（acetaminophen，藥品名為Tylenol），孕期偶爾服用通常是安全的，請洽醫生確認可以使用的劑量。如果沒有先取得醫生的同意，任何止痛藥都不要吃，成藥、處方藥、草藥全都一樣。

通常，治療頭痛的最好方法是一開始就別讓它發生（參考295頁框內文字）。如果不明頭痛持續好幾個小時，而且一再發生，導致發燒、視線不清，甚至手、臉部浮腫，請務必馬上就醫。如果妳開始覺得好像是偏頭痛，也是一樣。參考下文，並且要把狀況告訴醫師。

避免頭痛

妊娠頭痛是否讓妳受不了？何不在發作前就化為無形？下方列舉一些預防頭痛的方法：

放鬆～懷孕可能會讓妳很焦慮，就可能產生緊張性頭痛。減少壓力就可以減少頭痛。試試冥想和瑜珈，尋找內在平靜。

充分休息～妊娠也會讓身體極度疲倦，特別是在妊娠初期和後期。刻意努力找時間多休息，有助於排除頭痛症狀，但也別睡太多，睡過頭也會頭痛。

詳和寧靜～噪音也會引發頭痛，對不喜噪音的人更是如此。盡可能遠離噪音，避免大聲的音樂、吵雜的餐廳、喧囂的舞會和擁擠的百貨公司。如果工作場所聲音吵雜，也許可以跟老闆商量是否能減低音量，或是請調到較安靜的單位。可以把家中的電視和收音機的音量調低。車內音響也要調小聲。

規律進食～為了避免低血糖所引起的頭痛，可以在包包內、車上或辦公桌抽屜放一些高能量點心（如小扁豆脆片、全穀類餅乾、水果乾和堅果），家裡也要保持隨時有零食的狀態。

不要悶壞了～室溫過高、通風不良都會引起頭痛，盡可能不要涉足這樣的場所，如果事先知道要前往某個悶熱場所時，像是到擁擠的百貨公司採買聖誕禮物，或是妳就在那裡上班，可以找時間走到外面透透氣。可以採多層次穿法，屆時再視需要穿脫衣服，以保持舒坦。要是沒時間到戶外呼吸新鮮空氣，試圖找個窗戶吧。

替換照明～花時間以一個全新的立場檢查妳的周遭環境，尤其是四周的照明。有些婦女發現，沒有自然光的工作空間會利用大量的日光燈來照明，可能就會引起頭痛。可以改成CFL或LED燈照明，或換一間有窗戶的屋子，都會有所助益，如果做不到的話，只要有空就到外頭走走。用筆電、桌機、平板等等也要休息，因為看螢幕太久也會導致頭痛。

抬頭挺胸～用電腦、低著頭滑平板、逛嬰兒用品網站，或長時間做其他近身工作的時候彎腰駝背，也可能引起頭痛，所以要留意姿勢。

服藥～乙醯胺酚（藥品名為Tylenol）可以快速解決頭痛問題，在孕期服用通常是安全的，但是阿斯匹靈和布洛芬就不適用。和醫生確認可以使用的劑量和服用的間隔時間。不要私自到藥局購買頭痛藥，一定要有醫生的同意才能服用。

「我深受偏頭痛之苦，聽說懷孕時偏頭痛會更嚴重，是真的嗎？」

在妊娠期間，有些婦女偏頭痛地更加頻繁，也有幸運的孕婦頻率降低了，這個問題的答案至今尚未證實，醫界無法得知為何有些孕婦偏頭痛不斷，有些卻從來沒有這個困擾。

如果過去就有偏頭痛的毛病，請醫生開立孕期安全頭痛藥，免得頭痛起來要人命。最好是防患於未然，如果知道引發偏頭痛的原因，便要盡力排除。壓力就是常見的因素，其他如巧克力、起司和咖啡也都是共犯。警兆一旦出現，就要盡可能找出「制敵之先」的對應辦法，別等頭痛到不行才來服藥。可以採取下列其中一項或多管齊下的方式來減輕疼痛：用冷水沖洗臉部，採冷敷或冰敷，躺在沒有噪音、光線和不適氣味的黑暗房間，二到三小時，雙眼闔閉（小睡、冥想、或傾聽音樂，但是不要閱讀或看電視），嘗試生物反饋、針灸或鎂劑等輔助療法（依照醫師建議）。

妊娠紋

「我很擔心會有妊娠紋，是否能夠予以防範？」

沒有女生想長妊娠紋，尤其是在衣服穿少少的夏天。懷孕時要避免妊娠紋的困難度很高，大多數的孕婦都會長出粉紅色、紅色甚至是紫紅色的彎曲紋路，出現的地方大都在胸部、臀部和腹部，有些孕婦還會伴隨搔癢的現象。

妊娠紋是因為皮膚過度延展超出極限，皮下支撐的組織斷裂所致。皮膚彈性好的孕婦（遺傳，或吃得好、經常運動、避免反覆激烈節食），可能懷孕好幾次都還是不著痕跡。從媽媽就可以看出來自己是否會長妊娠紋，如果媽媽整個肚皮光滑柔順，妳應該也會是個幸運兒。如果媽媽有妊娠紋，就可能難逃出現妊娠紋的命運。

如果無法完全避免，妳可以將傷害減到最輕。穩定、漸進且緩和地增加體重，以減少妊娠紋橫生：皮膚拉伸越快，越可能留下痕跡。利用良好的飲食來滋養皮膚、增加彈性，多攝取維他命C也會有幫助。尚未有什麼外用藥能夠避免皮膚橫生妊娠紋，不過用些適合孕婦的保濕劑是沒有害處，例如像是可可脂或乳油木果脂。至於妊娠霜是否能夠預防妊娠紋，雖然未獲醫學證實，可是能夠增加皮膚的滋潤，減少乾燥和搔癢，應該有些幫助，有些孕婦宣稱妊娠霜對她們很有效。讓老公在妳的肚子上塗塗抹抹也是挺好玩的，而且肚子裡的寶寶也很喜歡被按摩哦。

當真出現了妊娠紋也別太難過，分娩後幾個月，這些妊娠紋便會消褪成銀色紋路。也可以和皮膚科醫師商量可否利用雷射或A酸來刷淡紋路。要不然，就帶著驕傲看待這些妊娠紋，它們正是努力孕育寶寶的明證。

刺青留念

想要在身上刺青紀念這難忘的懷孕經驗嗎？最好三思而後行。雖然墨水不會進到血流裡，針刺可能造成感染，為什麼要在寶寶最需要妳的時候增加風險呢？

另外也要考慮懷孕期時增加的體重，不僅會改變體態，還可能讓原本美麗的圖案變型。懷孕時期還是不要在身上留下任何紀念，等到寶寶出生後再來進行吧。

如果已經刺了，那就享受刺青圖案慢慢變大的過程吧！也不用擔心後背的刺青會影響無痛分娩的進行，只要油墨完全乾了，傷口也已經復原，無痛分娩的針頭不會造成任何風險。如果乳房上有已癒合的刺青，即使是在乳暈，也不會影響泌乳或餵哺嬰兒。

想要在懷孕期間使用植物染劑來裝飾身體嗎？漢娜染劑是純天然植物，在妊娠期間使用應該很安全。但還是有幾點要小心：要確定使用的是純天然漢娜染劑，畫到身體上後會是紅棕色，沒有用到可能造成刺激的化學成分對苯二胺，會染成黑色。也要確認彩繪師傅領有專業證照。最好在彩繪前先徵求醫師同意。

要記得，懷孕後的肌膚會比之前來得敏感，因此很可能會過敏，即使孕前使用沒問題，彩繪之前還是先在手臂內側做測試，二十四小時後若是一切正常，就能安心進行身體彩繪。

妊娠初期的體重增加

「妊娠初期都快結束了體重卻絲毫沒有增加，我非常擔憂。」

許多孕婦在初期很難增加體重，有的甚至還減輕了好幾公斤，通常都是害喜的關係；有些孕婦原本就已經過重，初期也不需要增加體重。幸好，雖然妊娠初期會因為嚴重害喜而無法好好進食，但是胎兒並不會受到傷害。寶寶還很小，並不需要多少營養的供給，即使孕婦沒有增加任何體重亦是無妨。

當但是進入妊娠中期以後就不同了，這時寶寶需要足夠的卡路里和營養素來供應身體快速的發育和成長，妳也得要開始迎頭趕上，努力增重，除非醫師對妳另有別的指示。好在，通常胃口會隨著寶寶的需求一起增長，讓增重成了小事一件，就算沒有猛吃東西也一樣。

當然也不用過於擔憂，很可能妳的等待期盼很快就要結束了，而且寶寶一點都不會在意。從第四個月開始，要緊盯體重的變化，體重要以適當的速率向上攀升（參考278頁），要是體重仍舊難以增加，可以嘗試增加營養素和熱量的攝取，可以參考135頁的方法。每天試著多吃一些，增加吃點心的次數。如果一次吃不了太多東西，可以將三次正餐改成六次少量多餐，還能幫助消化，減少懷孕時期消化不良的問題。會飽脹的飲料留到主菜之後，以免壞了胃口。好好享用富含好脂肪的食物（堅果、種籽、酪梨、橄欖油），不要用垃圾食物來增加體重，這樣只是讓妳臀部曲線圓滾滾，而不是增加在胎兒身上。

「才懷孕11週我就增加了6公斤，真是太嚇人了。現在該怎麼辦才好？」

先別慌張。很多孕婦站到體重計上，都會被增加太快的體重給嚇到。尤其是前三個月就發現自己增加了好幾公斤。有時這是因為準媽媽們不斷被「一人吃兩人補」的觀念所洗腦，而過於放縱飲食。要記得雖然是兩個人，其中一個卻是超迷你小小人。有時則是因為要靠高熱量食物減少孕吐的不適，像是冰淇淋、義大利麵，甚至只不過吃了太多麵包，才會發生體重增加過快的情形。

無論如何，就算妊娠初期增重多了些，也不會有損失。體重計的指針都無法向後退，也不能在懷孕時期減重；胎兒需要穩定供應的熱量和營養素，尤其是在妊娠的中期和晚期。對於已經增加的體重雖然無計可施，還是可以確保體重不再超速增加，只需減速，千萬不能停頓不前：更加小心注意飲食、監看體重。

和醫生討論，算出接下來安全可行的體重增加目標，即使一週增加0.5公斤（有些孕婦在最後一個月體重增加的速度會趨緩），到最後總增加的體重不會超過16公斤，這是體重增加的最大額度。復習一下第四章的「妊娠飲食法」，找出「一人吃兩人補」的健康飲食，而不是到最後變成「一人吃兩倍體重（妳自己）」的慘劇發生。學會如何為寶寶的健康而吃，盡可能攝取高品質的食物，這樣不但可以達成目標，產後也比較容易減重。

食慾好，可能是懷了男孩？

準媽媽，肚子餓了嗎？越接近妊娠中期，會發現食慾越來越好，若妳像個發育中的十多歲男孩子，站在冰箱前吃個不停，有可能懷的是男孩。研究發現懷男孩的媽媽，食慾會比懷女孩的好很多，這應該也是生下來的男嬰通常比女嬰重的原因吧！

肚子很快出現

「為什麼懷孕初期我的肚子看起來就很大了？」

在懷孕初期肚子就已經凸出來了嗎？每個人的肚子都不一樣，有些人到了妊娠中期肚子都還是平坦如初，有些人一驗出二條線肚子就開始大起來了。準媽媽可能會擔心，如果初期肚子就這麼大，到了後期會大到多誇張啊？當然有些人會很高興肚子變大，因為可以證明肚子真的住著一個新生命。

有幾個可能的原因，讓妳的肚子在初期就開始變大：

- 骨脹氣。過多的氣體可能會讓腹部變大，便秘太久，腸胃不順，肚子也會脹大。
- 體重增加。一點都不奇怪，要是妳多吃了額外的熱帶，身上當然會多幾公斤，腰圍也會多個幾吋。

- ◆骨架小。有些人天生骨架小或是非常苗條，子宮一變大沒有地方藏，一下就凸出來了。
- ◆肚皮肌肉較鬆。腹部肌肉鬆軟的女性，懷孕時肚子就會比身軀緊實的人更凸。第二次懷孕的婦女肚子也會比較早出現，因為肚皮已經撐過一次了。

肚子很早就凸起，會不會是懷了多胞胎呢？不太可能。雙胞胎通常會在妊娠初期的超音波檢查時發現，一開始看肚皮是看不出來的。

男孩還是女孩？

可以透過心跳聲來分辨男生或女生嗎？根據有經驗的媽媽們以及助產士的說法是，心跳每分鐘高於140下是女生，低於140的話是男生。不過研究發現性別和心跳並無關聯。當然，依據心跳速率來預側寶寶性別純粹是好玩，可別因此就開始選用顏色，佈置嬰兒房或是購買寶寶用品囉。

胎心音

「我朋友在十週的時候，便聽到了胎兒的心跳，我比她早一週，醫師卻還沒探查到寶寶的心跳。」

即使已經透過超音波看到寶寶的心跳在螢幕上一閃一閃的跳動著，寶寶的心跳聲對於每個媽媽來說，都是最美妙的音樂。「胎兒都卜勒儀」是一種手持式超音波儀器，藉助塗在孕婦肚皮上的凝膠，可以把聲響擴大，利用診所的都卜勒儀器，便能清楚的聽到寶寶的胎心音。

雖然胎心音可以在第10週或第12週聽到，但不是每位準媽媽都能如願在這時候透過都卜勒儀聽到。由於胎位、胎盤的所在或是母體的脂肪層較厚，都卜勒儀有可能聽不到胎兒的心跳聲。另一個可能原因是預產期計算錯誤。到了第14週，胎兒的神奇心跳聲一定會帶給妳莫大的快樂。如果妳極為掛心的話，可以請醫生進行超音波檢查，讓妳聽到都卜勒儀聽不到的胎心音。

胎心音監測器

想要要買一台價格不貴的胎心音監測器在家使用，才不用痴痴等待每個月一次的產檢嗎？能夠自己在家監測寶寶的心跳很好玩，對於容易緊張的媽媽來說更是安心睡覺的好工具。雖然這類儀器很安全，但是不比醫院所使用的精密，可能要到第五個月才聽得到胎心音；在那之前使用，大概只有咔嗒、咻咻、呼呼等聲響（由於消化道內氣體移動或血在血管內流動所發出），聽不見穩定的心跳，沒法安心反而增加不必要的憂慮。

即使滿五個月，也可能聽不到胎心音，因為寶寶的位置或儀器角度不適當讓家用器材無計可施，或把血流過胎盤的聲音誤認為寶寶心跳。若用獨立的app更是不準，它們是以手機的麥克風來監聽子宮內部發出的聲音，就算是妊娠後期也不值得信賴。就算妳真的找到胎心音，解讀方式也未必正確，比如說，恐怕無法認出頻率或韻律變化就表示有狀況，或者讀數和妳在產檢時得到的結果差異甚大，導致無謂擔憂。

還是忍不住想要自己買一套是嗎？購買前先徵求醫師同意，因為美國食品藥物管理局有規定這類儀器需要醫師處方才能購買，而且要在醫療人員指導下使用。要記得一分錢一分貨，而且有時候高價位也不一定適合需求。

終於聽到心跳聲時，要仔細聆聽。自己正常的心跳每分鐘約低於100下，妊娠初期寶寶每分鐘約110到160下，到了妊娠中期，寶寶每分鐘平均心跳則是120到160下。不用和別人互相比較，每個寶寶都有適合自己的心跳速度，不會完全相同，正常的胎兒彼此之間心跳速率差異極大。差不多從第18到20週開始，使用一般聽診器就能聽到寶寶的心跳聲。

✿ 性慾

「懷孕後，我的性趣高漲，好像永遠得不到滿足一樣，這正常嗎？」

懷孕後性慾提高？真是好運，有些婦女在妊娠初期因為害喜不適，性生活完全停擺，也有些人和妳一樣反而對性愛充滿期待。這應該要感謝荷爾蒙的大量分泌，致使外陰部充血而特別敏感，再加上脹大的乳房，不僅感覺敏銳也讓自己覺得更加性感，性愛的滿意度相對就大幅提升。再者，這可能是第一次妳可以享受做愛，不用擔心懷孕，或是計算排卵日，要先生按表操課。在懷孕初期荷爾蒙分泌達到頂點，妳可能會注意到自己明顯的變化，而且變化可能會持續到生產那天。

性慾增加很正常，反之亦然，不要擔心或是產生罪惡感。也不用驚訝高潮的快感或頻率比孕前更好，如果因此第一次嘗到高潮的滋味，更是值得慶祝呢！只要醫生不反對，就該和先生好好把握這些美好時光。在肚子尚未突出來之前，只要身體狀況允許，各種姿勢都可以嘗試。更重要的是，在寶寶還沒出生前要享受這段珍貴的兩人時光。更多這方面的討論，請參考417頁。

寫給爸爸們

「妊娠初期的情慾變化」

懷孕期間，你和另一半的性慾都會起起伏伏，當你滿心期待想親密一下的時候，可能會遇到些出乎意料之外的狀況：

我太太變得性致勃勃～傳言都是真的，有些女性在懷孕時，怎麼做都不嫌多。原因不難解釋，懷孕期間，太太的性器官漲滿了荷爾蒙和血液，使得神經異常敏感。相信爸爸也有注意到其他部位也長大了，包括讓女人更有女人味的乳房和臀部，而且充滿性吸引力。只要另一半有性致，不妨配合一起享受。好運到來就要懂得把握。這段期間也要特別注意她的提示，如果情慾高張熱切期盼，那就接招吧，沒有回應就不要強求。

雖然有些婦女懷孕九個月內都是性致極佳，有些則是要等到妊娠中期才提得起勁；或是到了後期突然情慾一落千丈。要做好準備，隨著另一半性致的時上、時下（可能會讓你感到挫折，但完全正常），隨時可以上陣。還要記得，到了妊娠中、後期階段，另一半的體形會從雙人跑車變成半拖車，搬來搬去會有點難度。

她失去性趣了～諸多因素會影響到妊娠期間的性慾。有可能是妊娠症狀使得她性慾大減（如果你忙著把午餐吐掉，很難意亂情迷；或是背又痛腳又腫的時候，也不容易燃起慾火；如果連起床的力氣也沒有，更沒法起心動念），特別是在極不舒服的妊娠初期。或者，讓你春心盪漾的懷孕體態，卻是讓她倒盡胃口（你眼中的性感翹臀卻是令她討厭的大屁股）。或者，她的所有心思已被孩子的一切所纏繞；甚或，對母親和愛人的交織角色正處於焦頭爛額的狀態。或者，只不過沒這個慾望罷了，這是孕婦常見的現象，就算慾求正常的人也會遇到。就這樣。

當她沒興致的時候（甚至說是一直都沒興致），別覺得受傷。換個時間，一試、再試，在等待機緣的時候可別經不起打擊。要用理解的微笑和擁抱接受另一半所說的「現在不想要」以及「那裡不要碰」，即使你不能用之前喜歡的那種方式表達愛意，還是可以讓她曉得你還是愛她的。別忘了，現在她的腦子裡（還有身體內）是萬千思緒，很可能你的性需求還排不到前面明顯之處。在此同時，不要強迫自己把閨房之樂視為一項義務，可是務必要增添浪漫、溝通、愛撫。這麼做不但可以讓你們更為親密，而且因為這對婦女來說是強而有力的催情春藥，所以還有可能因而帶來你所渴望的。另外，別忘了要時常告訴你的伴侶，說你覺得懷孕的她是多麼性感而吸引人。女人也許直覺力強，可是她們並不會讀心術！

你似乎提不起什麼性致～為何你的性慾處於低檔，這其中有諸多正當理由存在。為了能夠受孕，也許過去你們倆是奮戰不懈，而今終於如願以償了，行房對你來說就像是件苦差事。也可能你太過專注在為人父的新職以及孩子身上，所以性事便退到末位了。也許是配偶的身體變化奪走了一些已然習慣的東西（尤其是這些變化一直不停地在提醒著，你們的生活和關係因而出現變化）。或者，擔心行房時會傷到太太或孩子（不會的），致使性慾隱而不

見。或者心理出現障礙：之前不曾和一個母親做愛（雖說這位母親和太太剛好是同一個人）。或者覺得和懷孕的太太發生親密關係，也就是說在做限制級動作時，有未成年寶寶在旁觀賞（雖說寶寶根本沒注意到）。準爸爸身上發生的荷爾蒙變化也會讓性欲減退。

溝通不良會讓上述衝突的感受更難以捉摸：你以為她沒有性趣，所以下意識地便把自己的衝動冰封起來。她認為你性趣缺缺，所以一動念就自己潑冷水。

別太專注於兩人關係當中的性生活，把心思放在經營共享的親密感。少做也許不會更好，但仍然可以令人滿意。甚至你會發現，增加其他型態的親密（牽牽小手、出其不意抱一下、傾吐心情）說不定能夠讓小倆口同時都慾火高張。一旦雙方都已對懷孕的身心變化做好調適，突然燃起熊熊慾火也別太意外。

性慾低潮也可能會一直持續九個月，甚至更久。畢竟，即使是在產前怎麼做也不嫌多，一旦家中多了個小嬰兒，性生活也可能戛然而止。這都沒有關係，一切都只是暫時的。盡量不要讓育兒妨礙你倆之間的情愛。把製造浪漫氣氛擺第一優先（如果有興致，還可以趁另一半小睡之際把飯煮好，來個燭光晚餐）。或是送束鮮花、性感的居家服（也有孕婦版的可以買得到）。來個月光下的漫步，或者一杯熱可可然後在沙發上好好抱一下。述說自己的心情、憂愁，並且鼓勵另一半也與你分享。持續不斷地擁抱和親吻（一直持續不斷……一直持續不斷）。等待慾火又再雄雄燃起的時候，兩人都可以保有一定熱度。

最重要的是必須讓老婆曉得，你之所以會失去性趣，和她的體態或彼此情愛沒有關係。孕婦都會對自己走樣的身形感到信心全無，尤其是體重還一直不斷累加。要讓她知道（透過言語和接觸，經常為之）在你眼裡老婆要比之前更性感誘人，才不會讓她把你的性趣缺缺怪到自己身上。

關於妊娠期間的性事，可參考417頁列出的更多秘訣。

「懷孕的朋友都說在懷孕初期，性慾更加強烈，為什麼我卻『性趣』缺缺？」

懷孕時期生理心理變化多，有所改變的何止只有性慾。妳應該已經注意到，生理和心理的高低起伏都隨荷爾蒙擺盪，在性慾方面也扮演著重要的角色，但每個人受到的作用並不相同，有些會因而點起欲火，有些反而是澆了冷水。有些婦女對性生活一向沒有多大興趣，也從未經歷高潮，可是懷孕期間，卻突然愛上魚水之歡，而且高潮迭起。亦或者原本熱愛性生活的女性，懷孕後卻對燕爾之好頓失興趣，並且很難激起慾念。不只是荷爾蒙會產生改變，疲累、噁心感或是乳房刺痛等等生理變化，也可能讓妳性趣缺缺。性慾上的變化可能使人驚慌失措、有罪惡感、覺得奇怪，甚至結合以上三種複雜情緒，但這一切都再正常不過了。

最重要的是要弄清楚自己和另一半在懷孕期間對做愛的感受，有可能不安的情緒更勝於情愛的歡愉；今天可能性趣高昂，明天便完全提不起勁。彼此體諒，敞懷溝通，加上一點幽默感，會讓你倆安然度過這段特殊日子。也要提醒自己和先生，很多婦女在妊娠初期會性趣全失，但是到了中期又會恢復正常。在那之前，可以試試看426頁提出的幾個祕訣，為兩人的閨房情事加溫。

高潮後的痙攣

「高潮以後，我的腹部痙攣起來，這樣正常嗎？我是不是做錯什麼？」

不用擔心也不用停止性生活，對一個健康的孕婦而言，在高潮之際或之後發生痙攣，也許伴隨著背痛，都是非常普遍而無害的現象。這可能是生理問題，妊娠期間骨盆的血流量增加，高潮時性器官充血，高潮過後，子宮會正常收縮，綜合以上原因而造成痙攣。或者是心理因素所引起的，害怕傷害到胎兒，這想法很普遍，但毫無根據。也可能是結合生理和心理兩種因素所造成，這兩個層面在性愛中都是密不可分的。

痙攣並不是傷害到胎兒的徵兆，除非醫生認為這時期不安全，不然只要是健康、低危險群的妊娠，性關係和高潮都是確切安全的。要是痙攣會困擾妳，可以要求另一半為妳輕輕按摩下背，不但可以舒緩痙攣，也有助於緩和其它的症狀。有些婦女在房事後腿部會抽筋，可以參考445頁舒緩這類不適的技巧。

妳必須知道的：職業婦女

懷孕後，原本的工作量勢必更加沉重，除了正常的工作外，還多了一項孕育寶寶的全職工作。要在忙碌的工作行程中排出產檢時間、經常上洗手間、害喜不適、宣布喜訊（老闆可能會不高興聽到這個消息）、努力工作之際要保持自己和寶寶的健康、準備寶寶的到來、產假前的工作交接……，多重壓力可能讓妳超時工作。下面有些小技巧可以幫助妳同時兼顧工作與生活：

✿ 告訴主管的好時機

還在考慮什麼時候和主管提及懷孕一事嗎？最好的時機沒有統一標準，不過最好在肚子變得明顯前宣布。宣布的時機取決於公司對孕婦禮遇的程度，更重要的是自己的生理和心理狀況。下面有幾個因素需要列入考量：

目前的感受以及是否顯出「孕味」～如果害喜使妳逗留在廁所的時間比坐在辦公桌的時間長，或是前三個月的疲勞讓妳每天早上幾乎沒法起床，再不然就是肚子已經大到無法歸咎早餐吃太撐，秘密八成無法藏太久了。如果是這樣，及早告知比等到老闆和同事自行發覺來得更為恰當。若妳身體狀況良好，拉鏈依舊可以輕鬆拉上，那麼把宣佈時機往後延也無可厚非。

✿ 懷孕員工的權利

談到家庭和家人的需求，美國職場還有很大的進步空間。世上只有極少數幾個國家未立法規定帶薪產假，美國列名其中。雖說孕婦或新手媽媽的福利制度會因公司的不同而有所差異，但是聯邦法律則有如下的規定：

◆ 1978 年所通過的妊娠歧視法案，禁止因為懷孕、生產、或相關的醫療問題而遭受差別待遇。雇主對妳的待遇必須比照任何其它員工。要是妳因為懷孕而無法勝任工作，或是在懷孕期間需要轉到比較沒那麼費勞力的職位，這項法案便無法保護妳。若是基於懷孕因素而不給予升遷、工作、或解雇員工，都被視為歧視而且違法。然而，這類歧視就和一切歧視同樣難以舉證。孕婦若遭受歧視，可向公平就業委員會（EEOC）申訴，網址：www.eeoc.gov。

◆1993年通過的家庭及病假法案（FMLA），所有公家機構以及半徑七十五哩內，至少雇用五十名員工的私人公司，都受這項法案的相關規定所規範。要是在這樣的公司任職滿一年（當年工作時數達1,250小時），在受雇期內每年有權利申請十二週的生產、育嬰或照護家人的無薪假，除了無法預知的妊

娠併發症或早產，妳必須提前三十天通知雇主請假事宜。請假期間，同樣享有和一般請病假員工的相同福利（包括醫療保險），銷假上班時，也得享有相同薪資和福利的相當職位。某些特例，身居要職的婦女會被排除於這項法案的保障之外，因為這些要員如果休假十二週的話，公司的運作就會停擺，而且她們的薪津排在頂級百分之十的範圍內。美國勞工局的薪資工時管理部門可以提供FMLA的相關資訊。詳情可上網查詢dol.gov。

◆有些州政府和當地法律提供了額外的保護。少數幾州和某些大規模的公司也提供「短期失能保險」，這項保險保障民眾在病假或是妊娠期間可以領取部分薪資。加州、紐澤西州和羅德島州提供4

到6個月的有薪假，但並非全薪，以便照顧新生兒或重病家人。

讀到上述懷孕員工權益的現況說明，是否並不滿意？可運用社群網站，並且投票支對這方面的議題。並可考慮支持自願提供員工足量帶薪休假的那些公司，有時無論爸媽都能受惠。

工作類型～如果工作所處的環境或所接觸的物質對孕婦或胎兒有害，必須在一發現懷孕時便宣佈，可能的話要求調職或變更工作項目，而且越快越好。

工作現況～婦女在職場中宣布懷孕消息，很可能會引來公司的不滿，像是「懷孕了，她還有能耐為公司貢獻心力嗎？」、「她的心思會放在工作還是肚皮上？」以及「她會不會突然離職？」之類的負面聲音。妳可以在完成報告、爭取到訂單、業績提昇破記錄、或提出好構想之後，再宣布喜訊，抑或證明自己可以公私兼顧，不會因懷孕而降低生產力。

是否即將進行考核或加薪～要是擔心公開懷孕的消息會影響近期內的考核或加薪結果，那麼在揭曉之前就先保守秘密，因為要證明自己因為懷孕而未獲升遷或加薪的困難度很高（而且再不久妳將身兼上班族和母親的角色，別和薪水過不去）。

是否身處八卦滿天飛的工作氛圍～要是公司上下都愛八卦的話，那就要特別留意。萬一在宣佈懷孕以前，風聲早就傳到老闆的耳朵裡，那麼除了懷孕相關問題必須面對外，還得面臨老闆對妳的不信任。要確認老闆是第一個知道的人，或者，要確定妳最先告知的人絕對不會走漏消息。

上司對懷孕和家庭的態度～評估一下雇主對

懷孕和家庭的態度，如果有其他同事曾在職懷孕，可以向她們詢問（問話技巧要小心謹慎）。查看公司的工作手冊，了解公司的懷孕和產假制度。與人力資源部或掌管公司福利的人，安排一次機密會談。要是公司有過支持準媽媽和家庭的先例，那應該就能早點公佈喜訊了。不管採取哪個方式，至少妳的心裡比較有個盤算。

宣佈喜訊

一旦決定公開時機，可以採取下列步驟，確保大家能以正面態度接受：

做好準備工作～在宣布消息前，要充分了解公司的產假制度，才能明白哪些是可以要求的，哪些是不可行的。舉例來說，有些公司產假有支薪，有些沒有，有的公司則會要求妳把病假或是休假天數併入產假中。

了解自己的權利～相較於大多數的工業國家，美國的孕婦和父母所擁有的權利是比較少的。然而，經由妊娠歧視法案和家庭病假法案（參考「懷孕員工的權利」），聯邦已經向前邁進好幾步了。許多思想前衛且支持家庭的公司會主動改善制度的訂定。了解公司制度和自己的權益可以在爭取時有更大的空間。

兼顧工作和家庭的藝術

雖然小孩還沒出生，但是要兼顧家庭和工作仍舊是一門學問，尤其是在妊娠初期和後期三個月，當妊娠症狀讓妳情緒低落，專注力轉移時，還得在工作上表現優異其實是很累人的，有時還會讓人負荷不了。因此對於工作和即將為人父母的生涯，必須做好準備。下列的秘訣雖然無法讓這兩項工作變得輕鬆，可是能保護妳的安全，減輕肩上的重擔。

◆聽聽明的安排行程。事先計劃產檢的日期，像是血液抽檢、妊娠糖尿和其它林林總總的檢查，才不會抵觸工作時間。如果需要在工作中請假去產檢，事先和主管商量解釋，做好工作記錄，同事才不會覺得妳趁機偷懶。如果公司要求的話，可請醫生開立就醫證明，提供人事部之用。

◆記住工作事項。如果懷孕後記憶力大衰退，可以歸咎於荷爾蒙的影響，但是千萬要小心，不要忘東忘西給自己增添麻煩。為了確保不會忘記會議時間、商業午餐會談、待回電話等等事項，寫下待辦事項清單，手機、平板也不要亂放。

◆知道自己的極限。作好本份事，累了就要休息，不要累著自己。除非一定得加班或是增加工作量，不然不要逞強。一次做一件事，不要埋頭工作造成身體無法負荷。

◆不要拒絕同事的好意。身體不舒服時，如果同事願意幫忙，歡喜的接受吧。不用怕欠人情，也許有一天他們也會需要妳的幫助。而且這正是個大好機會，可以學習如何放手授權。

◆有需要時充個電。當妳覺得情緒無法負荷，可能隨時都會爆發出來時，給自己一段時間出去散散步，或是到洗手間、陽台做幾個深呼吸，讓腦袋放空一下。手邊準備一個壓力球，有需要就出力捏它幾下。

◆勇敢說出實話。妳只是一個凡人，況且還是一個孕婦，不可能每件事都做到完美，尤其是身體不舒服或心情糟的時候。如果早上累到爬不起床，或是吐到無法離開馬桶，辦公桌上偏偏又有一大堆事等著妳處理，不要讓自己陷入恐慌。告訴主管妳需要多一點時間完成，或是需要有人幫忙分擔工作量。不要把自己逼得太緊，或是讓他人榨乾妳的精力。妳不是偷懶或不稱職，只是懷孕了。

籌備計劃～在職場上，講究效率永遠備受讚賞，充分準備也總是令人印象深刻。所以，在妳即將宣佈喜訊以前，要有一套詳細的計劃，包括打算繼續工作多久（排除任何像是早產等無法預知的醫療狀況）、產假要請多久、請產假前要如何完結手邊的事務、以及未了結的業務建議由誰接手。如果產假結束後想採取兼差的模式，那麼現在就該提出。把內容詳細記錄下來，以確保不會遺漏細節，也會讓主管對妳的效率感到刮目相看。

排除不恰當的時機～趕去開會的途中，或在星期五晚上，老闆正要離開辦公室時，都不是告訴老闆的好時機。與老闆約定時間會談，才不會太匆忙或心有旁騖。盡量選擇公司比較不忙的時段，萬一出現突發狀況，就把會面延期。

態度口氣要正面～不要以抱歉或不安的口吻來做為告知懷孕的開場白，相反地，要讓老闆明白，妳對懷孕一事不只高興，而且對於兼顧工作和家庭的能力也深具信心。

要有彈性（但不是軟弱）～把計劃安排妥當，和老闆開誠佈公地加以討論。要有相互妥協的彈性空間，但不能全面退讓，設下實際可行的底線，並堅持到底。

白紙黑字為憑～議定好妊娠協議和產假相關細節後，要用書面方式加以確認，日後才不會有任何疑慮或誤會（諸如「我從來沒説過……」等等）。

不要低估做爸媽的人～要是所處的公司對員工的家庭生活不那麼支持，便可考慮聯合起來爭取更好的育嬰福利。要把福利擴及到請假照顧生病配偶或父母的人，這樣可以讓公司同仁因此更加團結，而不會為此議題分成不同陣營。

舒服的工作

懷孕後，身體會有很多不適，噁心、疲累、背痛、頭痛、腳踝浮腫、頻尿……孕婦很難每天都過著身體舒服的日子。下面這些小技巧可以讓工作的日子舒適一些：

◆ 穿著要兼顧專業與舒適，避免緊身而束縛的衣服、襪子或會阻斷循環的高統靴，太高太尖的高跟鞋也要避免（2吋高、鞋跟矮胖具足弓支撐的款式最好）。穿著孕婦專用彈性襪可減少不適的症狀，像是浮腫和靜脈曲張，對於必須長時間站立的孕婦尤為重要。肚子越來越大，腰越來越彎，托腹帶會是上班日子的必備品。

◆ **注意氣候變化**～不管當地氣候或是辦公室空調如何，孕婦很容易一下子很熱，一下子又會打寒顫。可以試試看洋蔥式的穿著，熱了方便脫，冷了又可以一件一件穿起來。可別想套一件高領毛衣就度過零度以下的嚴寒，裡面要先有一層輕薄衣物，以便突然體內發熱的時候能夠把毛衣脫掉。如果習慣只穿一件T恤，也可以在辦公室掛一件小外套。這段期間妳的體溫常會高低變化。

◆ **不要久站**～要盡可能做到。如果工作需要而必須長時間站立，那就盡量找時間坐下來或走動走動，休息一下。可能的話，站立時把一隻腳靠放在一張矮凳上，讓膝蓋彎曲，可以排除一些背部的壓力。經常換腳站，也要定期活動活動。

◆ **抬高雙腳**～在辦公桌下放個凳子或箱子，可以舒服的抬起雙腳休息。（參考388頁插圖）

◆ **休息一下～**一直久坐的話，要站起來走動走動。要是久站也要坐下來，把腳抬高。如果有沙發，工作行程中也有空檔的話，躺個幾分鐘稍做休息。做一些伸展運動，放鬆背部、雙腿、以及頸部等部位。每小時至少一到兩次，做個三十秒的伸展運動，雙臂提高超過頭部，掌心向上、雙手握拳，向上延伸。再來將雙手放在辦公桌，退後一步伸展背部。之後坐下來左右兩邊轉動雙腳，彎下腰來讓血液流到腦部，如果還可以，碰一下腳指頭伸展背部。釋放肩頸的壓力。（更多辦公桌前活動筋骨的方式，請看《*What To Expect When You're Expecting-Workout DVD*》）

腕隧道症候群（CTS）

如果一整天都是在打字，甚至晚上還是工作個不停，很可能就會罹患腕隧道症候群。這樣的問題會導致手部疼痛、刺痛和麻木，這種情形最常見於工作中必須重覆手部動作（如打字、輸入數字、彈鋼琴、用手機工作）的人。不過妳可能不知道，這症狀在孕婦身上也很普遍，即使不用打字的準媽媽也會發生。這是因為組織腫脹壓迫到神經所致。幸好腕隧道症候群並不危險，就是很不舒服，更棒的是有很多治療法值得一試試，直到恢復為止：

◆ 提高辦公椅的高度，手腕伸直，打字時雙手低於手肘。

◆ 選擇可以保護手腕、有人體工學設計的鍵盤，讓手腕有休息的地方，滑鼠也要細心挑選。

◆ 打字時戴著護腕。

◆ 用電腦時經常停下來休息。

◆如果得時常講電話，可以使用免持聽筒或是耳機。

◆晚上將手浸泡在冷水裡，減少腫脹。

◆詢問醫生是否有其它治療方式，像是補充維他命B6、針灸或是止痛藥。

更多祕訣請參考445頁。

◆調整椅子。背部會痛？可以放一顆靠枕來支撐。臀部痛？再多放一個軟墊增加舒適度。如果椅子可以調整角度，往後降個幾吋，可以增加肚子和辦公桌之間的距離。需要更多肚子的支撐，那就用托腹帶。

◆多去茶水間。不是為了最新的八卦消息，而是要多喝水。或者在辦公桌上放水壺。一天至少喝二公升的水，可以減少像是浮腫等許多麻煩的妊娠症狀，有助於防範尿道感染，尿道感染會導致早產。

◆不要憋尿。視需要上洗手間，但是至少每兩小時一次，對預防尿道感染也有所助益。最好固定每小時上一次洗手間，不要等到尿急時才趕著去上廁所。

◆抽空填飽肚子。不論何等忙碌，三餐要正常吃，媽媽的工作就是餵飽小寶寶，不管工作多忙都不可以忽略孩子的營養。可以事先計劃三餐再加上至少兩次的點心。把會議排定為工作餐會，選擇適合的餐廳或餐點。在辦公桌和皮包內放一些營養點心，若是辦公室有冰箱的話，也可以存放一些，忙碌時就不用外出用餐。

◆注意體重。千萬不要因為工作壓力或飲食不規律而妨礙體重的增加，或是吃太多垃圾食物而超重。

◆準備牙刷。若是飽受害喜所苦，孕吐後刷牙可以保護牙齒、維持口氣清新。漱口水也能減少唾液過多，這種情形在初期三個月很常見，可能會讓妳在工作覺得難為情。

◆小心提重。做任何提舉動作時要謹慎，以避免扭傷背部（參考388頁）。

◆注意呼吸的空氣。避開煙霧迷漫的空間；就算是戶外的吸菸區也別去。二手菸不僅對妳和胎兒都有害，也會增加母體的疲勞。

◆偶爾放鬆一下。太多的壓力對自己或寶寶都不好。要好好利用休息時間來放鬆，聽聽音樂或大自然的聲音、閉上眼睛冥想、做做運動舒緩筋骨，或是在辦公大樓周遭漫步五分鐘。

◆傾聽身體所釋放出來的訊息。要是覺得累了，便放慢步調。

工作安全守則

多數的工作對孕婦都很安全，對於要身兼家庭和工作的孕婦來說都是好事。但有些工作明顯比較安全，也更適於懷孕的婦女。可以透過職務調動，並且多加小心注意，避免發生危險。可以和醫生討論如何增進工作上的安全度：

辦公室～久坐辦公桌的人常常會有肩頸酸痛、僵硬或是頭痛的情況，這些不適可能讓孕婦更不舒服，對寶寶是不會造成傷害，但是一天下來孕婦可能會累慘了。如果工作需要久坐，記得要經常站起來、伸展身體、走動一下。坐在椅子上時也可以耍耍手、扭扭脖子肩膀，把腳抬高避免水腫，老闆可能會不喜歡看到妳把腳放在辦公桌上，可以在桌子底下放張凳子或箱子舒服的抬高雙腿。椅子上也可以加放靠枕支撐背部。

電腦安全呢？幸好電腦螢幕和手提電腦對孕婦並不會有危險。比較擔心的只是長時期坐在電腦前，身體會產生不適，像是手臂和手腕過度超勞，頭暈、頭痛等情況，都是因為長時間盯著電腦而引起的。為了減少身體的不適，將椅子換成可調整高度的辦公椅，找到適當的高度來支撐背部和腰部。把螢幕調到舒服的高度，螢幕要和眼睛平高，離頭部約一臂長，使用人體工學的鍵盤，可以的話選擇搭配有支撐腕關節的鍵盤底座，可以減少罹患腕隧道症候群的機率（參考317頁）。手放在鍵盤上時應該低於手肘高度，上臂要和地板平行。

醫療行業～維護身體健康是每個人的希望，尤其現在妳要為兩個人的健康著想。若是身處醫療行業，孕婦要特別注意化學成份的汙染，像是用來殺菌的氧化乙烯和甲醛、其它如抗癌的藥物、B型肝炎、愛滋病的感染和放射線。負責X光照射的從業人員接觸到的量都很低，不到危險的程度。但是處於生育階段的婦女，應該要配帶特殊裝置，追蹤每日的暴露量，確保累積曝露劑量並未超過安全標準。大多數醫療專業人員不管怎樣都會配帶這種輻射劑量佩章。

取決於工作的危險程度，也許妳要依照NIOSH（參考323頁框中資訊）先做預防，或是請調到較安全的單位。

請給我安靜的空間

到了第二十四週，寶寶的外耳廓、中耳和內耳已經發育完成。第二十七到三十週，寶寶的耳朵已經成熟到可以聽到聲音做出回應。寶寶在子宮內聽到的聲音是含糊不清的，不僅有羊水和媽媽的身體做阻隔，寶寶的耳膜和中耳也還無法像成人一樣發揮作用，即使妳聽起來很大的聲響，對寶寶來說都不至於太大聲。

噪音是工作場合中最常發生的危險，嚴

重可能導致聽力喪失，如果工作場合有很大的噪音，孕期時可能要做點防護措施。根據研究顯示，如果胎兒長期暴露在反覆的噪音中，可能會增加聽力喪失的風險，尤其是低頻的聲音。譬如一天得待在有許多機器運作的工廠八小時，聲音達90到100分貝（和吵雜的割草機或是電動鏈鋸差不多），也會增加早產和體重不足的危險。如果聲響達到150至155分貝（就像是站在正要起飛的噴射機旁邊），對寶寶也有同樣的傷害。如果能避免八小時連續暴露在85到90分貝（卡車引擎聲）以及二小時超過100分貝（氣動鑽具）的噪音攻擊，是較為安全的做法。

目前還需要更多的研究來加以證明，但是在吵雜環境工作的準媽媽，像是舞廳、地下鐵或是工廠，如果能帶上保護聽力的設備（可惜不能幫寶寶也帶上耳塞）會比較安全。或者工作時會有大幅度的振動，可能就要申請調職或是另謀出路。要避免長期暴露在很大的噪音之中，像是減少到露天劇場聽演唱會、將收音機的音量轉小、吸地板時可戴上耳機聽音樂，不要把音樂放得比吸塵器還大聲。

工廠製造業～如果需要操作粗重或是危險的機具，和老闆商量是否可在懷孕期間調換職務。也可以和機具製造公司聯絡，詢問更詳細的操作安全守則。安全程度取決於機具的設計以及操作人員的使用方法。美國勞工部職業安全衛生署有列出幾項孕婦應該避免接觸的化學物質，若是工作場合有遵守安全協議的規定，應該可以避免接觸到這些有毒物質。工會或是其它勞工組織應該可以幫助妳確認工作安全程度。也可以從美國勞工部職業安全衛生署和美國國家職業安全衛生研究所得到有用的資訊。

勞力工作～需要搬重物、花費大量體力、工時長、輪班或是久站的工作，都會增加早產的機率。如果有這種情形，應該在第20到28週要求調到較輕鬆的職務，直到產假結束。參考323頁，詳細列出懷孕期間各種勞力工作的安全時限建議值。

精神壓力大的工作～有些工作會讓員工每日承受很大的精神壓力，懷孕時期能儘量減少是最好。最好的解決方法就是請調到其它壓力較小的單位，或是提早請產假。但不是每個人的情況都允許這樣做，如果很需要這份收入或有其它無法請辭的原因，只會讓自己壓力更大。

這時就得思考如何減輕自己的壓力，妳可以嘗試靜坐冥想、深呼吸、固定時間運動，增加分泌腦內啡，只要有機會就稍微休息一下。如果妳是為自己工作，要減少工作量可能更難，因為妳對自己的要求比老闆還高，但是為了寶寶著想，妳非得想想解決之道。

其它性質的工作～老師和社福人員需要經常面對兒童，很容易感染到水痘、第五病、皰疹病毒等等小兒常見疾病，這可能會影響到腹中的胎兒。如果妳的工作需要處理動物或肉品，就可能讓自己暴露在弓蟲病的疾病風險中。若是已經有抗體，就不用憂慮寶寶的安全。要是工作場合容易遭受感染，得確保自己做好免疫措施，也要多洗手、戴手套、口罩等等的防護。

飛行員或空中服務人員，流產或是早產的機率會稍微提高，不過目前的研究尚未有定論。這個說法的原因是在高空時，人體會接受到較多太陽傳來的輻射，也許可考慮在懷孕期間轉換成地勤或是短程航線，通常短程航線的飛行高度較低，時數也較少。

藝術家、攝影師、美髮師、美容師、洗衣店、皮草行業、農業、園藝，以及其它會接觸到有毒化學物質的從事人員，也要記得戴手套和其它的防護裝備。如果工作中會接觸到可疑的有毒物質，務必要多加小心，能避免接觸就避免。

知的權利

在法律上，妳有權利知道在工作場合，自己暴露在何種化學藥品之中，主管有義務告知。美國勞工部職業安全衛生署（The Occupational Safety and Health Administration，簡稱 OSHA）負責管理監督這一個區塊。可以同他們聯絡了解更多自己在工作安全上的權利，網址：osha.gov。更多工作危險相關資訊可從以下來源得知：美國國家職業安全衛生研究所（National Institute for Occupational Safety and Health，簡稱 NIOSH），國家職業安全和健康協會（Clearinghouse for Occupational Safety and Health Information，簡稱 CDC），網址：cdc.gov/niosh/topics/repro。

工作時如果會暴露在危險之中，可要求暫時請調到其它單位，如果公司和經濟許可的話，可提早請產假。

持續工作到生產

計劃要工作到落紅嗎？很多女性都能工作到生產為止，有些工作比較適合孕婦，要一路做到生產就比較容易達成。像是辦公室的工作，大概可以從辦公室直接進產房都沒問題。若是壓力不大，坐在辦公桌前工作其實比在家裡擦地板整理嬰兒房輕鬆。無論是在工作還是休閒時間，如果能夠每天多走動一、兩個小時，不但對身體無害，其實益處多多，前提是走動的時候不要搬重物。

工作勞累、壓力大，需要久站，也不一定會有問題。有些研究指出一週需要站立65小時的職業婦女，和可以經常坐下來、壓力也不大的婦女相比，妊娠風險或併發症並沒有比較高。但是另有研究指出，在二十八週後，需要久站、壓力大或是付出勞力的工作，若是加上家中還有其幼兒要照顧，可能會提高妊娠風險，像是早產、妊娠高血壓和嬰兒過輕。

工作需要久站的婦女，懷孕二十八週後可以繼續工作嗎？只要孕婦本身不覺得身體不適，胎兒也都正常發育，醫生大都認為繼續工作是安全的。但是一直站到生產，可能不是很恰當。倒不是因為對於妊娠有什麼風險，反而是由於久站會讓背痛、靜脈曲張、痔瘡等症狀更加惡化。

需要輪班的人最好早一點請產假會比較安全，因為輪班會影響食慾、睡眠習慣，讓妳更容易疲勞。或者是工作有危險性、可能會加重妊娠症狀，像是背痛、頭痛、疲勞等等，也需要早一點請產假。每份工作、每次孕程、每位孕婦的狀況都不同，可以和醫生商量，為自己和寶寶做出最好的決定。

✿ 換工作

隨著自己體態的變化，以及即將增加的家庭成員，未來的家庭責任會越來越重，也許孕婦也要考慮到生產後，這份工作是否依舊適合妳的狀態。如果上司不喜歡員工花時間在家庭上，希望妳能全心全意為公司貢獻，或者是通勤時間太長，工作時間不夠彈性，讓妳無法兼顧工作和家庭，亦或是這份工作對妳或寶寶都不是很安全，也可能是目前的工作讓妳沒有成就感或心生厭煩等等，改變也不一定是壞事。可以借由下面因素來衡量自己的情況，衡量好再做出決定也不遲：

◆ 如果新工作需要花費許多時間、精力和專注力的話，可能不是很適合現階段的妳，因為現在最重要的就是孕期的健康。換工作通常需要做好幾次的面試，如果身體不適加上懷孕容易健忘，還要抽時間面試，表現應該也不會很好。換到新工作後，新上司和同事都在看妳的表現，就得更小心謹慎，真的要換工作的話，要確定自己有足夠的精力來面對這些新挑戰。

◆跳槽之前，要確定新工作真的適合妳。薪水比較高，也許沒有什麼福利，或者是可以在家工作，但是不管早中晚隨時都會打電話給妳，需不需要經常出差等等。也許新工作表面看起來很好，事實可能不如妳所想像，也要記得工作不滿一年，產假會比較短，不然也可能是無薪產假。

◆在法律上來講，新雇主沒有權利問妳是否懷孕，除非肚子大到藏不住，也不可以在得知妳懷孕後降低原本談妥的薪水。很多公司不喜歡職員做沒幾個月就要提出請產假的事情。雖然面試時暫時隱瞞懷孕的消息好像很聰明，但可能會損及妳和老闆之間的信任關係。也可以在確定公司想要雇用妳之後，再提出懷孕的問題，若是雙方都接受，妳再接受工作也不遲。

◆依法，可能的雇主無權過問是否有孕在身，而且不能因為這原因而不錄用，然而這類的歧視往往難以舉證。想想看，雖然法有明文規定，錄用、訓練之後沒多久妳就請產假，有的公司很難接受。而且有的雇主認為這種策略等於是先讓人上鉤再說（找到一份工作，然後說要請產假），並不喜歡。因此，雖然短期而言在面試時別說自己懷孕了比較聰明，但到最後和公司的互信可能會受到傷害。另一方面，有的時候最好先搶下職位，等確定公司願意請妳去上班再討論之後的安排，但要在妳同意接受之前先表明。

◆ 如果妳是在換工作後才發現自己懷孕的呢？要勇敢面對，定下心來在工作上力求好表現，也要花時間去了解自己的權益，如果事情不如己意，才懂得如何保護自己。

不公平待遇

覺得自己因為懷孕而遭受到不平等的待遇嗎？別光坐著生氣，起身為自己爭取權益。把妳的感受告訴足堪信任的上司或是人事部門。如果情況還是沒有改善，參考員工手冊，找出途徑來幫助自己解決因為懷孕而受到歧視的問題。還是不行的話，可以和美國平等就業委員會（U.S. Equal Employment Opportunity Commission，網址：eeco.gov）最近的辦公室聯絡，他們會裁決妳的指控是否成立。

記得要留下任何有力的證據，像是電子郵件、信件或事件記要等等。如果需要動用到律師的話，這些證據也會有所幫助。

CHAPTER

8

第四個月：約 14 ～ 17 週

終於來到妊娠中期了，
對許多孕婦來說這是最舒服的一個階段。
隨著這個里程碑的到來，會出現一些好的變化。
首先，多數的早期妊娠症狀會逐漸減緩，甚至完全消失。
孕吐也可望改善，食物又變得美味誘人。
體力也逐漸恢復，起床不再是難事，
也不用常常跑洗手間嘔吐。
妳的胸部依舊豐盈飽滿，刺痛感卻減少了許多。
另一項變化是在本月底，隆起的下腹不再像是吃太撐，
越來越像是有喜的孕婦囉。

寶寶本月的變化

第十四週：妊娠中期，胎兒的成長速度開始出現差異。雖然成長速度不同，但是發育的進展是一樣的。本週寶寶約為妳的拳頭大小，身體打得較直，脖子變長，頭也能直立起來，而且還慢慢的長出頭髮和眉毛來了。現在寶寶的皮膚上覆蓋了一層細細的胎毛，全身就像是披著薄絨毯，替寶寶保暖，當寶寶開始長出皮下脂肪後，胎毛就會逐漸消失。不過早產的寶寶可能還是會覆蓋著這層胎毛。

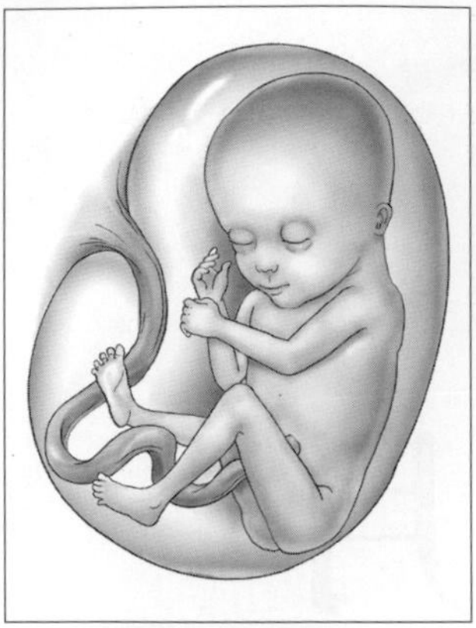

◎ 你的寶寶，第四個月

第十五週：本週寶寶身長約為11公分，體重差不多71公克，就像一顆大柳橙。長得越來越像妳心目中寶寶的模樣，耳朵也移到頭旁邊的正確位置（原本是長在脖子上），眼睛從頭部兩旁移到臉的前方。胎兒在子宮內開始做許多動作，可能會伸展身體、扭動手指腳指，甚至是吸吮自己的大拇指。寶寶會做的還不止這樣，他（她）已經會出現呼吸的動作、啜飲和吞嚥，都是為了出生後做準備。雖然妳還感受不到，但是小小的身軀在裡面可是忙得很，踢腿、收縮身體、移動手和腳……。

第十六週：寶寶現在重達85到140公克，長度有10到12公分，成長速度驚人。肌肉越來越強壯，尤其是背部的肌肉，讓寶寶可以伸展身軀，再過幾週妳就能感受到胎兒的動作了。寶寶越長越可愛，眼框中已經長出眼球和睫毛，耳朵完全就定位，眼睛也開始運作了！沒錯，寶寶可以轉動眼球，從左到右，從右到左都沒問題，而且可以感受到照到子宮中的光線，但是眼皮仍舊是閣上的。寶寶對於撫摸越來越有反應，如果妳用手指戳戳肚子，寶寶還會在裡面扭動，當然這些妳都還無法感受到。

第十七週：看看自己的手掌，寶寶大概就是這個長度。頭到臀部長度為13公分，體重超過140公克。皮膚底下開始長出脂肪（孕婦的身體脂肪在這個階段也會長得很快），但是寶寶其實還很瘦小，皮膚依舊是透明的。本週寶寶會努力為出生做練習，最重要的技能莫過於吸吮和吞嚥，出生後才會有本能的喝乳反應。心跳不再是自發性跳動，而是受大腦控制，每分鐘約為140到150下，大約是母親的兩倍快。

更多寶寶的資訊

更多寶寶每週成長狀況的影片，請下載懷孕知識百科app。(What to expect app)

孕婦的身心變化

如同之前所說，每次懷孕、每個婦女都不太一樣。此處列出這個月可能感受到的症狀，或只有其中幾項；有些症狀是從上個月延續下來的，有些則是新出現的；還有些症狀幾乎察覺不出來，因為早就司空見慣了，也可能出現其他罕見的症狀，以下是孕婦可能出現的症狀：

生理反應

- ◆疲倦。
- ◆頻尿情形減少。
- ◆噁心和嘔吐現象結束或減輕（有些孕婦還會繼續害喜，極少數孕婦才剛要開始）。
- ◆便秘。
- ◆胃灼熱、消化不良，和脹氣。
- ◆乳房繼續膨脹，但刺痛情形會減緩。
- ◆偶爾頭痛。
- ◆偶爾暈眩，尤其是突然變換姿勢的時候。
- ◆鼻塞、偶爾流鼻血；耳朵出現類似耳鳴的不適感。
- ◆牙齦敏感，刷牙時牙齦會出血。
- ◆食慾增加。

◆腳和踝輕微浮腫，有時手和臉也會。
◆腿部靜脈曲張。
◆長痔瘡。
◆陰道分泌物增加。
◆月底時出現胎動（除非已是第二、三胎，通常不會這麼早）。

心理狀況

◆情緒不穩，包括易怒、喜怒無常、缺乏理性、哭泣。
◆興奮或憂慮，就像是到現在才終於有懷孕的感覺和模樣。
◆挫折感，平常衣物不合穿，又還沒到穿孕婦裝的時機。
◆心不在焉、丟三落四、健忘、掉東西、心神不寧。

✿ 本月的身體變化

子宮現在和一個小香瓜的尺寸差不多，月底時會大到超出骨盆腔，可以在肚臍下五公分左右的地方摸到子宮底，如果不知道正確位置，下一次產檢時可以請醫生或護士示範給妳看。衣褲漸漸開始不合身了，不過也有些孕婦能夠舒服度過前五個月用不著去買孕婦裝，這是算是正常的。

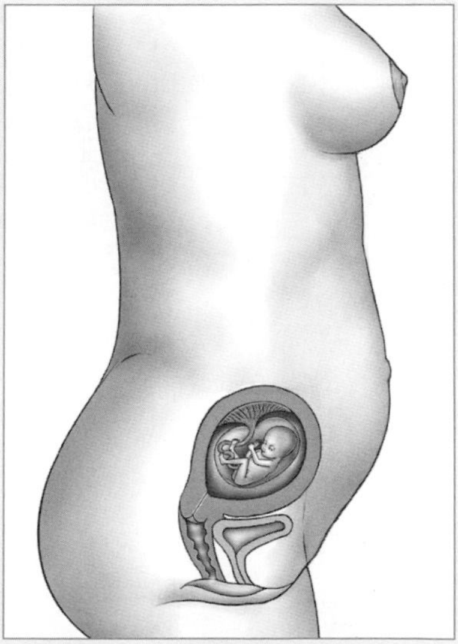

本月產檢項目

在本月份醫生會進行下列檢查，基於個人特殊狀況或是醫生執業型態，可能會有些許差異：

◆體重和血壓。

◆尿液檢驗，有無尿糖和尿蛋白。

◆胎心音。

◆子宮底（子宮的頂端）高度。

◆以觸診查驗子宮的大小。

◆手腳有無浮腫，腿部有無靜脈曲張。

◆本月發生的症狀，特別是不尋常的症狀。

◆想與醫生討論的疑難或問題——可事前列清單備忘。

孕婦關心事項

牙科問題

「突然之間，每次刷牙時牙齦就會出血，還發現了一顆蛀牙，懷孕時治療牙齒安全嗎？」

孕婦很常發生這種事，懷孕時心力大都集中在肚子上，很容易忽略口腔問題，直到發生問題才不得不正視它的存在。妊娠期間的荷爾蒙會妨礙口腔健康，就像鼻腔黏膜一樣，荷爾蒙會使牙齦變得浮腫、發炎、容易出血。荷爾蒙也會使牙齦容易感染細菌和牙菌斑，而且惡化的很快，一下子就變成齒齦炎和蛀牙。為了保護妳的牙齒和漂亮的笑容，可以試試看下列方法：

照X光？

口腔治療通常需要照X光，為了安全起見，大多數的孕婦都會等到生產完再進行。但如果醫療上迫切需要（不做比做還危險），醫生們多半會直接進行X光或是斷層掃描。這是因為X光的危害其實不高，牙科的X光只針對口腔，光線不會直接照在肚子上。事實上，你所照射到的X光比在海邊做幾天的日光浴還低。只有很強的劑量才會傷害到腹中的胎兒，但是醫生並不會將劑量調到危害人體的程度。如果非得在懷孕時進行，這些方法可以降低風險：

- 一定要告訴醫生和牙醫還有X光操作員妳懷孕了，即使之前講過，還是要不厭其煩再次提醒。
- 照X光時務必選擇安全有執照的醫療場所。

> ◆減少身體暴露在X光下的面積，穿起鉛製罩衣保護肚子，脖子也要戴上防護設備。
>
> 最重要的是，如果照了X光後才發現自己懷孕了，不用擔心。

◆經常使用牙線和刷牙，使用含氟牙膏加強牙齒防護。刷牙時順便刷舌苔，可以減少口腔內細菌，保持口氣清新。

◆請牙醫師建議可以減少細菌和牙菌斑的漱口水，保護牙齒和牙齦。

◆要是吃過東西後無法刷牙，可以嚼一片無糖口香糖，口香糖會增加口水分泌，清潔牙齒，而含有木糖醇成份的口香糖可以防止蛀牙。或者是咀嚼硬乳酪，可以降低口中酸度。

◆要留意所吃的食物，尤其是兩餐之間的點心。把甜食（特別是黏黏的那種）保留到方便刷牙時再吃。要大量攝取富含維他命C的食物，維他命C可以強化牙齦，減少出血的可能。務必要滿足每日的鈣質需求，鈣是我們一生中不可或缺的元素，可以保持牙齒強壯、健康，而且也可以促進寶寶牙齒發育。

◆不論牙齒是否出現不舒服的情況，在懷胎九個月當中，至少看一次牙醫做檢查和洗牙，而且越早越好。洗牙可以清除牙菌斑，牙菌斑不只會提高蛀牙的風險，也會使牙齦問題惡化。如果以前牙齦就有毛病，懷孕時務必要看牙周病專門醫師。先不要去做溝隙封填或牙齒美白（參考第239頁），等到產後再說，不過局部塗氟治療在懷孕期間應該沒有問題。至於一般的X光是否安全，可參考333頁框內文字。

◆對牙醫不要祕而不宣。即使妳還沒有公開這個好消息，在那之前對牙醫師和衛生工作人員都得先告知。不僅是為了能夠更額外小心X射線以及治療方式的安全性，還因為妳的牙齦需要特別留意處理。也許還有另一件事妳要跟他們講，懷孕讓妳比較容易作嘔。

預防勝於治療，不要等到出現問題時才就醫。要是懷疑有蛀牙或其他問題就立刻預約門診，延誤治療只會造成更嚴重的口腔問題，提高妊娠風險。蛀牙情況嚴重卻沒有治療，有可能造成感染，對母體與胎兒都有害。

如果妊娠期間需要進行較大的牙科治療該怎麼辦？幸好大部份的情況只需要局部麻醉，並不影響胎兒安全。妊娠三個月後使用小劑量的笑氣也是安全的，應該避免更進一步的麻醉。事先請教醫生治療前後是否可以使用抗生素。

牙齦問題

如果發現牙齦旁邊長牙包，刷牙時會流血，一定要找醫生看診。這可能是口腔潰瘍或是化膿性肉芽腫。肉芽腫應該會在生產後自行消失，要是在懷孕期間會讓孕婦很不舒服，醫生或是牙醫師可以進行外科手術移除。

喘不過氣來

「有時候會覺得上氣不接下氣，這是正常現象嗎？」

可以的話做個深呼吸，然後放輕鬆。輕微的喘不過氣來是正常的，許多孕婦到了妊娠中期都會發生，這又是妊娠荷爾蒙在作祟。荷爾蒙會刺激呼吸中樞，以提高呼吸的頻率和深度，讓孕婦即使只是走到洗手間都有種喘不過氣的感覺。此外，荷爾蒙還會使體內以的微血管脹大，就連呼吸道裡的也一樣，並且鬆弛肺臟和支氣管的肌肉，讓呼吸更加困難。隨著妊娠的進展，日漸成長的子宮會向上推擠到橫膈膜，減少肺部空間，呼吸會變得更費力。

雖然稍微喘不過氣會有些不舒服，但是完全不影響寶寶的安全，他（她）可以從胎盤接收到充足的氧氣。如果一直覺得喘不過氣來，要告訴醫師，或許要測一下妳的鐵含量（參考386頁）。而且，要是覺得呼吸困難，嘴唇或指尖發青泛紫，甚至伴隨著胸口疼痛和脈搏快速跳動，必須立即就醫或聯絡醫生。

✿ 流鼻血和鼻塞

「我鼻塞得嚴重，有時還會沒來由地流鼻血。這是懷孕引起的嗎？」

懷孕時期不是只有肚子才會脹大，身體中雌激素和黃體素的濃度上升，導致血流量增加，鼻黏膜也會變得柔軟而腫脹（很像子宮頸為了分娩而預做準備的情況）。鼻黏膜也會製造更多的鼻涕，這是為了將細菌阻隔在身體之外。結果不怎麼令人愉快：鼻塞、甚至可能會流鼻血。更慘的是還可能鼻涕倒流，偶爾會造成夜間咳嗽或作嘔。

要是鼻塞真的讓妳很不舒服，可以試試生理鹽水噴劑和鼻貼片，也可以使用加濕器來增加空氣中的濕氣，以降低因空氣乾燥而引發的不適。妊娠期間醫生通常不會開立處方或是抗組織胺鼻噴劑，但是有些醫生會在懷孕三個月後，開給孕婦鼻塞藥（充血緩和劑）和類固醇噴劑（參考808頁），務必詢問醫生的意見。

若醫師同意，可額外補充250毫克的維他命C，還要多吃富含維他命C的食物，有助於強化微血管機能，減少流鼻血的機會。有時候大力擤鼻子也會造成流鼻血，這點也要注意。

若要止住鼻血，應該向前微傾坐下或站立，不要躺下或向後仰。以大拇指和食指捏著鼻孔的正上方和鼻樑的下部達五分鐘，如果血流不止的話，可反覆進行。試了三次還是無法控制，或鼻血流得頻繁量多，就要與醫師聯絡。

睡不好？

懷孕荷爾蒙或是日益增大的肚子讓妳睡不好？睡眠問題在懷孕時期很常見，失眠正好可做為日後寶寶出生半夜經常起床餵奶的練習。到藥局購買安眠藥之前，請務必取得醫師的同意，醫生應該會有其它方法可以幫助妳入眠。也可以參考435頁，參考失眠的解決方法。

打鼾

「先生說我最近常常打鼾，是否又是另一個暫時出現的妊娠症狀？」

家裡被抱怨會打鼾的通常是男性，因為他們打鼾的機率是女性的兩倍。也就是說，妊娠荷爾蒙大舉作用之下，恐怕就要換男人嘗嘗睡眠被打擾的滋味。

沒錯，打鼾也算是個出乎意料的妊娠症狀。通常，妊娠打鼾並不會妨礙睡眠，只會吵到枕邊人。睡覺時發出如此巨大聲響，可能是一般的妊娠期鼻塞所引起，這現象會在躺下的時候更嚴重。睡覺時把加濕器開著、貼上鼻貼片，都會緩解鼻塞而有所幫助；用好幾個枕頭把頭墊高也行，這樣也可緩和胃燒灼現象，可謂雙贏作法。

懷孕時體重增加過多也會造成打鼾，因此要注意體重。

極少數的情況下，打鼾是妊娠糖尿病或者睡眠呼吸中止的徵兆，現在孕婦是為了兩個人而呼吸，所以下回產檢的時候，最好向醫生詢問打鼾的情形。

哮喘與懷孕

發現自己懷孕了，每個女人都會嚇得喘不過氣來，這是真的，等長大的子宮擠到橫隔膜妳就會曉得。但如果妳患有氣喘病，喘不過氣來又懷有身孕，確實會帶來許多額外困擾。嚴重氣喘若控制得不好，確實會提高併發症的風險，例如早產、新生兒體重過輕，或子癇前症，這項風險幾乎能夠完全消除。氣喘病孕婦如能在嚴謹而專業的醫療監控下（最好能夠結合內科、甚或過敏科的專科醫師，與產科醫師共同會診），那麼也可以和健康的孕婦一般，安全渡過妊娠並生個健康寶寶，可以稍稍鬆口氣了吧。

妳和醫師可能需重新檢討目前的服藥計畫（一般來說，吸入式的藥物似乎要比口服的來得更為安全）。因為現在是一人吸兩人用，獲得足夠氧氣是加倍重要。萬一氣喘發作的話，要立即服用醫師開的處方藥物，通常會是albuterol，以免剝奪胎兒的氧氣供應。如果藥物沒有幫助，則要打電話給醫師，或立即前往最近的急診室。氣喘發作可能會引發早期的子宮收縮，不過當發作止息時，通常子宮收縮也就停止了（因此必須迅速接受治療）。

至於陣痛和分娩，很可能妳和其他的媽媽沒什麼不同。要是氣喘情況嚴重，必須仰賴口服的類固醇或可體松類（cortisone-type）藥物，或許也還需要藉助類固醇的靜脈注射，以協助孕婦面對陣痛和分娩時的壓力。

雖然控制妥當的哮喘對懷孕的影響微乎其微，懷孕卻會對氣喘有所影響，程度則因人而異。約有三分之一的氣喘病孕婦，影響結果是正面的——亦即氣喘病改善了。另外的三分之一大約維持不變，而剩下的三分之一則會惡化（通常是病況最嚴重的那些人）。如果之前曾經懷孕過，那麼妳可能會發現，這次懷孕的氣喘情況就跟過去懷孕時的情形一模一樣。

過敏

「自從懷孕以來，我的過敏情形似乎越來越惡化，一天到晚一把鼻涕一把眼淚流個不停。」

妳可能把妊娠期的鼻塞現象誤認為過敏了，不過懷孕也會使原本的過敏情況更為嚴重。也有可能懷孕反而使得妳的過敏情況獲得舒緩。約有三成的孕婦過敏情況反而獲得改善，另外三成會變嚴重，其餘的則是保持原狀。看來妳似乎沒那麼幸運，但也別自行到藥局購買抗組織胺來治療過敏，一定要問過醫生哪些成藥可以安心服用。如果妳在發現懷孕前已服用了不在安全範圍內的成藥，也毋需過於擔心。

懷孕前就施打完的抗敏針是安全的，大部分的過敏學專家認為在懷孕期間打抗敏針並非明智之舉，可能會導致預料之外的問題。

不過在妊娠期間處理過敏的最好方法便是預防，避開過敏源也有助於降低寶寶發育成過敏兒的風險。可以嘗試下列方法來減少打噴嚏：

◆ 如果是花粉或其他戶外過敏原所造成，那麼在容易受影響的季節，要盡可能待在有空調和有空氣濾淨設備的地方。進到室內後，先清洗雙手和臉部，把衣服換掉以除去花粉。在戶外時要配戴大型彎曲密實的太陽眼鏡，以防花粉飄入眼睛。

◆花粉或其他戶外過敏原讓妳不適的話，盡量待在有空調和空氣濾清器的屋子裡。外出時，戴上太陽眼鏡防止花粉飛進眼睛裡，從外頭回家時，務必徹底洗手更衣，以除去花粉。

◆過敏原如果是灰塵，可以請他人處理灰塵和打掃（真是喘口氣的好理由），使用吸塵器（尤其是有 HEPA 濾網的機型）、濕抹布或除塵掃把，比較不會揚起灰塵，極細纖維的除塵紙也比傳統的雞毛撢子好。遠離塵埃多的地方，如閣樓、地下室等等。

◆過敏原如果是寵物，就得遠離貓狗。要是自家的寵物突然讓妳過敏，就在家中定出「寵物止步區」，尤其是臥室。

對花生過敏嗎？

花生三明治方便製作又美味，但是花生醬對肚子裡的小花生米安全嗎？現在吃會不會導致小寶寶長大對花生過敏？

幸好，最近研究顯示懷孕時吃花生不僅並不會引發胎兒對花生或其他東西的過敏症，事實上還可能會有預防效果。只要妳自己並沒有對花生過敏，就不需要跳過花生醬不吃，說不定還比之前更有理由多來一點。

乳製品或其他極容易引起過敏的食品也是一樣，如果你自己對它們不會過敏，就沒有理由在妊娠期避開任何過敏食物。媽媽吃了沒事，也不會引起肚子裡的寶寶過敏。

> 也就是說，如果你曾經發生過食物過敏，請和醫師以及過敏科專家討論，懷孕或授乳的時候是否應該限制飲食。每個人得到的建議可能不盡相同。

陰道分泌物

「我發現陰道有少量分泌物，我是否受到感染了？」

在整個妊娠期間，出現稀薄、乳狀、帶點氣味的分泌物（白帶）是正常現象，白帶的作用是為了保護產道不受感染，並且維持陰道內的細菌平衡。唯一的缺點的是會讓孕婦覺得不舒服，一直到足月以前，分泌物會持續增加，而且量會變得相當多，因此許多準媽媽到後期會使用衛生護墊，好讓自己更為清爽舒服。不要使用衛生棉條，可能會把病菌引入陰道。

除了濕濕黏黏不舒服以外（可能也會造成口交性愛時感官上的困擾），不用擔心這種分泌物。保持乾淨清潔就好，但是不要用灌洗器清洗，灌洗會導致陰道內微生物失衡，而造成細菌性陰道炎（參考792頁）。妳也不需要外陰部專用的濕巾，因為陰道自己就會保持潔淨。非得要「乾爽」才行的話，一定要選酸鹼性安全無虞且不含酒精及化學藥劑的產品（改變自然分泌物的酸鹼度會增加感染風險）。如果發現任何不尋常的氣味，例如魚腥味，或刺激、紅腫或其他感染跡象（參考789頁），一定要告知醫師。

血壓升高

「上回產檢時，醫師說我的血壓稍微升高，我該為此擔心嗎？」

放輕輕鬆，擔心血壓問題只會使血壓更高，一次產檢發現血壓微幅升高，大概沒什麼好擔心的，很多小事都會讓血壓升高，像是赴診途中塞車讓妳緊張、辦公室還有一堆公事等著完成、擔心體重增加太多或太少、有問題要向醫生說、急著想聽到胎兒的心跳聲……或是醫療場所的氛圍讓妳緊張不安，而出現所謂的「白袍高血壓」。當妳放鬆下來後，血壓可能就完全正常了。為了確保沒有其他因素干擾血壓判讀，下回產檢前，可趁候診時先做些舒壓運動（參考233頁），或是量血壓時想想開心的事情也會有所幫助。

要是血壓仍然微幅升高（大約1％到2％的孕婦會碰到），這種暫時性高血壓對身體無害，而且分娩後便會消失。

在妊娠中期，大多數的孕婦血壓會稍微降低，因為血流量增加，身體日以繼夜為了寶寶的成長而努力運作。但是到了妊娠後期，血壓會稍微升高，如果升得太高，收縮壓（較高的數值）在140以上，或舒張壓（較低的數值）在90以上，而且兩次的數值都持續偏高的話，醫生將會進行密切觀察。懷孕時血壓升高的話有時會增加日後罹患心血管疾病的風險，但目前比較需要注意的則是：如果伴隨著尿蛋白、手、腳踝、臉部浮腫以及嚴重頭痛，就有可能罹患子癇前症。萬一出現任何子癇前症的症狀（參考826頁），要立即就醫。

尿糖

「上回產檢時，醫師說我有尿糖，還叫我不必太擔心，可是尿糖不是糖尿病的症狀嗎？」

聽醫師的建議——不必擔心！懷孕期間一次產檢出現少量尿糖並不是糖尿病。身體八成正在執行任務：確定一下仰賴妳供應熱量的胎兒是否獲得充份的葡萄糖。

胰島素專門調節血液中葡萄糖的數值，並確定體內細胞攝取了足量的營養素。懷孕時會啟動抗胰島素的機制，以確保充份的糖留存在血液內循環，以滋養胎兒。然而，有時抗胰島素的效應過於強烈，會導致血液中保留太多的糖分，超乎母體與寶寶的需求，也超過腎臟所能負荷，過量的糖就會「滲入」尿液中。尿糖在抗胰島素作用強烈的妊娠中期很常見。事實上，約有半數的孕婦，在妊娠期間都會出現輕微的尿糖現象。

身體對血糖升高的應付辦法，便是增加胰島素的分泌，下一次產檢前，尿糖的問題應該會自行排除，妳的情形可能正是如此。要是原來就患有糖尿病或有糖尿病傾向的孕婦（糖尿病家族病史，或是年齡、體重的關係），身體可能無法分泌充分的胰島素來處理增加的血糖，或是胰島素無法發揮正常功用，導致血糖和尿糖持續偏高。至於原先沒有糖尿病的孕婦，此症狀被稱為妊娠糖尿病。（參考824頁）。

孕婦會在第28週進行葡萄糖篩檢，以查看是否罹患妊娠糖尿病，高危險群婦女則會提前進行篩檢，在這之前不要自己瞎操心。

爸爸們看過來

「都怪荷爾蒙不好（真的）」

你以為身為男人，不可能像女人那樣因為荷爾蒙而情緒化嗎？那倒不盡然。研究顯示，孩子即將出生或是剛當上爸爸的男人體內睪固酮濃度降低，而雌二醇（一種女性荷爾蒙）濃度則會上升。這種動物世界普遍可見的荷爾蒙改變，並不是隨便或大自然在開玩笑。

據推測，如此設計是要觸發雄性的慈愛之心，讓即將做爸爸的想要照顧小孩，拿出做父親的那一面。這不僅幫你準備好動手換尿布，也可以協助妳適應接下來即將面臨的變化，包括夫妻倆的互動型態。

荷爾蒙的濃度變化，也會造成準爸爸出現奇特而出乎意料的擬孕症狀（參考254頁）。此外，還會抑制準爸爸的性慾（這往往是件好事，因為在懷孕期間慾火中燒可不太方便，要是家裡添了個嬰兒更是不便）。通常在產後三到六個月之內荷爾蒙又會回復，擬孕症狀便會告一段落，還有性慾方面也一如往常（不過在寶寶能一覺到天亮之前，並不必然表示性生活也會一如往常）。

胎動

「為什麼還感覺不到胎動，是不是哪裡不對勁？還是我太遲鈍感受不到？」

忘掉驗孕時的兩條線、早期超音波檢查、日漸隆起的肚子、甚至是胎兒的心跳聲吧！沒有什麼比感受到胎動更能確定有個新生命正在腹中成長。

通常，很少會在第四個月時就感受到胎動，尤其是初產婦。雖然寶寶在第7週時就會有自發性動作，可是這些小擺動對孕婦來說並不明顯。第一次重要的生命躍動，或稱為「胎動期」，可能出現在第14週到第26週之間。但是孕婦大部分在第18週到第22週之間才會感到第一次胎動，時間稍有出入都是正常的。相較於初次懷孕的初產婦，生過孩子的經產婦因為有經驗可循，加上子宮肌肉較鬆弛，通常較早察覺到胎動。非常苗條的孕婦早早就可以察覺到輕微的胎動，皮下脂肪較厚的孕婦可能要等到胎動很活潑了才會察覺。胎盤的位置可能也有影響，胎盤在前方的話，會包覆住胎兒的動作，讓媽媽等待更久才感受到胎動。

有時候察覺不到胎動是因為算錯了預產期，也可能是準媽媽誤把胎動當成脹氣或是腸胃蠕動。

胎動到底是什麼感覺呢？這真的很難形容。最普遍的說法大概是「腹中的擺動」和「蝴蝶在飛舞」。也有人描述為「輕碰或輕推」、「抽動」、「隆隆作響的肚子」、「有人在拍我的肚子」、「泡泡破掉」、「蠕動」、「坐在雲霄飛車被倒轉過來」等等。無論真實的感覺如何，當妳終於體會到這就是胎動時，臉上一定會浮現幸福的一抹笑容。

體形的變化

「我很重視自己的體態，現在看到鏡子或站上體重計時，心裡就難過，我看起來好胖喔！」

女性終其一生都在和體重奮鬥，懷孕時體重節節上升真讓人沮喪。別這樣！懷孕時體重增加是天經地義的事，只要妳不是放縱自己，而是健康的為寶寶攝取營養就沒問題。

週遭的人和妳的伴侶都會覺得妳的外在和內在一樣美，圓圓的肚子不但性感，還是最具女人味的體形！別再為了身材的變化難過，好好享受這段美好時光和性感的「圓」曲線。只要飲食正常，不超過妊娠期的建議增加體重，就不用覺得自己「胖」，妳絕對是個美麗的孕婦。至於多出來的腰圍，只要懷孕就會發生，寶寶一旦出生很快就會消失。

要是超過了體重增加限度，沮喪沒有任何幫助，反而會助長食慾。從現在開始盯緊自己的飲食，好好節制，切莫因為擔心增加太多體重，而縮減妊娠時期的飲食需求，這樣對寶寶有害。可以更聰明的選擇食物，放慢體重增加的速度，像是把冰淇淋換成草莓果昔，能減少熱量又可以吸收到較多的鈣質，還能攝取維生素C。

一心盯著體重計不是唯一的方法。適量運動有助於讓體重增加在對的地方（腹部，而不是大腿和臀部），還有另一個好處是讓人保持心情愉快。

合適的孕婦裝也會讓妳心情愉快，硬是將身懷六甲的體態塞入平常的服裝，很容易像顆圓滾滾的粽子。選購漂亮的孕婦裝，享受自己的體態，剪個能讓臉看起來較小的髮型，好好保養皮膚，花點時間上妝，妳一定會重新愛上鏡中的自己，有關孕期的化妝技巧可參考238頁。

最重要的是要記得鏡子裡的那個妳，正在努力製造一個嬰兒。有什麼會比這還美的呢？

孕婦裝

「我再也擠不進原本的牛仔褲了，可是又很怕去買孕婦裝。」

孕婦裝可是越來越時髦了，回溯以往，孕婦裝只限於簡樸的罩衫和寬鬆的長褲。現在的孕婦裝不只好看而且實穿，就算產後身材恢復，還可以搭配其他配飾繼續穿著。可以到孕婦服飾店或是上網購買，妳一定會買得很開心，不再害怕購買孕婦裝。

選購時不妨考慮下列因素：

- 現在的體形還有很大的變化空間，可不要在穿不下牛仔褲的第一天，就到孕婦店大肆採購。孕婦裝可不便宜，能穿的時間也不長，最好是隨著體形的變化或是有需要時才購買。順便查看現有的衣物是否可拿來作搭配，妳會發現需要購買的衣物沒想像中多。試穿時，可以將店裡的妊娠枕頭放在衣服內，看看肚子更大後是否合穿，最重要的是挑選最舒適的衣物。

◆不要受限於孕婦裝。只要合穿，即使不是孕婦專用也沒關係。購買一般服飾在懷孕時穿（或利用手邊現有的衣物），是避免把金錢花在短時間穿著的最佳方法。也可以從一般的服裝裡找到適合孕婦的衣服，像是娃娃裝。不過也不要花費太多，儘管現在很喜歡，可是經過整個妊娠期，喜愛的程度可能會大打折扣，一旦分娩後恢復產前的身材，可能又會嫌這些衣服太大件。

◆炫耀美麗的大肚子。很多孕婦裝的設計都會強調孕婦漂亮的大肚子，讓妳看來性感又有孕味。只要穿搭得宜，突出的大肚子反而會讓身體和四肢更顯瘦。還可以選擇低腰剪裁的下半身衣著，把低腰的牛仔褲或是褲子穿在肚子的下方，讓孕婦看起來更修長。

◆說到炫耀，不妨挑出妳最滿意的部位，也許是美腿、手臂……甚至是乳溝，就選能夠凸顯這些本錢的衣著來穿吧。

◆先生的衣櫥是孕婦的好朋友，裡頭應有盡有任妳挑選（不過最好先徵得丈夫同意），寬鬆的T恤和襯衫，配上長褲、內搭褲或運動褲，給自己微突的肚子一點喘息的空間。先生的皮帶也可以拿來運用，未來幾個月都不用太擔心穿著。但是不論伴侶的身材有多壯，六個月後妳大概就穿不進他的衣物了。

◆互通有無。別人提供的二手孕婦裝只要穿得下就照單全收，孕婦洋裝、背心裙、寬鬆的長褲……。巧妙搭配自己的配件，像是一條令人驚豔的絲巾、一副大膽的耳環、甚至是一雙閃亮的膠底鞋，讓借來的衣物更有妳的個人風格。分娩後，可以將不合穿或不想穿的衣物送給剛懷孕的友人，如此一來一往的交流，花在孕婦裝的開銷就更值得了。

◆也可以用租的。如果要參加喜宴或其他正式場合，但不想為了只穿一個晚上的全套孕婦裝扮花大把銀子，可以考慮租一件來穿。這類孕婦裝出租公司越來越多，甚至有些人靠這樣度過整個妊娠期呢！

◆孕婦最重要的配件是大家看不到的內衣。乳房脹大時，一件合身又支撐良好的胸罩是必備品。略過那些拍賣攤位，請經驗豐富的專櫃人員幫妳選擇適合的內衣，她們知道要預留多少空間，以及什麼樣的內衣支撐良好又舒服。買一些夠用，等更豐滿時再去添購，晉升到一個罩杯一次。

◆並不一定要買孕婦專用內褲，真的要買的話，孕婦會很開心的發現款式已經不再侷限於阿嬤的大內褲了。可以選擇比平常大一號的比基尼三角褲穿在肚子下方，讓自己舒服。大膽選擇自己喜歡的顏色或性感的款式，只要底布是棉質的就沒有問題。

◆棉質比較清爽。孕婦並不適合穿著悶熱的衣物（不透氣的質料，像是尼龍和其他合成纖維）。因為新陳代謝率比平常高，更容易覺得熱，棉質衣物會舒服許多，也比較不會長疹子。及膝或到大腿的襪子要比褲襪舒服，可是襪口要避免太緊的鬆緊帶。在酷熱的季節，輕淡的顏色、網狀的織法、寬鬆的衣物也有助妳保持清爽。天氣轉涼時，多層次的穿搭最理想，熱的時候可以脫、冷的時候也可以一件一件穿上。

體重增加也要看起來苗條

懷孕變胖不代表不能靠穿搭讓自己顯得更苗條。選擇適合的服裝，突顯肚子就能讓身材看起來變瘦。試試看下面這些方法：

選擇黑色衣物～黑色、深藍色、咖啡色或是深灰色都可以修飾身材，讓妳看起來比較瘦。即使是一件簡單的深色T恤和韻律褲都能發揮功效。

選擇同色調衣物～全身穿著同色調的衣服，看起來較為修長，也不會因為顏色的變化，而注意到妳的體型。如果上半身和下半身的顏色差異很大，會覺得身體變短、臀部變大。

單色調令妳厭煩，想要多些設計感是嗎？要找圖案大小適當的才好。圖案太小就顯得穿的人太大，圖案大那妳就更大囉。目標鎖定尺寸不大不小的，差不多就高爾夫球那麼大，看起來恰到好處。而且要找只用兩、三個顏色的圖案。太花俏會覺得比較豐滿。

選擇直條紋～直條紋顯瘦是服裝界不變的真理，橫條紋會讓身材變寬。直條紋的衣物是聰明的選擇。

顯露優勢～懷孕最大的優勢就是罩杯升級，這時候露乳溝會比露出水腫的小腿好。穿上褲子或是深色內搭褲都可以讓雙腿看起來更瘦。

選擇肩線合適的衣物～妳所選購的衣服在肚子和臀部的地方，要保留伸展空間。肩膀則要合身，因為肩膀在整個孕期不會有太大的變化，要是肩線太寬，看起來會鬆鬆垮垮的沒精神。也不要穿太緊，像顆粽子反而會顯露缺點。

煩人的忠告

「現在人人都看得出來我身懷六甲，從婆婆一直到電梯內的陌生人，大家都會熱心的給我一堆建議，真叫人吃不消。」

除非退隱到無人島上，否則是無法避免這些不請自來的忠告。大家都希望孕婦健康平安，所以當妳繞著公園晨跑時，必定有人會出聲：「孕婦別做這麼激烈的運動吧！」從超市提著兩袋日用品時，也會聽到：「幹嘛提這麼重？」快樂的舔著冰淇淋時，週遭熱心的人便會殘酷的提醒妳：「小心生完減不回來。」

面對這類管東管西的傢伙、順口提供的意見，更別提還有愛猜寶寶是男是女的好事者，孕婦該如何自處？首先記住一點，妳所聽到的大部分是胡說八道。有事實根據的傳統習俗早就獲得科學證實而成為醫療標準，而不被採信卻依然流傳的習俗，聽聽就好，無需掛心。真讓妳擔心的話，最好向醫師、護士或助產士求證。

不管這些惱人的忠告是否言之有理或是荒謬無稽，都別因此動肝火，生氣對妳和寶寶都沒有好處。不如隨時保持高度EQ和幽默感，可以禮貌地向好心的陌生人、朋友、或親戚表示，妳的醫師很專業，而且妳也很乖的遵守他的叮嚀。或者只要點頭微笑，然後依舊「我行我素」，把他們的話當耳邊風。

不論採取哪一種應對方式，最好都能習以為常。要是有人比孕婦更容易引來旁人的目光與嘮叨，那一定是剛生產完的媽媽。

總是被亂摸肚子

「肚子大起來後，朋友、同事、甚至是陌生人，問都不問一聲就往我肚子摸，真讓人不舒服！」

肚子圓圓的好可愛，而且裡面還有更可愛的，孕婦的大肚子總是讓人難以抗拒的想要摸一下，但是沒經過媽媽的同意，確實很不恰當。有些孕婦並不介意成為眾人矚目的焦點，有人還樂在其中呢！不過還是要堅守底線，自己的肚子自己照顧。雖然孩子要全村一起來關懷，可不像某些人以為那樣是公共財產，總不能放任隨便大家摸肚皮。要是撫摸讓妳不舒服，不要猶豫，馬上說出來吧。

妳可以直言不諱但有禮貌的說：「我知道大肚子很誘人，可是我不太喜歡被亂摸。」或者幽默的說：「寶寶在睡覺，請勿觸碰。」還可以試試「以摸還摸」，被亂摸時立刻回摸對方的肚子，這麼一來，下次這些人又想要亂摸的時候，可能就會三思而後行了。妳也可以什麼話都不說，雙手防衛性的環抱著肚子，或是直接把對方的手從自己的肚子上移到別的地方，例如放在那人自己的肚子上。

健忘

「上週我沒帶手機就出門，今天早上又把重要的約會忘得一乾二淨。我無法集中精神，怎麼會如此健忘呢？」

很多孕婦和妳一樣，彷彿隨著體重逐日增加，腦細胞也日漸減少。即使是一向對自己的組織應變能力和冷靜自豪的婦女，懷孕時都會發現很難集中精神、常常忘記約定、錯過會議、無法保持冷靜（尤其是找不到錢包和手機時）。研究發現婦女在懷孕時，腦細胞會減少，（這就能解釋為什麼妳總是讀過就忘了）；而且平均而言，懷女寶寶比男寶寶的媽媽更健忘。所幸這種「沒頭沒腦症候群」和月經來之前的情況一樣只是暫時的，生完幾個月後就會恢復了。

和其它的症狀一樣，健忘也是懷孕荷爾蒙所造成的變化。睡眠品質不好也有影響，睡得越少記憶力就越差，也越難專注。再加上孕婦的心思都放在寶寶身上，像是嬰兒房的顏色挑選、寶寶的名字等等，健忘的情形就會更加明顯。

為了健忘而煩惱的話只會讓問題更嚴重，因為壓力使人更健忘，只要接受這是正常現象而不是頭腦有問題，甚至以幽默感來應對，都能有助於減輕症狀。盡量減少生活上的壓力也會有所助益。要像懷孕前一樣有效率勢必比較難，可以利用手機記下待辦清單並且設定提醒，有助於不至全面失控，當然前提是妳要記得手機放哪去了。重要日期，和別人的約會，要設鬧鈴，並且活用懷孕知識百科 app (What to expect app)。關鍵位置貼一張備忘表，例如大門上，提醒自己出門前要做的事，也能讓妳的生活保持正軌。

雖然銀杏葉號稱有增強記憶的功效，可是妊娠期間使用並不安全，懷孕時還是不要使用任何藥草來治療健忘。不過，倒是可以藉由正當的蛋白質及複合醣類飲食當中得到幫助，而且是分成最能持久的六小餐。進食間隔太久會導致低血糖，正是記不清楚事情的幫兇。

最好是習慣自己的工作效率會稍微降低，因為情況可能會持續到生產後（並非荷爾蒙作祟，而是因為照顧小寶貝的疲勞），記憶力或許要等到寶寶一覺到天亮時才能完全恢復。

妳必須知道的：妊娠期間的運動

背痛、足踝腫脹會讓妳無法入眠嗎？便秘、脹氣和不斷排氣造成困擾嗎？雖然這些都是懷孕造成的，但還是有方法可以將不適減到最輕，那就是運動，而且一天只要三十分鐘。以為懷孕後就可以好好放鬆不用運動嗎？事實上，只需每天運動三十分鐘就夠了。妳以為懷孕時就應發懶隨興嗎？現在已經不這麼認為。美國婦產科學會的建議，聽起來就好像健身教練在講話：正常懷孕的婦女應該儘量每天至少適度運動三十分鐘。

只要醫生同意，就趕緊加入孕婦的運動行列吧。不管妳在懷孕前是鐵人三項比賽的高手，還是愛賴在沙發上看電視都沒有關係，不同的體能狀態各自有合適的運動。

收縮…放鬆…收縮…勤加練習
凱格爾運動

有什麼鍛練方法可以不用特地到健身房，也不會滿身是汗、無論是坐在沙發上、坐在辦公桌前、購物站著排隊結帳、搭乘交通工具、吃午餐、瀏覽育兒用品，甚至是做愛時，隨時隨地都能進行的呢？

只給各位介紹凱格爾運動，可以鍛練身上最為重要的一組肌肉：骨盆底肌群。妳或許不曾注意過它們，甚至還不曉得自己有這些肌肉呢！趁此機會好好認識認識：它們是用來支撐妳的子宮、膀胱和腸子，而且還可以極度伸展讓寶寶通過。也是要靠這些肌肉，才不致於在咳嗽或大笑的時候漏尿。只有失去這個能力的人才懂得珍惜，產後發生失禁情況的時候妳就會有深刻體認。這些肌肉的本事不只於此，還可以增進性生活樂趣，滿意度更高。

幸好訓練這裡的肌肉很簡單，凱格爾運動只要少少的時間和精力，五分鐘就能完成，一天三次，效果令人滿意。強壯的骨盆底肌肉可以減輕許多孕期和產後的症狀，像是痔瘡、大小便失禁等。此外，懷孕期間認真練凱格爾運動，更有助於生產後陰道回復原來緊實彈性，即使最後剖腹產也一樣有此效果。

準備好來做凱格爾運動了嗎？首先，緊縮陰道和肛門週圍的肌肉，就像是上廁所時中斷尿液一樣，保持收縮狀態十秒鐘，然後慢慢鬆開肌肉，重覆相同的動作。每天三回，每個回合二十次，要注意只有陰道和肛門肌肉需要緊縮，如果感覺腹部、大腿或肛門緊縮，這樣就沒有鍛練到正確的肌肉。懷孕時一定要勤做這項運動，骨盆底肌肉一定會越來越強韌，一輩子都受用無窮。也可以在做愛時鍛練，自己和另一半都會感到其中的差異和快感（聽起來是不是很令人期待呢）。

運動的好處（要知道接下來的日子會帶來什麼嗎？規律的運動能有效幫助）

◆ 增加活力。休息太多有時會讓人更累、更沒力氣。做些運動反而能增加身體的活力。

◆ 幫助睡眠。許多孕婦都有睡眠困擾，但是經常運動可以讓妳睡得更好更香甜。不要在就寢前才開始練身體。

◆身體健康。運動要是能配上合宜增重及和健康飲食，可以避免罹患妊娠糖尿病，越來越多孕婦有這方面的問題。

◆心情愉悅。運動可以讓大腦分泌腦內啡，使人心情愉快，精力充沛，還能降低壓力和焦慮。

◆強健背部。背痛是孕期常見的問題，強壯的腹部肌肉可以對付背痛。即使不是直接訓練腹部肌肉，也可以減輕背部壓力和疼痛。

◆伸展肌肉。多做伸展運動對孕婦很好，肌肉不緊繃就會減少抽筋的次數。伸展運動可降低肌肉疼痛程度，而且隨時隨地都可以進行，還不用搞得全身汗流浹背。

◆幫助排便。運動能促進排便順暢，即使是散步十分鐘也有效益。凱格爾運動也行（參考353頁）。

◆加速產程。雖然不一定保證能加快生產的速度，但是有運動的媽媽，產程大多比較短。而且不需太多醫療介入（包括剖腹產）。

◆產後恢復。懷孕時越常適度地運動，產後越快恢復體力，而且也越快擠進心愛的緊身牛仔褲。

找到運動的活力與衝勁

妳在懷孕過程中的任務之一是運動（而且受有許多運動的理由）。平常不愛運動的人可能會覺得一天運動三十分鐘很久，那就慢慢增加，不要勉強自己一次就要達成。如果這樣還是不管用，也可以改成一天運動三次，一次十分鐘，甚至是六個五分鐘的活動，這和一次走三十分鐘的跑步機功效是一樣的。

還是提不起勁？那就努力說服自己，運動是每天必做的事情，就像刷牙、洗澡、去上班一樣。進行了幾天之後，運動一定會變成每日行程，不運動就渾身不舒服。

要是找不出時間健身，那就將運動和生活融合在一起。譬如說提早兩站下公車，再走路到辦公室；買菜時將車停在離賣場入口最遠的地方，不需一直打轉找最近的位置才停，甚至在賣場多逛個兩圈也很好；午餐不叫外送，自己走到餐廳；坐電梯改成走樓梯，也不要站在手扶梯上不動，可以跟著走上去；若要上廁所就找最遠的那一間。

有時間但是沒動力？那就參加孕婦運動課程，一群人一起運動一定能激發妳的意志力，或是找個朋友午休時一起散步、週末先一起去步道健行再吃早午餐。做得膩了？跑累就可以試試看妊娠瑜伽，飛輪沒效就改成游泳。或是買妊娠健身操的DVD自己在家跟著做，總之要想辦法讓自己愛上運動。

當然，身體難免會不想運動，特別是妊娠初期和晚期，如果累到連站起來的力氣都沒有，那就坐在沙發上抬抬腳，練練肌肉、做做伸展運動也很好。懷孕是運動的好時機，而且有充分的理由。

那運動對寶寶有什麼好處呢？好處可多了！研究人員認為媽媽運動時心跳、血液循環的變化可以刺激胎兒的感官，同時也會感受到媽媽運動時的聲音和步調，懷孕時定期運動對寶寶會有下列幫助：

◆ 寶寶更強壯。規律運動的孕婦，寶寶出生時體重正常、更能承受生產時的過程和壓力，而且更快適應出生後的變化。隨媽媽的心跳加速，胎兒的心率也會跟著上升，等於是也做了心肺功能鍛練，使得長大之後心臟更加健康。

◆寶寶更聰明。不管妳相不相信，研究指出規律運動的孕婦，寶寶在五歲時的智商測試成績比同年齡的孩童高。也就是說運動不但強健妳的體魄，還能讓寶寶更聰明。

◆寶寶更聽話。規律運動的孕婦，寶寶更快能睡過夜，不用半夜起床餵奶，也較少發生腸絞痛的問題，而且懂得自得其樂、緩和自己的情緒。

聰明運動

帶著肚子的寶寶運動，要更加謹慎，下面有幾點要注意：

◆運動前補充水分。為了避免脫水，即使口不渴，運動前還是先喝點水（當妳感到口渴時表示身體已經很缺水），運動完也要喝水補充流失的水分。

◆運動前補充熱量。運動前先吃點東西可以保持體力，尤其是進行消耗許多熱量的運動。

◆保持涼爽。孕婦應該避免體溫上升超過1.5度，因此不要使用三溫暖、蒸汽室或是熱水浴，也不要在很熱、很潮濕的戶外運動；空氣不流通、溫度過高的室內運動，像是熱瑜伽也不適合孕婦。可以改到有空調的百貨公司散步。

◆衣著合宜。運動的時候，要穿著寬鬆有彈性的衣服。選擇支撐度良好的內衣，但是又不會讓妳無法呼吸，運動型胸罩應該是孕期最佳的選擇。

◆選擇合適的運動鞋。孕婦運動安全最重要，視運動種類選擇合適的鞋子能降低腳踝受傷的機率，若是鞋子過舊也得淘汰換新。

◆選擇適當地面。在室內運動時，木製地板或地毯勝過磁磚或混凝土地面。（如果地面會滑，不要穿著襪子或踩腳緊身衣運動）。戶外運動的話，柔軟的跑道、草地或泥地，則比堅硬的馬路或人行道好，儘量選擇平坦而非凹凸不平的地面。

◆避免下坡路段。日益增大的肚子會影響孕婦的平衡度，美國婦產科學會建議孕婦在妊娠後期要避免可能造成跌倒或是腹部受傷的運動，像是體操、下坡滑雪、溜冰、激烈的雙人球拍運動如網球、羽毛球，騎馬、腳踏車或是肢體撞擊運動，如冰上足棍球、足球、籃球等等，參考362頁有更詳細的介紹。

◆別爬高潛低。除非是住在高緯度地區，不然一定要避免在超過一千八百公尺的地方活動。潛水也不適合，對胎兒有減壓症的風險，要等到沒有攜帶乘客（肚裡的寶寶）時再進行。

◆避開仰躺運動。四個月後增大的子宮重量，躺著時會壓到主血管，使血液循環受限。

◆減少危險動作。孕期時繃直或伸展腳指，小腿容易抽筋，孕婦可以轉動腳踝，將腳往上身的方向拉直來代替。仰臥起坐或是抬雙腳的運動都會拉扯到腹部肌肉，並不適合孕婦；向後仰或是任何會扭轉身體、關節的運動也不適合，像是蹲下、跳躍、彈跳或是需要急速轉變方向的運動都得停止。

正確的孕期運動方式

懷孕時，不只是身體無法塞進原本的韻律服裝，平常運動的習慣可能也得稍做調整。務必要選擇適合妳和寶寶一起做的運動。下面幾項建議對於健身房愛好者或只在週末散步的孕婦都適用：

先徵求醫師的同意～在綁緊運動鞋鞋帶去參加有氧訓練前，先到婦產科問問醫師的意見。只要身體狀況良好，醫生通常會同意孕婦適量運動，除非有特殊醫療或是孕期狀況，醫生才會限制運動項目，甚至不允許妳做任何運動。假如妳是妊娠糖尿病患者，醫生反而會鼓勵妳更應認真運動。要確切知道什麼樣的運動強度適合自己，若是孕前已經有運動的習慣，也要確認繼續進行是否安全無虞。醫生通常會建議健康的孕婦，只要自己覺得狀況允許，再加上適度的調整，就可以維持孕前的運動習慣。

尊重身體的變化～可想而知，運動習慣會因身體的變化而有所調整，由於重心會隨著肚子變大而向前移，孕婦要格外小心跌倒的風險，尤其在肚子大到看不到腳指頭以後。做運動的感覺也會不一樣，就算是同一套動作已經十分熟練了也不例外。習慣走路的孕婦，會因為關節和韌帶變得鬆弛，而覺得骨盆和腳踝的壓力與日俱增。過了前三個月後，也要避免仰躺或是久站不動（例如某些瑜伽動作和太極拳的姿勢），仰躺和久站會限制身體的血液循環。

慢慢來～對於不熟的運動速度要放慢，剛開始運動時都會興致勃勃，可能會想要一次跑個五千公尺，或是在健身房待上好幾個小時，結果隔天反而肌肉酸痛全身不舒服。先從十分鐘的暖身運動開始，接著做五分鐘費勁的鍛練動作，再加上五分鐘的舒緩放鬆運動，只要覺得累就趕緊停下來休息。幾天後如果身體狀況不錯，可以慢慢增加鍛練的時間，每次增加五分鐘，最多增加到三十分鐘為止。

如果孕前就已經熱愛運動，要記得懷孕時是要維持，並不適合更進一步增強體能，等到寶寶出生後再重新設定目標也不遲。

慢慢開始～急著想開始（或結束）運動時，可能會覺得暖身運動冗長又無趣。可是運動員們都了解，暖身是不可或缺的步驟，可以確保心臟和循環的負荷不會遽然增加，保護肌肉和關節不受傷害。運動前沒有暖身容易受傷，妊娠期間更是如此。所以跑步前先步行、來回快游前先繞著泳池慢跑，或是先在池內慢慢游。

慢慢結束～運運動到體力不濟停下來休息似乎很合理，就生理學角度可不是如此。突然停止運動會使血液陷在肌肉和身體的其他部位，對胎兒的血液供應相對會減少，可能會引起暈眩、昏倒、心跳加速或噁心等現象。所以要利用運動來結束運動：跑步後步行五分鐘；激烈游泳後再慢慢的游幾下；運動後都要做些和緩的伸展運動。地板運動或是做完飛輪後，也要和緩的起身，避免暈眩、跌倒。

時間控制～運動太少發揮不了實際效益，太多則會使人虛弱。從熱身到放鬆的全套運動，大約費時30分鐘到一個小時。耗力程度要維持在溫和到適中的範圍。

持之以恆～不規律的運動方式（這週四次，下週一次也沒有）是無法保持美好的體態，只有規律運動才能立功（每週4回，最好能達到5至7次，每週都做）。如果覺得運動太費力也不必勉強，改成暖身伸展運動，既能保持肌肉靈活，又可以持續鍛鍊自己。許多孕婦發現，每天做一些運動，不一定是全套的運動，就能讓身體更有活力。再說，ACOG的醫生建議就是要每天都做運動才好。

參加團體～許多孕婦會覺得團體運動課程要比獨自運動好，可以得到旁人的支持、鼓勵和回饋，特別是缺乏自制力的人。不管參加什麼課程，都要針對孕婦特別設計，而且是由經過妊娠運動認證的教練指導。要有趣、強度中等，而且每週至少安排三次，並依個人體能狀況調整。如果可以的話，先試上再考慮是否參加。要是時間安排沒法固定，那就請一位回家，隨自己方便，參考懷孕知識百科之妊娠健身操DVD。

要有樂趣～任何一項運動，不管是團體或個人進行都應該是開心的體驗，而不能讓妳感到恐懼；要讓妳興味盎然，而不是折磨。所以要選擇會樂在其中的運動，才能持之以衡，尤其是精力不足或覺得自己太胖的時候。

節制運動量～千萬不要運動到精疲力盡的地步，特別是懷孕的準媽媽，即使是訓練有素的運動員也一樣。有些方法可以確認自己是否運動過度，不過測脈搏並不算在內，可以改掉那個習慣。如果感覺很舒暢，那八成沒有問題，要是有任何疼痛或扭傷，那就不行了；出些汗很好，如果汗如雨下，就得放慢速度；運動到大口吸氣很暢快，要是上氣不接下氣、無法講話、唱歌或是吹口哨則超過了身體所能負荷；運動後必須小睡也表示運動過量。運動完應該很快活，而非元氣大傷。

適可而止～運動到差不多時，身體會發出訊號告訴妳：「嘿，我累了！」要聽話趕緊休息。較輕微的疼痛並不一定表示有危險（例如子宮圓韌帶疼痛，參考392頁），要是每回都發生，就表示應該放慢點（例如說，別跑那麼快，或改跑為走）。更嚴重的警訊可能就得看醫生了，包括任何部位不尋常疼痛（臀、背、骨盆、胸部、頭部等等）；停止運動後持續抽筋或劇痛；子宮收縮和胸痛；頭昏眼花或暈眩；心悸或嚴重的喘不過氣；舉步困難或肌肉失控；突然頭痛；手、腳、腳踝、或臉部浮腫變嚴重；羊水流出或陰道出血；28週後胎動減緩或完全停止。

妊娠後期要逐漸減少運動～大多數孕婦在最後三個月都會稍微減少運動量，尤其是臨盆前的第九個月。此時溫和的伸展操、快走或在水中走路便可獲得充分的運動量。如果身體狀況良好，想持續同樣的運動程度或是一直運動到生產，醫生應該也不會反對，但是一定要先詢問過醫生。

不運動，也不要坐著不動～久坐不起身會使血液滯留在腿部靜脈，導致腳部浮腫，還可能引發其他問題。如果從事的工作需要久坐，或每日通車時間很久，或是經常長程旅行，記得每一個小時就要起身走動5到10分鐘。在座位上的時候，也可以做一些促進循環的運動，像是深呼吸、伸展小腿、彎彎腳、擺動腳趾等，還可以試著收縮腹部和臀部的肌肉（類似坐著的骨盆傾斜運動）。雙手要是會浮腫，可常常把手臂高舉過頭，一邊做握拳與放鬆的動作數次。

三十分鐘還是更多？

要多運動，還是每日三十分鐘就好？如果媽媽精神飽滿，身體狀況良好，醫生也同意的話，一次要運動一小時甚至更久，當然沒問題。只是準媽媽比較容易累，身體疲勞的情況下會增加運動傷害的風險。運動過度可能會造成其他問題，例如因為水分攝取不足而脫水，或是因為媽媽一直喘不過氣，導致寶寶缺氧等問題。鍛鍊的時間拉長可以燃燒較多的脂肪，但也代表媽媽要攝取更多的營養來供應寶寶，這點也是需要注意的地方。

選擇正確適合的妊娠體能鍛練

懷孕時並不適合快艇滑水、雪板或是騎馬障礙賽，但仍舊有許多健身運動對身體很好，大部份的健身設備對孕婦來講也很安全。妳可以選擇專為孕婦設計的運動課程，像是妊娠水中有氧運動、孕婦皮拉提斯和孕婦瑜伽。只要醫生認為妳的身體狀況良好，通常不會有什麼問題。有些運動，像是籃球比賽、足球、潛水或是下坡競速或登山車越野等等，就不適合挺著大肚子的孕婦。以下的運動很適合孕婦，隨時隨地都可以安全的進行。

步行～步行方便又安全，幾乎是隨時隨地都可以進行。沒有運動比步行更適合忙碌的現代人，一天中所走的路都算，即使只是走到轉角的超市或是溜狗十分鐘。孕婦可以天天步行直到生產為止，生產當天走走路也有助於加快產程。步行最大的優點是無需任何設備，不用健身房會員證也用不著找教室，只需要一雙舒服合適的運動鞋和輕爽的運動服裝即可。如果妳是步行運動新手，先放慢腳步，可以慢慢走一會兒再加快速度。天氣不適合戶外步行？那就到有空調設備的百貨公司或大賣場吧。

慢跑～孕前就固定慢跑的婦女，懷孕後也可以持續這項運動，只要適當調整慢跑的距離，選擇平坦的地面或改成健身房的跑步機。若是孕前沒有慢跑習慣，維持步行即可。妊娠期間關節和韌帶會較為鬆弛，慢跑時可能會加重膝蓋的負擔，增加運動傷害的風險，所以千萬要適可而止。

健身設備～跑步機、滑步機或是踏步機都很適合孕婦使用。將機器的速度、傾斜度和阻力調整到自己最舒服的程度，運動新手一定要慢慢來。在妊娠後期，健身設備對妳來說可能會過於吃力，當然也可能沒這感覺，一定要聆聽身體傳來的訊號；肚子大到看不到腳時，要小心別被絆倒。

水中運動～懷孕後也許不想穿上之前的小號比基尼泳裝，但是人在水中的體重只有平常的十分之一，大腹便便的妳一定會覺得重量減輕很舒服，因此妊娠期間最棒的運動非水中運動莫屬。水中運動可以加強身體的肌肉和柔軟度，但對關節和韌帶都很溫和，也不會有體溫過高的問題（除非是熱水池）。很多孕婦發現水中運動可以舒緩身體浮腫和坐骨神經疼痛。大多數的健身房都會有水中有氧課程，還有專為孕婦開設的時段，只是要留意溼滑的游泳池畔，不要潛水。

瑜珈～瑜珈強調的是放鬆、專注、並且注意呼吸，是孕婦完美的選擇，對於生產和產後恢復也都有很大的幫助。還能增加氧氣供應量和柔軟度，讓懷孕和生產的過程較為輕鬆。選擇專為孕婦設計的瑜珈教室或課程，或是請老師選擇適合孕婦的瑜珈姿勢，因為第四個月以後，孕婦就無法進行仰躺的姿勢，加上懷孕後身體重心改變，有些原本游刃有餘的姿勢也要視情況而調整。除非之前已很熟練倒立動作，在第三個月之後應避免全身倒立，不管是手撐、肩撐或頭撐都一樣；不僅是因為容易失去平衡，更由於可能會有血壓的問題。不過某些半倒立動作，例如像是下犬式，倒是得到部分醫師或助產士認可。

另一個要注意的：熱瑜珈在妊娠期間則要完全避免，熱瑜珈的教室悶不通風，溫度高達32到38度，實在不適合孕婦。

彼拉提斯運動（Pilates）～彼拉提斯和瑜伽一樣屬於衝擊度低的運動，可以增加身體的柔軟度並且強化肌肉耐力；這項運動針對核心的伸展，還能改善姿勢、減輕背痛，不僅可預防懷孕時挺著肚子會這裡疼那裡痛，就連之後要用單手抱小孩也能受惠。選擇孕婦彼拉提期課程，或是告知老師妳現在懷有身孕，有些過於伸展或是危險的動作可以選擇不做。

舞蹈／有氧體操～健康狀況良好的運動員懷孕後可以持續之前的跳舞和有氧運動，像是肚皮舞、社交舞、嘻哈、騷莎、Zumba等等。降低動作的激烈度，絕對不要運動到讓自己筋疲力盡。

初學者則要選擇傷害性低的有氧運動，水中有氧運動很適合孕婦進行。

BARRE～這類從芭蕾得到靈感的健身法對懷孕的人來說十分適合，因為腳的動作很多但很少跳躍。平衡和核心肌力的訓練也對孕婦很好，尤其是現在肚子凸出讓核心鬆垮使妳難保平衡。盡情享受這項運動帶來的好處吧，但要因應孕婦的狀況要有所調整：由於某些下肢動作會增加背部受力，肚子變大之後更明顯，應該視需要修改，譬如雙手或膝蓋放在特定位置。

階梯有氧～只要身體狀況佳，而且孕前就有這方面的訓練，懷孕後都可以持續。不過要注意妊娠期間關節和韌帶較為鬆弛，運動前一定要先做暖身伸展操。不要選擇太高的階梯，日益增大的肚子會影響身體的平衡。

飛輪～妊娠期間能不能踩飛輪？如果在懷孕之前妳已經有至少六個月以上的經驗，應該可以繼續做，但是要把運動強度調低，或是讓教練知道妳有孕在身，不要逼得那麼緊。如果氣喘吁吁甚至喘不過氣來，要記得調低一檔。為求更加舒服，將握把往身體移近一些，可以往後坐而不需前傾，才不會加劇背痛。保持坐姿踩踏，因為站起來騎對孕婦來說強度太高。如果突然覺得累，那就先別騎飛輪，等寶寶出生之後再繼續，當然要等生產完一切恢復了才行。

踢拳道～踢拳道需要很好的平衡感和速度，正是孕婦所沒有的。懷孕後會發現自己無法像以前踢得那麼高，移動的速度也會變慢，但只要身體對所有的動作都覺得舒適，還是可以持續進行（沒有經驗的孕婦完全不建議這時候學）。要確保每項動作都不會將身體繃得過緊或是傷害到自己，也要讓其他人知道妳有孕在身，並保持安全距離，才不會意外被踢中肚子。或者選擇孕婦踢拳道課程，參加的學員都是孕婦，除了會互相注意之外，也能維持良好的練習距離。

重量訓練～重訓可以增進肌肉活力，不過要避免必須使勁吆喝、閉氣和重量級的訓練，會阻礙子宮的血液供輸。改成輕量級的，多次反覆練習就好。如果做的是TRX，要請教醫師是否該有什麼調整，甚至可能需要在懷孕時暫停別做；現在也應該避免Crossfit，除非妳已有多年經驗而且醫師也贊成。

戶外運動（健行、溜冰、騎腳踏車、滑雪）～懷孕時不適合學習新的運動，尤其是需要高度平衡感的項目，但是經驗豐富的運動員只要經過醫生的同意，就可以持續孕前的活動。健行時要避免不平的路面，特別是妊娠後期，肚子會影響妳查看路面是否凹凸不平或是有石塊擋路，高海拔以及濕滑地段也應避開，應該要完全禁止攀岩。騎腳踏車要特別小心，一定要戴安全帽，避免騎在濕滑、彎曲或是崎嶇不平的路上，孕婦是經不起跌倒的。慢慢平穩的騎是最好的方式，身體不要往前傾呈競賽姿勢，會加重後背的壓力（而且懷孕也非比賽的好時機）。懷孕初期，旋轉等溜冰姿勢對於溜冰選手應該還算安全，到了後期身體逐漸喪失平衡，就不適宜繼續進行了，直排輪和騎馬也是一樣的道理。坡道滑雪或是雪板全都要避免，即使有多年經驗也一樣，嚴重的墜落或撞擊對孕婦來說極其危險，畢竟連職業選手也會不小心翻倒，更沒法估量身旁其他人的能力如何。經驗豐富的話可以持續越野滑雪和雪地行進，請務必小心不要跌倒。

太極～這是古老的東方冥想運動，太極大部分是緩慢的動作，即使是身體非常僵硬的人也很適合，可以放鬆肌肉、強化身體又不會有運動傷害。孕前就有經驗的話，懷孕後也可以繼續進行。選擇專為孕婦設計的課程，或是只做適合現在身體情況的姿勢，要避免容易失去平衡的動作。

基本妊娠運動

妳是否沒上過健身房？分不清深蹲和弓箭步？或者只是不曉得要怎麼開始為腹中胎

兒做些運動？以下列出一些簡單又安全的動作，可以在妊娠期內充分利用。

如果沒法做體能鍛練

妊娠期內做運動，的確能讓一般的孕婦和寶寶都享受到好處。可是有的時候會出現併發症，讓媽媽得要暫時停下來，遇到這種情況，最好的良方就是放輕鬆。如果醫師認為某段時間或整個懷孕期都要限制不能做運動，可以問看看是否有什麼體能鍛練動作沒有問題，例如像是手部的鍛練，或是伸展操，這樣妳就能夠坐著甚至是躺著的時候依然保持體態。詳情請參考869頁。

肩膀伸展

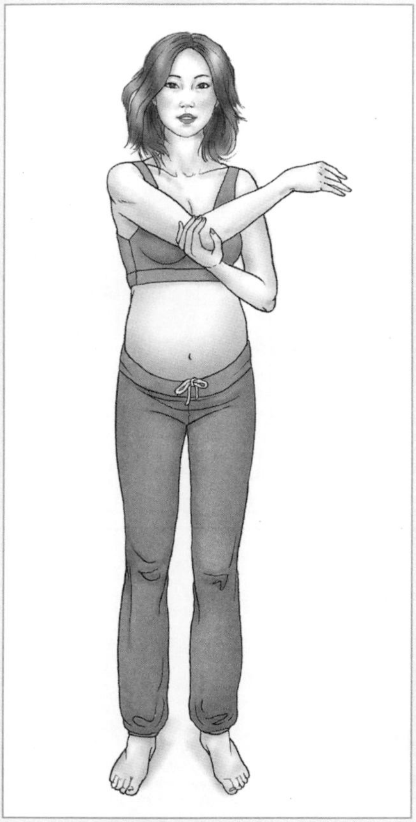

▲放鬆繃緊的肩膀，對於久坐電腦前的媽媽很好。試試這個簡單的招式：兩腳與肩同寬、膝蓋微彎，將左臂伸到胸前，右手放在左手肘，輕慢地往右肩拉，持續五到十秒，換邊重覆同樣的動作。

✿ 站立伸展大腿

簡單伸展就可以放鬆腿部肌肉。站在椅子後面、或扶著牆面，或能支撐身體平衡的堅實物。右膝彎曲，腳往後往上折，右手捉住右腳踝往臀部的方向伸展，背部打直，持續十到三十秒，換邊重覆同樣的動作。

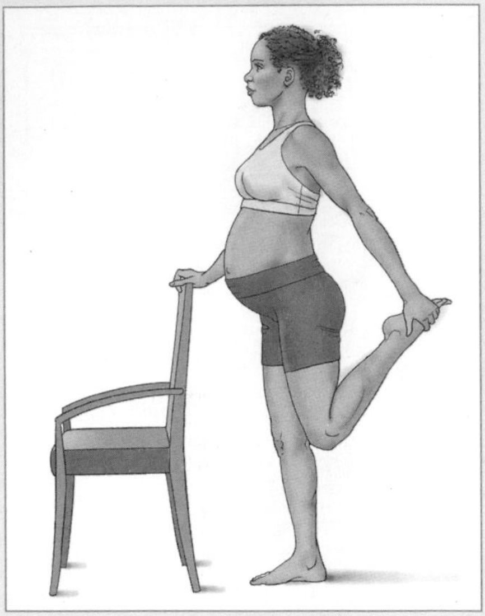

✿ 拱背

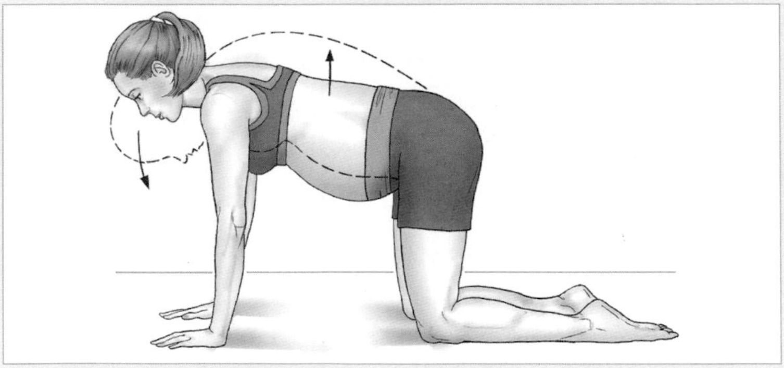

這個伸展運動可以釋放背部的壓力，很適合經常背痛的孕婦。雙手雙腳跪在地板上，放鬆背部肌肉，頸部打直和脊椎呈一直線。拱起背部，這時會覺得腹部和臀部拉緊，讓頭輕輕垂下，再慢慢恢復剛才打直的姿勢。同樣動作重覆數次，一天可做數回，尤其是需要久坐或久站的職業婦女。

頸部柔軟操

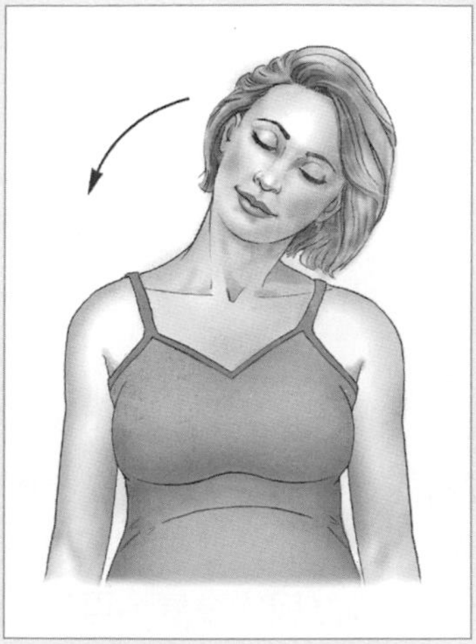

這個運動可以放鬆繃緊的脖子。首先，坐挺起來。雙眼輕輕閉上，深呼吸，將頭慢慢地往一邊的肩膀傾斜，別聳肩去碰頭。維持三到六秒換另一邊，重覆同樣的動作三到四次。再來，把頭慢慢地往前傾，下巴朝向前胸垂落，往右肩膀轉動頸部，還是一樣不要硬加力量，而且不可動動肩膀去碰頭，維持三到六秒，換左邊重覆同樣的動作。這組動作一天可做三到四回。

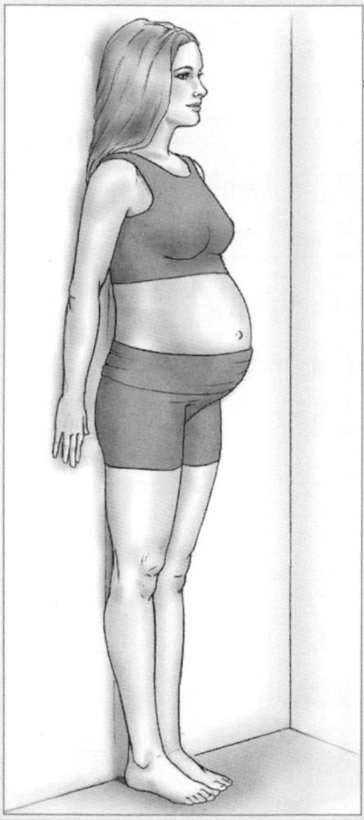

骨盆傾斜運動

這個簡單的運動可以有效改善身體姿勢、增強腹部肌肉、減少背痛、幫助生產。首先，背靠著牆放鬆脊椎。吸氣時，背部輕推牆面，慢慢吐氣後，重覆同樣動作數次。或者是四肢跪在地板或站立，背部打直，試著前後搖動骨盆，這個方法也有利於舒緩坐骨神經痛。可以經常進行骨盆傾斜運動（每次五分鐘，一天可做數回）。

✿ 抬腿運動

抬腿可以鍛練大腿肌肉，又不需要特殊運動器材。身體往左側躺，保持肩膀、臀部和膝蓋呈一直線，左手彎曲支撐頭部，右手放在胸前的地板上。慢慢的抬起右腿到妳舒服的高度，再放下來。保持呼吸，同樣動作重覆十次後換邊做。

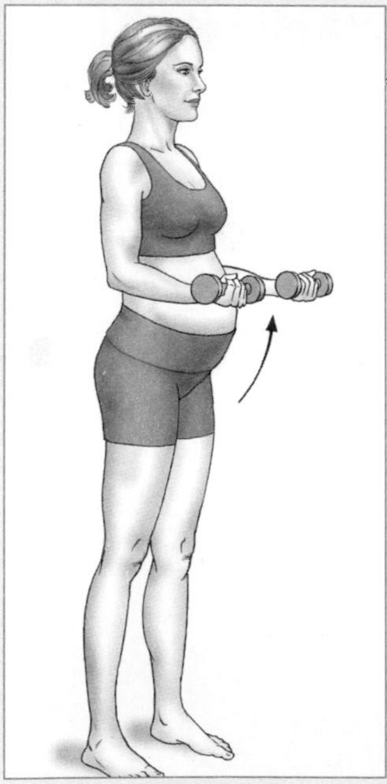

✿ 二頭肌訓練

初學者一開始可以選擇輕量級的啞鈴，從三到五磅開始，行家也不要超過十二磅。雙腳與肩同寬，膝蓋保持彈性，抬頭挺胸，雙肘靠在身體兩側，手臂彎曲，慢慢的舉起手上的啞鈴，保持呼吸順暢，直到手舉至肩膀。慢慢放下，同樣動作重覆八到十次。若是中間太累請稍做休息，不要訓練過度。肌肉會覺得酸酸的，但是不要全身繃緊或憋氣。

✿ 肩關節伸展操

這個伸展動作能讓妳放鬆，又能訓練身體肌肉，對日常行動和生產都有幫助。兩腳交叉坐在地板上，把雙手放在肩膀上，然後向上高舉過頭部，往天花板的方向拉伸。妳也可以兩手交替伸得更高些，或向一邊傾斜（注意：伸展的時候不要上下晃動）。

✿ 髖關節伸展操

往身體右邊側躺，雙腳略往前，膝蓋彎曲相疊。分別用枕頭支持肚子和頭部。臀部夾緊，脊椎打直腹部往內收（儘量就好）。兩腳的趾頭輕觸，左臀部轉動提起左膝，儘量把膝蓋拉開。慢慢放回原位，反覆 8 至 10 次，然後換邊。

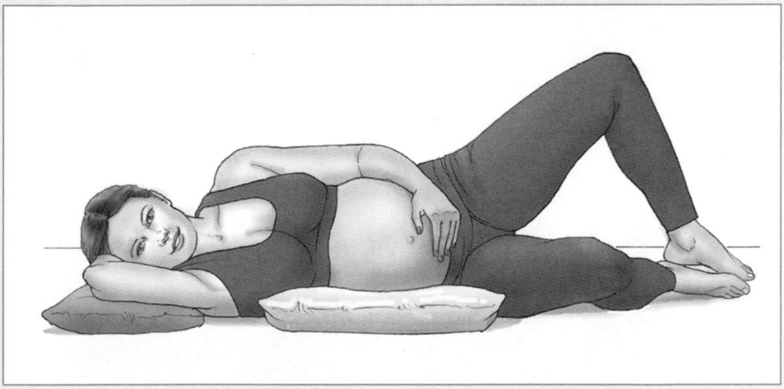

✿ 蹲下運動

這個運動可以強化大腿肌，對於想要以此姿勢生產的婦女相當有幫助。首先雙腳與肩同寬，背部打直，膝蓋微彎，雙腳貼平地面，

慢慢往下蹲，蹲下的程度以舒服為主，不要勉強自己。如果做不到的話，可將雙腳再打開一些。蹲下的時間約為十到三十秒，然後慢慢恢復站姿，同樣動作重覆五次。（注意：要避免弓箭步或是膝蓋過度彎曲，因為此時妳的關節比較容易受傷）。

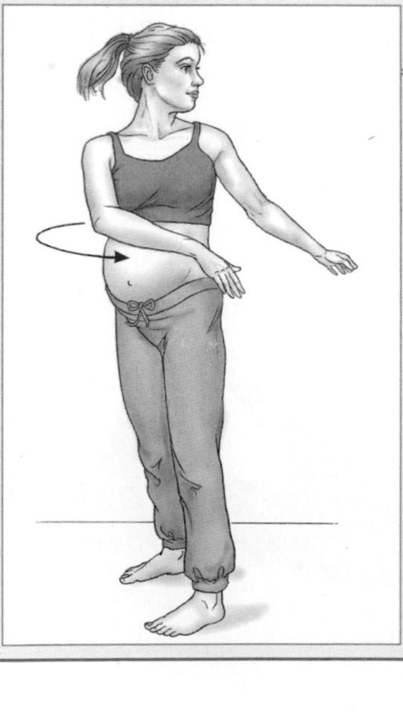

✿ 扭轉腰部

久坐或是覺得腰部緊繃不舒服時，可以試試看這個簡單的動作，增進身體的循環。身體站立，雙腳與肩同寬，輕輕往身體兩側轉動腰部，背部打直，讓兩手自然揮動。站不起來？坐著也可以做哦！

臀部屈肌訓練

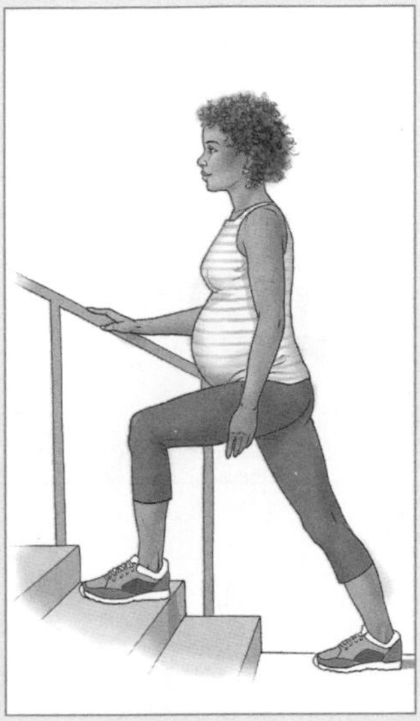

臀部屈肌讓妳能夠舉起膝蓋和彎腰，經常伸展臀部屈肌有助於保持身體柔軟，分娩時腳可以張得更開。站在樓梯間，想像自己正要爬樓梯，其中一隻腳站上第一階或第二階（或是妳覺得最舒適的任一階），一隻手扶著扶手支撐（若有需要的話），另一隻腳保持在身後，膝蓋打直，平踩在地。身體稍往前傾，保持背部打直，伸直的那隻腳會感到舒適的肌肉拉扯，換腳並重複數次。

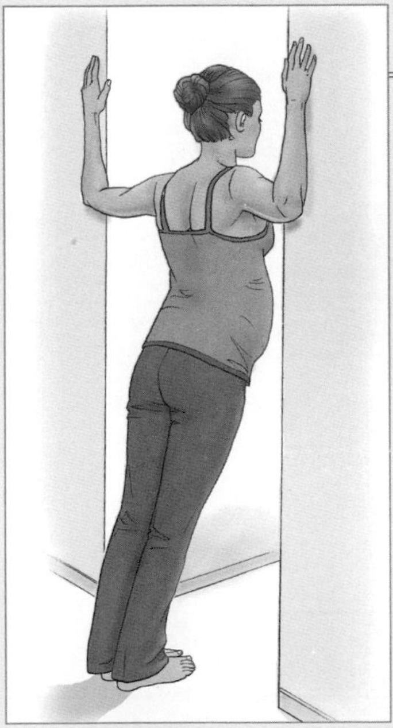

胸部擴展運動

和緩的擴展胸部肌肉可以讓妳感到更舒適，也能促進身體循環。首先將手臂彎到肩膀的高度，雙手靠在門的兩側，身體往前靠，擴張胸部，保持十到二十秒後放鬆，同樣動作重複五次。

✿ 三角式

這個姿式練到雙腳，伸展體側，活化臀部，還能開展肩膀。雙腳打開略比肩寬，右腳朝外轉 90 度而左服稍向內取得平衡。雙手往兩側平舉齊肩，與地面平行，掌心朝下。努力不要讓肩頭聳起。緩緩吸氣，折腰儘量往右彎。右手伸展朝向右腳踝。肚子這麼大就不需碰到腳踝，只要到小腳前脛就可以了。左手臂向上舉，和向下的右手成一直線。保持這個姿勢越久越好，正常呼吸。回復直立姿勢休息片刻，然後做另外一側。

抗力球運動

用抗力球做體能鍛練，不僅強化腹部，還有助於在肚子漸漸變大之際維持平衡和穩定。妳可以試試：在抗力球上坐直，雙手放在身體兩側，兩腳往前平貼於地，與臀部同寬，取得平衡之後，雙手往兩旁抬到約與肩等高，然後右腳前伸打直與臀部一樣高，如果很難把腳打直，那只要舉腳離地就可以了，膝蓋彎也沒關係。手腳都放下，再度取得平衡，然後換左腳。重複做六到八下，兩腳交替。

骨盆傾運動、肩關節伸展操和前臂俯撐，都可以調成配合抗力球使用。

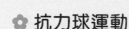

✿ 前臂俯撐

四肢著地，然後低下來用手肘和前臂撐住。雙手十指交握，保持手肘打開。一次伸直一條腿，直到身體從頭到腳成一直線。由頭至尾椎伸展軀幹，儘量維持腹部收緊（示範圖 A）。如果有困難，雙膝可稍微彎曲，或放回地面（示範圖 B）。撐住同樣位置 5 至 10 秒，深呼吸。反覆操作。需要休息嗎？往後坐起來但要把背打直。

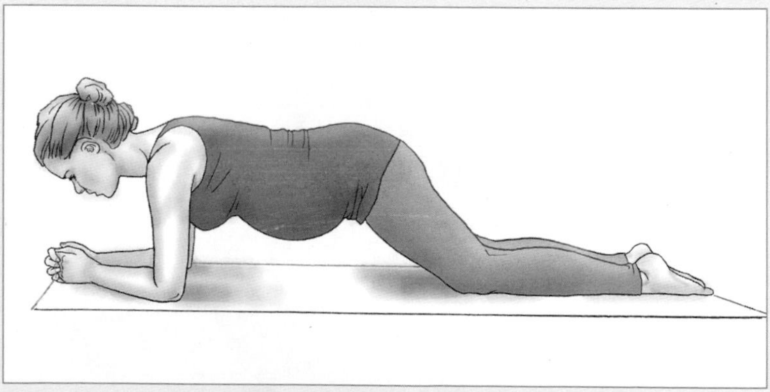

CHAPTER 9

第五個月：約 18 ～ 22 週

一直以來感覺很不眞實的事，
很快就可以摸得著、感受得到了，
懷孕變得如此具體而眞實。
可能在本月底或下個月初就會感覺到胎動了，
這種神奇的感覺，連同肚子一天天的渾圓突起，
終於覺得自己眞的懷孕了。
雖然寶寶還會待在子宮裡好長一段時間，
可是終於確定有一個新生命在肚子裡孕育著，
感覺眞是美好啊！

寶寶本月的變化

第十八週：胎兒現在身長接近14公分，體重大約140至184公克，寶寶越長越大，差不多就是妳晚餐吃的雞胸肉那麼大，但要可愛多了；準媽媽也許能夠感受到寶寶微小的踢腿、轉動、翻滾等動作了。寶寶現在還學會打呵欠和打嗝，很快的妳也能感受到寶寶打嗝時的規律震動！另外，寶寶的手腳已經長出獨一無二的指紋了。

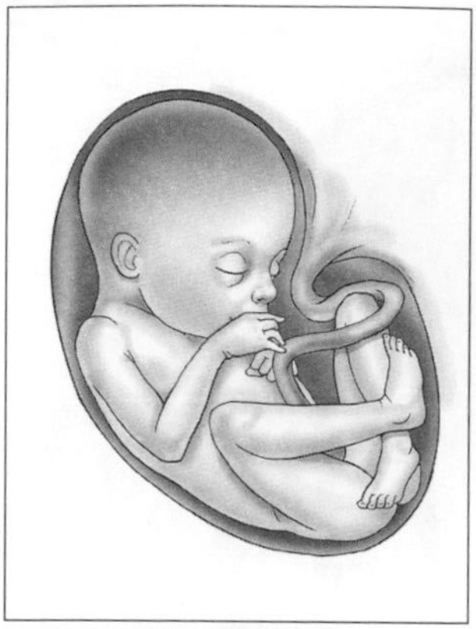

◎ 你的寶寶，第五個月

第十九週：本週胎兒長到15公分，體重約230公克，大約是一顆芒果的大小，事實上是裹著起司的芒果，因為寶寶身上長出滑膩的白色胎脂，就像起司一樣。這層胎脂可以保護寶寶敏感細緻的皮膚，不會因為久浸在羊水中而全身皺巴巴。接近生產時，胎脂會自動脫落，但是有些早產的寶寶出身時還是會裹著胎脂。

第二十週：寶寶這週已經像是一小顆哈蜜瓜那麼大了，體重為280公克、身長16.5公分左右。這個月可以透過超音波得知胎兒的性別（如果妳很好奇的話），如果是女孩的話，她的子宮已經形成了，卵巢內大約有七百萬顆卵子，但是到了出生時只剩下二百萬顆，陰道也開始發育；如果是男孩，睪丸會開始從腹部下降，幾個月後就會降到陰囊中。子宮內的空間目前還很充裕，寶寶可以自由轉動、拳打腳踢、甚至翻筋斗，如果孕婦尚未感受到，下一週的胎動幅度應該就會大到讓妳有所感覺了。

第二十一週：寶寶體重不斷增加，量身體的方式從頂臀長換成頂踵長，本週小傢伙已經有26.5公分，310至354公克了。胎兒在子宮中會吞嚥羊水，可以補充水份和營養，順便練習吞嚥和消化能力。羊水的味道會因為孕婦每日的飲食而改變，媽媽吃什麼，寶寶也會嚐到味道，可能今天是麻辣鍋口味，明天是柳丁梨子口味。寶寶的手腳終於符合比例了，大腦和肌肉之間的神經元已經形成，原本的軟骨開始硬化形成骨頭。現在的胎動不再是無意識的抽動，而是更協調的肢體動作了。

第二十二週：寶寶現在的體重大約450公克，身長28公分，就像個小洋娃娃的大小，不過孕婦肚子裡的娃娃可是很有活力的，也已經發展出觸覺、視覺、聽力和味覺。寶寶這時候可能很喜歡玩臍帶，練習握力，等到他／她出生時妳就知道，小嬰兒抓爸媽的手指或頭髮時多有力量。雖然子宮中一片漆黑沒什麼好看，寶寶卻可以感受到光線的變化，如果妳用手電筒照肚子，應該會感覺到寶寶有所反應，可能他正試著把臉轉開。寶寶也聽得見爸爸媽媽的聲音、電視聲、狗叫、對街的警報器，以及媽媽心跳、血液流動、腸胃蠕動等等的聲音。媽媽吃什麼，寶寶也能嚐到味道，所以要注意自己的飲食。

孕婦的身心變化

雖然每次懷孕、每位婦女都不太一樣，還是在此列出這個月可能會感受到的症狀；有些症狀是從上個月延續下來的，有些則是新出現的；還有些症狀或許會緩解，卻有另外一些變得嚴重：

生理反應

- 體力變好。
- 胎動（應該在月底會有感覺）。
- 白帶增加。
- 下腹以及周邊疼痛，只有一側，或兩側都痛（支撐子宮的韌帶伸展所造成的）。
- 便秘。
- 胃灼熱和消化不良，脹氣和飽脹感。
- 偶爾頭痛。
- 偶爾感覺輕飄飄的，或是暈眩，很快站起來或血糖低時尤其會發生。
- 背痛。
- 鼻塞和偶爾流鼻血；耳朵有被摀住的感覺。
- 牙齦敏感，刷牙時牙齦出血。

◆胃口大開。

◆腳抽筋。

◆腳和腳踝稍微浮腫，有時連手和臉也會。

◆腿部靜脈曲張，或有痔瘡。

◆腹部或臉部的膚色出現變化。

◆肚臍突出。

◆脈搏加快（心率增加）。

◆比較容易達到高潮，也可能比較困難。

心理狀況

◆懷孕的真實感逐日俱增。

◆情緒不穩的情形變少，可是偶爾還會出現哭泣和易怒的情形。

◆健忘的情形依舊。

✿ 本月的身體變化

孕程已經走到一半了，子宮底會在二十週左右到達肚臍的高度，到了這個月結束前，子宮底會高過肚臍一吋，這時大家都看得出來妳懷孕了，不過還是有些人不太明顯。

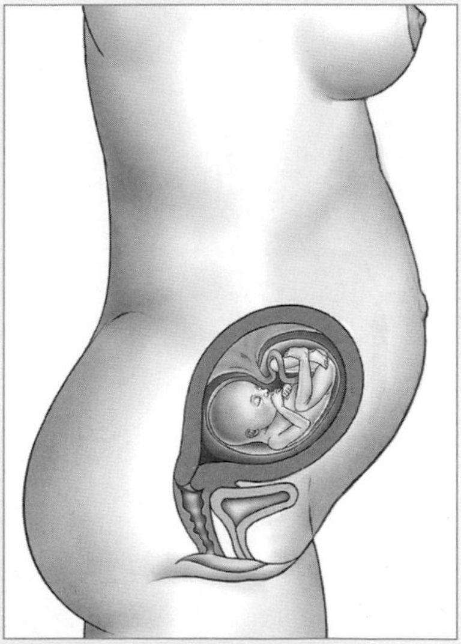

本月的產檢項目

產檢時間又到了，現在孕婦應該很熟悉檢查內容。醫生可能會進行下列各項檢查，也會基於個人的特殊需求或醫生的執業型態而有所差異：

- ◆體重和血壓。
- ◆尿液檢驗，有無尿糖和尿蛋白。
- ◆胎心音。
- ◆以觸診（從外面觸摸）查看子宮的大小和形狀。
- ◆子宮底高度（子宮的頂端）。
- ◆手腳有無浮腫，腿部有無靜脈曲張。
- ◆孕婦的症狀或身體狀況，尤其是特殊情形。
- ◆想和醫師討論的疑難或問題——可事先列備忘清單。

孕婦關心事項

體溫高

「即使旁人覺得溫度宜人，我卻覺得好熱，還汗流浹背，這樣正常嗎？」

妊娠期間體溫升高是因為荷爾蒙的關係，流到體表的血液增加，基本新陳代謝率變快，所以體溫就升高了。如此一來，不僅夏天覺得熱，就連冬天別人冷得發抖妳也覺得熱。頭部、脖子和胸前的一陣熱感會持續個好幾秒，甚至好幾分鐘。幸好，體內升溫時有不少方法可以幫助妳保持涼爽，列舉如下：

◆穿著透氣質料的輕便服飾，像是棉質衣物，改成多層次容易穿脫的衣服，熱的時候可以脫掉。

◆睡得舒服，別流汗。除了睡覺時可將室內控溫調降，還可以把睡衣和枕頭等寢具都換成天然纖維。

◆若想快速降溫，可在手腕內側使用冰袋、冷敷墊，或用涼水沖。由於此處脈搏點的血管接近體表，從體外冷卻有助於體外涼爽。發熱的時候也可以冷敷其他脈搏點，像是脖子、腳踝或膝蓋內側。

◆沒時間沖涼，那就把雙手打濕，攏攏頭髮（前提是妳不介意頭髮微濕）。頭部涼爽可有效降低體溫。或是在家裡、工作場所都放一罐噴霧器到冰箱裡，隨時清涼一下。

◆大嚼冷凍葡萄。不僅能夠攝取維生素C和維生素K，這美味的冰凍點心有助於降溫，而且脂肪含量比冰淇淋少得多。任何水果切片都可以拿去冷凍，像是芒果、香蕉、莓果類等等，只要發熱就取來吃吃。或是把水瓶放進冷凍庫，冰塊可以降溫，化成冰水也可以喝。

◆別忘了一日六小餐策略，那也有助於改善過熱現象。少量多餐只需較少能量去消化。辛辣食物會讓妳暫時熱起來，然而流汗過後就會覺得涼爽。

◆使用爽身粉，可以吸收汗水，減少長汗疹的機會。要在皮膚還乾乾的時候就先灑在皮膚上。

流汗有個好處，就是減少體味。腋下、乳房和陰部的汗腺在懷孕時代謝會變慢，代謝慢分泌物就會留在汗腺，造成較濃厚的體味。多流汗可以帶出這些分泌物，減少體味。

暈眩

「坐著站起身時便會感到一陣暈眩，昨天購物時還差點昏倒，我的身體出了什麼問題？」

懷孕時頭暈目眩會很讓人擔心，尤其是大肚子已經容易重心不穩了。暈眩是孕期中相當常見的現象，也很普通，造成暈眩的可能原因如下：

◆懷孕時身體會分泌大量的黃體素讓血管鬆弛並擴張，藉此增加子宮的血流量（對寶寶來説是好事），但是流回心臟的速度會變慢（對媽媽來説就不好了），這樣的話會形成低血壓，流到大腦的血液也會減少，讓孕婦容易暈眩。到了妊娠中期，可能是膨脹的子宮壓迫到母體的血管所造成的。也可能是貧血導致頭暈。

◆快速起身會讓血壓突然降低，讓妳發生暈眩的情況。這種姿勢性低血壓很容易解決，只要慢慢起來就沒事了，匆忙跳起來接電話的話，頭暈很可能讓妳又跌回沙發。

◆血糖降低時也會感到暈眩，這種情形很容易發生在孕婦身上。為了避免這種情形，可以每餐攝取蛋白質和複合碳水化合物，兩種組合在一起有助於維持血糖平穩。也可以少量多餐，或在正餐之間補充一些小點心，隨身攜帶葡萄乾，水果切片，或全麥餅乾等，可以迅速提升血糖值。

◆暈眩也可能是脱水的徵兆，務必要飲用充足的水分，出汗的話則需要更多。

◆通風不良的室內也會引起暈眩，像是人多、過熱的賣場、辦公室、或公車上，再加上衣服穿太多就會引起頭昏。只要步出室外或打開窗戶，呼吸一些新鮮空氣，便可以舒緩不適。脱下外套，鬆開頸部和腰間的衣服，應該也會有所幫助。

如果覺得頭輕飄飄的，甚至快昏倒了，可以靠左側躺下，可以的話稍微把腳抬高，或是坐下來把頭垂在兩膝之間，鬆開衣物，深呼吸直到暈眩消失為止。覺得稍微舒服一點之後，吃點東西或喝點飲料。

下回產檢時，要告知醫生暈眩的情形。可能需要驗血中鐵質含量，排除貧血問題。真的昏倒的情況並不常見，即使發生了也不會對胎兒造成影響，但是恢復後應該立即告知醫生。

別超過身體的負荷

跑步時覺得無法呼吸或是筋疲力盡嗎？做家事時會不會也有同樣的情形？不要硬撐而暈倒，趕緊停下來休息。懷孕時太累對媽媽和寶寶都不好，不要馬不停蹄的連續一整天的行程，工作、運動之餘要穿插休息的時間，最好是工作或運動完成後，身體不會覺得累。如果無法完成家事，就當作是媽媽的預備練習，因為寶寶出生後，妳會更忙，更找不出時間整理家裡。

貧血

「有個朋友在懷孕期間罹患貧血，這很正常嗎？」

懷孕時很容易發生缺鐵性貧血，但也很容易預防和解決。第一次產檢會作血液檢查，看看有無貧血，很少有孕婦在此階段缺乏鐵質。因為月經結束後，只要飲食攝取充分，鐵質很快可以獲得補充。

一直要到第20週左右，血液流量大幅增加，身體需要大量的鐵質來製造紅血球，這時會耗盡之前的鐵質存量。只需要補充孕期綜合維他命，就能避免缺鐵性貧血。醫生通常在妊娠中期也會開鐵劑給孕婦。多攝取富含鐵質的食物，可以參考153頁高鐵質的食品清單。更進一步增加鐵質吸收，不管是食物或補充劑，都應配合像是柳橙汁或其他富含維他命C的果汁或食品一起享用，千萬不要配咖啡，因為咖啡因真的會減少鐵質吸收。如果鐵劑讓妳肚子不舒服，或造成腹瀉、便祕，可請教醫師能不能換成長效緩釋劑型。

缺鐵性貧血的症狀

缺鐵的情況輕微時，不會有什麼症狀，或是難以和一般的懷孕症狀區分。但是當攜帶氧氣的紅血球更進一步減少時，貧血的準媽媽會出現下列症狀，包括蒼白、極度疲倦、虛弱、心悸、喘不過氣，甚至昏倒。可能會想要吃食物以外的奇怪東西，像是黏土，或一定要去嚼冰塊。不寧腿症候群也有可能和體內鐵質不夠有關。寶寶出生時很少會有缺鐵的現象，這是因為在供給母親營養前，會先滿足胎兒的營養需求。

孕婦都很容易罹患缺鐵性貧血，可是有些人的風險特別高，包括連續生育子女、多胞胎妊娠、孕吐嚴重而飲食不足、在營養不足的情況下懷孕（可能是因為患有飲食障礙）、或是受孕後飲食不佳，只要補充醫生開立的鐵質就能預防或改善缺鐵性貧血。

背痛

「我背痛得厲害，真擔心到第九個月會站都站不起來。」

妊娠期的疼痛和不適不是故意設計來折磨孕婦的，雖然辛苦，但都是為了寶寶誕生所做的準備，背痛也不例外。懷孕期間，穩固的骨盆關節開始鬆弛，以利分娩時寶寶更容易通過。再加上挺著大肚子，容易使身體失去平衡，為了補救這種情形，肩膀便會向後仰，脖子向後拱。這種肚子前挺的站立姿勢會加重腰酸背痛的情況，造成下背彎曲、背部肌肉緊繃疼痛。背痛的確讓人不舒服，可以找些方法減輕背痛：

◆正確的坐姿。坐著時對脊椎施加的壓力幾乎比其他活動都來得大，所以坐姿務必要正確。不管是在家裡或是工作中，座椅都要有良好的支撐力，最好有平直的椅背、扶手，和牢固的靠墊，使妳不致於陷進去，微傾的椅背也可以減輕背部壓力。可能的話，拿張小凳子把腳抬高，蹺腳會讓骨盆向前傾斜，使背痛問題更加惡化。

把腳墊高

◆對背部來說，久坐和坐姿不正確一樣糟糕，坐著的時間最好以半小時為限，盡量不要坐超過一小時以上，而不稍微走動或伸展。

◆盡量不要長時間站立，無可避免的話，可以單腳放在小凳子上，減輕後背的壓力。站立在堅硬的地板上，如在廚房內烹調或洗碗時，可以在腳下鋪張小地毯，以舒緩壓力。

◆不要提重物，如果無法避免的話，先兩腳分立站穩（兩腳距離與肩同寬）保持身體平衡，膝蓋彎曲，而不是彎腰，然後利用手臂和腿部的力量把東西拿起來，而不是靠背部的力量（如圖所示）。不得不提一大包笨重的雜貨時，可以將重量平均分在兩個購物袋內，一手提一袋。

◆過多的體重也會增加背部負擔，儘量維持在建議增加的體重範圍內（參考276頁）。

彎曲膝蓋將物品拿起

◆穿著正確的鞋子。太高和完全平底的鞋子都會增加背部疼痛，專家建議兩吋鞋跟、斜口鞋或平底鞋款，可以幫助身體保持適當的直線。或可使用專為肌肉支撐設計的矯正鞋墊。也有些孕婦覺得可改善站姿的矯正鞋有幫助，但也有人認為症狀會變更嚴重。穿這類鞋具也可能更容易失去平衡。

◆舒適的睡姿有助於減緩疼痛（參考403頁）。下床前，先將雙腿挪到床緣再翻身起來，不要一口氣爬起來。

◆可以使用托腹帶。就把它想成是支撐大肚腩用的彈性褲襪，專門設計要幫妳把肚子的重量從下背和臀部移開，有助於舒緩疼痛。托腹相關服飾有：具彈性的束帶、連身衣、腰帶、繫帶、撐架、壓縮褲、托架等等，可挑選適用的產品，而且要適合妳的衣服，因為有些設計的體積相當大。不論選中哪一種，不可以整天穿戴。那是由於長時間使用會讓身體過度依賴，不用自己腹部及背部的肌肉，反而進一步使核心肌群弱化，最終還是背痛、臀部痛得更嚴重。做一些適合孕婦的背部和核心肌群伸展操（參考366頁），不需完全靠托腹帶支撐肚皮。

◆雙手避免高舉過頭，會使背部肌肉緊繃。可以擺張低而穩固的腳凳來拿取高處的物品。

◆ 輪流的冷熱敷可以暫時舒緩肌肉酸痛，冷敷十五分鐘，接著熱敷十五分鐘，冷敷墊和熱敷墊都要用毛巾包裹起來。使用直接觸及皮膚的熱敷墊之前要先請教醫師，比如Salonpas、ThermaCare等廠牌的商品。有些醫師會建議把熱敷墊放在衣服外而不要直接觸及皮膚，因為溫度真的很高，對極其敏感的孕婦肌膚不好，更絕對不可以放在肚子上。使用Bengay、Ice Hot、BioFreeze等等藥膏舒解疼痛之前，也要先和醫師討論，並不是所有醫師都同意使用這類肌肉鬆弛劑，尤其是到了孕程後期。如果妳的醫師同意，那就用吧，不過要注意是否出現發炎現象，而且別用在肚皮上。妊娠期間不能使用金車菊產品，例如Traumeel。

◆ 洗個溫水澡（要避免水溫過高），讓蓮蓬頭的水輕柔的打在背部，達到按摩舒緩的功效。

◆ 正確的按摩背部肌肉。找個合格且受過孕婦按摩訓練的按摩師，並告知妳懷孕的事，讓按摩師為妳舒緩背部疼痛。

◆ 學習放鬆。許多背痛毛病都會因為壓力而變本加厲，如果是因為壓力而背痛，可以嘗試放鬆運動。此外，也可嘗試228頁如何因應壓力的建議。

◆ 做一些簡單的運動強化腹部肌肉，像是背部拱起運動（368頁）和骨盆傾斜運動（369頁）。或是使用瑜珈韻律球，坐或躺在上面前後搖動以減輕背部肌肉疼痛。還可以參加妊娠瑜伽教室，如果能找到通曉醫療和妊娠的水療師，也可以考慮水療法。

◆ 如果背痛得嚴重，請醫生推薦合適的物理治療師，或是尋求其它的輔助療法，如針灸、整脊或生物反饋。

如果還有孩子要帶

妳是不是在想，得要等到生產之後才能再抱著大孩子走來走去？除非醫師另有指示，懷孕期間背負中等重量的孩子（甚至16至18公斤的學齡前幼兒）並沒有問題。

那背痛要怎麼辦？學會如何正確將小孩抱起（參考389頁），就可以減少一些後背部的肌肉傷害。

脊柱側彎（Scoliosis）

脊椎側彎的患者，對背痛絕對不會陌生，然而懷孕的話會讓症狀更加嚴重，要是側彎狀況波及臀部、骨盆或肩膀的婦女，更是如此。隨著體重逐漸增加，支撐體重會變得越來越困難。可能會相當疼痛，不過好在很快會嚴重影響到懷孕。

若妳發現在懷孕期間背痛加劇，可參考387頁開始各種處理背痛問題的訣竅。也可以請醫生介紹產科物理治療師，協助妳針對脊椎側彎相關疼痛做些運動。也可以尋求補充及另類療法（123頁），或可有所助益。水療以及水中健身操都不會造成身體衝擊，說不定特別有助益。

生產時，會不會受到脊柱側彎病況影響呢？通常是不會，多數患有此症的婦女都能自然產（這部分要請教醫師）。若妳想要使用無痛分娩，請醫生介紹麻醉師是有治療脊椎側彎孕婦的經驗。雖然此症通常並不會干擾硬膜外止痛法，不過安裝時可能會比較困難，不過應該難不倒經驗豐富的麻醉師。

要是彎曲得十分嚴重，要跟醫師講，可能會隨孕程演進而影響到呼吸，而且會需要額外監控。

腹痛（子宮圓韌帶疼痛）

「為什麼腹部下側一直在痛？」

這樣的疼痛應該是肌肉和韌帶在伸展拉扯，提供空間給變大的子宮。這種疼痛被稱為「子宮圓韌帶疼痛」（round ligament pain），大部分的孕婦都有這種疼痛經驗，個人的感受差異甚大。症狀也許是絞痛或一陣刺痛，練健身出力的時候（或者甚至只是在走路），從床上或椅子上爬起，或咳嗽、打噴涕的時候，往往感覺最明顯。這種疼痛可能很短暫，也可能持續好幾個小時，兩者都很正常。只要不是長期性的，而且沒有其它如發燒、發冷、出血或暈眩等不尋常的症狀，就不必太擔心。

以舒服的姿勢坐臥下來休息，症狀就會舒緩。下回產檢時記得向醫師提及，以便確認這只是正常但惱人的妊娠現象。妳也可以穿拖腹帶之類專為孕婦設計的設備幫忙緩和疼痛。避免突然的動作，有助於從一開始就防止疼痛，不過妳可能會發現無論做了什麼，三不五時就會遇到。要是做健身運動時疼痛真的十分惱人，恐怕還是降低鍛練強度比較好（例如跑慢點或改成步行）。當然，下次產檢的時候要告訴醫師這個狀況，再次確認這是否只是懷孕時正常但令人困擾的症狀之一。

腳的問題

「鞋子緊得讓我很不舒服，懷孕是不是腳也會變大呢？」

肚子不是懷孕時唯一會膨脹的部位，很多孕婦會發現腳也跟著長大了。對於喜愛採購鞋子的孕婦來説真是個好消息，要是錢都花去買嬰嬰兒用品，最喜愛那幾雙鞋又穿不下，可就頭痛了。

有很多原因會讓腳變大，最常見的就是妊娠期的水分滯留，或是水腫；如果體重大幅增加，也可能在腳部囤積額外的脂肪。除此之外還有別的因素，最主要的是妊娠荷爾蒙，鬆弛素，讓身體的韌帶變得鬆弛，除了骨盆，身體和腳部的關節也都是如此。當腳的韌帶變得鬆弛時，骨頭會稍為往外擴張，雙腳就會大上半號甚至一號。雖然分娩後腳部關節會再緊縮，妳的腳卻可能永遠變大了。

如果腳部浮腫，可以參考474頁減輕浮腫的秘訣，並且買兩雙新鞋，現在穿起來舒服，也可以因應以後「變大」的需求，才不會變成赤腳孕婦。買鞋要以舒適為優先考量，而非款式或流行。選擇鞋跟不超過兩吋，鞋底防滑，並且有充份的空間可供腳趾伸展，最好是晚上採購，因為這時的腳最浮腫。要選擇會呼吸透氣的材質。

雙腿和雙腳會疼痛嗎？（尤其是接近一天的尾聲時）特別設計的矯正鞋或鞋墊，不只可以使腳更舒服，也能減輕背部和腿部的疼痛。有空時踢踢腿、將腳抬高也能舒緩疼痛和浮腫。在家時改穿彈性拖鞋，雖然只有幾個小時，卻能減輕疼痛和疲勞。

頭皮發癢

頭皮屑如雪片般飄落？懷孕的時候，很可能會遇到。正常的懷孕荷爾蒙濃度變化會造成頭皮發癢、頭皮屑增多，頭皮太乾或太油都會導致這狀況。孕婦身上常見的酵母菌也會增加頭皮屑。處理方式要對症才能下藥，不停落到肩頭那種乾性的，可以在洗頭之前先用椰子油或橄欖油按摩頭皮。油性或酵母菌所引起，可以用妊娠期適用的去頭皮屑洗髮精（例如，海倫仙度絲）。用別種洗髮精之前，例如 T-Gel，要先請教醫師，因為效力較強的未必適合孕婦。含有茶樹精油的洗髮精，也要先問過醫師再使用。

減少糖和精製穀類攝取，增加健康的脂肪，例如鱷梨和堅果類，或有助於頭皮清爽，肩頭也常保整潔。

頭髮和指甲快速成長

「我的頭髮和指甲從來不曾長這麼快。」

妊娠荷爾蒙會使循環特別旺盛，加速新陳代謝，滋養指甲和頭髮，讓它們長得又快又健康，幸運的話，髮絲會變得更濃密、更有光澤，讓妳三天兩頭就得跑美容院。

很遺憾地，凡事都有正反兩面。首先，孕婦可能會在奇怪的地方長出毛髮，這種妊娠誘發性多毛症最常於臉部（嘴唇、下巴和臉頰），手臂、腿、背、胸部和腹部可能也會受到影響（想知道懷孕期間哪種除毛方式是安全的，可參考150頁）。再來，雖然指甲會長得很快，但也可能變得乾燥易斷裂。

頭髮和指甲的改變也是短暫的，頭髮在懷孕期間會減少掉落，給人比較豐盈的感覺，但是產後就會恢復正常的掉髮速度。指甲生長速度也是一樣，這樣挺不錯的，因為照顧寶寶時留長指甲並不方便。

皮膚的新挑戰

孕婦可能已經注意到了，懷孕會影響身體每一個部位，從頭（健忘）到腳（腳掌變大）都不放過，尤其乳房和肚子的變化最為明顯。因此，當皮膚開始產生變化時，大概也處變不驚了，下面是妊娠期皮膚可能會產生的變化：

妊娠中線～有發現日益增大的肚子中間出現一條深色條紋嗎？這又是荷爾蒙的關係，就像乳暈的顏色變深，黑色素沉澱讓肚子上的白線顏色跟著變深了。這條白線（linea alba）一直都存在，但是孕婦八成從來沒注意過，它從肚子中央一路延伸到恥骨頂端。在懷孕期間，它被重新命名為妊娠中線（linea nigra），也有人稱為子母線，膚色深的孕婦比膚色白皙的孕婦更為明顯。通常會在妊娠中期出現，產後數個月便會淡化消失。想聽聽以前的人流下來的傳說嗎？有經驗的婆婆媽媽會說如果妊娠中線長到肚臍，懷的就是女孩，如果超過肚臍，一路長到到肋骨的地方，則是個男孩。

妊娠斑～約有五成到七成五的孕婦，尤其是膚色較深者，在額頭、鼻子和臉頰上會出現妊娠斑，造成膚色不均，就像戴了面具。有遺傳傾向的人也比較可能發生：如果母親有，那妳也有很高機率會遇上。不喜歡的話，要認真擦防曬，至少SPF 30以上，而要儘可能避免陽光直射，因為暴露於陽光下可能會使妊娠斑加劇。補充葉酸也有幫助，因為葉酸缺乏症和色素過量沉澱有關。還是斑斑點點？有些人會用自製面膜來對抗，像是檸檬汁、蘋果醋，甚至是香蕉泥等成分。也沒效？不用擔心，妊娠斑會在分娩後慢慢消褪，如果沒有如願，或是妳想加快淡化的速度，可以請皮膚科醫生開給妳美白霜（但要在沒有哺乳的情況下才能使用），或是使用雷射、果酸換膚等方式治療。懷孕時，不能進行雷射或是塗抹美白霜，使用蓋斑膏或是較厚重的遮暇霜掩蓋過去就好了。

其它的黑色素沈澱現象～許多孕婦還發現雀斑和痣的顏色變得更深、更明顯，連經常摩擦到的部位（如大腿之間）膚色也變深了，這些變化都會在產後消褪。陽光會加深黑色素沉澱，在出太陽時，所有暴露在外的肌膚都要塗抹防曬係數30（SPF15）或更高的防曬乳液，並避免長時間在陽光下活動（即使已做了防曬工作）。

泛紅的掌心和腳掌～這是荷爾蒙加上血流量增加而產生的自然現象。有2/3的白人婦女和1/3其它膚色的婦女會因為妊娠荷爾蒙的分泌，而引起手掌泛紅和發癢（有時候連腳底也會泛紅發癢）。目前沒有任何方法可以治療，有些孕婦發現把手腳放在冷水或是冰敷可以舒緩不適感。要避免會提高手腳體溫的媒介，像是洗熱水澡、洗碗、戴羊毛手套，都會讓症狀加重。這個症狀通常會在分娩後消失。

膚色泛藍或不均～由於雌激素分泌增加，許多孕婦在覺得冷時，腿或手臂會出現泛藍或是膚色不均的變化。這種現象無傷大雅，而且在產後會自動消失。

長小肉瘤～這大概是長息肉，又是孕婦常見的皮膚問題，往往會出現在像是脖子、腋下、軀幹、乳房下或是外陰部等經常摩擦的身體部位。幸好，大多會在分娩後復原。如果沒有消失，可以請醫生替您治療。

汗疹～小寶寶容易長的汗疹，在孕婦身上也很常見，這是因為孕婦體溫較高且容易出汗，加上皮膚和衣服磨擦所造成。疹子全身都會長，不過多半是在皮膚皺褶處，像是乳房下方、下腹部和恥骨之間或是大腿內側。冰敷可以減輕熱度，沐浴後撒上一些爽身粉，保持身體涼爽都能減輕汗疹的不適，還可以避免再次復發。抹上一點點的可麗敏痱子膏（calamine lotion）也能舒緩搔癢，在妊娠期使用是安全的，不過在使用前，還是得先徵求醫師的同意。如果汗疹持續好幾天不退，請醫生為妳做診斷及治療。

癬斑～癬是一種黴菌感染，在皮膚上造成小片、卵形或圓形的斑塊，發癢還會脫屑。黴菌造成的感染干擾皮膚的正常色素，造成一塊一塊的變色、鱗狀。癬會出現在身體油膩的部位，像是胸前和後背，但哪都可能出現。雖然嚴格說起來並不算是妊娠期相關的皮膚問題，但可能會第一次遇到，或因此變得更嚴重。治療方法通常包括了有：抗黴菌的洗髮精，例如「海倫仙度絲」，用來洗澡，或抗黴菌的乳液，不過現在懷有身孕了，在使用之前要先和醫師溝通討論。

紅疹～即使在孕前使用的護膚產品都沒有過敏現象，但是懷孕以後皮膚較為敏感，就可能產生紅疹的問題。改成更溫和的產品應該就沒問題了，如果疹子一直不消退，要向醫師提及這個現象。

其它的皮膚問題～妳以為這樣就沒有了嗎？關於孕婦的大敵——妊娠紋的資訊請參考297頁；痤瘡，參考258頁；發癢的疹子，參考476頁；乾燥或是油性肌膚，請看259頁；蜘網狀靜脈，詳見255頁。

視力問題

「懷孕後視力似乎變差，隱形眼鏡也不合戴了，這是我的錯覺嗎？」

這並不是錯覺，妳的視力的確不如懷孕前。沒想到眼睛也會受到妊娠荷爾蒙的影響，不只視力變得較不敏銳，隱形眼鏡也會突然覺得不舒服。荷爾蒙減少淚腺的分泌，導致眼睛乾燥，產生刺激和不適感。懷孕時水份滯留體內也會改變角膜的形狀，讓有些孕婦的近視或遠視度數更為加深。分娩過後，視力便會恢復，所以不需要重新配眼鏡，除非視力的變化大到讓妳看不清楚。

懷孕時期也不是雷射手術的好時機，手術雖然不會傷及胎兒，卻可能過度矯正，而且癒合較久，日後可能還要二度矯正手術，所用的眼藥水也不適合妊娠期。眼科醫師建議，在妊娠期間要避免進行手術，最好在孕前六個月、產後或斷奶後至少六個月再進行。

在妊娠期間，視力稍微變差並不稀奇，不過要是出現其他症狀，例如視力模糊不清、常常看到點狀或飄浮的影像、出現雙重影像達2至3小時以上，就要馬上看醫師。站立一陣子後，或從坐姿突然起身時，可能會眼冒金星，這是正常現象，無須擔心，下次產檢時可以向醫師報告。

胎動

「上週每天都有些微胎動，今天卻完全沒有動靜，出了什麼問題嗎？」

能夠每天感受到寶寶在肚子裡拳打腳踢、打嗝、動來動去是媽媽們最大的喜悅，即使懷孕再不舒服也值得。胎動讓媽媽們知道寶寶健康的在肚子裡成長，一個新生命在子宮中孕育。但是胎動的次數也會讓準媽媽們充滿疑惑，胎動頻率正常嗎？會不會太多或太少？上一秒鐘妳確定這就是胎動，但是下一秒又懷疑會不會只是腸胃蠕動。昨天寶寶動個不停，像個厲害的運動員，但是今天卻好像被罰坐冷板凳，完全感覺不到胎動。

到了這個階段，會擔憂是正常的，但通常都是白操心。在這個時間點，準媽媽們能夠察覺的胎動差異很大，而且胎動本來就沒有規律性。寶寶雖然動個不停，卻要動作夠大時妳才感受得到。其他的蠕動可能基於胎位的關係（譬如朝體內踢），而無法感受到；或因為孕婦本身的活動，像是走動或忙來忙去，把胎兒搖到睡著了；也可能胎兒是醒著的，卻因為妳太忙而忽略了；也可能胎兒最活躍的時段，正值妳的睡眠時間而錯過了，對許多胎兒來說，最活躍的時間正是媽媽躺下睡覺的時候。

如果一整天都感受不到胎動，有個方法可以幫助寶寶動一動，傍晚時先喝一杯牛奶、果汁、或吃些點心後，到床上躺一到兩個小時，媽媽休息不動加上進食後熱量增加，可能會讓寶寶活躍起來，還是行不通的話，幾個小時後再試一次。不用擔心，許多準媽媽都會有一兩天、甚至是三到四天察覺不到胎兒的動靜，真的很擔心的話還是到診所做確認。

28週以後，胎動會變得更有規律，準媽媽要養成每天觀察胎動的情形（參考479頁）。

探知寶寶的性別

「我就要做20週的超音波檢查了，不曉得要不要知道寶寶的性別。」

男寶寶？女寶寶？等著看？是否要探知寶寶的性別，只有爸媽才能做決定，沒有對或錯。有些父母為了方便而選擇知道，如此一來在採購新生兒衣物、挑選嬰兒房的顏色、和命名的選擇上都會簡單許多；有的則是受不了好奇心的驅使而選擇知道。不過，還是有為數不算少的準爸媽想要等到寶寶出生那天才知道性別。決定權都在自己手上！

要是決定現在就一探究竟，也要明白超音波判定性別並非完全準確，不像羊膜穿刺，是經由染色體的分析來判定胎兒性別。有些父母一直以為腹中的胎兒是個女孩，可是醫生卻在分娩時宣布：「是個男孩！」（女嬰看成男嬰的機會比較少，因為漏掉沒看清楚要比無中生有更可能發生）。所以要用超音波確認性別時，要記住這只是個猜測，再怎麼有經驗也可能會看錯。

如果雙親一方想知道，另一方不想知道，那可如何是好？遇到這種狀況還真是不太好安排，要是知道謎底那位忍不住、說溜嘴，或透露給親朋好友，那就更加困難。另外一件事得做決定，那就是要不要公開。有些父母喜歡儘量把驚喜留到最後一刻；另有一些人選擇要把掃描圖立刻直播，一發現就公諸於世。還有些人會決定祕而不宣，舉辦一個派對揭曉性別的派對，與親友同樂。

妊娠中期的超音波檢查

準備好了嗎？謎底即將揭曉，至少可以看到寶寶可愛的長相呢。依例，會安排孕婦做一次解剖掃描，又稱高層次超音波，通常是在第18到22週之間進行。那是因為妊娠中期的超音波可清楚見到胎兒發育狀況，還可以確認一切都有按部就班進行。其中一項令人興奮的功能，也是為人父母所關心的大事：判斷寶寶的性別，當然，前提是爸媽很想知道（也就是說，之前並沒有做過染色體檢查而得知）。

除此之外，看看寶寶的模樣也很有意思，此時看起來已是個可愛的小人了。

藉由這次更為詳細的超音波檢查，醫生可以得到更多有關胎兒的寶貴資訊。像是測量寶寶的身高和器官生長情況，得知羊水量是否足夠、胎盤位置等等。所以此時的超音波檢查並不只是為了滿足爸媽，而是讓醫生了解胎兒的整體健康和成長情形，可以請醫生解說檢查的內容，應該能為妳解開疑惑。急著想弄懂螢幕上見到的是些什麼？寶貝的心跳很容易看出來，然而臉、手、腳還有其他小巧而驚人的器官，例如胃和腎臟，可能需要請超音波操作員指出。

常規的妊娠中期超音波通常是2D，只提供寶寶五官的平面輪廓，相當可愛，適合裝入相框，或上傳網路。更詳細的3D掃掃是拍攝多張2D影像併合起來形成，可顯出完整臉孔就像照相一樣；而4D掃描則是即時的動態影像，大多數醫師會把這些留到萬一胎兒被發現有異常時才做，更詳細查看，例如出現唇顎裂或脊髓有狀況，或是監控需要特別注意的特定部位。目前，只有在有醫療需要的時候才正式建議進行這些更精密也比較好看的掃描。那是因為研究顯示超音波技術的安全性有正反兩面結果，還有若干風險無法釐清。

是否想衝去附近的診所看看高檔的子宮內影像，在寶寶還沒出生之前能夠有近距離而親密的認識？先詢問醫師，並請參考489頁。

揭曉寶寶的性別

或許你會想把寶寶的性別當成大事來辦，又是奧斯卡頒獎典禮，又是實境秀，充滿興奮、慶賀、趣味和誇耀。有些父母要把大消息弄得更大，在寶寶性別揭曉聚會上公開宣布大肆慶祝，要麼就辦個派對，或者透過社交媒體發出消息。

舉行的方式相當多，而且妳可以自由發揮創意。如果想和親友、家人以及社交網站上的好友一起得知這個謎底，別偷偷亂瞄超音波。可以請做超音波掃描的技師把答案寫在紙上再裝入信封封起來。接著，隨意做各種想像。或許可以試試：把正確答案告訴西點店，預訂一個蛋糕用不同顏色代表不同性別，當妳一刀切下，在場所有客人都能見到裡頭是代表男孩的藍色，還是代表女孩的粉紅。或者用一個彩球裝滿或藍或紛紅的糖果，藉此揭露寶寶性別。大家都聚全到一塊，放出藍色或粉紅色的氣球（當然，還有人負責拍影片。）還在找更有創意的嗎？可上Pinterest、Instagram或Youtube找找。

也許妳不願意追隨風尚，寧願暫時保守這個答案，而不需四處宣揚。可別覺得有壓力，被逼著要為這件事辦一場聚會。分享，過度分享，甚至不要分享等生產那天一目瞭然，都由妳來決定。

胎盤的位置

「醫師說超音波上顯示胎盤在接近子宮頸的位置，她說目前還不用擔心，但是哪可能不擔心呢？」

和胎兒一樣，胎盤也會移動。當然並不是整個重新定位，而是隨著子宮的伸展與擴張，而往上移動。據估計，在妊娠中期雖然約有一成的胎盤位於子宮下部（在14週以前的比例更高），可是接近臨盆時，大多數會自動移到上方。萬一胎盤滯留在子宮下方，甚至覆蓋整個子宮頸，就會被診斷為「前置胎盤」。這種症狀在足月妊娠中非常少見，大約二百分之一的機率。醫生說的沒錯，的確不用太擔心。此外，如果真的發生前置胎盤，只需排好時間實施人工分娩即可。

「照超音波時，技術人員說我的胎盤在前面，這是什麼意思？」

通常受精卵會著床在子宮後方（靠近脊椎的位置），也就是胎盤形成的地方。受精卵有時候會著床在相反的地方，也就是靠近肚臍的位置。當胎盤形成時，就會長在子宮前面，胎兒就會在胎盤後面。

幸好寶寶並不在乎胎盤是在前面或後面，對成長也不會有影響。缺點就是孕婦會比較難感受到胎動，因為胎盤就像抱枕一樣，吸收掉寶寶踢出來的震動。醫生或助產士也比較難測到胎心音，若是需要進行羊膜穿刺困難度也會增加。除了這些不便以外，並沒有其它事情需要擔心，而且到了後期，也很常見胎盤往子宮後方移動。

睡姿問題

「我一向習慣趴睡，可是現在卻不敢了。糟糕的是，其他姿勢怎麼睡都不舒服。」

一般般人最喜歡的兩種睡姿——趴睡和仰睡，在妊娠期間都不是最佳選擇。趴睡不恰當的原因顯而易見，當腹部逐漸隆起時，趴著睡就像睡在大西瓜上一樣。仰睡雖然比較舒服，整個子宮的重量卻會壓在背部、腸子和主要血管上，壓力可能加重背痛和痔瘡的情形，影響消化功能，妨礙循環，可能還會引起低血壓，讓孕婦感到暈眩。不良的血液循環就表示給寶寶較少氧氣和養分。如果偶爾仰躺，對胎兒並不會有安全顧慮，但長時間下來會造成問題。

這並不表示孕婦得站著睡覺，側睡對妳和寶寶都是最理想的睡姿，最好是側左邊，雙腿交叉，中間放個枕頭。這個姿勢不但可以讓最多的血液和營養素輸往胎盤，還可以增強腎臟功能，促進廢物和水分的排除，減少手、腳和足踝的浮腫。

很少人能夠徹夜保持同一個睡姿到天亮，因此當妳醒來發現自己是仰睡或趴睡時，真的不用擔心，只要恢復側睡就好了。剛開始幾晚可能睡不安穩，但是身體很快就會適應新睡姿的。一個至少150公分長的「香蕉枕」或是楔形枕頭，都能提供身體良好的支撐，讓側睡更為舒服。要是沒有這兩樣東西，也可以利用手邊現有的枕頭，放在不同位置直到找出一個可以進入夢鄉的完美睡姿。非趴睡不可，那就準備一個充氣枕頭，但有個缺可用來安頓妳的肚皮；試看看在躺椅上半坐直起來，不一定要睡床。

側睡

胎教

「我聽過有人對著她的肚子朗讀，或放音樂給寶寶聽，要讓他們在學習路上掌握先機。我是不是也該做做胎教？」

注意聽了：雖然胎兒的聽力在妊娠中期結束時便已發育得相當完全，所以寶寶的確聽得到音樂和文章朗讀，但這並不表示寶寶會發展出對音樂或文學的愛好。早期胎教有可能會造成負面影響，尤其是過於刺激感官尚未成熟的胎兒。胎兒先要成長發育，然後才是學習，而且要以自己的節奏學習最好，不需要逼迫。

胎就像新生兒一樣，胎兒有其睡眠和清醒的習慣模式，要是父母操之過急，可能會在不知不覺中妨礙胎兒發育，而不是增進發展（就好像搖醒沈睡的新生兒，來玩卡片遊戲一樣）。

當然不是說實行胎教有錯，胎教有很多正面的意義，提供胎兒豐富的語言和音樂環境，最重要的是能在寶寶未出生前，就建立親密的關係。對著肚中的寶寶講話、閱讀或是唱歌（不需要使用擴音器）不能保證寶寶以後一定會成績優秀，卻能讓寶寶在出生時認出妳的聲音，覺得跟媽媽特別親近。

這個時期就播放音樂，新生兒可能會喜歡這樣的旋律，甚至覺得放鬆。但有研究顯示，出生後給予寶寶音樂和文學的環境，所得到的正面影響會比在子宮中有意義許多。別低估了撫摸的力量，胎兒在子宮中就已經發展出觸覺，輕摸肚子也能增進和寶寶之間的關係。

若是想放莫札特、巴哈或是閱讀沙士比亞，那就開心的做吧，只是要記得胎教是為了增強和寶寶之間的聯繫，而不是為了以後讓他進入學校的樂團，或得到學業優異的獎學金。

要是覺得對著肚子說話很怪，也不用怕寶寶會認不出妳的聲音。每當媽媽和旁人交談時，胎兒便會漸漸習慣妳的聲音（還有爸爸的聲音），因此嬰兒在出生時似乎就能認得父母的聲音，而且有所回應。胎教是為了給寶寶源源不絕的愛，不用著眼於教育或智力的增長。媽媽很快會發現孩子轉眼間就長大了，不需要那麼著急。

✿ 為人父母

「我一直很懷疑，我能勝任為人母親的角色嗎？」

大部分的人在面臨重大的轉變時，不禁都會懷疑自己是否能樂在其中，若能抱著務實的態度面對，就可能是快樂的蛻變。

首先要做的就是：認清現實……接受現實。

要是憧憬著從醫院抱回一個會咕咕發笑、像廣告中一樣可愛的小寶寶，那就有必要研究一下新生兒的真實樣貌。新生兒有好幾週的時間不會微笑或咯咯笑，而且除了哭，幾乎無法做任何的溝通，尤其是當妳坐下來吃晚餐、想要和先生浪漫一下、急著上廁所，或是累得動彈不得時，寶寶想哭就哭，毫不妥協。

如果妳覺得做父母就是在早晨帶著孩子在公園悠閒的散步，晴天逛動物園，為孩子搭配衣服，讓寶寶天天光鮮亮麗的話，或許得重新面對現實了。當然媽媽還是有時間帶寶寶到公園散步，但是更多時候妳會忙到足不出戶，有空時已經是傍晚了。陽光普照時妳大多是在洗衣服、晾衣服，而且寶寶的衣物常會沾滿香蕉泥或嚥出來的牛奶。

然而，當妳懷抱一個暖呼呼而熟睡的嬰兒時（即使在幾分鐘前還是難搞的小惡魔），這份幸福感受是無可比擬的。當他／她露出第一次無牙的微笑時，所有失眠的夜晚、延遲的晚餐、堆積如山的髒衣服、以及敗興的浪漫都值得了。

孩子出生後是否能夠快樂過日子？答案是肯定的，只要妳的期待切乎實際。

寫給爸爸們

「覺得受到冷落」

面對現實吧，不論性別角色如何演變，仍然有生物學上的限制。也就是說，懷孕從來就是女人的工作，至少從身體的角度來看。只有媽媽和寶寶有實際的身體相連（並且裝在肚子裡），出生前要靠媽媽餵養照顧，所付出的犧牲也最多。而且她也會獲得大量的關心，朋友、家人、醫師或助產士，甚至素不相識的陌生人都是以孕婦為焦點。有時這會讓你覺得好像站在一邊看好戲罷了。

用不著擔心，不是自己懷孕，並不表示你不能占有一席之地。要想避免覺得被遺忘受冷落，最好的方法就是起而行動，參與其中。方法包括：

◆坦誠相告。另一半可能並不理解你受到冷落的感受，甚至還認為你其實是樂得用不著親自懷孕。要讓她曉得你不僅想要參與，更願意全身心投入。

◆陪太太產檢。盡可能和老婆一起去做產檢，另一半會很感激你的精神支持，相信爸爸也會很高興親耳聽到醫生的各項指示，這樣你也可以協助太太奉行醫囑，免得她懷孕時老是迷迷糊糊忘東忘西。產檢時，爸爸也可以提出自己心中的疑問，同時會更清楚太太體內發生什麼神奇變化。最棒的在於你可以和她一起體驗那些重大里程碑（聽到胎心音、超音波檢查時看見寶寶影像）。

◆以懷孕姿態行事。不是說你要穿孕婦裝上班，或開始猛喝牛奶。不過爸爸可以在懷孕期間實際參與：一起做運動（順便練練身體）；滴酒不沾，也跟著點無酒精的飲料；注意飲食（至少一起用餐的時候）；有抽煙的話就把煙戒掉。

◆吸收相關知識。談到妊娠、生產和嬰兒的照顧，即便父親擁有崇高的學位（包括醫學博士），還是和新手媽媽一樣沒經驗。多閱讀書刊，本書之外還可以讀《新手父母知識百科》；看看相關網站、部落客文章，加入網上或附近的爸爸群體；下載懷孕知識百科 app（What to expect

app），每週都能更新進度、實用的建議，還可以一起看視頻。陪太太一起去上媽媽教室，當地要是有舉辦爸爸教室的話，也可以參加。和新當爸爸的親友和同事聊一聊，或是上網與其他準爸爸談談。

◆多和寶寶接觸。與肚裡寶寶的情感連繫方面，孕婦會比較佔上風，因為寶寶正舒服地躺在媽媽安全的子宮內，但並不表示爸爸無法親近。要常常跟寶寶說話，唸書給他（她）聽，為寶寶唱唱歌。大約從第六個月底開始，胎兒便可以聽到聲音，如果經常聽到你的聲音，那麼出生後新生兒很快就能認出你的聲音。每晚用手或臉頰貼在太太裸露的肚皮上幾分鐘，體會寶寶踢動和蠕動，這也是和太太共享親密關係的好方法。

◆團隊行動。一起佈置嬰兒房，查閱命名

app。找小兒科醫生做諮詢，總而言之，就是為寶寶的到來，積極的計劃與準備。

◆考慮休假。開始研究你們公司的育嬰假制度。這麼一來，你就可以確定不會錯過寶寶出生後的許多樂趣。如果公司沒有這項福利，可考慮聯合其他做爸爸的一起行動爭取。

繫安全帶

「懷孕時繫安全帶安全嗎？安全氣囊會不會有問題？」

繫安全帶對媽媽和胎兒都很安全，這也是法律規定。把安全帶繫在腹部下方，橫過骨盆和大腿上方，這是最安全、最舒服的方式；安全肩帶要繫在肩膀而不是手臂下方，從胸部之間斜繫到腹部側邊。不必擔心猛然停車的壓力會傷到胎兒，羊水和子宮肌肉會為胎兒緩和衝擊的力道，這可是世上最頂級的吸震材質！不要用那種為孕婦設計的安全帶定位器，例如用魔術扣固定的產品，遇到撞擊時根本撐不住，而其他設計對媽媽或胎兒也不會比較安全。

至於安全氣囊，可不要拆掉。如果遇到意外，有氣囊發揮作用絕對比較安全。事實上，研究顯示

為兩人繫上安全帶

安全氣囊不僅可以救命，也不會造成傷害；意外時派上用場的氣囊不會增加胎兒窘迫、胎盤剝離或剖腹產的風險。最好是和安全氣囊保持一定的距離，如果是坐在乘客座位，可以將椅子往後推，遠離氣囊的位置，這樣雙腳也有舒適的伸展空間。如果妳在開車，將氣囊的出口處調往胸部位置，而非對著腹部，可以的話身體要離方向盤至少25公分。

旅行

「之前就計劃好這個月要和先生去度假，這對我來說安全嗎？」

對孕婦來說，妊娠中期出外旅行不僅安全，也是與另一半暫時拋下一切，共享兩人世界的最佳時機。現在出門還不用帶一堆尿布、奶瓶、玩具、安全座椅等嬰兒用品，等寶寶出生以後，就無法這麼輕鬆了。

訂好的行程不需猶豫，不過在打包行李之前要記得先取得醫生同意。只要身體沒有特殊的狀況，或是已接近預產期，醫生通常不會反對。只要稍加計畫，採取防範措施，就能為自己和寶寶安排一個既安全又愉快的旅行，方法如下：

孕婦是蚊子的最愛

懷孕之後，是否覺得蚊子更愛叮妳呢？這不是錯覺。科學家發現，比起沒有懷孕的婦女，孕婦會吸引兩倍的蚊子，這是因為蚊子喜歡二氧化碳，而孕婦的呼吸頻率較高，會釋放出更多蚊子喜歡的氣體。此外，因為蚊子性喜溫熱，孕婦的體溫通常較高，所以蚊子會朝著孕婦直撲而來。通常，這只是發癢不舒服而已，如果爆發蚊子叮咬的傳染病，那就會對妳和胎兒造成危害（例如茲卡病毒，參考802頁）。因此，如果要往蚊疫區居住或旅行的話，要做好適當的防範措施，包括要和醫師討論，並且查閱旅遊警示。在蚊子肆虐的地方，要待在室內，窗戶要有紗窗，穿長褲長袖、用百滅靈處理過的衣物，並在裸露的肌膚上使用含避蚊胺（**DEET**）、**Picaridin**、**IR3535**、檸檬桉精油或**para-methanediol**成分的驅蚊液。若遵照指示使用，環保署登記在案的驅蟲劑都經證實安全、有效，也可用於孕婦和哺乳中的媽媽。含有植物萃取物的驅蟲劑，例如香茅和雪松，也有助於趕走蚊蟲，但它們並不如**DEET**或**Picaridin**那麼有效，風險高的地區不可依賴這些產品。

驅蟲劑要在抹過防曬之後再用，而且要更頻繁補擦，因為DEET會抵消防曬係數。把驅蟲劑和防曬合在一起的產品並不建議使用。

選擇正確的時間點～想要在懷孕期間旅行的話，時間點很重要。長途旅行最好挑在妊娠中期。就算是正常的孕婦，在妊娠早期長途旅行負擔還是太大，尤其身體還在適應害喜、疲倦等變化。妊娠晚期也不宜出遠門，因為不確定寶寶是否會提早來報到，離生產醫院太遠總是有風險。那郵輪之旅呢？如果已到第24周，大多數船公司都不會讓妳上船。

來一趟產前蜜月行

當然妳會為了即將到來的家中新成員歡欣鼓舞，但也可能擔心這重大的生命轉折會對原本兩人世界造成衝擊，特別是，無憂無慮的小夫妻時光很就變得十分難得。

不妨來一趟產前蜜月行，其實就等於是最後一回放假，找個機會在妳把肚裡寶寶卸下之前，過過樂天知命的日子。

不論是海邊消磨一星期，或周末到鄉下走走，家附近的旅社過一晚，或白天去做做Spa，越來越多準父母會規劃一次產前蜜月之旅，當然，是問過醫師得到同意之後，排出空檔、擬定計劃，挪出經費。什麼時候最適當？當然是要把握在妳覺得狀況最好也最有活力的時機，對大多數孕婦來說，就是相對舒適的妊娠中期階段。

排不出時間，或是負擔不起？也許有人覺得要把錢省下來，花在購買育嬰用品比較恰當，勝過小兩口自己去逍遙。產前蜜月也可以考慮採用在家度假的方式，挑個週末，規劃一次小兩口專屬的活動，等寶寶出生之後可能會有好一陣子沒法享受到的浪漫，像是：床上的早餐盛宴、晚餐然後再看一部電影，然後呢就隨個人發揮啦。

選擇適當目的地～由於妊娠期間的新陳代謝加速，前往高溫濕熱的地區旅行會讓妳不舒服，要是已經選擇了濕熱的地點，務必確定下榻的飯店和搭乘的交通工具都有空調，時時補充水分，避免日曬。到高海拔地區要先請教醫師（參考第272頁）。前往必須注射疫苗的地區也應取得醫師同意，有些疫苗在妊娠期間注射會造成危害，還有些地區可能是傳染病的溫床，像是水、食物或蚊子傳播的疾病（例如茲卡病）。更多旅行健康相關細節，請參考cdc.gov/travel。

計畫輕鬆的旅行～定點式的旅遊要比六天趕六個城市的觀光或商務旅行來得理想。自己設定步調的度假方式，勝過聽從導遊安排的團體旅遊。幾小時的觀光、購物或會議後，要穿插輕鬆、靜態的活動歇歇腿。

旅遊平安險～保險可以防範妊娠的突發狀況。要是到國外旅遊的話，可以考慮加保醫療轉運的醫療險，以免臨時需要在有醫療監控的狀況下回國。要是現有的醫療險不包括國外的醫療照護，那麼旅遊醫療險也是助益良多。提早檢視妳的保單。

要有醫療備案～如果要出遠門，先問好當地產科醫師，以防萬一。出國觀光時，要準備當地婦產科醫師的資料，「國際旅遊醫療支援協會」（IAMAT）提供全球會說英文的醫師名冊，請上網：iamat.org；大型連鎖飯店也能提供這類資料。在國外萬一迫切需要就醫，而飯店又無法提供服務時，可以打電話給美國大使館，或最近的教學醫院，或直接到大醫院的急診室，要是有旅遊醫療險，應該會有緊急連絡電話可供求助。

打理妊娠期間的必需品～攜帶足量的孕婦維他命、健康零食、易暈車的人可加帶防嘔止吐腕帶，以及醫生同意的胃腸藥。未經醫師核可的抗時差藥品，像是褪黑激素，就別帶了。

保持健康飲食習慣～出門在外，好好享受美食，出來就是要度假！不過仍然要儘可能吃得好、按時用餐，並視需要補充零嘴，複合醣類和蛋白質的超級組合，特別有助於對抗時差。可別忘了旅途上也要保持多喝水，妊娠期間水分的補充至關重大，更是飛來飛去的人不可或缺（脫水會加劇時差的症狀，像是疲勞）。

避免便秘～行程和飲食的改變會使便秘更嚴重，為了有效預防，務必充分利用對抗便秘的三項法寶：纖維質、水分和運動。

想上就上不要憋～不要忍著不上廁所，而讓尿道感染或便秘找上門，一有尿（便）意就馬上去廁所！

穿上彈性褲襪～有靜脈曲張或是擔心腿部浮腫的孕婦可以使用彈性褲襪。在必須久坐（如汽車、飛機、或火車）和久站時（如在博物館或在機場排隊），穿上彈性襪可減輕腿部不適。

旅遊期間不要久坐～長時間久坐會妨礙腿部循環，像是飛機座位這種擁塞的空間更是嚴重，甚至會導致血栓；孕婦本就是這方面的高危險群（參考847頁）。在座位上可以經常變換姿勢，多做伸展、彎曲、擺動的動作，還可以按摩雙腿，但要避免翹腳。可行的話，把鞋子脱掉，稍微把腳抬高。乘坐飛機或火車時，每一、兩小時要起身在走道上走動。開車出遊的話，以不超過兩小時為限，停車四處走走，伸展一下身體。

水都不能喝嗎？

是沒錯，孕婦出門旅行的時候要時時補充水份。然而，要是質疑當地水質，飲用和漱洗都改用瓶裝水，打開前要確認瓶蓋的密封度。除非確定是由瓶裝水或開水所製成的，否則不要吃冰棒或冰塊。

在這種地區，飲食安全和水質同樣需要注意。避免蔬菜、水果和沙拉，除非妳確定已用淨化的水洗過。如果很想吃水果，要用瓶裝水先洗，然後自己剝皮。不管去哪，溫熱的食物都不要碰，例如自助餐，路旁小販賣的也別試，就算滾燙也不行。當然，不確定沒有沒經過滅菌處理的果汁和乳品，也應一概謝絕。

下水前也要注意水源安全。當地的湖泊、溪流和海洋如果妳可能會去裡頭游泳，都要先查查安全性如何，有的可能受到致命細菌污染。游泳池的水也要經過氯化消毒，或是用臭氧、鹽鹵或電離淨化過，下水前先詢問。

更多旅遊平安及健康的訊息，請洽cdc.gov/travel。

會不會到了目的地之後，才發現沒有預期那麼好玩？應該不可能，但是妳一定要確保可別感受到雙倍的不舒服：

◆乘坐飛機旅遊，要事先向航空公司查詢，對孕婦是否有特殊規定。提前預訂隔艙前排座位，最好挑選靠走道的位置，方便起身伸展手腳、上洗手間，如果沒法預選座位，那就要求預辦登機。上機後要把安全帶繫在肚子下方才會舒服。

有些國內班機或是廉價航空是不供餐的。即使有供餐，也可能份量不足、不合適或是因為延遲起飛而延後用餐。可以先須做準備，像是帶個簡單的三明治，或在機場買份三明治、沙拉，或優格配水果，但要記得在還新鮮的時候吃完。隨身行李也可以放些零食。別忘了多喝水，除了能避免因飛行而引起的脫水，也可以強迫自己多多起身去上廁所，順便伸展一下雙腿，但可別喝機上的生水，那往往被細菌污染。

◆乘車旅遊，要把具營養的點心放在隨手好拿的位置。把安全帶舒服地繫在腹部下方。如果還是不舒服，可以考慮買或借一個特製靠墊支撐背部，可到汽車用品店或專門精品店挑選，或是上網採購。關於乘車安全事項，請參考409頁。

前往高海拔地區

懷孕的時候，每天吸的是高海拔地區的稀薄空氣，安不安全呢？如果在高海拔地區住過很久，當然沒有問題。但一輩子住海平面高度的孕婦，如果移到高海拔地區生活，就可能造成問題，像是高血壓、水份滯留和嬰兒體重過輕。因此，醫生通常會建議，如果有可能的話，生產過後再考慮搬家。

那麼，懷孕的時候，從低海拔到高海拔地區遊覽又會如何？當然，現在可別去爬四千公尺等級的山峰，到洛磯山區度假村旅遊的規劃也要先想清楚，還得問過醫師。如果必須到高海拔的地方，記得要慢慢來。開車的話，可以一天往上開六百公尺，而不要一下子就開到兩千公尺以上；或是先飛到一千五百公尺的都市，待幾天適應高度，其他行程再開車。若超過二千四百公尺，會出現頭痛、想吐、疲累等症狀，有些人在比較低的地方也會發作，若要避免這種急性高山症，抵達後要安排幾天輕鬆行程，多補充水份、少量多餐、不要吃太油膩或太飽、睡覺地方儘可能選在海拔較低的地區。

◆ 搭火車旅行，要確定有餐車供應正餐。如果沒有這項服務，就得為這趟旅程準備好足夠的餐點和零食。如果要搭火車過夜，可能的話先訂好臥鋪。妳可不希望一開始玩就累壞了吧。

◆ 郵輪之旅，先詢問船公司的相關規定，有許多細則是針對懷有身孕的婦女，還要問清楚船上的醫療設備。也要先問過醫師，並請教是否需要攜帶什麼藥品，因為船上的醫護人員可能無法特別針對孕婦做準備。當然還有，要記得搭船的話可能會把孕吐和暈船兩件事加成在一起，症狀變得嚴重。還要注意郵輪之旅爆發腸胃道疾病並非特例，要是孕婦遇到可能會特別危險。

安檢是否安全？

在機場排隊接受安檢或許很痛苦，幸好對孕婦來說並不是個安全風險。金屬探測器發出的電磁波十分微量，絕對安全（妳在家一直都接受到這個程度的電磁波，例如家電用品就會發出）。安檢人員有時會用的探測棒也是一樣。那全身X光掃描呢？TSA說它們安全無虞，對孕婦對腹中胎兒都沒有問題，一次掃描的輻射量約等於搭機飛在高空2分鐘。也許可用搜身代替X光掃描，如果有顧慮的話不妨問問。

如果符合TSA的預檢資格（請上網tsa.gov申請），可以完全免除全身X光掃描，還有脫掉鞋子、外套，把包包裡的液體拿出來等等麻煩事，前提是妳要搭機的那個機場有提供這項服務。

妳必須知道的：妊娠期的性生活

排除宗教和人工生殖，每一次懷孕都是發端於性行為，為什麼當初孕育新生命的性行為，現在反而成為一大問題呢？

不論懷孕期間性生活是增加或減少、更勝以往或更不舒服、或是完全沒有性行為，準父母們會發現，懷孕後的性關係似乎起了變化。準父母們需要重新找到舒服又安全的姿勢，不管是在床上、客廳或廚房，還得找到彼此都有性趣的時間，即使時間點對了，孕婦的乳房過於敏感也不喜歡被碰觸……這些小事都需要彼此適應。妊娠期間的性愛挑戰度很高，但也別氣餒，你們需要的是一點創意和幽默感，加上許多的耐性、練習和對彼此的愛，一定可以找出懷孕期間彼此都滿意的性愛關係。

✿ 孕期性生活

還在為懷孕期間的性行為煩惱嗎？下面資訊可供準爸媽們參考：

口交～在妊娠期間內，只要伴侶不把空氣吹進陰道，以口刺激女性的生殖器是安全的。以口刺激陰莖當然也很安全，而且在無法行房時，有些夫妻會很滿意這樣的替代方式。如果先生有性病則不要進行口交。

肛交～在妊娠期間應該是安全的，但也要謹慎才好。孕婦容易長痔瘡，有的話應該會很不舒服，可能會造成流血，就會影響浪漫的時刻。不管是否懷孕，都要遵守同樣的肛交安全守則，而且肛交後一定要清潔，才可以進行一般的陰道性交。不然會造成陰道感染，危及胎兒的安全。

手淫～擔心早產或是有其它妊娠危險而無法性交的話，手淫很安全（有沒有用按摩棒都一樣），而且是釋放壓力的好方法。

助性玩具～只要醫生同意，按摩棒或假陽具之類的助性玩具也很安全，再怎麼說也不過是真玩意的器械版。但是使用前要事先清潔，也不要插入太深。

✿ 不同妊娠時期的性生活

下—上—下。別弄錯了，我們可不是要講什麼新潮的作愛技巧，其實是在形容不同妊娠時期的性愛頻率。妊娠初期的性慾普遍會降低，倦怠、噁心、嘔吐以及乳房觸痛實在讓人提不起勁。不過性慾程度因人而異，幸運的孕婦會因為荷爾蒙的變化而性慾高漲，外陰部充血而特別敏感，豐滿又敏感的乳房增加性愛中的快感。

妊娠中期，性慾通常會升高。初期的不適漸漸消失後，孕婦的體力也慢慢恢復，在廁所嘔吐的時間減少，在床上的浪漫時光就會增多。有些婦女懷孕後第一次享受到高潮，甚至是多次高潮的快感，這是因為有更多的血液流向陰唇、陰蒂和陰道，讓女性更容易達到高潮，而且快感也會比以前更強烈、更持久。也是有孕婦會在整個孕期都無法達到高潮，這樣的情形也很正常。

隨著臨盆日期逐漸接近，性慾通常又會再度消退，甚至比初期更為嚴重，理由很簡單：第一，像西瓜一樣大的肚子會讓先生難以攻頂；其次，妊娠所帶來的疼痛與不適，容易澆熄炙熱的激情；第三，妊娠後期除了熱切而焦慮地等待胎兒出生以外，很難把注意力集中在別的事情上。不過仍然有夫妻能夠克服種種困難，維持性生活直到開始陣痛。

寫給爸爸們

「害怕做愛的心理因素」

是否害怕做愛會傷到胎兒或另一半？別再擔心。如果醫師或助產士說你們在懷孕期間可以做愛（大部分的狀況下，理當如此）。那就沒有安全顧慮。寶寶不會受到影響（就算爸爸天賦異稟也一樣）。寶寶住在子宮裡穩當又隔絕，不會受傷，也看不到什麼，更不了解發生了什麼事，根本搞不清楚你們在忙些什麼。即使是高潮之後，老婆可能會覺得有輕度子宮收縮，也不用擔心，因為並不是會引發早產的收縮。

事實上有研究發現，那些在妊娠期間持續活躍性生活的低危險群孕婦，其實比較不會出現早產。況且，行房不但對太太無害，還對她大有助益，可以滿足她在身心兩方面亟需的親密感，而且可以讓她知道，自認為可能比較不被需要的時機裡，其實是被渴望、被需要的。雖然必須小心進行（要注意伴侶的給你的提示，並把她的需求擺在首位），真的可以做，而且從中得到樂趣。

是否還有所顧慮？讓另一半知道。要記得，一切都能開誠佈公的討論才是上策，性生活也包括在內。

引發或失去性趣的因素

也許有孕在身並不會影響妳的性生活……也可能完全提不起勁。無論如何，懷胎九個月會出現許多生理變化，性慾和快感連帶受到影響也不稀奇，可能更好，也可能更差，或者好壞摻半。這些症狀包括了有：

噁心和嘔吐～害喜一定會影響到性生活，畢竟忙著嘔吐怎麼會有性慾呢？要懂得運用時間，如果害喜是在白天比較嚴重，就好好利用晚上的時間；如果晚上比較容易害喜，那就在起床時和另一半享受魚水之歡；如果一整天都害喜得厲害，可能就得等到症狀舒緩之後再說（大部分孕吐會在第三個月底停止）。感到不舒服時，不用勉強自己有性趣，這樣雙方都不會滿意的。

倦怠～連脫衣服的力氣都沒有，怎麼有精神忙別的呢。倦怠感也是在第4個月便會結束（雖然在後期有可能捲土重來），在那之前，可以多加利用白天時間，不要硬撐到晚上。如果週末下午有空，可以利用小睡的時間，或是星期六早上在床上吃個「另類」的早餐。

體形的變化～大肚子的模樣可能會讓妳覺得自己性感得不得了，或者，可能妳會感到難以接受。當隆起的肚子像座喜馬拉雅山橫亙在前，行房真是不舒服又彆扭，隨著妊娠的推進，要克服日漸突起的腹部或許不太容易，有些夫妻卻認為很值得（還是有方法可以橫越山脈的，欲知詳情，請繼續讀下去）。

生殖器充血～妊娠期間荷爾蒙的變化，會增加骨盆腔的血液流量，有些孕婦會更為亢奮。然而，性愛後殘餘的充漲感，可能會讓人有意猶未盡的感覺，因而性愛的滿足感會降低，特別是到了妊娠後期。對男性而言也是如此，女性的性器充血有可能增加快感（覺得被緊緊包圍著），也有可能不舒服（太緊而無法勃起）。要是腫脹伴隨有性交疼痛，那可能表示骨盆區的靜脈曲張，比如說是陰唇、陰道以及周邊區域。請和醫師洽詢，並參考257頁。

運動助性

雖然什麼時候做、什麼場合做都行，在做愛的同時練習凱格爾運動，又能鍛練又能享受，真是個好辦法。這個大家都愛的運動，可參考353頁有更詳細介紹。

初乳分泌～在妊娠後期，有些孕婦會開始分泌乳汁，稱為初乳（參考568頁）。在行房的刺激下，初乳會從乳房分泌出來，可能會在前戲時令人驚慌失措。當然這沒什麼好擔心的，若是會困擾妳或另一半，只要避開愛撫乳房就好了。

乳房觸痛～對某些夫妻來說，妊娠期間可以嘗到豐滿乳房的樂趣。但是大多數的夫妻卻發現，因為乳房變化所帶來的觸痛感，讓豐盈的乳房只能看不能摸。務必要將這種不適與另一半溝通，不要暗自承受。告訴先生只要等前三個月過後，就可以撫摸了。

陰道分泌物的變化～妊娠期間的陰道分泌物會增加，而且濃度、氣味和味道都會不同。要是之前陰道都很乾澀、過於狹窄而感到不適的話，增加的潤滑會促進夫妻性生活的滿意度。不過也可能因為陰道過於濕滑，致使男方難以達到高潮，增加一點前戲，可以助他一臂之力。氣味濃厚的分泌物也會使口交變得不舒服。在陰部或大腿內側（但不是陰道）抹上芳香精油，應該有助於解決這項困擾。

有些孕婦即使分泌物增加，性交時還是會有陰道乾澀的問題。可以使用無香味、水性的潤滑液來解決。

寫給爸爸們

「懷孕時的性事解說」

性生活美滿？有沒有試過「懷孕式」？雖然一般性愛法則都適用於妊娠期間，你將會發現懷孕期間的性事需要做些調整，多點彈性。以下舉出幾項建議，可讓你倆往正確的方向前進：

- 同意再上。太太昨天還熱情如火，今天卻是冰冷相待？孕婦的心情容易搖擺不定，性欲也會隨之變來變去。你要懂得看臉色，還要會把握時機。
- 開機之前要先熱身。雖然是老生常談，但在老婆懷孕時卻是必要動作。要你多慢你就得多慢，提槍上陣之前要確定有足夠的前戲醞釀，太太才能一觸即發。

◆停下來等待指示。什麼該做、什麼不該做，之前的規矩可能已經起了變化（甚至是和上週不同），可別拿著可能過期的指示單辦事。採取進一步動作之前，耐著性子問一下。碰觸漲大的乳房，大概要特別輕柔；雖然胸部可能擴張凸出到令你看了心跳加速，但是輕輕碰觸可能就會造成不適，尤其是在妊娠初期。應該會有一陣子只能看，不能摸。

◆讓另一半採取主動。挑一個她舒服的姿勢。懷孕期間的首選是女方在上，因為這樣可以讓她控制插入深度。還有個姿勢是請另一半側躺、臉朝外（互相愛撫）。等到肚子大起來擋在兩人中間，發揮創意避開：讓她屈膝由後方進入，或是你躺下讓伴侶採坐姿。

◆不妨改道而行。什麼方法都沒用？找個兩人都能得到樂趣的替代方式：用手或口互相按摩。

子宮頸過於敏感而出血～懷孕期間子宮頸也會充血，更多的血管讓增加的血液能流入子宮，而且比懷孕前更柔軟。當插入很深時，有時候便會引起出血，尤其是到了妊娠後期，子宮頸開始為分娩做準備時。這種情形通常不用擔心，下次產檢時可以告知醫生，確定一切正常即可。

當然也會有許多心理因素影響妊娠時期的性生活，這些問題往往都有辦法化解。

擔心會傷到胎兒或引起流產～別擔心，好好享受吧。以正常妊娠來說，性交並不會造成傷害。就算真有不能從事性行為的理由，醫生也一定會事先告訴妳；如果並未禁止行房，那就好好享受吧。

害怕高潮會導致流產～高潮的確會引起子宮收縮，有些孕婦收縮的情形很明顯，可以達半小時之久，可是這種收縮並不是分娩的徵兆，對正常妊娠也不會引發危險。除非醫生診斷妳是屬於流產或早產的高危險群，比如像是胎盤的問題，才需要禁止高潮。要是還沒提到這件事又不確定，可以問醫師。

姿勢有關係

妊娠期的性愛姿勢很重要，側躺（面對面或是湯匙式側躺）應該是最舒服的姿勢，這樣背部就不用出力。女上男下的姿勢可以讓女生控制插入的深度，從背後進入的姿勢也很適合，男上女下時男方要用雙手支撐自己的重量，不要將體重壓在女方身上，第四個月以後孕婦就不太適合仰躺了。

唯恐胎兒「旁觀」～高潮時胎兒可能會喜歡子宮收縮的輕微搖晃，卻無從看到爸媽在做什麼，也不明白發生什麼事，當然更不會有任何記憶。胎兒會在爸媽交歡時微微移動，高潮後拳打腳踢，並且心跳加速，完全是受荷爾蒙和子宮的活動所影響。

擔心會撞到胎兒～雖然男方或許不願意承認，但是男性的生殖器官並不會大到使胎兒受傷。胎兒被包覆在安全舒適的子宮裡頭，即使頭在骨盆腔的位置，插入很深也不會造成傷害，除非孕婦感到不舒服才需要避免。

擔心性交會引起感染～胎兒在羊膜囊內，不會受到精液或感染原的影響，密封得十分完整。

除非羊膜破裂（也就是破水了）。

焦慮勝過憧憬～由於準父母的複雜情緒，使得迎接新生命的喜悅因此遜色不少。想到為人父母的責任、生活型態的改變、生養寶寶的經濟開銷、精神上的負擔，林林總總的思緒都會影響性愛。這種喜憂參半的矛盾情結，為人父母者或多或少都有感受，夫妻倆應該開誠佈公，敞開胸襟相互討論，不要把這些焦慮帶到床笫之間。

夫妻關係的轉變～夫妻在角色的調整上可能還不習慣，因為兩人之間的關係不再只是情人或伴侶，還兼具了為人父母的新角色。不過，對有些夫婦來說，三人新世界反而讓彼此邁入更親密的關係，讓心靈更踏實。

心生怨懟～或許因為妳過於關心胎兒而把另一半忽略了，讓他心理不滿；或是準媽媽生氣準爸爸，認為寶寶是兩人共同想要的，為什麼只有自己承受所有痛苦。把這些感受攤開來說清楚很重要，最好不要帶到床上去談。

認為在妊娠後期行房會引發陣痛～除非子宮頸已達「成熟」階段，否則這種收縮並不會引發陣痛生產，許多超過預產期而熱切盼望寶寶來臨的夫妻可以證實這點。事實上，研究發現妊娠後期一樣享受性生活的夫妻，寶寶更有可能足月出生。

心理因素有時也會帶來正面影響。對於努力許久終於「做人成功」的夫妻來說，做愛純粹為了享受而非傳宗接代，是一件很開心的事。終於可以拋開排卵預測工具、圖表、日曆、和焦慮，幾個月（甚至是幾年）以來第一次能夠樂在其中。有些夫妻覺得共同創造出來的新生命使他們更加親密，隆起的肚子對他們有莫大的意義，一點都不是障礙。

重質不重量

良好而持久的性關係就像美滿而長久的婚姻一樣，不是一天造成的，需要練習、耐心、體諒和愛，雙方才能共同成長，面臨懷孕時期心理和生理上的衝擊也是如此。以下提供一些方法，希望大家都有美滿的性生活：

◆享受性生活，可別分析得了無性趣。不要讓行房頻率妨礙兩人的關係，也不要比較懷孕前後的差別，閨房之樂永遠質重於量——妊娠期間更是如此。

◆正面思考。把做愛當作陣痛和分娩的體能準備，尤其是在翻雲覆雨時，記得做凱格爾運動，效果更佳。性愛讓人放鬆，對彼此和寶寶都好，要認為自己隆起的肚子很性感，每次性愛時都是和愛人更接近的機會，不要只想趕快結束。

◆發掘新姿勢。也許習慣的姿勢不適合妊娠期進行，那正好可以把握機會嘗試新姿勢。挑戰新姿勢時，要給彼此時間去做調適，甚至可以考慮不寬衣解帶，純粹練習新姿勢，等正式登場時會更熟練。

◆不要有超乎現實的期待。雖然有些婦女會在孕期首次達到高潮，可是也有研究顯示，大部份的孕婦比懷孕前更不容易達到高潮。因此不要冀望每次都要達到高潮，有時光是肌膚之親就可以獲得滿足。

◆別忘了溝通也是關係交流的一部份，溝通是建立關係的基礎，尤其是夫妻都面臨了人生的重大轉變。有問題就要開誠佈公好好討論，共同面對，不要放任問題影響床第關係。如果事態嚴重到無法自行解決，則要尋求專業人士的協助。

無論性生活是水乳交融、力不從心、變成義

務、或乾脆完全放棄，要記得每對夫妻對閨房之樂的期待都不一樣，不用和其它人比較。不管是女上男下、男上女下還是完全停機，最重要的是找出最適合彼此的方式，為彼此愛的結晶努力，不需要因為短暫的變化而感到沮喪。

限制性生活的時機

妊娠期間的性愛充滿喜樂，雙方都能從中得到滿足。如果某時期或整個期間都要受限，甚至是完全禁止，那該怎麼辦？如果醫生指示必須禁止，卻沒有講得很清楚，記得問清原委，並且弄清楚是禁止性交或高潮，或兩者都涵蓋；是暫時限制或整個孕期都禁止。或是容許行房卻不允許高潮、可以進行前戲卻不可插入、或是一定要使用保險套，務必確定怎麼做才安全，要有一張什麼該做、什麼不該做的清單才好。

有下列情況的孕婦應該會受到限制，當然除此之外還有其他原因：

- 早產徵兆或有早產的經驗。
- 子宮頸過短或是前置胎盤。
- 出血或是曾經流產。
- 如果另一半住在茲卡病流行區，或曾經去旅行。醫師會建議妳每次性交都應使用保險套，或在懷孕期不要做愛，即使他並沒有出現茲卡病的症狀。

如果不能性交，但是允許高潮，夫妻可以互相幫忙。如果連高潮都不允許，那就以其它方式幫助另一半達到高潮，相信這樣的性生活也能帶給妳一些歡愉。如果允許性交但是不能達到高潮，只要進行溫和的性愛就好，雖然無法滿足，對於容易高潮的人可能也很難做到，但是多少可以增進兩人之間的親密度，也能稍微幫到另一半。如果此時激烈性的性愛是完全禁止的，還是可以尋求其它方式經營夫妻之間的關係，像是擁抱、牽手或是外出約會。

CHAPTER

10

第六個月：約 23 ～ 27 週

小手小腳開始猛力拳打腳踢了，
現在孕婦絕對分得出來是胎動而不是腸胃蠕動。
小寶貝在子宮裡的柔軟體操、甚至是打嗝，
都可以從肚皮看得出來。
第六個月是妊娠中期的最後一個月，
也就是妳已經來到了三分之二的地方了。
雖然還有好幾個月，寶寶也還在努力成長，
相較於出生時，現在依然還是個小不點兒。
如果一切狀況良好，
現在是做一些柔軟運動的好時機。

寶寶本月的變化

第二十三週：寶寶的皮膚仍舊皺巴巴的，像個小老頭，這是因為皮膚生長的速度比脂肪快，這些皮膚皺褶是供皮下脂肪生長的空間。這一週寶寶已經有28公分長，體重約為450公克，到了本月底，體重會增加到一倍之多呢，幸好孕婦不會胖得這麼誇張。等到脂肪越來越多時，寶寶就不會那麼透明了，現在仍舊可以透過皮膚看到器官和骨頭，還有佈滿全身的血管。可是到了第八個月，就沒法看透了。

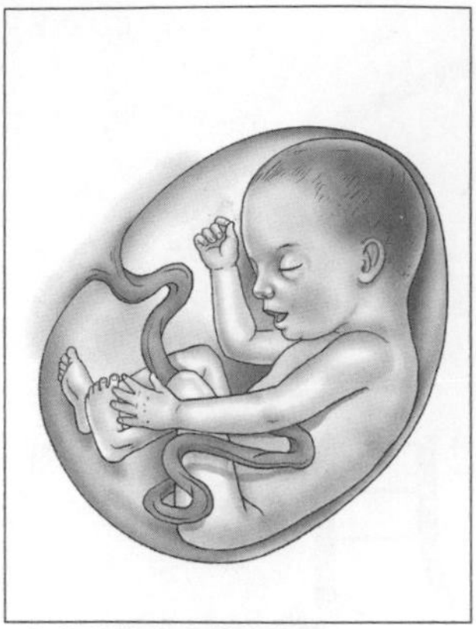
◎ 你的寶寶，第六個月

第二十四週：本週的胎兒大約有29公分，體重約為500多公克，差不多一根玉蜀黍那麼大。寶寶每週增加的體重為170公克，快要追上媽媽的進度了。這些體重大都是新形成的脂肪，還有正在成長的器官、骨頭和肌肉。寶寶的小臉蛋幾乎完成，越來越可愛了呢。睫毛、眉毛和頭髮都長得差不多了，好奇寶寶是黑髮、金髮還是紅髮嗎？其實都一樣是白色的，因為頭髮裡還沒有色素。

第二十五週：胎兒的體重穩定增加，與上周相比又多了100多公克，大約有680公克，身長為33公分，皮膚下面佈滿微血管，血液已經在裡面流動了。本週結束前，肺部的毛細管和氣囊也會完成，讓寶寶出生後就能自行呼吸。當然現在的肺部還不夠成熟，無法正常運作；在那之前，還要花好些時間。雖然已經開始生產介面活性分子，用來幫助肺部在出生後能夠擴展，但寶寶的肺並不健全，不足以把氧氣送進血液，也沒法釋出血中的二氣化碳。鼻孔會在本週張開，寶寶就能練習呼吸了。寶寶的聲帶已經發育完成，所以打嗝時妳也會感受得到。

第二十六週：本周寶寶的身長超過36公分，至於體重呢？下次到超市買東西時，找個900公克的商品感受一下，這就是寶寶目前的重量。胎兒的眼睛開始張開了，之前幾個月都閤上眼皮讓視網膜能夠發育完成，但是虹膜還沒有色素，所以現在還看不出眼珠子的顏色。雖然黑暗的子宮內沒有什麼好看的，寶寶的視覺已經發展完成。隨著視覺和聽覺的成長，妳會發現強光和較大的聲音會增加寶寶的活動，如果有很大聲的噪音接近媽媽的腹部時，寶寶可能會眨眨眼睛、被嚇一大跳呢。所以可別把音樂放太大聲哦。

第二十七週：本週寶寶的身長從頭到腳為37公分，體重超過900公克。此時孩子的味蕾會比出生時多，也就是說當妳吃東西時，寶寶不僅嚐得到味道，可能還會有生理反應，譬如說，有些媽媽會說吃到辣味時胎兒會打嗝或是拳打腳踢。會不會因此嗜辣呢？等長大就知道了。

孕婦的身心變化

每次懷孕和每個婦女都不一樣。有可能同時感受到所有症狀，或只有其中幾項；有些症狀是從上個月延續下來的，有些則是新出現的；還有些症狀幾乎察覺不出來，因為早就司空見慣了，也可能出現其他罕見的症狀，以下是孕婦可能出現的症狀：

生理反應

- ◆胎動更為明顯。
- ◆白帶增加。
- ◆下腹和側邊會疼痛（支撐子宮的韌帶在伸展所造成）。
- ◆便祕。
- ◆胃灼熱和消化不良，脹氣和飽脹感。
- ◆偶爾發昏或暈眩，突然起身或低血糖時特別明顯。
- ◆鼻塞還會偶爾流鼻血；耳鳴。
- ◆刷牙時，牙齦會出血。

◆胃口大開。
◆腿抽筋。
◆腳和腳踝稍微浮腫，有時連手和臉也會。
◆痔瘡。
◆腿、外陰部靜脈曲張。
◆腹部搔癢。
◆肚臍突出。
◆背痛。
◆腹部、臉部出現淺色斑塊。
◆妊娠紋。
◆乳房脹大。

✿本月的身體變化

子宮在本月初會比肚臍高出4公分左右。到了月底又會往上長2.5公分。子宮大小和藍球差不多，肚子看起來就像藏了一顆藍球一樣。

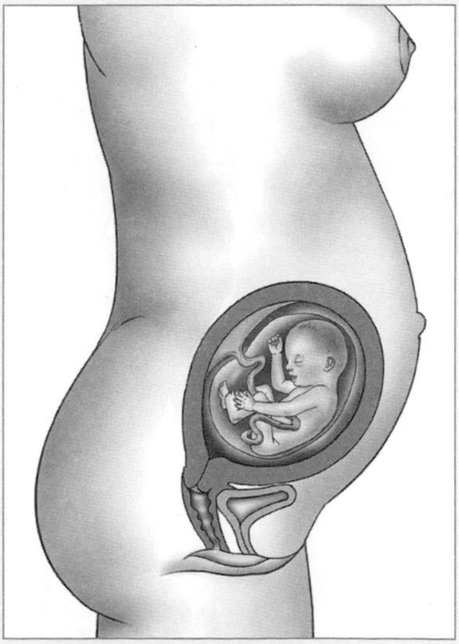

心理狀況

- 情緒不穩的情形減少。
- 健忘，漫不經心。
- 覺得懷孕很煩。
- 對未來感到十分興奮。
- 對未來感到焦慮。

本月的產檢項目

本月檢查和上次大同小異，妊娠中期會在這個月結束，醫生會為妳進行下列各項檢查，但基於個人特殊狀況和醫生的執業型態，可能會有些許差異：

- 體重和血壓。
- 尿液檢驗，有無尿糖和尿蛋白。
- 胎心音。

- 子宮底高度。
- 以觸診查看子宮大小和胎位（從外面觸摸）。
- 手腳有無浮腫，腿部有無靜脈曲張。

- 孕婦的症狀或身體狀況，尤其是特殊情形。
- 想和醫師討論的疑難或問題，可事先列備忘清單。

孕婦關心事項

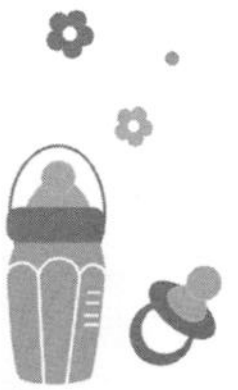

難以入睡

「我這輩子從來不會睡不著，現在卻輾轉難眠。」

孕婦的心緒轉個不停，半夜又要常上廁所，加上腿部抽筋、胃灼熱、體溫太高、腹部隆起等等不適症狀，難怪無法入眠。寶寶誕生後可能會有許多不眠的夜在等著你，這並不表示妳要從現在開始練習半夜不睡覺，可以試試下列方法，增進睡眠品質：

- 要有充分的運動。白天運動，晚上會比較好睡。然而，運動時間不可與就寢時間太接近，因為運動會使精神振奮，讓人無法成眠。
- 滌除思慮。如果是工作或家務問題讓妳輾轉不成眠，盡量在白天解決，或是跟伴侶、好朋友傾訴，不要把憂心的事帶到床上。要是沒有人可以談心，把煩惱寫下來，記錄的過程中常常會找出解決之道。到了就寢時間，就要把煩憂拋到腦後，只想開心的事情。冥想也可助眠。
- 晚餐提前吃。一頓大餐，肚子飽脹，會讓妳無法入睡一直清醒著。晚餐最好能夠早些下肚。
- 睡前吃些小點心。就寢前太餓也會妨礙睡眠。別讓低血糖、夜半餓感把妳叫醒，養成習慣睡前來點小小零食。老規矩，喝上一杯熱牛奶，特別有催眠效果，讓妳憶起擁著泰迪熊入睡的舊時光。加一份可維持血糖的複合碳水化合物，例如全麥馬芬，如果夜半胃灼熱發作，就改成杏仁奶；起士配蘇打餅也不錯。
- 如果頻頻上洗手間會妨礙睡眠，那麼在下午六點以後便限制水分的攝取（儘量在白天喝完一天所需的水分），渴的話喝一點水就好，不要在睡前喝下一整瓶。
- 下午過後避免攝取咖啡因。咖啡因會影響妳接下來六個小時內的睡眠。也要避免糖，尤其是同時含有糖和咖啡因的食品或飲料，會讓人精神振奮、血糖不穩，進而妨礙睡眠。
- 營造舒適的就寢儀式。不僅小孩，放鬆而重覆的就寢儀式也能讓成人一覺到天亮。做法很簡單，只要把精神放在放鬆的活動上，按固定順序一樣一樣完成。輕鬆的閱讀（但不能是「愛不釋手」的書）、播放輕音樂，做一些伸展操或瑜珈、洗熱水澡、揉揉背部或是享受性生活。

◆ 下載助眠程式。說到睡覺，也有好多app可以運用。找一些評價高的，例如自主冥想、或是天然聲音或背景音，專心聆聽的同時進行冥想，把一天的壓力釋放掉。

◆ 讓自己舒服。臥室不要太熱或太冷，床墊要舒服，利用枕頭找出舒服的睡姿，幫助自己早點學會舒服的左側睡。

◆ 空氣要流通。窒悶的環境不能有良好的睡眠品質，可以打開窗戶增加通風，或是使用電扇和空調幫助空氣對流。不要用棉被把頭蒙住，會減少氧氣的吸入並增加二氧化碳含量，可能會引起頭痛。

◆ 任何助眠藥方（處方藥、成藥或是草藥），除非醫生同意才能使用藥物來幫助睡眠。如果醫生建議妳服用鎂或是鈣加鎂來對抗便秘與腿抽筋，妳可以在睡前服用，因為鎂有天然的放鬆效用。

◆ 薰衣草助眠。改成有薰衣草香味的枕頭，或是在枕頭套中放一小袋乾的薰衣草，舒適宜人的香味可以幫助睡眠。

◆ 除非是睡覺（或做愛），否則遠離床鋪。不要把清醒、連上網路的活動帶到床上，像是工作轉帳、網購嬰兒用品等等。

✿ 寫給爸爸們

「如果另一半難以入睡」

準備要生寶寶的人，不見得有辦法睡得像個小嬰兒。下回遇到親愛的無法成眠，可別大發雷霆，可以試著一起陪伴，等睡意來襲。買個大抱枕可以更加舒服，幫忙用更多枕頭堆成一個舒適的小窩。幫忙按摩背部、放一缸熱水澡、泡一杯熱牛奶配馬芬蛋糕。有需要有必要就來個愛的抱抱，如果因而勾動慾火那也不錯，事後兩人都會更好睡。

- 不要用躺在床上多少時間來衡量睡眠是否足夠，而是看身體的感覺。許多有睡眠困擾的人，其實睡得比自認為的還多。只要不是長期感到疲累的話，就表示已經獲得充分的休息了。如果時鐘、鬧鐘的數字會影響妳，把它們翻面吧。
- 醒著不需一直躺。真的睡不著就起來閱讀、聽音樂或冥想，一直到昏昏欲睡為止。
- 不要擔心睡不著而讓自己更無法成眠。擔心無法入睡比缺乏睡眠本身帶來更大的壓力，試著讓自己放輕鬆。

臍疝氣

多數孕婦在懷孕期間肚臍會往外凸出。可是有某些婦女凸出的肚臍並僅表示肚裡有個寶寶，而是出現了臍疝氣。

如果腹腔壁有小洞，讓腹中組織（譬如一段小腸）從從肚臍附近凸出來，就形成臍疝氣。這現像多半是先天性的，也就是一生出就有了。事實上，新兒生的發生率還頗高（詳情可參考《*What to Expect the First Year*》），一般很快就會自行封閉。即使小洞沒能關上，通常也不可能造成問題甚或被發現，也就是說，要到長大的子宮開始施加壓力，造成疝氣變更大，有時會導致肚臍附近出現很痛的凸起。如果懷的是多胞胎，那麼發生臍疝氣的機率就倍增（再怎麼說，此時子宮裡有更多胎兒成長）。

怎麼曉得自己得了臍疝氣？可能會覺得肚臍周邊有一團軟軟的東西，躺著的時候更加明顯，而且可能會見到皮膚底下有個凸出物。妳也可能會覺得肚臍周邊區域隱隱作痛，做動作、身體前傾、打噴嚏、咳嗽或大笑的時候就痛得更厲害。

妳可以戴一種托腹帶，有助於讓臍疝氣不要凸出造成疼痛。有些婦女發現可輕柔按摩患部把凸出的組織壓回去，解決這困擾。或者，如果並沒有造成麻煩，不去管它也行。

如果寶寶出生後疝氣依然沒法自行恢復，或做了醫師介紹的特別運動卻不見效，也許得要動手術修補。除非整段腸子從小洞跑出來被卡住，可能讓那些組織缺血壞死，並不建議在懷孕時進行外科手術處理。要是發生那種現象，醫生可能會建議做個小手術修補疝氣，一般是在孕期中段的時候。

腹股溝疝氣較不常見，這時體內組織是從腹股溝部位某個弱點跑出來，或許是因子宮增大所致，處理原則也是一樣，托腹帶有助於避免懷孕期間長大的子宮壓迫疝氣處，如果孩子生下來之後疝氣沒能自行復原，就可以動手術修補，要是有一截腸子卡在那，可能就需要在妊娠中期開刀治療。

肚臍凸出

「我的肚臍凹得很漂亮，現在卻整個凸出來。生產後會一直這個樣子嗎？」

肚臍凸出並不討喜，不過那是懷孕時的必然產物。肚臍會隨著子宮的膨脹而向前推移，即使很深，時間一到還是會凸出來。肚臍在產後會縮回去，可是經過伸展後，有可能比懷孕前來得寬而不那麼結實。凡事都往好處想，肚臍凸出來剛好有機會徹底清潔一下。如果妳覺得穿緊身衣物，突出來不好看的話，或是會和衣服磨擦不舒服，可以用一種特別設計的貼布蓋住保護。支撐用的產品，例如肚圍或媽媽束腹，也有助於遮掩。但是要記得凸肚臍是孕婦的另一項驕傲，不妨大大方方亮出來。

如果有戴肚臍環怎麼辦？詳情可參考264的解說。

胎兒的踢動

「有些時日，胎兒成天踢個沒完，有時卻又非常安靜，這正常嗎？」

胎兒和我們一樣都是人，情緒高昂的時候，手腳、膝蓋都一起來。也有低潮的日子，寧可躺著放輕鬆。他們的動態大多與妳的活動有關，就像出生的嬰兒一樣，胎兒也會被搖得入睡。當妳整天忙進忙出，胎兒可能隨著妳的節奏受到安撫，加上寶寶的活動減緩，或是媽媽太忙而沒有察覺到胎動。等妳放慢腳步，他／她便又開始活躍起來（寶寶出生後也可能會持續這樣的生活型態）。這就是為什麼準媽媽躺在床上，或在白天的休息時段，比較會察覺到胎動的原因了。當準媽媽吃過正餐或點心後，胎動也會增加，這應該是對血糖升高所做的反應。孕婦興奮或緊張時（譬如說即將做簡報），也會感受到胎動增加，可能是胎兒受到母體腎上腺素的刺激所致。一早來杯拿鐵裡頭含有咖啡因，或聽到一首很熟悉的曲子，都會讓寶寶精神大振。

胎兒最活躍的時間是在第24到28週之間，這時候他們還小，可以在子宮裡動來動去、打拳擊、翻筋斗、做有氧運動。不過動作是不規律的，而且通常很短暫，在超音波上雖然可以看得出來，可是忙碌的準媽媽可能察覺不到。在第28至32週之間，胎動會變得比較規律且持續，可以更明確感受到寶寶的休息和活動時間。如果胎盤是在子宮前方，那麼胎動的感受絕對會比較少（參考402頁）。

不要和其他孕婦比較胎動情形，胎兒和新生兒一樣，都有自己的活動和發育型態。有的會動個不停，也有寶寶喜歡靜態；有些胎兒的活動非常有規律，準媽媽們甚至可以對照時間，有的胎動則是毫無規則可言，只要胎動不驟然銳減或停止，那麼所有的差異變化都是正常的。

28週之前，並不需要時時追蹤寶寶的活動（參考479頁），這個時候如果有一、兩天沒有動靜，也不用擔心。

「有時寶寶踢得很用力，弄得我好痛。」

隨著胎兒在子宮內一天天成熟，也變得越來越強壯，一度像蝴蝶飛舞的輕微胎動，逐漸變成強而有力的拳打腳踢。如果肋骨被踢、肚子被戳，或子宮頸被撞得發疼的話，不用驚訝。要是覺得被狠狠的攻擊，不妨改變一下姿勢，就可以讓腹中的小小中後衛失去平衡，暫時無法再發動攻擊。

上網分享

如果分享就表示關心，那麼懷有身孕的大肚子還真得到許多關心。媽媽社交網站塞滿了人們上傳的孕肚自拍照、露出肚皮的孕婦寫真，還有各種超音波像。隨著自己肚子一天一天大起來，或許妳也在想是不是應該搶搭這股孕婦自拍的潮流，也來分享分享。

不用相機記錄孕肚越長越大的過程，真

是無價體驗，讓妳能有孕期照片，提醒自己寶寶是花了多少時間才從肚子裡的胎兒成成抱在懷裡的小孩。說的沒錯，拍個照，記憶留更久。不過，是否該把這些自拍放在社群網站，和全世界分享這些極為獨特的影像？或者是用臉書分享？還是說，把寶寶第一次出現在超音波掃描的影像貼出來？

公開還是不公開，全憑個人抉擇。如果妳決定把懷胎的大肚照還有最一開始的 胎模樣公諸於世，可別忘了放在網路上的東西會永遠留著，所以妳就是在孩子尚未出生之前就開始幫他留下數位記錄。自己想想看是否願意如此。同一時間，也得確保另一半也同意這些在社群網站上的分享。留心注意有誰能見到妳所貼出的訊息，在任何人都看得到的公開網路上貼出相片時，要確定父母雙方都同意。

✿ 胎兒太大或太小

「依據我下載的妊娠app還有助產士提供的預產期，我應該是第26週。但這次產檢她又說子宮量起來只有24週。是不是我的寶寶出了什麼問題？」

每個人的子宮都是獨一無二，每個孩子的生長也都難以比較。有的人量起來大些、小些，就像裡頭的寶寶有的大，有的小，平均值只不過是平均罷了。況且，從體外量子宮的大小，無法精準，也就是說醫師量出來的數字並不一定會和實際週數有關。這絕對沒有關係。

每次產檢，醫師會檢查宮底高度，也就是子宮上端距恥骨的距離，而且是用條簡單的皮尺，妳可以想見這只是個概略數字了吧。量出來的公分數，差不多會等於目前週數，不過上下1到2公分都不是什麼大事。事實上，幾週的誤差相當常見，因為這數字不只和嬰兒的大小有關，還包括：妳的體形、寶寶的位置、當天的羊水量，好多好多因素。這絕非高科技，事實上，即使是用更高的科技，例如用超音波，過了妊娠期期之後，也都沒那麼準確了。

如果量出來的誤差達到3週以上，可以做些檢查來了解原因。往往得到的解釋都無傷大雅，或許寶寶的傳遺傾向就是要大些或小些，或預產期差了幾週，可別忘了，連預產期不過是推算出來的估計值。也可能發生了什麼事需要進一步探究，例如子宮肌瘤、羊水過多或過少、或寶寶發育不如預期（胎兒宮內發育遲緩，參考831頁），或超乎預期地大，有時是由於妊娠糖尿病所致。

我覺得身體怪怪的

覺得下腹痛得像痙攣、陰道分泌物和平常不同、背部或骨盆底疼痛，甚至妳也説不出個所以然，但就是不舒服。這些症狀可能都是懷孕所造成的，為了安全起見，可以參考219頁，看看是否有就醫的需要。如果上述的對照表沒有出現妳的症狀，最好還是和醫師確認。自己的身體狀況只有自己最清楚，要傾聽身體發出的訊息。

腹部搔癢

「肚子好癢，快把我逼瘋了。」

歡迎迎加入搔癢俱樂部，當腹部皮膚受到緊拉擴張，皮膚會變得乾燥，讓孕婦感到搔癢難忍。但是盡量不要抓，越抓只會越癢，而且可能引起發炎。抹上滋潤的乳液可以舒緩搔癢的程度，盡情常用純乳霜、乳液或油脂按摩，最常見的是乳油果或椰子油，蘆薈成分也會有舒緩效果。使用含有燕麥成份的沐浴產品也可以止癢。用抗發癢的乳液之前，先洽詢醫師。

如果出現看來和皮膚乾燥敏感沒什麼關係的全身發癢，甚至腹部長出疹子，務必向醫生查詢。

✿ 笨手笨腳

「最近拿東西老是會掉，為什麼突然變得這麼笨手笨腳？」

和腹部多出來的尺寸一樣，手腳不靈光也是懷孕的一部分。這種暫時性的笨手笨腳是因為關節鬆弛和水腫，而使人失去抓握的力道和準頭。注意力渙散也會助長跌跌撞撞的情況（妊娠期健忘所致，參考351頁），腦子全都在想為嬰兒做準備的事情，也會造成影響。手指腫脹和腕隧道症（參考下一項）也導致靈活度下降。

沒什麼方法能夠解決妊娠期動作不靈光的情形，而且其實接下來幾個月還會更嚴重，尤其是到了晚上，這時精神更不集中，手也更腫。最佳策略則是：易碎品就別去碰，尤其是別人家的東西，例如像是店裡的貴重商品。暫時把奶奶傳下來的水晶餐具收進櫥櫃，參加好友晚宴如果用的是高級瓷器就別主動幫忙收拾，洗碗工作另請家人去做。

懷孕之後容易被自己絆倒，請參考484頁。

✿ 雙手發麻刺痛

「半夜會因為手指頭發麻而醒過來，這和懷孕有關嗎？」

妊娠期間，手指和腳趾頭會發麻和刺痛是正常的，這是因為浮腫的組織壓迫到神經所致。如果發麻的情形限於大拇指、食指、中指和半隻無名指，應該是罹患了腕隧道症候群（CTS）。雖然這種情形常發生於需要重覆手部工作的人，如彈鋼琴、打字，對孕婦來說卻是非常普遍，即使不需要重覆手部工作也會如此。這是因為手腕內的腕隧道在妊娠期間腫脹起來（體內有許多其他組織也是如此），影響到手指的神經管道，受壓的結果便會引起麻木、刺痛、灼熱、和疼痛。這種症候群也會影響到手和手腕，並向上延伸到手臂。

腕隧道症候群隨時都可能發作，妳卻覺得在夜晚時特別嚴重，這是因為水分一整天都堆積在下半身，當妳躺下時水分便會重新分配到身體各部位。枕著手睡覺會使情況惡化，可以試試把手置放在另一個墊高的枕頭。

一般來說，腕隧道症候群會在產後緩解，隨著妊娠相關的水腫一塊消退。在此同時，針灸可以舒緩症狀，護腕也是，不過妳可能會覺得戴了護腕會比那些症狀更不舒服。至於一般用於治療腕隧道症的抗發炎藥物，不管是類固醇或非類固醇類，要先請教醫師，恐怕並不建議在妊娠期間使用。要是認為除了懷孕因素，這個問題還和懷孕都有關係，可參考317頁。

腿抽筋

「夜晚腿會抽筋，讓我睡得很不安穩。」

心思像走馬燈轉個不停，再加上挺個大肚子，就算沒有抽筋的問題，要安然入睡已經很不容易了，腿抽筋又來湊一腳，無疑是雪上加霜。抽筋往往發生在晚上，這在妊娠中、後期的孕婦身上很常見。

✿ 減輕腿部抽筋的伸展動作

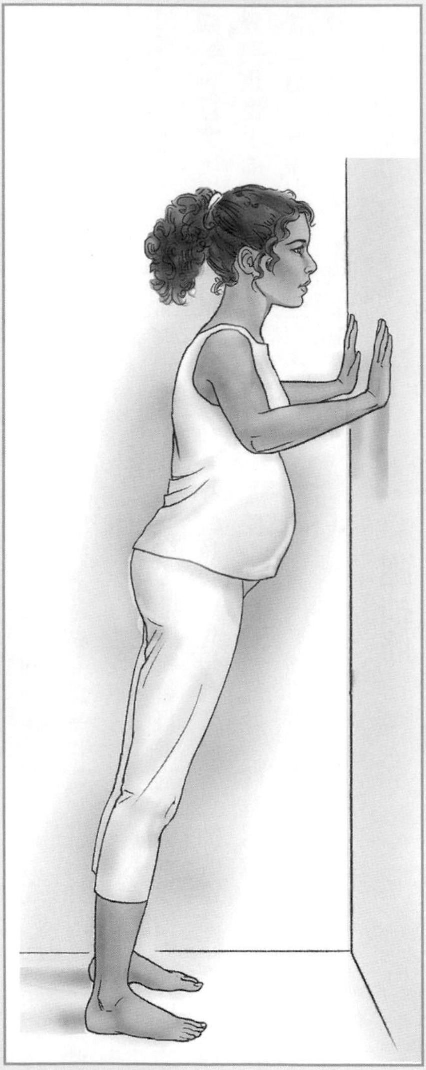

醫界尚不清楚抽筋的確實原因，有些人認為是挺著肚子的疲勞所引起，或是腿部血管受到擠壓，不然可能是飲食不均衡（過多的磷、但是鈣和鎂不足）。要怪妊娠荷爾蒙也是可以，感覺它是一切問題的原兇。不管原因為何，可以利用下面的方法來避免或是舒緩疼痛：

◆腿部抽筋時把腿伸直，將腳踝和腳趾頭慢慢朝鼻子的方向拉直，應該很快就可以減輕疼痛。上床睡覺前，雙腳各做幾次這個動作，也可以避免抽筋。

◆伸展運動也能避免抽筋。上床前，雙腳打開，離牆面約二步遠，雙手平貼在牆上，手肘彎曲往前壓，持續十秒後放鬆五秒。重覆相同動作三次（參照圖片）。

◆有空時就把腿抬高，可以減輕腿部壓力，白天時可穿上彈性褲襪，要記得經常伸展雙腿。

◆站在冰涼的地面有時候也可以停止腿部繼續抽筋。冰敷或冷敷也可能會有幫助。

◆如果痛感已經消退，按摩或是熱敷可以進一步舒緩（如果一直在痛就不能按摩或是熱敷）。

◆每天要攝取充足的水分（一天至少八杯）。

◆飲食中要有豐富的鈣和鎂，並且洽詢醫師是否需要補充鎂劑。

抽筋嚴重時，可能會造成肌肉酸痛好幾天，這不用擔心。如果嚴重的疼痛一直持續，請務必就醫，有可能是靜脈血栓（參考847頁）。

妊娠中期、後期出血

懷孕時看到內褲有血跡一定會讓孕婦很擔心。但是在妊娠中期或後期出現輕微或是點狀出血應該不用擔心，可能是內診、性交或不明原因，讓敏感的子宮頸瘀血所造成的。

不過還是得告知醫生，因為也可能是早產、胎盤剝離或是其它嚴重問題的徵兆。如果出血情況嚴重，還伴隨著疼痛或不適，請立刻就醫。往往需要做超音波、身體檢查、採樣檢驗或胎兒監測等等，才能找出問題所在，並決定治療方式。

痔瘡

「我很擔心會長痔瘡，聽說懷孕時很容易發生，有什麼預防方法嗎？」

痔瘡就是直腸的靜脈曲張，約有半數的孕婦飽受其苦。誠如孕婦容易有腿部靜脈曲張，直腸內的靜脈也是一樣，子宮的壓力、血流量的增加，不僅會使靜脈腫脹，還會凸出、搔癢。因為腫脹的靜脈有時就像成堆的葡萄或大理石一樣，痔瘡又名靜脈堆。

預防之道在於避免堆積過多體重，因為體重增加會增加直腸所受壓力。便祕往往是痔瘡的肇禍者，因此預防便祕很重要（參考289頁）。練習凱格爾運動（參考353頁）可以增加血液循環，進而防範痔瘡的發生。側睡比仰睡好，可以減輕直腸的壓力。要避免久站、久坐，或是坐在馬桶上太久。上廁所時把腳放在小凳子，會使排便容易一些，較不需出力，這都是預防的方法。

要是各種預防措施都不見效，可用含金縷梅成分的護墊或冰敷。溫水坐浴也可以舒緩痔瘡的不適，便後用濕紙巾擦拭，可減少磨擦。如果坐姿會加重疼痛的話，可以使用甜甜圈坐墊減輕壓力。未經醫師指示不可使用任何藥物，即使是外用也一樣。

用力排便時痣瘡會出血，肛裂也可能是直腸出血的起因。直腸出血需要就醫，而罪魁禍首往往是痔瘡和肛裂。痣瘡不會有危險，只是讓人很不舒服，通常分娩後會自行消失，但是也可能因為生產時過於用力而長出痣瘡。

妊娠毒血症（子癇前症）

妊娠毒血症，又稱為子癇前症或妊娠誘發性高血壓（pre-eclampsia），所幸這項疾病並不普遍，即使是最輕微的症狀，罹患率也只有3%～8%。加上現代醫學的進步，孕婦都會接受規律的產檢，能夠及早發現與治療，減少不必要的併發症。雖然每個月產檢對於健康的孕婦來說有點浪費時間（每次都要驗尿），但是子癇前症的早期徵兆就是在這樣的產檢中查驗出來的。

子癇前症的早期症狀，包括體重突然明顯增加（不是因為飲食過度）、手和臉出現嚴重浮腫、不明原因的頭痛、食道或胃部疼痛、全身搔癢、或是視力模糊。要是出現任何一項症狀，請迅速就醫，否則只要定期產檢，不用過於擔心。在妊娠期間要如何治療高血壓與妊娠毒血症，請參考341和826頁。

乳腺阻塞

「胸部側邊有一個小腫塊，讓我非常擔心，那是什麼呢？」

雖然距離哺乳的日子還有好幾個月，看來妳的乳房已經開始動工，因而造成「乳腺阻塞」。發紅而觸痛的胸部硬塊，在妊娠期也算是普遍現象，特別容易發生在經產婦身上。用溫毛巾按敷或淋浴時沖溫水，加上輕柔的按摩，大概可以在幾天之內消除腫塊，解決方法就和授乳期間一樣。有些專家建議，要避免穿有鋼圈的胸罩，不過要確定所穿的胸罩能夠提供充分的支撐。

要切記的是，每個月的自我胸部檢查不應該因為懷孕而停止。懷孕時乳房變化較多，要檢查硬塊會比較難，但還是要努力嘗試。對硬塊有所質疑時，要請醫生檢查。

耐糖測試

「醫生說我必須做耐糖測試，確認是否罹患妊娠糖尿病。為什

麼要做這項檢驗，內容又為何呢？」

不用操心，懷胎24到28週的孕婦幾乎都會做這項測試，高齡產婦、有糖尿病家族遺傳史等風險較高的孕婦也會提早檢查，這是例行性的妊娠糖尿病篩檢。

檢驗過程非常簡單，尤其是特別愛吃甜食的話。方法很簡單，在抽血前一個小時，會讓妳喝下一杯非常甜的葡萄糖水，就像在喝沒氣的柳橙汽水。大部分的孕婦都能一口氣喝完，也沒有任何副作用，但是不喜歡甜食的孕婦喝完後可能會覺得噁心。

如果檢驗數值過高，表示孕婦未分泌足量的胰島素來處理額外的葡萄糖，則需要進行第二次的耐糖測試。喝下更高濃度的糖水前要禁食三小時，藉此診斷是否罹患妊娠糖尿病。

妊娠糖尿病約有7%～9%的罹患率，是最常見的妊娠併發症，幸好治療方法也最容易。經由飲食、運動、或必要時投以藥物治療，密切的控制血糖值，患有妊娠糖尿病的孕婦也能夠擁有正常的孕程和健康的寶寶。相關情形和因應之道，請參考824頁。

考慮儲存臍帶血

「我見到好多廣告在講臍帶血銀行。是不是該考慮？」

養育小孩真的很辛苦，連是否存臍帶血的事情都要花心思。

抽取臍帶血是無痛的，在臍帶被夾住剪斷後五分鐘就能完成，只要抽取的時間點不會過早，對母子都非常安全。新生兒的臍帶血裡存有珍貴的幹細胞，具有不可思議的能力可變成任何一種別的血液及免疫細胞，在某些情況下可以用來治療特定的免疫系統失調或是血液方面的疾病。臍帶血中的幹細胞已被認為是多種疾病的標準治療法，包括血癌(leukemia)、淋巴癌(lymphoma)和神經母細胞瘤(neuroblastoma)；遺傳性的紅血球異常，比如像是鐮狀細胞貧血症(sickle-cell anemia)或其他貧血症；高雪氏症（Gaucher's disease）和赫勒氏症候群（Hurler's syndrome）；以及遺傳性免疫系統和免疫細胞異常。此外，研究也致力於證實臍帶血幹細胞對其他病症的療效，像是糖尿病、腦性痲痺、自閉症和某幾種的先天性心臟病。妳也可以儲存胎盤組織和胎盤血，胎盤幹細胞含量更高。

儲存臍帶血的方式有兩種，你可以存到私立的臍帶血銀行或是捐給公家儲存機構。私立的臍帶血銀行費用昂貴，光是採集就要花費好幾千美金，再加上每年的維護費用，還有如果是在醫院採集的話，也得支付額外費用。如果家中有人需要用到（例如，需要臍帶血移植），或是家族病史指出符合參與醫療測試（比如像是自閉症），有些私立機構會提供折扣。軍眷和第一線急救人員也可能享受優惠。妳也可以問問保險公司，存在私立的臍帶血銀行是否有提供折扣或是只需部分負擔。

如果妳們家並沒有目前用到臍帶血治療的病史，在私人銀行儲存臍帶血的好處並不十分明確。而且，冷凍單位能維持多少年的效果也不清楚，不同公司對他們的設備也不一樣。如果妳出得出私人儲存的價格，那倒無妨，但實際上來說，妳的寶寶或其他家族成員極不可能最後會遇到什麼狀況，非得動用臍帶血治療。

那有關單位有什麼建議呢？基於這些理由，美國婦產科學會（ACOG）建議醫生要清楚說明儲存臍帶血的優缺點，而美國小兒科學會(AAP)則不建議儲存到私人的臍帶血銀行，除非家庭成員現在或近期需要移植幹細胞。這些病症包括；不過美國小兒科學會支持父母把臍帶血捐贈給臍帶血銀行，造福大眾。

至今，研究顯示孩子長大以後會用到自己所儲存臍帶血的機會很低，有些估計為2700分之1，也有說是20000分之1的。事實上，專家指出自己的臍帶血細胞往往並不適合用來治療長大才出現的病症（例如血癌），因為致病的基因突變早在出生時就已經有了，就可在臍帶血細胞裡找得到。那麼，以後用儲存起來的細胞治療家人的病呢？可能性也很低，因為大多數儲存單元的臍帶血所含的幹細胞數量都不夠用來治療體重超過18.5公斤的人。用來治療已患病或之後發作的兄弟姊妹，這機會就比較大。

公家儲存單位對所有家庭均有開放，只要妳生產的醫院提供這項服務即可。好處是妳並不需出錢而且說不定還能救人一命，說不定自己的孩子也能受惠，因為捐贈的的人數越多，需要時找到合適配對的機會也越高。事實上，找到適當配對且公開捐贈幹細胞的機率已相當高，而且隨公用臍帶血儲存機構的存量越來越多，成功率還能持續進步，更有理由要把臍帶血捐出去。缺點則是一旦捐贈，就沒法取回孩子自己的臍帶血。

有一點是可以確定的，那就是把寶寶的臍帶血丟棄沒有任何好處。為確保這些珍貴的血液細胞不會被浪費，或當成廢棄物處理，要先和醫師討論有什麼可用的方案。或許妳認為私人儲存中心符合妳們家的需求，也許是由於家族病史或出得起這點額外費用。也可能妳決定把臍帶血捐給公家銀行運用。不論哪種做法，要記得妳得在要生產前就先決定，而且要讓接生團隊裡每一個人都知道妳的計劃，做好準備。

「我想把孩子的臍帶血存在私人機構，可是我不太確定該怎麼做。」

第一步是要和醫師合作。不僅可了解醫師對此的態度，要請醫師幫忙採臍帶血。這程序簡單又快速，很少遇到醫師或助產士沒法或不想要做的，不過還是得另外支付費用。

接下來就要查書或上網搜集資料，找一間適合的臍帶血銀行。要得到「美國血液銀行聯盟」（American Association of Blood Banks, AABB）認證的才能列入考慮。鎖定幾個目標，開始一個一個聯絡，了解各家提供的服務。應該要請他們的業務代表解說幾項關鍵問題；血液要如何收集如何儲存（方法很多，而且妳得要確定他們符合聯邦規定），和其他銀行比起來，它們的臍帶血樣本可用性如何，妳總是希望挑一間公司能提供有用血液樣本，公司是否穩定（妳可不想遇到會倒閉的公司，所以得要衡量小間、不出名公司和已運作一段時間的大型、著名公司各自利弊得失），還有可儲存的東西有哪些（有些只存臍帶血，有的還可以存血和組織，像是臍帶裡的血管就含有不同類型幹細胞）。

一旦挑選妥當，就要去登記。定在妊娠中期結束前去辦理，最晚別超過第34週。一旦簽好合約，臍帶血銀行就會把收集用套件寄給妳，生產那天就能派上用場。套組裡可能會有一些表格需要填寫，還有密封的醫療器材讓醫師拿去收集臍帶血。填妥資料，簽名，放回套組內，但要保持密封完整無損。把整組東西和住院包收在一起，開始陣痛的時候就不用慌張尋找。

陣痛開始，就把收集套組交給醫師，或工作人員。這就會提醒妳已決定要存臍帶血，也讓醫護團隊曉得他們得要在產出前收集血液樣本，套組裡就有醫師收集、運送血液所需用到的器材。孩子一生下來，不管是自然產還是剖腹，醫師都會把臍帶夾起來，應等臍帶的脈搏停止再夾，才能延遲夾臍帶，然後用套組提供的器材收集臍帶血。還是可以讓另一半剪臍帶，因為這並不影響採集程序。收集好了，就要由另一半或醫師和臍帶血銀行連絡，請他們派快遞來取，並送去儲存。收集套組應在寶寶出生後36小時之內送到。銀行方面會跟妳連絡，確認妳的臍帶血已平安抵達，還有可收集、處理的血量有多少。當然，還會送一張按年計算的儲存費用帳單。

要記得，即使已經做好安排，如果孩子早產，或者雙胞胎共用同一個胎盤，可能沒法收集到足量臍帶血，這方要洽詢妳選的那家銀行確認應該怎麼做。如果妳住在國外，或許會感到要做相關安排相當麻煩，不過要是在美國就可能會想找個機構儲存寶寶的臍帶血或捐出去。

「我想捐贈臍帶血給公家單位。要怎麼辦才是最好的做法？」

首先，要知道妳的決定可能會救人一命。臍帶血包含了幹細胞，能夠治癒好多疾病，所大多數的主要醫療組織都會鼓勵人們捐出臍帶血細胞，可真的用於移植，或用在很有價值的醫療研究，遠遠勝過把珍貴臍帶血丟棄。

接下來，就要把這決定告訴醫師，一起判定是否合乎捐贈資格，除非HIV帶原或患有性病、肝炎或癌狀，大多數的人都能捐；然後，開始做捐贈的安排工作。就算是捐給完全不需出半毛錢的公家銀行，妳也許會想知道醫師是否要額外收費，如果妳生產的醫院有加入透過「國家骨髓捐贈計劃」運作的全國臍帶血捐贈方案，就會容易得多，可參考marrow.org/cord查明。若妳的醫院並未加入，那就找看看附近是否有公立銀行願意接受捐贈，或可允許郵寄捐贈，可上網查詢：parentsguidecordblood.org。要確定得在34週之前做好登記，因為沒法在最後一刻才做此安排。

要記得讓醫師了解妳想要捐出臍帶血的計劃。臍帶血銀行會詢問醫療史、要一份血液樣本（會在妳分娩之前抽取），還有一份同意書，並且會把採集套組寄來讓妳帶去醫院，或是直接和妳的醫師或醫院協調請他們採集。如果妳沒有收到，一定要再度和雙方確認無誤。

如果妳是和與醫院或接生產中心不熟的臍帶血銀行合作，一旦開始陣痛就可能要請妳另一半打電話通知，以便安排送貨員來取走臍帶血。依據妳所用的公眾銀行，或許有辦法追踪妳的捐贈，可查出儲存位置，並了解是被人用了呢還是仍保存著。

在家生產與臍帶血銀行

如果妳已經決定要把寶寶的臍帶血存起來，但是要在家生產，就得在事前預先想好運輸問題。先問妳的在家生產助產士是否能執行。接下來，安排要有採集套組隨身，並且要在子宮開始收縮之前就緒。最後，確定自己了解臍帶血採集會對生產造成什麼影響。例如說，若妳打算在水中生產，娩出胎盤的時候就需要出水，以將不必要的臍帶血損失減到最少。

然而，也要通知負責的公司妳會在家生產並先把臍帶血樣本放在家中，了解是否有特殊的儲存及運輸指示。

分娩的疼痛

「我很想趕快當媽媽，可是想到分娩就害怕，我最擔心的就是生產痛了。」

幾乎每個準媽媽都殷切盼望寶寶的誕生，可是很少有人會期待陣痛和分娩，許多孕婦都和妳一樣為這件事擔心了好幾個月。人們更會對未知的痛苦感到恐懼，這再自然不過了。

請孕婦想想生產是多麼自然的人生過程，自古以來多少女人都經歷過，生產難免會痛，但是成果是甜美的。要相信自己一定可以熬過來，寶寶躺在懷裡的那一刻是多麼不可思議啊。而且不管妳相不相信，疼痛是有限度的，生產過程也不會天長地久，加上現代醫療這麼進步，無痛分娩已經很盛行了。只要提出要求，可有硬膜外注射或其他止痛法，如果真有必要就可以用，甚至兩種都採用。要是十分確定會用得到，甚至可以預先登記要採硬膜外注射，隨妳高興要多早進行都可以，只要到醫院就行。

畏懼生產的疼痛沒有意義，可以從現在開始預作生理和心理準備，一定有助於減輕等待和真正面臨生產時的焦慮。

增進知識～早期婦女對分娩之所以會如此恐懼，是因為不了解自己的身體和生產過程，她們只知道會很痛。時至今日，詳細的生產課程會指導孕婦按部就班做好陣痛和分娩的準備，知識的增加可以減輕對未知的恐懼。要是無法參與課程，可以大量閱讀關於陣痛和分娩的資料，對於不了解的事情往往會過度擔心。上課有其道理，而且，即使計劃要採無痛分娩也應該參加生產課程。要確定妳參加的課會教到所有生產相關的基本知識。

多運動～想跑馬拉松，行前就要有適量的訓練，生產也是一樣的道理。遵循醫生或是生產指導員的建議，確實練習呼吸技巧、伸展以及肌肉強化運動，也別忘了多做凱格爾運動。

不要一個人獨撐～陣痛時有配偶旁邊陪妳、遞冰塊，或是陪產員（參考497頁）為妳作頸背按摩，好朋友幫忙擦汗，可以幫助妳渡過這段難熬的時間，要是愛熱鬧，以上三種都來也無妨。即使陣痛時不想聊天，至少不會覺得孤單。陪產的不管是先生、媽媽還是好友，最好都和妳一起參加過媽媽教室。沒辦法的話，請他們至少先參考627頁開始的陣痛和分娩章節。

擬定疼痛管理計劃～也許妳已經決定要打無痛分娩，但還是可以利用催眠生產或是其它方法將疼痛減到最低。也許妳想等到陣痛開始後，看看自己有沒有辦法忍受，再決定要不要施打無痛分娩。無論如何都要先思考一下，也要有彈性接受變化，因為生產最容易不照著計劃走。有關陣痛和分娩期間的止痛，可參考501頁。

寫給爸爸們

「關於陣痛、分娩的各種擔憂」

孩子即將出生而興奮，卻擔心自己沒法承受是嗎？少有父親要進產房而不害怕的，只是程度輕重不同；即便是為他人接生過成千上萬個寶寶的產科醫師、護士還有其他醫療工作人員，一旦自己的寶寶要誕生，也可會能突然失去自信。

然而，準爸爸的種種恐懼狀況，像是發冷、崩潰、昏倒，反胃，或是其他讓小倆口覺得尷尬，或讓自己丟臉、失望的各種狀況，很少會真的發生。事實上，大多數的爸爸，在面對生產這件事時異常冷靜，十分沉著、低調，也沒有作嘔。就像面對新奇而不熟悉的事物一樣，如果能多做了解，就不會覺得生產有那麼嚇人了。因此，請讀熟627頁開始的「陣痛和分娩」章節。上網查一查，參加媽媽教室，張大眼睛仔細觀看講解陣痛與分娩的DVD。事先到醫院或生產中心探看一番，生產那天就等於是舊地重遊；與最近剛有小孩的朋友聊聊，或許會發現他們事前也有同樣的焦慮，可是有了經驗之後就像專家一樣。

參與相關分娩課程固然重要，可是要記住，分娩絕不是課程的期末考，千萬不要覺得有壓力。醫師或助產士不會評論你的舉動，或拿你和生產指導員做比較。更重要的是，你太太也不會如此。即使把課堂上所學的每個指導技巧都忘得一乾二淨，也不要介意。有你陪在身旁，握著她的手，為她打氣加油，此時最需要、最受用的就是那張熟悉臉龐和撫觸所能提供的慰藉。不過真的很痛的時候，產婦可能會將你一把推開，對此也要有心理準備。還是很擔心表現不好嗎？有些夫妻發現，分娩時若有陪產員在場的話，可協助兩人減輕陣痛分娩過程中的壓力，更加舒適（參考497頁）。

✿ 生產時刻

「我怕在陣痛時會做出難為情的事。」

會這樣想是因為妳還沒經歷過生產。分娩過程中尖叫、大聲咒罵、不自主地排尿或排便，現在看來似乎是很丟臉的事，但是陣痛時妳是無法顧慮這麼多的。而且護士們身經百戰，無論孕婦做了什麼或說些什麼，絕對嚇不到她們。所以當妳辦理住院時，順便把擔憂也一起寄放到置物櫃，自然就好。如果妳習慣用聲音或言語表達自己的情感，不用勉強自己忍住呻吟，或壓抑嚷嚷和抱怨，甚至是尖叫。或者妳平時就輕聲細語，只想埋在枕頭內輕聲啜泣的話，也不一定要喊得比隔壁產婦更大聲。

✿ 參觀醫院

「我去醫院的感覺就是生病了。所以我很怕上醫院，要怎麼做才能放輕鬆到醫院生產呢？」

妳必須知道的：生產教育課程

產房的樓層應該是醫院最快樂的一層樓，但是陣痛時去醫院心裡應該還是會害怕。因此多數的醫院和診所，都會鼓勵準爸媽事先前往了解產房和相關設備。產檢時可以預約參觀，有的醫院還闢有分娩錄影帶專區，以供借閱，也可以上醫院的網站，觀看實景影片。

參觀時應該都會滿意醫院的設備，生產設備在不同的醫院或生產診所會稍有差異，由於醫院的競爭激烈，所以舒適度和服務也越來越令人刮目相看，也更適合生產的家庭。

已經進入預產期的倒數階段，很快就要和寶寶見面了，準父母們一定都興奮的等待寶寶的出生。不過欣喜中可能夾雜著對陣痛和生產的焦慮情緒。

放輕鬆！對生產會有點緊張是正常的，尤其是第一次懷孕的準媽媽，幸好在現今時代中，知識容易取得，只要妳多涉獵這方面的知識和經驗，相信一定可以減輕心中的不安和憂慮。

一些知識加上充足的準備可以讓孕婦在進入待產室時安然神定，也能知道接下來會發生什麼事（參閱627頁），不過媽媽教室可以教妳更多。所以進教室上課吧，準爸媽。

參與媽媽教室的好處

準父母究竟能從媽媽教室中獲益多少，完全取決於課程的安排、負責授課的講師、以及準父母本身的態度，越認真學習、收獲也會越多。一般來說參與媽媽教室的好處如下：

◆ 認識其他準父母：大家可以互相分享懷孕經驗、比較孕程進展、交換彼此的苦惱、憂慮和身體不適等狀況。也可以交換育兒新知，像是不錯的嬰兒用品店、小兒科醫師、副食品選擇……。妳還能結交有相同處境的朋友，和參加課程的同學們保持聯絡，以後寶寶就有同年齡的小朋友可以一起玩。很多媽媽教室在大家都生產以後，還舉辦「大團圓」呢！

◆ 增加準爸爸的參與度：懷孕的重心都繞在媽媽身上轉，有時會讓準爸爸感到被排擠在外。媽媽教室的目的就是要讓爸媽都有參與的機會，讓爸爸覺得自己在生產過程中佔了重要的角色，尤其在他無法陪同產檢時，顯得更為重要。呼吸課程會讓他了解陣痛和分娩過程，屆時會更懂得如何幫助孕婦。也讓他有機會和其他準爸爸接觸，便能有機會聊聊許多無法與伴侶分擔的焦慮。

◆ 發問的機會：有些問題忘了詢問醫生，或是產檢時間太短來不及問的問題，都可以在媽媽教室請教講師。

◆ 了解生產的大小細節：透過課程講解、影片和討論，可以學到許多關於生產的細節，例如分辨正確的產前徵兆、剪臍帶、幫新生兒洗澡。知道得越多，就越能輕鬆面對這件人生大事。

◆ 了解降低陣痛的選擇：如無痛分娩或是催眠等等。

◆ 練習呼吸和放鬆技巧：實際演練呼吸、放鬆和其它減輕疼痛的方法，也有專家從旁指導。熟練這些應對技巧，以及從旁協助的指導方式，可以讓孕婦在面對陣痛和生產時更安心。如果已登記要用無痛分娩，也會十分實用。

◆ 了解生產時可能會發生的醫療行為：像是胎兒監視器、靜脈注射、吸取器、產鉗分娩、剖腹等等。也許這些都用不上，但是事先知道總是比較安心。

◆ 對產程較為滿意：參加過媽媽教室的準爸媽因為有更深入的了解，通常對生產經驗的整體滿意度較高。

進教室上課

除了媽媽教室以外，妳應該考慮參加新生兒心肺復甦術和急救課程。雖然寶寶尚未出生，但是現在學習如何照料寶寶的安全應該相當適合。首先，現在妳不需帶著新生兒去上課，或排隊等保姆有空才有辦法抽身。其次，當妳把軟軟的新生兒帶回家時，一定會多一層安心和保障。可以和美國紅十字會聯絡，網址：redcross.org，或是美國心臟協會，網址americanheart.org/cpr，或是詢問當地醫院這類課程的資訊。也有私人課程可以安排，如果妳負擔得起高昂的費用，會是個很棒的選項。如果家中有阿公阿嬤、親戚，或保姆妳想要他們在幫忙照顧小孩之前能夠取得認證的話，那更是有幫助。

✿ 選擇媽媽教室（生產課程）

現在妳決定要開始上媽媽教室了，但是媽媽教室哪裡有呢？而且要怎麼選擇？有些地區媽媽教室的選擇十分有限，有些地方媽媽教室形形色色令人眼花撩亂，有的是醫院或診所開辦的，也有私人講師設立的。有的課程適合妊娠初期或中期的孕婦，授課內容大都是孕期營養、運動、胎兒的成長、和孕期性生活等；有的媽媽教室是專為懷孕第 7 到第 8 個月的孕婦所設置，重點放在陣痛、生產以及產後的母親和新生兒照護。甚至也有週末的密集班。若是沒空親自去上課，可看 DVD 或上網充實知識。如果選擇極為有限，只得將就。要是選擇很多，可以參考下列要點：

主辦單位～由由醫生所開辦、贊助、或推薦的媽媽教室，往往效果最卓著。此外，生產醫院所提供課程也會有所助益。如果講師抱持的理論和醫護人員大相逕庭，勢必會讓妳無所適從，務必在預產期之前，和醫生溝通這些論點。

班級人數～小班制最好，一班有五或六對準父母最為理想，超過十或十二對就太大班了。人數不多的話，講師能付出更多時間與個別關照，尤其是拉梅茲呼吸課程，而且小班制也比較容易交到朋友。

課程內容～不論是哪種型式，都應學會正常陣痛分娩的各個階段，可能遇到的併發症，還有對應的處理方式。全面的課該應包括產後照顧、基本新生兒照顧技巧以及哺乳。大多數的課程都會教導生產計劃，陪產員，醫院、生產中心和家中生產等方式的利敝分析，還有可能的必要醫療介入行為（例如剖腹產或引產）。還要注意是否提及緩和或應對疼痛的天然作法（像是按摩、針灸、芳療，或使用產球），並提供各種止痛方式的大概介紹。

上課方式～有沒有實作、互動式的指導？是否有安排最近生產過的父母的經驗談？有沒有雙向討論時間，或只是單向授課？是否給準父母發問的機會和時間？是否安排足夠的時間練習學到的東西？

媽媽教室資訊

可向醫生詢問居住地區的媽媽教室資料，或打電話給計畫生產的醫院查詢。下列機構也可以提供當地媽媽教室的資訊。

國際拉梅茲中心

網址：lamaze.org

布雷得里（Bradley）

網址：bradleybirth.com

國際分娩教育學會（International Childbirth Education Association）

網址：www.icea.org

國際催眠生產協會（Hpynobirthing International）

網址：hypnobirthing.com

亞歷山大技巧（Alexander Technique）

網址：alexandertechnique.com

內在力量生產法（Birthing from Within）

電網址：birthingfromwithin.com

自信生產法（Birthworks）

網址：birthworks.org

生產教育課程的選擇

生產教育課程應該是由護士、助產士、陪產員或領有執照的專業教師負責授課，課程內容派別的差異而各不相同，即使是系出同門也會有所差別。最常見的派別包括：

拉梅茲呼吸法（Lamaze）～拉梅茲分娩課程應該是全美最廣受運用的派別，雖然它是以運用放鬆和呼吸技巧為基礎而出名，其理念有所增長，早就不僅於此。現在，拉梅茲生產課程的核心概念是「拉梅茲健康生產法」六原則：讓陣痛自然發生、期間不斷變換姿勢、避免不必要的醫療介入、避免仰躺生產、順從身體的推力，還有母親在產後要和嬰兒待在一塊。雖然號稱最健康、最安全也最自然，拉梅茲教師也會提到其他生產方式，包括止痛，以及一些常見的介入方法，而且不會評斷其他生產方式。拉梅茲的課堂上，妳和陪產的人會學習放鬆以及韻律呼吸的技巧，加上陪產的人持續提供支持，幫妳達到一種「積極而專注」的境界。妳也會練習到如何把注意力集中在一個焦點上，增加專注程度。傳統的拉梅茲課程共六次，每次二到二個半小時，一對一或團體班都有。

布雷得里(Bradley)呼吸法～課課程中會教導產婦學習緩慢的丹田深呼吸法，專注於內心和身體的變化，而不是指向身體之外的某個「焦點」。這課程的設計還要幫助產婦接受疼痛就是自然生產過程的一部分，因此，大多數布雷得里生產法並不會在自然產的時候使用止痛藥。上課的時候，妳會學到模擬夜間睡眠的姿勢和緩慢的深呼吸，並運用放鬆技巧讓陣痛比較舒服。一般的課要進行12週，從第五個月開始，而且多半是由一對已婚夫妻來教。也會有「先修班」，以各種妊娠期的課題為主。

國際分娩教育學會（ICEA）教室～這類的課程範圍更廣泛，包括現今所有可選擇的分娩方式，和以家庭為中心的母嬰照護。他們尊重個人的自由選擇，所以授課內容涵蓋更大範圍，而不是單一的分娩方式。授課的講師均是國際分娩教育學會的證照講師。

催眠分娩法～可又稱摩根分娩法，催眠分娩是要教些技巧協助產婦達到極度放鬆的狀態。目標在於：減少生產時的不適、疼痛與焦慮，當然也可運用在其他感到壓力的場合。某些孕婦可藉此得到相當了不起的效果。更多相關資料可參考507頁。

亞歷山大技巧～這套方法是演員常用，讓身心協調合一，用在陣痛分娩，焦點則是要克服身體在疼痛時會緊繃起來的自然傾向。指導員會強調要藉由有意識的控制姿勢和動作，與疼痛共處。可學會如何舒服地蹲、坐，以放開骨盆底部，藉由重力之助讓嬰兒順著產道向下降。

內在力量生產法～這種全方位的靈性生產準備法，準父母學到如何應對生產的緊張同時也專注於這段獨一無二的生命過程。課堂上主要是針對一般的分娩，還有自然產的過程，但也會學到處理突發情況的方法，藉現代醫學之助而不要受到醫療介入的傷害。每週要花二個半小時上課，專心學習邁入為人父母階段的轉變過程，身心一起投入的自我探索多重感官體驗。

自信生產法～這種全方位的方法提倡生產是本能的過程，並不需要學習。這技巧主要是協助產婦發展出自信而感受到自我的力量，而能信任自己有能力把孩子生出來。

其他分娩教室～也有專門為在特殊醫院分娩而做準備的班別，以及由醫療集團、保健機構(HMOs)、或其他照護集團所主辦的媽媽教室。

在家自修～不能或是不想參與媽媽教室的話，可以在家觀看拉梅茲課程影片，或在網路上搜尋生產相關的課程影片。

專人授課～不想參加團體課程，或者妳的工作安排難以預估無法固定時間去上課？可以聘請專家為妳量身打造所需課程內容，配合妳的時間上課，還可以讓妳盡情提出問題；這種比較彈性、個人化的課程，當然費用會比較高。

度假中心的週末班～不這樣的課程與傳統的媽媽教室相同，但是一個週末即可上完，而不是一個禮拜上一次課，對於有時間，而且想要渡假放鬆的孕婦來說，是不錯的抉擇。既可以交到更多懷孕的朋友，還能增進夫妻之間的親密關係，享受美好的兩人時光。

第二次上生產課程

已經有了一次的生產經驗，準備迎接家中的第二個成員？即使經驗老道，也能從生產課程中有所收獲。因為每一次的陣痛和生產經驗都會不同，上回的經歷這次未必派得上用場。懷孕的相關知識日新月異，即使只是相隔幾年，現在也許有了更好的方法供妳參考，或是生產的例行過程有了其它的改變。不同的醫院也可能有不同的做法。再上一次課絕對有幫助。

CHAPTER

11

第七個月：約 28 ～ 31 週

歡迎進入妊娠第三階段——也是最後階段！
再三個月就能把小寶貝眞實的抱在懷裡了。
最後三個月一定會讓孕婦們感到既興奮、又焦急，
同時更期待寶寶的來臨。
身體可能會隨著肚子越來越大而有更多的不適，
也意味著距離陣痛和生產不遠了，
面對這等大事，應該儘早開始計畫、準備、
汲取更多相關知識。要是還沒報名生產課程的話，
可得趕快了！

寶寶本月的變化

第二十八週：本週寶寶的體重達到1公斤，身長有38公分。寶寶學會的本領越來越多，已經學會咳嗽、吸吮、打嗝、呼吸，還會眨眼睛呢。睡覺時會夢到寶寶嗎？拜快速動眼睡眠所賜，寶寶說不定也夢到媽媽了。雖然肺部已趨於成熟（若是在本週出生已經可以存活），不過小寶寶還需要待在子宮中一段時間。

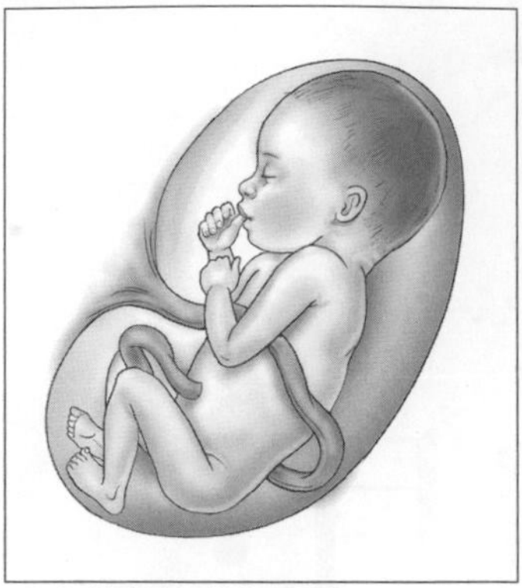

◎ 你的寶寶，第七個月

第二十九週：胎兒體重接近1.1至1.4公斤，身長達39至41公分，就跟妳現在用的超大水瓶差不多。接下來的十一週，寶寶皮下脂肪正在急速增加，體重可能會加倍，甚至三倍都有可能。隨著寶寶的快速成長，子宮的空間越來越擠，比較難感受到大力的踢動，比較常感受到的是寶寶手肘和膝蓋的碰撞。

第三十週：本週體重略多於1.4公斤，身長41公分，每天都在長大中。大腦每天都有大幅度的成長，大腦皮質的彎曲皺褶已經形成，為寶寶的出生做準備。這些皺褶可以讓腦組織持續擴張，從無助的新生兒、牙牙學語的幼兒、到上幼稚園的兒童乃至成人，一步一步的成長學習。寶寶的大腦也開始控制體溫的變化，大腦的功能加上體脂肪的增長，可以提高身體的溫度，用來為寶寶保暖的胎毛也會慢慢消失，出生時就不會毛茸茸的了。

第三十一週：雖然離出生的體重還差2公斤左右，寶寶本周已經超過1.3公斤，身長達46公分，到了這階段，每個寶寶的成長速度開始出現差異。寶寶的大腦連結神經元也逐漸形成，能夠運用精細複雜的神經脈絡處理不同的資訊、追蹤光源、透過五官接受外界傳來的訊息。寶寶的睡眠拉長，尤其是快速動眼期，所以準媽媽們越來越能分辨寶寶何時清醒，何時在睡覺。

寶寶大腦需要的營養

準媽媽們有沒有提供寶寶大腦所需的養份？到了妊娠後期要多攝取好的脂肪，寶寶大腦的發育最需要Omega-3s，可參考156頁更詳細的說明。

孕婦的身心變化

如同我們一再重覆的重點，每位孕婦和每次孕程都不盡相同，有可能同時感受到所有症狀，或只有其中幾項；有些症狀是從上個月延續下來的，有些則是新出現的；還有些症狀幾乎察覺不出來，因為孕婦早就司空見慣了，也可能出現其他罕見的症狀，以下是可能出現的症狀：

生理反應

- ◆胎動更為強烈與頻繁。
- ◆白帶量大量增多。
- ◆下腹疼痛或週邊疼痛。
- ◆便祕。
- ◆胃灼熱、消化不良，脹氣和飽脹感。
- ◆偶爾頭痛。
- ◆頭昏眼花或暈眩，特別是很快站起或血糖降低的時候。
- ◆鼻塞，偶爾流鼻血；耳鳴。
- ◆牙齦敏感，刷牙時會出血。
- ◆腿抽筋。
- ◆背痛。
- ◆踝和腳部輕微浮腫，偶爾手和臉也會。
- ◆痔瘡。
- ◆腿部或會陰部靜脈曲張。
- ◆肚臍突出。
- ◆妊娠紋。
- ◆喘不過氣。
- ◆睡不安穩。
- ◆零星出現布雷希氏收縮（Braxton-Hicks Contraction）。

◆骨盆部位偶爾發生突刺或電擊一樣的感覺，即所謂「胯下放電」。

◆行動笨拙。

◆乳房膨脹。

◆初乳，從乳頭滲出或擠壓出。

心理狀況

◆越來越期待寶寶的出生。

◆對寶寶的出生感到越來越焦慮。

◆健忘、心不在焉。

◆會做奇怪但感覺真實的夢。

◆對懷孕感到厭倦；或者身體狀況良好時，會感到幸福且心滿意足。

本月的身體變化

本月初，子宮頂端距骨盆大約 28 公分，到了月底子宮會再伸長，位置達到肚臍上方 11 公分左右。也許妳會覺得腹部已經沒有空間了，但是在接下來的 8 到 10 週中，子宮還是會持續長大。

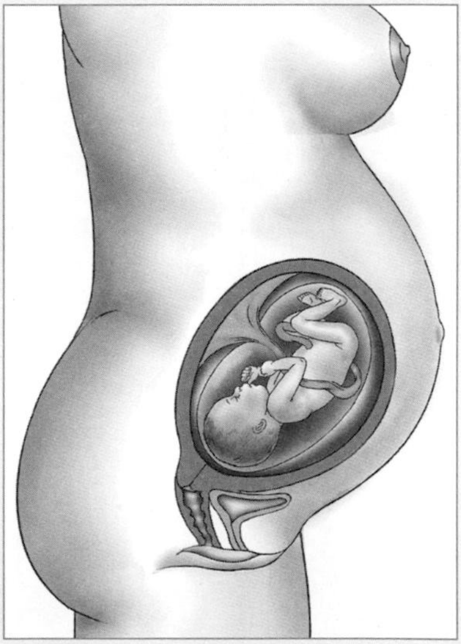

本月的產檢項目

進到妊娠後期，除了例行的產檢還會新增幾個項目：

- ◆體重和血壓。
- ◆尿液檢驗，看看有無尿蛋白。
- ◆胎心音。
- ◆子宮底高度（子宮頂端）。
- ◆以觸診（從外面觸摸）查看胎兒大小和胎位。
- ◆手腳有無浮腫，腿部有無突起的靜脈曲張。

- ◆如果還沒做過，這時就要接受血糖篩檢（參考449頁）。
- ◆驗血，看看是否貧血。
- ◆Tdap 疫苗（參考499頁）。
- ◆個人特殊症狀。
- ◆孕婦想要提出的問題，可事先列備忘清單。

孕婦關心事項

疲倦感再度出現

「前幾個月我覺得精力充沛，現在又開始覺得很累，難道接下來的三個月都會這樣嗎？」

不管是心情或體力，懷孕總是起起伏伏充滿變化。熬過了妊娠初期的疲倦，到了中期體力恢復，是時候採買寶寶或生產用品，還可以安排很多活動（旅行、運動、性生活，或是三者一起來！）。但是到了最後三個月，很多孕婦又會開始感到疲憊。

妊娠晚期會覺得累並不讓人意外，但是也有準媽媽因為很期待寶寶的到來，所以仍舊保持著好體力。誠如先前一直強調的，每個人的孕程變化不會完全相同，體力也是一樣。稍微想想就能理解為何孕婦在這個時期容易累，首先，因為承受越來越大的重量，不管是肚子還是身體的其它部份，都會耗費更多的體力。再來，肚子變大晚上也會比較不好睡，或是滿腦子都在想寶寶的事（哪些用品沒買齊、寶寶要取什麼名字、產檢時要和醫生商量的事情……）而失眠，白天的體力就會受到影響。除了孕育新生命和所做的種種準備，如果還要照顧其他小孩，忙著工作等等，身兼數職一定會讓孕婦感到疲憊不堪。

疲倦是身體發出的信號，一定要注意。如果生活節奏太快，像三頭六臂一樣什麼都要攬在身上完成，便要提醒自己放慢腳步，減少不必要的事務。運動次數要高，但強度可以調低一檔，時間不要太接近就寢，精神太好也會影響入睡。空著肚子會讓妳在匆忙之間提不起勁，經常吃些健康的點心有助補充能量。最重要的是要記得，妊娠後期的勞累是大自然要準媽媽保持體力。現在妳得要把每一絲力氣都存起來以備分娩、生產以及之後照顧新生兒。更多儲備體力的方法，可以參考206頁。

要是休息無法減輕倦怠感，必須把情況告訴醫師。妊娠晚期的貧血（參考386頁）會讓身體極度疲憊，因此第7個月後的產檢都會驗血，看看是否缺鐵。

寫給爸爸們

「適時接手幫忙」

如果你以為一天下來已經很累了，不妨多想想：寶寶的媽躺在沙發上建構寶寶要比你去健身房造肌肉更花能量，要知道這會讓另一半感受到超乎你所能想像的勞累。此時此刻就該你接手幫個忙啦，自己的東西要自己收，襪子球鞋別亂放。搶先去吸地、洗衣服、清廁所，更何況清潔劑的氣味會讓另一半更噁心想吐。可以請她悠閒躺在沙發上欣賞你做這些家事，如今剛好位置互換了呢！

浮腫

「足踝和腳似乎腫起來了，到了晚上更嚴重，為什麼會這樣呢？」

懷孕時不是只有肚子會脹大，四肢末端也會腫脹，鞋子和手錶會變得太緊，甚至連戒指都拿不下來。足踝、手腳水腫很正常，這是因為身體內蓄積水分所引起的。有七成五的孕婦會在妊娠期間出現水腫現象，大多在妊娠後期發生。但是也有二成五的幸運兒沒有這個困擾。孕婦一定有發現越到晚上、天氣越暖和、久站或久坐後，水腫問題就越嚴重，但睡一覺或是躺幾小時後，水腫就消失了。

如果是這種情形，孕婦只會不太舒服，也穿不下美美的鞋子而已，並不會造成風險，下列方法可以減輕水腫：

◆ 避免久站和久坐。如果因為工作的關係無法避免，也要儘量找時間休息。久站的人偶爾坐下來，久坐的人最好每小時起來走動個五分鐘，增加血液循環。

◆ 坐下時把腿抬高，對孕婦最好。

◆ 睡覺或休息時要側著躺。如果尚未養成側睡的習慣，不妨一試。側睡可以增加腎臟的運作效率、加快排除體內廢物，當然就能減輕水腫的問題。

◆ 穿著舒適的鞋子，現在不是考慮流行和美醜的時機，選用合腳的鞋最重要。

◆ 維持規律的運動習慣。醫師同意的體能鍛練都可以消除水腫。走路，即使妳覺得走起來搖搖晃晃，可以促進血液循環，避免水份過度滯留在下肢。游泳或是水中有氧運動效果更好，因為水的壓力可以讓身體內的水份流回靜脈、再帶回腎臟形成尿液排出身體。

◆ 適量的鹽。過去認為限制鹽分的攝取可以改善水腫，但是最近的研究卻指出這麼做反而會造成水腫。所以可以用鹽巴調味，但不要過量。

◆ 彈性襪也有助舒緩症狀。雖然不性感又熱，但是效果真的不錯。有許多款式可供孕婦選擇，包括全長褲襪（但是腹部要有空間），及膝或到大腿的半統襪，穿起來至少涼快些，不過不要買太緊。如果可以的話，要選混有棉質的，以利通風。早晨起床，水腫還沒開始，第一件事就把彈性襪穿起來，讓體液沒有機會蓄積。

趁戒指還拿得下來，快拿下來

會不會覺得戒指越來越緊？在還沒緊到拿不下來之前趕快拔起來，放到安全的地方，等到生完消腫後再帶。要是已經拿不下來了，可以試試看在清晨時，用冰水降低手指的溫度，應該就可以拿下來了。或是抹一點肥皂水幫助潤滑，也可以讓戒指更好脫下。別忘了把排水孔蓋住，免得戒指滾進去。

幸好，水腫現象不僅正常，還很短暫。生產完水腫就會消除，有些人可能要幾週、甚至幾個月的時間才能完全消除。懷孕時要學會凡事往好處想，可以笑笑自己，不用多久肚子就會大到看不到腳了，所以也不用太煩惱。

如果水腫問題嚴重，一定要跟醫生講。水腫也算是子癇前症的症狀之一，但不能依此就下定論，因為這是個普遍現象，而且個人差異極大。除非水腫還伴有蛋白尿、高血壓（每次產檢都會進行篩檢），或是出現其他症狀（可能包括嚴重頭疼、視線模糊、喘不過氣來），多半就只是一般正常的妊娠現象。不過，只要有所懷疑，就要檢查明白。

奇怪的紅疹

「有妊娠紋似乎還不夠糟，竟然

在妊娠紋上長出會癢的疹子！」

開心點嘛，再不到3個月就要生了，到時便可以告別討人厭的症狀了，當然也包括這些疹子。這些紅疹除了不舒服和難看以外，對自己或是寶寶都不會有危險。這種疹子在醫學上稱為「妊娠搔癢性蕁麻疹樣丘疹及斑塊」（Pruritic urticarial papules and plaques of pregnancy），簡稱 **PUPPP**，也稱為「妊娠多形性皮疹」（Polymorphic Eruption of Pregnancy，**PEP**），分娩後通常會自行消失，下次懷孕也不會復發。疹子雖然大多長在腹部的妊娠紋上，有時也會出現在大腿、臀部、或手臂上。醫生檢查後應該會開外用藥膏、抗組織胺，或是打一針舒緩不適。

妊娠期間的皮膚狀況一定會讓人不開心，雖然一定要看醫生，但是通常不會有什麼嚴重的問題（更多細節請參考395頁）。

下背和腿部疼痛（坐骨神經痛）

「下背一直在痛，而且一路痛到臀部和腿部，這是怎麼回事？」

聽起來又是另一項準媽媽的「職業傷害」，到了妊娠中期和晚期，胎兒會下降到骨盆腔，進入生產位置。孕婦會很開心寶寶胎頭轉正，但是頭部和子宮的重量會壓迫到坐骨神經，造成疼痛。這類坐骨神經痛，少數是由於椎間盤脱出所致，這一樣也是因為子宮長大的額外壓力造成。不論原因是哪一項，坐骨神經痛可能會從後背延伸到大腿，產生刺、痛、麻的痛楚。坐骨神經痛非常不舒服，雖然會因胎位的變化而改善，卻可能持續到分娩為止，或是分娩之後。要怎麼讓胎兒不要壓到神經，或是改變姿勢減輕痛楚呢？可以試試下面的方法：

- 坐下來休息。坐下來可以減輕疼痛，但要避免坐在地板上，那會加劇疼痛；側躺下來找到舒服的睡姿也可以舒緩壓力，睡覺的時候側這一邊也是個好立意。

◆ 尋求支撐。增大的子宮重量也會增加，托腹帶或其他支撐用具可以把壓力移離下背及臀部。

◆ 熱敷。使用熱敷墊放在疼痛的地方，也可以泡一泡溫水澡。如果有按摩浴缸，可讓水流沖擊發疼的下背以及腿部。

◆ 做做伸展運動。正確的運動可緩和坐骨神經痛，也可以請醫師或物理治療師推薦：

■ 骨盆傾斜運動（參考369頁）。

■ 嬰兒式。雙膝著地，坐在踝上，大姆趾相靠。大腿往外開身體向前伸，肚子著地，手臂伸長，前額點地。保持這個姿式2分鐘，每天重覆做幾次。

■ 抗力球運動。坐或躺在抗力球上，前後擺動緩和壓力。

■ 水中體能鍛練。游泳和水中有氧操可伸展並強化背部肌肉，有助於緩和糾心的疼痛，此外這些動作不需支撐體重，如果是體重造成壓力的話那就更有效了。

◆ 尋求輔助療法。請醫師介紹可能有辦法舒緩坐骨神經痛的輔助或另類療法，例如物理治療、治療性按摩、針灸和整脊等等。

要是出現坐骨神經痛症狀，最好還是告訴醫師，不僅是要請他介紹治療師以及治療法，需要的話還得開藥，更為了求得正確診斷。其他情況會出現類似症狀，例如骨盆韌帶疼痛（PGP），有時會被誤診為坐骨神經痛。詳情請參考842頁。

數數胎動

從第二十八週開始，最好每天數胎動兩次，一次是在清晨起床時，一次在晚上寶寶胎動較激烈的時候。做法如下：先確認開始時間，看看數到十次胎動時所需的時間，踢動、扭動、滑動或是滾動都算，但打嗝不算。通常在十分鐘內會感受到十次胎動，有時會耗時較久。

如果一小時內胎動沒有達到十次，起來喝喝果汁或是吃些點心，走動一下，甚至輕搖肚子後再躺下來，放輕鬆重新計算。如果兩個小時過去了，胎動卻還是少於十次，請與醫生聯絡。雖然不一定有什麼大問題，但是檢查一下總是比較安心。

越接近預產期，越需要按時測量胎動次數。

胯部放電

「三不五時我會覺得胯部深處突然劇痛，幾乎像是被刀捅了一下。時間很短可是很強烈，幾乎要透不過氣來。這是怎麼回事？」

這大概是所謂的胯部放電，這個妊娠晚期的現象很普遍但很少有人提起，相當疼痛。感覺起來是在胯部或陰部深處，有時像是電擊一般，有時彷彿被刀刺，有時還加上小小刺痛或灼熱，或針刺尖刺之類。通常是突如其來，強烈得幾乎要站不住腳，還會在大庭廣眾之下放聲大叫。

這個現象並沒有確定的醫學證據可指出其原因，甚至連個正式的醫療名稱也沒有，不過有許多理論。有些專家表示，那是因為寶寶踢到或壓到通往骨盆的神經。另有人認為，可能是因為孩子拿妳敏感的骨盆以及子宮下部當沙袋練拳呢，或是動來動去的胎兒在換位置時往下出力。也許只是子宮周邊韌帶隨著肚子增大而正常伸展拉動，導致妳覺得骨盆腔像是觸了電。有一件事倒是很清楚，胯部放電並非骨盆腔擴張所致，也就是說，如果妳感覺到下部出現那種刺痛，不需擔心是否快要分娩了。這狀況並不危險，而且並不是妊娠出現問題的徵兆。

除了換個姿勢試看看讓寶寶別踢到神經，或用托腹帶把骨盆受到的壓力減輕，胯部放電發作的時候妳恐怕也無能為力。一如往常，下回產檢最好請教醫師這個疼痛的狀況。有時骨盆痛也和其陰部的靜脈曲張、陰道感染甚至是缺鎂有關，究竟發生什麼事最好問問醫師的意見。

不寧腿症候群

「身體都這麼累了，腿卻一直在動沒法好好睡覺。我已經試過所有舒緩腿抽痙的方法，可是都沒用，我還能怎麼辦呢？」

在妊娠後期孕婦很難睡個好覺。高達一成五的孕婦晚上睡覺時，兩腳會停不下來、抽搐、蠕動、麻麻刺刺的，或是發燙發癢，難怪會讓人從夢中醒來。這種情形在夜晚最為常見，不過傍晚也可能會出現，躺下或坐下的話隨時都有可能。這種症狀的醫學名稱為「不寧腿症候群」（restless leg syndrome）。

醫生無法確認病因，或許有些遺傳成分吧，也沒有治療方法。按摩或是伸展之類緩和腿部抽痙的招數，似乎都無法舒緩不適，藥物治療在妊娠期間更是不予以考慮，因為這種藥物對孕婦並不安全。而且，某幾種藥，像是止吐劑或抗組織胺之類孕婦用來緩和妊娠症狀的用藥，會讓一些人的不寧腿症狀加劇。

要怎麼阻止動個不停的雙腿害妳沒法休息？雖然沒有百分之百的良方，倒不妨試試以下做法：

◆記下誘發因素。可能肇因於飲食、壓力、和其他環境因素，所以要記錄每日飲食內容、行程和情緒變化，也許可以從生活習慣中找出原因。有些孕婦發現在傍晚食用碳水化合物會使症狀惡化，還有的是咖啡因引起。看看自己吃了哪些藥，是不是有什麼會和RLS有關。

◆嘗試輔助及另類療法。針灸或許會有幫助，瑜珈、靜坐冥想或是其它放鬆技巧都值得嘗試。就算是轉移注意力，做別的事不要去在意不舒服的症狀，也有助於緩和動個不停的感覺。

◆驗血。妊娠晚期常見的缺鐵性貧血，有時也可能會是原因，可以請醫生做血液測試。如果測出妳體內鐵質不夠，補充正確的鐵劑就可以緩和症狀。驗血結果還可能找出的原因像是：缺鎂或維生素D，兩者都可以用補充劑治療。如果被妳遇上了，就要請問醫師是否推薦其他治療方式。

◆動起來。有些孕婦會發現，如果在白天能夠動動腳跑跑腿，到了晚上就會安寧許多。試試孕期也可以做的溫和有氧運動以及下肢強度訓練，不過可別太接近就寢時間，因為可能會加劇RLS，還會難以入睡。簡單的伸展也有用，試試小腿伸展或站姿伸腿（參考446頁）。

◆嘗試在家做以下的動作：熱敷或冰敷妳的

腳，或是睡前用冷水沖澡（或是把雙腳泡在冷水中）。可望減輕這樣不舒服的感覺。白天妳也可以嘗試著穿壓縮機能襪。

當然，試試435頁列舉的助眠祕訣也沒有壞處。事實上，疲勞會讓RLS的症狀惡化，要儘量讓身體得到充分睡眠。

但願以上列舉的應對策略多少能夠舒緩妳的RLS症狀。很不幸，有些孕婦發現怎麼做都不見效，唯一的希望就是分娩後就能解脫了，當然新生兒也不會讓妳好睡的。要是懷孕前就有這狀況，恐怕要等生產後，要是親自授乳的話甚至是斷奶後，才能再用之前的藥物。

劈哩啪啦各種聲響，妳聽到了嗎？

妳一定很想看看寶寶的動作，可是妳聽過寶寶的聲音嗎？這當然可能。有些孕婦會聽到自己肚子裡傳來劈哩啪啦各種聲響，卻不知道是怎麼一回事。有幾個理論提出解釋：可能和打嗝有關，或寶寶的動作撥羊水；或許是寶寶拳打腳踢之際關節磨擦。說不定聲響不是寶寶發出來的，而是妳自己鬆弛的關節相撞或拉伸而咔咔作響。

這些劈哩啪啦的成因恐怕永遠也搞不清楚，不過還是可以請教醫師稍稍做個猜測。不過倒是可以放心，這絕對沒什麼好憂慮，只不過是懷孕期的另一項樂趣。

胎兒打嗝

「有時肚子會有規則性的小痙攣，這是寶寶在踢嗎？」

相不相信，妳的寶寶八成在打嗝呢！這在妊娠的後半期是很常見的現象。有的寶寶一天要打好幾次嗝，而且天天打，也有都不打嗝的寶寶，這種情形會一直延續到出生以後。

不過在妳屏住呼吸或是嘗試其它止嗝的方法前，要先知道小寶寶的打嗝和大人不一樣，打嗝不會讓他們不舒服（不管在子宮裡或出生後都一樣），即使持續打嗝20分鐘或更久，也是如此。所以放鬆心情，好好享受這餘興節目吧！不過要記得打嗝並不算胎動次數（參考479頁）。

高潮與胎動

「高潮後，胎兒往往會有半個小時停止踢動，妊娠晚期行房是否對胎兒有害？」

胎兒固然身在母親的子宮，但仍舊是獨立的個體，每個寶寶的反應可能都不一樣。胎兒可能被性交的節奏性動作和子宮的規律收縮給搖到睡著了。也有胎兒變得更活躍。這兩種反應都是正常的，沒有任何徵兆表示性愛不安全，或是寶寶知道父母親正在做什麼，他們被全然黑暗的子宮安全的包圍著。

除非醫師禁止，不然整個孕期都可以享受各種性愛，不同強度的高潮。趁還能自在的擁有性生活時好好享受，以後有個小孩盯著你們，可能就很難享受兩人時光了。

意外跌倒

「今天出門散步時，腳踩了個空，肚子首當其衝，趴倒在人行道上，會不會傷到寶寶？」

孕婦到了妊娠後期身體變得笨重，重心前傾平衡感變差，加上關節鬆弛也會導致行動笨拙，特別容易跌倒，尤其是肚子先著地。再者孕婦容易疲勞，常常心不在焉或是想東想西，又因為肚子大到看不見自己的腳，也難怪妳會被路面不平絆倒。

再次強調，大自然會保護胎兒。寶寶被保護在最精密的防震系統，由羊水、堅韌的胎膜、彈性的子宮，以及肌肉和骨骼圍起的堅固腹腔所組成。要穿透這層保護系統危害到胎兒，母體必須受到嚴重的傷害才有可能（要躺在醫院的程度）。真的不放心的話可以去看醫生，確保大人小孩都平安，如果可能就請求很快檢查一下胎心音讓妳別再擔憂。

當然，最好還是能避免跌倒。既然越來越容易翻倒、滑倒，就得格外當心。避免穿著滑溜的襪子走動，或是穿著不能扣緊的鞋子（或很容易脫出的鞋，例如拖鞋或涼鞋）。別爬梯子，遠離危險場所，上下樓梯或有高差時要特別留神。

寫給爸爸們

「爸爸夢」

這段時間，是否夢中生活要比現實精采得多？很多人都會這樣。對準爸媽來説，懷孕階段是一個五味雜陳的時期，那種感覺就像坐雲霄飛車一樣，忽而處於興高采烈的預想，忽而跌盪在驚恐萬狀的焦慮中，然後又周而復始。諸多情緒會在夢境裡現蹤，絲毫不足為奇，因為在夢境裡可以把潛意識顯露出來，而且可以安全無虞地一償所願。舉例來說，夢到性愛情事，就是潛意識正在告訴你一些你八成已了然於胸的事——你正在憂心懷孕有小孩會不會對目前以及未來的性生活帶來衝擊。這樣的恐懼心理很正常，也是其來有自。孩子一旦到來，便會使原本的儷人一雙變成三人行，因而體認到你們小倆口的關係正處於某些變化，能有這樣的認知是確保你倆維持甜蜜關係的第一步。

在妊娠早期出現性愛春夢很普遍，再來可能會夢到以家族為主題，像是夢到自己的父母或祖父母，你的潛意識會把過去幾代銜接到未來的新生代。有可能夢到自己又是一個小孩子，這表達了對即將到來的責任有恐懼，以及對過去那種逍遙歲月的渴望。甚至有可能夢到

自己懷孕，這是爸爸對配偶所承受的負擔表現出同理心、或對她所受到的關注感到嫉妒，或只是渴望與未出生寶寶有所牽繫。夢到把寶寶摔到地上，或是忘了把新生兒扣上安全帶，則是表示對於即將成為人父有所不安（每位即將做父母的都有同樣不安）。或者，在內心深處過度擔心著，當自己變成養育者時，會減損自己的男子氣概，因而可能會夢到非比尋常的「男子漢」夢境——譬如足球賽達陣成功，或是駕駛賽車。夢到寂寞還有被冷落也是極為常見，全都表明許許多多準爸爸經歷到被排除在外的感受。

當然，並不是所有的夢都會呈現出焦慮。與潛意識唱反調的夢境，也可能占有同樣多的時間（有時候甚至出現在同一個晚上）。而夢到照顧小孩，則有助於預先為「溺愛的爸爸」一這個新角色做準備。有些夢表達出你對即將到

來的孩子是何等興奮——夢到人家把孩子交到你手上，夢到孩子的受洗典禮，或夢到全家在公園裡漫步。

有一點倒是十分確定：做夢的不只你一個人。準媽媽也會做些怪夢，而且她身上較多量的荷爾蒙會讓夢境更加栩栩如生。一早醒來彼此分享做了什麼夢，這樣的固定儀式暨親密、啟發又具治療作用，不過千萬不要看得太認真。夢不過就是夢罷了。

✿ 做夢和白日夢

「不管是白天或夜晚，有好幾次我清楚地夢到小寶寶，夢境真實到我都覺得自己是不是精神異常了。」

日有所思、夜有所夢，妊娠期的夢，不管是夜夢、白日夢還是想像，都可能相當精彩，有很多特效，而且栩栩如生就像身歷其境，讓人搞不清現實還是夢。這些夢的主題包羅萬象，也許是恐怖片（把寶寶忘在公車上），或是溫馨小品（健康漂亮的寶寶在學步走），甚至超乎科幻的情節（生了一個長著尾巴的外星寶寶，或是一窩小狗）。即使夢境讓人瘋狂，都是健康而正常的，這是潛意識以自然的機制來幫助準媽媽排解心中潛藏的憂慮、恐懼、不安全感或是興奮和期待，讓錯綜複雜的情緒有個出口。就當做是睡著做治療好了。

荷爾蒙也會讓夢境比孕前真實，淺眠時夢裡發生的情境會記得比較清楚。夜裡常因為要上廁所、太熱或是要換個舒服的睡姿而在快速動眼期醒過來，才會每次醒來時都能清　的記得夢境。

以下是妊娠期間最常見的夢境，每一種都意

味著內在被壓抑的感受，有的可能和妳的夢似曾相識：

毛小孩和寶寶爭寵

已經有寵物毛小孩了嗎？家裡的狗或貓習慣躺在床上或是妳的腿上一起睡覺嗎？寶寶出生後，大家的注意力會從牠們身上轉移，可能會造成寵物對寶寶的敵意，這個問題得在寶寶出生前解決。可以參考《What to Expect the First Year》提出的寵物心理調適技巧；也可以上 WhatToExpect.com 網站觀賞影片，學習如何讓寵物預做準備。

◆ 唉呀！夢到出了差錯。夢見掉東西或忘了放哪（從汽車鑰匙到自己的寶寶）、忘了餵寶寶、錯過與醫師的預約、外出購物時把寶寶獨自丟在家中、寶寶出生時一切尚未準備就緒……這些都是擔心自己無法勝任母職的恐懼。

◆ 好痛的夢。夢到被強盜、竊賊、或動物攻擊而受到傷害，或是被推擠滑倒而摔落樓梯……意味著心裡感到脆弱。

◆ 求救的夢。夢到被關或無法逃脫，像是受困在隧道、車子、小屋，或是溺於游泳池、湖泊或洗車房內……意味著擔心被家庭的新成員絆住，失去自由。

◆ 飲食過度的夢。夢見自己沒法增重或一夜之間體重驟增、亂吃不該吃的東西，這是盡力遵守飲食法的孕婦常見的夢。

◆ 驚呼的夢。夢見自己對配偶不再有吸引力或遭配偶冷落、配偶另結新歡……這是孕婦普遍的恐懼，擔心外貌會因為懷孕永遠改變，致使配偶發生外遇。

◆春夢。夢到行魚水之歡，可是是要表達被妳收藏起來的奇情異色，或模稜兩可和罪惡感。這都是荷爾蒙的作用，清醒時會激發性欲，睡著甚至做白日夢時也一樣能夠挑起強烈的情欲，甚至可以達到高潮呢。

◆回憶的夢。夢見死亡和復活，已故雙親、祖父母或其他親戚再度出現……在潛意識裡，想把老一代和新生代連結起來。

◆與寶寶一起生活的夢。夢到為寶寶做好一切準備，在夢中疼愛著寶寶，與寶寶一起玩耍……意味著寶寶出生前，便先行預習如何為人父母，並與寶寶建立起親子關係。

◆想像寶寶的夢。夢到寶寶的長相和模樣，顯示出心中各種情緒。夢見寶寶畸型、生病、太大或太小，意味著所有準父母心底都有的擔心憂慮；夢見寶寶有特異技能（如一出生便會說話或走路），表示操心寶寶的智力，以及對寶寶的未來懷抱著野心；夢到寶寶的頭髮或眼珠顏色、長得像爸爸或媽媽，或是對胎兒的性別出現預感，可能意味著內心屬意男孩或女孩；夢到寶寶一生下來就長成大人的夢，顯示出內心對養育幼兒的恐懼。

◆陣痛的夢。夢到陣痛或生產時完全不會痛，或夢到無法將寶寶娩出……反映出對生產的恐懼。

不要因為做夢就擔心到睡不好。做夢就和孕婦會胃灼熱、長妊娠紋一樣正常，問問身旁的媽媽們，懷孕期間是不是偶爾也會做些怪夢，妳可能會聽到一籮筐。而且妳可能不是唯一會亂做夢的人，準爸爸可能也會因為還在適應有寶寶的事實，而做了許多焦慮又怪異的夢，他們還不能怪罪於荷爾蒙，只能默默承受。和先生彼此分享夢境很好玩，還能幫助彼此釋放情緒，讓關係更親密。所以夢就夢吧，別太在意。

幫寶寶拍一部3D影片

妳應該已經照顧高層次超音波，還在好幾個星期之前就把寶寶的可愛臉龐設成手機螢幕。不過真的能把孩子抱在懷裡之前，妳可能很想要更仔細瞧瞧那小嘴、小臉，更別說是整天踢啊敲啊的小手小腳。說不定妳還在想，該去附近的產前造影中心拍一部3D甚至是4D掃描。

當然，如果妳看過網上那些令人讚嘆的鮮活影像，可以見到胎兒吸手指、打哈欠、打嗝，繞著臍帶玩……更會心動。不過，衝去拍之前要先問問醫師。專家（包括ACOG）建議，3D和4D超音波掃描，尤其是長時間還有次數頻繁的照射，只應在有醫療需要的時候再去做，而且是由合格技術人員使用維護良好的儀器進行。為什麼有此顧慮？為了好玩去做超音波掃描，雖然真的很有趣，往往用的是較高功率的儀器，也並不必然是由經驗豐富的技術人員負責執行或維修。有些時候會做得比醫療掃描還更久，長達45分鐘，暴露於不必要的過度超音波。許多這種公司都會提供多次掃描以便做成一份有影像有照片的寶寶剪輯，真去做的話也會讓胎兒的暴露量飆高。專家的另一層顧慮則是：如果不是由有經驗的醫療專業人員動手掃描、講解所得影像，準父母可能會誤以為孩子出了什麼問題，更糟糕的是訓練不夠的掃描人員會漏掉真正的問題，要是由專家來做輕易就能看出。此外，長時間或反覆多次照超音波對胎兒可能是個干擾而造成妨礙，沒法好好成長、發育、充分睡覺不被打斷。最後，雖然額外超音波照射並沒有已得到證實的風險，並不表示毫無風險存在，省略不必要的超音波描掃就能避免潛在危險因子。

想想看，只要寶寶生下來，想拍照拍影片

留做記念的影會多得是。這麼一來，可以安心只需按醫師指示進行超音波掃描即可，目前ACOG的建議是：低風險、無併發症的孕婦1到2次。

如果醫師同意，妳也訂好了，那怎麼辦？可以把次數限定為只照1、2回合就好，每個階段不超過15分鐘。還有，別忘了帶錢包，雖說寶寶的影像無價，掃描出來的相片、CD和DVD可不便宜呢。

責任日近

「我開始擔心是否應付得了這一切——工作、家庭、婚姻，以及即誕生的寶寶。」

首先要承認所謂全能是怎麼一回事：你沒法從頭到尾什麼都做，至少不能做得盡善盡美。許多媽媽盡心盡力想做個「女超人」，在職場上表現良好、把家裡收拾得井然有序、洗衣裡沒有囤積，冰箱放滿的食物，餐桌上有熱騰騰的晚餐、既是性感伴侶，又是模範母親……然而多半會在某個時候突然領悟到總得有所取捨。

新生活能否應付自如，恐怕要看妳多快認清現實。在下個最新最可愛的挑戰來臨之前，此時此刻正是開始學習的最佳時機。

面對這一切的責任，端看自己如何設定輕重緩急，理出先後次序，不可能所有事都能優先處理。要是孩子、配偶、和工作排第一，那麼可能得放寬居家整潔的標準；晚餐叫外送、洗衣服的工作也需要家人的幫忙才行。如果想當全職媽媽，經濟也允許的話，暫時放下事業也無妨，或是考慮兼差、在家工作都是很好的選擇。

設定好事情的優先順序後，還得拋開不切實際的期望，和其它有小孩的媽媽聊一聊，就知道現實生活是如何。沒有人是十全十美的，要接受這個事實也許有點困難，不過越想面面俱到，越會發現這個目標遙不可及。雖然從早忙到晚，卻發現床還沒鋪，洗好的衣服沒有折，三餐也改成外送，想要把自己打扮得「性感」，可能只剩洗頭的力氣……標準訂得太高，在有小孩前也許做得到，之後卻會對現實生活越來越失望。

不管妳決定要怎麼重新安排，要是有幫手的話就會簡單些。如果先生或伴侶願意分擔家事、幫忙顧小孩（換尿布、洗澡、餵奶……）是再好不過了，要是配偶無法如你所願時時在場，或外派工作，或根本沒能參與，也可以考慮找得到/付得起的其他方法，像是托嬰合作社等等。

生產計劃書要交接下去

和醫生討論過生產計劃書的可行性之後，就應該成為病歷的一部分，生產時可以讓醫療人員看到。如果來不及在時間內按正常途徑交接下去，可以先印好幾份放在待產包，分娩那天隨身帶去醫院或生產中心，就不會在忙亂之中忽略妳的要求。妳的幫手或陪產員可幫忙確認，每次醫護人員換班都會收到同一份計劃書做參考。

生產計劃書

「助產士建議我帶著一份生產計劃書，那是什麼？」

生產是人生大事，需要事先詳加計劃，準父母所要做的決定很多，從是否要打無痛分娩到出力時的姿勢到小孩出生時誰要去接還有誰剪臍帶，要怎麼記得起來？這時就需要有生產計劃書。

生產計劃書（或是希望清單）只是計劃，生產這件事不一定會完全照著自己的希望進行。生產計劃書也得通過醫生的同意，在醫療、產科或是法律允許之下才可行。這不是和醫生簽定契約，一切得照白紙黑字走，而是一種書面協議，希望生產過程盡量符合產婦的理想，同時可以排除不切實際的期望，減少失望，並且避免在陣痛和生產過程中發生重大衝突或溝通不良等狀況。有些醫生會例行性要求準父母寫生產計劃書，要是患者要求的話，多數醫生都願意討論、配合。不管如何，生產計劃書是醫生和產婦之間最好的溝通橋樑。

早產跡象

準媽媽若清楚早產跡象，即早就醫就可能改變結果。雖然用到的機會應該微乎其微，但為了安全起見，請記得下面的早產跡象，如果37週之前出現其中任何一項徵兆，或是覺得可能但不很確定，請立即就醫。

- 像經痛一般的腹痛，不論是否伴隨腹瀉、噁心，或消化不良。
- 每十分鐘或是更快，發生規律性的收縮陣痛，即使改變身體姿勢或喝了水也無法平息痛感。不要和假性宮縮搞混（參考517頁）。
- 持續的下背疼痛或有壓力，或下背痛的型態改變。

◆陰道分泌物出現變化，尤其是呈水狀，或帶有粉紅色或褐色血絲。
◆骨盆底、大腿或鼠蹊部出現疼痛或壓迫感。
◆破水（液體從陰道持續滲漏或突然出）。

這些症狀不一定是早產的徵兆，孕婦偶爾會有骨盆或下腹疼痛。大部份出現早產跡象的孕婦不會真正早產，但是只有醫生能確定。因此發現早產徵兆時，還是盡速就醫，至少讓自己安心。

早產的風險因子及其預防之道，可參考048頁；早產應變措施可參考839頁。

生產計劃書可以很簡單，也可以寫到非常詳細，包括對產房音樂和燈光的要求。每個孕婦的需求不同，生產計劃書也得視個別情況量身訂做，所以不要拿朋友的當作範本依樣畫葫蘆。可以參考下面的要點，擬定出最適合自己的內容。

◆陣痛開始妳要在家裡等到什麼階段。
◆陣痛時的飲食和水份攝取（參考611頁）。
◆陣痛時要不要待在床上，是否能坐立或走動。
◆陣痛或生產時要待在浴缸裡（參考495頁）。
◆陣痛和/或生產時身邊要找誰來陪，包括陪產員（參考497頁）、其他子女、朋友、家人。
◆照相或錄影。
◆使用鏡子，以便看到孩子出生的那一刻。
◆使用靜脈注射（參考612頁）。
◆使用的止痛藥以及止痛藥種類（參考501頁），

或是偏好的止痛療法（參考506頁）。

- ◆人工剪開羊膜（參考616頁）或者是保持其完整。
- ◆外接式胎兒監視器（連續或間歇）；內接式胎兒監視器（參考613頁）。
- ◆是否使用催產素來誘發或促進子宮收縮（參考636頁）。
- ◆分娩姿勢（參考618頁），使用生產扶桿（參考622頁）等等。
- ◆熱敷和會陰按摩（參考578和651頁）。
- ◆會陰切開術（參考614頁）。
- ◆把孩子「生下來」（參考645頁）。
- ◆使用真空吸器或產鉗（參考617頁）。

- ◆剖腹產，包括所謂「柔性剖腹產」（參考659頁）。
- ◆關於使用真空吸引的特殊要求，像是要由做父親的動手操作。
- ◆產後立即懷抱寶寶，讓孩子有時間從媽媽腹部爬到胸部（參考652頁）。
- ◆立即哺餵母乳，有授乳指導員提供協助。
- ◆稍後再剪臍帶（參考625頁）。
- ◆由父親負責接小孩、剪臍帶（參考651頁）。
- ◆儲存臍帶血（參考450頁）。
- ◆抱過寶寶之後才量體重、點眼藥。
- ◆和胎盤有關的特殊需求，要看一看、保留下來等等（參考546頁）。

不要憋尿

是不是經常為了少跑一趟廁所而經常憋尿？憋尿會造成膀胱發炎，增加子宮收縮的機率。這樣還會導致尿道發炎，另是一個造成子宮早發收縮的原因。想尿尿時就趕快去吧！

有些產後事項也可以列入生產計畫，例如：

- 寶寶量體重、小兒科檢查、和第一次洗澡時，讓妳在場。
- 在醫院時餵寶寶（參考719頁）。
- 割除包皮（可參考What to Expect the First Year）。
- 母嬰同室（通常醫院會要求母嬰都很好；參考713頁）。
- 是否讓其他孩子來探望妳和新生兒。
- 妳或寶寶的產後用藥或治療。
- 新生兒篩檢的安排（參考544頁）。
- 若無產後併發症，要住院多久（參考703頁）。

水中分娩

寶寶在羊水構成的溫暖泳池裡待了愉快的九個月做水上芭蕾，突然之前來到寒冷而乾燥的世界。提倡水中分娩的人認為，讓寶寶誕生到與潮濕且溫暖子宮相似的環境，可以緩和如此轉換，出世更為詳和，可以撫慰寶寶的壓力。

如果選擇水中分娩，不僅陣痛時要待在溫水浴盆裡，還要在水中待到寶寶誕生，讓孩子輕柔地被推入鎮定撫慰的水中再慢慢抱到妳手裡。另一半可以一起陪妳待在水中攙扶，孩子出生也可以出手接住。陣痛期間，防寒衣、噴霧瓶以及大量的水份可讓妳神清氣爽，當然這是盡量做，再怎麼說妳也是歷經陣痛生產的過程；同時還有陪產員或其他醫護人員在場，以水下都普勒裝置監控寶寶的情況。

水中分娩只適合低風險妊娠，不過越來越多機構備有此類設備。大多數生產中心以及某些醫院可有水中分娩選擇，而且大多數的生產中心在產間都會有大浴缸或按摩浴缸，或是移動式浴缸可在需要時推過來，也能用來浸泡舒緩或是水療，就算最後一刻決定不要在水中分娩也沒關係（也可能是因為別的因素所致）。醫院裡比較不可能有個夠大的浴缸讓妳在水中分娩，所以要是妳想採取水中分娩但醫院又沒法提供這個選擇或沒有浴盆，可以問問是否能夠自己去租或買一個浴盆帶進去（參考下文）。

在家裡生產也可以選擇水中分娩，只需助產士同意而且家裡有準備合適設備即可。大多數家用水中生產設備就和兒童泳池很像，充氣式，大小夠讓妳隨意活動，深度可讓腹部完全浸入水中，而且側邊柔軟可以舒舒服服靠在上頭。你可以上網或向助產士租一個或是買一個分娩用浴盆，當然也可以和有此經驗的朋友借。如果是買來的，連盆附帶相關設備，例如內襯、加熱器、過濾器、防水布，差不多需要好幾百美金。手頭不夠寬裕的話，也可以利用家中浴缸，前提是要夠深讓肚子浸入水中，而且旁邊有位置能讓助產士待著，生產或有緊急狀況的時候伸出援手。當然，在生產日之前妳得要把浴缸清理乾淨並且清毒。還要確定有一個飄浮式水溫計，監控水溫維持於攝氏35至37.8度不超過38.3，要不然如果妳的體溫會因而升高，將導致嬰兒心跳加速。分娩浴盆附有加熱器，如果妳用這種的話就不需擔心水溫。

寶寶在子宮裡不需呼吸，要離水來到空氣中才會開始呼吸，所以不會溺水。不過，新生兒只能在水中待一下下，美國的標準大概是10秒。原因之一，臍帶可能會不小心被扯斷，中止寶寶的氧氣供應；其次，一旦胎盤與子宮分離，就無法供應寶寶充足氧氣，這在分娩後隨時可能都會發生；最後，寶寶待著的水並未經滅菌處理。切記，生產的場面會是一陣荒亂。大多數孕婦因出力過度而排糞（要靠助產士幫忙清理），妳待著的水裡還會有血有尿。如果孩子在這樣的水裡呼吸，就有遭受嚴重感染的風險。

是否想讓寶寶從水裡冒出來到世上？雖然和其他生產方式的擇選一樣算是個人決定，不過最好能諮詢醫師意見，確定這個選擇對妳對孩子都安全。更多資訊，請參考網站waterbirth.org。

靈活有彈性是生產計畫書的要點，生產是無法預測的，完全付諸執行的機會很大，但是無法絕對保證。陣痛和分娩的進展無法事先確切預估，生產計畫書是在產前擬定的，為了母子平安，有時得在最後關頭修正，譬如說在開四指時痛到不行，改變心意要打無痛分娩。

越來越多的父母會擬定生產計劃書，但是寫不寫都無妨，小孩還是會生出來。下次產檢時可以先和醫生討論，看自己是否需要這樣做。請記住一切都要以母子的健康與安全為依歸，其他一切考量都是其次。

陪產員：生產的好幫手

三人行太過擁擠？生產時就不一樣了，越來越多孕婦會聘請經驗豐富的陪產員（doula）陪同生產。研究發現有陪產員相伴的產婦，需要剖腹、無痛分娩、催生的機率降低許多，不僅產程縮短，併發症發生的機會也較少。

如Doula一詞來自古希臘，形容很有經驗的助產婦女。助產士能夠提供產婦什麼樣的協助呢？這取決於妳所選陪產員的專業、接洽的時機，還有妳的個人抉擇。有些陪產員在孕婦發生陣痛時，就會到府協助，讓產婦能依照之前擬定的生產計劃書進行，同時幫助產婦減少痛苦。到了醫院後，陪產員也會根據協定，盡力協助妳的需求。陪產員最大的任務在於提供生理和心理上的支持、鼓勵產婦、引導呼吸、放鬆的技巧、正確的待產姿勢、為妳按摩、墊枕頭、解釋醫學名詞和產程順序……，對於初產婦的幫助更是加倍。陪產員也可以幫妳和醫院、護士溝通，爭取妳的權益。好的陪產員不會取代當班護士，也不會搶去另一半提供鼓勵的風采，但是會確認妳獲得良好的醫療服務，

尤其是待產室很忙，一個護士要照顧好幾個產婦時，可能會沒時間幫妳。或者是待產時間很長，護士交班後若有不清楚的狀況，陪產員也會提點護士該注意的地方。陪產員會從頭陪伴到尾，給妳熟悉又溫暖的支持。產後若是有需要，陪產員也可以提供餵母乳和照護新生兒的幫助。

有些準爸爸會擔心雇用陪產員的話，自己就完全無用武之地。好的陪產員懂得如何幫助準爸爸放鬆，讓準爸爸能夠給予產婦最大的支持和鼓勵。有些準爸爸不懂得如何詢問醫生或護士問題，助產士也會幫忙溝通。跟準爸爸一起為妳按摩、餵冰塊和練習呼吸等等。她還會是生產團隊裡順從配合的角色，隨時準備妥當，但不會把爸爸或醫護人員推到一旁。如果沒有人跟著一起進產房，陪產員更是身邊不可多得的好幫手，整個陣痛、分娩的生產期間提

供服務，甚至產後。

陪產員要去哪裡找？她們不需資格認證，不過許多生產中心和醫院或是婦產科診所都會有份名單，或是朋友聘用過不錯的助產士，上網找也是一個方法。找到合適的助產士後，雇用前要先面試，才知道是否適合自己。詢問她的經驗、受過什麼樣的訓練、可以提供什麼樣的服務、對於生產的觀念（如果妳想打無痛分娩，總不想雇用堅決反對止痛的陪產員）、是否能二十四小時接電話、如果她無法抽身前來，是否有代理人、收費多少，由於保險並不負擔這項目，很多父母都要考慮經費問題。有些陪產員會給低收入戶或軍眷優惠折扣或甚至贊助免費服務，尤其是針對爸爸派駐外地無法親自到場的狀況。關於妳們家附近的陪產員，可以聯絡Doulas of North America，網址：dona.com。

也可以請有生產經驗的女性朋友或親戚來幫忙，這樣做最大的好處就是免費。當然她可能無法像助產士一樣專業，方便的話，可以請朋友或親戚接受四小時的助產訓練課程（可詢問婦產科醫院是否有開課）。研究發現受過訓練的陪產人員，也能提供如同專業陪產員的助益。

Tdap 疫苗

「醫師說我得要在這個月去注射Tdap疫苗。可是我在小時孩應該已經接種過了。」

打過了還是要再補。CDC建議每位孕婦都要在每次懷孕的第27至36週之間注射Tdap疫苗（可預防白喉、破傷風和百日咳），不管上回是何時曾經接種過Tdap或Td疫苗。那是因為百日咳（還有白喉和破傷風）的免疫力會在幾年之後消退。如果妳從未注射過破傷風疫苗，不論是兒時的**DTaP**還是成年後的Td或者Tdap，除了妊娠後期固定要打的Tdap，都應在妊娠初期接受兩劑Td。

為什麼會做這樣的建議？這是為了要讓寶寶出生後受到保護。小嬰兒容易感染百日咳，這種傳染性的呼吸道疾病會導致肺炎甚至致命。在孩子接受完整組DTaP注射以對抗這個疾病之前，妳體內因注射Tdap所生成的抗體會傳給胎兒，有效發揮防護功能，等到寶寶二個月開始自己接種疫苗。而且研究也支持這個做法。實驗結果指出，如果孕婦在懷孕期間依建議加一劑Tdap，生下來的小孩得到百日咳的機會是沒打針的一半。其他會和新生兒有親密接觸的人，像是爸爸、祖父母、保姆，最好也都去補打一針。如此一來他們就不會自己患病然後傳給寶寶，妳的孩子就能得到完整防護。

忙碌的準媽媽有福了，如果妳妊娠後期剛好遇上流感季節，就不需上醫院兩次，研究顯示兩種疫苗同時打完全安全無虞，打預防針保護自己、保護寶寶變得更加容易。

順便一提，這時可以開始了解小寶寶出生後第一年應該要接種的疫苗有哪些。除了按照建議時程完整而且準時接受預防注射，沒其他更好更方便做法能讓小寶貝不受那些偶爾致命但可避免的病症傷害。關於疫苗的更多資訊，其好處和安全性等等課題，請參考《*What to Expect the First Year*》。

寫給爸爸們

「一起打針」

你的疫苗記錄是否跟上時代？如果還沒注射過，要去補打一針Tdap，還有其他欠缺的疫苗，保護即將加入的家庭成員。染上百日咳的新生兒當中，有百分之七十是被核心家庭成員傳染，當然也包括從爸爸身上傳來。

幸好，怕打針的話也沒關係，爸爸不像媽媽每次懷孕都需要補打一劑。只要這針就夠了。

妳必須知道的：舒緩生產疼痛

陣痛到生產的時間大約要15小時，英文把生產稱為labor（勞動）可不是沒有原因的，而且這個勞動過程不止艱辛，還可能很痛。陣痛的過程，子宮會一直收縮，把寶寶從小小的產道擠出來。當然疼痛是有代價的，當妳把可愛的寶寶抱在胸前時，所有的痛早就忘得一乾二淨了。

除了剖腹不用經歷產前的陣痛，其實還有很多方法可以幫助孕婦渡過這段艱辛的過程，有很多減痛生產可以供妳選擇，醫療或非醫療的都有，甚至可以結合在一起運用。產婦可以決定整個產程或是陣痛還算輕微時要不要有醫療行為的介入。可以運用媽媽教室上課學到的放鬆技巧，或是轉而去找另類療法來舒緩疼痛，像是針灸、催眠或是水療法。或可借用一點用藥協助，像是非常盛行的無痛分娩，讓產婦可以全程保持清醒，又可以減少許多疼痛。

想要做什麼選擇？可以先閱讀下面的選項，再和醫生討論。也可以聽聽朋友的經驗談，上網交換意見，再思考最適合自己的方式。不用做單一選擇，很多選項都可以互相結合，像是足部舒壓按摩加上無痛分娩，或是放鬆技巧加上針灸，要懂得靈活運用，為自己做最好的打算。由於生產的情況只有到了當下才知道，彈性變化才能減少自己的痛苦，孕婦可能在待產時都要做變通，譬如說堅持不打無痛，但是真的痛得受不了，加上產程又長，最後還是選擇施打，或者產道開的速度很快，自己又忍得了痛，那就不用白挨一針了。要記得，如果沒有出現需要醫療介入的狀況，妳才是主角，生產的人是妳，妳可以自己做決定。

利用藥物減輕疼痛

陣痛、生產時最常用的止痛方式如下：

無痛分娩～到醫院生產的孕婦當中大約三分之二會選擇無痛分娩。為什麼有這麼多人指定？首先，這項技術算是相當安全，只要一點劑量便能達到預期效果，而且藥物幾乎不會進到血裡，和一般的麻醉藥或鎮靜劑不同，這就表示寶寶不會受到影響。另一原因是相對來說施用簡便，止痛藥是直接打入脊椎，更準確的說法是打入硬脊膜的空間；而且對患者很便利，只需10到15分鐘就可以發揮作用。止痛只是局部，針對最為疼痛的下半身，分娩時可以保持清醒，產後能立即擁抱寶寶。此外，妳想打時就能打，只需提出要求，麻醉師就可以實施，不用等待子宮口開到什麼程度。好在，研究顯示，提早施打無痛分娩並不會增加剖腹的機率。

下面是施打無痛分娩時要注意的事項：

◆施打無痛分娩前，要先進行靜脈注射以預防低血壓。

◆有些醫院會在施打之前或之後插入導尿管，作用期間留置導尿，因為妳可能不會有尿意。有些醫院則由醫護人員視情況導尿。

◆在下背部的中間部位會先消毒，有一小塊地方會先局部麻醉。一支長針植入脊椎硬膜部位的空間，產婦通常是採左側臥或坐立，靠著一張桌子，由配偶、護士等穩住身軀。針插進去時，有些人會感到一小股壓力，當針扎在正確的位置時，也有可能會覺得麻或刺痛。幸運的人可能一點感覺都沒有，其實打針和子宮收縮的痛比起來真是小巫見大巫。

◆針頭移除後會留下一條細長撓性的導管，用膠帶貼在產婦背上，讓產婦能自由的轉動身體。注射後的三到五分鐘，子宮神經開始麻痺。通常過了十分鐘後，止痛的效用開始完全發揮。藥物麻痺整個下半身，產婦就不會感受到收縮時的疼痛。

◆注射無痛分娩後，護士會經常測量妳的血壓，免得血壓降太低。靜脈注射或側躺可以中和低血壓的症狀。

◆有的時候，無痛分娩和胎兒心跳減緩也有關連，得持續監控胎兒活動力。雖然胎兒監視器會限制產婦的行動，但是醫生能持續監控胎兒心跳，也可以看到收縮頻率和強度。

無痛分娩的副作用不多，但還是可能發生，如顫抖和半邊身體麻痺，而不是完全止痛。對出現背陣痛（當胎兒呈背位時，胎兒的頭部壓著母體的背部）的產婦來說，無痛分娩也可能無法完全止痛。還有要記得如果上了無痛分娩的針，就沒法在水中陣痛或分娩。

走動式無痛分娩～走動式的無痛分娩注射劑量比傳統式低，卻能提供相同程度的止痛效果。此法普及度不高，要先詢問醫院是否有提供這項服務。麻醉師會將麻醉劑直接打到脊髓液，因為麻醉劑只打到這樣，產婦仍舊會有感覺，而且能運用腿部肌肉。當疼痛增加時，麻醉師就可以再把麻醉劑打入硬脊膜外腔，這是因為在之前脊椎用藥時就把給藥導管放好了。

這方法的名稱會給人錯誤印象，雖然妳可以動動腿，力量卻很弱，不太可能四處走動。

生不痛也可以出力

生產用力時一定會痛嗎？那可不一定，事實上很多產婦會使用無痛分娩，靠著護士或是陪伴者的口令，在收縮來臨時用力，這樣只要專注在用力推擠，而不會因疼痛而分心。接近分娩時也可以停止施打藥劑，產婦就能感受到子宮的收縮。生產後如果需要醫生處理傷口作縫合，很容易就可以繼續用藥阻斷痛感。

脊髓麻醉～和無痛分娩一樣，這方式必須在生產前用藥；此法較快也較強，但效期也比較短。雖然主要是用在剖腹產，如果孕婦在生產途中急著想要趕快止痛，卻還沒放好無痛分娩或時間已經來不及的時候，也可以採用。就如同施打無痛分娩，這由麻醉師來操作，產婦採坐立或側躺的姿勢，但並不會在下針處留一條導管，此時是只注射一劑直接打到脊髓周遭的液體內。

陰部阻斷麻醉～此法通常只用在自然產。醫生會將針插入會陰部位，可以減輕該部位的疼痛，但是不能舒緩子宮收縮的不適。這項麻醉適用需要產鉗或真空吸引，而且效用可以持續到進行會陰切開術（如果有必要的話）和修補縫合。

全身麻醉～很少實施，只有在緊急剖腹生產時才會用到，由麻醉師將藥注入靜脈注射管內。

除了產婦無法經歷寶寶出生的那一刻以外，全身麻醉最大的缺點是寶寶也會受到麻醉的影響，所以麻醉師通常會在最接近生產時才注射麻醉劑，將副作用降到最低，在麻醉量尚不足以對胎兒起作用以前就將胎兒產出。醒來的時候可能會因為插管而感到喉嚨痛，還有噁心想吐（因靜脈注射也會注入止吐劑，所以這機率不高）。

止痛藥～德美羅（Demerol）是需要採靜脈點滴注射，可減輕收縮疼痛、讓產婦放鬆；如今已不再常用，不過某些情況倒是很好用，例如產婦需要短效止痛幫她應付宮縮的疼痛。若有需要的話，每2～4小時可以重複施打。請留意，如果妳想要在陣痛期間能有「臨場感」的話，那就不適合。許多產婦不喜歡昏沉的藥物作用，認為非但沒有舒緩疼痛，反而更無法應付收縮陣痛。至於副作用方面，包括噁心、嘔吐，以及血壓降低。要是離分娩時間太近，新生兒可能昏昏欲睡而無法吸吮，也可能出現呼吸窘迫而必須帶氧氣罩，但情況不常發生。對新生兒的影響通常是暫時性的，也能醫好。

一氧化氮～俗稱笑氣，這種牙醫師的常備藥並不會緩和疼痛，更絕對不會讓妳突然咯咯發笑，卻有辦法減輕宮縮的作用，如果選擇不要用無痛分娩的話倒不失為一種另外的替代方案。陣痛期間妳可以自主用藥，感到需要時就吸幾口，不用就放在一旁。並不是所有醫院所有醫生都會提供笑氣，如果有此考慮的話要先問清楚。

鎮靜劑～這類藥物（如Phenergan和Vistaril）適用於極度焦慮的產婦，讓她們得以自主參與生產過程，不要與之對抗。就像止痛劑一樣，鎮靜劑只能用在陣痛開始之後、分娩前這段期間。要是產婦的焦慮妨礙產程進展，也會在陣痛初期使用。有些喜歡鎮靜劑的輕微昏睡感，有些則認為會干擾專注力，以及對生產經驗的記憶。劑量大小影響很大，劑量少可以舒緩焦慮，但不致於昏昏沉沉。劑量多時在陣痛之間，會有說話不清和昏睡的現象，導致產婦無法使用生產技巧。鎮靜劑對胎兒或新生兒的風險雖然很低，但是不到必要關頭，醫生通常寧願別碰。如果覺得自己在待產時會有嚴重焦慮的情況，可以先學習不用藥的放鬆技巧，就不會到後來得依靠這類用藥。

恢復期的孕婦

如果妳在恢復期，一定要先和醫療團隊討論陣痛、生產以及產後最適當的止痛法，而且要確認醫院裡的工作人員要注意，要依此正確判斷施用劑量。

以輔助療法來舒緩疼痛

很多孕婦不想藉由慣行的止痛藥，但仍希望產程能越舒服越好。這時候就可以尋求自然的生產法（參考463頁）或輔助及另類醫學療法，甚至兩樣都一起採用。也許是替換止痛藥，或幫助放鬆的輔助方法。即使確定自己一定會打無痛分娩，還是可以搭配輔助療法。最好在預產期之前儘早練習，很多方法都需要較長的練習時間，或是得上好幾週的課程。務必要找有執照或認證的從業人員，而且最好對生產有豐富經驗。

針灸和指壓～這兩種技巧都能有效降低疼痛。研究人員發現針灸可以讓身體釋放出像腦內啡等多種化學物質，可以阻斷疼痛訊號，舒緩陣痛，甚至能加速產程。指壓和針灸的原理相同，只是不需要在身體插針，指壓師父會用手指刺激穴位。在腳的大姆指節骨底下突出的關節處按壓，可以舒緩因為頭位不正的「枕後位」。如果決定待產時要配合針灸或指壓的話，產檢時要先告知醫生分娩時會有相關人員參與（這些技巧可沒法自已來）。

腳底按摩～腳底按摩可以反射到身體的內臟器官。在分娩過程中，腳底按摩能夠放鬆子宮、刺激腦下垂體，應該可以減輕陣痛、加速產程。有些反射區的作用很強，一定要等到生產（或超過預產期）時才能按壓。再次強調，要是想用腳底按摩，得讓醫師曉得陣痛時會有位腳底按摩師加入團隊。

物理療法～在疼痛處按摩、熱敷、冰敷或按壓，物理療法可以大幅減輕陣痛的疼痛度。由陪產員、配偶或朋友或有經驗的健康專業人士為產婦進行按摩，可以幫助產婦渡過陣痛。

水療法～這方法相當簡單，只需坐在陣痛期間浸入按摩浴缸或是一般的浴缸，放鬆身心、舒緩疼痛。很多醫院和婦產科診所現在都備有浴缸，可讓產婦舒緩陣痛，甚至在水中生產。妳可以試試沖個溫水澡舒緩疼痛。水中生產的詳細介紹請參考495頁。

催眠分娩～雖然催眠不能讓疼痛消失，但是卻能讓產婦深層的放鬆，並清楚的知道身體的情況。催眠不適用每個人，能高度接受暗示的人較能進入狀況。會接受催眠的徵兆包括像是：注意力很廣而且有豐富的想像力，能夠專心不去管周遭的活動和噪音，而且一個人也可以自得其樂。越來越多產婦會去上催眠分娩課程，學習自我催眠來渡過產程，不過妳也可以雇用受過醫療訓練的催眠師在生產時陪伴。切記，沒法到了開始宮縮才想要採用催眠分娩。妊娠期妳必須做很多練習，才能達到最好的放鬆效果，甚至需要有催眠師在場指導。催眠的一大好處在於：完全放鬆之下，產婦能完全清醒參與整個生產過程。更多訊息，可參考hypnobirthing.com網站。

分心法～如果妳有上過產前教育，例如像是拉梅茲的課，可能已經學會要把注意力集中在一個焦點上，以應付疼痛。重點在於要專注於子宮收縮之外的其他事情，就不會只想到痛。分心法的運作也是相同方式。只要能把注意力移開，看電視、玩手遊、聽音樂、冥想，都可以減少痛感。把注意力集中在單一物品上也有效，譬如寶寶的超音波照片、一幅風景秀麗的山水畫、漂亮圖片的明信片；或在腦袋中冥想，想像寶寶因收縮而被輕輕推出，準備離開子宮了。

神經刺激法（TENS）～利用微弱的電流刺激通往子宮和子宮頸的神經通路，就理論而言可以阻隔疼痛。雖然沒有科學研究可以證實是否有效緩和陣痛，如果有興趣，不妨問問醫師的意見看看是否適合讓妳選用。

呼…吸…呼…吸…

希望能不靠藥物生產，但又不想借助輔助療法？拉梅滋呼吸法（或是其它自然的分娩技巧）能有效的控制收縮時的疼痛度，更多資訊請參考459頁。

做出分娩方式的決定

讀過本章之後，孕婦應該對陣痛與分娩時可用的止痛及疼痛管理選擇有了初步認識，也是理清思緒做決定的時候了。在為自己與寶寶做出最好的抉擇之前，可以採取以下做法：

- 陣痛開始之前，先和醫生討論止痛和麻醉的問題。醫生的專業和經驗可以提供寶貴的意見，但最後的決定權還是在自己手中。孕婦得清楚醫生最常使用的藥物或分娩方式是哪一種、會有什麼副作用，什麼時候醫生會認為用藥是絕對必要的，而什麼情況妳可以自行決定是否用藥。
- 保持開放的心態。雖然事先計劃很好，但是沒有人能預料生產狀況一定會怎樣，現在也無法確定生產當下自己能不能承受陣痛、需不需要用藥。即使已經決定要打無痛分娩，也不代表不能搭配輔助療法。也許產程會比自己想像的短，甚至輕鬆呢！即使堅決不使用藥物，但痛到無法忍受時，也不要有罪惡感，要彈性的改變策略，自己的感受最重要。

最重要的是，要以自己和寶寶的健康為首要考量，不論陣痛和分娩過程如何難熬，即使偏離妳的計劃，寶寶還是會出生，一旦寶寶抱在懷裡，喜悅會讓分娩的煎熬記憶迅速褪去。

關於如何生產的爭論

或許技術上來說妳還不算是媽媽（或爸爸），並不表示妳對於如何養兒育女沒意見：親餵母乳還是用奶瓶？待在家裡還是回去工作？背著走還是放推車？分開睡還是一起睡？妳可能已經發現，這些引發熱烈討論的話題在社交媒體上引起很大注意，凡事有正反兩派，還有人怎麼做都不滿意。妳大概也已經注意到，所謂媽咪之間的戰火延燒到如何生產的抉擇問題，在家生產摃上在醫院生，堅持無醫療介入的人摃上選用無痛分娩的孕婦，第一次剖腹但第二次自然產的摃上兩次都剖腹的人。覺得有罪惡感是嗎？到處都在給別人貼標籤（連陣痛都還沒開始就送手術室？），還有一堆指指點點讓人難堪（啥？妳叫醫師引產？）

事實上，每一次安全的生產都可能有許多其他做法可供選擇，但絕對不容旁人說三道四。每一對父母，每一次妊娠，每回陣痛，狀況都不一樣，適合這人並不一定適合另一個人。重點就是，只要能夠安全把孩子生下來，就是好決定。這個立場無需爭辯。

CHAPTER

12

第八個月：約 32 ～ 35 週

再兩個月寶寶就要出生了，
孕婦可能依然很享受懷孕的每一刻，
也可能對沉重的肚子越來越厭倦。
不論如何，相信準父母們對即將來臨的大事既興奮又期待。
除了興奮以外，可能也會有一點惶恐，尤其是新手爸媽。
可以和有經驗的朋友或家人聊聊自己的感受，
一定會發覺原來每個人頭一次當父母時
都有同樣的心情。

寶寶本月的變化

第三十二週：胎兒的體重為1600至1800公克左右，差不多大瓶牛奶那麼重；身長約38至43公分。發育成長不再是寶寶唯一的工作，寶寶正忙著為出生做準備，到了最後幾週，寶寶會專注在鍛練子宮外的生存技能，從吞嚥、呼吸、踢動到吸吮都要勤加練習。說到吸吮，寶寶已經會吸自己的大姆指好一陣子。本週的另一個變化就是：由於全身的皮下脂肪越來越豐富，胎兒的皮膚終於不再是透明的了！

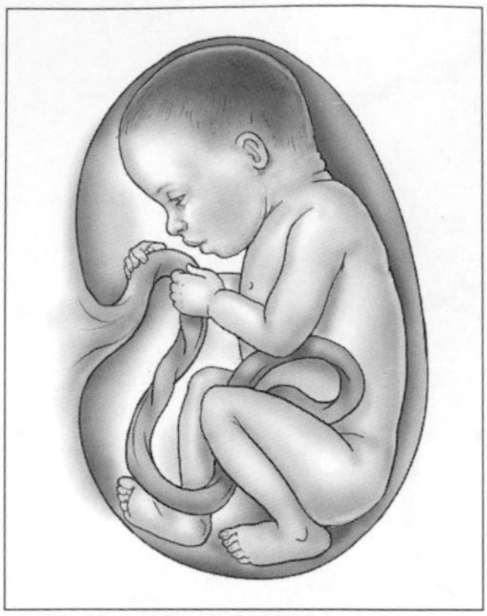

◎ 你的寶寶，第八個月

第三十三週：寶寶體重增加的速度幾乎要迎頭趕上孕婦了，一週約增加200多公克，現在胎兒的體重大約在2000公克。光是這一週寶寶就會長高2.5公分，到了預產期，體重可能會加倍。寶寶的體積變大，羊水量就會減少，子宮也裝不下更多的羊水了，少了羊水的防護，因此胎動有時會讓孕婦難受。寶寶也開始從媽媽身上接受抗體，正在建構自己的免疫系統呢。

第三十四週：胎兒現在體重約為2300公克，

將近一包砂糖的重量，身長有43至46公分。男寶寶的睪丸會在本週降到陰囊（約有3％到4％的男寶寶出生時睪丸還在腹腔中，不過沒什麼好擔心的，在滿週歲前通常就會降到陰囊裡了）。另外手指頭也長好指甲，購物清單中記得要買一把寶寶用的指甲剪喔。

第三十五週：胎兒身長達到46公分，體重繼續按照每周225公克的速率增加，已有2380公克。足月產的寶寶身高平均為50公分，所以寶寶長高的速度已減緩，但是體重仍舊繼續增加，直到生產當天為止。大腦依舊快速發育，所以胎兒現在是頭重腳輕。大多數的寶寶胎位已經轉正，呈現頭朝下臀部在上的姿勢，這樣寶寶出生時才能夠先讓最大的頭部先出來。寶寶的頭雖然大，但還是很柔軟，這樣寶寶才能擠過狹窄的產道。

孕婦的身心變化

如同之前所説，每次妊娠和每個婦女都各有差異。有可能同時感受到所有症狀，或只有其中的幾項；有些症狀是由上個月延續下來的，也有新出現的；有的幾乎察覺不出來，因為早就習以為常，也有可能出現其他少見的症狀。

生理反應

- 強烈而規則的胎動。
- 陰道分泌物持續增加。
- 便祕。
- 胃灼熱和消化不良，脹氣和飽脹感。
- 偶爾頭痛
- 偶爾頭昏或暈眩，尤其是突然起身或血糖低的時候。
- 鼻塞和偶爾流鼻血；耳悶。
- 牙齦敏感，刷牙時可能會流血。
- 腿抽筋。
- 腰酸背痛。

- 下腹部或兩側會痛。
- 偶爾骨盆區會有突然刺痛或像觸電一樣的感覺。
- 腳踝和腳輕微浮腫，有時手和臉也會。
- 腿部和／或陰唇靜脈曲張。
- 痔瘡。
- 腹部搔癢。
- 肚臍突出。
- 妊娠紋。
- 子宮擠壓到肺部，喘不過氣來的情形加重，胎頭下降後症狀就會減緩。
- 難以入睡。

◆假性陣痛的次數增加（詳見後文）。

◆笨手笨腳。

◆乳房膨脹。

◆乳頭分泌出初乳（不過真正的初乳要到生產後才會出現）。

心理狀況

◆希望孕期趕快結束。

◆對陣痛和分娩感到憂慮。

◆心不在焉的情形更甚。

◆新手父母對未來的責任更感焦慮。

◆興奮寶寶即將到來。

本月的身體變化

如果以公分為單位，從子宮底量到恥骨位置，子宮的大小和週數剛好差不多，所以 34 週時，這段距離約為 34 公分。

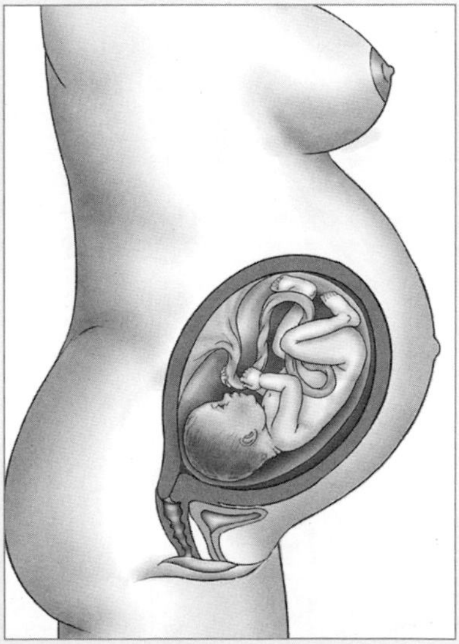

本月的產檢項目

32週後，醫生會要求每兩週產檢一次，才能更密切監控妊娠和寶寶的進展。檢查的項目大致如下：

- ◆體重和血壓。
- ◆尿液檢驗，有無尿蛋白。
- ◆胎心音。
- ◆子宮底（子宮頂端）的高度。
- ◆以觸診（從外面觸摸）查看胎兒大小（粗略估計胎兒的體重）和胎位。
- ◆手腳有無浮腫，腿部有無靜脈曲張。
- ◆35至37週的時候要做B群鏈球菌檢驗（參考543頁）。
- ◆個人的特殊症狀。
- ◆想要討論的疑慮和問題，可事先列備忘清單。

孕婦關心事項

假性子宮收縮

「子宮有時會糾結起來，而且變緊、變硬，這是怎麼回事？」

這是子宮在演練！這種現象稱為無痛子宮收縮或是假性子宮收縮，通常在懷孕第20週後子宮會開始做收縮練習，到了最後幾個月的發生頻率較高。子宮正在做肌肉的伸縮練習，為真正的收縮做熱身。此現象會增加流到胎盤的血量（做好準備），操練子宮肌肉（一切就緒），還能軟化子宮頸（有利順產）。這種演練性收縮通常從第二胎開始會更早出現強度也更大，感覺會從子宮頂端開始逐漸向下延伸，最後才放鬆下來，通常持續十五到三十秒，也可能長達兩分鐘或更久的時間。假性子宮收縮時觀察自己的肚子，可能會看到圓圓的肚子變成尖尖的，或是有一邊特別突出，雖然有點奇怪，不過這是完全正常的現象。

妊娠後期假性宮縮會變得頻繁而強烈，很難和真正的陣痛區分，卻不是真正的產兆。如果膀胱脹滿，或脫水時，或做愛之後，寶寶特別活潑時，甚至是有別人摸妳肚子，都會更為明顯。雖然不足以娩出胎兒，卻能引發子宮頸變薄與擴張，促進生產的開始。

可以變換姿勢舒緩收縮時的不適，久站的話可以躺下來放輕鬆，如果一直坐著，就起身四處走動。沖個熱水澡也有助於緩和不適。補充水份也會有幫助。妳可以利用假性收縮練習之前所學的呼吸法還有其他各種分娩技巧，真正陣痛來臨時，就能比較從容應付。

如果變換姿勢後還是不斷收縮，而且越來越強烈、規律，尤其是下背部感到有壓力的話，這可能是真正的產兆，可以打電話詢問醫生。如果收縮頻繁（每小時4次以上），或是難以分辨是不是真正的陣痛，一定要打電話給醫生，詳加敍述收縮的情況，加以確認。

✿ 肋骨疼痛

「我一直覺得側邊靠近肋架的地方隱隱作痛，幾乎像是肋骨被扯斷了。是因為寶寶在踢嗎？」

懷孕到了後期，這疼那痛的清單越來越長，不過像上述那種肋骨痛可不能怪到寶寶腳上。肋骨像是斷掉那麼痛是由於懷孕期的荷爾蒙作用，讓那個區域的關節都變鬆了。有些準媽媽身上如此鬆散導致肋骨外弓，稱為肋骨脫位，為擴張的肺以及日益增大的子宮製造空間。或許因為子宮或比之前更大的乳房對肋骨造成壓力，連結至肋骨的軟骨鬆開擴展而發炎，也可能會覺得痛。少數例子是由於肋骨脫臼，這依然是因為肋骨擴張以容納孕肚。

解脫的時刻就在眼前；懷孕最後幾週妳可能會感到肋骨不再那麼伸展，也比較不痛，這是寶寶已往下降到產出位置，當然分娩過後更是如釋重負。在那之前，要穿寬鬆的衣服，就不會對發疼的肋骨造成壓力，尤其是睡覺時。孕婦用的托腹帶有助於平均分攤大肚子的重量，讓力量移開腹部肌肉，就不會拉動肋骨造成疼痛。變換姿勢也可以減少不適，沖個熱水澡或用熱敷墊隔著衣服熱敷也都能舒緩。要是這些方法都不奏效，可用乙醯酚胺（Tylenol）止痛。還要注意避免抬重物，會導致症狀惡化，冉怎麼說現在都不宜做這些動作。

「有時我感覺寶寶的雙腳好像擠到我的肋骨了，真是不舒服！」

偶爾會發生這種情形，寶寶把腳伸到媽媽的肋骨間，給媽媽搔癢，不過媽媽應該會痛到笑不出來。這時妳可以變換姿勢，讓寶寶也跟著改變姿勢。輕輕推幾下肚子或是做骨盆傾斜的運動，應該可以讓他退下去。或是嘗試這項運動，幫他換一下位置：深呼吸，把單臂高舉過頭，然後吐氣放下手臂；同樣動作兩隻手輪流做數次。要是寶寶不讓步，或是只退一會兒那怎麼辦？有時肋骨被擠住的情況會持續不退，一直要到這個在肋骨搗蛋的小東西進入產位，或下降到骨盆腔時，就無法把腳趾頭踢這麼高了，初產婦通常發生在分娩前2或3週，不過往往要等到陣痛開始才會發生。

喘不過氣來

「有時候即使沒有運動也會呼吸困難，這樣是不是會讓胎兒的氧氣不足？」

這個個階段喘不過氣來是正常現象，尤其到了最後三個月，子宮為了提供寶寶生長空間，向上推擠橫膈膜，使肺臟受到壓迫，讓孕婦無法吸飽氣，再加上黃體素的影響，使得孕婦在上樓時總是氣喘噓噓。雖然對孕婦來說很不舒服，但是對胎兒是沒有影響的，寶寶可以從胎盤獲得充足的氧氣，不管喘不喘，反正用不著呼吸。

等後期胎兒降到骨盆腔，孕婦就會覺得輕鬆

許多。頭一胎通常是在生產前2到3週，經產婦往往要到開始陣痛那一刻。在這之前，一定要放慢腳步，減少肺部的工作。試著挺胸坐，會比彎腰駝背容易呼吸，睡覺時墊高二、三個枕頭，採半靠的睡姿，都能使呼吸較為順暢。要是真的喘不過氣來，把雙手高舉過頭讓壓力離開肋腔，可以吸進多些空氣。也可以試試幾個呼吸動作：緩緩深吸，確認是肋腔擴張而不是肚子：把手放在肋腔兩側，確認深吸的時候肋骨要往外推，抵住雙手。吐氣時要慢而深長，感受到肋腔收縮。只要覺得有點喘不過氣來，就回到這種深呼吸方式。

有時喘不過氣也可能是缺乏鐵質，可以請醫生做個檢查。如果情況嚴重，同時還伴隨著呼吸急促、嘴唇和指尖發青、胸口疼痛、甚或脈搏加速，務必馬上就醫，或者直接前往醫院掛急診。

選擇小兒科醫師

挑選小兒科醫生或家庭醫師，是為人父母的重任。不要等到娃娃出生後才選擇，免得寶寶凌晨三點哭個不停時，不知如何是好。選個適合的好醫生，可以讓育兒的過程更容易些，才不會病急亂投醫。

要是不知從何找起，可以詢問妳的產檢醫生（如果妳滿意他的服務），或請家有幼兒的朋友、鄰居、同事等為妳推薦。當然也可上網搜尋當地的小兒科（不過網上的清單有時會不太準），或到育兒討論區請求介紹。不然可以聯絡妳即將生產的醫院（可以請產科或小兒科的護士建議，沒有人會比護士更了解醫生）。要是保險有限制，就不得不從名單中做取捨了。

一旦選擇範圍縮小到兩、三位後，可以

打電話作諮詢，大部分小兒科醫生或家庭醫生都會願意回答妳的問題。列下妳覺得重要的問題，譬如新手爸媽是否有電話諮詢時段，要多久才能等到回電、餵母乳的支持度、割包皮、抗生素的使用、孩子的門診是否全由醫師看診……。以下事項也十分重要，包括醫師是否取得合格證書？轉診醫院？醫生能否在院內照護新生兒？更多資訊可參考另一本著作《*What to Expect the First Year*》。

孕吐又再來臨

「最近又開始覺得噁心想吐，我以為這只是妊娠初期才會有的症狀。」

相識的場景再度出現，可是妳並不想看續集……雖然妊娠初期的孕吐會比較受注目，也比較多人會遇到，有些準媽媽到了懷孕後期又會復發，甚至還更加嚴重。要是妳覺得終點已在眼前，當然會感到特別痛苦。

還記得妊娠初期的孕吐是怎麼造成的嗎？道理沒變，只不過子宮又更增大，消化道更受壓迫，使胃酸順食道往上逆流而作嘔。吃下的東西容納空間有限也不容易消化，多的食物沒地方可去，除了吐掉別無他途，少量多餐就更重要了。假性陣痛也會讓胃攪動，偶爾變成胃抽痙甚至嘔吐。

對付妊娠初期孕吐的祕訣（參考212頁），還有緩和胃灼熱的方法（參考248頁）也可用在這。還有別忘了要有充足飲水，如果真的吐過更是重要。懷孕期間脫水絕非安全之道，因為可能會導致早發宮縮。

要把噁心想吐的狀態和醫師報告，如果真的很嚴重，也許會建議開些制酸劑或止吐劑。醫師也能夠排除其他較少見的因素，包括像是子癇前症和早產陣痛。

壓迫性失禁

「昨晚看了一場爆笑電影，可是我一笑就會漏尿，怎麼會這樣？」

看來頻尿還不夠折磨人，到了妊娠後期，漏尿也跑來湊熱鬧，這種情形會發生在大笑、咳嗽、打噴嚏或用力時，被稱為「壓迫性尿失禁」，是變大的子宮對膀胱形成沉重的壓力所造成。有些孕婦也會有「急迫性尿失禁」，突然感到尿意，而且幾乎無法忍住，必須馬上去洗手間。可以試試看下面的訣竅，有助於預防或控制壓迫性與急迫性尿失禁：

- 每次排尿要盡力排空膀胱，可以上身前傾稍微用力把餘尿排出。
- 勤加練習凱格爾運動，對改善尿失禁十分管用，還能夠強化骨盆底肌肉，對分娩和產後復原也大有助益，可參考353頁凱格爾運動方法。
- 覺得快要咳嗽、打噴嚏或是大笑時，可以做凱格爾運動或交叉雙腿。
- 使用衛生護墊以防萬一。要是真的很困擾的話就要用衛生棉，甚至漏尿墊。
- 排便有規律，阻塞的糞便會增加膀胱的壓力，用力排便也會使骨盆底肌肉變得無力。預防便祕的方法可參考289頁。
- 如果尿意常常來得急迫又忍不住，要試著訓練膀胱來舒緩症狀。每三十分鐘到一個鐘頭上一次廁所，就能在控制不住之前就解決尿意。一週後，試著把上洗手間的間隔拉長，可以一次增加15分鐘。

◆即使有壓迫性失禁的現象，每天也要攝取足夠水份。限制水分的攝取對漏尿沒有幫助，可能還會導致尿道感染或脫水，這兩個問題的麻煩更大（包括未足月便提早陣痛），尿道感染也會讓頻尿的情況更嚴重。可參考789頁如何照顧尿道的健康。

要確定流出來的是尿液而不是羊水，可以聞聞看味道，如果聞起來不是尿味，而且有點甜甜的，就是羊水，要儘早和醫生聯絡。

✿骨盆部位發疼

會不會覺得骨盆有時幾乎要撕裂開來了，而且胯部（以及會陰、鼠蹊部）還像是被鉗住那麼發疼，走路很痛，爬樓梯或上下車都極為折磨？妳可能遇到所謂恥骨分離或恥骨聯合功能障礙，大約百分之二十五的孕婦會出現這種常見但出乎預期的疼痛情況，通常是在妊娠後期，本來把恥骨連結在一起的韌帶為準備生產而變得過度放鬆伸展。這惱人的狀況要怎麼對付，請參考842頁。

✿肚子大小

「每個人都說我的肚子已懷胎8個月來說似乎太小了，可是醫生說我的情況很好，寶寶會不會沒有適度成長？」

從母親的肚子外觀是看不出胎兒的發育和健康情形，只有醫生才能正確評估。寶寶是否發育良好和下列因素有關：

母親的體重、體型和骨架～每個孕婦身材都不一樣，肚子也有各種不同的形狀和尺寸。身材嬌小的孕婦，雖然肚子低又小，卻可能比大號的孕婦生出更大的嬰兒。骨架大的孕婦可能看來沒那麼凸出，因為體內有很多空間容納子宮和裡面的胎兒。要是原本就過胖，中廣身材空間十分充裕，說不定根本看不出有孕在身。

母親的肌肉鬆緊度～孕婦的肌肉如果比較緊實，肚子就會大得比較慢；同樣道理，每回懷孕都會發現又比上回大了一些，第二胎第三胎的肚子可能會比較大。

寶寶的位置～寶寶在子宮內的位置也會影響肚子突出的程度。

母親增加的體重～母親增加的重量很多，並不代表寶寶會比較大，倒是媽媽一定變得比較重。

如果能增重都符合建議值，看來會比較小，因為妳的脂肪沒那麼多，不是因為妳的寶寶個頭小。

唯一需要在意的只有產檢時醫生的建議，其它像是妳大嫂、公司的同事或超市陌生人所說的話，只要聽聽就好。產檢時醫生不會只靠肚子外觀判定寶寶的大小，醫生需要觸診，藉由測量子宮底的高度以及孕婦的肚子大小，來預估寶寶的體重，或是藉助超音波測量胎兒的頭圍、身高、體重。也就是說，孕婦只要關心產檢的結果，不要受週遭的聲音所影響。

✿ 是男是女猜一猜

肚子圓而且皮膚有光澤？那懷的是男孩。臀部大，肚子尖，冒痘痘？那就是女孩。如果妳決定不要公開寶寶性別，恐怕大家只好用猜的，從妳的肚子外觀、妳的神態和面容來找靈感。別忘了所有的預測都一樣有百分之50機率能猜中。當然啦猜男孩機率會高些，因為每100個女寶寶就會有另105個男寶寶。

總歸一句話，就讓大家猜吧。

體形大小和分娩難易

「我的身高150公分，而且非常嬌小，很擔心生產會有問題。」

生產時尺寸大小很重要，不過是骨盆的大小和形狀，以及胎兒的頭部大小，而非外在的身材或體型。身材嬌小、體重輕盈的婦女，骨盆也有可能比高大結實的婦女還大，或是寶寶的頭尺寸合宜。要如何知道自己骨盆大小呢？醫生通常會依據第一次產檢所測量的數據，憑專業作猜測。要是擔心胎兒的頭太大，在分娩時無法順利通過骨盆的話，可以利用超音波來更確切的評估。

一般說來，骨盆大小就像骨架一樣，嬌小的人骨架和骨盆也會比較小。幸好大自然造人很奧妙，新生兒的大小通常會和母親的骨盆配合得剛剛好，所以妳的寶寶應該會是最適合妳的大小。

體重增加和胎兒大小

「體重增加很多，真擔心胎兒太大，生產會有困難。」

母親體重增加很多，寶寶不一定也是如此，寶寶體重的增加多寡因素有很多，包括遺傳、母親本身出生時的體重（如果自己是巨嬰，寶寶也有可能很大）、懷孕前的體重（較重的孕婦傾向會有較重的寶寶）、何種食物讓妳增加體重等等。依據這些變數，體重增加16到18公斤，可能生出 2700 到 3000 公克的嬰兒，而增加 11 公斤的媽媽，卻可能產下 3600 公克以上的娃娃。不過一般來說，體重增加越多寶寶也就越大。患有妊娠糖尿病的孕婦如果沒能控制好，也比較可能懷了較大的嬰兒。

醫生可以藉由腹部的觸診以及子宮底高度測量評估胎兒的大小，這種「評估」可能誤差較大，超音波可以更準確地估算，不過仍然會稍有出入。

即使寶寶很大，也未必會很難生。當然3000公克的寶寶會比4000公克以上的寶寶更容易娩出，可是大多數的產婦仍舊可以自然產下巨嬰，而且不會出現併發症，主要還是取決於胎兒的頭部（最大的部份）是否能順利通過母體的骨盆。

枕後位

講到胎位，不是只有頭朝上或朝下的問題而已，寶寶的臉是朝外或朝內也有關係。如果寶寶的臉是朝內，下巴往下靠在胸口，這樣的孕婦很幸運，此種胎位稱為「枕前位」，寶寶的頭容易通過產道，這對產婦來說是最好生的胎位。如果寶寶的背對著妳的背、臉朝著妳的肚子，稱為「枕後位」，產婦就會很辛苦（參考605頁），因為寶寶的頭正對著媽媽的脊椎，會拉長產程。

到了生產當天，醫生會檢查寶寶的臉是朝那一邊，是枕後位或枕前位，如果準媽媽急著想先知道答案，可以對照下面這些跡象。如果寶寶臉朝內，肚子摸起來有點硬硬而且很圓滑，這是寶寶的背部。要是寶寶的臉朝外，準媽媽的腹部摸起來較平也較軟，因為寶寶的手、腳和臉部都朝向前方，沒有硬硬的背部撐著子宮。

如果自己覺得寶寶是枕後位，或是醫生已經告訴妳了，也別擔心，因為大多數的胎兒在生產時都會轉正。有些助產士會建議在生產開始前輕推胎兒，或是搖動骨盆。還有的人會建議在背後放熱毛巾，腹部放冷毛巾，因為寶寶天生會怕冷。也可以在陣痛期間嘗試這些招術，不管這樣做是否能成功的把寶寶轉過來，但絕對不會傷到寶寶，至少還能幫助產婦減輕背痛。

胎兒的產式與胎位

「要如何知道胎位是否正確？我希望胎位能夠早日轉正。」

從腹部的鼓起部分來猜猜看這是寶寶的肩膀、手肘還是臀部？這個遊戲或許樂趣無窮，卻不是判定胎位最正確的方法，還是得靠醫生專業的腹部觸診會更正確。測量胎兒心跳位置也是好方法，如果胎位是頭朝下，通常會在腹部下方聽到胎心音；要是胎兒的背部朝著妳的正前方，這樣聽到的胎心音最大聲。有任何質疑都可以利用超音波加以鑑定。

還是喜歡玩「猜猜看」的遊戲，或是好奇鼓起來的地方到底是什麼的話，可以試試看下列方法：

◆ 胎兒的背部通常是平滑突出的輪廓，就在一串不規則「小部位」（手、腳、手肘）的正背面。

◆ 第8個月時，胎頭通常在接近骨盆的位置。胎頭圓又硬，下壓後會彈回來，卻不會有胎動。

◆胎兒的臀部是較不規則的狀狀，而且比頭部更為柔軟。

✿臀位

「產檢時醫師說他覺得胎兒的頭位在肋骨附近，這是說胎兒呈現臀位嗎？」

即使空間已十分擁擠，很多胎兒到最後幾週還會來個姿勢大變化。大多數的寶寶會在第32到第38週之間將胎位轉正。足月時臀位的情形少於5％，有些還會到分娩前幾天才轉正。所以現在是臀位不代表沒有轉正的機會。

如果寶寶很堅持頭在上的話，可以和醫生討論生產方式，醫生也可以試著把寶寶的頭轉下來。

「有方法把臀位轉過來嗎？」

有幾個方式可以將臀位的寶寶轉正，像是530頁表格中提到的簡單運動。也可以嘗試一些輔助療法，例如中醫的艾灸（參考125頁），幫助胎兒轉正，不過研究顯示成功率不高。顯然，重要的是得請一位有富豐經驗而且有許多成功案例的執業者，而且醫師也贊同妳想要採用的輔助療法。

如果寶寶還是很堅持頭上臀下的話，醫生可能會採用「體外迴轉術（ECV）」，這個方法適合在第36至38週，或是陣痛初期還沒破水的時候使用，這時候子宮還在放鬆的狀態，成功機率較高。這都常是在醫院進行，以免需要緊急剖腹，當然機率極低。因為多量羊水有助於ECV安全實施，首先會用超音波掃描做確認。醫師也可能會運用超音波引導，並在術前術後用電子儀器監聽胎心音確認。可能會給藥以避免宮縮，讓子宮保持放鬆，也可能會用到硬脊膜外注射，不僅止痛還能確保子宮鬆弛，增進ECV成功機率。醫師會用雙手放在孕婦腹部，一手按胎頭一手按胎兒臀部，試著讓寶寶翻轉過來，孕婦可能會覺得子宮內有壓力，要是有用硬脊膜外注射的話就沒感覺。

ECV的成功機率約有三分之二，經產婦以及接受硬脊膜外注射的成功機率更高，這都要感謝子宮和腹部肌肉放鬆幫了大忙。肥胖的孕婦成功率稍差，因為腰腹的肥肉會使得操作起來沒那麼容易。醫師越是有經驗，通常成功機率也越高，有些人可高達百分之九十。更棒的是併發症機率很低，會導致緊急剖腹的比率不到百分之一。有些寶寶還是不肯轉動，也有寶寶頭轉下來後，自己又轉回去，當然醫師都會建議多試幾次。

「如果寶寶一直維持臀位，那我要如何生產呢？還有辦法自然產嗎？」

是否能夠自然產，決定因素眾多，包括醫生的行醫風格以及妳的身體狀況。臀位時大多採剖腹產，因為很多研究指出此時還是剖腹比較安全。有些醫生和助產士會認為某些情況下還是可以自然產，要是很有這方面經驗的話更是如此。最好的例子是伸腿臀位，胎兒臀部在前，但雙腿伸直抬起緊靠臉，而且骨盆腔空間足夠讓寶寶通過。

如果寶寶一直維持臀位，孕婦可能得思考並調整生產計劃的內容。即使醫生願意嘗試自然產，要是寶寶通過產道的速度太慢，或是出現其它狀況，都得緊急剖腹。可以先和醫生討論，決定最適合的生產方式。

寶寶轉下來

有些醫生會建議孕婦做些簡單的運動，幫助寶寶把頭轉正。雖然沒有醫學證實其效用，倒是不妨一試。詢問醫生是否可以在家裡這樣做：

◆四肢著地，前後晃動幾下，臀部要比頭高些，每天做幾回（參考插圖）。

◆前傾倒立。做這動作要請人幫忙：跪在沙發上，小心把手往前伸到地板上，然後整個人倒下去靠前臂撐住，頭用手支撐或是懸著都行（參考插圖）。做三次呼吸，然後回復原本跪姿（每天做3、4回）。

◆膝胸臥式。如果一人在家，可以做改良版的前傾倒立：彎曲膝蓋跪在地板（雙腳微開），雙臂往前貼在地板上，豎起臀部、肚子幾乎碰到地板。保持該姿勢20分鐘，一天做三次，應該就能達到預期的效果了（參考插圖）。

四肢著地

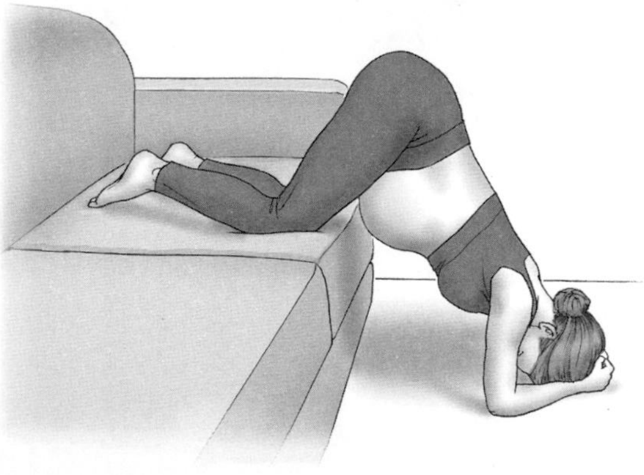

前傾倒立

◆骨盆傾斜。仰躺在墊子上，把臀部舉起離地（腳踝出力把下半身推起來），雙手、手臂和肩膀都要平貼於地。這是要讓臀部高過頭部（參考插圖）。不覺得骨盆傾斜了嗎？更簡單的做法：仰躺但臀部用幾個枕頭墊高。

◆前冷後熱。腹部上方對著胎兒臉部的位置放個冷敷墊，或一袋冷凍蔬菜，腹部下方則是用熱敷，或用熱水浴浸泡。有的人說這麼做可以讓寶寶為了暖和而把頭移動避開冰冷的地方。

◆放音樂。在媽媽的骨盆腔附近播放舒緩的音樂，或許可以哄寶寶轉過身來聽得更清楚。還是一句老話，不保證有效，但試試無妨。

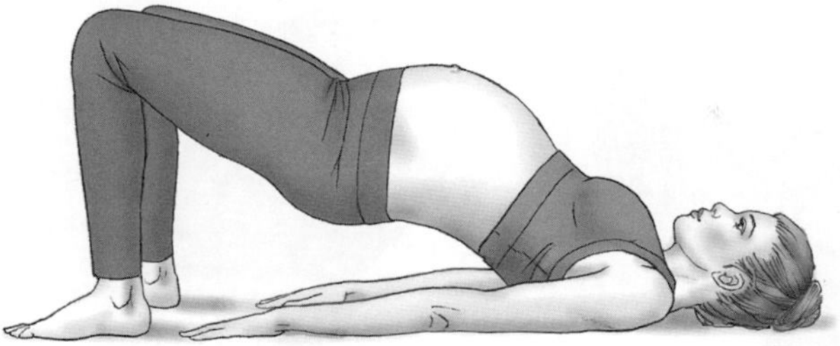

骨盆傾斜

膝胸臥式

✿ 寶寶的胎位

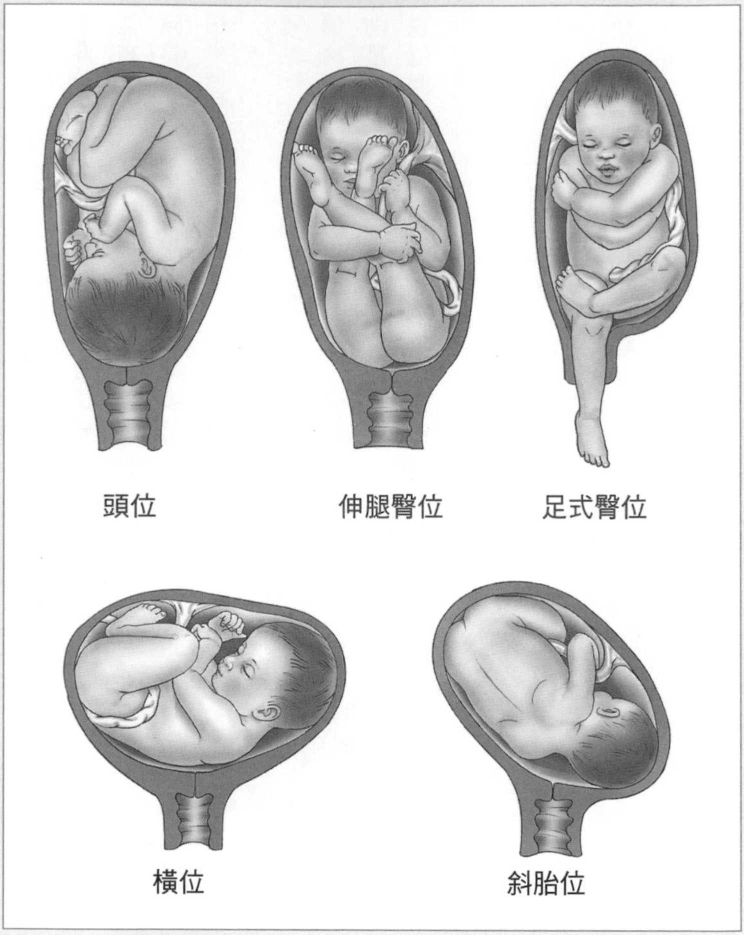

胎位正不正和生產順不順利有很大的關係。大部份的寶寶都是頭下臀上，雙腳縮靠在胸前；伸腿臀位的寶寶則是頭朝上，雙腿伸直靠在臉邊；足式臀位是寶寶單腳或雙腳伸直向下；橫位是寶寶橫躺在子宮中；斜胎位是寶寶的頭往媽媽的臀部靠，而非子宮頸。

其它不尋常的胎位不正

「醫生說我的寶寶是斜胎位，這是什麼意思，我又該如何生產？」

寶寶很容易轉成各種不尋常的胎位，斜胎位只是其中一種，雖然胎頭向下，但是沒有正對子宮頸，會增加自然產的難度。醫生可能會嘗試體外迴轉術，讓寶寶可以轉正，也可能會直接決定剖腹產。寶寶橫躺時也很難自然通過產道，醫生應該也會嘗試體外迴轉術，如果沒有用，就得剖腹產。

另一個棘手的狀況是橫位。此時寶寶是橫著躺，而不是對正垂直線。同樣可以用ECV技巧試著轉動胎位。要是行不通，只有剖腹一途。

剖腹產

「我想要自然產，但是醫師說我的情況最好剖腹產，真是令人失望。」

雖然剖腹產算是大手術，但是風險相當低，遇到突發狀況時，往往是最安全的分娩方式。剖腹產大約佔三成的比例，也就是說每三個寶寶就有一位是剖腹產。

雖然妳想自然產，但是對寶寶的狀況來說，剖腹產才是最安全的途徑。當媽媽一直想要自然產，卻聽到這個消息時，難免會有些失望，尤其是剖腹產的恢復期較長，傷口也會比較痛，還會在美美的肚子上留下一道疤。

首先，先和醫師討論為什麼妳會需要用到剖腹產（可能的因素可參考534頁）。問問是否有別的可能選擇，例如把胎位不正的寶寶翻過來，或先讓陣痛開始試試，再考慮其他問題，像是：大部分醫院已把剖腹產弄得儘可能適合全家參與，產婦可以選擇半身麻醉，先生也可以進手術室，這樣寶寶一出生就能馬上抱抱他，如果沒有醫療顧慮也能馬上開始餵母乳。事實上，許多醫院現在都提供一種「溫和的剖腹產」：儘可能減少噪音，使用透明垂簾讓媽媽可以見到孩子出生的模樣，有的醫院還有另一個選擇，垂簾附有開口可把新生兒直接抱給媽媽又不會破壞無菌手術環境。心電圖接線是放在背上，就有空間讓孩子自已爬上媽媽胸膛，而且有一隻手不上監控設備、靜脈注射或受拘束，可以抱抱小孩甚至餵奶。比較晚才夾臍帶，就和自然產時的最佳作法一樣（參考625頁）。如果有請一位陪產員，或是妊娠期間負責照顧妳的助產士，也能夠邀請她一起進到手術室。

換句話說，動手術生產的體驗已比妳所想像更令人滿意，也沒那麼讓人失望，而且這麼一來會陰部不會撕裂，陰道肌肉也未經拉伸。更棒的還有，研究顯示剖腹產對之後的生育力或可以生幾個孩子並不會有不良影響（參考539頁）。而且剖腹產的新生兒在剛開始會比較好看，因為不必經過狹窄的產道，頭形大都是好看的圓形，而不會尖尖的。

這些都是其次，最重要的是寶寶的安危，如果是情況所需，那麼剖腹產無疑是最佳的途徑，能將寶寶安全的抱在懷裡就是最完美的生產方式。

✿ 擇期剖腹產的原因

有些孕婦是在生產過程中，發生不預期的原因才會緊急剖腹；有些孕婦則是早就安排好剖腹的日子。以下列出需要用到擇期剖腹產的幾個最常見原因，不過，並不表示有這些狀況就一定非得剖腹不可：

◆ 先前已經剖腹過，導致後來沒法嘗試自然產（參考537頁）。

◆ 胎頭太大無法通過母親的骨盆（胎兒與骨盆不合）。不過，由於胎兒可能會被估得比較大，也可能先試試自然分娩（寶寶要比想像還會配合）。

◆ 多胞胎。不管是三胞胎、四胞胎或是更多，為了安全都會選擇剖腹產，有時雙胞胎也會做此考慮。

◆ 臀位或是不尋常的胎位不正。研究顯示，如果胎位不正的寶寶無法轉正，剖腹還是比較安全的做法。某些狀況下，醫師或助產士或許會試自然產（參考529頁）。

◆ 胎兒或是媽媽情況特殊，增加陣痛及自然產的風險。

◆ 母親體重過重。肥胖會增加剖腹機會，原因很多：首先，肥胖的媽媽在一開始陣痛時比較會出現無效宮縮，也就是說，產程快不起來。此外，自然產的時候，腹部多出來的肥肉會讓胎兒監測較為困難。另一個因素則是：比起體重為平均值的媽媽，肥胖孕婦不論是做ECV還是VBAC的成功率都較低。最後，肥胖孕婦往往寶寶也比較大，許多案例還是採剖腹產比較安全，當然這不能一概而論。

◆ 感染疱疹現正屬性活性傳染期，或感染愛滋病未受控制，可能在生產過程傳給孩子。

◆ 前置胎盤（胎盤局部或完全阻塞子宮頸

口），陣痛可能使胎盤提早剝離，而導致大量出血。

要是醫生認為情況必須安排擇期剖腹，可以請醫生解釋詳細原因，也可以再詢問是否有其他途徑可供抉擇，例如先試試自然分娩。

「為什麼現在好像每個人都是剖腹產？」

其實在美國境內一直有在推廣要降低剖腹產的比率。專家鼓勵以提倡剖腹產後自然分娩（VBAC，參考540頁），並更廣泛運用真空吸引及產鉗以避免不必要的生產手術。他們還建議媽媽們要花更多時間陣痛出力，而且在推去剖腹之前醫師可視需要用Pitocin推一把（前提是一切均安）。最後，越來越多人了解到雖然剖腹產十分安全，仍算是個大手術，風險也比較大（包括可能下回也必須採取剖腹）。換句話說，專家們都同意：只要還有別的作法，剖腹產就不是最佳選擇。

然而，雖然過去幾年美國的剖腹產比率下降約百分之二，低風險孕婦的比率還降得更多些，很多人（包括大部份的醫生）還是認為這數字太高。原因大致如下：

嬰兒較大～很多媽媽增重超過建議的11至16公斤，加上妊娠糖尿病的比例增高，造成寶寶太大無法採自然產。由於依據超音波測量值所做的嬰兒出生體重估計不可靠，約百分之二十會過高，預許太大不能自然產的寶寶可能其實並沒有那麼大。這些過度預估有時會導致不必要的預約剖腹產。

母親過重～剖腹產的比例會隨著肥胖的比例而增加。體重過重或是懷孕時增加太多重量，都會提高剖腹產的可能性。部分是因為肥胖有關的風險，像是糖尿病或高血壓，部分是因為肥胖的孕婦產程較長，產程一拉長，剖腹的機率就會增加。

高齡產婦～越來越多30好幾甚至40多的婦女現在也能成功受孕，雖然這類產婦剖腹的比率已有下降，生小孩的年齡越高還是比較可能需要手術生產。有慢性疾病的婦女也是一樣的情況。

多胞胎～近幾年來，越來越多的多胞胎，如果懷的是多胞胎，剖腹產的機率也高些（雖說雙胞胎通常可以自然產，參考680頁。）

生產途中決定剖腹

往往要到了分娩半途，才會決定要採剖腹產，而且通常是為了確保媽媽和腹中寶寶安全。有時是因為產程無法進展，子宮頸未開，即使注射催產素也只出現幾下有氣無力的收縮；或是把孩子推出來要花太多時間，而且真空吸引或產鉗都不成功或不適用。有時是因為發生胎兒窘迫的情況，胎兒心跳降到危險範圍以下；或因為子宮已破，或臍帶脫垂，比嬰兒還早娩出，而有可能被擠壓到而讓寶寶缺氧。是否需要進行手術生產，總是會以媽媽和胎兒的安全為最優先考量。

曾經剖腹產～雖然剖腹產之後也是可以自然產，而且越來越多專家鼓勵這麼做，但是醫生往往不傾向這樣做，醫院也會建議婦女直接剖腹產（原因請參考540頁）。

生產輔助工具減少使用～醫生越來越少用到像真空吸引器和產鉗等輔助工具。這主要是因為隨著剖腹產比率較高，這類工具生產的訓練就降低。也就是說醫生覺得直接送去剖腹比較安心，而不像過去一樣先試試使用輔助工具。隨著產科的訓練開始反映對於生產方式的態度轉變，這現象或許會變。

寫給爸爸們
「為剖腹產預做準備」

如果另一半已經決定擇期剖腹生產，是不是就沒法參與分娩過程了呢？一點也不。就算無法像在自然產時擔任指導協助另一半，你的參與會比想像之中更有價值。剖腹產時，爸爸的反應確實會影響到配偶所感受到的恐懼和焦慮程度，較無壓力的爸爸可讓媽媽感到輕鬆自在，要消除壓力的最好辦法，就是事先了解會遇上什麼狀況。不妨兩人一起參加有談論到剖腹產的生產教育課程，研讀關於手術生產及其復原（參考657及712頁），儘可能做好準備。可幫她運用呼吸還有放鬆技巧，在做手術的時候保持心情穩定，而且你就會陪在旁邊，一起迎接新生命來到世上。

切記，不管是什麼手術聽起來都很嚇人，不過剖腹產對媽媽、寶寶都很安全。此外，如今大多數醫院都儘量把剖腹產做得十分適合全家的需求，可讓你進手術室（如果你願意的話）、坐在另一半的旁邊握著她的手，並且在孩子出生後就抱在懷中，和走廊另一頭自然產的夫妻沒什麼大差別。如果你們去的醫院並沒有提供「溫和的剖腹產」（參考534頁），不妨問問醫師或醫院的工作人員，那些原則是否能用在自己生產的時候。

母親的要求～剖腹產的安全性很高，不用經歷生產的痛苦，陰道也不會鬆弛，有些產婦（尤其之前已是剖腹）喜歡剖腹不願自然產，甚至會

在事前提出要求（參考543頁）。不過，這數字已逐步下降，特是因為很多醫師已開始勸阻非醫療必要的剖腹產，因為非必要剖腹就帶有非必要的風險，如果可能的話，自然產還是比較安全，尤其是對母體。

分娩時間設限～有的醫師會為分娩應花多少時間設下時間限制：例如說，要多久子宮頸會張開，要用力多久。如果對分娩設下人工的時間限制，醫師可能會在產婦努力嘗試自力生產之前就進行剖腹產。這類時間限制的詳情可參考636頁表格中文字。好在，送去剖腹之前究竟會讓產婦努力多久，如今已很認真要改變這些建議值，前提是一切都要安全進行；這可能大大有助於把剖腹產的比率調降。另一個變化可能會壓低剖腹比率：要媽媽們在家多待久一點。陣痛時很早就去醫院報到的產婦，比較容易最後採取剖腹產。

助產士照顧的孕婦，剖腹機率較低，不僅是因為助產士比較多在照顧低風險孕婦，更由於她們比較會讓產婦在分娩時保持自己步調，當然還得是一切都順利的狀況。不過，即便現在由醫師主持的剖腹產比率這麼高，其實還算是少數。總體來說，3名產婦就有2名可以自然產。

多次剖腹產

「我已經有過兩次剖腹的經驗，這一次是第三胎了，說不定我還會再生。剖腹產有限制次數嗎？」

想要多子多孫多福氣，但是不確定醫院是否會接受婦女多次的剖腹產？現在醫院大多不會隨意限制剖腹產的次數，多次剖腹的安全度取決於切口的方式，以及術後癒合的情況，可以就自己的情況先和醫生討論。

多次剖腹產是否安全還要看剖腹幾次、傷口位置、復原情況等等，多次剖腹會提高併發症的風險，包括子宮破裂、前置胎盤、植入性胎盤等等。在懷孕期間，若是出現鮮紅色出血或是其它的徵兆，像是子宮收縮、出血和破水等，一定要在第一時間和醫生聯絡。

✿ 擇期剖腹的準備課程

若是決定要剖腹的話，就不用上生產課程了嗎？別那麼快下定論。媽媽教堂的課程，還是有很多內容值得孕婦和另一半事先學習，包括剖腹產的細節，還有硬脊膜下注射等等。大多數的課程也會教像是新生兒照護、母乳哺餵技巧、產後瘦身……都是不可或缺的知識。針對其他人講解呼吸技巧的時候，也不需置若罔聞；剖腹產後傷口會疼痛，子宮在收縮回原來的尺寸，或是寶寶吸得乳頭很痛時，都可以利用呼吸的方法減輕痛楚，放鬆技巧對新手父母的幫助很大。

✿ 剖腹產之後自然產（VBAC）

「上一胎是剖腹產，第二胎能夠自然產嗎？」

問專家，答案多半會是可以。事實上，ACOG的指導方針是說，之前做過剖腹產（某些例子裡甚至是剖過兩次）的孕婦，如果接下來想要嘗試自然產，既安全又適當。研究顯示，因為曾經剖腹產，而在自然產時子宮破裂的機率極微，不到1％，而且只發生在較少見的情況（詳見下文）。此外，超過三分之二的機率會成功，這就表示，剖腹產後自然產，成功機率就和從未做過剖腹的孕婦一樣。

然而，即使證據越來越多，專家也出面支持，許多醫師和醫院根本完全不加以考慮。超過百分之九十可以嘗試自然產的孕婦，到後來還是得要安排以剖腹接生。

為什麼這比率如此低落？比較是因為醫院策略以及醫療不當的保險金很高所致，和剖腹產後自然產的安全性比較沒關係。已經有些醫院出於安全性還有可靠性的顧慮而不再同意，而且人手有限資源缺乏沒法應付緊急情況。

也就是說，依然有很多醫院、醫師，許多生產中心，還有很多助產士，對剖腹產之後自然產採取開放態度，甚至極為鼓勵。如果妳決定第二胎要自然產，第一是要找到一位醫生支持這樣的決定。接下來，要考慮眾多因素，一起決定是否最佳選擇。以下列出幾個重要的因素：

要能自發性的陣痛才會建議VBAC。如果妳必需接受催生，尤其是有用前列腺素的話，通常不會考慮。那是因為催生（以及因而引起的強烈子宮收縮），會提升風險。

之前子宮的傷口是下段橫切才會建議VBAC。這有超過百分之九十的機率。纖向子宮切開比較容易造成子宮破裂通常沒法再行自然產，不過這手術很少採用。

如果上回剖腹的原因已消失，VBAC比較可能成功。舉例來說，如果妳之前剖腹是出於上次妊娠的特殊狀況，但此次懷孕沒有受到影響，也許是因胎位不正但這胎兒頭已經轉好對正，那麼更可能成功實行VBAC。換句話說，如果是因為妳骨盆的大小或形狀造成上一胎的產程過慢或停滯，那麼下回嘗試自然產的時候可能遇上同樣狀況，VBAC成功機率就低些。

如果妳孕前維持健康體重而且妊娠期間增重都能符合設定目標，那麼VBAC比較容易成功。研究顯示，相對於增重較少的婦女，增重超過18公斤的孕婦VBAC的成功機率低於百分之四十。一般來說，超重和肥胖的女士如果嘗試VBAC也比較不容易成功自然產，同樣的，超重的孕婦通常胎兒也較大的因素列入考量。

如果寶寶屬平均大小，VBAC更有可能成功。研究顯示，相較於重量3.5公斤的胎兒，如果孩子重量超過4公斤的話，VBAC失敗率多百分之五十。大胎兒也會增加子宮破裂及會陰部撕裂的風險，因此有些醫生不願讓超過預產期一週以上的孕婦嘗試，因為孩子待越久長得越大。平均而言，第二胎之後都會比之前更大，不過，之前孩子太大並不表示這次絕對沒法自然產。

如果之前曾有過自然產，VBAC會是個絕佳選擇。研究顯示，線果在剖腹之前曾有一個以上的孩子自然分娩，VBAC的成功率大於百分之九十。

要是已經做了所有的努力還是得剖腹沒法自然產的話，也別太失望。就連從沒剖腹過，也沒計劃剖腹的產婦，都有三分之一的機率需要剖腹產。即使諮詢過醫師決定不考慮自然產而直接選擇再次剖腹，也不要有罪惡感。寶寶和自己的安全才是最要緊的事。

「醫生鼓勵我第二次試試自然產，我想不通如果最後都得剖腹的話，幹嘛還要經驗陣痛什麼的。」

是否要嘗試剖腹產後自然產，當然要考慮妳的感受。不過，產科醫師也是有其道理，VBAC的風險很低，而剖腹產無論如何都算是重大手術。自然產住院時間會縮短、感染機率降低、腹部不用挨一刀、身體恢復也較快，這都是值得孕婦考慮的要點。此外，如果想在分娩時使用硬脊膜外注射，也是可以的。如果妳願意試試自然產，對孩子也會有許多益處（參考本頁表格中說明）。

最佳策略是評估VBAC的優缺點，將妳的個人感受，納入考量，做出妳認為適當的決定，不管是先試自然產或直接進手術室剖腹，都不要覺得遺憾。

擇期剖腹產

妳是否考慮事先安排非醫療必要的剖腹產呢？有件事要列入優先，那就是寶寶準備就緒了才是出世的好時機。如果先訂好生產日期，就有可能寶寶太早出生而不利，如果預產期本來就有誤差的話那更是如此。如果妳選擇讓生產時刻自己來，或是試試 VBAC 而不要事先安排再度剖腹產手術，對孩子還有其他好處：證據顯示要是新生兒經歷過至少部分的陣痛期，要比完全沒有遇到的孩子更少出現健康問題，就算是媽媽最後因醫療因素不得不採取剖腹產也是一樣。

B群鏈球菌檢驗

「醫生要為我做B群鏈球菌的感染檢測，為什麼需要做這個測試呢？」

這是為了安全起見，表示他是個很謹慎的醫生。健康婦女的陰道中可以發現B群鏈球菌，這和引起咽喉炎的A群鏈球菌並沒有關聯。約有一成到三成五的健康婦女會有B群鏈球菌，對於帶菌者並不會有危害，但是新生兒在經過產道時則會受到感染，因而引發非常嚴重的症狀（雖然B群鏈球菌陽性孕婦所生的寶寶當中，每二百個新生兒中只有一個會被感染）。

為孕婦進行B群鏈球菌的常規檢查，正是出於上述考量，大約在35到37週實施。第35週前的檢驗結果，並不能準確預估到了分娩時的狀況。有些醫院或生產中心提供快速檢驗（一小時內能得知結果），可供分孕婦在分娩時篩檢，以取代35到37週做的例行檢查。可請教醫師妳要去生產的機構是否提供這項服務。

B群鏈球菌檢測就像子宮頸抹片檢查一樣，利用陰道和直腸抹片來進行。檢測結果呈陽性的孕婦（表示有帶菌），在陣痛期間會以靜脈注射的方式施打抗生素，這對胎兒不會有任何影響。例行性尿液檢查時，若是檢測到B群鏈球菌，醫生也會給予口服抗生素的治療，分娩時也要靜脈注射抗生素。

產檢的院所要是不提供這項檢測，可以自行要求。就算沒做這項檢查，但在生產中出現感染B群鏈球菌風險時，例如早產、發燒、破水18小時後產出，醫生也會施打抗生素，以免感染到寶寶。如果之前生產曾讓寶寶感染到B群鏈球菌的話，醫師不會做檢測，而是在分娩時直接用藥。

以安全為考量，還是要進行這項檢查，有感染的話也一定要治療，寶寶的健康是每個父母最大的心願。

救命的新生兒篩檢

大多數嬰兒生下來健健康康，還能保持下去。但有極少數新生兒一開始看似健康，但很快就因為代謝疾病而突然受創。雖然這些情況多半十分罕見，要是沒被診斷出來加以治療，性命會受到威脅。這些代謝疾病的檢測並不昂貴，要是妳的孩子不幸被測出陽性，小兒科醫師可以分辨檢測結果並立即開始治療，病況預後能夠大大獲得改善。

好在，有幾種方法可以用來篩檢此類代謝失調。新生兒例行會在出生後從腳踝取得的幾滴血，就可以拿來測試21種或更多的嚴重遺傳、代謝、激素還有功能失調，包括PKU、甲狀腺亢進、先天性腎上腺增生症、生物素酶缺乏症、楓糖尿疾病、半乳糖血症、高胱胺酸尿症、短鏈acyl-CoA去氫酶缺乏，以及鐮刀狀貧血。

全美50州還有哥倫比亞特區都要求新生兒進行至少21種疾病的篩檢，而且更因美國遺傳醫學會的建議，超過一半的州要篩檢所有29種疾病。請洽詢醫師或當地健康主管機關，以了解妳們那一州會做哪些檢測。也可以到「全美新生兒篩檢暨遺傳諮詢中心」（NNSGRC）的網站查查：genes-r-us.uthscsa.edu。如果妳的醫院並不主動提供所有29項檢測，就可以安排。關於新生兒篩檢的更多訊息，請參考march of dimes網站：marchofdimes.com。

美國疾管局建議，也有幾個州同樣要求，出生後就要篩檢生天心臟病。這病會影響到百分之一的孩子，如果沒能早期發現接受治療甚至可能導致殘障或死亡。還好，只要能早發現早治療，就能大幅降低其風險，大部分病例還可以完全痊癒。先天心臟病篩檢簡單又無痛，只要在寶寶胸前放一個感應器，測量脈搏及血氧含量。如果篩檢結果看似有狀況，醫生就能進一步檢查，例如像是照心臟超音波，以確認是否有什麼異常。如果妳們那一州並不要求做此篩檢，可以請問小兒科醫師能不能在寶寶一出生就做此檢查。

泡澡

「到了妊娠後期還可以泡澡嗎？」

泡個溫水澡很安全，還能舒緩一整天下來的背痛或其他不適，只要小心不要滑倒，好好放鬆享受一下泡澡的快樂吧。

不用擔心洗澡水會進入陰道，這是老掉牙的傳說，除非是用灌洗器不然水並不會進到陰道，這時妳也不應該做這件事。就算洗澡水真的流入陰道，封閉子宮頸的黏液栓子也會保護羊膜、羊水和胎兒不受到感染。因此，醫生通常會允許正常妊娠的孕婦進行盆浴。也有越來越多的醫生鼓勵產婦在陣痛時浸在溫水中（水療）以減輕疼痛，或是在水中臨盆（參考495頁）。

泡澡時要注意的就是不可滑倒，尤其到了妊娠後面階段。入浴時要當心，浴缸內要放置止滑墊，不要洗泡泡浴，這些都是該要注意的地方。

駕車

「肚子幾乎要頂到方向盤了，還可以繼續開車嗎？」

只要還坐得進駕駛座，就可以繼續開車，把座椅往後移，或將方向盤向上傾斜都會有所幫助。只要空間可以容納，身體也沒有不適，那麼短程駕駛直到臨盆當天都不成問題。

不論是否親自駕駛，妊娠後期搭車一個小時以上可能會太累。如果一定要長途旅行，可以在座位上經常變換姿勢，每一小時停下車來四處走動，伸展一下頸部和後背，讓自己更舒適。

陣痛時千萬不要嘗試自行開車到醫院，強烈陣痛時開車很危險，也別忘了最重要的交通規則：不論自駕或搭車，一定要繫好安全帶。關於安全帶的繫法以及氣囊相關問題，可參考409頁。

食用胎盤的功效

動物如此。部落的婦女如此。中醫如此提倡已有好幾百年。如今似乎好萊塢有半數如此，還有許多美國媽媽也這麼做。生產之後把自已的胎盤吃掉，聽起來並不十分美味，卻有越來越多孕婦在生產計劃中列出這個選擇。說不定妳也在想是不是也該試試。

懷孕九個月期間，都是靠胎盤供應寶寶

養分，但通常會在生產之後被丟棄。但推廣食用胎盤的人認為，將胎盤丟掉真是浪費，把它吃了可以增加精力，排除貧血症狀，促進泌乳，調節荷爾蒙，還可以降低罹患產後憂鬱症的機會。是否無法忍受把胎盤放到冰沙裡大口喝下？別擔心，很少人有此本事。最平常也最好入口的方法是做成膠囊。有一種名為胎盤封裝的做法，可以將胎盤乾燥、磨粉，然後封進維生素大小的膠囊，可由專門的公司為您代勞，但收費可不便宜。有些媽媽選擇自已在家做，不用錢，網路上可以買到自製套件，或找到製作指南。也可以把胎盤提煉成酊劑，讓妳加進冰沙或其他飲料裡飲用。

這些胎盤製劑的功效並沒有臨床試驗或科學研究佐證，大多數醫學專家都對於食用胎盤進補抱持懷疑立場。他們指出，眾所吹捧的功效可能是安慰劑作用，如果妳覺得吃胎盤有用，就會覺得好；他們還說有人吃了胎盤膠囊或直接食用後反而生病。據專家表示，另一個可能的缺點在於沒煮過而充滿血的器官本就十分容易被細菌污染，如果自已處理，十分有可能會受到感染。更好的用法是什麼呢？把它的細胞和血儲存起來（參考450頁）。

如果妳考慮在分娩後運用胎盤，要確定先了解妳要去生的醫院或生產中心可以讓妳把胎盤打包帶回家（或送去加工）。並不是所有的醫療機構都會答應。當然，如果妳在家生產，就不需受醫院的辦事規矩限制。

旅行安全

「這個月必須出差，在妊娠後期旅行安全嗎？還是應該取消呢？」

排定行程前先去看醫生。每個醫生對妊娠後期旅行有各自不同的觀點，不論醫生鼓不鼓勵——鐵路也好，飛機也好，妊娠時期除了仰賴醫生的建議，也要考慮其他因素。首要因素是自己的妊娠狀況，沒有任何妊娠併發症的話，問題應該不大。目前的懷孕週數（大部分醫生反對在第36週後搭乘飛機），以及是否有早產風險等都要列入考量。再來孕婦的感受也是考量的重點，妊娠症狀會與日俱增，出差距離越長，背痛、靜脈曲張和痔瘡（如果坐的是卡得緊緊的飛機座椅）症狀都會加重，循環不好也會增加血栓風險。其他考量還包括旅行天數、距離、對身心的消耗情況，以及旅行的必要性（如果是選擇性旅行，大可等到分娩過後，不一定要現在成行）。搭飛機的話，也必須考慮航空公司的限制條件，有的航空公司規定懷孕後兩個月的孕婦必須有醫生的同意書，確保在飛行途中不會出現緊急臨盆，也有航空公司的規定比較寬鬆。有的則是採取一種「妳不說我不問」的非正式營運策略，再怎麼說，很難在報到櫃枱光靠目測判定懷孕週數。

要是醫生同意，那麼除了旅行事宜需要打點以外，還有其他事項也要詳加安排。可參考xxx頁的訣竅，確保身懷六甲的妳有個快樂而且安全、舒適的旅程。充分休息以及充足飲水特別重要，最要緊的莫過於目的地合適的產科醫師或助產士的姓名、聯絡方式、執業的醫院或診所，記得先確定這些服務保險公司都會給付。如果是長途旅行，也必須考慮配偶是否同行，萬一真的在異地生產，至少有人陪在身邊。妳也可以查查旅行保險，以免出現預期之外的併發症得要先折返回國。

✿ 妊娠後期的性生活

「最後幾週做愛究竟安不安全？會不會引發陣痛？」專家的意見互

相矛盾，聽得我滿頭霧水。」

妳是否依然充滿活力欲望無窮？想做就做。不論是科學家所做研究還是個人實際體驗，都認為認為性交或高潮並不會引發陣痛，除非是分娩時間點恰好成熟，也就是說子宮頸已經準備好可以開始工作了。照理論上來講，精液中的前列腺素本就被用於引產，甚至高潮時釋出的催產素，可能會引發陣痛收縮。就算是這樣，時機極為湊巧，也不會因此直接送去產房，許多過了預產期的人這麼做都沒事。事實上，還有一項研究發現低危險群的孕婦在最後數週持續性生活的話，會比限制性生活的孕婦還要晚生。

總而言之，依據目前所知，大部分醫師和助產士都會允許正常妊娠的孕婦繼續性生活直到臨盆為止，可以詢問醫生自己的狀況是否安全。如果醫生認為可以持續性生活，只要妳有性趣有體力，而且找到彼此舒適的體位，那何嘗不可呢？

如果醫生認為最好不要行房，妳還是可以和老公約會、吃燭光晚餐、在月光下散步、窩在毯子裡看電視、洗鴛鴦浴、精油按摩……都是增進感情的好方法。除了醫生明列的禁止事項，都不妨多嘗試，讓彼此達到歡愉。當然這些都比不上真正性愛的滿足感，但是往後的時間還很長，不用急於一時，雖然在寶寶可以一覺到天亮以前，性生活可能還是會受到影響。

為突發狀況預做準備

生產計劃呢？做好了！媽媽教室？上過了！突發的災難？嗯……沒想過。準備迎接新生兒來報到的時候，大概沒花多少心思去想遇到災難該怎麼辦，不過專家表示每個孕婦都應該先有所安排。幸好，不論是天災還是人禍其實遇到的機會都極小，卻總是會出乎意料之外突然發生。若有事先規劃，妳和寶寶都能受到保護。以下幾件事不妨先預做安排：

- ◆通訊。災難期間，地面線路不通，無線通訊也可能擠滿用戶，難以用電話和伴侶還有其他家人連絡。先規劃好利用簡訊和社交網站，約好使用相同的通訊軟體，災難期間的前後都可設法保持連絡。
- ◆安排緊急醫療和緊急分娩（做法請參考603頁）。先和醫師討論遇到緊急狀況時應如何處置，以免電話不通、診所沒開或沒法趕到醫院的時候，陣痛或大量出血或出現其他併發症。確認自己隨身帶著一份電子病歷，以備緊急時要由不熟悉的醫護人員負責照顧。
- ◆準備好急難包。專家建議要有一個急難包，裡頭有至少三天份不會壞的食物（像是堅果、果乾、全麥餅乾、花生醬、穀

片能量棒、易開罐頭食品）、飲水（每人至少2升或3日用量的小瓶）、妊娠維生素、處方藥、額外手機電池、使用電池的收音機、毯子、急救用品、手電筒、額外電池、乾洗手，還有其他可能會用到的東西。車子裡也要放一個急難包。更多資訊請參考網站：ready.gov。

還要記得，災難期間照顧寶寶照顧自己十分重要，即使這類壓力很大的情況下可能會相當困難，還是得要按時吃、補充水份、充分休息。說到壓力，要設法別被擊倒，因為極度壓力會誘發早產。懷孕期間使用的那些放鬆技巧都可以拿出來充分運用，之前沒機會，現在也要練習一下以備不時之需。牢記幾個電話號碼，要是遇到災難事件就可以向他們求助，災難求救熱線（National Disaster Distress Helpline）：1-800-985-5990，或發簡

訊TalkWithUs到66476。妳也可以向當地紅十字會或衛生主管機關求助。

兩人的世界起了變化

「寶寶還沒誕生，我和先生的關係似乎就起了變化，現在我們只專注在分娩和寶寶，卻疏於彼此關心。」

寶寶的到來會帶來重大變化，甚至往往還沒來就已經有所改變。不消說，婚姻關係會因為寶寶而出現不同程度的變化，妳恐怕也發現到了。其實這是件好事，孩子出生後變成一家三口，兩人世紀絕對需要經過一場變動，優先順位也要重新調整。轉變過程如果能在妊娠期期間便開始，所帶來的衝擊通常不會產生太大的壓力，夫妻雙方也較能適應。也就是說在生產前，關係就開始改變的話，對以後的婚姻生活是良性的。如果把溫馨三人行的想法過度美化，或是沒想過浪漫的燭光晚餐會被嬰兒哭聲打斷，美麗的地毯會被紅蘿蔔泥弄得髒兮兮的話，等到寶寶出生後，這類的夫妻往往更難適應現實生活。

所以要事先思考和計劃，坦然接受人生的變化。在照顧寶寶的同時，也別忘記關心另一半。寶寶和婚姻都需要愛與關懷，在忙著整理嬰兒房時，要持續兩人的浪漫情懷。每天主動多多彼此擁抱。手牽手一起上網做最後的育嬰用品採購。三不五時親一親，摩摩鼻子，或偷捏一把。窩在床上回想之前約會的點點滴滴，或是計劃二度蜜月，雖然好幾個月之內都不太可能成行。有時候也可以為老公做精油按摩，雖然沒有性愛的心情，皮膚的撫觸可以讓你倆保持濃情密意。這些浪漫情事都不會減少迎接新生命的興奮心情，卻能提醒你們除了拉梅茲和寶寶衣物外，生活中還有許多重要事情呢。

現在就把這點謹記在心，以後半夜二點輪流照顧寶寶時，才不會忘記對彼此的愛，在充滿愛的家庭中快樂成長才是寶寶所需要的。

妳必須知道的：哺餵母乳

從懷孕到現在，孕婦一定注意到乳房不斷的在變大，仔細想一想就能明白這是身體為了寶寶吃母乳所做的準備。不管決定要餵母乳或是牛奶，都可以了解一下大自然造人的奧妙，看看造物者是如何將性感的乳房轉變成完美的寶寶廚房。下面的資訊會提供一些寶貴的意見，以及如何哺餵母乳。

哺餵母乳的準備

幸好大自然已經幫我們設計妥當，餵母乳不用多準備什麼，只要懷孕時多閱讀相關方法的書籍，寶寶出生後不要手忙腳亂即可。有些母乳哺餵專家建議在孕期最後幾個月，只要用清水清洗乳頭和乳暈，不需要用到香皂。其實這個部位也不會髒，香皂會使乳頭變得乾燥，開始餵母乳後可能會讓乳頭受傷裂開，如果乳頭太乾，可以塗上羊毛脂，像是澳洲 Lansinoh 的牌子，當然這並非一定需要。

即使是乳頭太短或太小的媽媽也一樣不用多做準備。乳頭短也不需要購買乳頭保護器、手動或是電動擠乳器。這些工具的作用不大，反而會使乳房受傷。乳頭保護器會讓乳房流汗長疹子，還很笨重不舒服；用手擠壓以及時候沒到就用擠乳器，會誘發子宮收縮，有時還會讓乳房受感染。

為什麼母乳最好？

羊乳對羊寶寶最好，牛乳也最適合牛寶寶，而對人類寶寶最棒的食物無庸置疑就是母乳，原因如下：

量身訂做～依照嬰兒的需求而訂做，母乳含有至少100種牛奶所沒有的成分，沒有配方奶可以完全複製。而且母乳會時時因應寶寶的需求調整：早上和下午的不一樣，一開始餵和餵到後來也不同，第一個月和第七個月有差別，而且早產兒喝到的也會和足月孩子不同。甚至味道也會因為媽媽的飲食而發生變化（懷孕時羊水也會出現這種變化）這是為妳獨一無二孩子無應的獨一無二絕佳食品。

好消化～對新生兒全新的消化系統，母乳更容易消化。母乳中的蛋白質和脂肪要比配方奶更好消化，裡頭重要的微量營養素也比較容易吸收。

肚子的鎮定劑～吃母奶的小寶寶幾乎不會便秘，因為母乳比較容易消化。而且母乳會消滅造成腹瀉的病菌，幫助消化道內有益的微生物成長，更能減少消化不良所導致的腹瀉問題。有的配方奶誇稱添加了什麼益生菌，其實在母乳裡原本就有。

比較不臭～純粹以審美觀點來說，吃母乳的嬰兒便便聞起來比較甜，至少在開始排硬便以前是如此。

預防感染～每次餵母乳，寶寶就會吸進很多抗體強化它們的免疫系統，對抗各種病菌，所以才會說母乳是嬰兒的第一次預防注射。一般來說，母乳寶寶要比配方奶寶寶更不容易得到感冒、耳朵發炎、下呼吸道感染、尿路感染等等，即使得病，往往復原較快也較少後遺症。餵母乳也會增進對於多數疫苗的免疫反應，像是破傷風、白喉、小兒麻痺等等。而且多少還能防護嬰兒死猝死症（SISD）。

減少肥胖～母乳寶寶比較不會過重。有部分是因為餵母乳是讓寶寶餓了才吃。母乳寶寶比較會吃飽就停，而瓶餵的話可能想要把整瓶都餵完才罷手。此外，親餵母乳本來就會控制攝取的熱量。一開始餵時分泌的前乳熱量較低，是為了解渴；餵到後來分泌的高熱量後乳，則是要讓孩子飽足，提醒寶寶該停了。研究顯示，如此避免肥胖的好處會在寶寶斷奶後持續發威，一直帶到高中。研究顯示，兒時吃母乳的話，到了青春期比較不需控制體重，而且母乳吃越久，肥胖機率越低。吃母乳還有另一個長期健康優勢；長大之後的膽固醇和血壓都比較低。

過敏止步～寶寶很少會對母奶過敏（雖然有時會因母親的飲食而有過敏反應，像是牛奶）。至於配方奶，超過百分之十的寶寶會對牛奶配方過敏，雖然換成豆漿製品或水解配方通常可以解決問題，但並不是最佳策略，因為這樣一來配方奶的成分就離母乳這個黃金標準更遠。關於過敏還有更多好處：研究發現母乳寶寶較少有氣喘和濕疹問題。

促進腦部發育～某些證據顯示，哺餵母乳可以提高孩子的智商（IQ），作用至少可到15歲，說不定還更久。不只是母乳所含的DHA攸關腦部發育，在哺餵過程中的親密互動也能自然的增進智力發展。

保證安全～直接由乳房供應的母乳都是精製，不會出現餿掉、污染、過期或商品不良回收等情形。

專屬設計～吸母乳要比吸奶瓶花更久時間，讓新生兒有更多機會滿足吸吮的需求。此外，就算沒奶了母乳寶寶還是能夠吸，有些空奶瓶就沒這功能。

強化口腔～媽媽的乳頭和寶寶的嘴堪稱絕配，最科學的奶瓶吸嘴設計也比不上乳頭，能鍛練寶寶的下巴、牙齦、牙齒和上顎，這種鍛練可讓口腔的發育最優，長牙後也有好處，譬如牙齒排列比較整齊。此外，母乳寶寶在童年期比較不會蛀牙。

幫助味覺發展～想要培養寶寶當個美食家嗎？就從餵母乳開始吧。母乳可以幫助味蕾發展，寶寶會從母乳中品嚐到媽媽的三餐飲食，從小就能嚐到食物的好滋味。研究也發現比起喝牛奶的寶寶，母乳寶寶更勇於嘗試新奇的食物。

乳頭穿環

準備好要餵母乳了，不過乳頭上穿了個環該怎麼辦？不用擔心。沒有證據顯示乳環會影響哺乳功能，不過餵母乳前，應該要拿下乳環。不僅保護媽媽不受感染，乳環也可能讓寶寶嗆到，傷害寶寶的牙齦、舌頭或上顎。

哺餵母乳對媽媽（還有爸爸）也有如下的好處：

方便～母乳是最方便的食品，庫存充足、隨時可用，而且溫度剛好應不會中斷。而且想吃就有，不會用完，不需跑去買，不用帶來帶去，不用洗奶瓶，不用沖泡，不用等回溫（再也不怕電話上講公事的時候孩子急著喝奶大哭）。不管是在哪，床上、路上、大賣場裡、坐椅子上，抱過來就可以供給寶寶營養。不慌張，不忙亂。如果需要外出工作、上課、上館子甚至週末去度假，不在寶寶身邊的時候，只要可以事先擠好母乳，貯存在冰箱內，再以奶瓶餵食即何。

省錢～母乳完全免費，把孩子抱來就可以餵了。另一方面，瓶餵要用到配方奶、奶瓶、奶嘴還有清潔器具，恐怕要花一大筆開銷。而且，餵母乳也不會浪費，一次吃不完，下次再吃還是同樣新鮮。而且母乳寶寶通常比較健康，醫療支出也比較省，如果要照顧生病的孩子得請假，還有工資損失呢。

產後復原迅速～餵母奶可以加速子宮回復孕前大小、減少產後惡露，也意味著可以減少血液流失。餵母乳可以讓剛分娩的媽媽多休息，尤其是產後六週。

寫給爸爸們

「哺餵母乳需要爸爸支持」

在此之前，你都是用色咪咪的眼光在看另一半的胸部，這是男人的天性。但天性不止於此。女性的胸部長成這樣另有其道理，是為了發揮重要的功能：哺餵寶寶。對新生兒來說，再沒有比母奶更完美的食物，也沒有比乳房更為完美的食物供輸系統。哺餵母乳的健康好處不勝枚舉（預防寶寶過敏、肥胖和疾病，還能促進腦部發育），同時也能夠讓母親受惠良多（授乳與加速產後復原有關，日後罹患乳癌、卵巢癌和子宮癌的風險也可能比較低）。

媽媽寧可選取母奶而放棄配方奶粉的決定，會為孩子以及她自己的生活帶來大幅度的變化，所以要試著將你的感覺放在一旁，力挺哺餵母乳，你的支持對她來說遠超過你所想像。就算你分不清什麼是泌乳、什麼是含著乳頭，你的態度對於另一半是否能堅持哺餵母具有重大影響。如果你還沒表態，這時就可以讓另一半了解你支持這個決定，效果絕對超乎你的想像。即使你一開始並不曉得，了解你支持她的每一個決定，尤其是得要克服一開始遇到的困難，對於媽媽是否堅持餵母乳的決定會有重大影響，而且餵得越久母嬰兩方得到的好處就越多。事實上，研究顯示，如果父親支持哺餵母乳，百分之九十六的母親願意嘗試。要是爸爸的態度模稜兩可，只有百分之二十六想試試看。要認真看待你的影響力。遍讀相關資料，一起去上課，和其他老婆在哺餵母乳的爸爸們聊聊；並且當寶寶能夠開始進食的時候，就應詢問醫院或生產中心是否能提供授乳指導。哺餵母乳是個自然過程，但並不是天生就能做得好。要是另一半太過害羞不好意思請人幫忙，或是生產後真的很累，要擁護她餵寶寶母乳的想法，並明白表達讓她知道。

提供協助讓另一半能開始，持續鼓勵，就可以見到神奇的乳房肩負起哺育新生命的重大任務。當然，餵乳的時候是媽媽和寶寶的兩人世界，往往需要三人一起努力才能成功。

身材恢復快～剛生產完最最好能夠餵母乳，道理十分自然，再怎麼說，懷孕，生產，餵小孩的整套設計就是如此。如此有助子宮更迅速縮回懷孕前的大小，便能減少惡露，降低失血。而且餵母乳每天可以多燃燒500卡，有助於減去懷孕期間所囤積的脂肪，這些儲備是專門要為了製造母乳所留，如今正好可以派上用場。

避免再度懷孕～這不算是打包票，但餵母乳可以延遲排卵還有月經好幾個月之久。不過可別把餵母乳當作唯一的避孕方式，除非妳想要孩子們年紀很接近。（詳情參考044頁）。

照顧媽媽的健康～好處多著呢：親自餵乳可以降低罹患子宮癌、卵巢癌和停經前乳癌。和沒有餵母乳的比起來，如果餵母乳的話發生乙型糖尿病、風濕性關節炎、骨質疏鬆的機率也比較低。另外，研究顯示餵母乳的媽媽比較不容易得產後憂鬱症。當然，並非絕對不可能，而且斷奶後荷爾蒙又再會有大幅起落，也可能因此憂鬱。

晚上餵奶輕鬆自在～凌晨兩點寶寶餓了怎麼辦？如果是餵母乳的話，這個時候就會心存感激能夠迅速滿足寶寶，用不著跌跌撞撞衝去廚房，在黑暗當中準備奶瓶。只需把寶寶抱到胸前即可。

一心多用～當然，剛開始哺餵新生兒的時候要用到兩手，而且要相當專心，不過一但兩人都有了默契，就能夠在同一時間做別的事，例如是吃飯，或是陪較大的孩子玩。

親密的母嬰關係～餵母乳最棒的就是可讓妳和寶寶陪養出親密感。每次餵乳，都有機會肌膚相親，眼對眼，看著寶寶滿足的吸吮。當然用瓶餵也可以同樣親近，可是那會比較費神刻意培養。如果是在忙碌或疲勞的時候，還真會出現趕快餵完的念頭。

✿ 乳房動過手術可以餵母乳嗎？

之前做過乳房手術對未來哺育母乳有什麼影響？那要看妳做的是什麼手術，還有手術的方式如何進行。概述如下：

縮胸手術或腫瘤切除。多半還是可以餵母乳，但是有許多婦女因而無法製造足夠的乳汁，所以需要搭配配方奶。可以詢問動手術的醫生，看看是否能小心不要切除乳腺和神經管道，那麼妳至少可以分泌一些母乳。

隆乳。能夠成功餵母乳的機會相當大，因為隆乳不像縮胸手術那樣會干擾哺餵母乳。不過手術的切口大小、採用技術，以及隆乳的原因還是會有影響。隆乳的婦女大多能餵母乳，僅有少數人無法製造足夠的乳汁。

不管做過什麼乳房手術，只要勤於查看資料、上課、一開始就與授乳顧問緊密合作，都能改善成功餵母乳的機會。更多詳情，請參考《*What to Expect the First Year*》。

選擇哺餵母乳

越來越多準媽媽已經心有定見。有些孕婦甚至在決定懷孕以前，就篤定要親自哺乳。有些人則是根本沒有考慮過這個問題，不過在閱讀到母乳的好處後便決定餵母乳。有人在整個孕期中，甚至到了分娩，都還在猶豫不決無法取捨。少數被勸阻不宜哺乳的婦女卻很懊惱，認為無論如何都應該餵母乳才對。

還是無法決定？不妨先試試看餵一陣子，喜歡的話就繼續，要是不喜歡，任何時候都可以喊停，至少可以解除心中的疑慮。即使時間短暫，可是妳和寶寶都能從中獲得莫大的好處。

請務必嘗試哺餵母乳。最初幾週的挑戰最大，就連熱衷餵母乳的媽媽也會遭遇重重難關，因為母子倆都是新手，需要時間學習。如果能請教母乳專家或是有經驗的家人、朋友，過程會比較容易些。給自己4至6週，以建立成功的哺乳關係，也讓媽媽有機會認清餵母乳是不是是最佳選擇。

請記住，餵母乳並不是一個全有全無的抉擇。有些媽媽的情形可能適合直接哺餵配合瓶餵。更多做法，參考《*What to Expect the First Year*》。

如果沒辦法或不想餵母乳

也許妳已經下定決心，覺得自己絕對不要餵母乳。或是由於某種原因無法或不能親餵。不論如何，請記得瓶餵的時候還是可以像親自哺餵一樣，提供寶寶一樣多的愛與關懷。用配方奶的時候千萬不需心懷愧疚或罪惡感。更多資訊請參考《*What to Expect the First Year*》。

CHAPTER

13

第九個月：約 36 ～ 40 週

終於來到殷殷盼切的最後一個月，
心裡一定有那麼一點不安。終於要將寶寶抱在懷裡了！
再過不久就可以看到自己的腳趾頭，
想要趴睡、仰睡隨自己高興！
也可能還千頭萬緒，一堆事務等待完成，
產檢、採購嬰兒用品、交接工作、
挑選嬰兒房的油漆顏色……
第九個月好像是最漫長的一個月。
如果沒有在預產期分娩就另當別論了，
真是如此的話，
第十個月可能才是最漫長的一個月囉！

寶寶本月的變化

第三十六週：本週胎兒已有2700公克，身長約為46至48公分，很快就要出生和爸爸媽媽見面了。身體的循環系統、肌肉和骨骼也都發育完成，可以在子宮外生活了。雖然消化系統已經可以運作，不過目前仍尚未啟動，因為寶寶的營養都靠臍帶供應，所以不需要自己消化食物。等到開始吸奶後，腸胃就會開始運行，也意味著有許多髒尿布需要更換了。

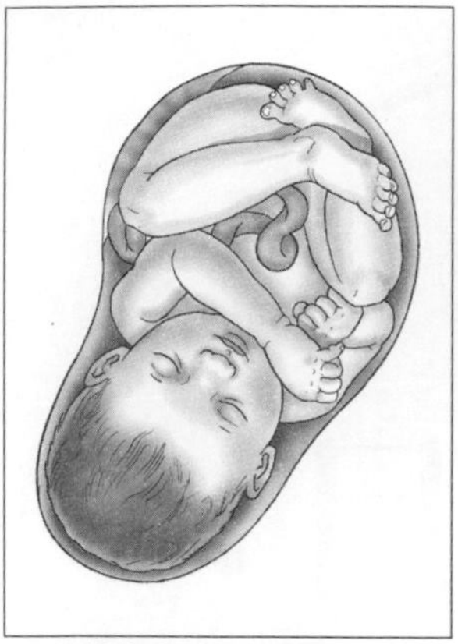

◎ 你的寶寶，第九個月

第三十七週：好消息來了：如果孕婦本週分娩，孩子就算足月。當然寶寶還是持續在成長，為出生作準備。寶寶每週體重持續增加200公克，本週的平均體重約為2900公克（當然，每個寶寶的體重差異還蠻大的），寶寶身上的脂肪會繼續堆積，充滿手肘、膝蓋、肩膀、脖子和腰部，形成可愛的皺褶，讓爸媽忍不住想一親再親。寶寶仍舊忙著練習呼吸羊水，這樣出生時肺部才能順利的吸進第一口空氣。寶寶在肚子裡也會吸手指、眨眼、在裡面滾在滾去，孕婦可能昨天覺得可愛的小屁股在左邊，結果今天就換到右邊來了。

第三十八週：現在寶寶可能有3100公克了，身長也達到50公分，當然可能會有2到5公分的差異，寶寶已經不小了。在子宮裡的歲月只剩2週，最多4週，所有的系統也已經發育完成。現在只剩下脫除皮膚上的胎脂和胎毛，也要多分泌一些肺部界面活性劑，這樣開始呼吸時，肺氣囊才不會黏在一起。妳一不注意，孩子就要出來和大家見面囉！

第三十九週：本週寶寶的體重和身高與上週差不多，成長趨於緩和，對孕婦緊繃的肚皮和背痛來說真是好消息。寶寶的體重約在3100到3600公克之間，身高在48到53公分之間，也許妳的寶寶會稍微小於或大於這些平均數字。不過寶寶的腦部仍舊持續發育。然而，其他部位依然有所進展，尤其是寶寶的腦部，成長發育得十分迅速，出生後的前3年都會維持這樣的快速步調。不管父母的膚色為何，寶寶粉紅色的皮膚會開始轉成白色或較為白皙的顏色，因為胎兒的黑色素要到出生後才會出現。如果這是第一胎，妳會發現寶寶的頭已經下降到骨盆了，這會讓孕婦比較容易呼吸，胃灼熱的情況也會減少。但是沉重的肚子走起路來或爬樓梯都還是很辛苦。

第四十週：恭喜妳終於撐到預產期了！寶寶的體重介於2700到4000公克之間，身高介於48到56公分之間，稍微小一些或大一點都是正常的。當寶寶出生時，妳會發現新生兒依然習慣將手腳捲在胸前，因為待在子宮這麼久的時間，已經習慣這樣的姿勢，而且寶寶還不知道外頭世界這麼大，可以讓他的手腳自由伸展。見到新生兒，別忘了打聲招呼，多說點什麼都好；雖然是和寶寶初次見面，但是他認得爸爸媽媽的聲音。如果過了預產期，寶寶還是不出來也很正常，大約百分之30的新生兒都是過了第40週才出生，不過，醫生通常不會讓妳懷胎超過42週。

第四十一到四十二週：不到5%的胎兒剛好

在預產期出生，約有10%的寶寶會待超過41週，堂堂邁入第10個月，不過妳可能在這之前就要會覺得受不了。其實呢，這大多是因為預產期沒算準，而不是寶寶不出生。如果真的在子宮裡待太久，出生時皮膚會有些龜裂、脫皮、鬆弛、皺巴巴的（這只是暫時性的），因為胎脂在好幾週前就脫落了。胎兒待得比較久，指甲、頭髮也會比較長，身體不會出現胎毛；一般來說，熟過頭的新生兒對外界比較警覺，也比較敏感度，再怎麼說年紀較大也比較聰明。對於超過預產期的寶寶，為了安全著想，醫生會更加謹慎用各種非壓力檢驗，監測羊水或生理指標。

孕婦的身心變化

懷孕的最後這個月，有些妊娠症狀是由上個月延續下來的，有些則是新出現的；有的幾乎察覺不出來，因為早就習以為常，也有可能出現其他特殊症狀。

生理反應

◆胎動減少，由於活動空間變小，蠕動會增加，踢動會減少。

◆陰道分泌物（白帶）的量變更多，且含有黏

液；因為子宮頸開始擴張，性交或內診後，分泌物會混著血絲、褐色或粉紅色分泌物

- 分娩時刻將至，會便秘或腹瀉
- 胃灼熱、消化不良、脹氣、飽脹感
- 偶爾頭痛
- 偶爾暈眩，特別是快速起身或血糖低下的時候
- 鼻塞和偶爾流鼻血；耳悶
- 牙齦出血
- 睡覺時腿抽筋
- 腰酸背痛加劇，並有沈重感
- 臀部和骨盆出現不適感，帶有疼痛感

本月的身體變化

子宮就在肋骨下方，而這個月的尺寸變化不大，約為 38 到 40 公分。孕婦的體重增加速度減緩，接近預產期時甚至會停止增加。腹部皮膚已經伸展到最大的程度，走起路來會比之前更像鴨子般搖搖擺擺，這可能是寶寶已經降下來的緣故，離分娩的日子越來越近了。

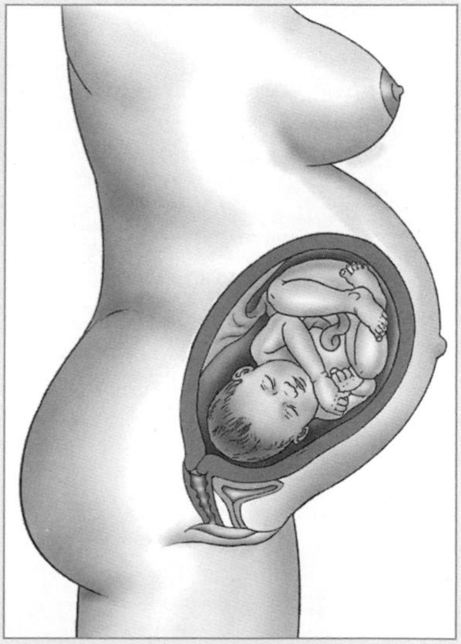

- 腳踝和腳的浮腫情形更加嚴重，偶爾連手和臉也會
- 腹部搔癢，肚臍突出
- 妊娠紋
- 腿部以及（或）陰戶靜脈曲張
- 痔瘡
- 胎兒下降後，呼吸比較順暢
- 胎兒下降後，膀胱又再受到擠壓，變得更為頻尿
- 睡眠問題更為嚴重
- 假宮縮更為頻繁也更劇烈（有時還會痛）
- 笨手笨腳的情形更加嚴重，行動更為困難

- 初乳從乳頭滲出（不過這種初乳也可能要到生產過後才會出現）
- 十分倦怠或特別有精神（築巢症候群），或這兩種現象交替出現
- 食慾增加或沒胃口

心理狀況

- 更為興奮、焦慮、恐懼、心不在焉
- 為即將解脫而鬆一口氣
- 敏感易怒（尤其老是被問：「還沒生啊？」）
- 煩躁不安
- 時常幻想著寶寶，夢到寶寶

本月的產檢項目

這個月會花更多時間產檢，每週都得來報到。醫生會估算胎兒的大小，甚至預測何時臨盆，隨著預產期的逼近，相信孕婦也越來越興奮了。檢查項目大致如下，依個人的特殊需求或醫生的執業作風而有所差異：

◆ 體重，增加速度會減緩或停止。

◆ 血壓，可能會比妊娠中期稍微升高。

◆ 尿液檢驗，有無尿蛋白。

◆ 手腳有無浮腫，腿部有無靜脈曲張。

◆ 利用內診查看子宮頸是否開始變薄與擴張。

◆ 子宮底高度。

◆ 胎心音。

◆ 胎兒大小（可能會有個粗略的重量估計）、產式（頭先露或屁股先露）、胎位（朝前或面向後方），並以觸診查看胎兒是否下降（頭是否進入產位）。

◆ 想與醫師討論的疑難雜症，尤其是有關陣痛和分娩的，可事先列清單。

醫生應該會給妳一份陣痛和分娩的應對程序單：開始陣痛後何時該與醫師聯絡，何時該前往醫院或婦產科診所。如果沒有拿到，務必要詢問護士，一定會派上用場的。

孕婦關心事項

又開始頻尿

「這幾天我一直跑廁所，這是正常的嗎？」

聽起來妳的老朋友又上門拜訪了，這是子宮回到骨盆腔，擠壓到膀胱所引起的。再加上妊娠後期的子宮重量比初期大上許多，給膀胱的壓力就更大了。只要頻尿的情形沒有伴隨著感染症狀就不用擔心（參考789頁）。千萬不要為了減少上洗手間的次數，而減少水分的攝取，身體在這時候更需要充足的水分。還是老話一句，不要憋尿，一有尿意就趕快去上廁所。

泌乳時滲血

妳或許想過在懷孕後期乳頭會滲出一點初乳，可是怎麼會滲血呢？然而，乳頭滲血(妳會發現胸罩內側有點點血跡或在擠壓乳頭時有帶紅的液體流出)在懷孕期間並不算少見(通常是在後期出現,而且初產婦比較常遇到),這現象往往並不需怎麼擔心。為什麼會這樣?過去將近九個月,妳的乳房已經歷重大變化,為哺育寶寶做好準備,包括要擴張,血流也會增加很多。也許滲血只是乳房血流供應大增的正常反應,或是由於胸部脹大時微血管爆裂所致。可能是妊娠荷爾蒙導致乳腺脹大。可能是某條乳腺的乳突狀瘤受到刺激。或許只不過是乳頭太過乾澀,特別妳想看看是否有初乳而擠壓,或想讓陣痛開始而刺激乳頭。

要把這狀況和醫師講。為求安全,也為安心,醫師可能會建議現在做個乳房超音波並加以檢查,產後做乳房X光掃描,要是出血持續超過一個星期或發現出血之外還有結塊,更要加以檢查。如果上述原因都已排除,只需避免擠壓,才不會造成刺激而導致出血,等寶寶出生後才有妳受呢。

多半這類泌乳滲血會在分娩後消失。如果情況持續,別擔心,就算如此還是可以哺餵母乳。寶寶吸奶時會喝到少量的血水並不會造成傷害。

溢乳問題

「我朋友說在懷胎第九個月時,會有乳汁從乳房流出來;可是我沒有,是不是意味著我會沒有奶水?」

母乳通常要等到分娩三、四天後,寶寶準備好開始喝奶了才會分泌。妳朋友分泌的是初乳，這是一種稀薄而微黃的分泌物。初乳比母乳含有更多抗體，能保護新生兒的健康，蛋白質也更豐富，脂肪和乳糖的含量也較少，讓寶寶比較好消化。

有些孕婦在接近分娩時會分泌初乳，有時是會在做愛時發生，有時就自然而然。即使沒有，身體仍舊盡責的在製造，妳可以試著擠一下乳暈，應該會流出幾滴，但可別擠得太大力，乳頭會很痛。還是沒有嗎？別擔心，只要媽媽想餵母乳，寶寶出生後自己就有辦法從乳房吸出母乳來。沒有分泌初乳和奶水不足沒有關聯。

如果孕婦有分泌初乳，應該也只有幾滴。要是分泌得較多，可能要在胸罩裡放溢乳墊，免得弄濕衣服讓自己出糗。也可以先習慣濕的感受，因為寶寶出生後會有好一陣子都是如此。

附帶一句，如果有溢乳現象，別擔心會「浪費」了，在真正的母乳開始分泌之前一直都會持續製造這種初乳。

體重減輕

孕婦可能會很驚訝這個月的體重竟然減少了。大多數的孕婦來到最後一個月，體重增加的速度會減緩甚至稍微下降。但是看看自己的腳踝，更不用提臀部，還是那麼腫。為什麼體重會停滯或降低呢？這是因為身體已經進入待產階段，羊水開始減少、懷孕晚期常見的拉肚子也會讓體重下降，或是築巢本能讓孕婦忙著整理嬰兒房，增加的運動量當然會減緩體重增加的速度。很開心體重下降嗎？那妳一定會更期待生產當天，一定是這輩子體重下降最快的一天。

出血或點狀出血

「今天早上與先生做愛後，內褲上有些點狀出血，我是要生了嗎？」

別急著衝去醫院待產，性愛或內診後出現粉紅色、紅色黏液，或在48小時之內出現淡褐色的黏液、點狀出血等，都是因為敏感的子宮頸瘀傷或觸診所造成的結果，並不是即將開始陣痛的徵兆。要是出現帶有粉紅、淡褐、或血紅的黏液，並且伴隨子宮收縮或其他陣痛開始的徵兆（參考594頁），不論是否出現在性交之後，都可能表示開始陣痛了。

任何時候只要發現有鮮紅色出血或持續點狀出血，要立即和醫師連絡。

肚子裡的寶寶早就會哭了？

新生兒出生後的第一次哭聲，對爸媽來說無疑是最喜悅的聲音。妳相信胎兒在子宮裡也會哭嗎？這是真的。研究發現當較大的聲響出現在媽媽肚皮附近時，妊娠晚期的胎兒會出現驚嚇的反應，然後開始哭泣的舉動，下巴發抖、嘴巴大張、大口吸氣吐氣。即使還在肚子裡，寶寶就已經具備哭泣反射，難怪他們出生後個個都很會哭。

陣痛前破水

「還沒開始陣痛就破水的機率如何？」

很多孕婦到了後期，都會擔心在公共場合破水，其實陣痛開始前就破水的情形並不常見，八成五的婦女到了待產室，羊膜都還完好無缺。換句話說，接下來這段日子的預測大概還是乾乾爽爽比較可能。

萬一妳是在懷孕前就破水的那一成五，除非是平躺著（在公共場所不太可能這麼做），否則羊水的流出的量不會很多，因為步行或坐下時，胎頭會堵住子宮口，就像酒瓶的軟木塞一樣。

陣痛之前破水的好處就是通常馬上就要開始分娩，一般是在24小時內。如果在這時限內沒能自主開始陣痛，醫生一定會進行催生，也就是說妳一天之內就會見到寶寶了。

雖然其實沒有必要，如果真的擔心的話，在最後幾週不妨使用護墊或衛生棉，甚至是紙尿布，可以給妳安全感，而且隨著白帶增加，也能保持清爽。為了防範半夜裡破水，最後幾週可以在床單下面鋪厚毛巾、塑膠護墊、或醫院用的產褥墊。

✿ 胎兒的情況？

接近預產期時，醫生會嚴謹觀察胎兒的狀況，尤其是過40週還不出生的寶寶。這是因為在子宮內待到40週最為理想，超過的話可能會遇上挑戰，像是：寶寶長太大無法自然產、胎盤功能降低、羊水也會減少。幸好醫生有許多方法可以檢測胎兒狀況，確定寶寶一切安全，有個好結局。最普遍的檢測法如下：

在家的胎動評估～記錄胎動（參考479頁），雖然不是萬無一失，卻能大略知道寶寶的狀況。在一、兩小時內如果有十次的胎動就能放心。如果少於這個次數，則必須進行其他測試。

非壓力檢測（NST）～醫生會使用胎兒監視器觀察胎心音和胎動反應。孕婦手持一個按鈕，感覺到胎動時就按一次。胎兒監視的時間約20到40分鐘，可以測試胎兒是否處於窘迫狀態。

胎兒聽覺刺激（FAS）或振動辨音刺激（VAS）～如果寶寶在做非壓力檢測時的反應不能讓醫師滿意，就會把振動並發出聲響的器物放在孕婦腹部上，給胎兒來點刺激，醫師就能更準確測量胎兒心率和動作。

收縮壓力測試（CST）或催產素挑釁測試（OCT）～如果非壓力測試的結果不明確，醫生便會要求進行壓力測試。測試需在醫院進行，用來檢測胎兒對子宮收縮壓力的反應，以探知胎兒在陣痛時的應變能力。這項測試較為複雜，而且需耗時數個鐘頭，醫生會在母親身上安裝胎兒監視器。如果子宮無法自行收縮，醫生會在靜脈注射低劑量的催產素，或是請母親自行刺激乳頭，以促進子宮收縮，從胎兒對收縮的反應，便可以了解胎兒和胎盤的大概情況。如果測試結果明確，便能預估胎兒是否能繼續留在子宮，以及能否承受陣痛的壓力。

胎兒生理評估（BPP）～通常是利用超音波及胎心音監測來評估子宮內的五項生命指標，包括非壓力測試的結果、胎兒呼吸、胎動、胎兒肌肉強度（收縮手指和腳指的能力）和羊水量。如果這五樣都正常，寶寶的情況應該是良好的。如果有一項不明確，醫生會進行收縮壓力測試或是振動辨音刺激，以取得更準確的胎兒狀況。

「改良式」的生理評估～這項測試法綜合了非壓力測試和羊水量的評估，羊水量偏低或許表示胎兒排尿不足，胎盤的運作也出現狀況。如果胎兒對非壓力測試的反應正常，而且羊水也充足的話，胎兒的狀況應該是安全的。

臍帶動脈都卜勒速率測試～如果有證據表

明胎兒發育遲緩，就會利用特殊的超音波來查看臍動脈的血流。如果胎兒心臟循環（心充滿血而不是收縮泵血的時候）血流緩慢、靜止或倒流，表示胎兒未獲得充分的滋養，可能有發育不良的情況。

其他胎兒狀況測試法～包括利用定期超音波檢查，來記錄胎兒的成長狀況，以及非壓力檢測期間的胎兒頭皮刺激（以測試胎兒對頭皮受壓或被掐的反應）。

大多數的胎兒都能通過測試，繼續待在子宮裡。極少情況下，非壓力測試結果會是「不活躍」。因為這些檢測會得到許多偽陽性，不活躍的結果並不一定表示胎兒受到窘迫。不過醫生會繼續測試寶寶的狀況，如果真的確定是胎兒窘迫，就會進行催生（參考852頁），或實施剖腹產。

胎兒進入產位

「過了第38週胎位還是沒有下降，產期是不是會延後？」

胎兒尚未下降不表示會晚生。當胎兒下降到骨盆腔時會讓孕婦比較輕鬆。對初產婦而言，這個情況一般發生在分娩前的2～4週。對經產婦來說，大多要到生產時才會發生，這個規則不一定適用於每一個人。胎兒可能在足月前4週便下降，卻晚了兩週才臨盆，或是根本沒有下降，便直接進入陣痛階段，也有可能下降了又升回來，因為胎位還沒固定。

胎位下降的感覺非常明顯，孕婦不僅會發覺隆起的腹部往下降，並且向前傾斜。子宮向上頂住橫膈膜的壓力舒緩了，呼吸變得輕鬆許多，胃部空間變大，吃東西更輕鬆，一頓飯下來都不會還到胃灼熱、消化不良等症狀。但是膀胱、骨盆關節和會陰部位的壓力增加，造成孕婦頻尿、行動困難、會陰部位疼痛。胎兒頭部壓迫到骨盆底時，可能會感受到突然而輕微的撞擊或刺痛，和之前妊娠期遇到的胯部放電感覺很像。胎位下降也讓孕婦的重心轉移，平衡感會比較差。

不過孕婦也可能沒有感覺。舉例來說，要是胎位一開始就偏低，即使下降了，肚子的外形可能沒有太大的變化。或者孕婦從來不曾覺得呼吸困難、胃口一直很好，或老是頻尿，就有可能感受不到明顯的變化。

醫生會憑著兩項指標來判定胎頭是否進入骨盆腔：首先是藉由內診觸摸胎頭（最理想的胎位）是否已經下降到骨盆腔；其次，外部觸診，按壓肚子，看看胎頭是否呈固定位置，不再恣意「浮動」。

產程進展是以「站」來衡量，每一站長一公分。完全進入產位的胎兒位於「零站」，也就是說胎頭已經下降到骨盆中了。開始下降的胎兒，位置在-4或-5站，一旦開始分娩，胎頭便繼續在骨盆腔內前進，通過0站，而到+1、+2、……，一直到了外陰部開口的+5站。

胎頭進入產位雖然意味著寶寶可以毫無困難通過骨盆，但也不能保證。反之，依然浮動的胎兒直接進入陣痛狀態，也不一定比較難生。寶寶還沒進入產位就開始陣痛還是可以順產，尤其是有生產經驗的經產婦更是如此。

怎樣才算足月？

搞不清楚寶寶怎麼正式的才算是足月？依據美國婦產科學會，相關用詞的意思是這樣的：

◆早產。20週至37週之間出生的寶寶算是早產。

◆早足月。如是37週0天至38週6天之間出生，即為早足月。

◆實際足月。39週0天至40週6天，算足月。懷雙胞胎的話，足月是38週。

◆晚足月。41週0天至41週6天之間都算。

◆過期生產。42週之後才出生的寶寶，就是過期新生兒。

胎動的變化

「寶寶一向踢得很厲害，現在還能感覺到是會動來動去，可是似乎沒那麼活潑。」

回想第5個月第一次感受到胎動那時，對胎兒來說，當時的子宮大到可以跳有氧舞蹈，或是盡情的拳打腳踢。現在子宮對寶寶來說已經很狹窄，連做個柔軟體操都會有所節制，只能轉身、扭動和搖擺而已。胎頭一旦下降到骨盆腔內，寶寶的活動量會更少。這個階段寶寶怎麼動並不重要，只要每天都可以察覺到胎動即可。要是察覺不到胎動（參考下一個提問），或突然出現一陣非常驚慌的踢動和激烈的扭動，一定要趕緊就醫。

「今天一整個下午，幾乎都感覺不到胎兒的踢動。怎麼辦？」

寶寶可能正在睡覺，胎兒就像新生兒一樣，也有週期性的熟睡時段，或是孕婦很忙或一直走動，而感受不到胎動。為了安全起見，應該測量一下胎動，可參考479頁的方法加以測試。在妊娠後期，應該要每天測量胎動二次。每次測量的一、兩個小時內有十次或更多次胎動，胎兒的活動情況是正常的。如果次數較少則需要到醫院做評估，找出胎兒不活躍的原因。如果寶寶本來就比較不活躍，那應該是完全健康的，可是在這個時間點上，不活躍也有可能是胎兒窘迫。及早發現，及早就醫，往往可以防範嚴重的後果。

寫給爸爸們

「給孩子的媽一個生產禮？」

想不想給孩子的媽一盒小禮物，讓她在把寶寶生下來之後有個驚喜？所謂生產禮就是做爸的為紀念孩子出生送做媽的一點小禮物，這在新手父母之間已越來越普遍。當然，生下的小寶寶是你們所能想到最棒的禮物了，可是再怎麼說懷孕期間的沉重負擔加上分娩時出力，如果有什麼實際的　品會更添喜悅。

想不到該送什麼？許久不能好好愛自己一下，產後的享受像是做臉、按摩或美甲禮如何？或是一個月的專業打掃服務，兩人都能獲得立即效應。漂亮的項鏈上頭刻著寶寶的名字或縮寫，會是媽媽所喜歡的嗎？或是鑲著寶寶誕生石的手鐲，甚至是個戒指，象徵你們倆的愛隨著孩子出生更為增長。

是否擔心生產禮太過破費？你也可以把多出來的閒錢全都存起來當孩子的教育基金。記得嗎，最有意義的禮物往往不是用錢就能買到。用一束氣球或鮮花或在家裡草坪排些圖案，表達你身為人父的驕傲心情。還有別忘了可以用卡片，用些最誠心的文字，如果特別有靈感，來首詩歌也不錯，述說你的愛意在過去九個月之中更加滋長，還有妳對全家福的生活有多麼期待。

不想跟隨生產禮的風潮？如果你們不是這種人，也不要覺得有壓力一定得買些什麼才好。再怎麼說，時尚如流水，能和一位努力把他那一半責任做好的爸爸在一起，其實就是某種永遠給不完的禮物。更重要的是，能陪在身邊就是最佳禮物，不單是孩子出生時在場，時時刻刻，歲歲年年，一塊負起養育孩子的工作，都是無價至寶的禮物。

「我聽說越接近預產期胎動會減緩，為什麼我的寶寶還是一樣活潑？」

每個寶寶的個性和活躍程度都不一樣，有些寶寶會在接近生產時減少胎動，有些仍舊一樣好動到出生。妊娠後期，一般來說胎動數量會逐漸減少，應該和空間狹小、羊水減少、和胎兒的協調能力變好有關。除非孕婦仔細計算每一次的胎動，否則應該察覺不到太大的變化。

✿ 會陰按摩

等寶寶出生等得不耐煩了嗎？別光坐著，孕婦可以利用這段時間按摩。會陰按摩可以溫和的伸展初產婦的會陰肌肉（位於陰道和肛門之間的皮膚），胎頭通過產道時可以減少疼痛，照某些專家的說法，還有助於避免會陰撕裂或會陰切開。

會陰按摩很簡單。首先徹底清潔雙手，修剪指甲，將大拇指或食指（可以使用一些潤滑液）插入陰道內。向下壓往肛門的方向，然後把大拇指滑過底部，再向上滑過整個會陰。在妊娠最後幾週，可以每天按摩五分鐘或是更久。要是覺得這樣做很怪或是沒時間也沒有關係，雖然產婦的經驗證明會陰按摩有效，但是臨床研究上則尚未獲得證實。不管有沒有按摩，生產時產道還是會擴張。如果不是第一胎，那就不用費力按摩，因為產道已經有過擴張的經驗，多按摩並不會有幫助，不過即使是已生過孩子，陣痛期間按摩會陰有助於伸展。

✿築巢本能

「我聽說有築巢本能這回事，這是真的嗎？」

對有些孕婦來說，築巢本能是千真萬確的，而且和動物一樣強烈。要是曾經目睹小狗和小貓出生，就會注意到陣痛中的母狗和母貓是何等地不安——狂亂地跑前跑後，在角落中粗暴地把紙撕成碎片，當牠覺得一切就緒後，就會在生產的地方躺下。許多孕婦也會有這種無法控制的衝動，有些準媽媽會把冰箱清理得乾乾淨淨，並確認家裡的衛生紙足夠用六個月。有些孕婦會變得很有活力，出現有點非理性，對旁觀者來說很好玩的行為，像是用牙刷仔細清洗嬰兒房的每個縫隙，把廚房櫃子裡的物品依字母順序重新排列，修復家裡有破損的地方，或是花好幾個鐘頭，重覆一直折寶寶的衣服。

出現築巢本能不一定是即將生產，但隨著預產期的逼近，築巢行為會更常發生，這可能是孕婦腎上腺素升高的反應。當然不是每個孕婦都會這樣，這種行為和分娩、養育子女是否順利沒有任何關係。產前幾週想要癱在電視機前就和想把衣櫥清理乾淨一樣正常。

要是真的感受到築巢的衝動，要以平常心來看待。不要自行粉刷嬰兒房，把提著油漆桶、爬梯子的工作讓給家人，妳只要坐著看就好了。也不要讓家事清潔把妳累垮，妳可得儲備體力來應付分娩和新生寶寶呢！雖然人和動物一樣都有這種本能，還是要提醒自己放輕鬆，不用每件事都得準備就緒。

事先計畫

要陣痛多久才能和醫師聯絡呢？要是破水該不該打電話？如果在門診休息時子宮收縮，要如何與醫生取得連繫？要先打電話再前往醫院或婦產科，或是先出發再撥電話才對？

別等到陣痛開始時才思考這些重要的問題。產檢時要和醫生討論分娩細節，並把答案記錄下來，否則當陣痛一開始，鐵定會忘光光。如果有請陪產員，也要確認何時與她聯絡。

還有，先弄清楚前往生產院所的最佳路線，粗略估計一下不同時段到達目的地所需的時間。先想好萬一沒有人可以開車送妳去，要搭乘什麼交通工具（不可自行開車前往）。家中如果還有其他孩子、長輩或寵物的話，要事前計畫好到時候要怎麼照顧。

何時會分娩

「我剛做過內診，醫師說我大概很快就要生產了，醫生能確切告訴我還有幾天會臨盆嗎？」

醫生能夠以內診和觸診來作推測，但是跟預產期一樣都是一種預測。分娩時刻越來越近，是有許多跡象可尋，醫師在第九個月開始就會仔細留意，從外觸診或從內檢查都要做。胎兒是否進入產位？胎頭下降到哪個階段？子宮頸是否開始變薄、擴張、柔軟，並移到陰道前面（這是更接近陣痛的另一個指標），或子宮頸依然很結實，而且還在後面的位置？

「很快就會生產」可能是指一個小時到三個禮拜，甚至是更長的時間。胎兒進入產位、子宮頸變薄和擴張都是逐漸發生的，有的孕婦需要幾週、一個月、甚至更長的時間，也有幸運的媽媽一個晚上就完成。所以這些產兆並無法準確地指出陣痛開始時間。

孕婦可以先把待產包準備好，但不要太緊張。很多早早進待產室的產婦，也可能在裡面待上一兩天的時間。

自行催生DIY

如果寶寶過了預產期還是不出生怎麼辦？孕婦要繼續痴痴等待還是自己試著請寶寶出來？就算打開自己來，真的有效嗎？

有很多天然的方法可以試著催生，上網可找到一大堆呢，有沒有效卻是很難證明。有部分原因在於：就算看來好像真有效果，難以確定是方法真的發揮作用了呢，還是碰巧在同一時間就開始陣痛了。

如果已經受夠孕期一直拖延下去，超過40週，卻毫無結束的跡象，不妨試試看這些方法，就算並不能真的達到催生結果，也不會有什麼大礙。

走路～走路可以幫助胎兒下降到骨盆。這應該是地心引力或是骨盆搖晃的關係，寶寶的重量對子宮頸施加壓力時可能會引發陣痛。如果孕婦已經很勤勞在走路了，但是寶寶依舊穩穩的待在子宮也無妨，走路能增加孕婦的肌肉強度，幫助妳撐過整個產程。

性愛～雖然到了孕晚期，身材大得像河馬，但是和老公維持性生活既能增加感情又能誘發子宮收縮。也可能沒效。有研究發現，如果一切都已成熟，精子（含有前列腺素）可刺激子宮收縮，有的認為如果已經足月了，高潮時釋出的催產素可幫忙推一把；另有一些研究發現，到了妊娠晚期依舊持續性生活的孕婦會比較晚生。想要激情一下，或者受不了什麼都願意一試，那就做做看吧，畢竟生完後可能有好一陣子會累到不想動，倒不如趁現在多享受難得的性愛。

下面的天然方法早就是代代相傳，或在網路上的討論區裡廣泛流通，可能會有些負面影響，應該先諮詢醫生的意見。

刺激乳頭～雖然聽起來很痛，但是捏乳頭能刺激子宮收縮，每天捏好幾個小時就能讓身體分泌催產素。刺激乳頭除了能誘發陣痛，也可能引發非常強烈的收縮，所以除非醫師做此提議而且是在有醫療監控的情況下，絕對要再三、再四考慮。

蓖麻油（castor oil）～想要靠喝蓖麻油引發產兆嗎？這是從祖母時代就流傳下來的老方法，原理在於這種強力瀉藥能刺激排便，進而引起子宮收縮。但是可能拉肚子、嚴重抽筋、嘔吐。除非願意在這種狀況下生產，不然還是不要大口灌下蓖麻油。

藥草茶～遇到足月未生的情形，老祖母們（還有網路討論區裡的好友）會使用覆盆子葉還有北美升麻（cohosh）或櫻草花泡茶，來誘發產兆，有些研究還真發現這些藥草茶確實有助於引發或加速子宮收縮。使用前應和醫生確認該不該服用，劑量又是多少。只能在已經足月以後才能用這類東西。

不管孕婦是否考慮自行誘發產兆還是到醫院催生，寶寶都得在這一、兩週之內出生。

過了預產期還不生

「預產期已經超過一週了，什麼時候才會生呢？」

孕婦都會在iCloud日曆上把衷心期盼的「預產期」標記起來，每天倒數計時，還很有信心昭告親朋好友；可是有大約三成的寶寶卻沒有準時赴約，害媽媽好失望喔。有百分之十的妊娠會延長兩週（大多是初產婦）。

這兩週可會讓孕婦等得望眼欲穿。研究顯示，約有七成超過預產期的妊娠根本沒過期，只是誤算了受孕時間，通常是因為排卵日不規則，或是不確定上次月經日期。不過超音波檢查可以更準確的確認預產期，錯估預產期的機率已經從10%降到約2%。

即使真的超過預產期成了那2%的孕婦也不用擔心，醫師不會讓寶寶待在子宮超過42週。事實上不到41週，醫生就會請孕婦到醫院催生待產了。順道一提，這時催生的話，並不會增加剖腹的機會，事實上出血還會顯著比較少，新生兒沾染胎糞的機率也低得多（參考600頁），再說可以快點抱到孩子。當然，如果檢測出胎盤功能退化、羊水量太少，或是其他跡象胎兒難以在子宮內存活下去，醫生會馬上採取行動看是要催生還是剖腹，絕對不會讓寶寶待在子宮那麼久。

待產包內容

先想清楚要帶什麼去醫院或生產中心，並且預先打包準備好，還是比較妥當。要是能想到輕便為宜，那就更棒了，只帶需要用到的物品即可，臨到分娩時可別把下列清單裡的物品全都搬去：

待產室或產房之用～

◆這本《懷孕知識百科》、筆記本和筆，可以記下陣痛、分娩或寶寶出生時的大小事項和心情。當然，你大概也會隨身帶著手機，那可以使用What to expect app。

◆ 如果有生產計畫書，要多準備幾份（參考491頁）。
◆ 要是打算把孩子的臍帶血儲存起來，就要帶取臍帶血的套件。
◆ 有秒針的手錶或時鐘以計算收縮時間，也可以用手機上的計時器。
◆ 如果音樂能夠讓妳放鬆，可以攜帶放音樂的器材，或手機，灌好喜歡的樂曲。別忘了充電器。
◆ 如果妳覺得手機的攝影照相功能不夠好，可帶相機或錄影器材（以及充電器）。
◆ 手提電腦、平板（以及充電器）。
◆ 喜愛的乳液、按摩精油。

◆ 網球或是按摩棒，下背疼痛的時候，可以請先生為妳用力按摩。
◆ 自己的枕頭，讓妳在陣痛期間和分娩後更為舒適。
◆ 無糖的棒棒糖或糖果，保持口腔滋潤。
◆ 牙刷、牙膏、和漱口水，擦臉擦身體用的濕巾（八小時之後應該會很想漱洗）。
◆ 如果不想在陣痛期間穿著醫院的病人服在走廊上散步，可帶件長袍。
◆ 厚襪子，腳發冷可以穿。
◆ 防滑鞋底的舒服拖鞋。
◆ 髮夾或髮帶，避免長髮散落在臉上或糾結在一起，梳子也可以一起帶。

◆一些點心，先生或陪伴的親友就不會外出買食物而把妳一人留在醫院。如果醫師允許的話，妳自己也需要有些零嘴。

產後之用～

◆睡袍或睡衣，若是不想穿醫院的也可自行準備。要餵母乳的話，要準備開前襟的睡衣。

◆陪產者的換洗衣物，還有牙刷，以及他要住下來可能會需要用到的任何物品。

◆盥洗用品，包括洗髮精、潤髮乳、沐浴乳、體香劑、化粧品，以及其他美容必需用品。

◆妳喜歡牌子的產褥墊或看護墊，不過醫院也會供應。

◆換洗內褲和哺乳內衣。

◆若干健康小點心，以補充醫院的餐飲不足，叫外賣送餐也是一個辦法。

◆出院穿的衣物，記住腹部仍然相當可觀。

◆寶寶出院的衣物，要依據天候以實用為宜，得要放得進汽車安全座椅。加件包巾，天冷時要準備厚毯。醫院大多會供應尿布，以防萬一還是可以自己多準備幾件。

◆嬰兒汽車座椅，嬰兒一定要安全地固定在面朝後方的嬰兒用汽車安全座椅上，否則大部分的醫院不會讓妳帶著寶寶離開。此外，唯有這樣才能安全載著孩子出遊，法律也有明文規定。為避免最後一刻急忙慌亂，預產期之前就先把安全座椅的底座放置妥當，還要練習如何安裝。

親友陪產

「我真希望生產的時候姊妹、最要好的朋友，當然還有我媽，都能在場一起分享我的喜悅。是否可以全都請進產房，和我跟先生共同參與？」

看起來孕婦想開個「生日派對」，這樣做一點也不奇怪，而且有越來越多人選擇把生產日當作生日派對，想邀請的客人名單越來越長。在親朋好友簇擁支持之下生孩子，是個相當普遍的時尚潮流。

為什麼生產的日子越來越歡樂？對於許多在家裡或生產中心分娩的孕婦來說，家人圍繞在身旁再自然不過了，新生兒的兄姊也可以參與。如果在醫院生但選用無痛分娩，聊天時間更多，幾乎不需面對疼痛的問題，或專注於呼吸。打算採取非醫療生產的孕婦，也會喜歡有一大群親友在旁支持。此外，有些醫院以及生產中心也因應潮流，將產房重新加大改裝以容納過多訪客，放上舒適的沙發、小床、額外幾張座椅，讓產婦的加油團隊都能一起等待參與。有些醫生和助產士偏好產婦有一堆嘰嘰喳喳的姊妹淘陪在身旁，有了這些熱情的支持，可以減低產婦對疼痛的注意，情緒也會比較高亢開心，不論是否有醫療介入都一樣。

相信孕婦有很多好理由這樣做，不過也要事先提醒一下，不是每個醫生都願意開放這麼多人進產房，很多醫院仍舊會限制陪產人數，或是要求年幼的兒童別在現場。妳也得先確定另一半被列入妳的客人名單裡，別忘了，雖然生產時大半是妳在出力，但整件事還是小倆口一起的事，做爸爸的絕對不會願意被降到二軍。還要先想清楚，自己喜不喜歡一堆人盯著妳生產，看著妳呻吟、哀嚎、甚至排出大小便，而且產婦是半裸體的，也要考慮先生的感受。如果還有邀請哥哥、弟弟，甚至是公公一起到場，還有年長的孩子們，受邀的人是否會喜歡見到那種場面？如果他們情緒緊繃，會不會影響到妳的心情，尤其在妳最需要放鬆的時刻？當妳用力到很累想瞇眼休息時，會不會覺的旁邊聊天的聲音很吵，或是覺得有義務要陪大家一起講話，要照顧其他孩子，而真正需要的其實是專注於即將出生的小寶寶？

如果孕婦決定要邀請一堆人，也該記得保持彈性，也要先提醒賓客們生產的情況有時很難預料，雖然想自然產，也有可能臨時需要緊急剖腹，要是真的發生，那只有準爸爸能進手術室。也有可能開到七、八指時孕婦痛得受不了，不想要陪產團了，但是一群人已經來到醫院了怎麼辦？當真如此也不要想太多，還是請大家打道回府，畢竟母子均安最重要。

不想邀請親朋好友參加嗎？別被流行趨勢或是親友們的意見所影響，準爸媽的感受和最後決定最重要。

引發產兆的食物

是否好想趕快把孩子生下來，只要能誘發第一下真正的子宮收縮，什麼都願意做，也都願意吃吃看？雖然沒有科學根據，但是很多人都會告訴妳，吃了某種食物之後沒多久，就被送去生了。最常聽說的莫過於辛辣食物，如果腸胃受得了的話，吃一些幫助腸胃蠕動的東西。希望子宮也跟著一起動起來。說不定先吃一塊馬芬蛋糕，再喝下一大桶梅子汁。如果這樣太刺激了，也可以試試看茄子、蕃茄和紅酒醋都能引發產兆（不一定要混在一起吃），也有人說鳳梨很有效。不管孕婦想怎麼做，除非身體和寶寶都準備好了，不然應該很難說生就生。

初為人母

「距離寶寶到來的日子越來越近，我開始擔心照顧孩子的問題。我對於嬰兒或如何當媽都毫無概念，新生兒抱都沒抱過！」

當媽首先要了解就是：沒有人天生就會當媽。很少有人天生就會哄寶寶入睡、換尿布或為寶寶洗澡。為人父母是一門需要學習才能獲得的藝術，要反覆練習才能熟能生巧。也就是說，頭一兩個星期，甚至更久，新手媽媽（以及新手爸爸）都會覺得自己無法勝任，要是遇到哭的比睡的多、尿布滲漏、使用「不流淚」洗髮精，卻手忙腳亂弄得寶寶和媽媽都淚眼汪汪……更會有此感慨。

寫給爸爸們

「菜鳥爸爸心情七上八下」

想到即將初為人父，是否讓你高興得不得了，而且心情緊張難安？擔心自己沒法像別人那樣，自自然然就會那些做爸爸的本領，像那些到哪兒都可以見到，背著小娃兒、推著嬰兒車的爸爸們一樣自在。別擔心，少有男人生下來就會當爸爸，這跟女人並非生下來就會當媽媽是一樣的道理。雖然愛自己的小孩可能會自然流露，做爸媽的種種技巧，也就是造成你緊張萬分的壓力來源，都必須學習。每位新手父母都一樣，你得要從每一個挑戰、每回洗澡、每次整晚抱著哄睡，每次逗弄孩子發笑，從中學習，由原本心情忐忑不安成為這方面的專家。漸漸地，靠著練習、耐心、毅力以及愛心（說起來，這最容易，看看那可愛的小臉蛋），看似難搞的角色終將成為第二天性。幸好，全國各地都開始可以見到這類教授基礎育兒的課程，從換尿布、洗澡到餵奶、陪玩，全都會教。

也就是說，雖然這麼講，即使你可以從錯誤中學習，每位新當父母的都會犯下或這或那的錯誤，如果能有些基本的訓練，或許可以覺得比較安心。有的可以小倆口一起參加，有的只收男士（像是新手爸爸集訓），可在醫院、社區中心或軍營找到相關訊息。下回去上產前教室的時候不妨問問，住家附近有什麼可供選擇的訓練，請教要去生產的醫院或生產中心是否有相關資料，或上bootcampfornewdads.org網站查查當地的課程安排。你也可以讀讀《*What to Expect the First Year*》先加以熟悉。如有朋友或同事最近剛升格當爸爸，去找他們談談，可獲得不少第一手的實用建議。請他們在分享新手父母指引的時候可以讓你抱抱小嬰兒，為它們換尿布，逗著玩。

學習基本育兒技巧的時候，別忘了有些做父母時最重要的技巧就是你絕對不想實際用到的：比如像是嬰兒安全和CPR。在孩子　生之前，小倆口一起去上課把它學起來。

而且不要忘了，當然你也會學到，媽媽們自有育兒風格，爸爸也自有帶孩子的技巧。放鬆心情，相信你的直覺，自在地找出最適合你和寶寶的相處之道。不知不覺當中，你已經在運用最好的方式執行爸爸的任務了呢。

不過，慢慢地新手媽媽越來越熟練，換尿布、餵奶餵到地老天荒、睡上沒法入睡……一次又一次，新手媽媽都有辦法開始覺得像是老手一樣熟練，即使是最嫩的，就連妳也可以辦得到。從驚慌不安轉為自信篤定。從原本害怕抱寶寶，到現在輕鬆地抱在左臂彎內，右手同時還可以

付錢網購或推著吸塵器！餵副食品、洗澡、換衣服……樣樣搞定，這些工作不再是考驗了。照顧寶寶成為母親的第二天性。天性開始發揮功用，扭捏不安的自我懷疑全都收起。這時就會覺得自己像個媽，妳也一樣，只是現在很難想像自己也有成功的一天。

雖然無法一開始便輕鬆自如，但是從分娩前就開始學習，可以減少一團亂的情形。下列的方法都能幫助準爸媽越來越上手，像是抱抱親友的嬰兒、實習換尿布、安撫寶寶、閱讀《What to Expect the First Year》裡寫的育兒基本、觀看育兒影片或是去上嬰兒照顧和急救課程。

如果需要更為安心，可以和剛當父母親的朋友同事聊聊，網路上的好友或隔壁鄰居都行，畢竟只有做媽的才更有法子教妳如何做媽。妳會發現，原來每個新手爸媽都一樣手忙腳亂。

備好存貨

這兒說的存貨，是指廚房裡的食材。雖然孕婦這陣子都忙著打點寶寶用品、採買尿布、小衣服等等，也別忘記去一趟超市。雖然腳踝很腫、又挺著大肚子要採買很辛苦，但總比產後還要帶著寶寶出門一起買東西方便。把冰箱、冷凍庫和櫥櫃都裝滿方便上桌的健康食品，像是起司條、小包裝的優格、冷凍水果冰棒、做果昔可用的冷凍水果、穀片、多穀麥餅、速成湯、冷凍果乾、堅果等等。還有可別忘了紙類用品，紙巾用量會很大，沒空清洗碗盤也可以準備免洗碗筷、免洗杯渡過這個時期。如果還有空進廚房，方便冷凍的菜多先做一些，像是千層麵、小條的羅浮肉、辣醬、鬆餅、馬芬等等，全都按餐量分裝標示清楚收進冷凍庫。產後坐月子又累又餓的時候，只需放入微波爐加熱即可。

如果寧願叫人送貨而也不想自己去採購的話，這會兒也是上網搜尋線上百貨送到府務的大好機會，等妳抱著寶寶空不手來採買的時候，這些資訊都相當便利。

妳必須知道的：前陣痛、假性陣痛、真陣痛

電影裡的生產情節總是一付輕鬆模樣，清晨三點鐘，孕婦會從床上平穩的坐起來，一手摸著肚子，然後以鎮靜、甚至是沉著的語氣喚醒沈睡的丈夫：「親愛的，我要生了！」

妳不禁要問她怎麼知道要生了？在沒有生產經驗的情況下，她是如何冷靜、有信心地辨識產兆？何以確定到了醫院後，不會連一指都還沒開就被退貨？當然，這只是劇本而已。

若是以我們的方式來演練（這回可沒劇本），我們大概會在半夜三點醒來，但是完全沒把握這是真的陣痛，還是假宮縮？要不要開燈，開始計算陣痛間隔時間？該不該把老公叫醒？在半夜三點，該不該把醫生從床上拖起來，結果卻只是假性陣痛而已？那我會不會變成「狼來了」的孕婦，真的要生時就沒人當真了？我會不會是媽媽教室裡唯一無法辨識陣痛的婦女？我會不會太晚去醫院，而生在計程車裡，結果上了新聞呢？洶湧而來的問題甚至大過子宮收縮。

儘管會擔心，可是孕婦大多不會誤判陣痛。可能是直覺、運氣或真的太痛了，孕婦幾乎都會時機正確的出現在醫院。不過也不需要碰運氣，只要在事前熟悉前陣痛、假性陣痛和真陣痛的徵兆，等到收縮開始時，孕婦就懂得如何分辨了。

前期陣痛的症狀（Prelabor）

前期陣痛在陣痛真正開始前一個月或更早發生，也可能陣痛前一小時才發生。前期陣痛的特徵是子宮頸開始變薄與擴張，可以經由醫生檢查加以證實，也可以藉由其它自行察覺到的相關徵兆予以證實（並不是所有產婦都會遇到下列全的部的現象），包括：

胎兒進入胎位～初產婦通常在生產前二至四週發生，胎兒會下降到骨盆腔。對第二胎或以上的經產婦而言，可能一直到陣痛前才會發生。

骨盆和直腸的壓迫感增加～腹悶痛（與經痛相類似）和鼠蹊部疼痛，尤其常見於經產婦身上，也可能出現持續性的下背痛。

體重停止增加或減輕～第九個月體重的增加會減緩。而隨著預產期的接近，有些孕婦甚至會減少一、兩公斤。

體力出現變化～有些妊娠9個月的孕婦會覺得更累，也有人覺得精力充沛，一直想要擦地板和清理櫃子，這應該是築巢本能，是女性物種為即將到來的下一代作準備的本能（參考579頁）。

陰道分泌物的變化～要是仔細查看底褲，會發現分泌物增加，並且呈濃稠狀。

黏液栓子消失～由於子宮頸開始變薄和擴張，使得封閉子宮口的黏液栓子鬆開（參考598頁）。這種膠狀黏塊會在子宮真正收縮前一或兩週流出來，或是在陣痛開始時才發生。並不是每個人都會注意到黏液栓子流走了，但是如果妳有留意觀察便斗和廁紙，很難錯過沒看到。

落紅～由於子宮頸變薄和擴張，毛細管往往會破裂，因而出現粉紅色黏液或夾雜著血絲（參考599頁）。這種現象通常意味著24小時以內會開始陣痛，但也可能相隔數日之久。

假性宮縮更頻繁～子宮練習收縮（參考517頁）的頻率會變得更頻繁而強烈，甚至會十分疼痛。

腹瀉～有些孕婦在陣痛開始前會出現拉肚子的現象。

準備好了嗎？

可以閱讀下一章節的「陣痛與分娩」，確保孩子準備好要出生的時候，妳也己經準備就緒。

假性陣痛的症狀（False labor）

如果有下列情形，那麼真正的陣痛八成還沒開始：

- ◆子宮收縮並不規則，而且頻率或強度沒有增加。真正的陣痛不一定馬上變得規律，但是隨時間過去一定越來越強烈，越來越頻繁。
- ◆四處走動或改變姿勢時收縮就消退了（有時候真正的陣痛也會如此）。
- ◆出現淡褐色分泌物，這通常是四十八小時內做過內診或性交所造成的結果。
- ◆胎動隨著收縮而短暫增強。
- ◆開始宮縮然又停了……開始，又停了。這種讓人受不了的假性陣痛模式，可持續好幾天。

要記得假性陣痛不是故意要浪費孕婦的時間，就算妳一路趕到醫院或生產中心卻被請回家去也沒有白負工夫。這是寶寶在預備出生的動作，當真正陣痛開始時，寶寶才能適應收縮的強度。

真陣痛的症狀（Real labor）

沒有人知道引發陣痛的原因，其實孕婦真正關心的是何時開始陣痛，一般認為這是胎兒、胎盤、和母體的諸多綜合因素有關。胎兒會開啟這個複雜的過程，由腦部釋放一連串的化學訊息（可以翻譯成「媽媽，我要出去了！」），然後啟動母體荷爾蒙的連鎖反應，引發前列腺素和催產素，這兩種物質是子宮收縮和生產的重要因素。

要是出現下列情況，應該就是真陣痛：

◆收縮增強，即使孕婦改變姿勢也無法舒緩。

◆收縮以漸進的方式，更為頻繁、疼痛而且規律，但不一定都這樣。每一次宮縮不一定會比上一次更痛或更久（通常持續約三十到七十秒鐘），陣痛強度會增強，頻率不一定規律性的增加，可是次數會越來越多。

◆收縮的感覺一開始就像腸胃不舒服，或像嚴重的經痛。疼痛部位可能只限於下腹部、下背和腹部，也可能擴及到腿部，特別是大腿上部。不過，疼痛部位並不是可靠的指標，因為假性陣痛也可能出現在這些部位。

只有一成五的孕婦會在生產前破水，羊水會湧出或慢慢流出。多數產婦的羊膜會在分娩期間自行破裂，或者必須仰賴醫生破水。

何時與醫師聯絡

醫生應該會告訴妳只要陣痛每五到七分鐘間隔一次，便打電話與醫師聯絡，不要等到陣痛非常規律，因為不一定會發生。如果妳不確定，但是陣痛算是很規律了，就儘管打電話吧。醫生應該可以從妳的說話音調作分辨，孕婦可不要過於壓抑，努力隱忍疼痛。要是所有徵兆都顯示該上醫院了就打電話吧，不要覺得三更半夜吵醒醫生會有罪惡感。既然生為婦產科醫師，應該就不指望當個朝九晚五的上班族。也不用擔心被退貨而難為情。如果妳無法確定是否真的開始陣痛了，也不要不懂裝懂，寧可小心謹慎一些撥個電話問看看。

如果陣痛越來越強，但是還沒到預產期，或是發現鮮血，或是破水了但是並沒有陣痛，都要趕緊和醫生聯絡。要是羊水帶著褐綠色或是分泌物是鮮紅色的，甚至臍帶從陰道或子宮頸脫垂出來，都要立即就醫。

CHAPTER

14

陣痛與分娩

越來越接近預產期，已經開始倒數計時了嗎？是不是等不及想要恢復輕盈的身材，或是能夠好好睡一覺？別擔心，寶寶就要來到這世間和爸媽見面囉！在等待將小寶寶抱在懷裡的同時，孕婦一定也會擔心陣痛與分娩的問題。什麼時候會開始陣痛？更重要的是什麼時候才會結束？內褲濕濕的，是漏尿還是羊水破了呢？我能不能承受得了生產痛？要不要打無痛分娩，要怎樣才能辦到？是否得使用胎兒監視器？該不該上針？要是想在陣痛時待在浴盆裡，並在裡頭生，應如何進行？完全不用醫療介入是否可行？萬一產程沒有進展，該怎麼辦？如果進展太快來不及上醫院，又該如何是好？孕婦可以從本章找到所有問題的答案，很多的憂慮也會化爲無形。有了這些解答，加上醫護人員（醫師、助產士、護士、陪產員）的幫忙，相信孕婦一定可以做好準備，依自己的喜好來生產，當然也要有心理準備可能會有變化。最重要的是寶寶安全的來到妳懷裡。

孕婦關心事項

子宮頸黏液栓子（mucus plug）

「我覺得子宮頸黏液栓子已經排出來了，是否表示就要開始陣痛了呢？」

這也許是個懷孕期必經的轉變，説不定還有點噁心，但黏液栓掉落並不表示即將開始陣痛。甚至並不是所有即將臨盆的孕婦都會遇上。黏液栓子在整個妊娠期間都一直「塞住」子宮頸，它是一團透明的水滴狀膠質，通常是在子宮頸開始擴張而變薄時鬆脱。有些孕婦會發現黏液栓子脱落了，也許是上廁所時注意到不尋常的東西，有些人根本沒感覺，尤其是那種一沖就走的人。雖然這現象表示妳的身體已準備好生產，倒不算是即將臨盆的明確跡象，甚至連八字都還沒一撇呢。從這時算起，説不定還要再過好幾天、好幾星期，讓子宮頸持續擴張。換句話説，這時還用不著打電話給醫師，或忙亂地打包行李。此外，黏液栓脱落也不用擔心寶寶的安全；事實上，子宮頸持續製造黏液，以保護子宮頸開口避免感染，也就是説胎兒依然被緊密封在子宮裡頭，這就表示妳依然可以做愛、泡澡，或去辦事情。

內褲或馬桶裡都見不著黏液栓是嗎？別擔

心，很多孕婦並不會提前脫落，而且這也和後來陣痛的進程無關。

落紅

「出現粉紅色的黏液分泌物，是不是陣痛要開始了？」

這叫「落紅」，孕婦會看到粉紅色或褐色血絲的黏液分泌物，這是子宮頸變薄或擴張導致血管破裂造成的現象，看到落紅表示越來越接近生產了，值得慶賀。雖然落紅卻還是無法確定生產的時間，要等到第一次真正的宮縮才算。落紅後通常會在一到二天內就會進入產程，但是生產很難預料，孕婦要隨時保持警覺，直到陣痛開始。請牢記，落紅和黏液栓脫落不同，雖然都是黏液，落紅看起來像是帶有血色的分泌物，而黏液栓更像是一團膠狀物。出現落紅表示幾乎就要生了，而黏液栓脫落呢……還沒那麼快。

萬一分泌物突然轉為鮮紅色，而非帶血或血絲，就要馬上與醫師聯絡。

破水

「半夜裡醒來發現床上一灘濕濕的，這是膀胱失禁還是破水？」

聞一聞床單大概就可以找到答案，如果聞起來有點甜那應該就是羊水。羊膜包圍著胎兒和羊水，這九個月胎兒便生活在羊水中。要是羊膜破裂的話，另有線索可循：淡黃色的液體會持續流出來。也可以試試凱格爾運動，如果水流停止那是尿失禁，如果繼續流的話就是羊水。

躺下時羊水會流得更多，站起來或坐下時胎頭會像軟木塞，暫時止住羊水。如果羊膜的裂口是在下方接近子宮頸的位置，而不是在比較上方的部位，那麼不論坐或站，流量都會比較大。

醫生應該有告知破水時要如何應變，如果忘記醫生怎麼說，不管現在是晚上或白天，趕緊和醫生聯絡。

「我剛剛破水，可是沒有出現任何宮縮。陣痛什麼時候會開始，我現在該怎麼辦？」

陣痛前破水的婦女很快就會進入產程了。大多在羊水流出後的十二小時就會開始陣痛，若是沒有，一定也會在二十四小時內開始。

十個孕婦當中會有一位要等更久才開始陣痛。為了避免感染（時間越久，感染的風險越高），醫生大多會在破水的24小時內催生，要是孕婦接近預產期或是已經到了預產期，醫生會在6小時內便催生。已經破水的產婦其實更願意及早催生，而不要二十四小時濕濕的等待。

如果發現破水，除了拿毛巾和衛生棉，首先要做的就是打電話給醫師或助產士（除非他們另有指示）。同時要盡量保持陰部的潔淨以防感染。不要行房（這個節骨眼應該也不會有這個想法）、使用衛生棉（不要用棉條）吸收流出的羊水；不要自行做內診、上廁所時要由前往後擦拭。

極少數例子裡，胎兒的頭部或臀部尚未進入骨盆腔時提早破水（較常見於臀位或早產），臍帶可能會呈現「脫垂」現象——掉入子宮頸，甚至掉到陰道，而且隨著一股羊水快速湧出。萬一看到臍帶出現在陰道口，或覺得有東西在陰道內，要立刻叫救護車或馬上就醫（參考854頁）。

✿ 羊水顏色變深（胎便污染）

「羊膜破了可是羊水並不清澈，還是綠褐色，這意味著什麼？」

羊水應該是被胎便污染了，所謂胎便就是胎兒消化道第一次排放出的綠褐色物質。通常胎便是在小孩出生後才會排出。如果胎兒在子宮內感受到壓力，或過了預產期，就有可能在羊水中排出胎便。

光靠胎便並無法判斷就是胎兒窘迫，但有此可能，要馬上通知醫生。即使陣痛還沒開始，應該也會馬上催生，而且在生產過程中會詳加監控胎兒的情況。

✿ 羊水不足

「醫生說我的羊水量偏低，必須加以補充，該不該為此憂心？」

一般而言，母體會自行補充羊水，使子宮維持充分的羊水量。如果在陣痛期間羊水量減少，醫生可以利用生理食鹽水加以補充，經由細而有彈性的導管直接打入羊膜囊內。這種方式稱為羊水注入法，可以大幅降低因為胎兒窘迫或其他併發症而需要剖腹的機率。

✿ 不規則的收縮

「媽媽教室教導我們要等到收縮變規則了，而且每五分鐘收縮一次才去醫院。我的收縮間隔不到五分鐘，可是一點也不規律，我不知道該如何是好？」

每個孕婦的妊娠狀況都不會完全相同，陣痛情形也是各有差異。書籍、媽媽教室或醫生對生產的講述都屬於常態性情形，不過哪有可能每位產婦的陣痛都照本宣科、收縮間隔規律、產程的進展也都如預期盤發展呢？

要是出現強烈、漫長（持續二十到六十秒）、而頻繁（間隔五到七分鐘）的收縮，即使收縮的長短和間隔不一，也不要等到變「規則」了，才打電話給醫生或前往醫院，不用擔心醫生和教科書的交待。妳的收縮情形很可能馬上變得規律，而且馬上就要進入生產階段。不論如何，寧可安全著想萬萬不能照本宣科。

陣痛時打電話給醫生

「剛開始宮縮就每三到四分鐘收縮一次。醫師說我該在家度過頭幾個小時的陣痛，怎麼可能？」

初產婦的陣痛大多慢慢開始，宮縮也是逐漸加強的，她們可以安心在家度過陣痛的前幾個小時，慢慢洗澡準備待產包。要是收縮轉為強烈，持續至少45秒，不到5分鐘一次，妳應該可以到醫院待產了，如果不是第一胎，速度還可能更快些。很可能在沒有痛感的情況下，子宮頸已經擴張到很大了。如果這時還不到醫院的話，很可能就會在家生產了。

一定要先和醫師連絡，清楚且明確說明收縮的頻率、持續時間和強烈程度。醫生早已習慣以孕婦在子宮收縮時講話的聲調來判定陣痛到哪個階段，所以在描述自己的狀況時，不要強忍疼痛，或刻意維持鎮靜的語調，此時此刻可別考量端莊穩重之類的事。同理，就算妳沒什麼興致談天說地，別叫另一半幫妳講這通電話。

要是真的覺得快生了，可是醫生並不認同的話，那就直接前往醫院檢查。可以帶著待產包以防萬一。也要有被退貨的心理準備，子宮頸可能才開一、二指而已。

獨自緊急分娩

希望孕婦都不會遇到這種事，不過還是應熟悉步驟，以防萬一。

1. 保持鎮靜，妳一定做得到。
2. 撥打119或是所在地的緊急號碼，或是叫救護車，要求他們打電話給妳的醫生。
3. 可能的話請身旁的人幫忙，像是鄰居、同事或朋友等等。
4. 大口喘氣，不要用力。
5. 可能的話，用肥皂和清水把雙手和陰道部位清洗乾淨，或用紙巾和乾洗手清潔。
6. 在床上、沙發或地板上鋪一些乾淨的毛巾、報紙或床單；大門不要上鎖，救護人員到了就可以進來。躺著用幾個枕頭撐住。
7. 如果救援尚未抵達寶寶就要出生的話，在每次收縮時用力將胎兒和緩娩出。
8. 當胎頭開始露出來時，小口呼氣或用嘴巴吹氣（不要用力），溫和的壓住會陰，以防胎頭突然往下落。要讓胎頭慢慢出來，千萬不要把它拉出來。要是有臍帶繞在寶寶的脖子上，用手指從下方把它撐起來，小心繞過寶寶的頭上。
9. 接下來用雙手輕輕托著寶寶的頭，並小心輕輕地向下壓（不要用拉的），在這同時使勁把前肩娩出。上手臂出現時，小心抬起寶寶頭部，感覺一下後肩的位置，以利娩出。肩膀一旦自由了，剩下的其他部位應該就可以輕易地滑出。

10. 把寶寶放在妳的腹部，臍帶夠長的話（不要用力拉）就抱在胸前。迅速用乾淨的毯子、毛巾、或任何衣物把新生兒包起來。

11. 用乾淨的毛巾或布擦一擦寶寶的口鼻，手指從寶寶眼窩內側順著鼻樑擦拭，有助於除去羊水。如果援手還沒到，而且寶寶沒有呼吸或也沒哭，讓寶寶的頭低於雙腳，按摩背部。如果還是無法呼吸，可用乾淨的手指頭再多清一下口腔，迅速而且非常輕地對寶寶口鼻吹一、兩下。

12. 不要企圖把胎盤拉出來。要是在援手到場之前自行娩出胎盤，可用毛巾包起來，儘量放在比寶寶高的地方。不用剪斷臍帶。要是援手還要很久才來，分娩後2到3分鐘再用線或鞋帶把臍帶紮起。

13. 讓自己和新生兒保持暖和與舒適，等待幫手。

來不及趕到醫院

「我很擔心來不及到醫院就生了。」

突然生產的情形大多只出現在電影和電視上。真實生活裡，毫無充分預警就生產的情況少之又少，特別是初次分娩的婦女，絕對有足夠時間前往醫院。偶爾會有婦女在沒有陣痛，或陣痛不規律的狀態下，卻有強烈想要生小孩的感覺，產婦往往會誤以為只是想上廁所。

再說一次，緊急分娩的機率微乎其微，如果準爸媽花些時間了解緊急分娩的處理原則（參考對頁和606頁的表格內文字），就更能輕鬆以對。

陣痛時間很短

「我聽說有些人陣痛時間很短暫，這很常見嗎？」

聽到這種故事總是讓人很羨慕，但是並不像妳聽說的那麼快。這些幸運兒通常歷經幾小時、甚至幾天、幾週無痛感的宮縮，子宮頸也在這過程中慢慢的張開。當她終於感到陣痛時，子宮頸可能已經快全開了。

有時候子宮頸也會極速擴張，平均而言需要幾個小時（尤其是初產婦），卻只花了幾分鐘完成。幸好這種突如其來的陣痛方式，從開始到結束不足三小時，通常不會危及到胎兒。萬一孕婦也是陣痛一來就緊密且強烈，請趕緊前往醫院，才能趕快監測胎兒的情況，也可以利用藥物來放慢收縮，減輕胎兒或母親的壓力，緩和情緒。產程過快的話，有時產婦會太過焦躁，讓陣痛放慢可讓她平靜下來。

枕後位分娩

「陣痛一開始，我的背就痛得不得了，痛到我幾乎熬不過整個生產過程。」

妳的情形應該是「枕後位」，真的會很痛很痛。雖然胎兒頭下腳上，但是背部靠著孕婦的背，臉朝向妳的腹部，而且胎兒的後腦勺會壓迫到母體的薦骨——即骨盆的後側。但即使胎兒不是枕後位，或是胎兒在生產過程中將臉轉朝向腹部，也可能出現難忍的背痛。

如果遇上這種狀況，收縮間隔也不會緩和，收縮時痛得難以忍受，一痛起來產婦只在乎如何減輕疼痛，已經不管原因為何了。如果妳想用無痛分娩，那就開始吧，已經這麼痛了，用不著等。或許妳需要比一般更高劑量，才能完全擺脫如此背痛，因此要讓麻醉師了解狀況。甚他選項（例如麻醉劑）也可以止痛。如果妳想要保持不用藥，還有幾個方法可能會有幫助，至少值得一試：

去除背部壓力～可以四處走動改變姿勢（但是收縮得快又猛時應該做不到），蹲下來、盤腿坐、四肢著地趴下來，或任何最不痛的姿勢。要是覺得無法動作，又想躺下來的話，可以採側躺姿勢，像胎兒一樣彎腰拱背。

熱敷或冷敷～請先生或陪產員或護士幫忙，把熱敷袋或冰袋用毛巾裹起來，看看是熱敷或冷敷最舒服，也可以冷熱交替。

反壓或按摩～請陪產的先生在最痛或周邊部位以不同方式按壓，可以用指關節或手掌基部，並把另一隻手覆在上面，增加按壓的力道，可以用網球或是按摩棒直接按摩或是用力繞著圓圈按。可以偶爾用一點乳液、按摩油或粉，減少摩擦力。

腳底按摩～針對這種背痛，可以在緊鄰蹠骨下方的中央部位用指頭出力按壓。

其他輔助療法～水療法（溫水浴或按摩浴缸）可以減輕背痛；如果有練習過冥想、觀想、自我催眠也可以試一試。這些方法往往能夠發揮作用，而且絕對無害。

寫給爸爸們

「緊急分娩：陪產人員必須知道的訣竅」

在家中或辦公室～

1. 盡量保持冷靜，安撫產婦讓她寬心。即使你對接生一無所知，可是母親和寶寶會知道。
2. 撥打119（或當地的緊急救援號碼）叫救護車，並要求他們打電話給醫生。
3. 讓產婦練習呼吸，不要用力。
4. 使用肥皂和清水沖洗陰道部位，還有自己的雙手，或用紙巾或乾洗手。
5. 有時間的話，把產婦安置到床上或桌子上，讓她的臀部可以稍微垂下來，雙手放在大腿下面，把大腿抬高。方便的話可以放一張靠腳椅或凳子或來支撐她的雙腳。可能的話，在產婦的臀部下方舖報紙或乾淨的毛巾衣物等。要是已能見到胎頭，拿一些枕頭或靠墊墊在她的肩膀和頭部，讓她靠著成半坐立的分娩姿勢，有助生產。如果胎頭還沒出現，可以讓產婦平躺或側躺減緩產程速度，等待援手到場。
6. 要是已而見到胎頭上半部，請產婦小口呼氣或吹氣（別用力），溫和的壓住產婦會陰，以防胎頭突然往下落。要讓胎頭慢慢出來，千萬不要把它拉出來。要是有臍帶繞在寶寶的脖子上，用手指從下方把它撐起來，小心從寶寶的頭上繞過。
7. 接下來，用雙手輕輕托著寶寶的頭，非常輕微地向下壓（不要用拉的），同時要產婦用力，以娩出前肩。上胳臂出現以後，小心地把寶寶的頭抬高，看著後肩膀娩出。肩膀一旦自由了，剩下的其他部位應該就可以輕易地滑出來。

8. 把寶寶放在產婦的腹部，臍帶夠長的話（不要用力拖拉），可以放在媽媽的胸口。迅速用毯子、毛巾、或任何乾淨的衣物把新生兒包好。

9. 用乾淨的布擦拭寶寶的口鼻，手指從寶寶眼窩內側順著鼻樑抹拭，有助於除去羊水。如果救緩還沒到，而且寶寶沒有哭泣或呼吸的話，可以揉揉他的背，讓寶寶的頭低於雙腳。還是無法呼吸，可用乾淨的手指頭多清一下口腔，迅速而且非常輕地對寶寶口鼻吹一、兩下。

10. 不要企圖把胎盤拉出來，在救援抵達前，要是可以自行娩出胎盤，可用毛巾把胎盤包起來，放在比寶寶高的地方。無須嘗試去剪斷臍帶，要是分娩後2到3分鐘還沒人來幫忙，就用線或鞋帶把臍帶紮起。

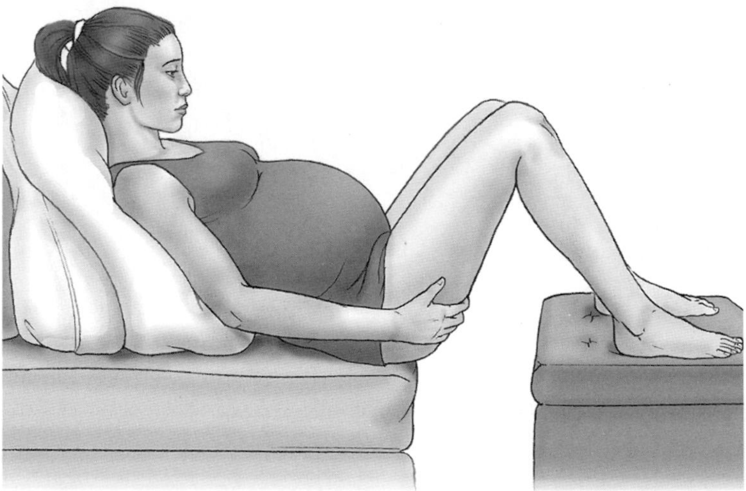

11. 在援手抵達以前，讓母親與寶寶保持溫暖舒適。

上醫院途中生產～

要是在車上，而分娩又迫在眉睫的話，在安全的路邊停下來，開啟警示燈。撥打119。如果有車停下來查看，請他們協助和119或或當地救援單位連絡。如果坐的是計程車，則請司機利用無線電呼叫求助。

可能的話，在後座先墊上外套、夾克或毯子，再讓產婦躺下。救援要是還沒抵達的話，依上段「在家緊急分娩」的方式進行。除非緊急處理中心說救護車已在路上，等寶寶一出生，儘速前往最近的醫院。

催生

「還沒過預產期為什麼醫師要我催生，不是只有超過預產期的寶寶才需要催生嗎？」

醫生應該有其考量，大約有兩成的妊娠，不管是過預產期還是其它原因，都需要靠催生幫忙才能進入產程。如果有下面原因，但是醫生又認為可以自然產時，就會進行催生：

- 破水之後過了24小時都未開始陣痛。（有的醫生會在這之前就進行催生）
- 檢測後發現子宮環境變差，不適合胎兒繼續待下去，可能是胎盤功能退化、羊水不足等等。
- 檢測後發現胎兒不再成長發育，但是已經可以在子宮外生存。

◆母親的身體發生狀況，像是子癇前症（妊娠毒血症）、妊娠糖尿病或是其它慢性、急性疾病。讓寶寶繼續待在子宮反而更危險。

◆孕婦住家離醫院太遠，或是之前有急產的經驗（也許兩因素都在），可能會來不及趕到醫院或生產中心。

如果還是不確定醫生為了什麼想要催生，可請他詳加解釋。關於催生的細節請繼續讀下去。

「要怎麼催生呢？」

◆醫生會先利用荷爾蒙藥物讓子宮頸成熟、變得柔軟，做好生產的準備，像是陰道凝膠型態的前列腺素E（或是藥錠的陰道塞劑）。在這個無痛過程中，利用注射器把凝膠注入接近子宮頸的陰道內。幾小時後，凝膠會發揮效用，讓子宮頸變薄和擴張。如果沒有作用，便會注射第二劑的前列腺素凝膠。大多只需一劑就足以促發陣痛。如果子宮頸已經擴張，但是收縮還沒開始的話，醫生會繼續催生。有些醫生會使用物理方法來催熟子宮頸，例如附有氣球的導管、擴張器，或是用昆布（Laminaria japonicum），插在子宮頸，昆布會吸收子宮頸周遭的液體，而使子宮頸漸漸擴張。

◆如果羊膜完好，醫生會剝開羊膜。也可能直接人工破水（參考616頁）加快產程。

◆如果還是無法造成規律的子宮收縮，醫生會透過靜脈導管逐步注射催產素（Pitocin），直到已能有穩定的宮縮。這是一種人工合成的催產素荷爾蒙，懷孕期間母體都會自然分泌，分娩時也很重要。醫生也可能會改用misoprostol，經由陰道給藥，這是另一種可以縮短產程的方法。

◆醫護人員會持續監控胎兒的情況，也會注意藥物對子宮的刺激是否過度，如果收縮過於強烈，醫生會減少藥劑或完全停止使用。開始規律收縮後，醫生便會停止催生。一旦宮縮全盤進展，就可以停用催產素或減量，產程應該可以和自然發生一樣進行。如果想要的話，此時就可以實施無痛分娩。

◆經過八到十二小時的催生後，要是毫無反應或產程沒有進展，醫生應該會停止催生讓產婦稍作休息，看是要繼續催生或是改採剖腹產。

陣痛期間飲食

「陣痛期間到底可不可以飲食，每個人的說法都不一樣。」

有些醫生會完全禁止產婦進食喝水，避免緊急剖腹時需要進行全身麻醉，可能會吸入消化道的食物。抱持這種看法的醫生只允許產婦吃冰塊解渴，或是打點滴補充水份。不過，大多數醫生（ACOG的指導方針也是如此）可以讓低危險群的產婦喝水並且吃些易消化的食物（可不是芝心批薩），這樣才有力氣生產，據他們說，全身麻醉會吸入食物的風險極低，機率是千萬分之七。相較於陣痛期間不能吃喝的產婦，進食的產婦陣痛時間平均縮短了九十分鐘，也比較不須倚賴催產素來加速產程，對止痛藥物的需求較少，而且新生兒的阿帕格健康指數也比較高。可以詢問醫生待產時可以食用哪些東西。

如果醫生同意待產時可以吃東西，產婦也不會有力氣在生產時到超市買東西，而且收縮的痛楚可能會讓胃口全失。可以選擇一些輕食小點心，像是水果冰棒、果凍、果汁、水果、果醬土司，或是清湯等都很理想，有助於產婦補充體力。還有別忘記陣痛時可能會讓產婦有嘔吐的感覺，有些人甚至沒吃東西也會乾嘔。

陪產的先生或親友也要記得按時吃東西，保持陪產的體力，提醒先生帶妳到醫院前可以先用餐。也可以在待產包裡放一些零食備用。

例行靜脈注射

「是不是到了醫院待產，就需要接上靜脈注射，就算很確定不要做無痛分娩也一樣？」

每家醫院有不同的政策，有些醫院只要產婦進了待產室，就得接上胎兒監視器，也得在手背上或是手臂內側插上軟針，方便補充水分和藥劑。除了避免產婦脫水，也為了預防緊急狀況發生時，需要施打藥劑或輸血，不會擔誤急救措施。有些醫院會省略這個步驟，等到有需要時才會插上靜脈軟針。可以事先詢問醫生能否等到需要時再接上。

若是要打無痛分娩，那一定得吊上點滴，預防血壓突然下降，這是無痛分娩的副作用之一。裝上靜脈注射，在需要施打催產素，加快產程時也會比較方便。

要是一定得打的話，也不用太難過。只是針頭在插入時會有點不舒服，之後應該就沒什麼感覺了，如果覺得不適就要和護士反應。把注射瓶懸掛在移動的架子上，要上洗手間，或在走廊走動都不會有所限制。如果真的不願意掛著點滴管，也許可以請醫生改用肝素靜脈注射帽（heparin lock）；靜脈在插上導管和注射帽後，會施打肝素，這是一種抗凝血劑，之後就會關上靜脈注射帽。如此一來，產婦不用一直掛著點滴，醫護人員在緊急時刻也能即時裝上點滴管。

胎兒監控

「待產時會全程接上胎兒監視器嗎？這樣做的用意為何？」

對一個在溫暖舒適的羊水中，悠游度過九個月的小生命而言，要通過母體狹窄的骨盆，過程一定不會太輕鬆愉快。每一次宮縮，胎兒便會受到擠壓，過程中胎兒的心跳可能會變慢、加速，或是活動力降低，甚至出現胎兒窘迫的狀況。胎兒監視器可以監控胎兒的狀況。

但是多數的專家不認為需要全程接上胎兒監視器，研究指出在低危險群不需用藥的分娩中，只要使用都卜勒儀就能有效監控胎兒狀況。如果產婦也是屬於低危險群，應該可以不用全程帶著胎兒監視器。但是若需要催生、施打無痛分娩或有特定的風險（例如羊水受到胎便污染），應該就避免不了全程接上胎兒監視器。

胎兒監控有三種型態：

外接監視器～這是最常運用的監控器，方法是把兩條儀器帶束在腹部，一為都卜勒儀，用來接收胎兒的心跳聲；另一項則為壓力偵測器，用來衡量宮縮強度和長短。兩者連接到同一個監視器，監視器可以將數據列印出來。接上監視器，產婦能在床上或是椅子上移動，但是無法自由走動。

在產程第二階段，子宮的收縮又快又急，很難知道何時用力，何時暫停，這時便可以運用監視器的精確測量。也有可能在此階段棄絕監視器的使用，以免對產婦造成干擾。在這種情況下，會改採都卜勒儀定期檢查胎兒的心跳狀況。

體內監控～在需要更準確的監控，例如懷疑發生胎兒窘迫時，便會採用體內監控。醫護人員會將一個小電極片從陰道放入，貼在胎兒的頭皮上。導管會放在子宮或是在產婦的腹部外接壓力儀，來測量宮縮強度。雖然內接監視器的結果較為準確，但只有在必需情況才會這樣做，以避免增加感染的風險。寶寶出生後頭皮上也許會有瘀青或擦傷，但是幾天內就能復原。產婦的行動受限，只能在床上稍微翻身。

遙測監控～只有少數醫院會有這項儀器，這是在產婦的大腿接上感應器，將胎兒的心跳傳送到護理站。產婦的行動較為自由，能夠在待產室或醫院走道稍微走動。

不論是體內監控還是體外監控，都很容易發生假警報。很多情況都會讓監視器發出很大的嗶嗶聲，像是偵測器脱落、胎兒移動位置或是孕婦換個姿勢，也有可能是監測器失靈，或宮縮強度突然增加。醫生會先評估所有的狀況，才能確定是否發生胎兒窘迫。如果還是一直測到異常數據，醫生會採用其它方法評估，如果確定胎兒有危險，就會進行剖腹。

會陰切開術：不再是個必要手段

很可能妳已經聽得夠多，曉得不太可能施行會陰切開術。這項手術是在胎頭冒出前，將介於陰道和肛門之間的肌肉切開，擴大陰道出口，幸好如今已經不再是分娩時的例行步驟了。事實上，除非有很好的理由，助產士和大多數醫生現在都很少動那一刀，約有百分之十的產婦會遇上。

事情並非總是如此。之前醫界認為這樣做可以避免會陰自然撕裂、產後大小便失禁，還可以減少產程過久發生胎兒窘迫的現象。可是現在已經了解，不做會陰切開，嬰兒的狀況一樣良好，而且對母親來説反而比較好，生產的平均總時數也不會拉長。對產婦而言，好處是失血較少、不易受到感染、減少大小便失禁的機率，而且產後的會陰疼痛也較為輕微。相較於採行會陰切開術的產婦而言，出現產後併發症的風險並沒有提高（雖然自然撕裂還是有失血和感染的風險）。研究還發現會陰切術會比自然撕裂更容易產生嚴重的三或四級撕裂傷，因為太接近直腸甚至撕裂整個肛門而造成產後大便失禁。

雖然會陰切開術不再是例行公事，可是在某些狀況下依然有其必要，例如胎兒過大、需要快速娩出而得動用產鉗或真空吸引，或是發生肩難產（分娩期間肩膀卡在產道內），醫生就會進行會陰切開術。

會陰切開前如果有時間，醫生會施打局部麻醉，如果已經有打無痛分娩，或是會陰已經變薄，又或者生產的痛已經麻痺了這部位的神經，醫生就會直接剪開。會陰切開術有兩種型態：正中切開法與斜切法。中間切開是直接往直腸的方向切開，斜切法是往左斜或右斜方向，可以偏離直腸部位。在胎兒和胎盤娩出

後，醫生會將切開處縫合，如果之前沒有打麻醉或是無痛分娩已經失去效力，醫生會再施打局部麻醉劑。

為了減少不必要的會陰切開術，以及增加分娩的順暢，助產士會建議第一次懷孕的準媽媽在產前幾週做會陰按摩（之前有過自然產的媽媽，產道已經有伸展的經驗，再做會陰按摩並沒有太大的幫助）。生產時可以使用溫毛巾按壓，舒緩會陰的不適。會陰按摩採站立或蹲姿，用力時吐氣或發出呼呼聲，以利會陰的伸展。在胎頭即將產出的階段，醫生會輕輕壓著胎頭，避免胎兒太快衝出來，造成不必要的撕裂。

和醫生討論會陰切開術的問題時，醫生應該會同意除非必要，不然無需切開會陰。在生產計畫書中記下妳對會陰切開術的感受，讓醫護人員了解。可是要謹記在心，會陰切開術有

時是必要的，取決於生產當下的狀況，要以自己和寶寶的安全為最優先考量。

✿ 人工破水

「我很擔心沒有自然破水的話，醫生會人工破水，會不會很痛？」

多數的產婦在人工破水時不會有什麼感覺，畢竟更劇烈的陣痛很容易讓產婦忽略其它的小痛。如果有不適，應該是羊膜鉤插入陰道時產生的，而不是破水本身。最大的感受應該是一股水湧出來後，緊接著強烈快速的收縮。

人工破水並不會減少催產素的使用，但似乎確實能夠縮短產程，至少催產的話是這樣，許多醫生會試著人工破水以加快遲滯的產程。如果沒有破水的理由，醫生會等到羊膜自然破裂。有時為了其他程序，例如像是要進行體內監控，就會實施人工破水。

偶爾也會有羊膜在整個產程中都沒有破裂的情形發生，導致寶寶生下時水袋依然圍繞在周遭，醫生會在胎兒娩出時，把羊膜弄破，這當然不會有所影響。

✿ 真空吸引器

「為什麼生產時醫生要用到真空吸引器？吸著寶寶的頭聽起來好像會很痛是嗎？」

真空吸引器可在寶寶遇到難關時幫它一把。可別以為那是個吸塵器之類的器材，它只不過是個簡單的塑膠杯，置放在胎頭上，再輕輕引導胎兒娩出產道。真空吸引器可以避免宮縮暫歇期間寶寶的頭退回產道，宮縮時也可以幫助產婦出力。真空吸引器的使用率約為5%，情況允許的話，是產鉗和剖腹之外的另一項選擇。

何謂情況允許？如果子宮頸已完全擴張而且羊水也破了，但產婦已精疲力竭無法有效用力或持續出力，或是有心臟病或血壓很高，極度用力的話會有危險，就可考慮使用真空吸引器。要是因為可能有胎兒窘迫情況而需要趕快娩出，也會用到真空吸引器，前提是寶寶的位置適當，例如像是幾乎露出胎頭時。

使用真空吸引器的寶寶，頭皮會有些腫，但是情況通常不嚴重，也不需要治療，而且在幾天內就會復原。如果真空吸引器無法發揮效用的話，醫生會進行剖腹手術。

採用真空吸引器之前，若時間許可，醫生可能會提議先休息一下，幾次收縮後再試著出力，有時只需稍歇一會就能有足夠力氣把寶寶推出。

換個姿勢，例如手腳著地跪著，扶住生產桿蹲著或坐在生產球上，再加上重力幫忙移一下胎頭，也會有助於分娩。

對於真空吸引器（或產鉗）的使用若有任何問題，要儘量提出，包括在之前是否要先做會陰切開術。多了解一些，就越能處變不驚的應付生產中可能會發生的情況。

✿ 真空吸引器

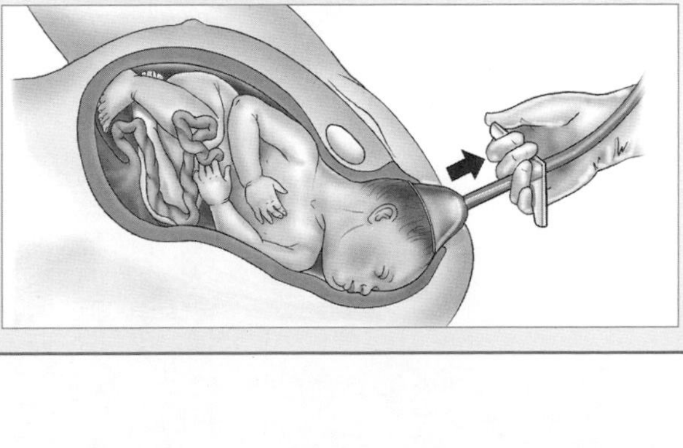

產鉗

「生產時使用產鉗的機率高嗎？」

現代醫學已經很少使用產鉗來幫助嬰兒娩出，真空吸引器的使用比較常見，參考前一個提問。並非因為產鉗不如真空吸引器或剖腹產安全，而是因為越來越少醫生受過訓練，或經驗不夠用起來不順手。可能會用到產鉗的因素，和使用真空吸引器的考量相同。

如果決定使用產鉗，子宮頸必須完全擴張、排空膀胱、也已經破水。醫生會為產婦局部麻醉，已經施打無痛分娩則不需要，剪開會陰增加產道開口大小，讓產鉗放入。然後一次一邊，分別把彎曲的鉗子置放在寶寶太陽穴的部位，再輕輕的把胎兒接生出來（請參考圖片）。胎兒出生後，頭皮可能會有少許瘀青和腫脹，但是出生後幾天就會復原。

如果產鉗無法發揮作用，醫生會進行剖腹。

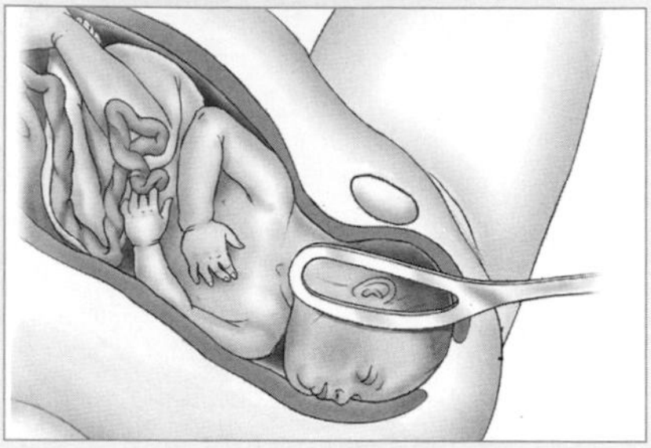
產鉗

待產姿勢

「我知道陣痛時最好不要平躺，那什麼姿勢才好呢？」

平躺是最沒有效率的待產姿勢，因為會減少地心引力的幫助，還會壓迫到主要血管，可能會減少胎兒的血液供輸。產婦可以選擇自己舒服的姿勢，而且只要身體方便，可以隨意變換姿勢，這樣做還可以減輕待產時的疼痛，加快產程速度。

可以選擇下面列舉的待產姿勢，或是自行變化：

站姿或走動～站立可以減緩收縮的痛楚，還可以借助地心引力，加速子宮頸的擴張、讓胎兒下降到產道。當陣痛來得又強又急時，產婦應該站不住，可以在收縮之間靠著牆或是先生，不然稍微走動，在陣痛剛開始時都是很棒的作法。

搖動～雖然寶寶還沒出生，但是輕微的搖動臀部對寶寶和媽媽都很好，尤其是在陣痛一波又一波來襲的時候。可以坐在椅子上或是保持站立，前後搖動，搖動可以讓骨盆打開，幫助寶寶往下移。而且地心引力也能一起幫忙。

前傾～很多待產婦都覺得收縮時身體前傾可以放鬆——要是有背痛症狀的話這姿勢特別有

搖動

前傾

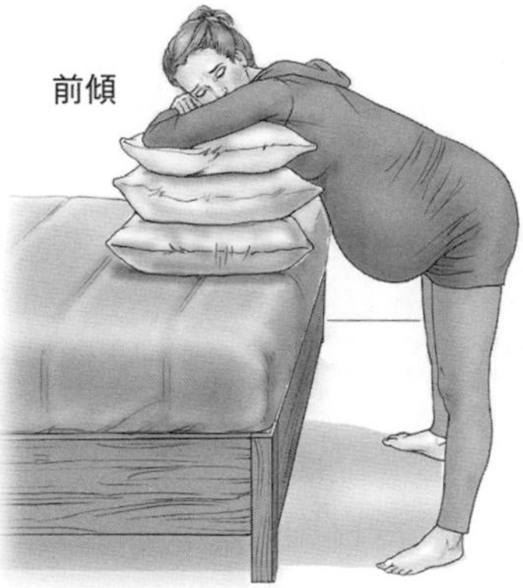

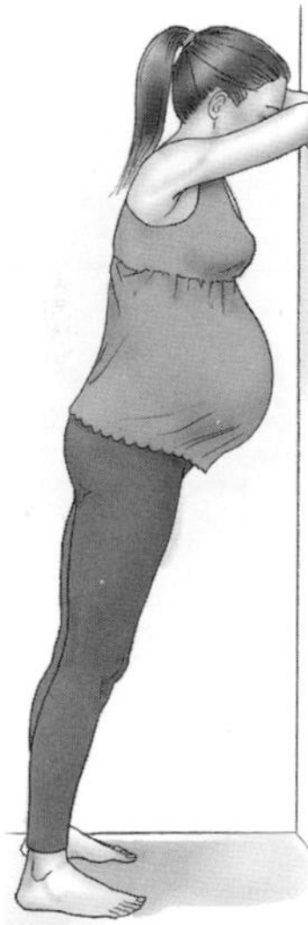

站姿或走動

用。床鋪或桌面上疊起幾個枕頭，身體靠在上面，頭和手臂都可以靠著，放鬆全身。如果想動一動卻沒力氣站直，這種姿勢也很有幫助。

坐姿～可以調整產床的高度，讓自己半坐著，或是靠著老公，或是坐在生產球上。坐姿可以減輕收縮時的疼痛，借助地心引力讓寶寶降到產道。方便的話也可以考慮使用生產椅。這種特殊設計的生產椅，可以讓產婦更輕鬆的坐著或蹲下，理論上來說也可以加速產程，產婦也能更清楚整個生產進度。

在生產球上～坐在大的健身球上，可助妳骨盆打得更開，而且會比長時間蹲著輕鬆許多。陣痛期間，球的弧度對稍稍對會陰施加抗衡壓力。如果你妳寧願四肢著地跪著（參考插圖），不妨利用球的弧度趴在上面前後擺動，或左右擺動，甚至可以劃圈。如此運用生產球支撐對於枕後位生產有所助益，而且手腕不需承受力量，不論妳

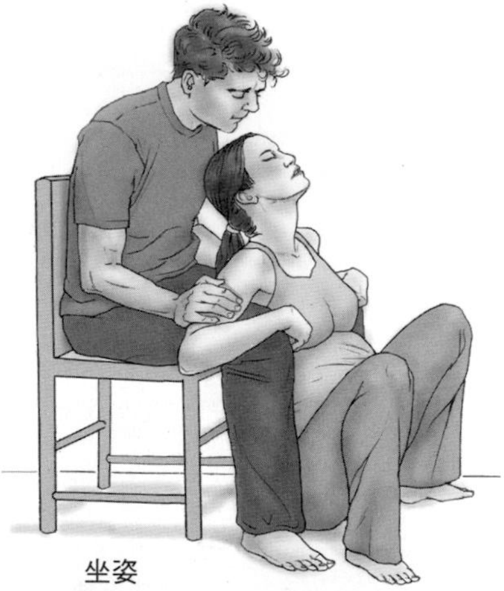
坐姿

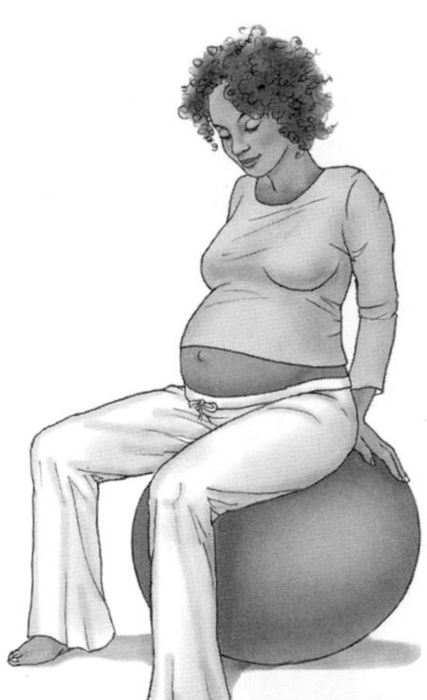
在生產球上

用什麼自己覺得最棒的姿勢都可以。

跪姿～如果寶寶是枕後位，可跪趴在生產球上，靠在椅子或先生的肩膀採跪姿，可以緩和寶寶的頭壓迫到母親脊椎所導致的疼痛。促進寶寶往前移動，就能減輕壓在媽媽背上的重量和痛楚。就算並非枕後位分娩，跪姿也是很有效的待產和生產姿勢，因為跪著可以讓產婦在用力分娩時，將一些壓迫脊椎下部的力道移開轉往他處，比坐姿更能減輕生產的疼痛。

四肢著地跪姿～枕後位時，採四肢全部著地的姿勢是另一種減輕疼痛的好方法，可以讓寶寶更快出生。這個姿勢方便自己做骨盆傾斜運動，也可以讓先生或陪產員按摩到妳的背部。不管胎位如何都可以考慮以這個姿勢生產，因為四肢著地可以讓骨盆打得更開，再加上地心引力，可以加速產程的進展。這姿勢也可以用生產球，參考插圖。

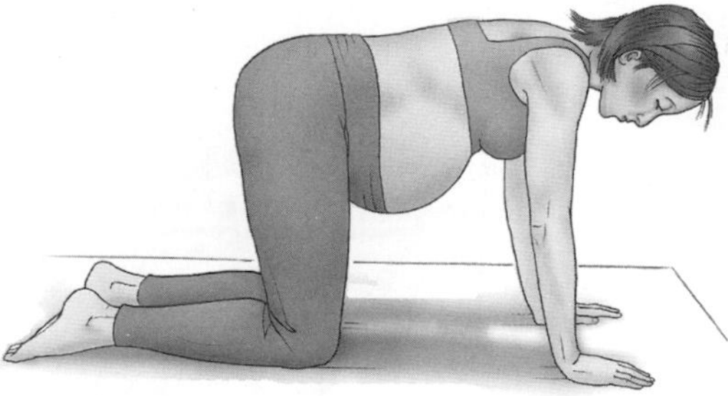

四肢著地跪姿

跪姿

蹲姿～真的痛起來時，產婦應該無法站立，準媽媽可以考慮蹲下來。好幾世紀以來產婦都是以蹲下的姿勢生產，正是因為蹲姿很有效。蹲下可以讓骨盆打得更開，提供寶寶更大的空間往下降。可以扶著陪產的先生或是椅子來支撐自己，或是拉著產床旁邊的橫桿，這樣媽媽的腳比較不會那麼酸；如果想要用的話最好事先問問有沒有這類設備。

側躺～已經坐或蹲到不舒服了？在床上躺下來會比較舒適的話，側躺會比躺平好，既不會壓到主要血管，也是很好的生產姿勢，能放慢分娩過快的速度，還可以減輕收縮的疼痛。

進浴盆～即使你不敢採用水中生產，或沒法用，陣痛時在浴盆裡有助於緩和收縮的疼痛，甚至可以幫助加快產程。生產室裡沒有浴盆怎麼辦？沖個熱水澡也有舒緩功效。

最適合產婦的姿勢，就是最好的待產或生

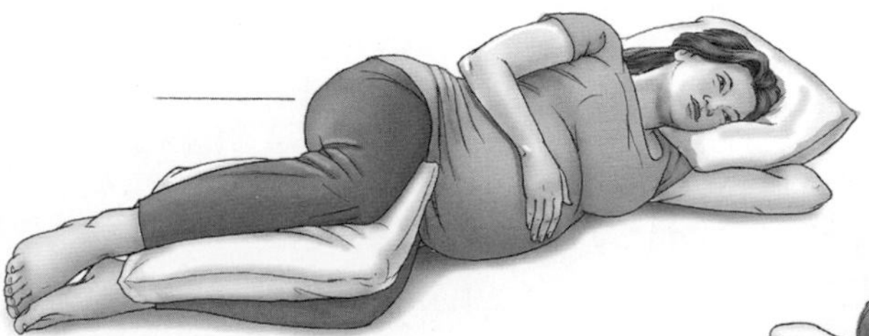

側躺

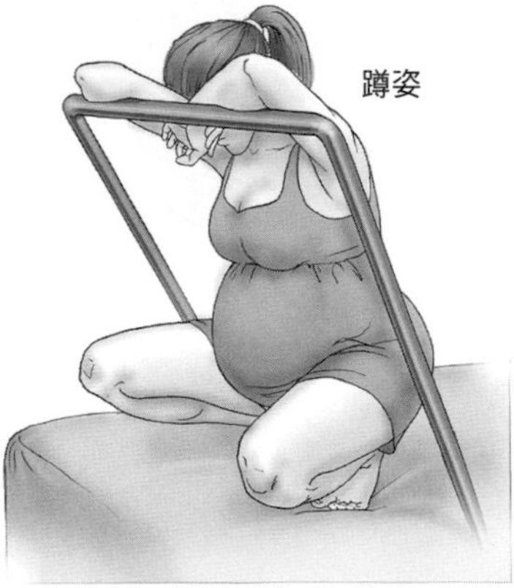

蹲姿

進浴盆

產姿勢。適合陣痛剛開始時的姿勢不一定適合分娩，反之亦然，產婦應該依照自己的需求作變化。如果產婦有連接胎兒監視器，行動就會受到限制，可能無法走動，但應該還是可以蹲下、搖動骨盆、採坐姿、四肢跪姿、側躺……。即使有打無痛分娩，坐姿、側躺或是搖動骨盆的姿勢應該都是可行的。

分娩時陰道擴張

「我很擔心陰道過度伸展，生完後能恢復之前的緊實嗎？」

陰道非常有彈性，大自然的設計絕對有考慮到這一點，分娩時，裡面的皺褶打開後，能夠容許三、四千公克的寶寶通過。而且生產後幾週以內，就能恢復接近原來的大小，陰道天生就是設計成可以伸縮自如的。

會陰也很有彈性，可是彈性不如陰道好。在分娩前幾個月按摩的話，可以增進它的彈性，並減少緊繃（會陰按摩，請參考578頁）。在這段期間作骨盆底運動（也就是凱格爾運動）也可以增加彈性，強化肌肉強度，加速恢復的速度。

多數婦女生產後並不覺得陰道變得鬆弛，對性生活也沒有影響。而受孕前陰道較為狹窄的婦女反而覺得生產後剛剛好，減少許多性愛的不適感。較常見的是生產前「剛剛好」的婦女，分娩後的確會因為陰道較為鬆弛而降低性歡愉。不過陰道肌肉會慢慢再次緊縮，經常作凱格爾運動可以加快緊實的過程。如果六個月後仍然沒有恢復的話，可以諮詢醫生尋求其他治療方法。

寫給爸爸們

「處理見血的問題」

大部分的準爸媽都會擔心，看到血時不知要如何應付。可是你很可能根本沒注意到有什麼血，更不會因此造成困擾，原因很多。其一，通常並不會有太多的血讓你看。其二，見到胎兒冒出來的興奮、好奇，往往盤據了父母的所有心思（除此之外，當然還有費力生產這個因素）。

如果一開始就念念不忘這個問題（其實不太會造成困擾），當你指導太太做最後幾次用力時，把眼光集中在她臉上。很有可能你會想要在此決定性的一刻轉回去看重頭戲，在那個節骨眼，你才不會去注意有沒有血呢。

看到血污

「看到血就讓我頭暈，我不確定是不是能撐過生產的過程？」

看到血會讓很多人腿軟，但是生產過程其實沒有很多血，不會多過月經的量。產婦的精神和體力都集中在擠出寶寶，用力忍痛都來不及了，所以更不可能昏倒。媽媽整個心思都被興奮、期望、疼痛、疲累……種種情緒所佔據，即使有出血可能都不會注意到。可以問問看剛分娩過的朋友，大概很少人能夠告訴妳到底流多少血，有的話，也只是指嬰兒出生時所看到的而已。

要是強烈的不想見到任何血跡，那麼在會陰切開或嬰兒娩出時就不要看鏡子，把目光移到腹部下方就好。決定是否要看自己生產的過程之前，如果有機會看到別人的生產影片，感動的心情應該大過於害怕。

延遲夾臍帶

「聽說孩子出生之後不要急著馬上夾臍帶，是什麼意思？」

這個部分，通常是產房裡沒人注意到的事，至少對做爸媽的人來說，正沉浸在孩子剛出生的喜悅裡，看那剛打開的眼睛、看看小手指小腳趾，充滿歡欣——忙到不曉得醫生已在分娩後沒過多久就已將臍帶夾起。

然而，若是或是在生產中心或自已在家由助產士接生，很久以前就不急著夾臍帶，這是醫院的傳統——動作快，不囉嗦，也不會拖拖拉拉。為什麼要這麼急？因為醫生認為這麼做可以減少血崩（孕婦在產後大量失血）風險。

不過，最新研究似乎顯示出動作快也不會出較好——而且延遲夾臍帶並不會增加媽媽大出血的風險，說不定還對孩子有利。分娩後延遲夾臍帶可讓胎盤多供一些血給新生兒，而這多出來的血可達嬰兒總血量的百分之30至40。而且提升血液供給可顯著改善嬰兒的鐵和血紅素濃度，避免前六個月出現貧血症狀。而且還有額外好處：延遲夾臍帶或可增進長大後的社交技能以及精細動作技能。

要等多久才夠？這要看妳問的是誰。助產士一般都會等到臍帶不再有脈動，這得要過好幾分鐘，有時還會更久。世界衛生組織已有建議：產後等1至3分鐘再剪臍帶。ACOG和AAP都認可產後等60秒才夾臍帶會有好處，但也說證據並不足以支持超過1分鐘以上的建議。他們指出，如果新生兒等1分鐘以上才夾臍帶，黃胆風險略增（約百分之2），這是因為寶寶接受到更多血量之故——而且實際上美國出生的孩子很少會有缺鐵的狀況，額外多的血就沒必要了。早產兒算是例外，它們絕對可從這些多增加的血液得到好處，貧血風血也較低。ACOG和AAP都建議如果是早產的話，至少延遲1分鐘再夾臍帶。

不過，時代真的不同了，如今進到產房，即使ACOG和AAP尚未正式說讚，很多醫生（以及大多數助產士）都允許，甚至是鼓勵，所有新生兒都延遲超過1分鐘再把臍帶夾起。是否想知道妳的醫生要怎麼處理這件事？趁現在還沒分娩之前，正是提出問題的好時機——如果妳的生產計劃有所偏好，也要特別說明。母親健康而且妊娠順利的情況，醫生的指示大概會是遲2～3分鐘，這麼做並不影響臍帶血採集。

蓮花生

如果延遲夾臍帶可能有好處，那完全不剪臍帶呢？蓮花生這種做法的背後，就是如此理論：父母選擇不剪臍帶，而是把臍帶和胎盤與孩子相連直到它乾掉自已脫落——這過程會花3到10天（甚至更久）。推廣的人說，這會讓新生兒獲得從胎盤及臍帶而來的全部血液。

問題在於，如此做法的安全性如何並沒有科學研究，而且專家並不相信。如果血液沒有流動，胎盤和臍帶基本上是死掉的組織，會腐敗（還發臭）。細菌會在胎盤內滋生，可能會成為感染源而擴散到新生兒。這就表示，蓮花生恐怕並不是什麼值得追隨的風潮，甚至於有不利的危險。

還是很好奇嗎？決定嘗試之前，一定要和醫生討論妳想要採取的做法。

妳必須知道的：分娩階段

撐了九個月的不適，孕婦終於要從噁心、脹氣、胃灼熱和背痛中畢業，只要再熬過最後的陣痛生產就好了。不過，陣痛、分娩階段會遇上什麼事呢？

生產很難預期，每個人的陣痛和生產情況都不盡相同。但是對生產有多一份的了解，會讓產婦心安許多。即使最後情況和想像完全不同也沒關係，媽媽就能擁有屬於自己的獨特分娩經驗。

生產的各個階段和時期

生產分為三個階段，分別是陣痛、產出嬰兒和胎盤娩出。除非是剖腹產，不然產婦都要經歷這三個階段。陣痛分成三期：早期、活躍期和過渡期。自然產的孕婦會都會經歷這三期，然而有些女性可能幾乎感覺不到第一期，而陣痛當中的某個時間得要送去剖腹的準媽媽，可能會略過一期以上。雖然每次陣痛都不一樣，收縮的長短和強度有助醫護人員分辨生產階段，生產過程中的一些症狀也能做為判斷依據。定時進行內診可確認目前產程。請

第一階段：陣痛

記得，不同醫師對分期的定義不一樣，因此妳會發現下表定義的子宮頸打開大小有個範圍。

第一階段：陣痛

陣痛早期（潛伏期）：子宮頸變薄，擴張到4至6公分，每次收縮陣痛時間持續30到45秒，約二十分鐘一次或更短，到最後會成為間隔約5分鐘。

陣痛活躍期：子宮頸從4至6公分擴張到7至8公分，每次收縮陣痛時間持續40到60秒，三到四分鐘一次。

陣痛過渡期：子宮頸從7至8公分全開到10公分，每次收縮持續60到90秒，二到三分鐘一次。

第二階段：用力產出嬰兒

第三階段：胎盤娩出

✿陣痛第一期：陣痛早期

陣痛階段以早期最長久，不過幸好不強烈。產婦會經歷數小時、數天或數週察覺不到或不擾人的收縮，或經過二到六小時（有到會長達24小時，只是比較少見）的陣痛過程，子宮頸會擴張（開）到4至6公分並且變薄。

這個時期的子宮收縮通常會持續30～45秒，也可能更短，疼痛程度溫和到中間強烈，也許規律，也許不規律（每次間隔在20分鐘之間），然後逐漸加快，到本期最後間隔5分鐘，但是不一定有規律。

可能的感受。產婦在這個時間應該會有下列的徵兆與症狀，也可能完全沒遇到：

- 腰酸背痛（持續性疼痛，或伴隨每次收縮而疼痛）
- 像月經來潮一樣的痙攣痛
- 下腹漲漲的
- 消化不良
- 腹瀉
- 腹部有發熱的感覺
- 落紅（帶有血絲黏液的分泌物）
- 破水（不過通常是在陣痛活躍期時破裂）

情緒上可能會出現興奮、鬆口氣、期待、不確定感、焦慮、和恐懼等等諸多不同的感受，有些產婦會很放鬆而且說個不停，也有人會很緊張而憂心忡忡。

準媽媽該怎麼做：準媽媽們當然會興奮不已又很緊張，所以放輕鬆很重要，至少試著告訴自己要放輕鬆，因為這段期間會很長。

◆若是半夜開始陣痛而羊水並沒有破，要盡量讓自己睡覺。現在最重要的就是好好休息，因為陣痛更強烈時就沒辦法休息了。要是腎上腺素大量分泌讓妳睡不著的話，可以起床做些事分散注意力。像是再多準備幾份餐點放到冷凍櫃、折折寶寶的衣服、把昨天的髒衣服丟到洗衣機或是登入媽媽寶寶網站，看看有沒有人和妳一樣正在等待小寶寶的來臨。

◆如果是在白天開始陣痛，那就按照平常的行程，只要不離家裡太遠就好，去到哪裡也都要記得帶手機。要是在工作中開始陣痛，請假回家應該會比較好，陣痛不舒服時也完成不了什麼事。如果沒什麼事做，就找些可以放鬆的事分散注意力，去散步、看電視、上社群網站，或是整理待產包。就算生完一定是全身汗涔涔，還是想要清清爽爽去生小孩，可以趁機沖個澡，洗洗頭。

◆通知電視媒體妳要生了。嗯……這樣也許做過頭了，不過一定要通知自己的先生。如果他在上班的話，不必讓他急著回來，畢竟時機未到，還得等上好一陣子，除非他真的很想回來待在妳身邊。要是有雇請陪產員的話，現在也是打電話給她的好時機。

◆如果餓的話，可以吃些小點心，如清湯、果醬吐司、義大利麵、飯、果凍布丁、香蕉或是醫生建議的其他東西。現在是儲存體力的好時間，但是要避免不易消化的食物，像是漢堡、薯條和其他油脂類食物。也不要食用酸性食物，譬如柳橙汁、檸檬汁，要多補充水份避免脫水。

◆讓自己舒服。會疼的話就沖個熱水澡，或在痛處熱敷，要是醫生同意可以服用普拿疼

（乙醯胺酚），可是阿斯匹靈或布洛芬不行。

◆計算收縮的時間。如果感覺陣痛似乎每十分鐘一次，可以測量半個小時內陣痛幾次、每次陣痛的間隔，不用一直盯著鐘錶不放。

◆即使沒有尿意也要多排尿，因為漲滿的膀胱會減緩產程進度。

◆練習放鬆技巧，但是先不要做分娩呼吸，免得真正需要時已經感到厭煩且筋疲力竭了。

若有下列情況請立刻聯絡醫生

醫生通常會請孕婦等到陣痛活躍期再打電話通知，不過若是陣痛持續一整天或是羊膜已破，就可以考慮早點講。不過，要是有以下情況，務必馬上和醫生聯絡：破水了流出來的羊水是綠色的、從陰道流出鮮紅色的血、或是感受不到胎動（試試479頁的檢測方法），或者胎兒的活動顯著變慢或出現其他急遽變化。

寫給爸爸們

「陣痛早期可以做什麼」

如果這時就陪在太太身邊的話，可以試試看下面的方法，一起幫忙分擔：

◆記錄收縮的間隔時間。間隔時間是從收縮開始算到下一次再開始為止，將間隔時間記錄下來，少於10分鐘時要更常計算。

◆提供鎮靜的力量。此時此刻，你最重要的功能就是讓太太保持放鬆，首先自己也要內外都放輕鬆，因為爸爸本身的焦慮會不知不覺感染到產婦。雖然沒有講出來，但是表情、皺眉頭、緊張的肢體動作都會讓另一半感受到。可以陪著老婆一起做做放鬆的運動，或和緩的為她按摩。這時候只要保持正常呼吸即可，做呼吸運動尚嫌太早。

◆為太太加油打氣，給予安慰、信心與支持，這些都是她所需要的。

◆讓自己和太太一起保持幽默感，開心的時光總是過得特別快。趁能放鬆開心笑的時候好好享受，等宮縮來得快又急時應該就笑不出來了。

◆幫助太太分散注意力。提議一些可以將心思從陣痛轉移的活動，例如用平板電腦玩遊戲、觀賞好笑的單元喜劇或實境秀、烤些點心放入冷凍庫產後方便取食、或陪太太去公園散步。

◆保持自己的體力才能為老婆加油打氣。即使太太不想吃，自己也要定時用餐，不過要有點同情心，不要太太在吃好消化的清粥時，自己卻大吃牛排。可以先準備三明治到醫院陪產，但要避免味道太濃烈或久久不去的食物，太太一定沒心情聞到你嘴巴裡的洋蔥味。

趕往醫院或是婦產科診所

醫生通常會告訴孕婦在陣痛早期快結束或是第二期開始就可以拿著待產包到醫院了。這個時間大約在宮縮每5分鐘一次，如果離醫院很遠，或不是頭一胎，就得提早出發。

如果先生或陪產家屬可以用手機隨扣隨到，送妳到醫院的話便容易得多，千萬不要自行開車前往醫院。如果聯絡不到或是無法快速回來的話，可以請朋友載或是搭計程車。要事先規劃好行車路線，熟悉停車場的位置，如果停車有問題，搭計程車應該是最方便的做法。也要了解哪個入口可以最快抵達產科樓層。在搭車的途中，可以把前座的椅子往後推到最底，或是在後座伸展四肢，讓自己坐得舒適，如果覺得冷可以帶條毯子，不過可別忘了繫安全帶。

到了醫院或生產中心時，辦理入院的手續大致如下（各處做法會有若干小差異）：

- 如果已經預約（先預約最好），入院的手續會很簡短，如果很不舒服，可以讓先生處理這些瑣事。如果沒有預約，入院手續會比較冗長，可能會填一大堆表格、回答許多問題。

- 當班的護士會帶妳到專屬房間，例如像是 LDR 三合一產房。如果不確定已經進入活躍期，可能會先到評估室，有些醫院這是標準做法。
- 護士會做一些簡要記錄，詢問宮縮何時開始、間隔多久一次、是否已經破水，可能還會問上次進食的時間和吃了什麼等等。
- 護士會要求妳或配偶在例行同意書上簽名。
- 護士會請妳換上醫院的罩袍，並要求做尿液測試，還會為妳量脈膊、血壓、呼吸以及體溫、檢查羊水的流量、出血或落紅狀況、用都卜勒儀聽胎心音，或是直接安裝胎兒監視器、評估胎位等等事宜。

- 護士、主治醫師或住院醫師或助產士會為妳做內診，以查看子宮頸的擴張與變薄情形。有疑問嗎？此時正是最佳機會。是否有擬定生產計劃？這時正好可以交給護士，就能列入病患基本資料。

如果結論是妳其實還沒到活躍期，可能會請妳回家（別擔心，還可以再來）或留在那幾小時再做一次檢查。

陣痛第二期：陣痛活躍期

第二期陣痛會比第一期來得短，平均持續二到三個半小時（時間範圍落差大亦被視為正常）。收縮更為集中，間隔越來越短，陣痛強度和痛感也都越來越大。每次陣痛可能持續40到60秒，每3到4分鐘收縮一次，但不一定規律，子宮頸會擴張到7至8公分，產婦能夠利用收縮空檔休息的時間也變少了。

可能的感受。這時產婦應該已經在醫院待產了，產婦在這個階段應該會有的感受如下，不一定全都會遇到，如果有做無痛分娩的話就不會痛：

- 宮縮更痛更不舒適，會痛到讓產婦無法一口氣把話說完。
- 背痛加劇。
- 腿部不舒服、感覺沉重，腳、大腿、臀部都會有感覺。
- 疲倦。
- 落紅的量更多。
- 破水（如果之前沒有破水的話）。

妳可能會覺得心情煩躁不安，很難放輕鬆，也可能整個人完全沉浸在生產之中。信心可能會開始動搖，擔心自己有沒有辦法撐過去？也會有些不耐煩，到底還要多久才能和寶寶見面呢？也有可能很興奮，終於要進入產程的第二階段了……。不管準媽媽的感受如何，這些都是正常的情緒，儲蓄好體力等著挑戰下一階段吧。

避免過度呼吸

有些孕婦在生產時會開始過度換氣，或是過度呼吸，造成血中二氧化碳濃度降低。如果妳感到暈眩、頭昏眼花、手指和腳趾發麻，務必通知醫護人員和妳的陪產員。他們會要求妳對著紙袋或塑膠袋呼吸（或是用雙手摀住口鼻呼吸），經過幾次吸氣和吐氣之後，情況應該就會好轉。

醫護人員會做的。在陣痛活躍期，假設產程的進行都很正常安全，醫護人員會視需要時才會過來做查看、監測，但也讓妳能夠和陪產還有其他來助陣的人努力度過陣痛期，不會干擾。應該會有的措施包括：

- 量血壓。
- 使用都卜勒儀或是胎兒監視器監控寶寶的情況。
- 測量宮縮時間與強度。
- 評估落紅狀況。
- 需要無痛分娩或是醫院有此做法時，為產婦進行靜脈注射。
- 如果妳要用的話，就會實施無痛分娩術（或其他減痛法），這時得要請麻醉師過來。
- 要是羊膜依然完好如初，說不定會人工破水。

◆如果產程真是十分緩慢，應該會使用催產素幫忙。

◆定時內診，觀察子宮頸擴張變薄的進度。

醫護人員會盡力幫忙產婦渡過這個辛苦的過程，若是產婦或陪產家屬有問題，都可以請求他們的支援。

✿緩慢的產程

是否覺得陣痛沒有盡頭？當然不是，妳得要一直有進步才行。良好的進展有賴三要素：強烈的宮縮促使子宮頸快速擴張、胎兒就生產位置、骨盆有足夠的空間讓胎兒通過。但有時會因為子宮頸擴張速度慢、寶寶不就生產位置、或是推動力量不夠，並不是每個人都能按照教科書進行。有時候在打了無痛分娩後，陣痛會減緩，不過這樣的情況是在預期之中，所以無需擔憂。

要加速遲緩的產程有幾個方式，分別列舉如下：

◆如果處在陣痛早期，子宮頸尚未變短或擴張，醫生會建議產婦多多活動、走路散步，或是反過來趁機休息補眠。這種方式可以排除假性陣痛的可能性，因為假性陣痛會因為活動或是小睡後而消失。

◆產程一樣緩慢的話，醫生會打催產素、前列腺素E、或其他陣痛刺激劑。甚至可能會建議產婦或先生刺激乳頭，加快宮縮。

◆要是已經進入陣痛活躍期，但是子宮頸擴張緩慢，初產婦每小時少於1到1.2公分，經產婦少於1.5公分就算，或是胎兒進入產道的速度，初產婦每小時少於1公分，經產婦每小時少於2公分，醫生應該會人工破水，或是繼續施打催產素。有些醫生（尤其是助產士）會建議尋求介入之前讓孕婦多陣痛久些——只要胎兒心率良好而且媽媽並沒有發燒。

◆初產婦沒有施打無痛分娩，有三小時可以努力，或是有打無痛分娩，則有四小時。若是生過一胎以上，沒有施打無痛分娩的話有兩小時可以努力，或是有打無痛分娩，則有三小時。要是出力太久，醫師會重新評估胎兒位置，看看妳的狀況如何，可能會使用真空吸引（或產鉗，機會較少）或直接進行剖腹產。

要記得陣痛期間都要定時排尿，因為漲滿的膀胱會干擾胎兒的下降。如果有打無痛分娩，護士應該會接上導管排尿。久未排便也是一樣，如果過去24小時內沒有排便的話，可以試著上廁所。還可以借助地心引力的幫助，像是背打直坐挺、蹲姿、站立或走動。採半坐或是半蹲是生產最有效率的姿勢。

如果陣痛活躍期持續24小時，產程卻一直不見足夠進展，多數的醫生會進行剖腹。要是產婦和胎兒情況良好，有些醫生會等更久。

準媽媽該怎麼做：現在一切都以自己的舒適為前提。

◆有什麼需要都別客氣，直接要求先生幫忙，最重要的就是讓自己舒服，可以請先生按摩背部減輕疼痛。或是弄一條濕毛巾讓妳擦臉。不要把需求悶在心裡，這樣即使先生想幫忙也無從猜測，尤其他也是第一次做爸爸的話。

◆ 如果妳有打算，當陣痛強烈得讓妳說不出話時，就可以開始進行呼吸運動。如果之前都沒想到也沒做過練習，可以請護士或陪產員教一下簡單的呼吸方法。別忘了，只要能夠更舒服些，做什麼放鬆都可以。如果正正經經的呼吸運動無法減輕不適感，不要做也沒關係。或是可以請護士或陪產員幫忙，指導呼吸。

◆ 收縮的空檔要試著完全放鬆，因此得要保留體力，之後還會用得上。頻率越來越快，放鬆越來越困難，體力漸漸耗盡的時候這也越來越重要。

◆ 現在是要求止痛或是打無痛分娩的好時機。只要有麻醉師能到妳房間來，無痛分娩可以在妳想打的時候就打。

◆ 補充水分。如果醫師允許，可以經常喝飲料來補充水分並保持口腔濕潤。如果肚子餓，而醫師也同意產婦進食，可以食用一些清淡的點心；如果禁止飲食，只好靠吸吮碎冰來提神。

◆ 可能的話多走動，至少也要經常變換姿勢，若是有打無痛分娩就無法四處走動，能走就走，至少換換姿勢（可參考619頁建議的「待產姿勢」）。如果沒有接上無痛分娩，沖個澡或泡在浴盆裡，有助於消除疼痛。

◆ 定時排尿。因為骨盆承受龐大的壓力，可能讓妳察覺不到尿意。但是漲滿的膀胱會放慢產程速度。若是有打無痛分娩就不用上廁所了，應該會接上排尿管。

✿ 爸爸們看過來

「陣痛活躍期可以做什麼」

陣痛越來越明顯，就表示你要開始忙著給妳另一半提供協助支持。以下列出一些可幫得上忙的辦法：

◆把把生產計劃書分給每位護士或負責接生的醫護人員。護士換班時也要確認新接手的醫護人員都各有一份。

◆如果太太要求使用止痛藥，把她的需求告知護士或醫生。不管她想要打止痛或是繼續忍下去都要尊重她的決定，即使這決定和之前計劃不同。

◆關心太太的需求。不管她想怎樣，都要盡力滿足，她的要求可能變來變去，一下子要你開電視，一下子又要你關掉。心情或是情緒也可能變化多端，不要把她的反應放在心上，如果太太對於你的用心和幫忙不作感謝，像是想幫她加個枕頭讓她舒服，她沒有感謝甚至感到厭煩的話，這不是你的問題。放輕鬆不要在意。要是十分鐘後太太反而要求你幫她放枕頭，就幫她放吧。要記得你的角色很重要，即使有時會覺得自己有點多餘或礙手礙腳，太太生完之後整會很感謝你。

◆營造輕鬆的氣氛。可能的話把待產室的房門關上，把燈光關小，並保持室內安靜。也可以播放輕柔的音樂，如果她比較想看電視就開電視，要記得今天她最大。在收縮空檔，鼓勵太太練習放鬆和呼吸，要是太太不想做，不要一直催促她，一直講的話可能讓她感到壓力和厭煩。要是分散注意力的方式對她有效，可以拿出撲克牌、打電動、聽音樂或是看電視……。但是也要注意太太的反應，可別做過頭了。

◆不斷的為太太鼓勵打氣，也別太過頭讓她感到煩躁；讚美肯定她的努力，千萬不要批評，即使是有用的負面建議也萬萬不可。當她的啦啦隊，但是不要太高調，尤其在產程遲緩時。可以建議太太慢慢來，撐過一次陣痛就離寶寶更近一步。

◆記錄收縮的狀態。如果有安裝胎兒監視器，可請護士教你如何看監視器上的數據。等下一次陣痛收縮又要開始前，可以先行提醒太太。在產婦感受到下一波陣痛時，監視器便可先行查覺。要是太太不想知道了，可別雞婆得繼續提醒下去。陣痛的高峰結束時，也可以告訴太太又熬過去了，鼓勵她做得很好、很勇敢。如果沒有監視器，可以請護士教你

如何用手放在她的腹部，辨識何時開始收縮何時結束。如果她不願意可別勉強。

◆按摩太太的腹部或背部，也可以使用按摩棒、或其他指壓技巧，讓太太可以比較舒服。請太太告訴你，哪一種按摩或按哪裡有幫助。要是她不喜歡被碰（有些產婦會覺得那很煩），可以改成口頭上的撫慰就好。還是老話一句，要記得太太現在也許不喜歡這個方式，但是下一秒又會很喜歡，反之亦然。

◆太太沒有裝排尿管的話，要提醒她至少每小時排尿一次。可能沒什麼尿意，不過飽滿的膀胱會阻礙陣痛進展。

◆建議她變換姿勢。可以試一試619頁開始的各種姿勢。或是提議沖澡或泡在浴盆裡有助於舒緩疼痛。

◆要提供足夠的碎冰讓太太補充水分。如果可以進食，也要為太太準備飲料和小點心，定時的問她需不需要吃點東西。水果冰棒可以讓她提提神，可以問護士哪邊有在賣，先生可以自行去買。

◆讓太太保持清爽。可以將毛巾用冷水打濕擰乾，擦擦她的臉和身體。時常換新。

◆如果她的腳會冷，要為她準備襪子並幫她穿上（現在的她很難自己穿襪子）。

◆盡可能充當她和醫護人員之間的橋樑。太太要應付陣痛已經夠忙了，能多幫一點忙就多做一點。要是妳能夠回答醫護人員的問題便代以答覆。要求醫護人員講解相關程序、設備以及藥物的使用種種，好讓你能夠告訴她情況為何。譬如說可以去詢問生產時是否有提供鏡子，讓產婦能夠目睹孩子出生的那一幕。要捍衛太太的權利可以保持心平氣和據理力爭，免得太太更覺沮喪。

陣痛第三期：過渡陣痛期

過渡陣痛期是最難熬的時期，幸好時間也最短。陣痛強度和收縮間隔會突然間大幅攀升，每隔2到3分鐘便收縮一次，且持續60到90秒之久，陣痛強度可能都接近破表。有些產婦，尤其是經產婦，會連續有好幾個高峰出現，好像永遠收縮不完一樣，因此在收縮間隔當中也無法放鬆。要開到10公分的最後2、3公分可能歷時極短，平均而言在15分鐘到一個小時之間，也有能會拉長到3小時。

可能的感受。除非有打無痛分娩，不然陣痛過渡期的感覺會非常強烈，產婦可能會有下列的感受：

- 在陣痛過渡期，收縮的強度非常激烈。
- 下背或會陰有強烈的壓迫感。
- 直腸會有強大的壓力。
- 隨著子宮頸有更多微血管破掉，落紅更加明顯。
- 覺得很熱而汗水淋漓，或會覺得寒冷而發抖。也可能兩種狀況交替出現。
- 腿部會抽筋，可能無法自制地顫抖。
- 噁心或嘔吐。
- 氧氣由腦部轉移到分娩的骨盆部位，在收縮空檔會有昏沉的感覺。
- 喉嚨或胸部可能感到緊縮。
- 筋疲力盡。

情緒上可能會覺得非常脆弱而且超過妳所能負荷，瀕臨崩潰邊緣。除了不能用力而萌生的挫折感之外，還會出現易怒、煩躁、茫然以及難以專心和放鬆（這兩者似乎都不可能做到）。雖然身體很緊繃，但可能覺得很興奮，因為要不了多久就會和寶寶見面了。

準媽媽該怎麼做：要撐住，再不久子宮頸便會全開，就能用力把胎兒娩出了。

- 練習呼吸技巧有幫助的話，就繼續做。除非醫生或護士指示可以用力了，不然可以利用小口吹氣或呼氣的方式來緩衝。在子宮頸尚未全開時用力，會導致子宮頸腫脹，而延緩分娩。
- 如果之前還沒接上無痛分娩可是現在想要用了，就可以提出要求。

◆如果不想要任何人碰妳，如果之前先生撫慰的手現在讓妳很反感，直說無妨。

◆在收縮之間，盡量以緩慢而有節奏的呼吸來放鬆。

◆把心思放在可愛的小寶寶終於要加入這個家庭了。

寫給爸爸們

「過渡陣痛期可以做些什麼」

狀況越來越艱辛，不過你可以一起分擔下列工作。

◆如果太太有打無痛分娩或是其它止痛方式，可以問她要不要再加重劑量。陣痛過渡期的痛感很強烈，如果無痛分娩的作用降低，可能會讓太太很不舒服，可以請護士幫忙增加劑量。要是太太一直沒有打任何止痛的話，這是她最需要你的時刻了。

◆在太太身邊給予支持。不過要視需要多留點空間，這個階段的產婦通常不希望被碰觸，但是要注意太太的需要，如果她希望你繼續按摩背部，就趕緊幫忙，讓她能舒服一些。但是千萬不要按摩她的腹部，應該會很不舒服。

◆別說廢話，這時候講話最好簡潔有力，更不要開玩笑。只要安靜的在旁邊待命即可。

◆除非太太希望你安靜，否則要多給予鼓勵與讚美。在這個非常時刻，無言的眼波交流或撫觸可能勝過千言萬語。

- 如果太太覺得有幫助，可以陪她同步呼吸度過每一次的收縮。
- 在收縮的空檔，要協助她休息和放鬆，在每次收縮結束時可以輕輕摸她的腹部。提醒她在收縮之間儘可能緩慢而有節奏的呼吸。
- 要是太太的收縮更為頻繁甚至想用力，可是有好一陣子沒有內診，可以通知護士，有可能子宮頸全開了。
- 要經常為她提供碎冰，水或飲料，並常用濕毛巾為她擦拭額頭。冷的話幫她穿上襪子、蓋上毯子。
- 把心思放在大禮物即將來臨，這是你倆長期努力的結晶，期盼已久的時刻就要到了。

陣痛時寶寶在做什麼

過去幾個月妳都有在算胎動次數，對於寶寶的一舉一動都十分留意。但是陣痛的時候呢？是不是依然會伸展手腳，能不能感覺得到？答案是大概可以吧。胎兒在陣痛期間依然動來動去，而且其實會做很多相當大的轉動才方便從產道出來，但妳恐怕沒法有太多感受。首先，可想而知妳大概專心注意子宮的收縮，胎兒動作很容易就被忽略。其次，如果妳有用無痛分娩，就會變得麻木無感，胎動也是一樣沒法感受到。不過這時胎兒監視器或胎心音儀就能派上用場，追蹤寶寶的心跳，確保一切進展順利。妳在陣痛期間用不著擔心這個問題！

自然出力（Laboring Down）

太棒了，妳已經來到開10公分的目標！子宮頸完全張開而且終於可以用力把寶寶推出了，可不是嗎？還別急，如果醫生或助產士採取的是「自然出力」策略，會跟妳說時候未到。自然出力法是將把寶寶更往產道外送的工作全都交給妳的子宮來負責，也就是說，一直到胎頭到了+2位置或幾乎露頂，或是極度想要用力推，這時才開始真正費勁出力，就算是子宮頸已經全開也是一樣。等待胎兒自行順著產道而下的程序，可能只需幾分鐘，也可能要一、兩個小時，這之後妳只需順著自然而溫和的衝動出力即可，甚至根本不需出力。事實上，這時子宮收縮往往會減緩或停頓，讓妳能夠在經歷之前費勁陣痛後有機會稍微喘口氣。好處在哪呢？妳可以把體力留到真正需要的時候才用，而在子宮費勁做事的時候好好休息。而且，研究顯示自然出力大幅縮短出力時間。即使用了無痛分娩，依然可以選用此法。

第二階段：用力娩出

在這之前，雖然產婦承受著極大的陣痛之苦，但是真正在努力工作的是子宮頸和子宮。現在子宮頸已經完全擴張，再來就全靠媽媽的努力將寶寶推出產道了；除非妳採取的是自然出力法，可在開始用力之前稍事休息，可參考645表格中文字。胎兒通過產道的過程通常費時半小時到一個小時，有時在短短的10分鐘甚至更短的時間便能速戰速決；也可能耗時2到3小時或更久。

第二產程的子宮收縮會比陣痛過渡期的收縮來得有規律，收縮持續時間依然在60到90秒左右，間隔通常為2到5分鐘，而且疼痛度會減輕，偶爾會收縮得更為強烈。儘管難以辨識每次收縮的開始時機，可是在收縮的間隔當中，應該會有明確的休息時段。

可能的感受。在此階段，產婦應該會有下列的徵兆與症狀，如果有使用無痛分娩的話，感受會減輕許多：

- 收縮的疼痛，但是會比之前少很多。
- 非常想要用力推（但並非每個產婦都是如此，尤其是有打無痛分娩）。
- 極度的直腸壓力（狀況如上）。
- 重新燃起一股力量（第二波），或感到一陣疲憊來襲。
- 子宮在每一次收縮時，都會有明顯的起伏。
- 落紅量增加。
- 看見胎頭時，陰道口會有刺痛、伸展或灼熱感。
- 當寶寶滑出產道時會有濕滑的感覺。

產婦會覺得鬆一口氣，終於可以開始用力了（也許會有產婦覺得難為情、壓抑、或害怕），媽媽也可能感到欣喜或興奮。萬一用力的時間長達一個小時以上，便會出現挫折或崩潰感。在停滯的第二產程，期盼趕緊結束的心思可能遠勝於看到寶寶的期待，這樣的反應自然又正常，和母愛多寡毫無關聯。

準媽媽該怎麼做：終於要把寶寶生出來了，可以換成用力姿勢了（這得視醫院的產檯型態和醫生的偏好，希望對妳來說是最舒適且有效的姿勢）。半坐或半蹲的姿勢通常最理想，可以借助地心引力的幫助讓生產更有效率。縮下巴有助於把力氣專注在推擠上，如果一直努力推，但是寶寶卻不往下移動，有時改變姿勢寶寶就會再向產道的方向移了。像是採半躺的姿勢，可以換成四肢著地趴著。

寫給爸爸們

「準爸爸可以這樣做」

用力的時刻，也可以幫得上忙：

- 繼續給予撫慰和支持，在這個階段，輕聲的告訴太太「我愛妳」會比其它事情都珍貴。要是她對你的努力視若無睹，不要難過，要知道她的全副精神都集中在分娩上，實在無暇他顧。
- 在收縮的間隔期間，要協助太太放鬆，可以說些安撫的話、用濕毛巾擦她的額頭、頸部和肩膀。方便的話，可以按摩背部以舒緩疼痛。如果採用的是自然出力法，可鼓勵好好休息。

◆準備碎冰和飲料讓太太潤喉。

◆如果有必要，可以在太太用力時撐住她的背部、握住她的手、輕撫她的額頭……或任何對她有幫助的事情。如果太太的姿勢滑動了，協助她恢復姿勢。

◆定時報告生產進展，當寶寶的先露部位出現時，可提醒她看鏡子，增加太太的信心；當她不看鏡子，或醫院沒有提供鏡子的話，則為她詳細描述胎兒一吋吋產出的情形。握著她的手去碰寶寶的頭，為她鼓舞打氣。

◆寶寶娩出時，要是醫生讓你去「接住」寶寶或剪臍帶時，不要害怕。這兩件事都很簡單，醫護人員會逐步給予指示，協助你完成。不過剪臍帶不比剪一條線，臍帶要比你所想像的更為堅韌。

用力時要使盡全身力量。使力正確胎兒就能越快通過產道。依照醫生和護士的指示，有節奏性的用力。發狂的亂擠不但浪費體力而且進展有限。記住以下這些重點：

◆放鬆上半身和大腿，只需要腹部和臀部用力，像是要排便一樣，盡這輩子最大的力量。將力氣集中在陰道和直腸，而不是上半身或臉部，不然分娩後胸部會疼痛、臉上和眼睛的微血管會破裂，對生產也沒有幫助。用力的時候朝大肚子那個方向往下看，可能會有幫助。

◆由於是整個會陰部位在使力，有時直腸內的東西也會被排出來。用力時如果還要忍耐不讓這種情形發生的話，一定會妨推擠的進展。幾乎每個產婦在分娩時都有不由自主地排泄（或排尿）的經驗。產房內沒有人會把這件事放在心上，所以妳也不必擔心。若有排泄物，護士馬上就會清除。

◆收縮時先做幾個深呼吸，準備用力。當收縮達到顛峰時，再深吸一口氣，然後屏住氣用全力使勁，直到無法再憋住氣為止。用力時，如果希望先生或護士為妳數到十，也可以請他們幫忙。要是數拍子會讓妳分心或沒有幫助，就請他們停止。每一次用力並沒有一定要數幾拍或是用力幾次，最重要的是自然就好。有些產婦在收縮時，會短暫用力五次，有些則能屏氣較久，二次就撐過收縮時間。每個人的肌耐力不同。只要跟著身體的感覺推擠，就能順利產下寶寶。即使產婦沒跟著身體的感覺或是感受不到這種推動力，還是能產下寶寶。並不是每個人都是天生的生產高手，不要擔心自己會不會用力，醫生、護士或助產士都會引導妳，陪妳到孩子生出來為止。

◆要是胎頭出現又縮回去的話，別覺得氣餒，分娩本來就是進兩步、退一步的事，妳做得很正確。

◆要利用收縮間隔好好休息。如果已經疲憊不堪，尤其是產程已經拖延很久，醫生會建議妳略過幾次的收縮，暫時不要用力，好讓妳重新恢復體力。

◆聽到不要用力的指示時，便停止用力（以防胎頭太快被娩出），改成喘息或吐氣代替用力。

◆有鏡子的話可以盯著鏡子看。看到胎頭露出、伸手摸摸寶寶的頭會給妳力量繼續加油，除非妳的先生正在錄影，否則這是無法重播再看一次的。

✿ 寶寶的誕生

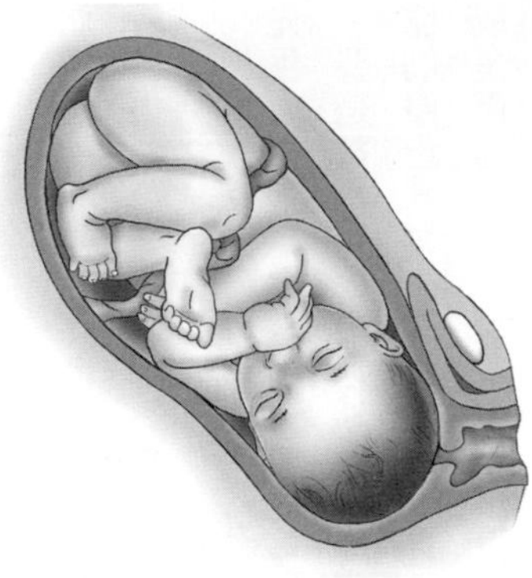

1. 子宮頸變短變薄，可是尚未開始擴張。

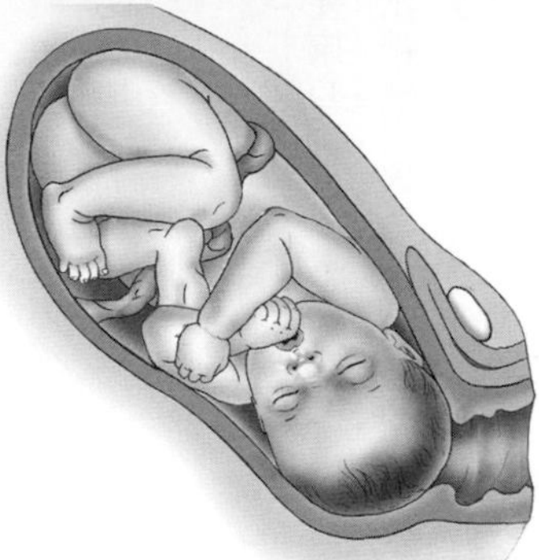

2. 子宮頸已經全開，胎頭開始進入產道（陰道）。

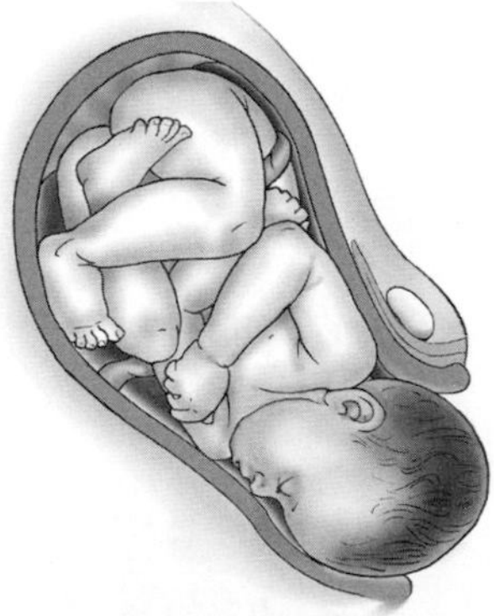

3. 為了讓胎頭呈最小直徑來通過骨盆，胎兒在陣痛期間通常會轉變臉的角度。本圖即是稍受擠壓的胎頭已出現在陰道口。

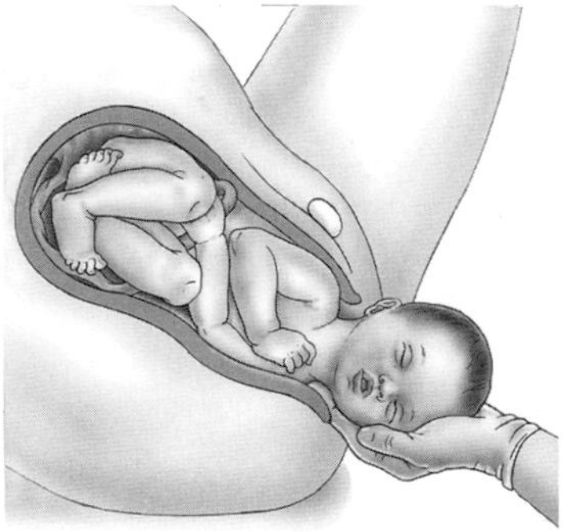

4. 最寬部位的胎頭已經娩出，其他部位應該可以迅速而順利地娩出。

醫護人員會做的。用力時，護士或是醫生會引導妳、鼓勵妳；如果有需要，會用手在妳腹部稍微施加壓力協助把孩子推出，並持續使用都卜勒儀或是胎兒監視器觀察胎兒的心跳，護士會鋪上無菌手術單、準備生產用器具、穿上手術服和手套，以及為妳消毒陰部（如果是在家生產，助產士只有戴上手套而已）。大多數的醫生會在胎頭露出之前用手指輕柔擴開會陰部，很像是578頁所描述的會陰按摩。有的會用潤滑劑或油（例如橄欖油或礦油）把會陰弄得很滑，讓胎兒頭部更容易滑出來，因而避免撕裂傷。若有必要，就要做會陰切開術、使用真空吸引器，甚至是產鉗，這些機率都不高。

胎頭露出時，醫生會吸出寶寶口鼻中的黏液，然後協助產婦將寶寶的肩膀和身體娩出。通常只要再擠一次就能完成這項艱辛的工作。胎頭是最難擠出的部份，接續的身體部份都很輕鬆。醫生會把孩子交到妳手中或是肚子上，夾住並剪斷臍帶（參考625頁），或請先生來剪，然後護士或助產士會揉揉嬰兒協助開始呼吸，就會聽到哭聲了；如果需要儲存臍帶血，醫生會在這時間處理。好好利用這小段時光和寶寶進行第一次接觸，把寶寶抱在胸前，貼著媽媽的皮膚。研究指出新生兒在一出生後，若能和母親有皮膚上的接觸，接下來會睡得更安穩。現在就可以開始餵母乳，或者如果有需要的話就等評量過嬰兒狀況後再進行（參考後文）。事實上，新生兒如果一出生後就被放在媽媽肚子上直接肌膚接觸，就會出於本能往胸部爬過去，小而可愛的頭左右張望尋找乳頭，一找到就會含著不放，這過程可能會花上20分鐘或一小時，甚至更久。

小寶寶接下要做什麼呢？護士或小兒科醫生會評量嬰兒的狀況，在產後一分鐘和五分鐘分別評量新生兒健康指數（更多資訊請參考《*What to Expect the First Year*》）、擦乾寶寶、留下足印，在妳的手和寶寶的腳踝繫上識別帶。為寶寶點上無刺激性的眼藥膏，以防感染，可要求等妳已把孩子抱在懷裡的時候再上眼藥膏；為寶寶量體重，然後包上布巾，以防失溫（有些醫院或診所會省略這些程序或稍後進行，讓媽媽和寶寶有更多時間相處，大多數生產中心都會這麼做。）

寶寶一切健康的話，護士會將寶寶還給媽媽，這時媽媽願意的話就可以開始餵母乳了。要是媽媽和寶寶都很不上手的話，不用擔心，可以參考719頁的章節「開始哺餵母乳」。有些醫院會做更為全面的小兒科檢查以及若干預防措施，包括檢驗足跟血、注射維生素K以及B型肝炎疫苗；這些程序可能在妳房間做，或是在醫院的育嬰室進行，爸爸可以跟過去，也可以選擇留在妳身邊陪伴。當寶寶的體溫穩定後，護士會為他洗澡，這時爸爸和媽媽可以在旁邊學習。

看到寶寶的第一眼

如果期待孩子一落地便是個圓滾滾、全身光滑柔嫩，像個小天使般的粉紅娃娃，那麼看見寶寶的第一眼可能會大為震驚。

寶寶浸在羊水中9個月，又歷經子宮收縮，加上在產道內的擠壓，大都不會好看到哪裡。就外觀而論，剖腹產的寶寶目前暫居上風，尤其是經由排程剖腹產，還沒開始陣痛就來到世上的孩子，看起來比較圓也比較光滑。第一眼見到孩子會是什麼模樣，和那些可愛的相片有何不同？以下列出若干常見的新生兒特徵，讓妳有個預先了解，從頭到腳大概會是這樣：

頭形怪異～寶寶出生時，頭部的大小與身體不成比例，佔整個身體的最大部分，頭圍和胸膛等寬。隨著寶寶的成長，身體的其他部位會急起直追。分娩時，為了通過母親的骨盆，頭部會受到擠壓，而變成奇怪凸起的「甜筒」形狀；擠壓未全開的子宮頸也會使頭部變形，而突起腫塊。腫塊會在一、兩天內消失，而受到擠壓的頭形則在兩週內恢復正常，屆時寶寶的頭部就會呈現出小天使的渾圓模樣了。

新生兒的頭髮～出生時的髮量和長大後的髮量沒有很大的關連，有些新生兒幾乎是禿頭，也有寶寶是又濃又密，但大多是一頭的軟毛。胎毛會慢慢掉落，被後來長出的頭髮所取代，而且髮色和髮質可能大不相同。

胎脂～還記不記得，胎兒身上會覆著一層白色的物脂，用來保護長期浸泡在羊水中的皮膚？早產兒的胎脂尤其明顯；足月出生的寶寶只剩下一點點；過了預產期出生的寶寶，除了皮膚皺折處和指甲下方外，幾乎看不到胎脂。

胸部和生殖器腫脹～男生或女生都一樣，尤其是剖腹產的男寶寶更明顯。新生兒的胸部也會浮腫，偶爾會有充血的現象，並有白色或粉紅色的分泌物，這是母體荷爾蒙的刺激所引起。這種荷爾蒙也可能刺激女嬰的陰道出現乳白色、甚至夾帶血絲的分泌物。這些都是正常現象，會在七到十天左右消失。

眼睛浮腫～想想看寶寶要在羊水浸這麼久，然後又要從狹窄的產道擠出來，眼皮會浮腫是很正常，為了預防眼睛受感染所點用的眼藥膏，也可能讓浮腫的情形更嚴重。不過幾天內便會消失。

眼珠顏色還不能確定～寶寶的眼睛竟究是棕、綠還是藍色呢？白種人的初生嬰兒，眼珠通常是灰藍色，但是日後可能會改變。膚色較深的人種，初生時的眼珠通常是棕色，可是色調到後來可能會有點變化。

皮膚～寶寶出生時，膚色可能會是粉紅色、白色或是帶點灰色，即使日後會轉變為咖啡色或黑色。這是因為黑色素要在出生的數個小時後才會開始分泌。因為母體荷爾蒙的影響，新生兒的皮膚上也可能出現各式各樣的疹子、小痘痘和白色小粉刺，不過都是短暫現象。皮膚也可能會乾燥脫皮，這是在羊水裡浸了這麼久之後初次暴露在空氣中所造成，不需治療也會消失。

胎毛～在足月寶寶的肩膀、背部、前額以及太陽穴部位會有柔順的毛髮，稱為「胎毛」，通常在出生一週後便會自行掉落。早產兒的胎毛會更為茂密，而且持續更長的時間才會掉落，但是預產期之後出生的寶寶可能就已經完全消失。

胎記～在頭顱、眼瞼或前額上常見有紅色斑點，稱為「鮭魚紅斑」，這很普遍，尤其是白種人的新生兒。在背部、臀部、有時會在臂膀和大腿出現深層的灰藍色印記，稱為「蒙古斑」，較常見於亞洲人、南歐人和黑色人種，通常在四歲前便會消失。血管瘤（**hemangiomas**），也就是草莓色的突起胎記，範圍從一丁點到小錢幣般大小，或甚至更大。這種胎記最後會褪為珍珠灰的雜色斑，然後完全消失；淡褐色的斑點則可能出現在全身的任何部位，這種斑點通常不太明顯，也不會消褪。

關於寶寶的更多資訊，請參考《*What to Expect the First Year*》。

第三階段：胎盤娩出

最辛苦的階段過去了，美好的時刻終於來臨，只剩下一些善後的工作而已。寶寶一度賴以維生的胎盤會在這個階段產出，一般費時5分鐘到半小時不等，也可能更久。子宮會持續約1分鐘的溫和收縮，不過媽媽可能察覺不出來，因為這時候的注意力都在寶寶身上。宮縮會將胎盤從子宮壁剝離，送到子宮的下半部或陰道，好讓妳用力娩出。

醫生會用一手輕輕拉扯臍帶，另一手按摩子宮，或是輕壓子宮上方，要妳在適當時機出力。醫生可能會直接注射或是從點滴中加入一點催產素，刺激子宮收縮，加快胎盤娩出和子宮恢復的速度，也能夠減少出血量。當胎盤娩出後，醫生會檢查胎盤是否完整，如果還有殘留在子宮，醫生會用手伸進子宮清除乾淨。要是妳想把胎盤留下，要確定事先已讓醫師知道，而且醫院也同意；詳情可參考546頁。

生產工作已經大功告成，媽媽可能覺得疲倦不堪，也可能精神振奮。如果生產過程中不能飲食的話，現在一定又渴又餓，尤其是陣痛拖延很久的話。有的產婦在這個階段會發冷打顫，每位產婦都會有類似大量經血的陰道分泌物（稱為「惡露」）。

每個媽媽生產完的心情都稍有不同，也許第一反應是很開心，終於鬆了一口氣、可能興奮得說個不停、可能對還要娩出胎盤，以及修補會陰的傷口感到有些不耐煩，或者因為太疲倦而無暇他顧。有些婦女會強烈感受到與配偶和新生寶寶兒之間的親密關係、也可能會有疏離感（在我胸前這個陌生人是誰呀？），甚至感到生氣（這小東西讓我吃盡苦頭！），難產的婦女尤其會有這種心情，但這並不表示妳從此不會疼愛這個寶寶（更多增進親子關係的資訊，可參考708頁。）

準媽媽該怎麼做：

◆ 好好擁抱妳的小寶寶！當臍帶剪掉後，就有機會餵母乳。和寶寶說說話，因為他認得妳的聲音，可以唱唱歌、輕聲呢喃……對寶寶都有很大的撫慰效果。新生兒對這個世界還很陌生，需要媽媽的幫助。寶寶可能得視情況待在保溫箱一陣子，或是在妳忙著娩出胎盤時得讓先生抱著。別擔心，妳會有很多的時間可以好好和寶寶相處。

◆ 花些時間和先生說說話、握握手、感謝他的幫忙，享受你們的三人新世界。

◆ 聽從指示用力，協助胎盤排出。有些產婦甚至不需用力，胎盤就會自行娩出，醫生會告訴妳如何配合。

◆ 修補會陰切開傷口或撕裂部位時要有耐心。

◆ 要是寶寶在身邊的話就可以繼續（或開始）餵母乳。

◆ 為自己的成就喝采！

現在就只剩會陰縫合和清潔而已，如果沒有打麻醉，可以請醫生施打。護士可能會幫妳冰敷會陰消腫，如果護士沒給的話，也可以自行要求。因為惡露會很多，所以床上也要舖上看護墊。一切都完成後護士會幫妳轉到產後恢後室休息。

寫給爸爸們

「準爸爸可以這樣做」

孩子終於生了！沉浸於喜悅當中的同時，你也可以幫上忙：

◆稱讚新手媽媽，同時也要恭喜自己表現良好。

◆抱抱孩子，輕聲向他（她）說說話或唱唱歌，以建立親子關係。要記住，當寶寶還在子宮時，就常常聽到你的聲音，對你的嗓音非常熟悉，爸爸熟悉的聲音會讓寶寶很安心。

◆別忘了抱抱辛苦的太太。

◆如果護士沒有給冰袋的話要自動去拿，以舒緩太太會陰的不適。

◆讓太太喝些果汁補充水分。如果之後你們有興致的話，可以開香檳或氣泡西打來慶祝。

◆拍下寶寶的第一批照片，或錄影來捕捉新生兒的點點滴滴。

◆你也會有機會陪新生兒去做檢查、洗澡以及其他例行程序，全都是第一次的經驗。

剖腹產

剖腹產幾乎都靠醫生掌控過程，產婦不用像自然產一樣費力，只要輕輕鬆鬆躺著配合醫生即可。孕婦最重要的是術前的準備工作。了解越多，越是自在。因此最好能在事先把這個段落研讀過，就算並不打算剖腹產也一樣。

多虧了局部麻醉和醫院規定的開放政策，大多數剖腹產的婦女和她們的配偶皆能目睹整個剖腹生產過程。沒有陣痛的折騰也無須用力推擠，產婦比較能輕鬆的享受分娩。以下是典型的剖腹手術情況：

◆ 靜脈點滴注射，方便之後補充水分或是添加藥物。大多數醫生會透過這給妳抗生素，以避免之後的感染。

◆ 進行麻醉。可能是施打無痛分娩或脊柱神經阻斷法（兩者都可使下半身麻醉，卻不會不省人事）。若是時間緊迫的話會施以全身麻醉，在緊急剖腹時是必要的，因為胎兒正處於急須立即產出的緊急關頭。

◆ 消毒下腹部，插入導尿管將膀胱排空。

◆ 護士會在腹部四周鋪上無菌布，在妳的胸前會架上簾幕，讓妳無法看到手術過程；不過有些醫院會放透明簾幕，讓妳親眼目睹孩子出生的情況。

◆ 先生如果要參與就需要穿上無菌衣，護士會讓他坐在妳的頭旁邊，握住媽媽的手給妳精神上的支持。如果要在生產期間雇請陪產員，剖腹期間也可以和妳在一塊。

◆ 緊急剖腹產時，醫護人員的動作會非常快速。媽媽要保持鎮靜無需擔心，這只是醫院的標準作業程序。

◆ 醫師一旦確定麻醉發生效用後，會切開下腹（通常是水平的比基尼切口），就在陰毛髮線的上方。產婦可能感到皮膚被拉開，可是不會痛。

◆ 再來會切開子宮。要是羊膜囊尚未破裂，醫生會劃開羊膜囊，吸出羊水，妳可能會聽到一陣水流的汩汩聲響。

◆醫師助手會壓住子宮，讓醫生抱出嬰兒。以無痛分娩（硬膜外神經阻斷）的方式麻醉的話，或許會有用力拖拉的感覺和壓迫感，若是以脊柱神經阻斷法則不會有感覺。要是急著看寶寶的出生，可以詢問醫師是否能把簾幕稍微放低，好讓妳看到實際的生產情形。

◆護士會吸乾淨寶寶的口鼻，然後便會聽到寶寶的第一次哭聲。臍帶很快會被夾住和剪斷，這時妳就能快速的看一下自己的小寶寶。如果是醫院實施的是「柔和剖腹」，會立刻把寶寶放在妳胸前讓妳抱抱，甚至開始哺乳。

◆和自然產一樣，寶寶要做一些例行檢查，這時醫師會移除胎盤。

◆醫師會快速檢查妳的生殖器官，然後將切口縫合起來。子宮切口是用肉線縫合，之後不用拆線。腹部切口可採縫線（不一定是可吸收）、或美容釘的方式處理。

◆醫生會採肌肉注射或在靜脈點滴瓶內放入催產素，幫助子宮收縮和控制出血量。

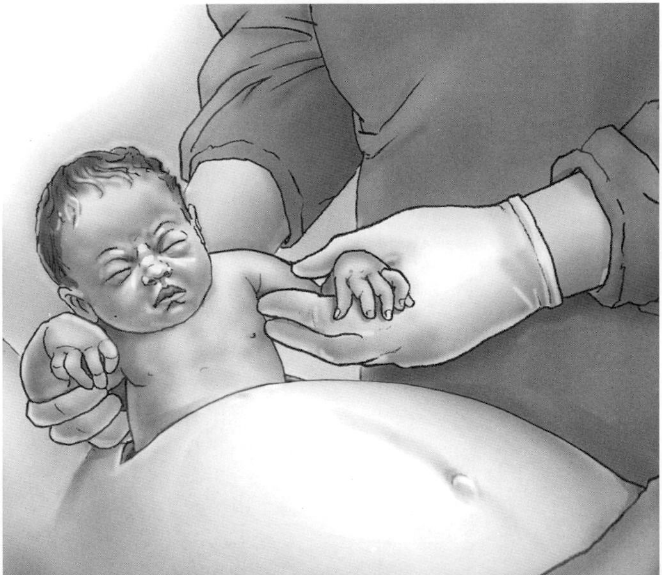

分娩後輸卵管結紮

是否這胎之後就決定不要再生了，考慮做個一勞永逸的避孕方法？對男人來說，這要簡單得多了，輸精管結紮術沒那麼具有侵入性，要是想做輸卵管結紮的話，可以加到生產計劃裡。不論是自然產或者剖腹產，在寶寶剛出生後進行結紮絕對是省時省錢，而且產後行房更為便利。不很確定的話，可參考765頁對於避孕有更多討論。

如果是剖腹產。由於取出孩子的時候已把腹部切開，而且也做好麻醉，這時只不過是舉手之勞。醫師只需在把切口縫合之前剪一次或夾一次即可。

如果是自然產。醫生會在肚臍下方切一個小開口，在產後做這手術的好處在於子宮還很大，很容易找到輸卵管。多數醫生只會在有做無痛分娩而且還沒拆除的情況下才會做輸卵管結紮。

妳大概不需什麼額外的恢復期，也不會感到什麼額外的疼痛——超過產後的不適感，就算有感覺，也很難分得出是什麼原因。也可能能不需另外服用止痛藥，當然，這是說除了產後的那些用藥之外。

這時候，媽媽應該可以在產房抱抱寶寶，但還是得視妳和寶寶的情況以及醫院的規定。如果媽媽不行抱的話，也許先生可以。要是寶寶得送往嬰兒加護病房，不用為此心焦，許多醫院的剖腹產都有這道標準作業程序，未必是寶寶有問題。之後還會有時間可以建立親子關係。

別忘了幫寶寶投保

接下來幾個星期，有一通電話妳非打不可，那就是要通知保險公司把寶寶納入健保。是否尚未納保或是想要更改原本的可負擔醫療保險？由於生產就符合「特別納保期」資格，即使不在「公開投保期間」也能加保或是變更投保範圍，時限是嬰兒出生的60天以內要提出申請。更多資訊請參考 **healthcare.gov** 網站。

Congratulations - You've done it...
Now relax and enjoy your new baby!
all best, heidi

CHAPTER

15

多胞胎妊娠

不只一個？就算有想過要生多胞胎，乍聽到這個消息，
各種情緒反應還是有可能排山倒海而來，例如像是：不可置信、歡欣喜悅、
興奮異常、全身顫抖（其實是害怕恐懼）、高興大叫、流淚滿面之餘，不
免還是會擔心寶寶是否健康？自己健康嗎？要看原來那位醫師呢，還是
得要另尋專家？該吃多少，體重該增加多少？肚子裡哪來那麼多空間容
納兩個小寶寶？家裡的空間夠不夠？是否能夠懷胎到足月生產？
是不是必須臥床安胎？分娩時的痛苦會不會加倍？
單胞胎就已充滿挑戰，需要很多的調整和改變，更不用說是多
胞胎了，妳大概也算得出來。別擔心，妳絕對有辦法搞定，
至少在讀過本章所提供的資訊之後（再加上另一半和
醫生的幫忙）就有可能辦到。舒適地坐好囉（趁
現在還有機會），準備來一趟無與倫比的
多胞胎妊娠之旅吧！

孕婦關心事項

選擇醫護人員

「我發現自己懷了雙胞胎，是否可繼續找原來的醫護人員，還是得另尋高明？」

懷了雙胎胎當然很特別，但不一定需要專門的照護。不過在決定之前，要確定妳和醫師相處愉快，因為懷了雙胞胎的話總是要經常回診，你們得要經常見面。

喜歡原來的婦產科醫師，但又想要得到額外的細心照料？許多婦產科診所會將懷有多胞始的孕婦轉給專家定期會診，如果妳想兼得原本醫師的熟悉感以及專家的專業知識，就可以考慮這種折衷方案。有特定需求的多胞胎媽媽（例如年紀大、之前曾經流產，或是患有慢性病），或許可以考慮換一位母嬰專科醫師。如果妳是屬於高風險妊娠，要和醫護人員討論是否尋求專家照料。

為多胞胎妊娠選擇醫護人員（大概會是醫師，因為大多助產士並不為多胞胎提供照護，詳見對頁表格中文字）的時候，也需要將醫院設備納入考量。妳會需要有能力照顧早產兒的機構（備有新生兒加護病房），以便寶寶提早降臨時可派上用場，因為多胞胎妊娠經常會發生這個現象。

同時也該詢問醫護人員對於多胞胎生產的特殊狀況抱持什麼立場，到37或38週時是否一定要催生，還是說如果一切順利的話可以讓妳繼續懷到足月？有沒有可能自然產，或是說多胞胎一定要實施剖腹產？能不能在產房生產，還是出於預防措施，只要是多胞胎就得到手術室生產？

關於如何選擇醫護人員，更多一般性的討論請參考015頁。

異卵雙生還是同卵雙生？

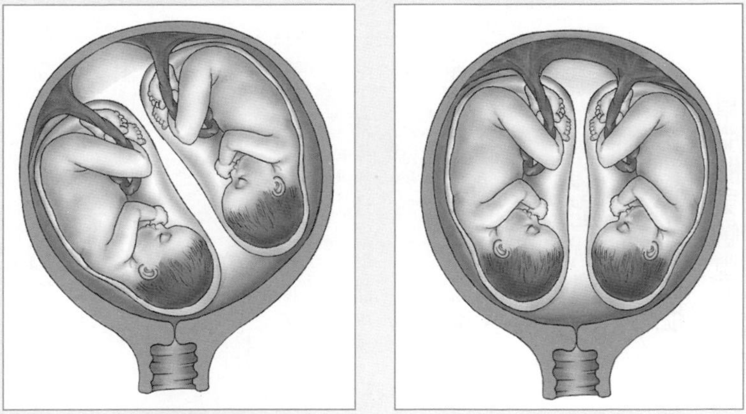

異卵雙胞胎（左圖），是兩個卵同時受孕的結果，各有各的胎盤。同卵雙胞胎（右圖），是由於一個受精卵分裂而發育成兩個不同的胚胎，也許共用一個胎盤，或各自發育出自己的胎盤，端看受精卵何時分裂而定。

助產士照護多胞胎

即使妳通常是請助產士，也是有可能一直跟著她，只要保持著低風險即可——而且前提是她的信譽、證照和經驗足以照顧多胞胎妊娠並為之接生。

遺憾的是，許多助產士並不符合這套標準，也就是說理論上妳可能找得到，實際上卻遇不到。有些助產士能照顧低風險的雙胞胎妊娠，其他的只能幫到某個時候，還有些根本不接受懷有雙胞胎的婦女，因為有可能會變為高風險。此外，有幾個州並不允許助產士照顧多胞胎或接生——而且，有的生產中心也不接受雙胞胎生產。

不過這並不表示妳得要把助產士完全排除在外。有些助產士和產科醫師合作，若是出現併發症的話可請他們接手，這類的組合就更可能同意為雙胞胎孕婦提供服務。而且，即使並不需要在某個時刻移交給產科醫師或母嬰專科醫師，妳這位助產士可以一直參與，甚至在生產時到場。

想要在家生產嗎？可能很難找到願意在家接生的助產士，如果是住在郊區，做為備案的產科醫生還有醫院太過遙遠，那更是如此。

如果妳決定要請助產士幫妳做產前照護，尤其是想要請她接生的話，至少在一開始要確定選一位處理雙胞胎很有經驗的才行。

孕期的症狀

「聽說懷了多胞胎，妊娠症狀會比單胞胎更嚴重。這是真的嗎？」

寶寶的數目較多，孕期不適難免會加倍，但並非一定如此。多胞胎妊娠和單胞胎一樣，個別差異甚大。也許單胞胎媽媽受盡兩倍的孕吐痛苦，而多胞胎媽媽卻順順利利，每天都過得很舒適。其他妊娠症狀也是一樣。

雖然不用擔心會遇到兩倍的害喜症狀（或是胃食道逆流、腿部痙攣，或靜脈曲張），也無法排除有這個可能性。平均而論，不舒適的程度確實會隨胎兒數增加而呈現倍數增長。不意外地，可能會增加更多重量，荷爾蒙也會加倍分泌。懷了雙胞或多胞胎時可能（但不必然）會加劇的妊娠症狀包括：

◆ 孕吐。多胞胎妊娠時，噁心、反胃的情況會更加劇烈，這是因為妊娠激素的影響，孕吐會比較早出現，而且持續時間更長。

◆ 其他腸胃不適，如胃酸逆流、消化不良、便秘等。腸胃道更為擁擠，而且要吃得更多（因為懷了多胞胎的媽媽是一人吃多人補），如此都會讓孕婦熟知的腸胃不適更為嚴重。

◆ 疲勞。道理十分簡單，要承擔的重量越多，越容易累。隨著多胞胎媽媽的肚子逐漸變大，耗費的能量也會增添疲勞（妳的身體得要加倍努力，才能孕育兩個寶寶）。睡眠不足也很折騰，頂著西瓜般的肚子已經很難找到好的睡姿，更何況要頂著兩顆西瓜大的肚子睡覺。

◆ 其他各種生理不適。懷孕時身體都會有這裡疼、那裡痛的問題，懷了雙胞胎的話症狀又會多一些。多一個寶寶可能造成額外的背痛、骨盆酸痛、絞痛、踝部腫脹、靜脈曲張，該有的都少不了。為了那麼多人呼吸也會比較費勁，尤其是胎兒大到往上推擠肺部時。

◆ 胎動。雖然孕婦有時會覺得自己肚子裡像是放了隻八爪章魚，雙胞胎的話，那就有得受了。也就是說，會有更多的拳打腳踢。

不論懷了多胞胎是否真的讓孕期不適加倍，有件事是確定的——加倍辛苦，加倍收穫。

✿ 滿街都是雙胞胎？

多胞胎的生育率，似乎正以驚人的速率倍數成長。美國約有4%的新生兒是屬於雙胞、三胞或多胞胎組合，絕大部分（約95%）是雙胞胎。更神奇的是，近幾年來雙胞胎的數目已經驟升至50%，多胞胎（三胞以上）則提升至驚人的300%。

年齡。這股多胞胎熱潮是怎麼一回事？和媽媽的年紀有很大的關係。超過35歲懷孕的媽媽，先天上就比較容易一次排出多個卵子（這都得感謝荷爾蒙起伏較大，尤其是促濾泡成熟激素FSH），提高懷雙胞胎的機率。

人工生殖。助孕的技術越來越精巧，懷有多胞胎的可能性也會提高。而且，接受任何的助孕治療，尤其是要刺激排卵或植入不只一個胚胎的那種，使得多胞胎的機率加倍。

肥胖。若干證據顯示體形較大、較高的婦女可能要比小個的稍微容易懷上雙胞胎，不過關連十分薄弱（也就是說，體形的尺寸沒那麼相關）。

種族。非裔美人比較常見到雙胞胎，而在拉丁裔與亞裔之中比較少見。

家族史。父親那邊的親戚有雙胞胎嗎？或自己就是？你擁有雙胞胎的機率要大於平均。而且，如果你已生過一組雙胞胎的話，之前懷孕是雙胞胎的機率為兩倍。這麼一來，就是四棒全壘打囉。

多胞胎妊娠的飲食

「我懷的是三胞胎，所以現在很認真吃東西，可是我不太清楚要吃多少，難道要吃三人份？」

乾脆黏在自助餐吧，一次吃四人份就表示時時刻刻都在吃。就像單胞胎的準媽媽不用攝取平日飲食的兩倍量，三胞胎的媽媽也不需將每日攝取量乘以四，但是接下來的幾個月當中，一定要認真好好進食。懷了多胞胎的孕婦，每多一個胎兒，平均每天要多吃150～300卡（如果要找藉口大吃一頓，這倒不錯，要是孕吐或腹部壓迫，害妳沒什麼食欲，那可就不好了）。

換句話說，孕婦一開始體重正常的話，懷了雙胞胎，要多攝取300～600卡，三胞胎則是450～900卡。不過，開懷大吃之前（酪梨醬分給寶寶一；酸奶油分給寶寶二；豆泥分給寶寶三），請三思。妳吃的東西要能質量並重。事實上，多胞胎妊娠期間的良好飲食，對於新生兒體重的影響，比只懷一個寶寶時更大。

那麼，懷多胞胎時應該如何均衡飲食才好呢？請參考第4章的「妊娠時期的飲食法」，還有以下幾項重點：

量少質精～肚子越大，容納食物的空間就越小。一天五到六次，少量多餐，不僅比較容易消化，也不會那麼脹，孕婦一整天都能充滿活力，所取得的營養也和三餐進食一樣。隨著空間越來越緊迫，可能會食量更小而次數更頻繁，而且大概會想要在身邊放些零嘴，以免夜裡突然覺得餓。

吃一口是一口～挑選量少但富含多種營養成分的食物。研究顯示，高熱量且高營養的飲食法，可大幅提昇健康、足月妊娠的機會。另一方面，要是妳把寶貴的空間浪費在容納垃圾食物，寶貝們所需營養食物的位置就會變少。

取得更多營養素～每多一胎，所需的營養素就要加倍，也就是說，妳必須增加每日十二種營養素的份量（參考140頁）。一般建議懷有多胞胎的孕婦要多一份蛋白質、多一份鈣，並且多一份全穀類。別忘了請教醫生，看看他們是否有特殊建議。

鐵質要足夠～加倍攝取鐵質，能幫助胎兒製造紅血球（孕育多胞胎會用到更多血，就需要更多紅血球），保護孕婦不貧血，多胞胎的孕婦常會出現貧血的問題。多吃富含鐵質的食物（參考153頁）。還是不夠的話，可以增加妊娠維生素或是另外補充鐵劑，請教妳的醫生。

水份要足夠～脫水會造成早產，而多胞胎也比較容易早產，所以要確定水份攝取充足。

關於要如何改善多胞胎的飲食，可參考《*What to Expect：Eating Well When You're Expecting*》，會有更詳盡的解說。

✿ 懷多胞胎時需要增加多少體重

懷孕狀況	體重增加總數
一般體重懷有雙胞胎	16.8 至 24.5 公斤
過重懷有雙胞胎	14.1 至 22.7 公斤
三胞胎	詢問醫師提供建議

增重

「我知道懷了雙胞胎更應該要增加體重，可是究竟要增重多少？」

準備好要增加體重了嗎？大多數的醫生會建議，懷雙胞胎的孕婦要增加16.8～24.5公斤。為什麼範圍這麼大？因為依據個人狀況和醫生的綜合考量，建議值會有很大不同。若懷了三胞胎，並沒有公定的標準，得要問問醫生總計的增重目標是多少公斤，大概會是22.7公斤，體重過重的孕婦少一點，而體重過輕的多一些。

看似輕而易舉嗎？實際上，肚子裡懷了多胞胎，要想增足重量並非乍看之下那麼容易。妊娠期間妳可能會遇到各種挑戰，使得體重上升的速度無法盡如人意。

妊娠初期阻礙增重的原因可能是害喜，孕吐讓孕婦吃不下，體重升不上來。一天之中少量多餐，吃些妳喜歡的食物（最好還能有點營養），或許能夠協助妳度過這段吐個不停的日子。妊娠初期要把增重目標設在每週0.45公斤，要是發現無法達成目標，或是根本難以增重，放輕鬆，之後一定可以快快樂樂迎頭趕上。但要確實服用妊娠維生素，並且補充足夠的水份。

妊娠中期應該是最舒適的一段時光，也最容易細嚼慢嚥享受美食，要善用這段時間，補足寶寶發育所需的營養素。若是初期體重沒有增加，或是因為嚴重害喜而變輕，醫生可能會要求孕婦每週增重0.7～0.9公斤（雙胞胎），或0.9～1.1公斤（三胞胎）。若妊娠初期有逐步增重，那麼懷雙胞胎每週只需增加0.7公斤，三胞胎的目標則為每週0.9公斤。要在短期內增加很多體重，而增加的重量十分重要。可以在飲食計畫中加入更多份蛋白質、鈣和全穀類。胃食道逆流和消化不良讓妳食慾不振嗎？把營養素平均分配到六小餐（或更多餐）。

多胞胎的妊娠進程

開始倒數40週了嗎？數字可能不用設那麼高。雙胞胎妊娠可將足月提早2週，也就是38週，這真是個可喜可賀的好消息（少去2週的腫脹、胃酸逆流，還有等待）！不過，大多數單胞胎都是在預產期之前或之後分娩，多胞胎究竟何時出世，同樣會讓父母還有醫護人員摸不著底細。也許會拖延到第38週（或更久），或是還不滿37週就迫不及待來到這個世界。事實上，大多數會提前。

如果寶寶待到超過38週，醫生可能會提議第38週就催生，這還得依據寶寶和媽媽的狀況。ACOG認為低風險孕婦應在第38週結束前分娩，這也得納入考慮，而且這正是少有雙胞胎可懷超過38週的重要因素。最後那一刻來臨之前，要和醫生充分討論，因為到了多胞胎妊娠的最終階段，不同醫護人員的處理方式差異甚大。

當妳進入妊娠後期，從第七個月開始，要以每週0.7～0.9公斤為目標。第32週以前，可能每個胎兒都有1.8公斤，受到壓迫的胃部已沒什麼空間可以裝食物了。然而，即使妳可能已經覺得相當臃腫，寶寶仍然想要長得更大些，他們會很感謝媽媽所提供的均衡營養。此時應該要重質不重量，第八個月可預期會每週逐漸減少0.5公斤，到了第九個月就差不多少掉0.9公斤。（如果妳還記得，多胞胎妊娠大多不會持續到第40週，這就想得通了。）

運動

「我熱愛跑步，可是現在懷了雙胞胎，能不能繼續之前的鍛練？」

運動對大多數的孕婦來說都有好處，不過帶著兩個小寶寶一起健身，就得小心點。首先，得和醫護人員確認。即使可以在妊娠初期和中期做運動，醫生多半會建議做些比較緩和的運動，要避免會往下壓迫到骨盆的動作，或是體溫不可上升太多，這兩件事恰好都和跑步有關。大多專家建議，如果第20週以後做超音波檢查發現子宮頸變短，多胞胎孕婦應避免高衝擊性的有氧運動（包括跑步），因為可能會增加早產風險，到了28週，即使子宮頸沒有變短也得停止跑步。很遺憾，就算是經驗豐富的跑者也不例外。

想找個適合多胞胎媽媽的運動嗎？可以選擇游泳、孕婦水中有氧、伸展操、產前瑜珈、輕度重量訓練，還有飛輪，這些運動都不需雙腳站著。還有，別忘了凱格爾運動（參考353頁），這個隨時隨地可做的運動能夠強化骨盆底肌肉（越多寶寶待在肚子裡越需要加強訓練）。

不論健身時做的是什麼項目，如果運動後會造成假宮縮，或220頁所列出的警示，馬上停下來休息喝水，如果過了二十分鐘後症狀沒有舒緩，就要和醫護人員聯絡。

多胞胎的好處

不出所料，懷了更多寶寶，就得格外留心，這也不壞。格外留心的話，多胞胎存活的機率就特別高，可安全、健康地出世。如果懷了一個以上的胎兒，可預期會享有更多好處：

◆ 多次回診。良好產前照護才可能擁有健

康妊娠、健康孩子，要是懷了多胞胎，更是要緊。妳可以想見要經常做產檢，在第七個月之前，妳可能每隔二到三週（而不是每隔四週）就要產檢，之後還會更加頻繁。而且隨著妊娠進展，產前檢查會更深入。不僅單胞胎妊娠要做的檢驗全都會做，可能還要更早接受陰道內超音波，監看子宮頸長度，檢查是否出現早產徵兆，後期還要做更多非壓力測試和生理指標（參考572頁）。妳也可能要比只懷一個孩子的更早也更多次篩檢妊娠糖尿病。

◆ 更多照片。當然是指胎兒的照片。妳會做很多超音波檢查，監測胎兒狀況，確定所有的寶寶都正常發育，而且妊娠情形十分健康。不僅能更放心，還擁有更多照片可以放在寶寶相薄裡。

◆ 額外關注。醫生會特別注意妳的健康，以減少好發於多胞胎孕婦的某些妊娠併發症的風險（參考676頁）。如此一來，可以在問題發生時快速治療處理。

對於多胞胎的情緒變化

「大家都為我們要生雙胞胎而感到興奮，我們反倒提不起勁，又沮喪又害怕，究竟有什麼不對勁？」

絕對正常！對於懷孕的想像，不包括買兩張嬰兒床、兩張高腳椅、兩架學步車，甚至是兩個寶寶。無論在心理或生理上，還是經濟上，我們調適好要迎接一個寶寶，卻突然被告知一次要來兩個，那種失落感並沒有什麼不尋常，就算心生恐懼也是情有可原。要照顧一個新生兒已經夠讓人擔心了，更何況是雙倍的責任？

某些父母聽到雙胞胎會很高興，還是有些人得花點時間才能適應。一開始被嚇到，和一開始就高興萬分同樣普遍。可能會有種失落感，怕會失去和唯一的寶寶相處時的親密感，還得和兩個寶寶奮戰而失去自我；想到自己不只擁抱、哺餵、呵護一個寶寶，而是兩個新生兒，可能要花些工夫才能調整過來；可能也會有各種相互矛盾的情緒不停冒出，先是質問：「怎麼這麼巧？」，然後又為了懷疑這雙倍的祝福而內疚（好不容易才懷孕的孕婦更是如此）。接到懷了多胞胎的消息，不管是懷孕還是生命都遇上預期之外的轉折，以上所提到的種種，還有那些沒列出來的情緒，全都是正常反應。

接受你們對雙胞胎的矛盾情緒吧，犯不著背負著罪惡感（因為妳們的情緒合情合理，再正常不過了，根本不需要內疚）。相反地，可以利用分娩前的時間，好好適應自己即將生下雙胞胎的事實（信不信由妳，一定會適應的，還會樂在其中！）。小倆口好好談一談，越是能讓情緒宣洩，越不會被壓垮，也就越快找出適應之道。和生了雙胞胎的親友聊一聊，如果身邊沒有這種例子，可上網搜尋小團體和討論區。與他人分享你們的感受，瞭解你們並不是第一對必須面對雙胞胎的準父母，有助於情感上的接受，甚至還來得及為這次的懷孕感到興奮。妳們將會發現，雙胞胎一開始是需要雙倍的努力，可是一路下來，他們總是帶來雙倍的樂趣。

◆「我們也很意外。」若沒做生殖治療而懷上雙胞胎，這是實話實說。

◆「從現在開始，我們家族就有雙胞胎了。」讓他們自己去琢磨。

◆「我們一個晚上做了兩回合。」誰沒這麼做過？即使上次是在度蜜月的時候，也不算扯謊，還可以讓大家啞口無言。

◆「他們是都愛的結晶。」可不是嗎，生命是上天所賜，不管是怎麼弄出來的。

◆「為什麼這麼問？」如果提問的人努力想要生寶寶，或許可以藉此深入聊天，提供一些協助（不孕是條寂寞的路，妳應該也有所體悟）。要不是這樣，如此回答可以讓多管閒事的人住嘴。

沒心情玩這種機智問答，或者連理都懶得理（尤其是同樣的問題一天被問五次）？那就直接告訴提問的人，這不關他的事，只需要說：「這是我的隱私。」就行了。

多胞胎的安全顧慮

「當我們發現懷有雙胞胎的時候，幾乎適應不過來，對雙胞胎或我來說，會不會有額外的風險？」

胎兒數增加，確實會有額外風險，但沒有妳想像的多。不是所有雙胞胎妊娠都被歸類為「高風險」（不過更多胎的妊娠就是），而且大部分懷了多胞胎的孕婦，妊娠經驗都相當平順（至少就併發症的角度來說）。此外，對於潛在的風險和併發症有一些認識，也可讓妳在妊娠期間趨吉避凶，並有助於準備好面對已出現的併發症。懷了雙胞胎真的相當安全，請放輕鬆，繼續往下讀。

對於寶寶來說，可能的風險包括：

早產～多胞胎比單胞胎更容易提早報到。超過半數的雙胞胎，大部分的三胞胎以及幾乎所有的四胞胎都是早產。平均起來，單胞胎孕婦在第39週分娩，雙胞胎則平均是第35至第36週，三胞胎平均在第32週出生，而四胞胎則為第30週。請記住，雙胞胎的足月認定為第38週，不是第40週。無論寶寶在子宮裡再怎麼舒適，後期也會變得相當擁擠。要確定自己清楚早產前兆，一旦出現任何跡象，馬上通知醫護人員（參考840頁）。

出生體重過輕～由於多胞胎很多都是提早出生，多胞胎寶寶出生時體重常常不足2.5公斤，算是體重過輕。幸好醫學對於新生兒的照護有所進展，2.2公斤還能健健康康；但出生時體重不足1.36公斤的話，一出生就遇上健康問題的風險，以及長期失能的風險都會提高。因此，孕婦要將產前健康維持在最佳狀態，飲食要含有豐富的營養素，熱量也要夠，有助於增加寶寶的出生體重。關於早產的寶寶，請參考《*What to Expect the First Year*》。

雙胞胎胎兒輸血症候群（TTTS）～這是一種子宮內的狀況，約有百分之九至百分之十五共用胎盤的同卵雙胞胎妊娠會發生，異卵雙胞胎幾乎不會遇到，因為不會共用胎盤。若是所共用的胎盤中血管交錯，導致其中一個胎兒血流過多，而另一個血流太少，對媽媽危害不大，對胎兒來說卻相當危險。若是在妊娠期間發現此症，醫護人員可能會轉給母嬰專科，說不定要動雷射手術封閉血管之間的連通處。或者，另一個比較不成功的辦法，每隔一、兩週用羊膜穿刺術抽走過多羊水，改善胎盤血流，減少早產風險。如果碰到這個問題，請上fetalhope.org 查閱，可取得更多資訊及相關資源。

減胎

有時超音波會顯示多胞胎當中一或多個無法存活，或是畸形十分嚴重出生後存活的機率微乎其微——更糟的是不健康的胎兒會對其他寶寶造成危害。如此狀況之下，醫生可能會建議減胎。設想一下，這手術會讓人難過，就像是為了其他人犧牲一個寶寶，會讓妳充滿罪惡感、不知如何是好，心情錯綜複雜。可能妳很容易就決定是否繼續或不要繼續，也可能舉棋不定難以處理。

這些問題都不容易，而且絕對沒有方便法門，但妳一定希望儘一切努力接受最後決定。

和醫生一起評估總體情勢，還要尋求第二、第三甚至第四意見，直到妳胸有成竹對這決定有信心。如果醫院裡有設醫療倫理人員，妳也可以請醫生介紹。妳也許想要和親密朋友分享，或者獨自保守這個決定。如果妳是個虔誠的信徒，說不定想要尋求靈性指引。一旦下了決心，就別再胡思亂想：接受這就是如此艱困狀況下的最好抉擇。無論做了什麼決定，試著別去承擔無謂的罪惡感。因為這並不能怪罪於妳，用不著為此心懷罪惡感。

如果最後得要實施減胎手術，可能會經歷如同失去孩子一樣的傷痛。參考897頁有助於應付此類事件。

其他併發症～這還有一些其他的併發症在多胞胎妊娠更容易遇到，不過還是相當少見。可請教醫生妳的寶寶面對什麼額外風險，要如何因應。

多胞胎妊娠也會影響到準媽媽的健康：

子癇前症～胎兒數量越多，胎盤的數量也就越多，增加的胎盤（以及多胞胎所帶來的荷爾蒙）有時會造成高血壓，然後進展成為子癇前症。雙胞胎孕婦約有四分之一會得到子癇前症，而且往往很早就能發現，這都要歸功於醫護人員的細心監控。此症狀的細節及治療選項，參考826頁。

妊娠糖尿病～懷有多胞胎的媽媽，要比單胞胎的孕婦更容易得到妊娠糖尿病。也許是因為更高濃度的荷爾蒙會干擾母體製造胰島素的能力。通常可藉由飲食控制，甚至避免症狀發生，但有時會需要額外的胰島素（詳見824頁）。

胎盤的問題～多胞胎孕婦發生前置胎盤（參考833頁）或胎盤早剝（參考834頁）等症狀的風險往往略高。幸好，在嚴密的監控下，能夠在造成危害之前偵測到前置胎盤的狀況。雖然胎盤早剝無法提前偵測出來，因為妳受到仔細的妊娠照顧，萬一真的發生狀況，也能提早處理，避免進一步的併發症。

安胎

「懷了雙胞胎就得臥床安胎嗎？」

要不要臥床安胎比較好呢？很多懷了多胞胎的準媽媽都會提出這個問題，醫生卻很難回答。這是因為答案並不簡單，安胎是否有助於避免多胞胎妊娠的相關併發症如早產、子癇前症，產科醫學界至今尚未取得共識。即使大多數研究顯示並無助益，有些醫生依然會囑咐應該臥床安胎，譬如像是孕婦子宮頸已變短、高血壓或胎兒都無法良好發育等等特殊狀況。腹中胎兒數越多，越有可能要臥床安胎，因為併發症的風險會隨著胎兒的增加而上升。

務必要早點和醫護人員討論，對於臥床安胎有什麼意見。有些醫生習慣要求多胞胎孕婦臥床安胎（通常是第24和28週之間開始）；有越來越多的醫生會依情況決定是否臥床安胎。

如果妳必須臥床安胎，請參考861頁的調適秘訣。要記得，即使不用臥床靜養，醫生也會建議妳放鬆心情、工作減量甚至暫時請假，妊娠後期盡量多休息少走動。準備好充分休息吧！

雙胞胎消失症候群

「我聽說過『雙胞胎消失症候群』，這是什麼病症？」

早期超音波檢查多胞胎妊娠有許多好處，越早發現雙胞胎或更多寶寶，就能越快得到較好的產前照護。有時候知道得太早也有缺點，提早得知懷有雙胞胎，有時可能會碰到讓人難過的消息。

妳必須知道的：多胞胎生產

常常見於妊娠初期（甚至在不曉得懷了雙胞胎的時候），孕婦可能會失去其中一個胎兒。若是初期失去胎兒，流產胎兒的組織會被母體吸收，這個現象稱為「雙胞胎消失症候群」，在多胞胎妊娠中出現的機率約為20～30％。文獻中記載的雙胞胎消失症候群在過去幾十年間大幅增加，這是因為妊娠初期的超音波檢查已成常規（唯有這個辦法可在妊娠初期確知懷的是雙胞胎）。研究報告指出，超過三十歲的孕婦較常發生，這可能是因為較年長的孕婦懷多胞胎的機率較高，尤其是有接受人工治療的更是如此。初期失去其中一位胎兒，很少發生異狀，但有些媽媽會感覺到輕微絞痛、出血，或骨盆痛等類似流產的症狀（若是有這些症狀也不表示發生妊娠損失）。荷爾蒙濃度下降（驗血時可以得知）也可能表示有胎兒流產了。

雙胞胎消失症候群若是發生在初期，通常媽媽可以繼續懷孕，無併發症也不需治療就能安全產下一名健康寶寶。極少數病例中，雙胞胎之一在妊娠的中、後期死亡，剩下的胎兒遇上子宮內生長遲緩的風險較高，而且媽媽可能有早產、感染或出血等風險。之後的孕期必須小心觀察存活的胎兒，監控是否有併發症。

要如何應付雙胞胎消失症候群，請參考902頁。

每次生產都令人難忘，不過，如果懷的是雙胞胎或更多，妳的生產故事絕對和只生一胎的媽媽們不太一樣。多胞胎的情況會變得有點複雜，也更為有趣。

雙胞胎陣痛和分娩是不是要費兩倍的力氣？多胞胎的最佳生產方式是什麼？上述問題的答案，要依據許多不同因素而定，像是胎位、母體健康、胎兒的安全等等。多胞胎生產比單胎生產更多變化，出乎意料的狀況也更多。不過，既然一次努力就能得到雙份成果，無論採取什麼方法，多胞胎生產一定會很順利。要記得，無論寶寶是由什麼管道離開擁擠的子宮，讓妳緊抱懷裡，只要對胎兒、媽媽的安全與健康有利，就是最佳方式。

雙胞胎或多胞胎的陣痛

雙胞胎或多胞胎的陣痛和只懷一胎的孕婦有何不同？有以下幾種可能：

◆陣痛期間可能比較短。難道要忍受雙倍疼痛，才能獲得雙倍回報？才怪。事實上，陣痛時，妳說不定可獲得充分的中場休息。多胞胎的第一期陣痛往往較短，也就是說自然產的話，花較少時間就可以開始出力。不過可別高興得太早，妳也會比較快就進入更艱苦的階段。

◆陣痛期可能比較長。因為多胞胎媽媽的子宮已被過度擴張，有時收縮會很弱。子宮收縮較弱，就表示可能需要比較長的時間，子宮頸才會完全張開。

◆受到比較嚴密的監看。醫護人員在接生多胞胎時，得加倍小心，陣痛時妳會比大多數單胞胎的孕婦受到更嚴密的監看。整個陣痛期間，可能會被接上兩個（或更多）胎兒監測器，如此醫護人員就能曉得每個寶寶對子宮收縮的反應。一開始，先用外接的腹式監測器監控寶寶心跳，妳可以定期卸下這個設備，四處走走或泡泡按摩熱水浴，紓緩疼痛（如果妳願意的話）。接下來的陣痛階段，寶寶甲（離出口最近的那位）可用頭皮電極由內監測，而寶寶乙則仍然是外部監測，這時就無法再到處走動了，因為必須和儀器連線（到了這個節骨眼應該也不會想要走來走去）。要確定和醫護人員詢問胎兒監測器的問題，了解妳的行動力會如何受限。

◆可能會接受無痛分娩注射（當然前提是妳要在醫院生。如果妳下定決心一定要用無痛分娩，一定很高興聽到多胞胎最好（甚至是必須）接受無痛分娩注射，以防萬一需要緊急剖腹產。如果不想注射，要在之前提早告訴醫護人員。

◆可能得在手術室分娩。多數的醫院都會如此要求，以防萬一需要緊急剖腹，所以要事先問清楚。

✿胎位、胎位、胎位

趕快擲銅板，正面還是反面？說不定有正有反？到分娩那一刻，多胞胎會變得怎麼樣，大家都說不準。以下列舉雙胞胎的可能胎位，以及每種情況下可能的生產方式。

頭位／頭位～這是分娩時配合度最高的雙胞胎胎位，約占四成。如果兩個寶寶都是頭位（頭朝下），大概就能夠採取自然產。不過可別忘了，即使是胎位完美的單胞胎有時也必須剖腹，雙胞胎的話更是如此。如果希望由助產士來幫妳接生，或甚至想要在家生產，這種胎位最為適合。

頭位／臀位～若想自然產的話，次佳狀況是雙胞胎呈頭位／臀位姿勢。也就是說，寶寶甲頭朝下，已經準備好要出生了，等寶寶甲娩出，醫護人員可能有辦法把寶寶乙從臀位調成頭位。這可能是藉由手壓腹部（由外施力），或直接伸手進到子宮內將寶寶乙的方向轉過來（由內施力）。由內施力聽起來很複雜，實際上沒那麼難，因為寶寶甲實際上已經將產道撐開，很快就能調整好寶寶乙的胎位。不過，一手伸進子宮將寶寶拖出可不是毫無疼痛的手法，這又是許多醫生強烈建議多胞胎孕婦要用無痛分娩的原因之一。要是寶寶乙堅持臀位調不過來，醫護人員可能會用臀位娩出術，讓腳先出來。

臀位／頭位，或是臀位／臀位～如果寶寶甲是臀位，而且已經降到子宮口，醫生多半會建議剖腹。雖然單胞胎的臀位經常會由外施力調回頭位（而且上述頭位／臀位的多胞胎也適用），但目前這個狀況太過危險。

寶寶甲斜位～誰曉得寶寶在子宮內的躺臥姿勢有多少種？若寶寶甲是呈斜位，表示頭

雖然向下，但側向一邊而不是正對著骨盆。若是單胞胎遇上斜位，醫護人員可能會試試外部施力，把寶寶的頭調到適當的位置（面向出口），但雙胞胎太過危險。若遇上這種狀況，可能有兩個途徑：在子宮收縮的過程中，斜位可能自已修正，最後順利自然產出。更可能的是醫生會建議剖腹產，以避免耗時費力的陣痛之後，還未必能夠成功自然產。

橫位／橫位～如果是這種配置，兩個寶寶都在子宮裡橫著躺，幾乎一定要剖腹產。

懷了三胞胎是嗎？肚子裡的寶寶可能是這類胎位的各式組合，甚至一直要到分娩時都還讓妳猜不透。

參考對頁談到更多關於三胞胎生產的狀況。

✿ 雙胞胎生產

雙胞胎可能的生產情形約有以下幾種：

自然產～約有半數的雙胞胎是用古老的方式來到世上，這不表示生產的經驗會和單胞胎媽媽一樣。一但子宮頸完全張開，寶寶甲的娩出或許輕而易舉（「用力三次就出來了！」），也可能是長時間的折磨（「拖了三個鐘頭！」）雖然後面的情況絕非常態，已有研究顯示雙胞胎生產時的出力階段（第二期）通常會比單胞胎拖得更久。若是自然產，第二個寶寶往往會在10到30分鐘內接著來報到，而且大多數媽媽表示生寶寶乙比起寶寶甲來說真是輕鬆多了。依據寶寶乙的胎位，可能需要醫師幫點小忙，伸手將寶寶移往產道（參考682頁表格中文字），或是用真空吸引加速分娩。

混合式分娩～在罕見的狀況下，自然產出寶寶甲之後，寶寶乙必須採取剖腹產。通常是因為出現緊急狀況，寶寶乙面臨危險，才會這麼做，例如像是胎盤剝離或臍帶脫垂。（寶寶甲娩出之後，胎兒監測器會顯示寶寶乙的狀況不好。）混合式分娩對孕婦來說一點也不好玩，在當下一定會覺得很害怕，而且寶寶都出生以後，同時有自然產以及腹部大手術需要休養復原，真是雙倍疼痛。但為了救寶寶也是不得已的做法，復原時間拉長了也全都值得。

計畫性的剖腹產～指事先和醫師確認好剖腹時間。如此做的原因包括：前胎剖腹產（多胞胎不太常實施剖腹產後的自然產）、前置胎盤、其他產科或醫療狀況，或是胎位不正使得自然產不夠安全。若採行計畫性的剖腹產，妳的配偶、另一半，或陣痛指導員可以跟著一起進入手術室，並且可能會做脊髓阻斷術，這是無痛分娩的升級版。麻醉生效之後，妳會很驚訝手術竟然如此迅速，兩個寶寶的出生時間可能僅僅間隔幾秒，頂多一、兩分鐘。想要在孩子出生後儘快抱抱它、餵母乳是嗎？雙胞胎也可能選擇所謂柔性剖腹產，前提是一切均安。詳情請參考659頁。

不在計畫中的剖腹產～有可能寶寶是在非計畫性的剖腹產出生。在這種例子中，有可能妳只是去做例行性的產前檢查，卻發現寶寶即將 生。因此，在妊娠後期的最後幾週，要隨時準備好待產包。無預警採取剖腹產的狀況包括：子宮內生長遲滯（寶寶在妳肚子裡已經沒有空間長大了）或是血壓急遽上升（子癇前症）。另一個可能的情況是：陣痛很久，但是沒什麼進展。子宮多裝了4.5公斤或更多重量，可能因為伸展過度而難以有效收縮，剖腹產也許是唯一的方式。

三胞胎的分娩（或多胞胎）

還在想三胞胎可不可以自然產嗎？就三胞胎而言，剖腹產是最常用的方式，不僅是為了安全考量，高風險妊娠也比較常採取剖腹產（三胞胎就算高風險），而且媽媽通常是高齡產婦。不過也有醫生認為，如果三胞胎中的寶寶甲（最接近「出口」的那位）胎位正常，也沒有其他併發症（例如母體出現子癇前症，或其中一個或多個胎兒出現胎兒窘迫症），那麼也可以選擇自然產。在某些極罕見的個案中，第一個寶寶或前兩個寶寶可以採自然分娩，但最後一個卻必須剖腹。當然，母親和寶寶四人可以平平安安地離開產房，比三個胎兒都經由陰道出生還重要，不管經由什麼途徑都值得慶祝。

多胞胎產後的身體復原

除了雙手各抱一個寶寶，多胞胎生產之後的身體復原和單胞胎相似，可仔細閱讀第16章和第17章。當然，還是有些狀況不太一樣：

◆惡露可能會更多，也會持續更久。這是因為妊娠期間有較多血液積在子宮裡，現在要全部排出。詳情請參考692頁。

◆身體各處的疼痛會拖更久，因為妊娠期間負擔更多的重量，生產後又多了好幾個寶寶需要抱來抱去。過度鬆弛的韌帶會造成同樣的疼痛困擾。在此同時，托腹帶可承擔一部分。詳情參考693頁。

◆要花更多時間重拾身材。裝過兩個或更多寶寶的肚子，要比較久才能回復原本尺寸，這也是在意料之中。原因在於：子宮還是撐得比較大，體內更多水分需要排除，為了養育寶寶儲存了更多脂肪，而且肌膚更為鬆弛。這都要花時間克服。詳情可參考757頁。

◆身體恢復比較慢。一般來說，剛生過雙胞胎甚至三胞胎，就需要更長的恢復期。如果妳被要求臥床或限制活動，那更是如此；得要慢慢重建體力和活力。

PART 3

寶寶出生後

✿ 產後－第一週 ✿

✿ 產後－最初六週 ✿

CHAPTER

16

產後第一週

恭喜！經過 40 週的等待，美妙時刻終於來了！
懷胎十月、長時間的生產過程，如今都可以拋諸腦後，
喜悅的將新生命抱在懷裡，妳正式成爲母親了。
由妊娠期轉換成產後階段，其間的差別不只是把孩子生出來這麼簡單，
相隨而來的還有形形色色的症狀（向孕期的不適和疼痛說再見，
可是產後的諸多症狀卻迎面而來），不勝枚舉的疑問：
爲什麼汗會流個不停？爲什麼生產過後還出現子宮收縮？
什麼時候才能坐起來？怎麼看起來還像懷有六個月的身孕？
乳房怎麼變得連自己都不認得了？
希望妳能夠預先讀到這些產後相關的議題，
一旦成爲全職媽媽，
上洗手間或沖個澡的時間都幾乎沒有，
更別說找時間閱讀了。

媽媽目前的感受

產後第一週，視生產方式（順產或難產，自然產或剖腹產）和其他個人因素而定，有可能出現下列所有症狀，或只有其中幾項：

生理反應

- ◆類似月經來潮的陰道出血，不過量會比較大（惡露）。
- ◆因子宮收縮而腹部絞痛，尤其是餵乳的時候（產後痛）。
- ◆筋疲力竭。
- ◆如果採自然產，會覺得會陰不適、疼痛和麻木（尤其有縫合者）。
- ◆若採剖腹產，則是少許的會陰不適。
- ◆如果是剖腹產（尤其是首次剖腹者），傷口周遭會疼痛，稍後則覺得麻木。
- ◆如果有實施會陰切開術、修補撕裂傷或剖腹產，坐起和行走時會出現不適。
- ◆最初一、兩天會有排尿困難。
- ◆便秘；腸胃蠕動感到不適。

◆痔瘡，懷孕時就持續到現在，或是生產時用力才出現。

◆全身痠痛，尤其是用力過程極為艱辛者。

◆眼睛佈滿血絲；眼眶、臉頰和其他部位因拼命用力而青一塊紫一塊。

◆流汗，特別是在夜晚。

◆紅潮。

◆從懷孕時就出現的腳，踝、腿和手等部位腫脹，還可能來自靜脈注射輸液。

◆產後大約第3天或第4天，乳房開始感到不適與腫脹。

◆如果哺餵母乳的話，乳頭會疼痛或龜裂。

◆妊娠紋，可能還包括之前沒發現的紋路。

心理狀況

◆興奮、沮喪，或兩者之間搖擺不定。

◆初為人母的緊張不安；對於照顧新生兒感到惶恐，尤其是新手媽媽。

◆對於即將和新生兒一起展開新生活感到十分興奮。

◆想到要面對各種身心以及實際上的挑戰，就覺得無能為力。

◆如果無法順利餵母乳的話，就會生出挫折感。

媽媽關心事項

✿ 惡露

「據說產後會有些出血，可是當我第一次下床，看到血沿著大腿流下來，真是把我嚇壞了。」

趕快去拿幾片衛生棉墊，別那麼緊張。這種分泌物稱為「惡露」，是子宮內的殘血、黏液和組織。在產後最初的三天到十天左右，排出的量跟月經流量差不多（有時會更多）。一直到開始逐漸減少之前，所排出的總量約為兩杯，有時看來還真不少呢。最初幾天，當妳突然起身就會流出一大片血，這是躺著或坐著時所蓄積的流量。分娩後的初期，由於惡露的主要成分是血液，偶有血塊，所以在五天到三週不等的時間內，分泌物會相當鮮紅，再慢慢轉為淺粉紅色，然後變成褐色，最後則變成略為帶黃的白色。應該使用大型衛生棉墊來吸收惡露，而不要使用衛生棉條，這可能會斷斷續續持續幾週或長達6週之久，有的產婦則會一直輕微出血長達三個月，狀況因人而異。

餵母乳和靜脈注射催產素（有些醫師會在分娩過後例行注射），可促進子宮收縮而減少惡露的流量。分娩後的子宮收縮可協助子宮更快速回復原本大小，同時堵住胎盤剝離子宮處的血管。

如果是住在醫院或生產中心，覺得出血很多的話就要告訴護士。要是回家之後發現不正常的大量出血（參考858頁），不要猶豫，立即打電話給醫護人員，萬一無法聯絡上，要立即前往急診室就醫（可能的話，前往之前生產的醫院）。如果到家發現根本沒有出血，也得通知醫生。

還是十分臃腫

孩子已經生了，但還是相當臃腫，說不定情況還更糟？懷孕時當然會水腫，但陣痛分娩期間的靜脈注射輸液又添加更多，可想而知，生產之後腳和踝部都會格外腫脹，甚至手和臉也是一樣。得要花點時間才能把這些水份排出體外，不過妳可以做些動作加速：例如像是轉動腳踝，順時鐘方向10次、反時鐘方向10次；只要有機會就站起來走走，還要喝很多水加快身體代謝。

產後痛

「我的腹部會絞痛，尤其是餵母乳的時候。這是怎麼回事？」

妳以為子宮不會再收縮了嗎？十分遺憾，子宮收縮並不是一生完就立刻打住，收縮引起的不適也不會因此就劃下句點。所謂的「產後痛」是寶寶產出後子宮回縮（從一公斤出頭縮到只有幾十公克的大小）並降回骨盆內的正常現象。可以在肚臍下方輕按，以追蹤子宮的收縮大小，第六週以後大概就感覺不到了。

產後痛真的很痛，但是作用很大。除了幫

助子宮回復正常大小及位置，收縮也可緩和正常的產後出血。對先前生產或過度伸展（懷有多胞胎）而使得子宮肌肉缺乏彈性的婦女來說，可能會痛得更厲害。這種疼痛在哺餵母乳時最明顯，因為這時候會釋出刺激收縮的催產素（實際上是件好事，表示妳的子宮收縮比較快），在產後曾經接受催產素注射也會如此。

產後痛應該會在4～7天之間自然消失。必要時可以使用比較強效的布洛芬（安舒疼或莫疼），不過乙醯胺酚（泰諾）應該也能鎮痛。要是止痛劑未能紓緩症狀或疼痛持續達一週以上，必須盡速就醫，以排除感染或其他產後問題。

會陰部疼痛

「我沒有作會陰切開術，也沒有裂傷，為什麼會陰疼痛難耐？」

讓一個3公斤多的寶寶通過，總不能奢望會陰毫無感覺吧！縱使胎兒出生時會陰部完整無缺，該部位仍然被撐大了，伴隨著瘀傷和整體性的損傷，因此出現輕微到劇烈程度不等的不適，這情況絕對正常。咳嗽或打噴嚏時會比較嚴重，甚至發現有幾天的時間連坐著都不舒服。可以參考下一個關於撕裂傷問題的解答，會有幾項秘訣，不妨試看看。

也有可能是生產時太用力引發痔瘡，甚至造成肛裂，疼痛程度從輕微不適到劇烈疼痛都有可能。如何因應痔瘡，可參考447頁的秘訣。或者可能是陰唇或陰道在懷孕期間冒出來的曲張血管在用力分娩時變得更不舒服，導致產後更痛。幸好，這類血管曲張通常會在產後幾星期內就消失（很少數過好幾個月還沒消失的話，醫生可輕易治療除去）。

「分娩時會陰受到撕裂傷，現在痛得很。會不會是縫合的地方被感染？」

所有自然產的媽媽都可能遇到會陰疼痛（有時候，先歷經難產程再剖腹的也一樣）。不過，想也知道，要是會陰出現裂傷或動手術切開（也就是會陰切開術），疼痛的情形一定會更為嚴重。和新傷口一樣，會陰切開或裂傷的部位也需要時間痊癒，通常是7～10天，在這段期間，除非疼痛極為嚴重才有感染的疑慮。

即使有可能發生感染，只要產後做好會陰護理，機率也是非常低。住院或在生產中心期間，護士每天至少會為妳查看一次會陰，以確定沒有發炎或其他感染情形。她還會指導妳如何做好產後的會陰護理，這對會陰處和生殖道兩方面的感染預防都非常重要（細菌可能四處流竄）。基於這個理由，對那些既沒有裂傷又未作會陰切開的產婦而言，這些防範措施同樣適用。健康的產後會陰部個人護理方法如下：

> **歡迎回來，布洛芬**
>
> 懷孕期間，是不是很想念老朋友，布洛芬（Advil或Mortrin）？除非醫生另有指示，一旦把孩子生下來，就可以再把它從藥櫃裡取出，用其強效的鎮痛功能來舒緩產後痛。就算餵母乳也可以吃。

◆每至少每四到六小時更換一次乾淨的大型衛生護墊。

◆排尿的同時可以用溫水沖洗會陰（醫生或護士若推薦消毒水的話，也可使用），以減少灼熱感，排便過後也要這麼做，以保持該部位的清潔。利用紗布拍乾，手也要保持乾淨，有些醫院會提供衛生棉和紙巾，也可以使用紙巾來擦拭。永遠都是由前往後擦。輕柔些，別太用力。

◆完全癒合之前，不要用手去碰觸該部位。要是有修補的話，不適的情形可能會加劇（縫合周遭會搔癢，並可能伴隨著疼痛），以下所提的建議廣受歡迎，不論是採取什麼生產方式，為紓解會陰部位的疼痛，都可以這麼做：

冰敷～為減少腫脹、紓緩不適，分娩後的最初二十四小時內，可以利用冰過的金縷梅酊敷片（witch hazel pads）、裝滿碎冰的手術手套、或內有冰敷袋的大型敷墊，每幾個小時為患部冰敷一次。

熱敷～每天幾回二十分鐘的熱敷或是溫水坐浴（僅臀部浸入），都能紓緩不適。問看看能否在水裡加些瀉鹽、金縷油、薰衣草油或洋甘菊油，格外舒緩。

麻醉～利用噴霧、乳霜、藥膏、或醫護人員所建議的敷片予以局部麻醉。服用布洛芬（Advil、Motrin）、乙醯胺酚（Tylenol）也有助益。

避開～為減少對疼痛的會陰部位施加壓力，盡可能採取側臥，避免長時間站立或坐著。坐在枕頭（中間有開孔的那種）或充氣的管狀墊（通常是為有痔瘡之苦的患者所設計）也會有所幫助，坐下以前先把臀部緊縮起來也有幫助。

服裝要寬鬆～緊繃的衣物會摩擦並刺激患部，還會減緩癒合。盡可能讓會陰部透氣（這一陣子要挑寬鬆的運動褲，別穿彈性褲襪）。

運動～生產過後、整個產後期間要盡可能多做凱格爾運動，這可以刺激該部位的循環，加速痊癒並改善肌肉張力。當妳做這項運動時，要是沒有感覺的話也不必驚慌，這是因為剛生產過後會陰部位變得麻木，要經過幾週才會逐漸恢復，這樣一來，就會在不知不覺中達成鍛練目的。

會陰如果發紅、非常疼痛、腫脹、發出不良氣味，可能就是遭受感染了，要立即打電話給醫護人員。

產後致電醫護人員的時機

分娩過後，覺得身心都處於最佳狀態的產婦是少之又少——這是產後的普遍現象。產後最初六週仍會出現形形色色的疼痛、其他常見又不舒服的症狀。所幸，嚴重產後併發症的情形並不普遍，不過先弄清楚可能會遇到的狀況，總是件好事。為了以防萬一，所有新手媽媽對可能延伸為產後併發症的症狀，都應該要有所認知才行。要是出現下列任何一項症狀，務必立即打電話給醫護人員：

- ◆短短幾小時的出血量足以濕透一片以上的衛生護墊，而且這種情形持續好幾個鐘頭。如果無法立即聯絡上醫師，那就打電話給妳去生產那間醫院的急診或接生單位，和檢傷護士通話，請她評估一下目前的情況，判斷是否應立刻前往急診室。
- ◆產後第一、二週出現大量鮮紅色出血，即所謂延遲或二度產後大出血。不過，微量出血達六週之久（有的婦女更長達三個月），或是進行較激烈活動及哺餵母乳時的出血量增加則不必擔心。
- ◆排出的惡露發臭，正常的惡露氣味應該與正常月經一樣。

◆陰道出血當中出現巨大的血塊（像檸檬大小或更大）。不過，在最初幾天偶爾出現小血塊是正常的。

◆產後最初兩週當中完全沒有出血。

◆生完後的頭幾天，下腹部位出現疼痛或不適，不論是否伴隨腫脹。

◆生完後好幾天會陰部位仍舊持續疼痛，要是吃了止痛藥也沒用更要注意。

◆產後最初24小時，體溫超過攝氏37.8度達一天以上。

◆嚴重暈眩，或是站起來的時候明顯頭昏。

◆噁心和嘔吐。

◆嚴重頭痛持續超過好幾分鐘。

◆乳房一度發脹，消退之後出現局部疼痛、腫脹、發紅、發熱和觸痛，這可能是乳腺炎或乳房感染的徵兆。

◆剖腹生產的切開處出現局部腫脹、發紅、發熱和滲流。

◆生完24小時之後排尿困難；排尿時會疼痛或出現灼熱感；頻頻出現尿意可是尿量稀少；少尿或尿液色深。和醫生聯絡前要大量喝水。

◆胸部劇烈疼痛，這可能是肺部出現血凝塊的徵兆（不要與胸部疼痛混淆在一起，胸部疼痛通常是過度用力的結果）；呼吸或心跳急促；指甲或嘴唇發紫。

◆小腿或大腿出現局部疼痛、觸痛和微燒，不論有無伴隨發紅、腫脹。還有腳彎曲時會痛。在與醫師聯絡時試著把腳抬高來休息。不要按摩腿部或會痛的部位。

◆心情沮喪或是焦慮影響應變能力，或低落的心情在數天後依然不見消退；對寶寶產生憤怒情緒，特別是伴有暴力的衝動（參考750頁更多關於產後憂鬱症的說明）。

分娩時瘀傷

「為什麼我覺得不像在生產，比較像參加了一場拳擊賽？」

覺得累壞了？這很正常。畢竟孕婦在分娩時可能比拳擊手更為賣力。多虧了子宮收縮和生產時的用力推擠（若媽媽是用臉部和胸部使力，而不是下半身用力），妳將面臨諸多不適，包括眼圈發黑或眼睛佈滿血絲（每天冰敷數回，每次十分鐘，有助於加速復原，在這之前，墨鏡會是個好幫手）；程度不一的瘀傷，從臉頰上的小斑點，到臉部或上胸部整片黑青色瘀傷；因為胸部肌肉緊繃而感到胸部疼痛、無法深呼吸（熱水澡、淋浴或熱敷都能減輕不適）；尾骨部位也許會疼痛和觸痛，這是出於骨盆底肌肉受傷或尾骨實際發生裂傷所致（熱敷和按摩會有所幫助）；全身酸痛（熱敷一樣會有幫助）。

排尿障礙

「產後已經好幾個小時了卻一直無法排尿。」

對大部分的產婦來說，分娩後的最初24小時並不易排尿。有的產婦毫無尿意；有些雖有尿意，卻無法暢快排出；或是勉力排尿，卻伴隨著疼痛和灼熱感。分娩過後，膀胱的運作何以變得如此怪異，有許多原因：

◆膀胱突然有了更大的空間可以擴張，導致膀胱的容量增加，這麼一來，排尿的次數相對會減少。

◆膀胱可能在分娩時受到損傷或瘀傷。因為暫時的失能癱瘓，就算膀胱已經漲滿了也不會發出排尿訊號。

◆注射無痛分娩會降低膀胱的敏感度，或降低對排尿訊號的警覺性。

◆會陰部位的疼痛會引起尿道反射性痙攣，造成排尿困難。會陰的腫脹也可能對排尿造成干擾。

◆會陰裂傷或切開縫合處的敏感，使得排尿時會有灼熱感或引起疼痛。排尿時，採取跨蹲的姿勢，使尿液直接向下排放，不要接觸到痛處，這樣對灼熱感的舒緩多少有所幫助。排尿時對著患處噴溫水也可以減輕不適（護士會提供噴水瓶，若沒有拿到也可以主動要求）。

◆脫水，尤其是陣痛很久都沒有喝什麼東西，也沒有進行靜脈注射。

◆各種會抑制排尿的心理因素：擔心排尿會疼痛、怕沒隱私、使用便盆或需要他人協助才能上洗手間而感到難為情或不舒服。

儘管分娩後難以排尿，可是在6～8小時以內一定要將膀胱排空，以防尿道感染、膀胱過度膨脹而失去肌肉彈性、以及出血（產後子宮要收縮時，脹滿的膀胱會擋住它而引發出血）。因此，分娩後護士會頻頻問妳是否已經排尿。她甚至會要求妳將產後第一次所解出的尿排在容器或便盆內，以衡量尿量，並會觸按妳的膀胱，以確定膀胱不是處在膨脹狀態。可以採行下列方法協助排尿順暢：

- ◆飲用充足的水分，有進才有出。畢竟分娩時也流失了許多水分。
- ◆散散步。分娩後要儘早下床四處慢走，這對膀胱（以及腸子）的蠕動有所幫助。
- ◆排尿時，旁邊有人會讓妳不自在的話，可以請護士在外頭等候。
- ◆必須使用便盆解尿的話，坐在便盆上解尿，不要躺在上面。
- ◆利用溫水沖洗會陰部位，可誘導排尿。也可以採用溫水坐浴加以熱敷，或是用冰袋冰敷。
- ◆嘗試解尿時，可以把水龍頭打開，讓水往水槽內流，這可以促進妳本身的水龍頭解禁。

如果一切的努力都失敗，而且在分娩後八小時內沒有排尿，醫師可能會指示要裝導尿管好把膀胱清空，因此還是好好努力嘗試上述各種的方法。

24小時之後，原本嫌尿量太少的問題通常就變成太多的麻煩了。產後婦女會開始出現排尿頻繁量又多的現象，因為此時需排掉妊娠時的過多水分。如果這時候依然排尿困難，或接下來幾天尿量稀少的話，便有可能是尿道感染了。（請參考789頁關於尿道感染的徵兆及症狀）。

「我似乎無法控制排尿，尿就是會漏出來。」

生產時的生理壓力會讓很多事情暫時不聽指揮，包括膀胱。不是無法排尿，就是太容易滲漏，就像妳目前所遇到的這種狀況。這種漏尿（或尿失禁）是會陰部位喪失肌肉彈性所引起，建議每一位產後婦女都要做凱格爾運動，有助於恢復肌肉彈性，重拾對尿流的控制。可參考741頁。

✿第一次排便

「我是兩天前生產的，卻到現在都還沒排便。雖然已有便意，好害怕一用力縫合處就會裂開。」

分娩後第一次排便確實是重要的里程碑，每位分娩的產婦都急於越過這道關卡。時間拖得越久，越是讓人著急，而且也越不舒服。

分娩以後，有許多生理因素會阻礙正常排便功能的恢復。首先，協助清空腸子的腹部肌肉在分娩期間伸展開來，因而出現鬆弛和暫時失能的現象。其二，腸子在分娩時受損而運作遲緩。而且在分娩以前或分娩期間腸子早已呈排空狀態（還記得分娩之前拉肚子，或是分娩當中用力而擠出腸道內容物的事嗎？）加上陣痛期間沒吃多少固體食物，腸道大概依舊空空如也。

不過，產後便秘的最大潛在因素當數心理層面：怕痛、擔心縫合處裂開、唯恐痔瘡會惡化、在醫院或生產中心缺乏隱私而天性羞怯、要「有所表現」的壓力都讓人難以稱心如意。

以下有些方法可以助妳一臂之力，讓身體動起來：

不要擔憂～擔心排便問題最容易造成無法排便。不必操心傷口的縫合會裂開，不會裂開的。要是得花幾天的時間才能排便也不要擔心。

要求攝取粗食～如果還待在醫院或產護中心，菜單儘可能挑選全穀類（麥麩穀片或馬芬）、豆類和新鮮水果和新鮮蔬果（香蕉不算），還有沙拉。如果已經返回家中，那麼飲食一定要規律完善，確保自己攝取足量的纖維。儘量別碰會讓腸子阻塞的食品，像是白麵包和白米飯。

水分的補充要源源不絕～不僅要為陣痛分娩時所流失的水分做補充，如果有便秘問題，還得加倍額外補充水分。水當然是最好，不過蘋果汁和梅子汁也特別有效，熱水加檸檬汁也同樣有用。

起來走動～身體不動如泰山的話，腸子也會有樣學樣。當然不用分娩後隔天就去跑操場，倒是可以在走廊來回走動。生產後在床上幾乎就可以馬上做凱格爾運動，這項運動不只有助會陰恢復彈性，對直腸的運作也大有幫助。在家的時候可以帶著寶寶一起散步。

不要使勁用力～過度用力並不會使縫合裂開，可是會導致痔瘡，或是讓痔瘡惡化。要是已有了痔瘡，利用坐浴、局部麻醉劑、金縷梅護墊、栓劑、或熱敷或冷敷，也許能夠獲得舒緩。

使用軟便劑～許多醫院會開給產婦軟便劑和通便劑帶回家，兩種藥都可以助妳排便順暢。

產後第一次排便可能會很痛，但是毋需害怕。糞便會日益軟化，排便情形也會越來越規則，不適情形會逐漸緩和而消失，排便這件事又會成為自然而然的習慣了。

住院好，還是回家好？

還在想什麼時候可以帶寶寶回家嗎？妳和孩子得在醫院待多久，完全要看分娩方式，還有妳和寶寶的狀況。依聯邦法律的規定，妳有權要求保險公司給付產後的住院費用，正常自然產過約四十八小時，而剖腹產後則是九十六小時。如果妳和孩子的健康狀態良好，而且又急著早點回家的話，自然產後二十四小時，剖腹產後二至三天，就可以回家了；要是醫生許可的話還可以提早。

若是妳選擇提早出院，要記得要先讓寶寶接受檢查，以確定出院後不會出現狀況。最方便的選擇是請護士進行家庭探視，這樣就不需帶著寶寶出門。健康保險應該會支付這筆開銷，低收入的也可以依據《可負擔健康法案》的「母嬰與早產兒家訪方案」接受服務。要是沒法家訪，要記得在幾天之內去找小兒科醫生門診。護士或醫生會評估孩子的體重和一般狀況（包括查看是否發生黃疸），同時還會評估一下哺餵母乳的情形——可做一份哺乳記錄表帶著應診，還要記下尿布的狀況，幫助醫生評估。

要是在醫院著實待滿四十八或九十六小時，那就好好利用這個機會盡量休息。回家之後，儲存的精力就能派上用場。

盜汗和潮熱

「半夜醒來，發現渾身汗水淋漓，這正常嗎？」

這種情形雖然黏膩，卻是相當正常。剛分娩的媽媽特別容易流汗的原因有兩個，首先，荷爾蒙濃度一直下降，反映出妳已經不再有孕在身，不過妳可能沒有注意到這個變化。再來，流汗就和頻尿一樣，是身體在分娩後自行排除妊娠期所積存水分的一種方式，這個現象再好不過，唯一的缺點就是流汗會讓人不舒服，不知道要持續多久，有些婦女會持續大量出汗好幾週，甚至更久。排汗時間要是集中在夜晚，可以在枕頭上舖蓋一條吸水毛巾，會讓妳舒服些（也能保護枕頭）。

不要因為流汗而緊張，這是正常現象，但是要記得補充足夠的水分，哺餵母乳的媽媽更要注意。

潮熱也是常見的產後現象，也是因為荷爾蒙變化所引起。如果妳有餵母乳的話，這些搞不清是天氣熱還是自己熱的情況還要持續好幾星期，雖然像是停經之前的情形，並不表示將要邁入那個階段。

發燒

「剛出院回到家就燒到超過攝氏38度，是不是該和醫生聯絡嗎？」

剛生產完如果感到任何不適，最好讓醫生都知道。產後第三或第四天發燒，可能是產後感染的徵兆，也可能是和產後無關的疾病所引起的。產後初期常見的興奮和虛弱交錯也可能導致發燒，不過通常不會超過攝氏38度。奶水初到的時候，有時也會短暫輕微發燒（不到攝氏37.8度），偶爾還伴隨著腫脹，這倒不需擔心。

產後還是小心為妙。產後最初三週內，如果持續超過一天高於37.8度，或是高燒達四小時以上，都應就醫。

乳房腫脹

「奶水終於來了，可是卻讓我的乳房巨大無比，而且又硬又痛，也無法穿胸罩。在斷奶以前會一直這樣嗎？」

妳以為胸部不會再發育了，居然還能長這麼大。初乳來時會使得乳房腫脹、劇烈觸痛、抽痛、如石頭般堅硬，而且有時會大得嚇人。更不舒服不方便的還在後頭：腫脹（可能延伸到腋下）會使母親在哺餵時極為痛苦，要是乳頭因腫脹而變得扁平，則會讓寶寶挫折連連。第一次哺餵母乳的時間越是受到延宕，腫脹的情況越是嚴重。

幸好這現象不會持續下去，當乳汁供需系統一旦建立，只須幾天的功夫，腫脹和令人沮喪的作用便會逐漸緩和。乳頭的疼痛情形也是一樣（要是妳有在算的話，疼痛程度通常大約在哺餵第20次時達到高峰），隨著乳頭堅韌起來，疼痛通常很快就會消失。如果能夠予以適當護理，某些人會遇到的乳頭龜裂和出血現象，通常也能逐漸改善。詳情請參考《*What to Expect the First Year*》。

在乳房習慣哺餵母乳（而且完全不會痛）之前，可以採行一些方法來減輕不適，並加速建立良好的乳汁供應（參考719頁開始的敍述）。

哺餵母乳十分順利的婦女（尤其是之前已有過經驗的第二胎媽媽），可能根本就不覺得有什麼乳房腫脹。只要寶寶能獲得所需的乳汁，也算是正常。

✿ 不哺餵母乳的乳房腫脹

「我不餵母奶，可是聽說退奶是一件很痛苦的事。」

不管是不是有計畫要哺餵母乳，乳房的設計就是會在產後大約第三或第四天漲滿乳汁（甚至會溢流出來）。這會令人不舒服，甚至感到疼痛；不過情況很短暫。

乳房只會因應需要而分泌乳汁，要是乳汁不被利用，分泌工作也就停止。儘管乳汁還會陸陸續續流出，長達幾天甚至數週之久，可是嚴重的腫脹不該持續超過12～24小時。在這段期間，可以利用冰敷、溫和止痛劑、以及支撐性胸罩來緩和疼痛。要避免刺激乳頭、擠出乳汁，或是沖熱水澡，那會刺激乳汁製造，整個疼痛的循環又再拖得更久。

奶水都到哪去了？

「產後已經兩天，可是擠壓乳房的時候，卻不曾出現半點乳汁，連初乳也沒有，寶寶是不是要餓扁了？」

寶寶不只不會餓扁，甚至還不知道餓的滋味呢。嬰兒並非生來就有好胃口，或立即就有營養上的需求。在寶寶開始渴望豐沛乳汁以前（在產後第3或第4天），妳已經毫無疑問可以授乳了。

乳房裡不會空無一物，絕對已有小量的初乳，不但能為寶寶提供充分的營養素（就現在來說已經很夠了），而且還能提供寶寶尚未產生的重要抗體（也有助寶寶排空消化系統內的過多黏液以及腸內胎便）。在這個時候，寶寶每次餵食所需的量大約只要一茶匙左右，可是到產後第三或第四天，乳房開始腫脹，而且覺得漲得滿滿的（這就表示奶水到位了），用手並不是那麼容易就可以擠壓出來。才一天大的小寶寶，熱切地想要吸吮，可比妳更有能耐吸出這種初乳。

如果到了第四天依然沒有泌乳，請和醫生連絡。

乳汁分泌的時間順序

初乳～孩子一出生，妳就把這種濃而淺黃色的初乳準備好了，為新生兒提供必要的抗體，還有剛到世界頭幾天所需的正確營養素。

過渡乳～接下來要端上的是過渡乳，此時會脹奶，就是因為充滿這些過渡乳。它的顏色為淺橘色，要比初乳含有更多乳糖和熱量，同時還能提供相當份量的全方位免疫球蛋白以及蛋白質。

成熟乳～大約產後十到十四天，就由這種看似略帶藍色調水狀脫脂乳的成熟乳取而代之。成熟乳是由前乳和後乳兩個成分構成。寶寶開始吸的時候，前乳可舒解口渴，但不能滿足胃口。隨著哺餵階段進展，乳房會分泌後乳，充滿富含能量的東西，可以填飽肚子：蛋白質、脂肪、營養素和熱量——每件事都是成長中的孩子所需。

親子關係的建立

「我期望寶寶一出生就能儘快建立緊密的親子關係，可是我一點感覺也沒有。究竟是怎麼了？」

期待分娩後就能得到滿滿喜悅，寶寶比想像得更漂亮更美，抬頭望著妳，兩人四目交接，傾刻之間濃厚的親子關係穩定建立。妳輕撫著寶寶，呼吸間滿是寶寶的甜美，在寶寶臉上一個吻接著另一個吻，妳感受到體內有股前所未有的情感，如此強烈，整個人為之神魂顛倒，妳已經是個充滿慈愛的媽媽。

這大概是夢吧。如此這般的產房情景構成美好的夢境（還有那些深情的廣告片），但是很多新手媽媽根本不會遇到這種事。比較可能的實際情況如下：耗時費力的分娩之後讓妳身心俱疲，送到懷裡的是個沒啥表情、全身皺巴巴、水泡太久發腫的紅面陌生人，妳發現這和妳所想的肥嘟嘟嘟小臉蛋，可愛天使模樣相去甚遠。妳還發現，怎麼小寶寶哭個不停。妳根本不知道要怎樣讓它停下來別哭。妳慌忙想要餵它，可是寶寶一點也不合作；妳要它聽話，可是寶寶比較想哭不想乖乖睡，坦白講，到了這時候連妳也想放聲大哭了。而且，這時還不得不想到（等妳清醒過來）：我是不是錯過建立親子關係的機會了？

事實絕對不是這樣的。每個父母親和每個寶寶建立親子關係的過程都不一樣，也沒有時間限制。雖然有的媽媽要比別人更快愛上自己的新生兒，有可能是因為她們之前接觸過新生兒，心中的期待比較實際，或是陣痛時比較輕鬆，或寶寶比較有反應；還是有很多別的母親會發現，並不會像三秒膠一樣馬上就和寶寶黏得緊緊難分難捨。一輩子的親子關係並不能一夜之間養成。要靠時間，漸進發展，妳和寶寶有的是時間。

給自己一些時間，要有時間習慣當媽媽（這可是重大的改變），還要有時間熟悉自己的孩子，面對事實吧，妳和寶寶不過才剛認識而已。滿足它的基本需求（也要顧到自己），妳就能發現對寶寶的情感與日俱增，多抱一下就多愛一點。說到抱孩子，要多多益善。照顧的動作越多，越會覺得自己是個照顧者。雖然也許一開始不像是出於本能，但是花多些時間把寶寶抱在懷裡、呵護、哺餵、按摩、唱唱歌、逗弄、講話，時間久了的話，越是像個天生的照顧者。信不信由妳，不知不覺間妳就會覺得自己就像個母親（真的就是！），就像之前夢想的那樣，和寶寶緊密連成一體。

寫給爸爸們

「與孩子的親密關係」

第一次的懷抱是建立親子關係的開始，只是最初一步。親子之間的連繫會加深、加強，不僅是在頭幾個星期，而且會在父子相處之間經年累月成長。

換句話說，別期待馬上就會有結果，而

且也不需要還沒感覺到就心生憂慮。每次為它換尿布、洗澡、親親、撫抱，看著它的小臉蛋，就能生出親子之間的緊密連繫。與孩子四目相視、肌膚相親（在你唱歌哄他入睡時，要把襯衫打開來，貼胸抱著他），這樣可以促進親密感，並強化親子關係。依研究顯示，這種接觸也可以加速孩子的腦部發展，所以這真是一舉兩得呢！事實上，每次與寶寶親密接觸的機會，都能增加催產素的分泌，這種育兒荷爾蒙接下來可增強親密感。是沒錯，剛開始的時候看似單方付出（在寶寶有反應之前，要一直對著它笑、出聲逗弄），但你所投注的每一份關注，都將有助培養寶寶的幸福感，讓它曉得自己有人關愛。一旦孩子也對著你笑，你就知道自己投入的時間和心力都沒有白費，而且早就和孩子建立起緊密的親子關係。

要是另一半獨攬照顧孩子的事情，便要讓她知道你也樂於分擔。做媽媽的時常一人獨享而不自知，要是兩人都在家的時候還是如此，請她先到一旁，至少別待在同一個房間裡。如此一來，媽媽可以有自己的時間，你和孩子也有機會單獨相處，很快就能更加親密。

「我的小孩是早產兒，一生下來就被急忙送進新生兒加護病房。醫師說要在裡頭待兩週。這對建立良好親子關係而言，會不會嫌太晚？」

一點都不嫌晚。的確，孩子一生下來就有機會建立親子關係（直接身體接觸，肌膚相親，四目對視）真是十分美好。這是發展長久親子關係的第一步，不過，這僅僅是第一步而已。

第一步未必得在出生那一刻進行不可，稍後在病床上，或透過早產兒保溫箱窗口，甚至幾週以後在家中一樣可以進行。

但是寶寶在新生兒加護病房時，妳還是可以試著去撫摸、去跟寶寶說話，或許還可以抱一抱。大部分醫院不只容許親子接觸，他們還會鼓勵呢。可以與新生兒加護病房的負責護士談一談，在這個嘗試的時段裡，要如何與你們的新生兒進行接觸最為恰當。有關早產兒的照護，可參考《*What to Expect the First Year*》。

可別忘了，父母即使有機會在產房就和嬰兒親密接觸，也不一定會感受到頓時湧現的情愫（參考上一個問題）。持續一輩子的愛，需要花點時間醞釀，很快妳就能和孩子一起共享天倫。

要有耐性

升格做媽媽已經過了一週（縫合的疤痕、產後痛、眼袋，都可當做證明），妳可能還在想：要到什麼時候才能像個媽？何時不用忙亂20分鐘才能讓寶寶吸到奶？或是摸透拍嗝的訣竅？或是不再每回抱起小寶寶都害怕捏壞他？或出聲逗弄嬰兒時不會覺得自己很蠢？何時才能弄懂孩子是在哭什麼，又該怎麼回應？要怎樣包尿布才不會漏？幫寶寶換衣服不會卡在頭上弄半天？洗頭髮時不會滴到小眼睛裡去？何時大自然指派給我的任務會變得自自然然？

事實上，生個寶寶就是媽媽了，但並不會讓妳知道怎麼做媽。這項無與倫比的任務時而令人目眩，時而讓人無力，只有時間才能教妳學會如何應付自如。日復一日（而且一晚接著一晚）的育嬰工作一點也不輕鬆，但是絕對會漸入佳境。

做媽媽的，給自己一些空間，好好來點鼓勵，讓自己多些時間。不管怎麼說，妳已經身為人母。

剖腹生產的復原

「剖腹生產的復原是什麼情狀？」

剖腹開刀和任何腹部手術的復原情形差不多，不過令人欣喜的是喜獲新生兒，而非割掉膽囊或盲腸。

當然，還有其他相異處，可就沒那麼怡人。除了手術的復原以外，還必須面對產後的復原。除了會陰部位完整無缺，往後幾個禮拜所要面對的不適，完全與自然產的孕婦一模一樣，像是產後痛、惡露、會陰不適（手術之前要是歷經了漫長陣痛的話）、乳房腫脹、疲憊、荷爾蒙的變化、盜汗。

在恢復室可能會碰到下列情形：

傷口周遭疼痛～麻醉一旦消退，傷口便會開始疼痛——疼痛程度要看許多因素而定，包括妳對疼痛的忍受程度，以及進行過幾次剖腹產（第一次通常是最難過的）。必要的話或許會打止痛劑，給妳昏迷或麻醉的感覺，同時也能使妳獲得亟需的睡眠。如果哺餵母奶的話，不用覺得有壓力，藥效不會進入初乳內，且在奶水到來以前，或許就不再需要任何強效的止痛藥了。有時，疼痛持續達幾週之久，如果妳遇到這種情形，可以安全地倚賴止痛劑成藥，像是布洛芬之類（Advil或Motrin），只需請教醫護人員適當的劑量。要是一開始就打算不用鎮痛劑，請在之前先和醫生討論有什麼可用的止痛法，並且確定開藥的人曉得妳的偏好。

可能出現噁心，伴隨嘔吐或沒有嘔吐～術後未必會有這種情形發生，不過如果出現這種現象，則會配給止吐藥。

疲憊～手術後可能會覺得有點虛弱，這是因為失血和麻醉的緣故，還有部分是因為可能用了止痛藥。手術以前要是歷經幾小時的陣痛折騰，更會覺得疲憊不堪。妳也可能感到情緒一片空白（不管怎麼說，才剛有了小孩，還動過手術），如果是非計畫中的剖腹產，更是如此。

定期評估妳的狀況～護士會定期查看妳的生命現象（體溫、血壓、脈博、呼吸）、排尿、陰道出血，切口上的敷料，以及子宮緊實程度和位置（縮小並降回骨盆內）。

一旦移至普通病房，則有下列情況：

母嬰同室的規定

想不想知道，醫院裡的嬰兒都上哪去了呢？那些成排包得整整齊齊在育嬰室陳列的小孩在哪？最有可能的就是和媽媽在一塊啦。若是以家庭為主體的育嬰方式，全時間母嬰同室已成標準做法，有相當多充分理由。這麼做可讓新手父母打從一開始就更加熟悉這位新來的成員，有時間肌膚相貼緊抱在一起，熟悉寶寶肚子餓的徵兆，練習安撫技巧，一旦回到家裡這些都是必要的工夫。如此還能讓新手媽媽因應需要即時餵乳，增進最後成功哺餵母乳的機率。甚至還可以減少哭泣次數，增加新生兒睡眠量，信不信由你，媽媽也睡得比較好。母嬰同室的好處多多，事實上，就連NICU的家庭都被鼓勵，把寶寶抱回家之前要有幾晚和孩子待在同一間病房過夜，當然只要按鈴護士就會過來協助。

那麼，新手媽媽是否有權選擇是否要母嬰同室？很多醫院裡沒得選，這已成標準的要求，就算不勉迫，也是極為推薦。大多數的父母都沒問題，往往還更高興不用把剛出生的孩子放在自己看不見的地方。不過，有的時候母嬰同室的媽媽也想要休息一下，毫無打擾睡著一、兩小時，或找個機會在生產後能充分恢復好為育兒做好準備。如果妳覺得這樣，現在就提出來，要求中場休息。這是妳辛苦付出，也是應得的，但願也能得到滿足。只要確保能夠餵母乳，休息的時候不會用奶瓶另外給寶寶喝配方奶即可。

繼續評估～護士會續續監控妳的情況。

拔除導尿管～手術後幾小時就會拔除，排尿可能有所困難，可以嘗試699頁的訣竅。萬一不奏效，可能會再度插入導尿管，一直到能夠自行排尿為止。

鼓勵運動～在妳起身下床以前，醫護人員便會鼓勵妳擺動腳趾頭，動動腳踝，伸展小腿肌肉，腳用力向床尾頂一頂，並且向兩側翻翻身。這些運動的目的在改善血液循環，尤其是腿部，並防範血栓形成，而且也有助於更快排除靜脈注射輸入的水份。（不過，要有心理準備，這些運動有的做起來相當痛苦，至少在最初24小時左右是如此。）

手術後8到24小時以內下床～在護士的協助下，先坐起來，可以將床頭搖高撐起。然後，用手做為支撐，將腿滑向床沿，雙腿下垂擺動幾分鐘。然後，在他人的協助下，腳慢慢著地，雙手仍然靠在床上。要是覺得暈眩（這是正常的），則立即坐回床上。舉步前先給自己幾分鐘穩下來，再慢慢邁步，最初這幾步會很痛苦。縱使想彎曲身體來減輕不適，卻要盡量站直。雖然最初幾次下床需要有人幫忙，只是暫時行動不便。很快地妳就會發現，比起隔壁自然產的產婦，妳的行動要比她更為自如，而且在坐立方面，八成更佔上風。

慢慢恢復正常飲食～研究已顯示，早在術後四到八小時便開始恢復固體食物攝取，相較於只限流質的婦女，前者的第一次排便會比較早，而且要比後者早二十四小時出院。基於醫院以及醫師的不同，在做法上會出現諸多差異，何時才可以拔除靜脈點滴注射，餐具擺開大吃一頓，也得看手術後的狀況如何。同時要謹記在心，重新恢復固體飲食要分階段進行。可以從飲用流質開始，接下來進食一些柔軟而容易承受的食物（例如果凍），然後逐漸開始。在前幾天要選用清淡且容易消化的食物；別想找人為妳偷偷帶進漢堡、薯條。一旦恢復進用固體食物，不要忘了也要加強水分的補充——尤其是哺餵母乳。

肩痛～由於腹腔內的少量血液會使橫膈膜受到刺激，引起術後數小時的劇烈肩痛，這都是因為神經通路由橫膈膜連到肩膀，造成「轉移」痛。可以藉助止痛劑紓緩。

可能便秘～由於麻醉和手術，再加上飲食受限還有可能會用止痛劑，使得腸子的蠕動減緩，所以有幾天的便祕，這是正常現象。因為便秘的緣故，也會出現一些痛苦的脹氣。可以施用軟便劑、塞劑或其他溫和的瀉藥，以排除這些症狀。702頁所提及的一些方法或許也能有所助益。

脹氣疼痛～由於消化道又開始重新運作（因手術而暫時休工），積存的氣體會引起疼痛，尤其是壓迫到切口時更痛。當妳大笑、咳嗽或打噴嚏時，不適的情形則會加劇。可以要求醫師或護士，推薦可行的紓解辦法。像是利用栓劑以助排氣，或在走廊來回走動。採側躺或平躺的姿勢，膝蓋曲起，做深呼吸的同時護住傷口，這也會有所幫助。換姿式或如廁時就拿一個枕頭靠著傷口也有助益，出院搭車時也可以這麼做。需要更多協助是嗎？有一種護腹帶，和妳之前用的托腹帶很像，可協助支撐肚子並保護傷口。

水腫～妳以為生產過後就不再腫脹了嗎？最後總是會消的。不過剖腹之後第一個星期內，很多產婦發現自己更腫，尤其是腿和腳等部位。有些是來自孕期留下的體液，有些則是手術期間注入體內的靜脈注射液。妳的活動不多，身體很難自行排出水份，更使得水腫情況惡化。多喝水才能多排水，儘量多多活動，當然可別做過頭了，臥床休息的時候，把雙腳墊高。

與寶寶相處～旁人會鼓勵妳，只要情況許可就儘早抱小孩並開始餵母乳（參考729頁表格中文字）。而且，沒錯，妳還可以把寶寶抱起來。依妳的身體狀況和醫院的規定，或許可以母嬰同室，當然，配偶或其他家人也同住一室，這會大有幫助。如果沒有幫手在身邊，別怕通知護士，她們一定樂於提供協助。

拆除縫線～傷口縫線要是無法被人體自行吸收，就得在分娩後大約四或五天予以拆除。拆線過程不會非常痛苦，可是會覺得不舒服。傷口的敷料拿掉時，要與護士或醫師一起看看傷口。完全癒合的話應該是沒有露出皮肉也沒有結痂，通常要過十到十四天，這是就可以在上頭放塊人工皮，有助於儘量縮小疤痕的外觀，這可在家附近的藥房買到。問問傷口癒合時間，了解什麼變化是正常，而什麼樣的變化則須就醫。

產後大約二至四天便可以出院回家。然而，恢復期間還是要放鬆心情，而且依然需要許多協助。和自我照料兩方面，妳依然極需幫手。

寫給爸爸們

「要相伴相隨」

開啟身為人父的生活新頁，最好的方法就是在家陪伴家人。所以，如果可行而經濟上又允許的話，可以考慮在剛分娩後請假在家做陪——或依「家庭及醫療準假法」（母親和父親可以請十二週的不支薪假期，詳情可參考311頁），或依公司的制度（可事先詢問相關規定），或是把年假用在這個時候（海灘派對年年都在，可是孩子的新生兒階段只有一次）。要是可能的話，在這段期間把工作安排為兼差性質，或改成在家處理工作。

上述情形如果無一可行，且工作職責也不容許的話，要盡可能找出時間。盡量多待在家裡，要學著向加班、起早或趕晚的會議、以及可以延緩的遠行出差說「不」。尤其是產後期間，剛臨盆的媽媽依然處於陣痛分娩的恢復階段，只要在家就應該盡量分擔家務事和孩子的照料工作。要謹記不論你的工作為你帶來多大的身心壓力，再沒有別的工作會比全天候照顧新生兒更耗費心力。

與孩子建立情感連繫為第一優先，別忘了也要貢獻一些時間來增進夫妻關係。當你在家的時候，要寵愛她；當你上班的時候，要讓她知道，你掛念著她。時常打電話，說些加油打氣和疼惜的話（讓她盡情抱怨）；利用鮮花或外帶她喜愛的晚餐來為她獻上驚喜。

帶寶寶回家

「在醫院裡，只要按個鈕，就會有護士來幫忙照顧嬰兒。現在帶著寶寶回到家裡，我覺得根本無能為力不知所措。」

寶寶可愛的小屁屁上沒有寫上使用說明（如果有可真方便），好在，帶寶寶回家的時候，護士通常會給妳一些衛教資料，說明如何餵母乳、幫嬰兒洗澡、換尿布。弄丟了嗎？或者是第一次幫寶寶換尿布時，照著護士的方法做，結果還是沾到便便？別擔心，不管是書籍還是網路上，都有好多資源等著妳，可以幫助妳應付新手父母的工作。《*What to Expect the First Year*》就不錯。而且，妳可能已經預約好第一次去看小兒科醫生的時間，到時候可以獲得更多育嬰資源，更別提妳累積的一萬個為什麼都能得到解答（如果妳記得用紙筆記下並一塊帶去的話）。或者，妳的健康保險提供護士到府諮詢服務，可解決妳的困難，給些實用的幫忙。

當然，新手父母要成為育嬰專家，需要的可不只是曉得應該怎麼做。要有耐心、毅力，還有一再練習。好在學習的過程中，寶寶不會指指點點。它們才不在乎尿布是穿正面還是反面，或是幫它們洗澡的時候忘了洗耳朵後面。也絕不吝於給妳回饋：不管是餓了、累了，還是洗澡水調得太冰，絕對會讓妳知道（不過一開始妳可能不能分清楚哪個是哪個）。最棒的就是因為寶寶之前也沒給別的媽媽（或是爸爸）照顧過，無從比較，一定會覺得妳做得真是好極了。事實上，還是自己的媽媽最好。

還是覺得沒什麼信心嗎？除了日子久、經驗累積，如果妳曉得大家都是這樣從做中學，大概就能釋懷了吧。每位媽媽（即使是那些讓妳看了又忌又妒的老牌專家）都會在開頭那幾週腦子一片混亂，尤其是產後疲累（再加上夜間睡眠不足還有生產後尚待復原）而感到身心俱疲。所以要放得非常輕鬆，給自己多些時間調整，習慣養兒育女的節奏。不需多久（要比妳所想像的還快），照顧嬰兒也不再那麼具挑戰性。事實上，那些都會成為自然的習慣，就連在睡夢中都可以做（妳也會覺得好像自己是在睡夢就搞定）。妳可以學會如何換尿布、餵寶寶、餵完之後拍氣，還會哄小孩，還能單手背在後頭（或者是說，至少另一隻手還能折衣服、查電子郵件、看書、舀一勺穀片放進嘴裡，或其他三頭六臂的能耐）。妳會是個好媽媽。而且，再跟妳講一遍，做媽媽的是無所不能。

妳必須知道的：開始哺餵母乳

沒什麼要比哺餵嬰兒母乳更自然的事了，對不對？實際上未必如此，至少在時間上不是馬上就能辦到。寶寶生下來就要吸乳，但是不一定天生就曉得要怎麼吸。對媽媽來說也是一樣，乳房是個標準配備，自動會裝滿乳汁，不過要曉得怎麼擺放在寶寶的嘴裡最有效率，這技術需要學習。

雖然餵母乳是個自然的過程，但是對於某些嬰兒與母親來說，這個自然過程卻不是天生就會（倒是很快可以學起來）。有時是生理因素，有時則只是哺餵雙方缺乏經驗而已。不論何種因素從中作梗，過不了多久，孩子和乳房之間的同步協調便能達到完美極致的境界。有些最令彼此滿意的母乳授受關係，起初也是經過幾天、甚至幾週的摸索、笨拙的嘗試、和雙方淚漣漣的努力才獲致的結果。

寶寶誕生之前預先弄懂哺乳，甚至去上課，有助於加速彼此之間的調整。不過什麼都比不上實際哺餵所學。以下基本要項可幫妳起起個頭，更多詳細協助請參考《*What to Expect the First Year*》，書裡包括各種策略，可克服或許會遇到的幾乎每一種哺乳問題。

喝奶瓶

還用奶瓶餵奶是嗎？這要比開始親餵母乳要容易得多，特別是因為配方奶和奶瓶還真的附有使用說明，乳房可沒有。不過這部分還是有許多需要學習的，妳可以參考《*What to Expect the First Year*》。

開始餵母乳

好的開始是成功的一半，以下列舉幾項秘訣：

◆**儘早開始。**寶寶在出生後第一個小時內十分警覺，正是早早建立連繫及早開始餵母乳的好機會。要讓醫生曉得，妳想要在分娩之後立刻開始餵母乳，前提是寶寶並不需要任何即刻的醫療照顧。

◆**盡量多方尋求協助。**至少在最初幾次餵乳時，授乳專家可以到場提供實地指導、建議，甚至還有一些資料。如若無法獲得這樣的服務，可尋求授乳諮詢人員或精通哺餵母乳的護士來觀察妳的技巧，要是妳和寶寶不得其法的話，可以重行指導。如果還沒學會便出院或離開生產中心，在幾天之內便應該請有授乳專業知識的人評估妳的授乳技巧，像是：寶寶的醫生、家庭護士，或外面的授乳諮詢人員。此外，也可以打國際母乳協會在當地的分會（上網llli.org查詢），或與國際泌乳顧問協會（ILCA）聯絡，網址ilca.org，就近尋找授乳顧問。有些小兒科醫師也有雇請具證照的授乳顧問，或經驗豐富的護士，可請教妳的醫生。

◆**別讓寶寶吸奶瓶。**即使妳有規劃在未來會用到奶瓶餵母乳，目前先暫時別這麼做，而且要確定醫院的人員也如此遵守，除非出於醫療需要不得不輔助添加營養。用奶瓶餵配方奶或糖水會滿足新生兒的小小食欲以及吸吮欲，打壞一開始親餵母乳的辛勞努力。而且，人工乳頭不需太過費力就可以吸到，幾次之後寶寶就不再願意吸實在的乳頭了。更糟的是，如果寶寶還太飽而不想吸奶，因而使得乳房無法受到刺激而分泌乳汁，如此造成惡性循環——妨礙良好供需系統的建立。只要回到家，親餵母乳的習慣建立起來之前別用奶瓶，就算最後一定會用來補充也一樣，通常要到2或3星期之後。

餵奶時的飲食

產生乳汁每天需消耗500卡的熱量，也就是說妳得要設法每天多吃500卡（是指比妊娠期的總量多500卡，不是妊娠期增量）才能符合所需。隨著孩子一天天成長，更容易餓，妳大概也要更添熱量才行，也就是說，至少要等到開始吃副食品，對母乳的需求逐漸減少之後都是如此。而且還得多一份的鈣質，總量達到5份。餵母乳時要怎麼吃、吃什麼，詳情可參考《*What to Expect the First Year*》。關於餵母乳期間飲食的全面介紹，請參考《*What to Expect: Eating well when You're Expecting*》。

◆因應需要而哺餵。目標設定為每隔2至3小時餵一次，以開始吸奶的時間來計算。一天當中至少餵奶八到十二次。這不但可以讓孩子保持愉悅，新生兒就算不餓也喜歡吸著東西，而且也可以刺激乳汁生產，避免脹奶，還能增加供應量。時間到了寶寶還在睡怎麼辦？如果已過2至3小時，就可以叫起來吸奶。把包巾鬆開或直接靠在胸前，香味就足以讓寶寶醒過來。

◆保持鎮靜。緊張不但會妨礙奶水的泌流（乳房讓奶水能夠供寶寶吸吮的方式），還會引起寶寶的不安（寶寶對母親的心情極為敏感）。焦躁不安的嬰兒是無法有效吃奶的。要盡量放輕鬆再開始哺餵，而且不論其間出現如何令人洩氣的情形，都要盡量保持鎮定。如果有訪客，餵奶之前十五分鐘，先請訪客離去，並且利用這段時間把腦子裡的所有焦慮滌除。開始前先做一些放鬆運動，或是放些輕音樂。把自己弄得舒服些也可以冷淨下來，可用餵乳枕或一般的枕頭把寶寶墊著，餵乳時才不會費力或疼痛。餵母乳之前也要讓寶寶心情平穩，可以輕輕搖一搖，肌膚接觸安靜地抱著安撫。

✿ 哺餵母乳的時間規劃

還記得怎麼算子宮收縮的間隔時間嗎？從開始算到下回開始。很好，餵母乳的時程也是這麼算的。當然不會像宮縮那麼靠近，但每回持續的時間要長得多，所以當中留下的空閒要比妳所預期還來得少。

然而，即使餵母乳一開始可能相當耗費時間，千萬不要設定時間限制。新生兒每回平均要花30分鐘，然而慢香香的吸可能長達45分鐘。寶寶每個乳房要吸多久，也別因為害怕乳頭發疼而設限。乳頭疼痛是由於寶寶放的位置不對，與吸吮時間長短比較無關。反而應該讓孩子引導，妳很快就會發現，新生兒在很多方面的智慧超過年齡，吸奶就是其中一例。什麼時候該換邊了，寶寶會放慢或停下來讓妳曉得，什麼時候吸夠了，也會完全鬆口。有例外嗎？如果寶寶才吸了幾分鐘就睡著了，就要把它叫醒，有些貪睡的小子寧願打盹也不想吸奶。

一旦乳汁開始分泌，乳房也脹了起來，妳

會很想要每次餵乳時至少讓一邊「吸光」，感覺從脹滿變得柔軟。換邊之前完全把一側乳房吸光，會讓小寶寶喝到解渴的前乳，還能吸到快結束時富含熱量的後乳。所以，寶寶吸奶時千萬別隨便拔起來再塞進去。一旦孩子吸完某一邊，就可以再換另一邊，但可別強迫。只需留意下次要從前一回沒吸光的那一側乳房開始。

自己都昏昏欲睡，怎麼記得下次要從哪邊開始呢？在哺乳記錄或app上做個記號，胸罩肩帶上留個小小壓痕，或手腕上戴個餵乳手環，這些提示都能讓妳想起來哪一邊是已經就緒的。

說到追蹤記錄，最好能做一份流水帳，寶寶吸乳何時開始何時結束，還要記下尿布的內容。雖然似乎很累，卻能讓妳了解餵母乳的狀況，下次回診時可跟醫師報告。除了體重適度增加，適當的排泄物也是吸收好的最佳指標，每24小時至少應有6次排尿，尿色清澈，還要有5次排便，這就表示妳的乳房符合寶寶供餐需求。

寫給爸爸們

「沒奶，沒問題」

你無法懷孕，無法歷經陣痛和分娩過程，也無法授乳，這三項是生物學上的實情。然而，事實上男人無須為天然的生理限制而自貶為旁觀者。只要當個積極而提供支持的參與者，你幾乎可以分享太太妊娠、陣痛、和分娩過程中的所有喜悅、期待、試煉以及磨難：從第一次的踢動到最後一次的用力娩出都不會錯過。儘管永遠無法抱著寶寶迎向自己的乳房，卻可以在哺餵過程中一起共享親密關係，方法包括：

充當寶寶的後補餵食者~哺餵情形一旦確立，餵奶的方式就可以很多元。雖然爸爸無法授乳，但是卻可以幫忙瓶餵。這樣做可以讓太太獲得喘息的機會（不論是半夜，或用餐途中），也給你與寶寶親近的機會。不要隨便把奶瓶往寶寶的嘴裡一塞，而錯失了這樣的良機。要採取授乳的姿勢，把奶瓶放在胸前，寶寶便會緊挨著你。敞開你的襯衫，讓彼此的肌膚做接觸，以增進親密感。

夜間餵奶要幫忙~分享哺餵寶寶的樂趣，當然也包括共度不眠的夜晚。縱使不用瓶餵，可是在夜晚的哺餵中，你也可以參與，由你把孩子抱出嬰兒床，必要的話換一下尿片，再把孩子交到太太手上餵奶，餵飽後再把他放回嬰兒床。參與夜間餵奶的工筕不僅讓你和寶寶更加親密，建立一輩子的親密關係留下一輩子的記憶，更可以讓媽媽獲得亟需的休息。

扛起其他任務~只有哺餵母乳，是母親必須親力親為的育嬰活動，要是有機會，父親可以為孩子洗澡、換尿片、以及哄寶寶入睡，而且可以和媽媽做得一樣好，甚至更好。

餵母乳的基本原則

適當姿勢寶寶才能穩穩吸住乳頭，避免乳頭疼痛和其他哺餵障礙。一開始先讓寶寶側躺，面對著妳的乳頭。讓孩子整個身體面對著妳，耳朵、肩膀、和臀部呈一直線。不要讓孩子的頭轉到側邊，而應該和她的身體呈一直線。換句話說，要讓寶寶膀部正對著另一邊乳房。妳可不能讓寶寶歪著脖子，頭要和身體呈一直線。

（想像一下，當妳把頭轉到側邊，然後用這種姿勢喝東西、吞嚥該有多困難，這對孩子來說，也是同樣的道理。）用餵乳枕或一般的枕頭，把寶寶墊高，就可以輕鬆調整孩子的位置。

親餵母乳的姿勢很多，可多做嘗試找尋自己覺得最舒服的方法。

橫跨式抱法～用相反邊的手（如果是餵右邊乳房，則用左手抱住孩子）托著孩子的頭。妳的手放在孩子的肩胛之間，大拇指在一邊耳朵後方，其他手指頭則在另一邊耳朵的後方。利用另一手把乳房圈成杯狀，把大拇指放在乳頭和乳暈（乳房深色的部位）上方，就在寶寶鼻子會觸碰到乳房的位置，食指應放在孩子下巴會碰到乳房的地方。輕輕壓著乳房，好讓妳的乳頭稍微朝向寶寶的鼻子，現在就做好讓孩子含住乳房的準備了。

橫跨式抱法

足球式抱法～又叫抓握式抱法，如果是採剖腹產而要避免把孩子停靠在腹部；乳房太大，孩子太小早產也是一樣，哺餵雙胞胎時，這種抱法尤其管用：讓孩子在妳的側邊呈半坐的姿勢，面對著妳，讓孩子的腿在妳的手臂下方（如果要餵右邊乳房，便是右邊手臂）。用右手撐托著孩子的頭，然後一如橫跨式抱法一樣，把乳房圈圍成杯狀。

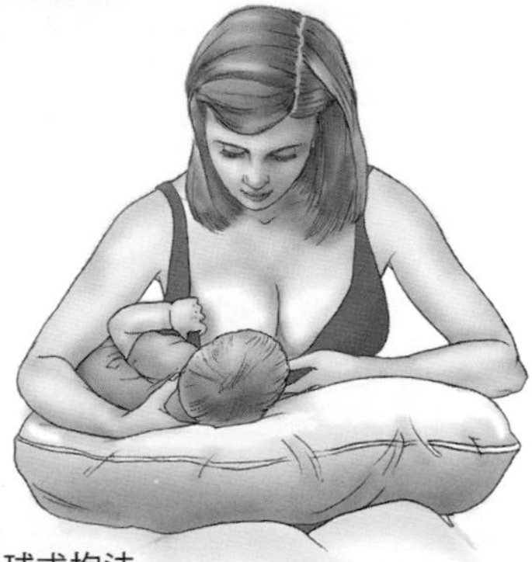
足球式抱法

搖籃式抱法～採這種抱法時，孩子的頭則停靠在妳的臂彎裡。空出來那隻手，就像橫抱時那樣圈住乳房。

仰躺式～躺在床或椅上，用枕頭撐好，讓寶寶和妳肚子對肚子的時候剛好頭就在妳乳房附近，重力會讓孩子往妳身上靠。寶寶在妳身上怎麼躺都行，只要能夠正面相對或可搆得到乳房就好。如此方式寶寶可以很自然含住乳頭，或者妳可以把乳頭朝向孩子嘴巴方向加以協助，不過除此之外不需做太多，躺好儘情享受吧。

側躺式～妳和孩子都採側躺的姿勢，腹部對著腹部。如果有必要的話，用空出來那手圈住乳房。半夜起來餵乳的時候，這姿勢是個不錯的選擇。

仰躺式

搖籃式抱法

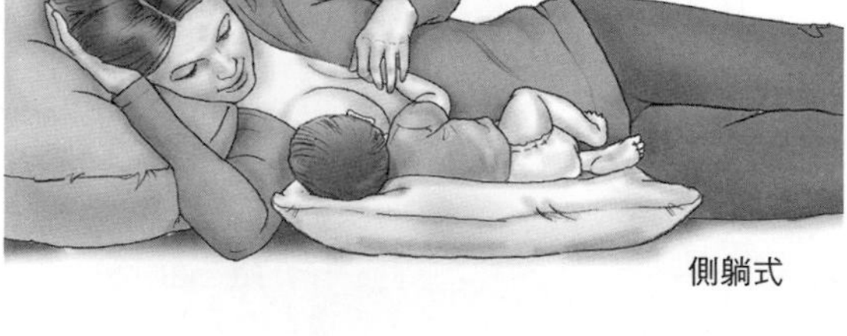
側躺式

哺餵多胞胎

為多胞胎哺餵母乳，這情形就像照料新生多胞胎的其他環節一樣，看似難上加難。然而，一旦循例養成了習慣（真的可以辦到！），妳會發現那不僅做得到，而且還是雙倍（甚至三倍）的回報。想要成功哺餵雙胞胎或更多胎兒，應該這麼做：

努力加餐飯～餵的多就表示要吃得多。每哺餵一個寶寶，要比妊娠期多攝取400～500卡的熱量（隨著寶寶的成長，熱量攝取必須再增加。若是除了母乳，還有為寶寶補充配方奶、固體食物，或想趁機燃燒多餘脂肪，熱量的攝取則可以減少）；額外的寶寶也得多攝取鈣質（合計為6份）或等量的鈣補充劑。詳情請參考721頁表格中文字。

使用吸乳器～如果小寶寶都還在新生兒加護病房，而且還太小沒法直接哺乳，可考慮吸乳器；請參考731頁表格中文字。

一次餵兩個（或一次一個）～妳有兩個乳房，還有兩張嘴嗷嗷待哺（或更多），想不想試看看同時哺餵兩個寶寶？或許稍加輔助，像是適合雙胞胎使用的超大型哺乳墊。同時餵兩個寶寶的最明顯也是最大的優點在於不需日夜忙著哺乳。如果想要一次哺餵兩個孩子，先將兩個寶寶都放在枕頭上，然後讓它們含上乳頭（或者可以請別人一次交給妳一位，尤其是還在摸索的時候）。使用專門設計給雙胞胎用的餵乳枕，調姿勢就會容易得多。你可以把兩個寶寶都調成足球式抱法，用餵乳枕支撐它們的頭部，或是結合搖籃式和足球式，同樣用餵乳枕支撐，多做各種嘗試，直到妳和寶寶都覺得舒適。

如果妳對同時哺餵不感興趣，就別試了。可把擠出的母乳或配方奶裝在奶瓶裡餵，同一時間直接哺餵另一個，或按順序一個接一個。

三個寶寶以上，那可怎麼餵？三胞胎親餵母乳，甚至是四胞胎，也都有可能。一次餵兩個，接下來再餵第三個，單獨一個寶寶在吸的時候要記得換邊。多胞胎哺乳的更多相關情報，請查閱rasingmultiples.org網站。

因應各別用餐習慣～即使是雙胞胎，還是有不同個性，胃口和餵乳的模式也不相同。要試著調適各人需求。還要做特別詳細的記錄，確保每次餵奶的時候都可以餵飽。

兩邊都要用到～每次都要換邊，這樣兩側乳房才能接受到相同刺激。

一旦就定位，就可以運用以下技巧讓寶寶含住乳頭：

- 用妳的乳頭輕搔孩子的嘴唇，直到孩子的嘴巴張得很大，就像打哈欠一樣。有些授乳專家建議，將乳頭對準著孩子的鼻子，然後下移到上嘴唇，讓孩子的嘴巴大大地張開，這麼做可以防範餵奶時把孩子的下嘴唇塞入。要是寶寶別過頭去，則可以輕輕撫摸孩子最靠近妳這邊臉頰，那麼尋乳反射會讓孩子把頭轉向妳的乳房。

◆孩子的嘴巴一旦大開，要把孩子挪近一點，而不要朝著孩子移動妳的乳房。許多含住乳房的問題之所以會發生，就是媽媽想把乳房塞入寶寶口中，因而彎腰駝背所形成。相反地，背部要保持挺直，且把孩子抱來就乳房才對。不要把乳頭塞入沒有意願的嘴巴內，要讓孩子採取主動。讓孩子把嘴巴張得大大的，而足以把乳房適切含入口中，這可能需要幾番的嘗試。

◆務必確認孩子將乳頭以及周遭乳暈一塊含進嘴裡，光吸吮乳頭的話並不會擠壓乳腺，而且會導致乳頭疼痛和龜裂。

◆一旦寶寶正確含住，要檢查看看乳房會不會堵住孩子的鼻子，可以用手指輕輕按壓解決。稍將寶寶往上抬一下也有助於多騰出一些呼吸空間。不過在調整的時候要確認別又鬆開來了。

◆不確定孩子是否在吸？看看孩子的臉頰，如果見到強力、穩定、而有節奏的活動著，便表示寶寶吸得正起勁，吞嚥也相當順利。

這時就開始餵奶了，該持續多久呢？請參考722頁表格中文字。

要是寶寶停止吸吮卻依然含著乳房，突然把乳房抽出會使乳頭受傷。替代的方法是，先壓住乳房以打斷寶寶的吸吮，或將手指伸入寶寶的嘴角，再趁便把乳頭抽出。

剖腹產後哺餵母乳

即使是剖腹產，還是迫不及待想要自己餵小孩是嗎？多早可以餵母乳，這完全要看媽媽的感受和寶寶的狀況而定。只要新生兒情況允許，越來越多醫院容許一出生就有肌膚接觸，還可以躺在乳房上。而且走在最前端的醫院還讓孕婦有機會剛剖腹過就能餵母乳，就在手術室裡。當然，妳大概很難動彈，畢竟動過大手術，所以一定要確認另一半、護士或陪產員授乳指導陪在一旁，幫忙把身體撐起或是換成側躺，準備好讓寶寶交到妳手上。

妳會發現，剖腹產後一開始哺餵母乳並不舒服——大多數的母親都是如此。利用以下技巧，盡量避免在傷口上加壓，情況就會改善。可在腿上放枕頭墊著寶寶；採側躺或足球式抱法來餵奶，同樣要用枕頭來支撐。授乳時會出現產後痛，以及傷口部位的疼痛，這兩種情形都是正常的，會日益紓緩。托腹帶也可以去除傷口上的一些壓力，有助於更舒適地餵寶寶喝母乳。有些姿勢比較舒服，要試著找到最適合自己的方法。

如果妳因為全身麻痺還是昏昏沉沉，或是寶寶需要在育嬰室先待一會兒，就得等會兒才能進行。如果過了12小時還不能培養出相處的方法，可能要以擠乳器將初乳擠出，才能真正開始泌乳。

有幾點得要牢記在心：首先，由於靜脈輸液，妳體內已被灌入一大堆液體而水腫，寶寶身上可能有若干「水的重量」。孩子會尿很多以將水份排出，看來像是掉體重，比一般自然產的還多。要確定正常的掉體重並不需另外補充配方奶，除非是因醫療須求經由醫生指示，因為這麼做會危及親餵母乳一開始就成功的機會。其次，有些剖腹產的媽媽要比預期更晚分泌奶水，有可能是由於手術造成額外壓力所致。妳可以常常和寶寶肌膚相親抱一抱，儘可能早些開始嘗試餵母乳，讓乳汁供應順利。要確定在生產計劃裡把這個要求列出，而且有人站在同一立場熱心支持，不論是另一半、授乳專家、陪產員還是小兒科醫生都好，幫忙讓寶寶儘早和媽媽會合。最後，妳在術後會被注射止痛劑，通常是麻醉藥，如果有需要可別猶豫。極度疼痛的狀況會干擾奶水分泌。只要是短期服用而且劑量在安全範圍內，最多每隔6到8小時一劑並且注意寶寶是否過度嗜睡，都可以餵母乳沒問題，不會有安全疑慮。

要是剖腹產後有拿到抗生素，要小心寶寶得到鵝口瘡的機率會增加。吃些益生菌有助於降低風險。

哺餵加護病房裡的寶寶

不在管寶寶是大是小，母乳最棒，多小都一樣。事實上，即使還無法吸吮乳頭，早產、體重不足的孩子或有其他問題的嬰兒，吃母奶對他們會大有助益。與孩子的新生兒醫師和負責照護的護士商談，以這種情況而言，如何哺餵才是最理想的方式。要是無法直接哺餵，也許可以把母奶擠出來，再經由導管或奶瓶的方式哺餵。要是連這樣也不可行的話，看看能否繼續把奶水擠壓出來，以維持奶水的供應不斷，直到孩子可以直接吸乳為止。就算一開始沒辦法，還是可以把奶水儲存起來等寶寶情況適合時使用，也能讓妳的供應量提升預備好到時候可以直接餵。沒法分泌足量奶水，甚至根本沒有？可以問問醫院是否有捐贈的母乳，通常是用來供應早產兒補充。更多哺餵早產兒的情報，當然還有照顧早產兒的細節，請參考《*What to Expect the First Year*》。

CHAPTER

17

產後

最初六週

到目前爲止，不是已經適應新手媽媽的嶄新生活，
就是已經找出辦法能夠從容照顧新生寶寶，
同時滿足大孩子的需求。
幾乎是理所當然，每日（還有每夜）
的關注焦點大多集中在新到來的小生命身上。
不論如何，寶寶無法自己打理的，
但也不表示應該忽略自身的需求。
是的，妳需要好好照顧自己，
尤其是妳仍處於恢復階段。

媽媽目前的感受

生產完後六週算是恢復期。即使妊娠期和陣痛、生產狀況都好得不得了，身體仍然是被拉扯擠壓到了極限，需要重組歸位，更何況是沒那麼輕鬆的人。每位新手媽媽都不一樣，就如同懷孕經驗各有不同，復原速度也是如此。依據生產狀況、在家獲得多少協助，以及其他個別因素，可能會出現以下所有症狀，或僅僅其中幾項：

生理反應

◆ 持續有惡露分泌，由暗紅、粉紅轉為淡褐色，然後變成略黃的白色。

◆ 疲倦，這是當然的囉。

◆ 如果是採自然產（尤其是有傷口縫合者），或採剖腹產以前歷經過陣痛，會陰部位持續有些疼痛、不適和麻木。

◆ 如果採剖腹生產，切開的傷口處疼痛減輕，麻木感持續。

◆ 便秘和痔瘡逐漸緩和。

◆ 隨著子宮降回骨盆腔內，腹部逐漸平復。

◆ 體重逐漸減輕。

◆腫脹漸漸消退。

◆哺餵情形抵定以前，會出現乳房不適和乳頭疼痛。

◆腰酸背痛（腹部肌肉虛弱還有因為抱孩子所致）。

◆關節疼痛（在妊娠期間為分娩預做準備，關節鬆弛所造成）。

◆手臂和頸部痠痛（懷抱寶寶、哺餵母乳所引起）。

◆還是會出現潮熱現象。

◆掉髮。

心理狀況

◆興奮、沮喪，或時喜時憂搖擺不定。

◆力不從心，一種使不上力的感覺，或自信心與日俱增，或游移於兩種心緒之間。

◆「性」趣缺缺，或比較少見的「性」致勃勃。

料想不到的產後狀況

產後階段就和懷孕時一樣，會出現一大堆出乎意料的症狀。其中之一，幻踢，三不五時會覺得好像寶寶在肚子裡踢動，但事實上孩子早就生下來了。或是自己也因護墊用太久而出現尿布疹。產後蕁麻疹，可能會在分娩過後幾天、幾星期甚至是好幾月才爆發，就連這輩子從沒不曾遇到過敏現象的人，也可能遇到。這些疹子似乎是和授乳的荷爾蒙或者產後免疫反應有關。要和醫生討論治療方案，可能得要用些授乳時可安心使用的藥物。影響到哺餵母乳的媽媽還可能還有另一個想都沒想過的產後狀況：每次寶寶開始吸奶，就會閃過一陣憂鬱的情緒。詳情請參考755頁表格中文字。

孩子生下之後，還遇上什麼出乎意料的其他狀況呢？可參考本書16、17兩章，要是依然搞不清楚問題所在，可向醫師請教。

產後的檢查項目

醫生應該會安排產後四到六週做產後檢查（如果是剖腹產，可能會要求產後約二至三週回診，檢查開刀的傷口）。這次的檢查項目約略如下，可是確切的檢查內容則依媽媽的個人特殊需要，以及醫生的行醫作風而定。

- ◆ 血壓。
- ◆ 體重，可能會減少7.7～9.1公斤左右。
- ◆ 子宮，以查看是否恢復為孕前形狀、大小和位置。

◆子宮頸，應該正在逐漸恢復孕前狀態，可是依然有點腫脹。

◆陰道，已然收縮並重拾絕大部分的肌肉彈性。

◆會陰切開或裂傷的修補處。

◆要是採剖腹生產，則查看切開傷口處。

◆乳房，檢看是否有腫塊、發紅、觸痛、乳頭龜裂，或不正常分泌物。

◆痔瘡或靜脈曲張（若是出現任一種症狀）。

◆情緒狀況，篩檢產後憂鬱症。

◆想與醫師討論的疑難問題，可先列單備忘。

在這次的門診當中，醫生也會和妳討論打算要採用的避孕方式。可用的避孕法可參考765頁。

媽媽關心事項

✿ 疲憊

「我知道生產後會很累，但是我已經四個星期沒有好好闔上眼，真是累死了，這可不是鬧著玩的。」

沒有人會笑妳——尤其是那些感同身受的新手父母。也沒人會懷疑妳怎麼會這麼累。再怎麼說，妳得要不停餵奶、逗孩子、換尿布、哄寶寶，抱著走來走去。還要應付堆積如山的換洗衣物，堆得一天比一天高，一天比一天臭，還有寫也寫不完的感謝函。還得去採買（尿布又用完了是嗎？），難度可真不小（只不過是去超市買點牛奶，要帶多少嬰兒用品出門啊？）。而且做了這麼多事，平均下來每天晚上只能有大概三小時好眠（這已經算妳運氣好），還得應付初生小嬰兒。妳有數不清的理由可以大聲說，自己就是「今天我最累」的首選。

這種母親疲憊症候群有沒有解藥？恐怕沒有，除非等到孩子能夠一覺到天亮。不過在此同時有很多方法可以重拾活力，至少有辦法繼續奮戰下去。

尋求外援～如果經濟許可，就請個幫手。要是負擔不起，可請親朋好友伸出援手。請她們帶孩子出去遛達，讓妳趁機補眠充電，或是代購日用品。

彼此分擔～養兒育女是兩個人的工作。即使另一半是朝九晚五的上班族，回家之後也得分擔家務，照顧孩子、打掃、洗衣、煮飯和採買都一樣。兩人一塊商量，分配任務擔起責任，然後把各人的工作事項寫清楚，以免爭議。（如果是單親照顧小孩，或另一半長期派駐外地，儘量請一位好朋友或親戚來幫忙。）

別為小事操煩～現在，唯一要關心的就是妳的小寶寶。其他的就等妳休息夠了，想做再動手。即使到處都是灰塵，甚至是覆在妳還沒時間寫的那一堆謝卡上頭也沒關係。雖然沒空一封一封親筆寫謝卡，選幾張寶寶的照片用電子郵件寄出去，可以節省點時間。

利用外送服務～產後可利用有提供外送的店家或是餐廳，不管是沒時間煮飯，或者是忘了買嬰兒用指甲剪，或者尿布就快要用光了，都不要客氣。甚至可以利用網購，一切日常用品都可以送貨到府。

配合寶寶作息～相信妳之前就聽過別人這麼說，可能當時還頗不以為然。畢竟只有寶寶睡著的時候，妳才有空處理其他三百樣怎麼做也做不完的應辦事項。不要對此嗤之以鼻，不如趁機打個盹。就算是寶寶白天睡覺時順便一塊躺個十五分鐘，下次嬰兒哭的時候妳就會覺得更有活力面對。

同時進餐～忙著哺餵寶寶時，可別忘了自己也要吃飯。不時來些富含蛋白質和多醣類的零食、點心，才有能量對抗疲憊：冰箱、車上、媽媽袋，都可以存放方便的零食，就不會餓著肚子瞎忙。雖然糖和咖啡因似乎可以解決這個問題（特大號糖果棒，再連灌五杯拿鐵），這兩種東西可以快速解飢，但能量很快就會耗盡。別光是注意到吃的，還得飲用大量水份，不單是因為生產時失去好多水，缺水也會造成疲勞。以上所列出的秘訣適用於所有新手媽媽，不過有在哺餵母乳的媽媽依然是一人吃兩人補，更是重要。

要是真的累壞了，可以請醫師診查，確定不是其他生理因素所引起的疲乏（例如產後甲狀腺炎，參考753頁）。如果心情低落甚至沮喪（參考745頁），也要採取行動控制憂鬱的狀況，因為產後輕鬱症和產後憂慮症也和疲憊有關（和甲狀腺炎也有關係）。一旦排除健康上的疑慮，相信時間和經驗的累積，以及寶寶一覺到天亮以後，就可以逐漸紓解大部分的疲憊了。隨著身體因應為人母的新需求做好調整（包括睡眠被剝奪），那麼體力狀況也會隨之稍許轉佳。

✿ 掉髮

「突然一直在掉頭髮，我會不會變成禿頭？」

不會變成禿頭，這種現象會恢復正常。一般而言，每天平均會掉100根頭髮（當然不是同時，所以妳沒注意到），而新頭髮會不斷長出來。在懷孕期間，由於荷爾蒙的變化，致使頭髮減少掉落，所以其實是頭皮糾著它們不放。（是否還記得懷孕時的那頭濃密秀髮？）不過，好事總有盡處，包括暫緩掉髮的現象也是一樣。這些懷孕時拒絕離開的髮絲會在產後掉落，通常是在前六個月內——往往是整批脫落。有些授乳婦女會發現，一直要到給寶寶斷奶了，或予以補充嬰兒配方奶粉或固體食物時，才會開始落髮。妳大可放心，到寶寶滿一周歲的時候（這時它的頭髮也已經長全了），妳的頭髮也會回復正常。

妥善進食可以維護頭髮的健康，要繼續服用維他命，或如果在餵母乳的話就換成專用的補充劑，並善待妳的頭髮。只在必要的時候才洗頭（說得好像現在很空閒可以經常洗頭一樣），如果頭髮會打結，可使用寬齒梳的梳子，並避免加熱燙捲或是燙直（說得好像現在還有空去做頭髮似的）。還可以用柔軟的髮箍或夾子來做造型。

如果掉髮情形非常嚴重，要向醫護人員尋求諮詢，因為可能是產後甲狀腺炎的症狀（參考753頁）。

順便一提，如果妳在懷孕期間暫時不用除毛或刮毛，因為這段期間妳的腳、腋下還有通常需要整理其他部位，毛髮停止生長。很遺憾，上述地方可能又會重新開始生長。不論如何，如果妊娠期弄得肚子毛戎戎或臉部起毛，很可能沒過多久就可以把它們一掃而空，真是謝天謝地。

產後尿失禁

「我已經生完快兩個月了，咳嗽或大笑時還是會漏尿。是否以後就會一直像這樣？」

新手媽媽的膀胱讓妳（還有妳的內褲）失望了嗎？生產後的幾個月之內（沒錯，好幾個月）偶爾不由自主的漏尿很正常，通常是在大笑、打噴嚏、咳嗽或進行粗重工作的時候發生。超過三分之一的媽媽們會遇到產後漏尿，所以是很普遍的現象。這是因為懷孕、陣痛和分娩都會減弱膀胱與骨盆周遭的肌肉，讓妳更難控制尿流，才會一直滴滴答答。此外，分娩之後幾週妳的子宮會縮小，位置正好靠在膀胱上，壓得它很難止住滴漏。產後的荷爾蒙變化也會影響膀胱。

要花三至六個月，才能重新完全控制膀胱，可能還需更久。在那之前，用衛生護墊或紙尿褲吸收漏出尿液（拜託別用棉條——它們無法阻擋尿流，因為出口不同，再說產後期間也不適用），並採以下步驟可更快恢復：

繼續做凱格爾運動～妳以為把寶寶生下來之後，就不需再做凱格爾運動了嗎？沒那麼快。想要加速復原，這時更應多做。額外好處還有：繼續做強化骨盆底部的運動，可助妳重拾膀胱控制，之後也要能繼續保持下去。

開始減重～懷孕時增加的贅肉，依然會對膀胱施加壓力。一旦過了產後六週，就要有意減重好把壓力卸除。

訓練膀胱～每隔30分鐘排尿一次（不需等

到尿急），然後逐漸拉長間隔，每天多增加幾分鐘。

保持規律～避免便秘，可以減少滿腹大便對膀胱施加的額外壓力。

多喝水～乍看之下應該是要減少水分攝取才能消除漏尿，但脫水會害妳罹患尿道感染。被感染的膀胱比較容易滲漏，而關不緊的膀胱更容易受到感染。不過，喝飲料時要對咖啡因設限，攝取太多會刺激尿道。

一直拿護墊出來吸漏尿，或想換用別種失禁用品嗎？等產後傷口完全癒合（先請教過醫生），就有另一種選擇：膀胱支撐用品——特別設計像是棉條一樣的東西，塞入陰道內提供和緩的提升與支撐力以避免漏尿，可別用普通的棉條。還是漏個不停？參考本頁表格中文字。

漏個不停該如何是好？

試過各種招術，想要解決產後大便失禁或尿失禁（包括做凱格爾運動做到全身缺氧），可是滲漏的問題依然無解是嗎？別覺得不好意思而羞於啟齒。請教醫師，可以採生物反饋療法（一種身心技巧，解除失禁問題特別有效），或其他治療方式，特別嚴重時可以進行手術治療。好在，多半不需醫療介入就能自行痊癒。

大便失禁

「這真是太難為情了，最近都會不自主放屁，甚至漏出一點便便。我應該怎麼辦才好？」

身為新手媽媽，妳應該已有心裡準備要為寶寶清便便，不過八成沒想過還要幫自己清理。有些剛生產完的媽媽會出現大便失禁和不自主放屁的問題，又是另兩項令人不悅的產後症狀。這是因為陣痛和分娩期間，骨盆部位的肌肉和神經受到伸張，有時候還會受損，因而難以控制身體的廢物（和廢氣）要何時離開、如何離開。在大部分的病例當中，隨著肌肉和神經恢復正常，問題本身便會自行解決，大概要幾個星期。

在那之前，先別吃不好消化的食物（如油炸物、豆子、包心菜），也別吃太多或太急（吞下的空氣越多，越可能排氣）。確實做凱格爾運動，也能緊實鬆弛的肌肉，還能連控制排尿的肌肉也一併鍛練（此時妳可能也還有漏尿的困擾）。還要和醫師洽詢此事。如果狀況持續，可能需要轉給物理治療師做骨盆腔底部肌肉的治療。

產後背痛

「我以為產後背痛的困擾都會消失，可是並沒有。為什麼呢？」

背痛又回來了，大約半數剛生完的婦女會有背痛的問題。有些疼痛仍是出於相同因素：因為荷爾蒙而鬆弛的韌帶還來不及繃緊。可能要花點時間，疼個好幾週，這些韌帶才能重拾強度。在懷孕時變弱的腹部肌肉也會造成背部受到壓迫。還有現在多了個小嬰兒，更會增添背痛：舉高、彎腰換尿布、搖動、餵奶，抱著走來走去。更何況小小負擔是越來越重，妳的背部又要承受逐漸加重的壓力與張力。各種原因，但都和無痛分娩無關。研究顯示，產後超過一天還在背痛的話，就不會是硬脊膜下注射所致。

時間會治癒一切，包括產後的各種疼痛，還有些其他的辦法可以讓妳的背重回正軌：

◆強化腹部。輕鬆做些較不費勁的運動，可強化支撐背部的肌肉（詳請參考778頁）。

◆找支撐。利用托腹帶、或束褲，協助支撐腹部肌肉，緩和背痛。

◆矯正彎曲的背部。彎腰、舉重時都一樣。地上的東西要撿，或是要把孩子抱起來的時候，膝蓋彎曲但背打直讓它休息。用腿部肌肉抬重物，而且要似量靠近身體，如果太重太難搬，那就算了。

◆少站。當然，妳一直忙過來忙過去（還要搖小嬰兒），但是只要有空檔就坐一坐。需要站著的時候，抬一隻腳踩在短凳上，可讓下背部少受點力。

◆把腳抬高。誰比妳更需要把腳舉起來呢？坐著或哺乳時把腳稍微抬高有助於減輕背痛。

◆不要癱在沙發上。餵寶寶時別歪歪倒倒（通常累得要命，很容易就想這麼做）。如果有個堅固的東西依靠，背就會很舒服（利用枕頭、椅子扶手或可讓妳坐正的任何其他物品）。

◆注意姿勢。都做媽了，媽媽的話要聽啊！站的時候要站直，就算抱著嬰兒左右晃動時也一樣。彎腰駝背會導致背痛。隨著寶寶漸漸成長，抱著它的時候別用單腳著力，這姿勢會讓你的背更歪，還造成臀部疼痛。

◆把寶寶背起來。不要一直用抱的，用背帶或背巾帶著走。不僅寶寶比較有安撫感，也能紓緩疼痛的背部和臂膀。

◆換邊。許多媽媽用手時會偏愛某一側，總是用同一手抱著（或餵奶瓶）。應該兩邊替換，都能得到鍛練（身體才不會單側發疼）。

◆揉一揉。如果有閒又有錢，找個專業按摩師，絕對可以讓肌肉輕鬆輕鬆。不過，也可以請另一半幫忙按按。

◆加點熱度。熱墊可紓緩背痛和肌肉痠痛。經常熱敷，尤其是長時間的哺餵時段。如果有在餵母乳，要問問妳的醫生或小兒科醫師，是否可以使用局部乳霜或熱敷貼布。多半是沒有問題，不過還是問問比較安全。

隨著身體慢慢適應累人的小嬰兒，可能會發現背部（還有手臂、臀部和頸部）的疼痛消失無踪，甚至還會長出全新的三頭肌。在此同時，還有一招有助於減輕負擔緩解疼痛：把媽媽袋清空。隨身只帶著對必要的物品，就已經相當有份量了。

✿產後輕鬱

「我以為等寶寶出生後一定會滿心歡喜，沒想到卻是心情低落。這是怎麼一回事？」

這麼快樂的時候，怎麼會讓妳感到如此憂傷呢？約有60～80％左右的新手媽媽會在產後出現如此疑問，正是所謂產後輕鬱在作怪。所謂的產後輕鬱正如其名，通常是在產後三到五天發作，不過有時也會或早些或晚些，沒來由地突然感到一陣沮喪易怒。之所以會感到驚訝，有部分是因為我們都認為有了自己的孩子，媽媽不是應該高興才對，怎會難過？

退一步想想，實際估量自己的身、心以及生活狀況，妳就很容易了解為什麼會生出這些情緒：荷爾蒙快速變化（產後急遽消退）；耗力生產，累得要命回到家後，又要二十四小時照顧新生兒而累上加累；睡眠不足；妳以為自然而然就會做媽媽，情況不同的話會讓妳很失望；妳以為新生兒又圓又可愛，結果是皺巴巴的蛋頭；哺餵母乳不順，乳頭疼痛、脹奶不舒服；不喜歡自己的外表，可能出現眼袋、粗腰大腹、大腿上的妊娠紋比寶寶的酒窩還明顯……；還有和另一半的關係出現壓力（還有親密關係可言嗎？）面對這一長串等待清洗的難關（還沒算到衣服沒洗家事沒做呢），難怪會覺得心情低落。

隨著適應新生活的腳步，多少能夠得到些喘息，或是更實際來說，學會如何以較少休息時間更有效率發揮功用，產後輕鬱大概會在接下來的幾週之內消退。在此同時，可試試以下方法，助妳脫離產後的心情低潮：

標準放低～身為新手媽媽，是不是覺得使不上力又沒法做好？要記得這段期間不會太長，或許可以幫助妳放輕鬆。過不了幾週，妳就會覺得媽媽這個任務好像也沒有那麼難。在此同時，對自己（還有小嬰兒）的期望不要太高。把標準放得更低。抱持這個信念，就算成了育嬰高手也是一樣：沒有完美的父母，也沒有完美的小孩。期望過高，一定會對自己的表現不滿意，心情也會因而低落。反之，只需盡量做到最好（也就是說，目前可能還沒辦法像自己所期望那麼好，也還算過得去）。

別獨自承擔～一個人面對哭鬧的嬰兒、成堆沾滿嘔吐物的衣物、疊到滿出來的碗盤，而且晚上又沒辦法睡好（這是一定的）……，還有什麼會比這些狀況更讓人心生沮喪？所以說，要請求他人協助，配偶、自己的媽媽、姊妹、朋友等等。

妝扮一下～沒錯，妳忙著幫寶寶打扮、換尿布，是不是忘了自己也要打扮？聽起來沒什麼，但事實就是如此。花點時間打理門面，會讓妳感覺比較好，就算一整天只和孩子作伴也一樣。早上在另一半出門以前先沖個澡，梳梳頭髮；別穿皺巴巴的鹹菜衣服了，換套乾淨的；平常如果有化粧的習慣，就上上粧（來點遮瑕膏吧）。

用揹巾～揹巾可增進親子雙方的心情，寶寶比較不會哭，這真是太好了。

走出屋外～變換場所可以改變心情，效果驚人，尤其是暫時遠離亂成一團的家裡，眼不見為淨。試著每天至少帶著寶寶出門一次：散個步，到賣場逛逛，和朋友喝杯咖啡。只要能脫離自怨自艾的雙人組，做什麼事都好。

對自己好～只要有半小時的空檔，就得好好把握。睡個午覺，痛快沖個澡，美甲，或是趁機上社群網站更新情報，看看名人八卦。三不五時要先顧到自己的需求。那是妳該享受的。

動起來～運動可讓大腦分泌感覺良好的腦內啡，讓妳自自然然興高采烈（而且相當長效）。參加產後健身課程（最好能包括親子律動或是提供托嬰服務），看DVD做健身操，經常推嬰兒車出門走走（有些健身動作是特別針對推著嬰兒車的媽媽設計），或是單純出門散步也很好。

快樂吃零食～新手媽媽常常會忙著餵飽小嬰兒，反倒忘了自己也要填飽肚子。這是不對的：低血糖不僅會喪失活力，心情也會低落。為幫助自己能在身、心雙方面都更加平衡，要把效力持久又容易消化的零食點心放在方便的地方。很想抓條巧克力棒是嗎？要是巧克力特別讓妳感到快樂，但吃無妨，只不過別太過頻繁，因為糖分所導致的血糖上升也很會很快消退。有可能的話就選黑巧克力，因為含糖較少，而且據說有提振精神的功效。

大哭大笑～需要好好大哭一場，那就哭吧。但是哭完之後看看逗趣的影集放開懷大笑。而且，那些可能遇上的倒楣事，不妨也笑笑就好（可別為了做不好而哭），像是：尿布沒包好爆出來、排隊等著結帳時漏奶、剛吐完才發現忘了帶溼紙巾出門。妳也知道，常言說得好，一笑解千愁；另有一說：幽默感是父母的良伴。

不管怎麼做，還是覺得憂愁難當？時時提醒自己，過一兩個星期就能克服這種輕鬱現象（大多數的媽媽都行），要不了多久，妳就能享受這段最美好的時刻，大部分還算美好。

要記得，產後輕鬱和產後憂鬱症有明顯且重大的不同。要是憂鬱情緒不退或是超乎預期，持續（超過兩週）或惡化，或是開始感到十分焦慮，就可能是患上產後憂鬱症了。

「我沒什麼產後輕鬱的徵兆，倒是另一半似乎相當消沉。會不會是他憂鬱起來了？」

妳心情大好，另一半卻消沉低落？研究顯示，如果媽媽沒事，新手爸爸比較可能覺得憂愁（反之亦然，要是媽媽陷於低潮，爸爸不太可能也同樣憂心忡忡，這也許是大自然要確保雙親至少不會同時發作之故）。做爸爸的也會有產後荷爾蒙變化，可能是個誘發因素，隨著新生兒而來的種種生活改變也有關係。不論如何，重要的是別讓他悶在心裡，新手爸爸往往會覺得得要避免對孩子的媽吐苦水。要鼓勵他把自己的感覺講出來。

爸爸看過來

「關心另一半的情緒」

產後輕鬱是一件事，但真的產後憂鬱症又是另一回事。這是嚴重的醫療狀況，需要立即而專業的治療。其他的產後情緒障礙，包括像是產後焦慮症、產後強迫症、產後創傷後壓力疾患以及產後精神疾患，也都要認真對待。如果寶寶回家過後好幾星期，媽媽好像還是被壓得喘不過氣來，沮喪、易怒、焦慮或無助，沒法睡或一直睡，不出門或不讓別人來看寶寶，什麼都不吃或吃個不停，或者生活機能無法正常發揮，就要坐下來好好講，表達自己十分關心她的健康狀況。針對你所見到的一些現象來說：哭個不停、沒來由大發雷霆、不願出門或不接電話、對一切都感到焦慮、緊張兮兮，或飽受壓力、和寶寶互動不佳，並且鼓勵她把心裡的感受講出來。安撫她說這些都不是她的錯，並不是因為她太軟弱或是個壞媽媽。還要提醒她，不管走到哪你總是會站在她身邊陪伴。產後憂鬱症要想康復，來自另一半的情感支持十分重要。

光是這樣還不夠。勸她和醫生談談，如果需要的話，還得轉給心理治療師或心理醫師。

要是她說不用了，也別放任不管，主動幫忙和醫生聯絡。太太可能不知道憂鬱症的症狀，但是先生要確保她能得到必要的治療。要熟悉各種相關症狀（參考對頁），也得曉得並不一定會出現所有表列狀況。產後憂鬱症和焦慮的情形各不相同。要確定她能獲得所需的治療，覺得好過，儘可能支持醫師提出的治療方案。如果某個治療法沒效，鼓勵她不妨試試別的，千萬不要放棄。產後憂鬱症可治得好，就是要花點時間找到正確治療方式。

當你想要幫另一半好起來的時候，當然心力大多會放在媽媽身上，要體諒（至少現在是這樣）她可能並沒有精神承擔太多照顧寶寶的工作，若是情況嚴重，甚至根本無能為力。主動負起養育孩子的重責大任，如果工作的關係不能全程參與，試著找一位朋友或家人（或請一位奶媽）填補這個空缺。另一半沒有因為寶寶誕生了可以當媽而興高采烈，你會覺得挫折失望也是人之常情，也別為此情緒自我指責。自己也得找些方法透透氣，別忘了，世上還有很多人和你情況一樣。可上postpartum.net網站看看做爸爸的能獲得什麼支持協助。

當然也得當心，爸爸也會罹患產後憂鬱症。你自己體內的荷爾蒙在產後也會大幅波動，新生兒、九個月的壓力累積、新的責任感等等全部加起來，必然造成影響。事實上，每四個新手爸爸就有一位患有父親產後憂鬱症（PPND），等於是爸爸版本的PPD。你可能會覺得受到冷落，或覺得什麼事都要找你而感到被帶著轉。如果懷疑自己得到PPND，可以找另一半或信得過的朋友、家人談談，而且可別猶豫要去尋求專業協助，這都是為了你和寶寶的健康著想。

產後憂鬱症

「寶寶帶回家之後我好快樂。可是最近幾個星期我開始感到抑鬱難當。沮喪，甚至是無力感。會不會是得到產後憂鬱症了？」

雖然「產後輕鬱」和「產後憂鬱症」常常被當成同義詞，可是這兩者其實是迥然不同的狀況。產後輕鬱常見得多，往往是來得快也去得快。真正的產後憂鬱症（PPD）比較不那麼普遍（大約15%的婦女會受影響），而且會持續更長的時間（從數週到一年，或更長的時間不等）。可能是源於孕期的憂鬱症，或是從分娩時就開始，不過比較多是等孩子出生後過了一、兩個月才發生。有時候產後憂鬱症會較晚發作，時間一直延至產後的第一次月經來潮，或一直到寶寶斷奶時才出現（可能是由於荷爾蒙的大幅波動）。曾經患過產後憂鬱症、個人或家族有憂鬱症或嚴重經前症候群病史、妊娠期間時常處於情緒低潮，甚或在妊娠期和分娩階段出現併發症，或是新生嬰生患病的婦女，都比較容易罹患產後憂鬱症。之前曾流產或胎死腹中，後來健康分娩生產之後比較會出現產後憂鬱症狀，往往是因為無法擺脫會再次發生狀況的想法所致。

產後憂鬱症與產後輕鬱的症狀十分類似，可是前者的症狀更為顯著，包括哭泣和易怒；睡眠障礙（無法入睡，或想成天睡覺）；飲食障礙（沒有胃口，或暴飲暴食）；持續覺得悲哀、無望、和無助；無力（或缺乏意願）照顧自己或新生寶寶；社交退縮；過度擔憂；對新生兒產生嫌惡感；感到孤單無依；以及記憶力喪失。

產後憂鬱症尋求外部協助

新手媽媽不應承受產後憂鬱症之苦。很遺憾，太多人卻因而苦不堪言。有些媽媽以為產後憂鬱是不可避免，不然就是羞於啟齒不敢請求協助（不要這麼想）。產後憂鬱症會讓新手媽媽不能餵養小寶寶，導致發育遲緩（憂鬱症媽媽的孩子比較少話、不活潑、較少面部表情，而且更加焦慮、被動、畏縮）。

幸好，有關這項病症的宣導活動，此刻正大幅展開，確保有此需求的婦女能很快得到協助，這樣才有可能儘速開始體會新生命的喜悅。醫院也已經（或是即將）在政府要求下，將產後憂鬱症的宣導資料發給要出院的媽媽，好讓新手媽媽（以及她們的配偶和其他家人）能夠及早辨識症狀，並尋求治療。醫護員對這項病症也有比較深入的了解——知道如何在妊娠期間便找出易於罹患產後憂鬱症的風險因素，對這項產後疾病進行例行篩檢，並予以快速、安全、而成功的治療。

小兒科醫師要比產科醫師或助產士更有機會與新手媽媽接觸互動，往往成為PPD的第一線防護。AAP建議，新生兒1、2和4個月回診的時候，小兒科醫師應讓媽媽填寫一份簡短的問卷，像是「愛丁堡產後憂鬱量表（Edinburgh Postnatal Depression Scale）」，它設計了10道問題，可看出新手媽媽是不是得了PPD苦不堪言。

產後憂鬱症是最容易治療的憂鬱症之一，所以，一旦出現這種憂鬱症，不要因為沒有必要的拖延而深受其苦。大聲說出來，就能得到妳所需要的協助。進一步的協助，可聯絡Postpartum Support International，電話：(800) 944-4PPD(4773)，網址：postpartum.net。

要是尚未嘗試消除產後輕鬱的秘訣（參考746頁），現在就來試看看，有些方法有助於紓緩產後憂鬱症。症狀要是持續超過兩週，而且不見任何顯著改善，或者一連幾天都出現較嚴重的症狀，那麼在沒有專業的幫忙情況下，妳的產後憂鬱症可能無法自行排解了。不要空等待，冀望問題會自然消失。也別因別人安慰妳說產後出現這些感覺很正常而不去處理，這可不是普通的心情差而已。先打電話給妳的醫生，直接表明妳現在的感受和心情。要求推薦一位具有產後憂鬱症醫治臨床背景的治療師，馬上約診。結合抗憂鬱藥物（有好幾種即便是哺餵母乳也可以安全服用）、專業諮詢雙管齊下，便可以很快地助妳改善心境。光照療法也能舒解產後憂鬱症的症狀，讓腦中的正向生化改變，可讓妳高興起來。其他的輔助療法、健康飲食、也都能減緩症狀，還有嬰兒揹巾。由於產後甲狀腺炎會引發憂鬱（參考左頁表格文字），醫生也可能想要檢查甲狀腺素濃度。用來對應妊娠憂鬱症的一些訣竅（參考070頁），也可適用於PPD。

甲狀腺炎使妳情緒低落？

幾乎所有的新手媽媽都會覺得虛弱而疲憊不堪，而大多數都有減重方面的困擾，而且很多人更深受某種程度的抑鬱和掉髮之苦。也許畫面不美好，可是在產後期間卻是完全正常的現象，隨著時日的推進，情況會逐漸開始改觀。然而，據估計約有7～8％的婦女會罹患產後甲狀腺炎，這樣的情形並不會逐日改善。而且，產後甲狀腺炎的症狀和新手媽媽所歷經的問題如此類似，所以甲狀腺炎被診斷出來的比率偏低並且未受到治療。

產後一到四個月內，都可能出現產後甲狀腺炎或短暫的甲狀腺功能亢進（甲狀腺荷爾蒙過多）。太多甲狀腺素在血液中循環期間，約持續2到8週。在這段亢進時期，患者會出現疲憊、易怒、緊張、覺得很熱、流汗量增加、以及失眠，這些症狀在剛分娩過後本來就是普遍現象，所以在診斷上更是難以捉摸。這倒是沒關係，因為在這個階段通常不必治療。

約有25％的女性會得到PPT，甲狀腺亢進期之後會有甲狀腺功能減退的現象（甲狀腺荷爾蒙太少）相隨而來，持續2到6週。甲狀腺功能減退的症狀是持續出現疲憊現象，還會出現抑鬱（比起典型的產後輕鬱，時間更為持久，而且往往更為嚴重）、肌肉疼痛、過度掉髮、皮膚乾燥、畏寒、記憶力減退、以及體重無法減輕。同樣，和新手媽媽的典型症狀很接近，可能被認為是普通的產後狀況而被忽略。

有些患有PPT的新手媽媽只出現甲狀腺亢進，另一些只有甲狀腺低下，發生在產後2至6週。

產後症狀要是比原先預期的來得更為顯著而更持久的話，尤其是這些症狀使妳寢食難安，而且無法享受擁有孩子的喜悅時，便要找醫生做檢查。只要驗血就可以輕易判定這些困擾是否都是產後甲狀腺炎在居中作祟。要是之前有過任何甲狀腺方面疾病，或是家族病史，務必要告訴醫生（如果媽媽那一邊的親屬曾有發病史更要留意，因為其間具有非常強烈的遺傳關係）。

大部分婦女的產後甲狀腺炎會在產後一年內復原，同時，輔以甲狀腺荷爾蒙的補充加以治療，有助於讓患者覺得比較好過，且加速復原。然而，約有25%的患者依然為甲狀腺功能減退所苦，一輩子都需要治療（方法很簡單，只要每天服用一顆藥丸，每年做一次血液檢驗）。甲狀腺炎即便自行痊癒，後續的妊娠期間或產後階段仍有可能復發。基於這個理由，患有產後甲狀腺炎的婦女最好每年進行一次甲狀腺篩檢，如果打算再次懷孕的話，則在孕前階段以及妊娠期間接受篩檢（因為未受治療的甲狀腺問題會干擾受孕，並造成妊娠期間的病況）。

不管妳和治療師決定要採取什麼治療方式，或是多種治療的組合，即使要花間才能找到最適合妳的作法，踏出第一步最重要的，是承認自己得到憂鬱症而去尋求協助。若不經正確的醫療照護，憂鬱症會使妳無法與孩子建立親子關係，還會危害孩子的情緒、社會和身體發育（參考對頁表格中文字），還會破壞生活中的其他關係，並且拖累自己的健康和幸福。

除了產後憂鬱症之外還有別的

新手媽媽往往心情起伏不定，偶爾會覺得備受壓力無法反應，甚至感到焦慮不安——多半是不必要的過度擔心。大多數的狀況，那是由於正在做調整適應，當然還有睡眠不足所致。這些都可以理解。

不過有的時候就沒那麼簡單，超乎正常的範圍。產後情感疾病和典型的新手媽媽心情起伏明顯不同，而且狀況因人而異，也不一定會出現產後憂鬱症（PPD）的症狀。以下列出的產後情感疾患全都需要立即得到診查、治療。如果妳發現任何的症狀，別猶豫快去尋求必要協助：

產後焦慮症～有些新手媽媽在產後並不是抑鬱，而是覺得極度不安或恐懼，有時候還會出現驚恐現象，包括心跳和呼吸加快、忽熱或忽冷、胸痛、暈眩和顫抖。如果之前曾有焦慮症或恐慌發作的病史（孕期或孕前），產後更容易遇到這些狀況。

約有10%的新手媽媽會受產後焦慮症影響，而且患有產後憂鬱症（PPD）的約有半數也會出現產後焦慮症。患者會一直感到害怕——似乎將有什麼可怕的事情發生。或者會一直擔心寶寶的健康及發育、自己是否有辦法好好養小孩、和工作家庭的其他責任要如何平衡等等。這些擔心可不是一般新手媽媽會想東想西而已，要更嚴重得多，而且往往並不是由於什麼實際的問題或威脅。譬如說，只要寶寶哭，患有產後焦慮症的媽媽就會怕孩子得了重病或很不舒服。或是害怕自己抱著孩子打盹會把寶寶摔到地上。或是極度害怕寶寶死了，或被忘在車子裡，或者會有人闖進屋裡把寶寶搶走。有時患有產後焦慮症的新手媽媽會一直覺得緊張兮兮，靜不下來，累得不得了。產後焦慮症和產後憂鬱症（PPD）一樣，需要立即接受合格治療師處理。可能包括治療（面談或認知行為治療），學習瑜珈、放鬆、運動、正念靜坐等技巧，如果需要的話甚至得用藥。

產後強迫症～患有產後憂鬱症的婦女，其中約30%也呈現出產後強迫症（PPOCD）的徵兆，不過產後強迫症也會自己出現。產後強迫症的症狀包括強迫性的行為，例如：每隔十五分鐘就會醒過來要確定寶寶是不是還有呼吸，做事要有必要的順序（開電燈開關之前要先敲3下）而且擔心不按此順序會傷害寶寶，熱衷打掃清理，或止不住一直想要傷害小孩（像是要把嬰兒丟出窗外，或往樓梯下摔）。罹患產後強迫症的婦女被那些可怕、暴力的想法嚇壞了，不過並不會真的做那些行為（除非是患有產後精神異常；見下文）。然而，她們會很害怕失去控制，結果忙著想這些事情反而忽略小寶寶。產後強迫症的治療和產後憂鬱症類似，結合了抗憂鬱藥物和心理治療。如果妳有強迫性的想法甚或行為，一定要將這些症狀告訴醫生，尋求協助。

產後精神異常～比產後憂鬱症更為罕見而且更為嚴重的狀況是產後精神異常，症狀包括脫離現實、幻覺，甚或妄想。要是出現自殺、暴力、或攻擊性的念頭、幻聽、幻覺、或是其他精神異常的徵兆，要馬上打電話給醫生，立即前往急診室就醫。對自己的當前感受不要輕描淡寫，而且不要聽人家講說產後出現這類感受是正常的而寬心，因此延誤就醫，這樣的症狀並不正常。為確保在治療期間不會把任何危險念頭化為實際行動，要盡量找個鄰居、親戚、或朋友作伴，或是將嬰兒放在安全處所（例如放入搖籃）。也可以撥打119或是全

國自殺防治熱線0800-788-995。如果你是做爸爸的，發現另一半出現產後精神異常狀況，要立刻求援，同時，千萬不要讓她和寶寶單獨相處，一下下也不行。

產後創傷壓力症候群～安全生下健康的寶寶應該是件值得慶賀的事情。可是約有9％的新手媽媽得到產後創傷壓力症候群，生小孩成了痛苦與焦慮的源頭。因陣痛、分娩或產後所受的傷（例如像是臍帶脫垂、肩難產、嚴重撕裂傷、大出血或緊急剖腹），或自認為受到創傷（覺得使不上力，或在分娩期間沒能獲得適當支持），就可能讓患有產後創傷壓力症候群的新手媽媽想起或做惡夢，創傷的生產經驗歷歷在目（可能被誇大了）。也許她會覺得和寶寶還有其他人疏離不親密，難以入眠，焦慮或恐慌發作、誇張的驚嚇反應，以及煩人而外來侵入的想法。曾有憂鬱症、焦慮症的婦女，或是之前遇過創傷經驗（比如像是性暴力攻擊、或可怕的車禍），都面臨產後創傷壓力症候群的高風險。這種症狀並不持久而且通常通過治療即可治癒，所以如果妳遇到任何上述症狀，別吝於尋求專業協助。若不加以治療，飽受產後創傷壓力症候群之苦的婦女比較不能獲得良好產後照顧，較不餵母乳，而且更可能難以和新生兒建立親密關係，在照顧的時候遇到困難。

產後減重

「我知道生產過後不可能立即穿上緊身牛仔褲，可是過了兩週，我看起來還像懷有六個月的身孕。」

分娩後減重固然比任何飲食法更快速（一夜之間平均減去5.4公斤），可是大多數產婦仍認為不夠立竿見影，尤其是在鏡中瞥見自己產後身影時，那種令人沮喪的孕婦模樣！

事實上，在進出產房之間，媽媽不會因而看起來更為苗條。產後的腹部依然突出，部分原因在於子宮依舊很大，要到六週結束以前才能恢復孕前大小，過程中腰圍會逐漸縮小。依舊挺個肚子的另一個原因，則是殘餘的體液所致。接下來的的問題就在於腹部肌膚過度伸展，需要經過一番努力才能緊實。再加上為了協助養育孩子累積的少許額外脂肪累積（如果還在餵母乳的話，那就還能派上用場）。

要忘記大腰圍當然很困難，可是在產後六週期間，別把身材問題放在心上，尤其是哺餵母乳的話。這段期間屬於恢復期，對於維持體力、良好情緒、對抗感染以及總體健康來說，充分的營養非常重要。

要是哺餵母乳，嚴格奉行健康的產後飲食，便可以逐步穩定地開始減重了。六週過後，體重如果沒有任何減輕的話，可以開始減少熱量的攝取。過度減少會減少乳汁的分泌，而且脂肪燃燒過快的話，會釋出毒素到血液內，最後會進入乳汁裡。要是並未哺餵母乳，在產後六週便可以規劃較快速的減重目標，但應堅持採行合理而均衡的減重飲食法，提供每位新手媽媽都需要的足夠能量。

有些婦女發現，額外的體重在哺餵母乳期間會自行消失；可是有人也會驚慌地發現，體重計上的指針竟然紋風不動。妳的情形要是屬於後者，不用為此感到絕望，一旦給孩子斷奶以後，應該就可以輕易抖掉身上那些多餘的體重。

究竟需時多久才能恢復孕前體重，也要看妊娠期間增加多少體重而定。所增加的體重要是並未超過11.3～15.9公斤，不需怎麼認真節食，幾個月內應該就可以把懷孕時所穿的衣物束之高閣了。

如果增重達到15.9公斤或更多，便得花更大的努力和更多的時間（從十個月到兩年不等），才得以恢復孕前體重，套上孕前的緊身牛仔褲。

不論如何，別把自己綳得太緊，給自己一些時間。別忘了，妊娠期所增加的體重是花了九個月累積而來的，至少要花同等時間才可能全都減掉。

剖腹產的長復原期

「剖腹生產已經一週了，再來情況會怎麼樣呢？」

生完後到現在也一週了，但是每個產婦都一樣，接下來的幾週妳依然必須休養生息。遵行醫生的指示，加上多休息、放寬心，可以縮短恢復期。在這同時，會有下列情形：

疼痛逐步改善～六週過後，大部分傷口疼痛應該消失了。不過，幾個月後有些媽媽會覺得偶而疼痛或刺痛。疤痕在幾週內會發疼並且一碰就有感覺，不過會呈穩定改善，可以上一層薄薄敷料以防受刺激，穿著寬鬆而不會磨擦的衣服會讓妳更為舒服。接下來疤或疤的附近偶爾會發癢——這是癒合過程必然的現象，就是特別煩人。可要求醫護人員為妳推薦適用的止癢藥膏。疤痕周遭的麻木情形則會持續較長的時間，可能達幾個月之久。傷疤組織的凹凸不平會慢慢縮小，疤痕在最後褪色以前，則會轉為粉紅或紫色。

如果需要的話，產後兩週期間內可用安全劑量的麻醉藥，不過過一週後吃乙醯胺酚（泰諾）或伊布芬（安舒疼）應該就能發揮作用，只要能夠，儘早停藥，尤其是正在哺乳的話。

如果持續疼痛，切口周圍出現紅腫，或有褐、灰、綠或黃色分泌物從傷口滲出的話，則必須與醫師聯繫，傷口可能遭受感染了。（少量而清澈的液體分泌物則是正常的，不過最好還是告訴醫師。）

要活動～一旦疼痛沒了，便可以開始做運動。即使生產沒有傷及會陰部，凱格爾運動還是十分重要，因為妊娠會影響骨盆底的肌肉。還要多做收緊腹部的運動。（參考776頁的「恢復身材」。）且讓「和緩而持續」做為妳的座右銘；逐步進行一項健身項目，而且每天持續做下去。花上幾個月的時間，就可以還妳原來的身材了。

乳房感染

「我有一邊的乳房發痛紅腫，而且還發燒了。是不是被感染？」

這位媽媽似乎得到乳腺炎，這種感染授乳期間隨時都有可能發生，但在產後2至6週最為常見。造成乳腺炎的因素有許多，包括每次餵奶未能把乳房完全排空，細菌（通常是由寶寶口腔而來）經由乳頭的龜裂而進入輸乳管；壓力和疲憊也會使母親的抵抗力降低所致。

乳腺炎最普遍的症狀是乳房嚴重疼痛、發硬，紅熱和腫脹，以及類似感冒的症狀——全身發冷，並發燒到大約攝氏38到39度，不過有時僅會出現發燒以及疲勞等症狀。如果發現這些症狀，要馬上與醫師聯絡，立刻加以醫治。治療方式包括臥床休息、使用抗生素、止痛劑，增加水分的攝取、並予以熱敷。開始抗生素治療之後，應可在36至48小時內舒緩症狀。如果未能緩解，要告訴醫師，可能需要換另一種抗生素。除非換藥，應把全都處方藥劑都用完。在用抗生素的同時吃點益生菌（當然不是同一時間），有助於避免酵母菌感染以及鵝口瘡。

在治療期間應該繼續餵母乳，抗生素處方也

是安全無虞。同時，把乳汁排空有助於防範輸乳管阻塞。先讓寶寶吃受到感染的這邊乳房（如果辦得到的話，因為可能會很痛），並用吸奶器把未吸淨的乳汁排空。要是能忍受疼痛，感染那一側的乳房也要餵，寶寶沒喝完的都要清空。如果痛到無法授乳，試著用手擠或手動吸奶器擠出乳汁。

乳腺炎如果延誤治療，或太早中斷治療的話，則會發展為乳房膿瘍，症狀包括：極度抽痛、局部腫脹、觸痛、以及出現膿瘍的部位發熱，而體溫在攝氏37.8到40度之間上下徘徊。治療方式包括服用抗生素，通常也會進行手術除膿。手術過後還會保留排膿管。依據膿瘍的部位，或許有可能繼續授乳，不過大部分病例當中，這一側的乳房多半無法繼續授乳；但是另一邊可以繼續直到孩子斷奶為止。

重拾閨房之樂

「什麼時候才可以和先生重行魚水之歡？」

這個問題至少有一部分要取決於妳，雖說妳做決定的時候可能想要參考醫生的意見（也許是因為目前還沒那麼熱衷）。通常是建議，只要女方覺得身體已做好準備，便可以安全地進行性生活——通常是在產後四週左右；但有些醫護人員則是早在產後兩週便予以綠燈放行，另一些人則依然遵循古老的六週規矩。在某些情況下（舉例來說，如果痊癒情形遲緩，或出現感染），醫護人員會建議等久一點。要是醫生這麼說，可是妳想早點重拾魚水之歡的話，可以直接詢問醫生，為何有此限制。如果並不存在任何特殊理由，便可以徵詢一下可否早些開始。萬一是有充分理由，那就等安全顧慮掃除再說。別忘了，忙著照顧新生兒的時候，時光可是轉眼飛逝；在這同時，要縱情於其他型態的做愛方式則悉聽尊便。

「助產士說可以重拾性生活，但我好怕痛。說老實話，我現在根本提不起勁。」

產後婦女最想做的事情當中，性愛並不在首位，有可能連前二十名都排不上。大多婦女在產後（甚至過了很久）性趣缺缺的原因可多了。首先，產後作愛是痛苦多過歡樂，自然產更是如此，即使連陣痛後採剖腹產的也是這樣。再怎麼說，陰道才被拉伸到極至，可能還有撕裂傷或會陰手術縫合，害妳連坐著都發疼，更何況要做愛。妳的天然潤滑尚未恢復，最想滋潤的部位感到無比乾燥，尤其是哺餵母乳的人。疼痛的可能性還有其他來源，像是動情激素濃度低造成陰道組織一直很薄，而陰道薄可不是什麼好事。

除了身體狀況之外，妳還有其他問題等待解決，也就是要照顧一個可愛的小傢伙，總是在最不合宜的時刻醒過來，不僅尿布濕了，還肚子餓。更別提其他情趣殺手，譬如床單上留著還沒清理的嘔吐味、床邊堆著待洗的嬰兒衣物、原本放按摩油的床頭櫃現在放的是嬰兒油、連上次什麼時候沖澡都不記得了，難怪行事曆上根本容不下做愛這一項。

有生之年是否還有機會重拾熱情慾望？當然沒問題。就像是瘋狂的新生活中每個層面一樣，只需花時間，有耐心（特別是另一半的耐心，他應該是幾乎等不及這乾枯的日子早點結束）。等待，直到感覺自己一切就緒，或是藉由以下的秘訣做好準備：

潤滑～使用KY凝膠、Astroglide或其他的潤滑劑可以減輕疼痛，直到妳自己的天然分泌回復，而且潤滑液也能增進樂趣。買大罐裝的，用時才會盡興（兩人都一樣）。

放輕鬆～談到潤滑，喝一小杯的酒也可助妳放鬆，才不會緊張兮兮而在性交過程中感到疼痛（餵母乳的話，要在剛餵過的時候喝）。另一個很棒的放鬆方式是按摩，可在上陣之前請另一半按按。

熱身前戲～當然，妳的另一半可能從來都沒那麼急想要把事情搞定。雖然他可能不太需要那麼多前戲，但妳可需要。因此要提出要求。然後要求又再多些。另一半投入熱身的努力越大（當然，在嬰兒醒來之前有時間的話），對兩人來說主菜會更美味。

說出妳的感受～妳曉得怎樣會痛，怎樣會覺得舒服，但是妳的另一半不知道，除非妳提供他一張清楚標示的地圖（「左轉……不，往右……不對，往下……稍稍往上一點：到了，完美！」）。

如果妳想要情緒熱起來的話，要大聲表達。

適當的姿勢～多做嘗試，找出對敏感部位施加較少壓力的姿勢，並由妳控制插入深度（此時此刻，較為深入絕對不會比較好）。出於上述諸多因素，女方在上（如果妳還有勁的話）或側躺面對面等姿勢，都是產後的極佳選擇。不論是哪一方採取主動，要確定是以舒適緩慢的速度進行。

勤加鍛練～多做凱格爾運動，我知道妳已經聽到不想再聽，但還是得繼續做，讓血液流到陰道並且恢復肌肉的張力。日間也操練，夜間也操練（還有別忘了性愛過程也可以鍛練，因為擠壓緊縮會讓兩人都享受到樂趣）。

找些別的取樂方式～要是還不能樂在其中，不妨藉由手技或口技尋求性滿足。或者你們倆都累壞了提不起勁，光是在一起也行。躺在床上只有抱抱、親親，聊聊寶寶的事情，完全不會有什麼不好（根本好得很）。

總歸一句話：即使一開始的時候會有點痛（第二次、第三次也會），可別因此敬而遠之，或乾脆放棄。過不了多久，你們倆又都能夠再度體會性愛的歡愉。

重拾性愛之前還有個步驟：確保雙方都已備妥避孕法；參考765頁。

餵母乳可避孕嗎？

「我聽說授乳可以讓妳不會懷孕，是真的嗎？」

哺餵母乳算是一種避孕法……然而並不怎麼可靠。除非妳不在意很快又再度懷孕，否則千萬不要想依賴哺餵母乳來避孕，或至少不要光靠哺乳一種方法避孕。

平均說來，就恢復正常月經而論，哺餵母乳的婦女要比不授乳的婦女較晚來月經，這就表示這些人沒有那麼快重拾生孕力。沒有哺乳的媽媽大約在產後六到十二週左右便會開始恢復經期，可是授乳的媽媽則平均約在四到六個月之間才會來潮。不過，平均值是一回事，個人之間彼此有所差異。據了解，哺乳母親的月經恢復時間，早的話產後6週，晚則產後18個月的都有。

卻然無法確切預估產後第一次月事來潮時間，因為其中有諸多變動因素會影響時間的早晚。例如像是：授乳的頻率（一天三次以上的話，似乎更能抑制排卵）、授乳期的長短（授乳期間越長，排卵時間越是延後），以及哺餵母乳以外，是否還給寶寶添加其他補充品（若寶寶有在吃配方奶、固體食物、甚至是水，都會影響授乳對排卵的抑制效果）。也就是說，即使不能肯定，如果完全餵母乳、經常哺餵而且月經還沒恢復，馬上又再懷孕的機率並不高。

為什麼在產後第一次大姨媽來以前，便要操心避孕問題？因為產後第一次排卵的時間，就像何時會月經來潮一樣無法預測。有些婦女在產後的第一次經期並不具生殖能力，也就是說，在這次初發經期中並沒有排卵。究竟是月經先來，抑或先行排卵，妳根本無法得知，所以為了謹慎起見，還是建議你避孕為妙。

如果懷疑自己可能又再懷孕了，最好的方法便是進行驗孕。參考044頁關於一胎接著一胎的討論。

可用的避孕方法

「我真的還沒準備好要再懷下一胎。有那些避孕方法可用？」

好吧，或許產後這段期間連睡都睡不好，性愛並不是妳心裡最關心的事情。說不定根本想都沒想過。然而總是會有那麼一刻，妳會突然有股衝動要把安撫奶嘴和口水巾全都　諸腦後，冒起雄雄欲火，又再生出性的渴望，重拾產前放下的性致。

要有所準備。如果想避免一胎接著一胎的情況，一開始恢復行房就要避孕。而且，妳根本不會知道何時日子會來，最好在事先就把避孕法預備周全。

除非妳願意賭一把，只靠餵母乳就想避孕根本和擲骰子差不多。換句話說，就算現在有在餵母奶，還是得要考慮別種更可靠的避孕法。市場上出現的避孕法，應該會比妳之前挑選時還更多選擇，或是比妳現在所用的的更符合需求。

決定自己適用哪種方法之前，先把下列幾種選項都讀過一遍，和另一半還有醫生討論。依據妳的醫療史、婦科史還有生活習慣、接下來是否想要再懷孕（到底有多明確想要避免受孕）、醫生的建議以及妳和另一半的感受，每個方法都有好有壞。如果正確持續使用，這些方法都能有效發揮功用，不過有的要更加可靠些。

口服避孕藥～幾乎各州都能依醫生處方取得（少數幾州為成藥），口服避孕藥是最有效的非固定避孕法，成功率約為百分之99.5（多數失誤都是由於使用者漏了一天沒吃藥，或順序弄錯了）。另有一項好處：這方法不會打斷做愛的自發節奏。

口服避孕藥可分成兩大類：合併用劑（同時含有雌激素和前列腺素兩者，以及只含雌激素的藥丸。兩種藥都是藉由避免排卵發揮功效，而且，即使真有卵子排出，藥劑還會增厚子宮頸黏液不讓精子到此著床。合劑藥丸要比迷你丸的避孕功效再更好一點。為求得最佳效果，迷你丸每天至少要服用兩次，合劑的服藥間隔略長。

有些婦女用避孕藥會有副作用（這會依藥丸有所不同），最常見的有：水腫、體重變化、噁心想吐、腹瀉、胸部觸痛、性欲增加或減少、掉頭髮還有經期不規則等等。用藥過了一個循環之後，副作用通常會消退或完全消失。一般來說，比起多年前的藥品，如今口服避孕藥比較不會誘發副作用。

有些種類的避孕藥（Yasmin、Cyclessa）持續釋出固定濃度的雌激素，還有些新型態助孕素用藥（即所謂單階段避孕藥），或使用三種不同濃度的雌激素及助孕素（又謂三階段式），以減少浮腫和經前症候群。另一個選項，對不喜歡每個月出血的婦女來說相當誘人，即Seasonale。它一包含有84粒荷爾蒙藥丸以及7顆沒有作用的藥片；先連續吃12週的荷爾蒙藥丸，然後休息一下讓月經來（每年只有四次）。不過，有些婦女在用Seasonale時經血要比服一般避孕藥更急、量更大。大多數醫生都同意，不管是什麼型式的單階段避孕藥，跳過無效藥丸連續服用一舉避免月經按時來照到，並沒有安全顧慮。

年齡超過35以及重度菸癮的婦女，因口服避孕藥出現嚴重副作用的風險會上升（例如像是血栓、心臟病發作或中風）。患有某些疾病的人也不適合，包括曾有過血栓病史、糖尿病、高血壓以及某幾類的癌症。而且有時口服避孕藥對超重或肥胖婦女較不見效。

好處則是，口服避孕藥似乎可以防護一大堆的病症，包括卵巢癌以及子宮癌。有些女士還會遇到的其他好處則有：經前症候群得以舒緩，月經十分規律，而且皮膚美白（當然效果有若干差異）。口服避孕藥是否會對乳癌風險有所作用，目前還是存在爭議，如果有顧慮的話要先和醫生討論，若有停經前乳癌發作的家族病史，更應注意。

如果計畫再生一個，使用口服避孕藥要比使用隔絕式避孕法花費更多時間重拾生育力。最好是在妳計畫嘗試受孕之前三個月，先換成隔絕式避孕法（參考771頁）。約百分之八十的婦女會在停用口服避孕藥之後的三個月內排卵。

如果決定要採口服避孕藥（或是恢復服用），醫生會幫妳判斷最適合的劑型和劑量，需要考量的有：月經週期、體重、年齡以及醫療史，還和是否餵母乳有關（含有雌激素的口服避孕藥，不建議在授乳期間使用，因此在餵母乳的媽媽們只能用助孕素藥丸，迷你丸也一樣）。要確定口服避孕藥能依照原本的期待發揮作用，那就必須按指示服用。即使漏掉一次，或拉肚子或嘔吐（可能會干擾身體吸收口服避孕藥的成份），就要採行備用防護（例如保險套），直到下次月經週期。每六個月到一年要就診一次，檢查健康狀況，若遇到什麼狀況有任何併發症的徵兆都應提出來，而且看醫生開藥的時候都要說明自己正在用口服避孕藥（有些藥草和藥劑，例如抗生素，對口服避孕藥有不利作用，使它功效不足。）

口服避孕藥並不能防護性病，因此如果有可能從伴侶那感染到性病的話，也要使用保險套。口服避孕藥會增加維生素B_6、B_{12}、維生素C、核黃素、鋅和葉酸的需求，因此要繼續服用孕前或哺乳專用的營養補充劑。

注射針劑～荷爾蒙注射劑，例如Depo-Provera，是種極為有效的避孕法，成功率高達百分之99.7，可阻止排卵並增厚子宮頸黏液好讓精卵難以相遇。手臂或屁股上打一針，就可維持3個月藥效。Depo-Provera只含助孕素，因此哺餵母乳的媽媽也可安心採用。

就和口服避孕藥一樣，荷爾蒙注射劑的副作用包括：月經週期不規則、體重增加還有浮腫。對某些女士來說，月經變得少了，而且很多人在用Depo-Provera的期間根本不會有月經。另一些人可能變得更久而量更大。而且，如同口服避孕藥，並非每個女性都適用，要依據個人的特殊健康及身體病況而定，而且並不能防護性病。

打針最大的優勢在於它可以避孕12個星期，對於不想一直把避孕這件事放在心上，或經常忘記吃藥或置入隔膜的人來說，這真是相當具有吸引力。它還可以防護子宮內膜癌和卵巢癌。不過，當然也有劣勢：每隔12星期就得回診再打一針，而且針劑的效用不能立刻取消（若妳突然想要受孕的話），而且許多人停用Depo-Provera要花上一年工夫才能恢復生育力。

貼片～Ortho Evra貼片，差不多像個火柴盒那麼大，和綜合型口服避孕藥所給的荷爾蒙一樣，不過是以貼片方式實施。和口服法不同在於，貼片可維持穩定的荷爾蒙濃度，因為它持續透過皮膚給藥。貼片一次可用1星期，每星期同一天換新，一連3個星期，妳可以用個app或在手機上設定鬧鈴提醒。第4星期「免貼」，這時會來月經。一天當中隨時都可以更換貼片。如果妳忘了換新，舊的放了超過第7天，荷爾蒙的功效仍可再持續2天。

多數婦人選擇要把貼片放在腹部或臀部。也可以貼在上半身（乳房除外）、背後或上臂外側。由於貼片不怕水氣、潮濕、溫度或活動，任何氣候皆可使用，沖澡、戶外工作，甚至三溫暖或泡溫泉都沒關係。

和其他荷爾蒙式的避孕法一樣，貼片極為有效（約為百分之99.5）。對過重或肥胖的婦女可能效果稍差。副作用和口服避孕藥相同，但貼片可能會有較大血栓風險。它並不能防護性病。

陰道避孕環～NuvaRing是一種小而透明的彈性塑膠環，約和一美元銀幣差不多大，和橡皮筋一樣可拉伸，置入陰道內，留在裡面21天。一旦置入，那環就會穩定釋出低劑量的雌激素和助孕素。放入陰道裡的確切位置並不是重點，因為它並非採用隔絕式避孕法。妳可以輕易自己動手，每個月使用一次，放入之後妳並不會有感覺，和伴侶做愛也不會感覺到。一旦將它移出，就會來月經。上一個移除一個星期之後，再放一個新的進去，即使月經週期尚未結束。如果妳有可能會忘記每個月要處理一次，可用行事曆提醒功能或app讓妳不要漏掉。研究顯示，NuvaRing的月經週期控制要比口服避孕藥更好，這就表示比較不會有突然其來的出血。因為所用的荷爾蒙和綜合式口服避孕藥成份相同，副作用也差不多就是那些，而且，建議別用口服避孕藥的也同樣建議不要用避孕環。哺餵母乳的媽媽無法使用。它的成功率約為百分之99，而且相當適合肥胖婦女。NuvaRing並不能防護性病。

皮下植入～已知皮下助孕素植入是一種安全、有效的避孕法（成功率約百分99.9），不過對肥胖婦女可能效果略差。Nexplanon是一根具有彈性的塑膠棍，約為火柴大小，植入上臂的皮下。它會穩定釋出低劑量的助孕素以增厚子宮頸黏液，並且阻止排卵。植入劑可在授乳期間安心使用，而且可避孕長達3年。最常見的副作用是不規則出血，尤其是開始使用的前6至12個月。大多婦人發現月經變少，量也少，不過也有的人變更久、量更大，而且有些婦女完全停經。Nexplanon很少出現嚴重狀況。它並不能防護性病。

子宮內避孕器～這是全球使用最為廣泛的可回復避孕法，但在美國並不盛行，約百分之11的女性用它來避孕。這令人驚訝，因為子宮內避孕器被認為是最安全的避孕法，而且效果卓著（超過百分之99）。對大多女性來說，這方法也最方便，不會造成困擾，絕對值得考慮。

子宮內避孕器是一個小小的塑膠器具，由婦科照護者插入子宮內，可留在裡頭好幾年，有效避免受孕，期間依種類而定。子宮內避孕器可分兩類。銅製的ParaGard可在子宮內釋出銅以讓精子失去活力，也避免著床。這種長效的子宮內避孕器可置入達十年之久，真有可能根本忘了這件事。Mirena子宮內避孕器會釋出助孕素進入子宮壁，增厚子宮頸黏膜並阻絕精子，同時避免著床。它可持續5年，依然是相當長的一段期間。

子宮內避孕器的主要優勢在於它最為簡便。妳可以隨時想用就用，包括像是自然產或剖腹之後馬上安裝，或產後6周回診時實施，一旦置入，完全不需維護，只需定期檢查，最好是每個月都看看拉繩是否還在。這方法可讓妳想做就做，不需為了找出隔膜套入或戴保險套而暫停下來，也不用去記得每天要吃藥。另有一個好處；子宮內避孕器並不會干擾哺乳，而且Mirena裡的荷爾蒙對喝母乳的寶寶相當安全。

如果在置入的前2至3個月使用保險套或殺精劑，可更增已經很好的避孕效果，雖然不常遇到，失敗多半是發生在一開始那段期間。

淋病或衣原體感染者若是未經治療，不能使用子宮內避孕器。骨盆炎症發作、已知或懷疑有子宮或子宮頸惡性腫瘤，或子宮異常或過小的婦女也不能用。若妳或伴侶患有性病，要問問醫生使用子宮內避孕器是否安全。對銅過敏或有過敏可能，無法使用子宮內避孕器。

可能的併發症包括：置入的時候抽筋，可能很溫和也可能很嚴重，偶爾過了幾小時甚至幾天還會發作；子宮穿孔（極罕見）；意外排出（可能沒注意到而不知已經沒有避孕了）；輸卵管或骨盆感染（也很少）。置入子宮內避孕器並不會增加子宮外孕的風險。有些婦女在置入的頭幾個月會遇到經期之間滲血。頭幾次月經也可能會持續更久，量更多。使用子宮內避孕器的人也可能一直月經都較久較多，不過會釋出助孕素的Mirena可減少出血量（用Mirena的女性多半會發現月經變少甚至完全沒來。別忘了，子宮內避孕器並不能防護性病。

隔膜～避孕隔膜是一種阻絕式避孕法，在做愛之前放一個半圓形的橡膠帽蓋住子宮頸，不讓精子進入。若正確使用，這表示尺寸要對、放置妥當，而且沒有脫落，再配合殺精劑，讓任何漏網之魚的精子都失去致孕力，有效率達百分之94。除了尿道感染可能增加，偶爾會遇到有人對殺精劑或橡膠過敏，算是相當安全。事實上，配合殺精劑使用，此法可減少導致不孕的骨盆感染，但無法防護性病。它並不會干擾哺乳。

使用隔膜避孕，尺寸十分重要。一定要由醫療專業人員指導安裝，每次生產後還要重配，因為懷孕、生產會改變子宮頸的形狀和大小。至於隨性的問題——妳得要停下來把它套好，或在一開始先做好準備，每一回合都還要檢查一下，確定它放得很穩（除非是在短短幾小時內又再一次，那只需添加殺精劑即可）。事後，還得讓隔膜放著至少6至8小時別動，但不能連續超過24小時。有些專家建議，最好能在12至18小時內移開比較謹慎，有的則是建議女士們睡前裝好養成習慣，以免忘了或是一股衝動之下啥也不管，不過，還是不能放超過24小時。無論是哪種做法，都需要不停追踪、檢查、算時間。而且還有維護保養的問題：用後要清洗，好好收入盒子裡，可別隨手放進包包或褲口袋，還得常常對著光檢查有沒有破損。

子宮頸帽～這和隔膜相似處很多。要用醫療專業人員選配，並要和殺精劑合併使用，而且是靠隔絕精子達到效果。它的避孕成功率要比隔膜還低（約百分之60至75），但有若干好處。它的形狀像是一個大型頂針，可折疊的橡膠帽具有一個硬框，可緊緊套住子宮頸，因此只有隔膜的差不多一半大。另還有個好處：隔膜最多只能放24小時，小宮項帽可置於原位48小時，不過放那麼久可能會出現不好聞的氣味。

FemCap是另一類的子宮頸帽，成功率為百分之85，是個形狀像水手帽的矽膠半球。共有三尺寸，用個框套在子宮頸上，緊靠著陰道內壁密封起來，還有個溝槽儲放殺精劑並且把精子關在裡頭。而且還有個移除用帶環。

陰道海棉～用塑膠發泡體製成的Today海棉可蓋住子宮頸，阻擋精子進入子宮，同時還持續釋出殺精劑讓精子無法移動。它柔軟、圓形、約5公分直徑，底部還附有一條尼龍繩圈供移除時使用。海棉的優點是不需找醫生也不需醫生處方，相對容易使用，插入後持續防護整整24小時，而且對哺乳沒有防礙。有個缺點在於和隔膜比起來較不見效（約百分之80），會增加酵母菌感染的風險，而且插入時會不舒服。不可放置超過建議時限，而且妳必須仔細檢查確定整塊海棉都被移出（若有殘留可能會造成惡臭和感染）。海棉也不能重覆使用，所以妳得要常保有存貨可用。

保險套～又稱橡膠套，保險套的設計是要包住陰莖，射精時把精子全都一網打盡，不會進入陰道。它是用乳膠或天然皮（腸衣或羊皮）做成的，是個相當有效的避孕法（成功率約百分之98）。保險套完全無害，也就是說，除非雙方有誰對乳膠材料或殺精劑過敏，要是乳膠造成問題，那就用天然皮製品。它的優點在於可以輕易取得，而且 帶方便，出差在外都便利，而且可以減少性病傳播風險，像是淋病、披衣菌、HIV（乳膠做的比較能防止HIV傳染）以及茲卡病毒。因為它並不會干擾哺乳，也不像隔膜需產後重新調整，是個理想的「過渡期」避孕法。有些人覺得保險套會防礙愛愛，因為你要等勃起後才能戴套，還有些人認為它會減少感覺，或是造成陰道刺痛（產後出現率更高）。也有人一點也不受影響，甚至把戴套當做是前戲一部分。

為增加效果，如果用保險套避孕，完事之後可別躊躇太久，得在陰莖完全消風而保險套依然套得好好的時候抽出，以免精液漏掉。產後、授乳這段乾乾的期間，使用潤滑膏（或潤滑的套）可讓戴了保險套的陰莖更方便滑入。不過，挑潤滑膏要小心：別用油質潤滑劑或凡士林，因為它們會破壞乳膠保險套（用油性潤滑劑之前，一定要詳查包裝上的指示。

妳以為只有男人能用保險套嗎？女人也有類似產品。女性保險套是一個薄而加了潤滑的聚胺酯囊袋，鋪在陰道內，並由靠近子宮頸那端的一個封閉內環以及陰道口的外環固定起來。女性保險套是在性交前最久8小時置入，辦完事馬上取出。女性保險套的缺點如下：比男性保險套貴、可能防礙完全的感官享受，而且置入之後十分明顯。此外，這種避孕法又得要靠女性配合，和男性保險套不一樣，使用後者至少是雙方共同承擔責任。而且比起男性保險套它的成功率稍低（約百分之95）。但它和男性保險套一樣可防護性病。

殺精泡沫、乳霜、膠條、栓劑和避孕膠膜～單獨使用，這些殺精劑的避孕效果普普（約百分之72至94）。它們不需處方即可取得，但可能麻煩不方便。最多可在辦事之前1小時置入。

緊急避孕～做愛時沒有保護措施又想在事後避孕，只有緊急避孕藥丸，或是可用來當做避孕方法失敗時的後備，例如保險套破掉、隔膜脫落，或口服藥忘了吃。緊急避孕算是成藥，商品名像是Plan B One-Step、Take Action、Next Choice One Dose以及My Way。另一種緊急避孕藥Ella，則需醫生處方。如果在事後72小時內服用，緊急避孕藥可減少懷孕風險達百分之75。事後越快服用，效果越好。醫生可能會建議就用一般的口服避孕藥即可，但要檢查一下，確定應用劑量。如果已經懷孕了，緊急避孕藥沒有作用。重要區別：緊急避孕藥和RU486之類所謂墜胎藥不一樣，緊急避孕藥主要是暫時阻止排卵發揮作用。產後前6週並不建議使用緊急避孕藥，因為高濃度動情素成分會增加血栓風險，也不建議在哺乳期間使用。

絕育～如果覺得家庭已經不需再添成員，把受孕的大門關起來也沒有關係，急著要一勞永逸免除再懷上孩子的麻煩，經常會選擇採取絕育手段。這做法越來越安全，並沒有已知的長期健康顧慮，而且可說是絕對防呆。偶爾會出現的失敗例可歸咎於手術疏忽，或者，如果是輸精管結紮，就是在能生育的精子全都射出之前沒用替代的避孕法。雖然絕育法有時可以回復，應當成是永久手段。

輸精管結紮是個簡單的門診手術，只需局部麻醉，要比女性絕育手術風險低得多。而且並不像某些男人害怕那樣，並不會影響勃起或射精能力，唯一少的是精蟲（並非精液）。研究也顯示，做過輸精管結紮的男性患前列腺癌的風險並不會增加。

輸卵管結紮需要局部麻醉或硬脊膜麻醉（如果妳願意的話，可在產後馬上就做；參考660頁），在肚子上打個小洞（靠近比基尼線的位置），把輸卵管切斷，紮起或是阻塞。此法需要休息一陣子，多數人通常是2天到一星期（有時更久）的輕度活動，如果妳剛才分娩的話，反正也是要遵循這個做法。

另一個女性可用的永久避孕法叫Essure。這種絕育方式和輸卵管結紮不同，不需在肚皮上開個洞。透過由子宮頸伸入的內視鏡，把柔軟有彈性的微型塞子置入兩側輸卵管，過了三個月，輸卵管內長出新的組織將它完全封閉。在醫生能藉由檢測確定輸卵管已經有效阻塞之前（通常是3個月後），得要採取備用的避孕法。乍聽起來十分完美，不過這個辦法有所爭議。有一些報告指出此手術會造成疼痛、水腫以及大出血，FDA正在調查。

算排卵期～偏愛不要用任何避孕方式的人，可選用算排卵期的方式，又稱天然家庭計劃。這種方式要靠女性注意自己身體的徵象或症狀，判斷是否正在排卵期。如果做得十分精準正確，算排卵期的策略可和某些別的避孕法一樣，能夠成功避免懷孕（達百分之90的有效率）。

怎樣才能做到最好？考慮到的因素越多，成功率越高——所謂的因素可有一長串，包括：子宮頸黏液變化（排卵時黏液清澈、量多、稀薄、如蛋白般的稠度，並且可拉出絲狀），基礎體溫變化（每天早上先量體溫，測到的基礎體溫在排卵前會略降，排卵時最低，然後馬上升高然後回復基礎溫度），子宮頸變化（排卵時，正常為緊實的子宮頸變得稍稍柔軟些，而且稍高、口更開一些）。排卵預測套件也有助於指出排卵時間，不過每個月用它避孕代價十分高昂。唾液測檢驗排卵也可以協助某些婦女預測何時要排卵，此法也比較省錢。一旦擁有所需資訊，關鍵就在於在出現徵兆的第1天就開始避免做愛，直到3天之後。需要更多資訊嗎？請參考《*What to expect before you're Expecting*》。

妳必須知道的：恢復身材

身懷六甲的「孕味」和生產過後依然一副懷胎六個月的模樣，完全是兩碼子事。與進產房時相比，大多數產婦出了產房後並沒有因此輕盈多少，臂膀有著一小團肉，而腰間也還有一大團肥油。

當妳變成媽媽以後，要多久時間才不會看起來仍然像個孕婦？多快可以重拾身材，要看遺傳，遇有代謝、妊娠期間增加多少體重，以及產過的飲食習慣。還有不可逃避的：回復身材，擺脫鬆垮的運動衫，絕對需要妳重拾運動習慣。

「誰還需要運動啊？」妳可能會很疑惑，「打從出院回家以來，我就一直沒閒著，那還不算數嗎？」很可惜，幫助有限。儘管照顧新生兒已經疲累不堪，可是那種活動並不能收緊會陰和腹部肌肉，這些肌肉已經因為懷孕和生產的伸展而變得鬆弛，只有運動計劃才能成功。正確的產後運動不只能緊實肌肉，更有助於消除帶孩子的腰酸背痛，促進身體痊癒以及加速陣痛和分娩的恢復，收緊懷孕時放鬆的關節，改善循環，並降低種種令人不悅的產後症狀，像是靜脈曲張、腿抽筋等等。以會陰肌肉為目標的凱格爾運動，可以助妳避免尿失禁和產後性交障礙。最後，運動還可以讓妳更快樂。運動時所釋出的腦內啡會進入循環系統，提振心情，提升面對問題的能力；

妳會發現自己更能應付當媽媽的壓力。事實上，研究顯示生產後六週之內重新恢復做運動的媽媽心情會比較好，而且也過得比較好。

產後六週運動鍛練的基本原則

- 穿著支撐胸罩和舒服衣物，不會磨擦敏感部位，悶住濕氣或緊得沒法呼吸。
- 把運動時間安排成每天兩、三小段，而不是一整個較長時段（這種做法更能強化肌肉，對正在復原的身體也比較容易進行——同時妳也更能夠做好時間安排）。
- 每次做運動時，先從較不費力的動作開始。
- 運動的進行要和緩，不要做一系列快速反覆的動作。相反地，動作之間要做短暫休息（肌肉的強化是在這個時機，而不是動作的當時）。
- 產後六週妳的韌帶依然鬆弛，務必避免急促、跳躍、不穩的動作。這時期也要避免平躺舉膝觸胸、仰臥起坐或雙腿高舉的運動。
- 鍛練期間要在身邊放一瓶水，時時飲用。
- 運動的進行要緩慢而合理。新手媽媽不該把「沒有辛勞付出，就不會有所收獲」這句話奉為圭臬。即便認為自己足堪負荷，也不要超出運動建議量，而且在感到疲倦以前便停止。如果運動過量的話，大概要到隔天才會有所察覺，可是屆時已經疲又痛根本無法運動了。此外，把自己逼得太緊其實會減緩產後復原。

◆不要為了照顧孩子而忽略了照顧自己，當妳健身鍛練的時候，寶寶會樂於躺在妳胸前的。

不過，即使妳感覺好得不得了而且動機十足，別想一開始就使出全力。反倒是應該利用下列基本健身操，讓正在復原的身體慢慢而穩定的恢復鍛鍊模式。再補充一些網路上或光碟片裡的產後操，參加新手媽媽專屬課程，或者只需每天散步（或推著嬰兒車走），讓孩子成為妳每日例行運動的一部分。

分娩後的前幾個星期

急著想回復懷孕前的身材？那麼妳一定會很高興，此時可做更為進階的運動項目。不過，在踏出這一步前，務必

抬頭／肩運動

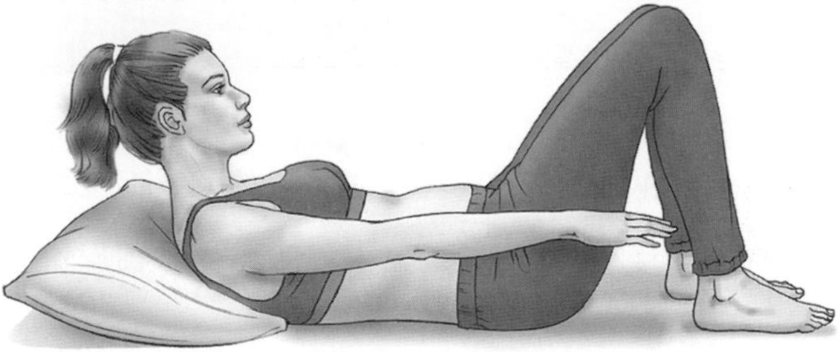

平躺，屈膝，腳板平貼地面。用個枕頭支撐頭和肩，雙臂平放身體兩側。做一次深呼吸放鬆，然後非常些微地抬起頭，並把手臂伸展開來，動作的同時一邊吐氣。緩緩把頭放下，然後吸氣。每一天都把頭稍微抬高一些，逐漸做到稍微可以把肩膀抬離地面。在最初六週當中，不要嘗試做全套的仰臥起坐——至於爾後，除非妳的腹肌一直十分強健才行。而且，一開始要檢查看看是否有腹直肌剝離狀況（參考 780 頁表格中文字）。

✿ 骨盆傾斜運動

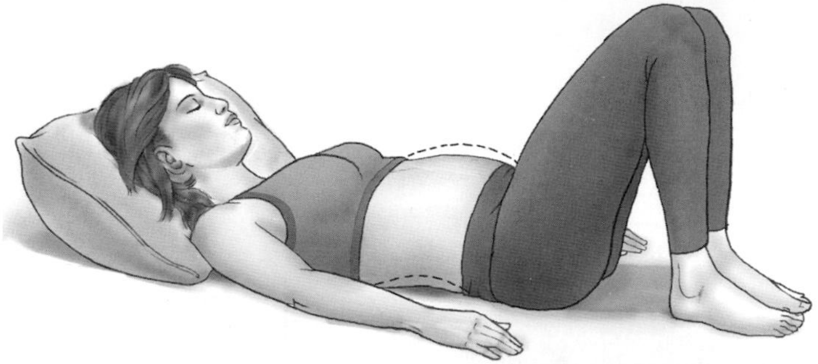

平躺下來，屈膝，腳板平貼地面。用個枕頭支撐頭和肩，雙臂平放身體兩側。吸口氣，接著在吐氣的同時，以後腰頂壓著地板十秒鐘，然後放鬆。一開始重覆三或四次，再逐漸增加到十二次，而後一直到二十四次。

✿ 滑腿運動

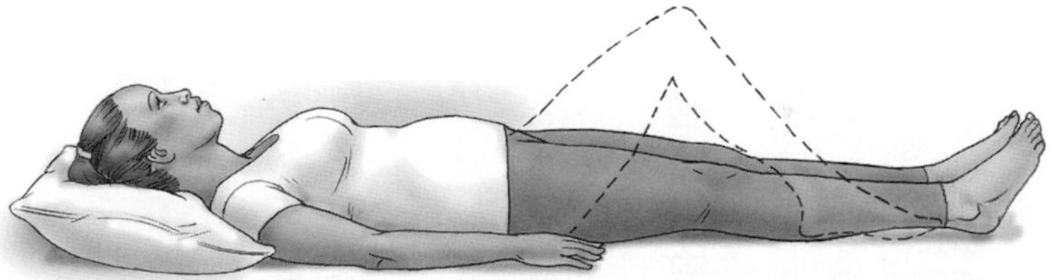

平躺，屈膝，腳板平貼地面。用個枕頭支撐頭和肩，雙臂平放身體兩側。慢慢伸直雙腿，一直到雙腿平放。將平放的右腳朝臀部方向滑動收回，腳底貼著地面，做動作的同時吸氣。後腰要保持貼著地板，一邊把腿滑下，一邊吐氣。左腳重覆同樣的動作，一開始每邊做三或四次，然後逐漸增加，一直到可以做十二次或做得更為舒適為止。三週過後，如果舒服的話，可以換成改良式的抬腿運動（一次抬起一條腿，稍微離開地面，然後再非常緩慢地放下）。

要確認腹直肌在妊娠期間並沒有剝離。如果有此狀況，開始加強鍛練之前要先把兩者合起來。等分離的情形閉合以後，或從來不曾有過這樣的現象，便可以照著以下操練。一開始，在床上做，然後可以移到墊好的地板，或是運動墊或瑜伽墊。

腹直肌癒合

現在先別看，但是妳腹部的正中央可能有個破洞（不是肚臍）。腹直肌剝離是一種相當普遍的妊娠現象（約有半數媽媽會發生），是指腹部伸展之際可能會造成腹部肌肉裂開。生產過後要等一、兩個月，這裂口才會合上，所以妳必須等到癒合之後才能開始做仰臥起坐或其他腹部運動，要不然可能會受傷。可採以下方式自行檢查：以基本姿勢平躺，稍微抬起頭，手臂向前伸，摸一摸肚臍下方有無柔軟的塊狀隆起，如果出現這種隆起便表示有分離現象。

要是果真出現腹直肌剝離，可以做以下運動來加速矯正：平躺，屈膝，腳板平貼地面。用個枕頭支撐頭和肩，雙臂平放身體兩側。吸氣。兩手在腹部交叉，用手指把腹肌的邊緣聚攏，一面吐氣，一面慢慢抬起頭來，將肚臍往脊椎方向按壓。緩緩低下頭來的同時，一邊吸氣。重覆3或4次，一天做兩回。

做過產後檢查之後

獲得醫生同意後，現在則可以逐步進階到更為激烈的健身項目，包括快步走、慢跑、騎自行車、游泳、水中健身操、有氧舞蹈、瑜珈、皮拉提斯、重量訓練或類似鍛練活動，或報名參加產後運動教室。然而，切勿操之過急。一如既往，要傾聽身體的指引。

PART 4

懷孕時期保持健康

生病了怎麼辦

CHAPTER

18

生病了怎麼辦

妳或許心裡有準備，在懷胎 9 個月期間，至少要應付幾樣令人不快的懷孕症狀（害喜、腿抽筋、消化不良或疲憊），但大概沒想要遇上討厭的感冒和煩人（而且很癢）的感染。事實上，由於正常的免疫系統受到壓抑（如此才不會把寶寶視爲「外來」而被母體排斥），使得孕婦更容易成爲各種病菌的攻擊目標，孕婦大多會生病，而且幾乎是無一倖免。而且，此時生病會感到兩倍以上的不舒服，尤其是之前慣用的成藥如今得要暫時收起來，無法派上用場。當然，避免生病的最佳途徑就是防患於未然，讓有了身孕的身體健健康康。萬一防範失效的話（例如同事把流感帶到公司，小姪子飽藏病菌的一吻，或是吃了幾顆不乾淨的現採藍莓），大部分個案在醫生的監控下，快速進行治療，就能快速復原。

孕婦關心事項

普通感冒

「我流鼻涕、咳嗽、頭疼得要命。惱人的感冒會不會影響到胎兒？」

妊娠期間更容易感冒，因為妳的免疫系統受到壓抑。值得慶幸的是，這些討厭的病菌只會找妳麻煩，胎兒不會得到感冒也不會受到影響。壞消息則是妳一向慣用的感冒藥和補充劑，包括阿斯匹靈和異丁苯丙酸（ibuprofen）、高劑量的維他命C和鋅，以及藥草（例如紫錐菊），多半不建議在孕期使用（關於妊娠期間的服藥注意事項，參考806頁）。所以，去藥局買成藥之前，應先詢問醫生，了解哪些治療方式在妊娠期間可以安全使用，並問清楚哪種的效果最好，或許會有好幾種選擇（要是已經服下幾帖不建議在妊娠期間服用的藥，不用擔心。若想進一步確認才能放心的話，可向醫生查詢）。

即使現在暫時不能服用平常的感冒藥，也用不著躺在床上流鼻水、咳得要命。某些最有效的感冒治療法並不是藥，對胎兒及母親更是十分安全。這些秘訣可以更快紓解症狀，同時還能在感冒惡化為嚴重的竇炎或其他續發性感染以前，便阻遏住初發的感冒。一開始覺得想打噴嚏或喉嚨發癢，便可採取下列做法：

◆休息，要是覺得有需要就多休息，不一定能縮短不適的時間，可是如果身體想要休息，一定要照辦。從另一方面來說，感冒時如果精神不錯（而且沒有發燒或咳嗽），那麼輕度到中度的運動則有助於更快好轉。

◆用食物治好感冒、餵飽胎兒。不論如何無精打采或沒胃口，都要盡妳所能吃得營養。選擇吸引妳的食物，或至少不要挑讓妳倒盡胃口的東西。特別是富含維他命C的水果，像是一些柑橘類和瓜果類。

◆補充大量水分。發燒、打噴嚏和流鼻水會使體內的水分流失，而水分正是妳和胎兒所亟需。喉嚨沙啞之際，喝熱飲特別舒服，例如薑茶或雞湯。

◆躺下或睡覺的時候，可利用幾個枕頭把頭抬高，這可以讓鼻塞的鼻子呼吸比較順暢。另外，使用鼻通貼片（nasal strips。譯註：一小片中間狹長兩邊略寬的長形貼布，由鼻樑向兩邊鼻翼貼牢，有大小尺寸可供成人和孩童選用），可以輕輕把鼻腔拉開，讓呼吸比較容易些，也會有所幫助。或是試試用傷風膏（vapor rub），像是Vicks公司的產品。

◆保持濕潤。維持鼻道的濕潤，會緩解鼻塞；特別是晚上的時候要開增濕器，並且用食鹽水噴劑（不含藥物，可視需要常常用），或用食鹽水沖洗（不過要避開洗鼻壺，因為這東西比較容易傳播病菌）。

◆如果喉嚨痛或聲音沙啞，可以使用鹽水來漱口（一杯溫水加入1/4茶匙的鹽），沖走鼻涕倒流，有助於控制咳嗽。

◆吃甜甜舒解乾咳。感冒期間或之後常見的乾咳現象，吃幾勺蜂蜜真的可以發揮抑制作用，和去藥房買的成藥咳嗽糖漿一樣有效。蜂蜜直接吃太甜？那就攪入熱水加檸檬汁。

感冒不一定會發燒，如果體溫超過攝氏37.8度，就要用乙醯胺酚（泰諾）馬上降溫，並通知醫生（關於發燒請參考788頁）。如果感冒情況嚴重得干擾到飲食或睡眠；咳出帶有綠色或黃色的痰；咳嗽時會胸痛、氣喘，或是竇道出現悸動現象（參考下個問題），或是感冒症狀持續超過十天至兩週，則要趕緊就醫。很可能感冒已經導致二次感染，必須服用處方藥。

竇炎 (Sinutis)

「我重感冒超過十天了，現在我的前額和臉頰好痛，該怎麼辦？」

聽起來妳的感冒已經轉變成竇炎了，竇炎的徵兆包括前額或一邊或兩邊的臉頰（眼睛下方）出現疼痛，牙齒周遭發疼，甚至暫時失去嗅覺。彎下身子或搖頭的時候，疼痛通常會加劇。有時還會伴隨發燒，但並不是每次都有。

竇炎尾隨普通感冒而來的情形相當普遍，在孕婦身上更為常見，由於孕婦的荷爾蒙易於使黏膜腫脹（通往鼻竇的黏膜也是如此），因而形成阻隔，這樣的阻隔會讓細菌在竇內滋生繁殖。這些細菌易於在竇內停留較長時間，因為負責消滅入侵細菌的免疫細胞，要深入凹陷的竇內有所困難。因此，竇感染若不予以治療則會持續數週之久——甚至變成慢性病。

大多數的竇腔感染是由病毒引起，有時是過敏造成，不過約有百分之10的機會是細菌作怪。如果是細菌性的竇炎，往往症狀會超過十天，或是很嚴重還會發燒，醫生就會開可在孕期使用的抗生素給妳，才能清除。若是由病毒造成，抗生素也幫不上忙，治療方式就針對消解症狀：止痛藥、吸入式類固醇、沖洗鼻子等等。有些醫生認為，過了妊娠初期之後，限量使用某些去充血劑是可行的；參考812頁。

流行感冒的季節

「每年秋天我都會打一針流感疫苗，不知今年是否得要跳過，這在妊娠期間安全嗎？」

在流行感冒的季節裡，施打流感疫苗確實是妳的最佳防線。不僅在懷孕期間接種流感疫苗安全無虞，更是積極作為。事實上，疾病管制中心建議，所有的孕婦都應該施打流感疫苗。那是因為有孕在身的話流感會嚴重得多，而且比較容易導致重度併發症而需住院治療。而且自從疾病管制中心將孕婦列為第一接種順位（和老人以及六個月至五歲的幼兒同等級），孕婦去注射時不需要跟著大排長龍，即使疫苗供應量有限也無需擔心。和婦產科醫師或助產士說妳想接種流感疫苗；如果他們沒有辦法提供這項服務，就去找妳的家庭醫師。地方上的藥局在流感季節也可能設有流感注射門診。

基於最佳防範效果，流感疫苗必須在每個流行感冒季節以前或初期施打——最好是在10月之前。疫苗並不是百分之百有效，因為所能防範的僅止於預期在這個年度會引發最大問題的流感病毒而已。話雖如此，仍可以大幅提高安然度過流感季節的機會。即便未能防範感染，可是往往可以降低症狀的嚴重程度，懷孕時更為重要，因為孕婦特別容易染病。疫苗的副作用很少發生，而且通常也算溫和。

去打流感疫苗的時候，一定要用針劑注射的那種，不可用鼻噴劑疫苗（FluMist），後者與針劑不同，是用活的流感病毒製成，並不許可用於孕婦身上。

如果懷疑自己罹患流行感冒（相關症狀包括；發燒、發疼、頭痛、喉嚨痛以及咳嗽），要立即與醫師聯絡，以便就醫診治（以免流感導致肺炎）。治療方法可包括抗病毒藥物（例如像是克流感），並採取步驟以減緩發燒（詳見下個問題）及其他症狀。

施打流感疫苗

接種流感疫苗對孕婦好，妳可能不曉得這個好處還可以傳給新生兒。研究報告顯示，媽媽如果是在懷孕後期接受流感疫苗注射，那麼嬰孩出生後的前半年都對流感病毒免疫。當然，如果流感季開始的時候妳才在妊娠前期或中期，也別拖延快去注射——流感季裡妳需要受到保護。

發燒

「我有點微燒，該怎麼辦？」

懷孕期間，若出現微燒的情況（低於攝氏37.8度）通常都不怎麼需要擔心。但是，也不應置之不理，應該一有發燒就即刻採取步驟降溫。而且還要嚴密監控體溫，確定不會升高。

妊娠期間要是體溫高過攝氏37.8度，就要聯絡醫生，若是超過38度，立刻就醫切莫遲疑。那是因為如此高燒本身就對腹中胎兒有害，而且造成發高燒的原因也可能有害（例如，感染需要治療）等待看診的同時，可以先行服用兩顆乙醯胺酚（商品名為Tylenol）錠劑來退燒。洗個微溫的盆浴或淋浴，飲用冰涼的飲料，穿著和被單都保持清爽，都有助於降溫。除非醫生特別建議，否則懷孕期間不應服用阿斯匹靈或異丁苯丙酸（Advil或是Motrin）。

鏈球菌性喉炎（Strep Throat）

「我的學齡前孩子得了喉炎，如果我也染上，會不會對胎兒造成危害？」

小孩子別的不行，倒是很會分享病菌。而且家裡的孩子愈多（尤其是已經去上幼稚園或小學），懷孕期間得到感冒或者其他感染的機會就愈高。

因此，妳得設好預防措施（參考795頁表格）。不過，如果妳覺得可能得到鏈球菌性喉炎，馬上去找醫生，採喉部檢體做細菌培養。只要用對抗生素，治療得宜，喉炎不會危及胎兒。醫生開給妳的藥物既可有效對抗喉炎，又能在妊娠期使用，安全無虞。千萬別把開給孩子或家中其他成員的藥拿來吃。

尿道感染（Urinary Tract Infection）

「我好像得了尿道感染。」

可憐的膀胱有好幾個月受到愈來愈大的子宮以及裡面的小生命壓迫，因而成為細菌的最佳溫床。尿液累積不能順暢排洩，細菌就會快速繁殖，也就是說，受擠壓的尿道都可能出現感染。（就是因為受到壓迫，逼得妳在夜裡睡不安穩，得要起床上廁所好多次。）這種無處不在的壓迫，再加上妳體內多量的各種荷爾蒙具有鬆弛肌肉作用，使得在皮膚上以及糞便中原本相安無事的腸道細菌，很容易就跑進尿道裡，造成不舒服。事實上，妊娠期間的尿道感染非常普遍，有5％的孕婦至少會罹患一次，而以前曾經患過的孕婦則有1/3的再犯機會。有些婦女身上的尿道感染是「隱形潛伏」（沒有症狀），只在例行的尿液培養後才會被診斷出來；另一些人會出現的症狀則從輕微到相當不適都有可能（頻頻出現尿意、排尿時會疼痛或有灼熱感、以及下腹部位出現壓力或劇烈疼痛）。尿液也會發出惡臭並且變得混濁。

尿道感染的診斷相當簡單，醫生只需將試紙伸進尿液樣本就成了；試紙會對樣本中的紅血球或白血球有所反應，兩類都表示出現感染。接著將尿液送去做進一步分析。針對檢驗室在妳尿液裡找到的細菌種類，醫生會特別的抗生素療程，可在妊娠期間使用。

當然，最佳策略還是一開始就預防尿道感染發生。妳可以參考以下所列舉的作法，減少孕期得到尿道感染的機會（或是說，如果已經感染了，這些方法配合醫藥治療，也有助於加速復原），包括：

- ◆飲用大量的流體，尤其是水，有助於把細菌沖出去。蔓越莓果汁也會有所幫助，可能是因為其中所含的單寧酸可以避免細菌附著在尿道內壁。要避免咖啡和茶（即便是不含咖啡因的），這些都會提升感染風險。
- ◆性交前後，要把陰道部位清洗乾淨，並把膀胱排空。
- ◆每回排尿的時候，要好整以暇徹底把膀胱排空。坐在馬桶上身體向前傾，可於幫助排空。採「兩段式排尿」有時也會有所幫助——排尿過後，等候5分鐘，再試著排一次尿。同時，感覺有尿意的時候，不要憋尿，慣常憋尿會提高感染的機率。
- ◆要讓會陰部位有「呼吸的空間」，要穿著棉質的內褲還有褲襪，避免穿著緊身的褲子。寬鬆的長褲內不要穿褲襪，如果可以的話（而且舒服）睡覺時也不要穿襯褲或睡褲。
- ◆陰道和會陰部位要保持清潔，並免於遭受刺激。如廁後，要從前面向後擦，以防糞便的細菌進入陰道或尿道（尿液從膀胱排出的短短通道）。每天清洗（淋浴要比盆浴更好），避免洗泡泡澡和含有香精的產品：爽身粉、沐浴乳、噴劑、洗衣粉和衛生紙都一樣。並避免進入未以氯進行適當消毒的游泳池。

◆問問醫生，請教有關食用益生菌以協助重拾益菌平衡的事情。

尿道下部感染不可等閒視之，更嚴重的可能威脅還在後頭：若未予以治療的話，細菌會上行而侵犯腎臟。而腎臟發炎不去處理危險性甚大，可能導致早產、新生兒體重過輕，還有更多麻煩。腎臟炎的症狀和尿道感染一模一樣，不過常常伴有發燒（往往高達攝氏39度），發冷，血尿、背痛（後腰的單邊或雙邊疼痛）、以及噁心和嘔吐。萬一出現這些症狀，要立刻通知醫師，才能儘速得到妥善治療。

酵母菌感染（Yeast Infection）

「我覺得自己得到酵母菌感染。可不可以用之前的那些藥，還是得去看醫生？」

妊娠期間絕對不適合自己診斷自己治療，就算是酵母感染這類看似簡單的身體狀況也是一樣。即即在此之前妳已經得過上百次的酵母感染，即使妳對於其症狀進程早就滾瓜爛熟（帶有惡臭的黃、綠色濃稠黏性分泌物，還會有燒灼感、發癢、紅腫或發疼），即使在這之前妳都能用不需醫師處方的成藥順利治療痊癒，這回可不行，要去看醫生。

應該採取什麼方法治療，就看感染到的菌種，得由醫生送去檢驗才能判斷。如果檢驗結果證實只不過是孕婦常見的酵母感染，醫生可能會開些陰道塞劑、凝膠、軟膏或藥膏。孕期也可能開立口服的抗酵母劑氟康那唑（fluconazole，藥品名Diflucan），不過是小劑量，而且不超過兩天，因為高劑量的話流產風險可能會提升。

很不幸，用藥只能暫時止住酵母感染，分娩前可能會反覆好好壞壞，也可能必須反覆加以治療。保持陰部清爽乾燥，有助於加速復原，避免反覆感染。實際的做法就是注意清潔衛生，尤其是上完廁所之後（一定要由前方往後擦拭）；盆浴或淋浴時要用肥皂清洗陰部，並徹底沖乾淨；別用含香精的沐浴乳，泡泡澡也得避免；穿著棉質底褲；避免緊身褲或內搭褲（非棉質的更是不行）。大致而言，陰部應該盡可能保持透氣（可以的話，睡眠時不要穿底褲）。

食用富含活益生菌種的優格，可以避免酵母菌上身。你也可以向醫生洽詢，服用有效的益生菌補充劑（市面上有很多此類商品其實沒什麼作用）。有些長期受酵母感染困擾的患者發現，若能減少攝取糖分以及精製麵粉製成的烘焙食品，也能有所助益。不要灌洗，因為這樣會擾亂陰道內的正常菌落平衡（這會和細菌性陰道炎有關；參考左方表格中文字），還會讓妳暴露於有害的塑化劑（為此千萬不要灌洗，不管是否懷孕都一樣）。也不需用什麼女性陰部潔膚巾，不過要是不「清爽」活不下去的話，挑不含化學成分不含酒精的產品，而且pH值安全無虞，因為改變天然分泌物的pH值會增加感染風險。

細菌性陰道炎（Bacterial Vaginosis）

細菌性陰道炎是育齡婦女經常會遇到的狀況，約有16%孕婦會出現。所謂的細菌性陰道炎，是指陰道內原本就存在的細菌不當大量增生，往往還伴隨有不正常的灰色或白色陰道分泌物，聞起來有魚腥臭味，疼痛、發癢，或燒灼感（雖然有些患上細菌性陰道炎的婦女會說根本沒什麼症狀）。陰道內的正常菌落平衡究竟為什麼會突然被破壞，專家也不太確定，不過已能找出若干危險因子，例如像是：多重性伴侶、灌洗陰道，或是使用子宮內避孕器。

這麼常見的事，孕婦為什麼要為此煩惱？那是因為妊娠期間，細菌性陰道炎會和一些併發症略增有關，例如像是：早期破水以及羊水感染，可能會導致早產。也可能和難產以及新生兒體重過輕有一點相關。妊娠期間用抗生素治療出現症狀的細菌性陰道感染，尚不清楚是否會增加併發症風險，大部分醫生還是會加以治療。

如果有任何症狀都要告知醫師，才能獲得正確診斷；若有必要的話，得到正確治療。

腸胃炎（Stomach Bugs）

「我的腸胃不舒服，而且吃什麼就拉什麼，這會不會危及胎兒？」

妳以為孕吐結束就可以別再拚命跑廁所了，結果卻變成腸胃不適。而且，如果妳只不過是在懷孕初期，腸胃炎和孕吐的症狀很難辨別（除非還出現拉肚子的現象）。

還好，腸胃的細菌雖然會讓妳肚子不舒服，對胎兒倒是沒什麼危害。病菌雖然不會影響胎兒的健康，可是孕婦也不可以坐視不管。不管肚子絞痛是由於荷爾蒙、病菌還是放得太久的蛋沙拉所導致，治療方法都一樣：順應身體要求好好休息，補充因為嘔吐、甚或腹瀉所流失的水分。短期間內補充水分要比急著恢復固體食物還更重要。

如果妳的排尿頻率不夠，或是尿液顏色深（正常應該是枯黃色），就可能是脫水了。經常小口啜飲白開水、稀釋果汁（白葡萄汁最對胃）、清湯、清淡的茶，或是加了檸檬的熱開水。要是小口喝也沒辦法，可吸吮冰塊或冰棒。要聽從身體的訊息，並據以做為增加固體食物的指引：做得清淡、簡單而且不含油脂（白土司、蘋果泥或是香蕉）。別忘了，不管是什麼造成腸胃不適，薑都能有效紓緩。加在茶裡喝，或是飲用沒加料的薑汁水（放真薑更好）或者別種含薑成分的飲品，或是來點薑糖，吸一吸，嚼一嚼。還有，別忘了補充劑；在這個時候服用維他命補充劑尤其是好主意，所以，要盡量在最不會反嘔出來的時機服用。然而，要是有好幾天沒法吃下這些藥丸，那也不用擔心，不會有所危害的。

如果什麼都無法入口，要和醫生聯絡。腸胃發炎的人都要留心是否脫水，現在妳得保持母子都有充足水分，問題更大。醫生可能建議妳喝些補水飲料（例如Pedialyte，此商品也有方便的凍結包裝上市），或是電解質飲料。椰子汁也可能幫得上忙。要是連這都會拉，醫生可能會叫妳去打點滴。要是肚子不舒服還帶有發燒的話，也要和醫生連絡（參考788頁）。

打開家中藥箱服用成藥之前，一定要先問過醫生。Tums以及Rolaids之類的制酸劑在妊娠期間服用並無安全顧慮，有的醫生也會說消脹氣的藥沒關係，不過還是先請教醫生為宜。醫生也可能讓妳服用某幾種止瀉劑，不過通常要等到已安然度過懷孕初期。

肚子痛的準媽媽，振作起來，大多數的腸胃炎會在一兩天之內就自己好起來。

保持妊娠期健康

在妊娠期間，得為自己和胎兒維持良好的身體狀況，誠如諺語所說，一分預防勝於十分的治療。不論是否懷有身孕，以下建議都有助於維持健康：

保持高抵抗力～飲食良好，睡眠充足，適量的運動，不過度勞累，以及盡可能減少生活中的緊張壓力，都能讓免疫系統保持在巔峰狀態。

避免與病人接觸～盡量遠離一般感冒、流行性感冒、腸胃病毒的患者，或任何顯然會傳染的病人。要與公車上咳嗽的人保持距離，避免和嚷著喉嚨痛的同事共進午餐，規避和流鼻涕的友人握手（握手的同時，病菌連同問候也在相互交流）。可能的話，避免到擁擠或狹窄的室內空間。

清洗雙手～雙手是主要的感染散播者，所以要經常用肥皂和溫水徹底清洗雙手（約二十秒才有效），尤其是與病人接觸後，以及出入公共場所或乘坐大眾運輸工具以後。吃東西以前要洗手，這尤其重要。可以在車上、抽屜或皮包內備有清潔雙手的乾洗手，以便在找不到洗手檯的地方可以用來清潔雙手。

病菌不要分享～在家中，要盡量限制與生病的孩子或配偶接觸。避免把他們的剩飯剩菜撿去吃完、用他們的杯子喝水；雖然生病的孩子正需要媽媽不時親親、抱抱，做完這些安慰的動作之後，一定要把手和臉洗乾淨。要是與帶菌的床單、毛巾、用過的衛生紙有了任何接觸以後，特別是在觸摸自己的眼睛、鼻子或嘴巴以前，都要清洗雙手。同時，還要盯著小病人也常常洗手，並教他們在咳嗽或打噴嚏的時候，要用手肘內側摀住，別用手（大人也可以這麼做）。小病人會觸碰到的電話、電腦鍵盤、遙控器或其他物品的表面，使用消毒噴劑或拭布。

自己的孩子或平常與妳在一起的小孩如果出現任何一種疹子，除非知道自己對痲疹、水痘、第五病已經具有免疫力，否則要避免近距離的接觸，並立即打電話給妳的醫師。

要妥善照顧好寵物～要善加維持寵物的健康，並視情況為牠們加打預防針。牠們的食物和食具有時會帶有細菌，處理過後一定要洗手。養貓的話，要採取防範措施，以避免感染弓蟲病（參考115頁）。

提防蜱（床蝨）和蚊子～避免到萊姆病、茲卡病或西尼羅病毒猖獗的地區，或者，務必要做好充分的防護工作（參考804頁以及802頁表格中文字）。

使用個人用品～牙刷或其他個人用品，堅持不與別人分享的做法（而且別讓大家的牙刷刷毛對刷毛混在一處），在浴室則使用隨手丟的免洗杯來漱洗。

注意飲食安全～要避免食物中毒，遵行安全的食物烹調和儲存習慣（參考187頁）。

巨細胞病毒 (Cytomegalovirus，CMV)

「我的小孩從幼稚園回家帶著一張通知，上面寫著學校爆發巨細胞病毒。是不是應避免在妊娠期間得到此症？」

還好被小孩傳染到巨細胞病毒，然後再傳給胎兒的機率甚低。因為多數成人都已在童年期得過，如果妳和大多數人一樣，或因經常和小孩子相處而在成年後得過，現在就不會「得到」巨細胞病毒（不過會被「活化」）。即使在孕期再度受到CMV感染，危害到胎兒的風險並不高。雖然約半數受到感染的母親會生出受感染新生兒，但出現生病症狀的百分比很低。母親原先有感染，若妊娠期被再度活化，所生下孩子的罹患率又更低。

除了確認自己是否對CMV免疫，積極的態度也就是最好的防禦。採取各種預防措施，例如幫小孩換尿布或是帶他上廁所後要徹底洗淨雙手；不要撿食家中幼兒吃剩的殘羹剩菜。如果在帶小孩，要力行良好衛生習慣。尤其是要小心採取避免傳播感染源的標準做法，像是經常清洗雙手，特別是換尿布或幫孩子上過廁所之後——還有要忍住別撿盤中剩菜。

雖然CMV往往是悄悄的來又悄悄的走，並無顯著症狀，偶爾會出現發燒、疲倦、淋巴結腫大，還有喉嚨痛等等，此時務必請教醫生。不管上述症狀指出是CMV或者其他疾病（例如像是流感或鏈球菌性喉炎），可能會需要接受治療。

第五病（fifth disease）

「有一種前所未聞的疾病：第五病，聽說它會在妊娠期間引發問題。」

第五病是由B19小病毒所引起（可別和會感染貓狗的小病毒搞混了），這個名字是因為它在六種會造成孩童發燒和起疹子的病症族群中排名第五，然而，不同於其他姐妹病症（諸如麻疹和水痘），第五症因為症狀輕微而可能未被察覺——或甚至完全沒有症狀，所以並未廣為大家所熟知。僅有一成五到三成的病例會有發燒現象，至於疹子方面，最初幾天的臉頰看起來像是被掌摑了一般，然後呈帶狀擴散到軀幹、臀部和大腿，並會起起落落一再復發（通常會隨著太陽熱度或溫水澡而起落），為期長達一到三週，所以這種疹子往往會被人與德國痲疹和其他孩童疾病相混淆，甚至被誤認為曬傷或風炙。成人比較不會出現「蘋果臉」紅疹。

若是照顧患有第五病的病童，或在已傳染開來的學校任教，那麼這種密集暴露便會提高原本相當小的感染風險。可是，半數育齡婦女在孩童時期便已得過第五病，而且已經有了免疫力，所以孕婦遭受感染的情形並不多見。若是母親得到第五病而且胎兒也受感染，其病毒會破壞胎兒製造紅血球細胞的能力，導致貧血或是其他併發症。有鑑於此，若妳確實在妊娠期間罹患第五病，醫生會定期追蹤，每週用超音波檢查是否出現胎兒貧血的徵兆，長達八至十週。若胎兒是在妊娠期前半受到感染，那麼難產風險會增加。

再次強調，得到第五病、孕程受不良影響、胎兒受影響的機率都極小。當然，面對各種傳染病，懷孕時採取適當預防措施避免感染，才是明智之舉（參考795頁表格中文字）。

✿ 水痘（VARICELLA）

「我家小孩在托兒所時暴露在水痘風險中。要是她被傳染了，會不會危及我腹中的胎兒？」

答案是幾乎不可能。胎兒與外在世界妥善地隔離著，因此並不會從第三者身上感染到水痘，除非是受母親傳染，也就是說孕婦要先受到感染，可是這種可能性幾乎等於零。推究箇中原因，首先，妳的孩子若打過水痘疫苗而具有免疫力，那麼她就不會被傳染而帶回家裡來（建議是孩子在1足歲時注射第一劑水痘疫苗，但願妳的孩子已按規定接種）。其次，妳在孩童時代大有可能就感染過了（美國的成年人口當中有85%～95%已得過水痘），所以已經具有免疫力。可以問一問爸媽，或查看一下妳的健康記錄，確定是否患過水痘或曾接種疫苗（自1995年開始）。要是無法得到確切答案，現在則可以請醫生為妳進行檢驗，以確認是否具有免疫力。

雖然不具免疫力的話，遭受感染的機率儘管微乎其微，可是針對有個人暴露記錄（換句話說，和已經確診為水痘的患者直接接觸）的孕婦而言，則建議在96小時以內施打水痘免疫球蛋白（VZIG）。萬一母體已經感染了水痘，那麼這種注射是否可以保護胎兒免於遭受感染，其中成效如何目前仍是未定之天，可是卻可以減少母體出現併發症，這可是意義重大，因為這種輕微的孩童病症在成人身上可能會相當嚴重。妳萬一罹患了嚴重水痘，便會施用抗病毒藥物，以進一步降低併發症的風險。

若在妊娠期的前半段受到感染，寶寶有極低機率（僅約2%）會演變成先天性水痘症候群，會導致某些先天缺陷。暴露時間如果發生在妊娠期的後半段，那麼胎兒受害的情形幾近為零。生產前（一週以內）或剛分娩過後得到水痘，則變得更為令人擔憂，這時候的母體如果遭受感染的話，會有少數不幸導致孩子一生下來便患有新生兒水痘，並在差不多一週之內長出特有的疹子。為避免新生兒感染，通常嬰兒一出生就會予以注射水痘抗體（或是只要在產後出現明顯的水痘徵兆就儘快注射）。

附帶一提的是帶狀疱疹，那是早先曾經患過水痘而體內的病毒再度恢復活動使然，在孕婦身上相當罕見，這對發育中的胎兒似乎不會構成危害，究其原因或許是母親連同胎兒都已經對該病毒具有抗體。

妳要是不具免疫力，而且逃過這次的感染，那麼可詢問醫師如何在分娩後進行預防接種，以防護將來的任何一次懷孕，而免疫注射有2劑需間隔4至8週，至少要在受孕前一個月完成才行。

✿ 麻疹、腮腺炎和德國麻疹

很可能，妳早已對麻疹、腮腺炎和德國麻疹免疫。那是因為妳和大部分育齡婦女一樣，小時候大概都曾接種過MMR疫苗，可防範這種疾病，或比較少見的狀況是妳已經得過，不會再得。然而，由於接種率下滑，導致這些致命病症又再有新一波爆發，妳可能在想，不知是否會對妊娠造成影響，或波及胎兒。相關資訊如下：

麻疹～直接暴露於染有麻疹的患者，而本身又不具免疫力，這種可能性儘管極為低微，可是醫師可以在潛伏期間（從暴露到開始出現症狀期間）為妳注射γ球蛋白（gamma globulin）抗體，那麼萬一遭受感染的話，則可以減輕病情的嚴重程度。麻疹似乎並不會造成新生兒缺陷，不過可能會增加難產或早產風險。如果在接近預產期時感染麻疹，那麼新生兒便具有從母體遭致感染的風險。

腮腺炎～如今，想要得腮腺炎並不是那麼容易。經由一般接觸並不具有高度傳染性，而且每年僅有幾百名美國人染病。然而，因為這項疾病似乎會引起子宮收縮，所以會提高妊娠初期前三個月的流產或爾後的早產風險，因而要對這項疾病的最初症狀提高警覺（在腮腺浮腫以前，可能出現隱約疼痛、發燒和失去胃口等症狀。然後會有耳朵疼痛，並在咀嚼或飲用酸性食物時覺得疼痛）。如果出現這類症狀時，要馬上通知醫師，因為立即診治可以降低衍生問題的機會。

德國麻疹～由於妊娠期間得到德國麻疹十分危險，醫生會在初次產檢時做一項簡單測試，即德國麻疹抗體滴定，衡量血液中對抗該病毒的抗體濃度，以百分之百確定妳具有免疫力。萬一發現沒有免疫力（或是血中所含抗體濃度不足，表示免疫力消退），那也不用過於擔心。疾病管制局已將德國麻疹列為已在美國絕跡，幾乎不會在美國境內得病（必須妳本身實際感染了這項疾病才有可能造成危害）。症狀會在暴露後二或三週顯現，通常都很輕微（不舒服、輕微發燒、淋巴結腫大、一或兩天過後伴有輕微疹子），有時候則在毫無所覺的情況下度過。要是真的在妊娠期間得到德國麻疹（再度強調，這機率相當低），胎兒會不會有危險要看是在那個階段得病。若是在第一個月患病，胎兒在子宮內感染而得到嚴重先天畸型的機率很高，到了第三個月，風險顯著降低，而爾後的風險又再更少。

如果不記得是否注射過MMR疫苗，或是否得過麻疹、腮腺炎和德國麻疹，可查查病歷（或去問問爸媽，比較可能會記得當初有沒有同意接受疫苗施打）。就算是沒有免疫力（或滴定結果顯示免疫力很弱），不能在孕期接種或追加針劑。雖然，知道自已懷孕前不小心去接種疫苗的案例並沒有反應過寶寶出生後有什麼狀況，專家建議不要去冒險為宜。妳可以在分娩後立即接受MMR疫苗注射，或對某病的抗體不足就只補打它的疫苗）。如此不僅有助在孩子具完全免疫力前不會患病，也能在之後懷孕時提供防護。

A型肝炎（HEPATITIS A）

「我剛聽說有個包裝水果因為可能帶有A型肝炎而需召回——之前我已經買回家吃下肚了。萬一我也遭受感染，會不會對懷孕有所影響？」

如今A型肝炎在美國相當罕見（衛生不佳的地區比較流行），而且通常是通過糞口途徑傳染（吃到已經被患者糞便污染的東西）。多數感染是親密個人接觸造成，不過也可能是受感染的食品工作者在傳播——妳購買的食物就是因此才被召回（烹調、準備食物的時候，安全衛生十分重要，這又是一案例）。大齡小孩和成人通常會覺得肌肉痛、頭痛、肚子不舒服、沒食欲、發燒、不適，有些患者還造成黃疸（皮膚和眼白泛黃）。少數重症需要住院治療。症狀通常不會持續超過2個月，感染A型肝炎的患者完全痊癒（通常不需任何治療），最後會對A型肝炎永久免疫。如果曾經接種疫苗，當然可防護A型肝炎。

幸好，很少會傳染給胎兒或新生兒。那是因為妳體內在感染之後所產生的抗體直接透過胎盤傳給胎兒，完全保護寶寶不會感染。是故，縱使被感染了，應該也不致於影響到懷孕。然而，醫生可能會建議在暴險2週內接受一劑免疫球蛋白，極度安全（疫苗本身也是安全無虞。

若是前往高傳染地區，或者妳已患有C型或B型肝炎，要請教醫生應如何預防接種A型肝炎疫苗，甚至在懷孕期間也可以打。

防護茲卡病毒

茲卡病毒是由蚊子傳播（有些案例是藉由性接觸）。雖然對一般人通常並沒有大危害，造成中度症狀（有時甚或並無明顯症狀），已知這病毒和流產有關，並會造成患病孕婦產下嚴重先天缺陷的寶寶，例如像是小腦症和腦部損傷。如果妳住在茲卡流行區，或是要去旅遊（疾管局建議別去那些地方），要避免被蚊子叮咬（參考410頁表格中文字）。如果妳的伴侶要去流行區旅行或來自流行區，疾病管制局建議接下來的孕期內不要性交，或使用保險套。如果妊娠期間染上茲卡病毒（或妳覺得可能被感染），可驗血並做超音波檢查，而且會更嚴密監控懷孕狀況。最新資訊請上 cdc.gov/zika 查詢。

B型肝炎 (HEPATITIS B)

「我是B型肝炎帶原者，而且剛發現自己懷孕了；身為帶原者會不會傷及胎兒？」

知道自己是B型肝炎的帶原者，已經是搶得先機，應進一步採取步驟保護孩子。由於B型肝炎會在分娩時傳染給寶寶，所以嬰兒一出生就應立即採取措施保護孩子。出生後12小時以內，即注射B型肝炎免疫球蛋白（HBIG）以及B型肝炎疫苗（這本來就是孩子一出生的例行公事），如此通常就可以使寶寶免於遭受感染。新生兒在一或兩個月大的時候，以及爾後在六個月的時候，都必須追加兩劑疫苗（這同樣也是B型肝炎疫苗的例行）。等孩子長到十二至十五個月大時，便可進行檢測，以確定治療是否已產生效用。

C型肝炎 (HEPATITIS C)

「懷孕期間是不是要擔心C型肝炎的問題？」

由於C型肝炎一般是經由血液傳染（舉例來說，經由非法的藥物注射或過去的輸血），所以除非曾經接受輸血或屬高危險群人士，不太可能會遭受感染。C型肝炎會在分娩時由遭受感染的母親傳染給孩子，感染機率約4～7％。萬一被診斷出遭受感染，都有治療的可能，但並不是在妊娠期內進行。

萊姆病 (Lyme disease)

「我住的地方屬於萊姆病的高危險區，懷孕時是否需要特別提防萊姆病？」

如妳所知，萊姆病最常見於那些經常徜徉在森林裡的人身上，他們身處硬蜱出沒的森林地帶。不過，藉著從鄉間帶來的綠色植物，蜱偶爾也可能搭便車進入郊區或市鎮。

要保護寶寶與孕婦本身的最好方法，便是進行防範。在進入林地或多草的地區整理植物，要著長褲，並把褲腳塞入靴子或襪子裡面，並且應著長袖；暴露在外的肌膚以及衣物上應噴灑可以有效防制鹿虱的驅蟲劑（例如含有DEET成分）。返家以後，要仔細查看有無帶回硬蜱（懷孕了可能有些地方看不到，要請另一半或別人幫忙檢查）；若發現被咬，要立刻用鑷子將其直接拔除（如果在二十四小時內取下，幾乎可以完全排除受到感染的可能性）。不需把蜱留著檢驗。

萬一被蜱咬到了，並且在叮咬處出現出現特殊的斑紋，即牛眼狀紅疹，要立刻去看醫師，進行血液檢驗便可以判定是否感染了萊姆病。早期症狀包括倦怠、頭痛、頸部僵硬、發冷發熱，全身疼痛、被咬處附近出現淋巴結腫大；往後的症狀則包括類似關節炎的疼痛和記憶力喪失。

幸好，研究顯示立刻用抗生素治療可以完全

保護受感染者的胎兒，並且讓母親自己的病情不會過於惡化。

面癱（Bell's palsy）

「今早醒來覺得耳後疼痛，舌頭麻木。照鏡子時，發現半邊臉垮了下來。這是怎麼回事？」

看來妳是得了面癱症，是由於顏面神經受損所導致的暫時現象，造成臉部一側無力或是癱瘓。雖然一般來說相當少見，孕婦罹患面癱的機會為一般女性的三倍，而且好發於妊娠後期或是孕後初期。此症發作十分突然，大部分患病者都是毫無前兆一早醒來才發現自己臉部垮掉。

這種暫時性顏面癱瘓的成因不明，不過專家學者懷疑是某種病毒或細菌感染，造成顏面神經腫脹發炎，引發上述狀況。與癱瘓伴隨而來的其他症狀包括：耳後根或後腦發疼、暈眩、流口水（由於肌肉無力）、口乾、無法眨眼、味覺受損以及舌頭麻木，有些狀況甚至連說話也受影響。

好在，面癱並不會波及臉部之外，也不會更加惡化。而且大部分病人即使未經治療，也能在三週至三個月之內完全痊癒（雖然有的人要等六個月才能完全復原）。更棒的是，這狀況並不會對妊娠或胎兒構成威脅。不過，這些症狀和中風很像，即使年輕健康的孕婦都比較常發生，只要發現面部做不出表情，絕對必須馬上去看醫生。

妳必須知道的：妊娠時期用藥注意事項

處方藥或是成藥的共同特徵是什麼呢？看看包裝以及裡面塞著的仿單妳就曉得了：幾乎所有藥品都會提出警示，要孕婦未經醫師允許前不可服用。然而，平均每位懷孕婦女在懷胎期間至少會服用一種處方藥，至於成藥則會更多。妳怎麼曉得哪些安全，哪些不安全？

好在，僅有少數幾種藥品是已知會在懷孕期間造成傷害，許多都能安全使用。然而，不論是處方藥抑或成藥，傳統藥物抑或藥草，沒有任何藥物對所有的人都百分之百安全。當妳懷孕的時候，每回吃藥都要考量到這關乎兩個人的健康幸福，而且其中一人非常幼小脆弱。無論何時，服藥前要評估其風險與輕重得失，才是明智之舉，在妊娠期間更是重要。同理，是否應該服藥應和醫生討論溝通，若是涉及孕婦，誠屬必要步驟。

就像藥品標示所說：先問過再決定。妊娠期間若要服用藥品，就算是孕前慣用的成藥也要重新考量，先徵詢醫生是否可在懷孕時安全使用。

了解藥物最新資訊

安全、可能安全以及絕對不安全的藥物及藥品分類，或許會在妊娠期間有所變化，尤其像是新藥上市，或是由處方用藥開放為成藥，還有可能會因研究證實可在孕期安全服用而有所調整。為確定能符合最新的用藥安全情報，一定要先問過醫生。也可以找美國聯邦食品藥物管理局（fda.gov）。或者找March of Dimes（譯註：為防範先天缺陷和嬰兒死亡，而為民眾和學界提供服務和支持的機構）設於各地的辦事處查詢，或聯絡其協談中心March of Dimes Resource Center：(888) MODIMES (663-4637)，網址是：marchofdimes.com。妳也可以到safefetus.com查看某種藥品在妊娠期間的安全性如何。

常見用藥

針對孕期可能會想要服用的若干常見藥物，解說如下。即使列出的藥品被認為可安全使用，懷孕期間初次使用還是要先和醫生討論，確定沒有問題：

泰諾（Tylenol）～妊娠期間短暫使用乙醯胺酚通常沒什麼關係，不過在初次服用之前，一定要先徵詢醫生意見，了解正確劑量。

阿斯匹靈（Aspirin）～通常會建議妳最好別吃阿斯匹靈，尤其是妊娠末期，因為它會增加分娩前後出現併發症的風險，例如血崩，新生兒也可能出現狀況。有些研究顯示，極低劑量的阿斯匹靈在某些狀況下可有助於避免子癇前症，不過只有醫生才曉得妳的身體狀況是否應該開此藥。另一些研究就指出，某些患有抗磷酯抗體症候群的婦女，若以小劑量的阿斯匹靈與血液稀釋劑肝素合用，可減少她們遇上反覆性流產。同理，只有醫生才曉得在什麼情況下這樣的用藥對妳算是安全。

Advil或Motrin～在妊娠期間應該謹慎使用異丁苯丙酸製劑，特別是妊娠前期及後期階段，此時它會和阿斯匹靈一樣具有稀釋血液的作用。除非醫師知道妳已經懷孕還特別建議此藥物，才可服用。

Aleve～那普洛辛（naproxen）是一種非類固醇消炎藥(NSAID)，根本就不建議在妊娠期使用。

鼻腔噴劑～為暫時紓緩鼻塞，大部分不含類固醇的鼻腔噴劑均可用。和醫生探詢較佳的品牌以及建議用量。食鹽水噴劑通常均可安全使用，鼻通貼片也是。至於含有羥間唑　的去充血噴劑（例如Afrin），除非產檢醫生同意請勿使用。許多醫師根本不同意使用這類噴劑，還有的會建議僅過了妊娠初期以後有限度使用（每次1、2天）。

制酸劑～反覆出現的胃灼熱（妳一定會經常遇到）通常對Tums或Rolaids反應良好（妳還可以從這更添鈣質）。Maalox和Mylanta通常也可以吃。有這麼多可選用的藥品，都得先詢問醫生正確劑量。

消脹氣（Gas aids）～很多醫生會說，偶爾紓緩一下孕期脹氣，可服用像是Gas-X或Mylicon之類的排氣劑沒什麼關係，不過還是得先問過妳的醫生才行。

抗組織胺～並非所有抗組織胺都能在孕期安心使用，不過還是有幾種能獲醫生同意。妊娠期間最常推薦的抗組織胺是苯乃爾（benadryl，原名二苯海拉明〔diphenhydramine〕）。多數專家也認為Claritin（loratadine）算是安全，不過還是要問過醫生，因為並非所有人都覺得它可用在妊娠期間，尤其是妊娠初期。有的醫生會同意可小量使用氯芬尼拉明錠（Chlor-Trimeton）以及屈普利汀（triprolidine），不過大多會建議選用更好的替代品，因此在取用前一定要先問醫生。

去充血劑～含有去甲羥麻　素和擬麻黃素的去充血劑（例如像是Sudafed、Claritine-D和

DayQuil），大多醫生都會說別碰為宜。有些醫生會同意過了妊娠初期極限量使用（例如，每日1至2次不超過一天之類的），因為經常使用會減少通往胎盤的血流。可不要未經詢問醫生就先服用，不過要是已吃過了也別擔心，只需讓醫生曉得就好。Vicks VapoRub 可依指示安全使用。

抗生素～若在妊娠期間醫生開立處方要妳服用抗生素，是因為細菌感染的情況比較嚴重，風險大過服用藥物（再說很多抗生素就十分安全）通常醫生的抗生素處方不外盤尼西林或紅黴素兩大類；某些種類比較不建議在孕期使用（例如像是四環素類，通常是用來治療痤瘡），因此在妊娠期要確定為妳開抗生素處方的醫生已經知道妳有孕在身。

咳嗽藥～祛痰劑像是 Mucinex，或止咳劑像是 Robitussin 或 Vicks 44，還有大多數的咳嗽滴劑，均被認為懷孕期間可安全使用，不過要請問醫生劑量如何。

安眠藥～ Unisom、Tylenol PM、Sominex、Nytol、Ambien 以及 Lunesta 等，通常都認為可在孕期安全服用，許多醫生會說偶爾使用沒有關係。不過，用上述藥物以及其他安眠藥之前，都應先徵詢醫生意見。

止瀉藥～大多數止瀉藥都不建議在孕期使用（Kaopectate 和 Pepto-Bismol 皆含有水楊酸，這成分被認為不能在妊娠期間服用），但是過了懷孕初期之後，Imodium 通常可獲同意。

止吐藥～ Unisom Sleep Tabs（含有抗組織胺 doxylamine 成分）配合維生素 B6，可減緩害喜的症狀，不過這應在醫生建議下使用。日間用此治療法有個缺點，會變得昏沉想睡。Diclegis 是含有相同成分的長效緩釋配方，可經醫生處方取得，比較不會昏沉而且被認為可在妊娠期間安全使用。

局部抗生素～小量的局部抗生素，用於割傷或其他外傷，例如像是枯草菌素（bacitrain）或Neosporin，可在妊娠期安全使用。

局部類固醇～小量的局部類固醇（例如像是Cortaid）可在妊娠期安全使用。需要時可噴在起疹或蚊蟲咬傷處。

抗憂鬱劑～雖然，抗憂鬱劑對孕婦以及胎兒究竟有何作用，相關研究一直難有定論，倒是發現有些藥物可算能安全使用，另一些則應完全避免，又有某些得依情況考量，斟酌病況不治療所冒風險。詳情請參照070頁。

如果需要在孕期用藥

若是在妊娠期間醫生建議妳需要服用某種藥物，可依循下列方法，以增添效益，並降低風險：

- 降低風險，提升藥效。與妳的醫師討論，為了媽媽和寶寶好，能否在獲益最大的時間服用藥物（例如在夜晚吃感冒藥，這有助妳安睡）而進一步減少劑量，或降低風險（或可讓服藥期間儘量縮短，採最低的有效劑量）。
- 多問多溝通。不同醫療人員所開的處方（殁如，耳鼻喉科醫生為耳朵發炎開了抗生素，內科或精神科醫師開了抗憂鬱劑），都應和產科醫師諮詢過安全無虞。
- 提防藥物之間的交互作用。許多成藥都含有多種成分，以緩解多個症狀，其中可能會有些並不能在妊娠期間安全服用。舉例來說，以乙醯胺酚為主的止痛劑可能會混有安眠藥或去充血劑，或者，某些商品還會含有止咳劑。要查看有效成分表，確定所選商品僅含有醫師允許的成分。
- 要詢問可能的副作用，以及出現何種副作用時必須告知醫師。

搞懂抗生素

如草果用來對抗危險的細菌感染，抗生素真的是救命藥；但是它們也會被濫用或誤用，導致抗藥性感染。以下是抗生素的活用知識：

◆抗生素是為細菌性感染所開。它們對病毒感染並無作用，也不應用於病毒感染，例如像是感冒或流感。

◆有許多抗生素可在孕期安全使用，如果醫生因細菌感染開了抗生素（像是尿道感染）請不要猶豫。

◆按照醫生所說的方式和數量服用抗生素。不要跳過一劑，而且除非醫生有所指示，要把整個療程做完。

◆剩下的藥要丟棄，千萬不要把抗生素存起來留待下次生病再用。

◆只服用醫生開的抗生素，而且醫生知道妳已有孕在身。

◆如果服用抗生素，可考慮服用益生菌補充劑以補足益菌。試看看把服用時間錯開，別在抗生素後幾小時內吃益生菌。

用藥和哺育母乳

餵母乳的時候，是不是可以比懷孕時更放心服用成藥？好消息是大多數的藥品，不論是成藥還是處方藥，都適於母乳，對寶寶安全無虞。即使有什麼藥必須在餵母乳的時候暫且收起來，總是能找到替代品，也就是說通常不需為了用藥而放棄餵母乳。而且，別忘了：雖然媽媽吃什麼大概都會進到乳汁裡，最後寶寶吃到的總量僅是妳體內劑量的小小一部分而已。

依其典型用藥，大多數藥品看來都完全不會響影到哺餵母乳。這就包括一般的藥品例如像是：

- ◆乙醯酚胺（泰諾）
- ◆依布洛芬（Advil、Motrin）
- ◆制酸劑（Maalox、Mylanta、Turns）
- ◆輕瀉劑（ametamucil、Colace）
- ◆抗組織胺（例如像是Claritin；Benadryl也算安全，但可能造成寶寶嗜睡）

- ◆去充血劑（Afrin、Allegra等等）
- ◆支氣管擴張劑（Albuterol）
- ◆大多數的抗生素
- ◆大多數的抗酵母菌／抗黴菌用藥（Lotrimin、Mycelex、Diflucan、Monistat）
- ◆皮質類固醇（Prednisone）
- ◆甲狀腺用藥（Synthroid）
- ◆大多數的抗憂鬱劑
- ◆大多數的鎮定劑
- ◆大多數的慢性病用藥（例如用於氣喘、心臟病、高血壓、糖尿病等等的藥品）

有幾類用藥可能對於餵乳媽媽的乳汁供應和寶寶會有明顯傷害。例如某些乙種腎上腺阻斷劑、癲癇和痙攣用藥、癌症用藥、鋰鹽、麥角（用來治療偏頭痛）以及降血脂藥，哺餵母乳時都應束之高閣。

其他用藥，則是尚未得到共識，例如某幾類抗生素，或抗組織胺，或某幾類抗憂鬱劑。其他用藥可能安全，前提是謹慎且暫時地使用（例如剖腹產之後用來止痛的麻醉劑）。要確定和醫生或寶寶的小兒科大夫詢問過有關用藥安全的最新資訊。妳也可以在國家藥典的藥物與哺乳資料庫（LactMed）查詢，網址 toxnet.nlm.nih.gov（按 LactMed）、嬰兒風險中心網址：infantrisk.com 或母親風險中心網址：motherisk.org，查詢更多相關訊息，了解餵母乳的時候哪些藥品安全哪些不安全。

某些案例中，當媽媽要餵母乳的時候可以安全地暫時停用較不安全的藥品，而另一些案例中，或有可能找到更安全的替代。若是不過於授乳期的用藥只是需要短期使用，可以先暫停餵母乳，用擠奶器讓乳汁分泌保持暢旺，但把擠出奶水丟棄。或是算準用藥時間，剛好在餵乳之後或寶寶好好睡一大覺之前。

用藥和哺育母乳的狀況總結如下：餵母乳期間，不論吃什麼藥或考慮要用藥，都應確定醫生或孩子的小兒科醫師同意，任何藥草或者輔助療法補充劑都比照辦理。

讓藥物發揮最大效用

如果妳得依靠口服藥控制慢性病，妊娠期可能需要稍微調整用藥。比如說，如果妊娠初期，早上害喜現象十分嚴重，就得晚上就寢前服藥，如此早晨起床作嘔前體內就能夠累積足夠藥量，也就不會因為嘔吐而把大部分的藥都排出。如果有的藥需空腹服用（尤其是得要一早醒來先吃），卻因孕吐沒法達成，就得問醫生在服藥之前採用栓劑型式的止吐劑（像是Phenergan）。

另外還有些事妳必須牢記在心，醫生們也會十分在意：懷孕時，有的藥物會以不同方式代謝，因此懷了孩子以後，劑量未必正確。如果妳不確定現在用藥的份量是否適當，或是覺得因體重增加而需調整用藥，或是有種直覺，感受得到藥量不足（或是太多）的時候，都應告知醫生。

PART

5

妊娠併發症

當懷孕出現狀況時

面對妊娠喪失

CHAPTER

19

當懷孕出現狀況時

如果妳懷疑或是已被診斷出有妊娠併發症，
可查閱本章了解相關的症狀以及治療方式。
要是孕期進展順暢，
沒有發生任何併發症，
便可以跳過本章節（幸運的媽媽不用知道這些）。
大多數的婦女都能安渡妊娠直到分娩，
不會遇上併發症。
雖說知識就是力量，
平安無事時閱讀這些可能發生的情況
只會增添壓力，沒有好處。
跳過別讀，可免除無謂的憂慮。

妊娠併發症

本章僅描述比較常見的妊娠併發症，可是通常孕媽媽不會遇上此類狀況。只有診斷出併發症，或出現併發症的症狀，才需要繼續閱讀這個段落。如果有併發症，可將本章節的相關討論視為一般概論，這麼一來便能知道自己面臨的狀況；若想獲得更明確的建議，還是應該直接找醫師。當然還是應聽從醫生建議。

孕期的出血狀況

幸好在妊娠初期有過出血經驗的大部分孕婦都可以懷胎到足月，並且生下健康的小寶寶。不過，有時出血是表示發生比較嚴重的狀況——例如像是胎盤出問題、先兆性流產，或比較少見的子宮外孕。正因如此，如果發現出血或滲血，都應告知醫生。

妊娠初期階段，若有如下狀況應與醫生連絡：

◆ 淡粉紅、咖啡色或是深紅色滲血。通常並不需要擔心，不過還是要找醫生確認。可能是受精卵著床、性交或內診檢查之後子宮頸受到刺激、輕微陰部感染或其他無害的情況所造成（參考225頁）。

◆輕微至重度的鮮紅色滲血。往往這類滲血並不表示出了什麼況狀，不過總是要告知醫生。輕微至重度的紅色滲血可能表示子宮內膜出血（820頁）或先兆性流產（821頁）。

◆滲血（粉色、紅色或棕色）並且伴隨痙攣——立即和醫生聯絡。雖然這類症狀或許並不意味發生了什麼令人擔憂的狀況，一定要立即檢查確認，因為這些狀況有時會指出先兆性流產（821頁）或無可避免的流產（875頁）。醫生會想要檢查子宮頸是打開還是緊閉，也可能會用超音波檢查胎心音。

◆嚴重出血並痙攣：馬上通知醫生。有些孕婦會在妊娠初期大量出血——甚至還會痙攣——然而孕程正常進展。不過，妊娠初期發生出血並痙攣的孕婦當中，約有半數最後遇到流產。關於早期流產的更多資訊，參考875頁。

◆出血且下腹疼痛，觸痛、肩痛以及／或直腸受壓迫——馬上打電話（或叫救護車）。這些症狀指出子宮外孕（參考885頁）已破裂或即將破裂。

妊娠中期，若有以下現象請和醫生聯絡：

◆滲血（輕微出血）或嚴重出血（妊娠中期或後期）。馬上和醫生聯絡，因為妊娠中、後期出血的可能成因包括：前置胎盤（833頁）、胎盤剝離（834頁）、子宮內膜剝離，或如果超過20週的話就可能是早產（839頁）——這些狀況全都需要經過檢查，若有需要的話儘可能加以治療。雖然妊娠中、後期的滲血或出血並不一定表示發生嚴重問題，最好還是請醫生加以評估，以策安全。

◆大量出血夾雜血塊，併有痙攣。若是發生在妊娠中期，很不幸這些症狀通常表示不久之前已流產無法挽回了。晚期流產相關訊息請參考887頁。

絨毛膜下出血

何謂絨毛膜下出血？這是指血液蓄積在子宮內壁與絨毛膜（胎膜外層，緊鄰子宮）之間，或是積在胎盤底下，往往（但不全然）會造成明顯滲血或出血。

大多數狀況中，出現絨毛膜下出血的婦女可繼續擁有十分健康的妊娠。但如果（極罕見的案例中）胎盤底下的出血或栓塞變得太大則會造成問題，所有絨毛膜下出血的狀況都應受到監控。

普遍性？妊娠初期發生出血現象的孕婦，20%被診斷為是由於絨毛膜下出血造成。

徵兆與症狀？滲血或出血可能是個警訊，往往是在妊娠初期開始。但許多絨毛膜下出血的案例是在常規超音波檢查時發現，並無任何可見的徵兆或是症狀。

如何處理？如果發現滲血或出血，和醫生連絡；可能會做超音波檢查，看看是否真為絨毛膜下出血，出血範圍多大，以及積血的位置。

妳一定會想要知道……

懷孕初期偶爾痙攣大概是由於著床、正常的血量增加，或因為子宮長大而韌帶拉伸所致，並不是子宮外孕的徵兆。關於子宮外孕，詳見885頁。

先兆性流產

何謂先兆性流產？化表示有可能發生流產。通常（但非絕對）有一些陰道出血，有時還有腹部痙攣，但子宮頸仍保持緊閉而且可在超音波上看到胎兒心跳。

普遍性？每四名孕婦就有一人會在前幾個月當中稍有出血。

徵兆與症狀？先兆性流產的症狀包括了有：

◆ 孕期前20週期間，出現腹部痙攣但不一定伴隨出血，子宮頸依然緊閉。

◆ 孕期前20週期間，陰道出血但沒有痙攣，子宮頸依然緊閉。

如何處理？如果發生出血及／或痙攣，醫生首要做的就是骨盆檢查，看看子宮頸是打開還是關閉，並且估算出血量。可能會做超音波以檢查胎兒心跳。

醫生也可能會檢測血中 hCG，確定其濃度一直上升，指出仍然持續進行妊娠。也可能會驗血，檢查助孕素濃度。

依據這些檢測結果，醫生可能會要妳臥床休息（加上禁慾，參考865頁），而且，依據個別狀況，可能建議補充助孕素以幫助支持妊娠。

若檢驗顯示妳的子宮頸已打開，或超音波上見不到胎兒心跳，恐怕免不了要流產。更多流產的資訊參考第20章。

妳一定會想要知道……

被診斷為先兆流產的孕婦當中，大約有半數持續下去而能擁有極為健康的妊娠，生個健康寶寶。

稍等不遲

即使是健康妊娠，有時會因為還太早，而無法在超音波測得胎兒心跳或看到胚囊；或是超音波儀器不夠精密，而導致定出的週數不準。如果子宮頸依然緊閉，僅少量滲血，而且超音波看不出端霓，就會在一週後再做一次超音波檢查，弄清楚究竟發生什麼狀況。hCG濃度也要追蹤。重點是要切合實際狀況，不過也應抱持樂觀心態，證明妊娠狀況已無法繼續之前，千萬不要採取任何行動。

妊娠劇吐

什麼是妊娠劇吐？妊娠劇吐是指持續且消耗的極度妊娠噁心、嘔吐（典型的孕吐再怎麼厲害，也不可與此混淆）。早在妊娠初期就會發生，通常是在第9週被診斷出來），大概到了第12至16週之間開始緩和，但有些例子會在整個妊娠期間持續發作。

妊娠劇吐如果未經治療，會導致體重減輕（往往達到4.5公斤，或孕前體重的百分之5）、營養不良和脫水。要治療嚴重的妊娠劇吐，往往必須住院：主要是為了靜脈注射輸入液體並施加止吐劑，才能有效保障妳和寶寶的健康。

普遍性？妊娠劇吐的發生率約為百分之1到2。這個妊娠併發症比較常見於初次懷孕的媽媽、年輕母親、肥胖婦女、懷有多胞胎的婦女身上。過度情緒壓力（不是那種一般日常生活的壓力）、內分泌失衡（甲狀腺素濃度高）、缺乏維他命B也會造成妊娠劇吐。若上一胎發生過，之後懷孕更可能會遇到如此狀況。

徵兆與症狀？妊娠劇吐的症狀包括：

◆ 噁心和嘔吐出乎尋常地頻繁且嚴重（換句話

說，每天從早吐到晚）

- ◆吃東西都會吐，甚至連喝水也會
- ◆出現脫水的徵兆，像是排尿不頻繁，或尿液呈深黃色
- ◆體重減輕5%以上
- ◆嘔吐物帶血

如何處理？若孕吐十分嚴重，往往會開Diclegis（維生素B_6和Doxylamine合劑，後者即Unisom Seep Tabs裡所含的抗組織胺）。妳可以吃藥並且試看看那些用來對抗孕吐的自然療法，包括：薑、針灸和穴道按壓手環（參考214頁）。有些醫生會建議補充鎂劑（噴劑或口服），甚至Epsom鹽浴也有助於緩和狀況，可請教醫師這類選項。不過如果嘔吐情形持續不止，甚或體重大量減輕的話，醫護人員可能會評估是否需要打點滴或是住院，要是光靠Diclegis沒法止住，也可能開給妳止吐劑（例如Phenergan、Reglan或Scopolamine）。一旦能夠再度自行進食，應調整飲食，減少比較會引起嘔吐的油膩、辛辣食物，並且要避免會誘發嘔吐的任何氣味或口味。此外，嘗試在一天之中頻繁進用高醣、高蛋白的小量餐點，還得確保水分攝取適量。最好方法就是留意排出的尿液；深色就表示水分補充不足。

還有一件事別忘了，有此狀況的人可不少，即使妳認為一般孕婦所說的孕吐全都比不上妳的慘況。可洽詢HER基金會，網址helpher.org，可得到曾遭受同樣痛苦的女士同理互助。

妳一定會想要知道……

即使妊娠劇吐會讓妳慘不忍睹，卻不太會影響到寶寶。大部分的研究都顯示，不

論是否出現妊娠劇吐的現象，新生兒之間並無健康或發育方面的差異。

妊娠糖尿病

話何謂妊娠糖尿病？這是一種只在妊娠期間出現的糖尿病，使身體更抗拒胰島素（要靠胰島素這種荷爾蒙將血糖轉化成能量）。妊娠糖尿病通常是在第24週到第28週之間開始出現，因此會在約28週時實施例行的血糖檢測。不過，如果是懷孕時肥胖，可能更早出現狀況（或是妳患有沒被診斷出來的第二型糖尿病），因此醫生可能會建議更提早而且更頻繁進行篩檢。這個病症幾乎會在分娩過後消退，若患有妊娠糖尿病，產後須再檢查確定病情解除。

糖尿病如果能夠控制得宜，不論是懷孕後才出現抑或受孕前便已罹患，對胎兒或母體來說通常不具危險性。然而，要是聽任過量的糖分在母體血液中循環，並經由胎盤進入胎兒的循環系統，則會對母體和胎兒造成嚴重的潛在危機。孕婦患有妊娠糖尿病而未予以控制，可能會導致胎兒過大，造成分娩困難。同時還會引發子癇前症（參考826頁）以及死產。沒控制好病情也可能造成寶寶出生後出現狀況，像是黃疸、呼吸障礙以及低血糖。長大後，肥胖症和第二型糖尿病的風險也增加。研究也指出，孕婦所患早期的未經控制糖尿病（26週前）與孩子為自閉的可能性比較大。不過重點是要記得：得到所需協助讓血糖受到控制的孕婦就不受這些潛在不良作用影響。

普遍性？妊娠糖尿病相當常見，7～9%的孕婦受到波及。由於肥胖婦女比較容易發生，隨著美國的肥胖率上升，此症的發生率也跟著提高。年紀較長的準媽媽、家族中有其他人罹患糖尿病或妊娠糖尿病，更會出現妊娠糖尿病。美洲原住民、拉丁裔和非洲裔的風險也稍高。

徵兆和症狀？大多數患有妊娠糖尿病的人並無任何症狀，不過有少數可能會覺得：

- 不尋常的口渴
- 頻尿且尿量很多
- 倦怠（這和與妊娠的倦怠可能難以區分）
- 尿中含糖（例行產檢時檢測）

如何處理？約第28週時，會進行血糖篩檢（見448頁），如果有必要，還會做更仔細的三小時血糖耐受性檢驗。如果測出得到妊娠糖尿病，醫護人員可能會要妳採取特殊飲食（和本書「妊娠時期的飲食法」大同小異）並且建議要規律運動，並建議要讓體重增加不超過建議值，以保持糖尿病受到控制。也可能需要在家裡用血糖計或試紙檢驗血糖濃度。要是光靠飲食和運動無法控制血糖濃度（通常是可以的），恐怕就得補充胰島素。可採注射的方式，不過可使用metformin（或較不常見的口服藥glyburide），做為治療妊娠糖尿病時的另一個選擇。所幸，與妊娠糖尿病有關的潛在風險，幾乎都可藉著嚴謹的血糖控制予以排除，而這就有賴良好的醫療和自我照料才能竟功。

> **妳一定會想要知道……**
>
> 若妳的妊娠糖尿病控制得好，就不需要太擔心。妊娠進展會如期正常，而且寶寶不會受到影響。

可否預防？注意體重的增加（懷孕前、懷孕期間都是一樣），有助於預防妊娠糖尿病。良好的飲食習慣（攝取大量蔬果、精瘦蛋白質、豆類及全穀類，少吃糖類、精製穀類和馬鈴薯，還要有足夠的葉酸）以及定期運動（研究發現，做運動的肥胖婦女可以降低一半的妊娠糖尿病風險）。

別忘了，懷孕時患有妊娠糖尿病，會提高產後得到第二型糖尿病的風險。繼續健康的飲食方式，維持正常體重，而且更重要的是在寶寶出生後繼續運動，上述風險就可大為降低。餵孩子母乳也有幫助。專家說，哺餵母乳改善葡萄糖代謝以及胰島素敏感度，將接下來得到糖尿病的風險減半——餵的越久，風險變得越低。

子癇前症（妊娠高血壓）

何謂子癇前症？妳所謂子癇前症一般是在妊娠晚期發生（第20週之後），病徵是突發性的高血壓、往往會出現尿蛋白（但非絕對），以及可能的其他徵兆和症狀。患了此病可能會格外浮腫（尤其是手和臉），但單憑浮腫並不足以做出診斷（懷孕時浮腫完全算是正常現象）。妊娠高血壓就只有血壓上升，和子癇前症不同。

雖然確切原因不明（參考827頁表格），專家認為是因胎盤血管並未適當發育所致——比正常狹窄——限制通過的血量。通往胎盤的血流如此變化，導致母體高血壓以及水腫。而且因為胎盤並未適度發揮功能，無法夠快排除廢棄物，就在血中堆積，造成本應待在血裡的某些蛋白質滲入尿液。這就會損傷血管壁，導致血栓等變化，接下來又導致一大堆其他狀況

若未經治療，可能會發展成為子癇症，這就要嚴重得多了，還會出現癲癇（參考845頁）。子癇前症沒有照料好，也會造成許多其他妊娠併發症，像是早產或子宮內生長遲滯。

普遍性？約8%至10%的孕婦診斷出患有子癇前症。若是懷有多胞胎、超過四十歲，以及原本患有高血壓或糖尿病的孕婦，風險更高。如果有一胎出現此症，之後懷孕就有三分之一的機會遇上這種狀況。要是初次懷孕或在很早期就診查出已出現子癇前症，復發率還更高。

子癇前症的起因

沒人確切知道子癇前症的真正原因為何，不過已有幾個理論：

◆ 基因相關。研究人員提出這樣的假設，認為胎兒的基因組合可能是易於引發妊娠高血壓的其中一項因素。因此，母親或婆婆在懷妳和配偶期間，要是患有妊娠高血壓的話，那麼在妳懷孕期間就比較可能患病。專家表示，孕婦本身的基因構成也可能讓她比較容易得到此症。

◆ 血管缺陷。另有人認為，某些孕婦的血管可能有所缺陷，因而在妊娠期間使得血管收縮，而不是（一如尋常地）擴張開來。研究者據此推論，這麼一來，輸往諸如腎臟和肝臟等器官的血量便會減少，導致子癇前症發作。懷孕期間遇到子癇前症的婦女，之後罹患其他心血管疾病的風險也比較高，這現象似乎也指出此症是有些女性先天就有高血壓傾向所導致。

◆ 牙周病。和牙齦健康者比起來，患有嚴重牙周病的孕婦得到子癇前症的可能性倍增。專家的理論是說，引起牙周病的感染會來到胎盤，或生成會造成子癇前症的化學物質。不過，目前還不知道究竟是牙周病導致子癇前症，或只是稍有關聯而已。

◆ 對外來侵入者（胎兒）的一種免疫反應。這個理論是說母體會對胎兒和胎盤「過敏」，而這種「過敏」在母體身上所產生的反應會損傷其血液和血管。父母雙方的基因標示越像，越可能出現這種免疫反應。

徵兆和症狀？子癇前症的症狀可包括下列任何一項，或全部都會出現：

- ◆從來不曾有過高血壓的孕婦被檢查出血壓升高到 140/90 或更高。
- ◆尿蛋白。
- ◆嚴重頭痛，止痛藥也無法緩解。
- ◆上腹部疼痛。
- ◆視力模糊或疊影。
- ◆心跳快速。
- ◆尿量稀少且／或尿色深。
- ◆腎功能異常。
- ◆誇張的反射反應。
- ◆手和臉浮腫。
- ◆足踝嚴重浮腫而不會消退。
- ◆體重突然並非食量而過度增加。

如何處理？定期接受產前照護，是及早發現子癇前症的最好辦法（尿蛋白以及血壓上升，或是以上列出的症狀，會讓醫生提高警覺）。小心注意是否有這些症狀（發現的話就要通知醫護人員）也有所助益，如果孕前就有高血壓病史、妊娠期間出現高血壓，或者本來有糖尿病或妊娠糖尿病，更需提防。

75%的病人都屬輕微發作。不過，要是沒診斷出來或未經適當治療，即使輕微也可能進展成重度。嚴重的子癇前症，血壓會持續飆高，若是沒能適當處理，會導致器官損傷以其他嚴重併發症。

如果被診斷出輕微的子癇前症，醫生可能會建議定期驗血驗尿（評估血小板數、肝酵素、腎功能、尿蛋白濃度），檢查是否繼續惡化，妊娠後期每天要算胎動（不論如何都建議這麼做，參考479頁），監控血壓、改變飲食（包括要吃更多蛋白質、水果、低脂乳品以及健康油脂，並且少鹽，還要大量飲水）。可能會要求在家臥床休息，甚至提早接生（越接近37週越好）。

若是病況嚴重，大多需要住院治療，密切監控胎兒（包括非壓力測試以及超音波，以檢查胎兒的健康及發育情形），用藥降血壓，硫酸鎂（具抗痙攣效果的電解質，有助於避免發展成子癇症），還有提早分娩——要是情況穩定的話要到第34週。若變得不穩定，醫生可能會給皮質類固醇以加速胎兒肺部成熟，即刻分娩，不去管週齡。

請記得，雖然子癇前症可小心維持，根本痊癒的方法是要把孩子生下來。好在有97%的患者能夠完全復原，在生產後很快就回歸正常血壓。即便如此，有子癇前症病史的婦女在之後中風、血栓和心臟病發作的風險較高，因此妳要確定持續健康習慣——吃得好、做運動、不抽菸等等——孩子出生後還要接受良好醫療照護並且追踪病況。

妳一定會想要知道……

幸好，接受定期醫療照護的孕婦，大多會在早期就發現子癇前症，並能成功處置。在適當且即時的醫療照護之下，快足月時才出現子癇前症的孕婦，妊娠結果幾乎都很成功，和血壓正常的孕婦相同。

可否預防？研究顯示，對高危險群婦女而言，在妊娠期間服用阿斯匹靈或其他抗凝血劑可降低風險。因此建議具子癇前症高風除但沒有出現症狀的孕婦，懷孕過了第12週之後每天服用低劑量阿斯匹靈（每天81毫克）。

以健康的體重懷上孩子，可降低子癇前症風險。有些研究也顯示良好的營養——包括適量攝取維生素及礦物質（尤其是鎂）——可減少風險，規律運動以及適切的口腔保健也是一樣。有個出乎想像的方法可避免子癇前症：妊娠後半程定期食用黑巧克力。

✿HELLP 症候群

何謂 HELLP 症候群？和子癇前症一樣，HELLP 是一種與血壓有關的重大妊娠併發症。它可能單獨存在，也可能合併有子癇前症，幾乎都是在妊娠後期出現。HELLP 分別代表的是：溶血現象（H），紅血球太快被破壞造成其數目減少；肝酵素升高（EL），指的是肝功能不良並且無法有效處理身體的毒素；以及血小板數值偏低（LP），使得血液很難凝集。

若發生 HELLP 症候群，母子的生命都會有危險。若是未能正確診斷並快速治療，孕婦約有四分之一的機會得到嚴重併發症，主要是廣泛的肝臟損害或是中風。

普遍性？美國每年有大概 50000 名孕婦得到 HELLP，子癇前症或子癇症孕婦的風險較高（約10％至20％也得到 HELLP），上一胎曾出現過的話這次懷孕也比較容易得。

徵兆和症狀？HELLP 症候群的症狀十分模糊，包括（在妊娠後期）：

- 噁心
- 嘔吐
- 頭痛
- 渾身不適

◆腹部右上方或胸部還會出現嚴重的觸痛和疼痛

◆病毒類的病徵

進行血液檢驗，則會發現血小板數量偏低、肝酵素升高、以及溶血現象（紅血球分解）。罹患HELLP孕婦的肝功能會快速轉壞，所以予以治療是生死攸關的。

如何處理？HELLP症候群唯一有效的治療法是把孩子生下來，妳可以做的就是仔細留意其症狀（尤其是已患子癇前症或為其高風險者），並儘速通知醫護人員。如果出現HELLP症候群，也可能拿到類固醇（治療病症，並協助讓寶寶的肺臟成熟）和硫酸鎂（防範癲癇發作）。

可否預防？在先前的妊娠中罹患過HELLP症候群的婦女，可能會再度發作，所以在後續的任何一次懷孕，予以嚴密監控是絕不可少的。採取預防、治療子癇前症的相同步驟（參考828頁），也有助於避免HELLP復發。

子宮內胎兒成長遲滯（IUGR）

何謂子宮內胎兒成長遲滯？在是指妊娠期間寶寶比一般還小。如果寶寶的體重小於其週數的後百分之十，就被診斷為子宮內胎兒成長遲滯。若胎盤不健全或其血流供應受阻，或是母體的營養、健康或生活型態致使胎兒無法健康地發育，就可能出現子宮內胎兒成長遲滯。

患有IUGR的胎兒往往出生時體重過輕——即新生兒不足妊娠年齡（SGA）。但不是每位SGA新生兒都出現IUGR。有些只是因為遺傳使然，寶寶生下來比平均嬌小。

IUGR可分成兩類：對稱型的寶寶身體各個部位都按比例小一號，而非對稱型的寶寶頭和腦部尺寸正常但身體其他部位較小。

普遍性？約占所有妊娠的10％。更常見於初產婦、生育第五胎以及後續胎次、十七歲以下或三十五歲以上、之前曾生出體重過輕的嬰兒，以及出現胎盤問題或子宮異常的孕婦。懷了多胞胎也是風險之一，不過這可能是子宮內太過擁擠所造成（子宮很難放得下一個以上三千公克的胎兒）。

✿ 妳一定會想要知道……

上一胎的嬰兒若是出生體重過低，再出現同樣狀況的機率僅適度增加；而且統計資料結果顯示之後再懷的寶寶其實比較可能會比上回再更重一些。如果妳的第一胎患有子宮內生長遲滯，這回要注意控制所有的可能成因，降低風險。

徵兆和症狀？出乎意料，懷胎的外觀過小和胎兒的成長是否受限並無關聯。事實上，準媽媽要得知胎兒並未如常成長的明顯症狀少之又少。通常是在產檢時才會發現這個問題，醫護人員衡量子宮底的高度（由恥骨到子宮頂端的距離），發現其測得結果相對於胎兒週數顯得太小。超音波檢查也會偵測到寶寶的發育要比其妊娠週數所應有的狀況慢。

如何處理？寶寶的健康是否良好，出生體重是最佳指標之一，因此新生兒若是患有子宮內成長遲滯，會出現一些健康問題，包括像是難以維持正常體溫，或者不易對抗感染。因此早期發現十分要緊，可設法提升寶寶出生時的整體健康狀況。根據其可能導因，有許許多多的方法可以嘗試，包括：住院臥床休息；必要的話，則採靜脈注射的餵食方式；利用藥物來改善胎盤的血液輸流，或針對造成胎兒成長遲滯的問題所在加以矯正。萬一子宮內的環境非常惡劣，無力加以改善，而且胎兒的肺臟已經成熟，便會立即將胎兒娩出，讓它開始在較健康的環境中展開新生活。

妳一定會想要知道……

出生時較其週數小的寶寶，超過90％適應良好，幾年之間就可以趕上其他孩子。

可否預防？如最佳營養供應、去除風險因子，可大幅增加胎兒正常發育成長的機會，出生體重也會趨近正常。有些母體的身體狀況可能不利胎兒成長（像是慢性高血壓、抽菸、喝酒，或吸食毒品），應加以控制，有助於避免子宮內胎兒成長遲滯。良好產前照護也可以將風險減到最低，優質飲食、體重增加符合建議值、儘量減少身體勞累以及過度心理壓力（長期缺乏休息也算），也都能有所助益。幸好，即便所採行的防範措施和治療手段都未能奏效，致使寶寶的出生體重低於正常值，多虧新生兒照護已有長足進步，寶寶得以平安無恙的機會越來越見提高。

前置胎盤

何謂前置胎盤？當胎盤附著於子宮的下半部，完全遮蓋住、局部遮蓋住、或觸碰到子宮頸口的邊緣時，便稱為前置胎盤。在妊娠初期，胎盤低置的情形相當普遍，可是隨著妊娠的進展和子宮的膨脹，胎盤位置通常會向上移，讓出子宮頸口。若沒有向上移，並部分蓋住子宮頸口，稱之為部分性前置胎盤；如果完全蓋住子宮頸，則是完全性前置胎盤。兩種情況都會阻礙寶寶進入產道，而無法自然產，還可能引發妊娠末期以及

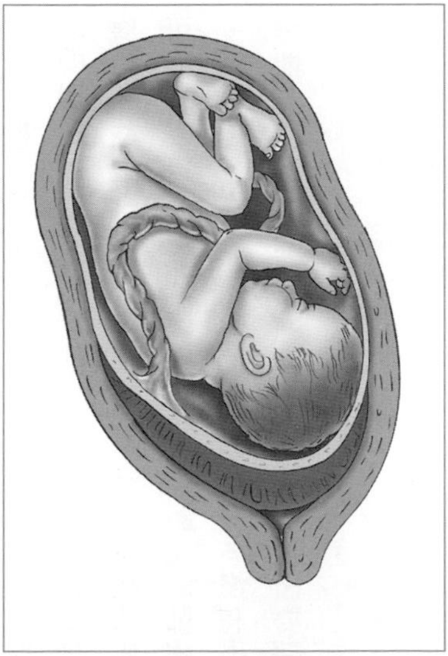

分娩時出血。胎盤的位置越是靠近子宮頸，出血機會越大。

普遍性？前置胎盤的發生率約為兩百分之一，年紀超過30歲以及不滿20歲的孕婦較常遇到，懷孕過、或曾做過子宮手術（剖腹產、或流產後的刮除術）也比較容易發生。吸菸、懷有多胞胎，也會提高前置胎盤的風險。

徵兆和症狀？前置胎盤最常在做妊娠中期的常規超音波檢查時發現，而不是因其症狀而被診查出來（雖說妊娠後期之前，前置胎盤並不會造成問題）。有時，到了妊娠後期，會因為鮮紅色的出血而被查知。通常，出血是唯一的症狀，且不會伴隨疼痛。

如何處理？如果沒有出血，也沒有胎盤早期剝離的徵兆（參考834頁），在妊娠後期之前，都無須處理，到時候大多數的早期前置胎盤現象已經自行修正。要是沒有任何出血現象，即使被診斷為前置胎盤，也不需治療。如果出現和前置胎盤有關的出血，醫護人員可能會要妳臥床休息（禁止行房），並嚴密的監控。如果早產似乎無法避免，可能會予以注射類固醇，以加速胎兒的肺臟成熟。就算是並沒有造成任何孕期狀況（沒有出血，也能安然懷胎到足月），分娩時還是需要採剖腹產。

妳一定會想要知道……

前置胎盤被認為是妊娠後期最為常見的出血原因。大部分都可以及早發現及早處理，用剖腹產的方式將胎兒娩出（約75%的病例是在陣痛還沒開始前就施行剖腹產）。

胎盤早期剝離

何謂胎盤早期剝離？這是指妊娠期間胎盤

（寶寶的支持系統）提前與子宮壁分離，而沒有等到生產後。如果分離情況輕微，只要能立即治療並採取適當措施，通常對母親或胎兒的危害很少。若是分離嚴重，寶寶的風險就相當高了。因為胎盤與子宮壁完全分離，就表示寶寶不再能夠得到氧氣與養分。

普遍性？胎盤早期剝離的發生率不到1％，幾乎都是發生在孕期後半，尤其是妊娠後期。任何人都可能發生胎盤早期剝離，但有下列情況的孕婦比較容易遇上，包括：之前曾有胎盤早期剝離病史，體質容易有血栓、懷有多胞胎、或患有妊娠糖尿病、子癇前症或其他妊娠期間的高血壓。抽菸或用古柯鹼的孕婦更常遇到。臍帶過短或因意外所引起的創傷，有時也是造成剝離的起因。

徵兆和症狀？胎盤早期剝離的症狀依據剝離的嚴重程度而定，但通常會包括：

◆出血（可多可少，可能含有血塊也可能沒有）。

◆腹部絞痛或輕微疼痛。

◆子宮觸痛。

◆背部或腹部疼痛。

如何處理？如果妊娠後期出現腹痛伴隨出血，應立即通知醫護人員。除了這些狀況，還要測胎兒窘迫（非壓力測試以及壓力測試，參考572頁），都有助於診斷，並決定該如何處置，超音波也有所助益，但僅約25％的病例可經由超音波檢查看出。

如果判定胎盤只是輕微剝離，但沒有完全分開，而且胎兒的生命徵象也沒有異樣，可能僅需臥床休息。要是出血持續，可能需要靜脈輸液，醫師也可能用類固醇加速胎兒肺臟成熟，以便需要時提早分娩。若出血一直都在控制之下，寶寶也沒有顯現出受窘迫情形，或許能夠自然產。如果出現嚴重剝離或是持續惡化，唯一的治療方法是把寶寶生出來，通常是採剖腹產。

✿ 絨毛膜羊膜炎

何謂絨毛膜羊膜炎？這是指保護胎兒的羊膜和羊水受到常見的細菌感染，像是大腸桿菌或B型鏈球菌（妳可能會在第36週左右接受檢測）。這項感染被認為是引發早期破水和早產的最大元凶。

普遍性？發生率約1～2%。出現胎盤早期剝離的孕婦，患有絨毛膜羊膜炎的風險會升高，因為羊膜囊破裂後，陰道的細菌可以滲入其內。第一次懷孕時發生感染的婦女，更容易在後續胎次發作。

徵兆和症狀？絨毛膜羊膜炎的診斷十分不易，因為並沒有簡單的測試得以證實遭受感染。絨毛膜羊膜炎的症狀包括：

- ◆發燒。
- ◆子宮觸痛。
- ◆母親和胎兒的心跳都加快。
- ◆羊水滲漏、發出惡臭（如果羊膜已破損）。
- ◆氣味難聞的陰道分泌物（如果羊膜並未破損）。
- ◆白血球數量增加（這是身體正在對抗感染的徵兆）。

如何處理？如果發現羊水滲漏，不管是多麼輕微，或是有發臭的分泌物，或是上述的任何症狀，一定要和醫生聯絡。若是診斷為絨毛膜羊膜炎，可能會開立抗生素以消除細菌，而且要立刻分娩。孩子出生後，母親和嬰兒都要投以抗生素，確保之後不會有進一步感染。

羊水過少

何謂羊水過少？這是指包圍胎兒並提供緩衝的羊水太少。通常發生在妊娠後期的後段，但也可能在妊娠早期出現。雖然被診斷為羊水過少的孕婦大多數可擁有完全正常的妊娠。若是提供胎兒漂浮的液體過少，會有臍帶壓縮的風險。通常發生羊水過少是因為做羊膜穿刺後羊膜囊的開滲漏，或孕期任何階段突發性的羊水滲漏（量很微小，未必會注意到）。羊水過少也可能表示胎兒出現問題，例如胎兒生長遲緩或腎臟或泌尿道發生狀況（寶寶通常會尿在羊水裡，若沒有尿的話羊水不足就會是第一個警訊）。

普遍性？約4%的孕婦被診斷為羊水過少，但超過預產期的（到了42週）則攀升至12%。

徵兆和症狀？除了子宮衡量起來要比正常情形小，還有透過超音波檢查得知羊水體積減少，母體並不會有任何症狀。也可能發現胎動減少，或是胎兒心跳速率突然降低。

如何處理？被診斷為羊水過少時，可能需要大量休息、大量飲水。並將嚴密監控羊水量。要是羊水過少到了一個程度，會危及胎兒健康，醫生可能會選擇進行引產。若羊水量太少是由於胎兒的尿道出現問題，或許可進行胎兒手術矯正。

羊水過多

何謂羊水過多？當圍繞胎兒的羊水太多，就會造成此狀況。大部分的羊水過多都是輕微而短暫的，只是羊水分泌的正常均衡暫時有所變化所致，任何多出的液體很容易就再被吸收回去而不需治療。

若羊水蓄積十分嚴重（極為罕見），可能表示寶寶出現問題，例如像是中樞神經系統或腸胃道缺陷，或無法吞嚥（胎兒通常會吞下羊水）。羊水過多可能會使得此次妊娠遇上提早破水、早產、胎盤提早剝離、臀位產，或臍帶脫垂等風險。

普遍性？羊水過多約發生於1%的妊娠當中。懷有多胞胎或胎兒出現異常，比較會發生。母親有糖尿病而未經治療，或出現妊娠糖尿病，也會有所影響。

徵兆和症狀？羊水過多往往一點症狀也沒有，不過有些孕婦會覺得：

- 難以感受胎動（因為緩衝太多了）
- 腹部或胸部不適（因為過大的子宮壓迫腹部器官及胸腔壁）

羊水過多通常會在做產前檢查的時候發現，測得子宮的高度（由恥骨至子宮頂的距離）要比平常來的更大，或是用超音波測量羊膜內液體容積時發現。

如何處理？除非羊水蓄積嚴重，不然無需做任何處置，只要按時產檢就好了，醫生會用超音波持續監控（或許每週一次）。若是狀況比較嚴重，可能會建議實施所謂的治療性羊膜穿刺，從羊膜中抽出液體減少其份量。由過臍帶脫垂的風險增加，如果在陣痛之前破水，要立刻通知醫護人員。

未足月的早期破水（PPROM）

何謂未足月的早期破水？這這是指妊娠37週以前，子宮內胎兒安身的羊膜破裂，而此時胎兒仍未成熟。未足月早期破水的主要風險在於早產，其他風險則包括羊水感染還有臍帶脫垂或壓迫。（如果早期破水發生在37週以後，可是還沒有陣痛，請參考571頁的討論。）

普遍性？未足月早期破水發生率少於3%。風險最高的是在妊娠期抽菸的孕婦、患有性傳染病、慢性陰道出血或胎盤提早剝離，之前曾遇過早期破水、患有細菌性陰道炎，或懷了多胞胎。

徵兆和症狀？徵兆就是從陰道漏出或湧出液體。判斷漏出的是羊水還是尿液的方法是用聞的：如果有阿摩尼亞味，大概是尿；如果聞起來有點甜甜的，可能是羊水（除非羊水受到感染，那就會很難聞）。如果懷疑羊水滲出，為保險起見要通知醫護人員。

如何處理？如果是過了第34週才發生羊膜破裂，可能會進行催生。如果太早，寶寶難以安全出生，有可能得待在醫院安胎，並給抗生素以化解感染，還有類固醇讓胎兒肺部儘早成熟能夠安全產出。子宮如果開始收縮，但是醫生判定胎兒未臻成熟而不能分娩，這時便會施用藥物讓子宮停止收縮。

罕見的狀況中，羊膜破裂會自行痊癒，羊水漏出也會自行停止。這樣的話，準媽媽便能返家，恢復正常的生活作息，不過依然要留意日後有無羊水漏出的現象。

妳一定會想要知道……

只要能迅速而正確地診斷出未足月早期破水並加以治療，可望母嬰均安。早產的話，寶寶可能得在新生兒加護病房或觀察室待一段時間。

早產

何謂早產？於妊娠第20週到第37週之間開始陣痛，就被視為早產。

普遍性？早產是相當常見的問題，在美國約有12%的寶寶屬於早產兒。

雖然沒人能確定早產原因，專家指出許多與早產有關的風險因素（參考049頁列表）。請記住，具有一或多個這些危險因子，並不表示妳一定會發生早產——而且沒有危險因子並不表示妳不會遇上。事實上，早產婦女之中至少半數毫無已知風險。

徵兆和症狀？早產的徵兆可包括下列幾項或全部：

- 像月經來潮的腹部絞痛。
- 規律子宮收縮，越來越強且越來越急，即使換個姿勢亦然。
- 背部有壓迫感。
- 骨盆有不尋常的壓力感。
- 陰道出現帶血的分泌物。
- 破水。
- 用超音波測得子宮頸變化（變薄、張開，或是縮短）。

如何處理？只要寶寶能在子宮裡多待一天，都能提升存活率和健康，主要目標在於儘可能拖延陣痛分娩。不幸，往往並沒有什麼做法可以阻止早產。之前的常規建議（臥床休息、補充水分、監控子宮動靜）似乎根本不能阻止或避免子宮收縮，然而許多醫生依然會做此指示。若之前一胎是早產，或子宮頸短而且並不是懷多胞胎，在立刻生產之前會用助孕素補充劑。醫生也可能會給予抗生素（若培養結果是陽性；參考543頁）或tocolytics（可暫時止住收縮，該醫生有時間施加類固醇，幫助胎兒肺臟更快成熟，以便不得不早產時，寶寶可以更健康。如果醫護人員判斷妊娠狀況繼續下去對妳和寶寶所承受的風險要大過早產的風險，就不會費心拖延。

妳一定會想要知道……

早產的小寶寶可能需要在新生兒加護病房待一陣子，幾天到幾週都有可能，有時甚至要待上好幾個月。雖然已知早產會有生長較慢以及發育遲緩的問題，大多數提早來世間報到的嬰兒都能迎頭趕上，而且並無任何持續不退的問題。這都得感謝醫療的進步，即使早產，但大都能抱回正常、健康的寶寶。

可否預防？並非所有早產都得以避免，因為不是所有早產都肇因於可以防範的風險因素。不過，以下方法都可以降低早產風險，同時讓妳擁有最健康的妊娠，包括：

- 懷孕前就要攝取葉酸或孕前補充劑
- 可能的話，間隔至少18個月再懷孕
- 受孕前取得理想體重
- 懷孕前良好牙醫照護
- 接受早期產前照護
- 注意飲食
- 如果之前曾遇過早產（但並非懷了多胞胎），從妊娠第16週開始一直到36週，每週接受一劑助孕劑
- 若有需要的話，進行感染檢測，測細菌性陰道炎和泌尿道感染
- 嚴守醫生指示的活動限制（工作、或臥床）
- 避免抽菸、喝酒、古柯鹼和其他非經醫生處方的藥品

幸好，有早產跡象的孕婦裡有80％可安全足月產。

預知早產

即便是早產高危險群的孕婦，大部分都能懷胎到足月。有一個方法可以預知是否會早產，那就是檢查子宮頸或陰道分泌物中的胎兒纖維腺元物質（fFN）。研究顯示，有些 fFN 測試呈陽性的孕婦，很有機會在測試的一到兩週內早產。然而，這項測試更適合用來診斷出誰沒有早產風險（測不出 fFN），而不能準確測知哪位孕婦是有早產風險。若測出 fFN，便應該採取措施來降低早產的可能性。如今這項測試已很容易取得，但通常只保留給高危險群孕婦使用。如果未被認定為早產高危險群，那就沒有必要做 fFN 檢驗。

另一個篩檢方法是子宮頸長度。藉由超音波，可測出子宮頸長度，而且如果有跡象顯示子宮項逐漸變短、張開。子宮頸短的話早產風險增加，如果妊娠早期出現的話更是如此。

雖然尚未推廣普及，也有一種血液檢驗能夠有助於預測早產（請教妳的醫師相關詳情）。

恥骨聯合功能失調（Symphysis pubis dysfunction）

何謂恥骨聯合功能失調？這這是指保持恥骨對正的韌帶變得太鬆弛，而且在生產之前太早伸展開來（隨著生產日近，身體關節都會變得鬆鬆的）而導致骨盆的關節（即恥骨聯合）不夠穩固，造成中至重度的疼痛。若恥骨聯合變得僵硬不能正常活動也會疼痛，並刺激其他關節。

普遍性？被診斷為恥骨聯合功能失調的發生率約為 1/300，雖然有些專家認為有超過 2％的孕婦會遇到這個困擾（但是並沒有全部被診斷出來）。

徵兆和症狀？最常見的症狀是惱人疼痛（就好像骨盆要裂成兩半了），還有行走困難。通常，疼痛是集中在恥骨區域，但有些女性身上會散開到大腿上部以及會陰部。走路還有承受重量的時候，痛感更烈，尤其是要舉起一隻腳的動作，像是爬樓梯、穿衣服、上車下車，甚至是在床上翻個身。極少見的例子裡，恥骨聯合會張開，這狀況稱之為恥骨分離，這會導致骨盆、鼠蹊、後腰和臀部更加疼痛。

如何處理？為避免病情惡化，要限制受力的姿勢，並儘量減少任何抬腿或雙腳打開的活動，如果非常不舒服就別走路（有的醫生甚至會建議臥床，好讓疼痛不再惡化）。可試著穿載骨盆支撐帶協助穩定鬆弛的韌帶，會把骨頭「束起來」回歸原位。凱格爾運動和骨盆傾斜運動可協助強化骨盆肌肉。如果疼痛很嚴重，可請醫護人員開些止痛劑，或尋求輔助及另類療法，像是針灸或整脊。

極少見的情況中，恥骨聯合功能失調會使得孕婦無法進行自然產，醫護人員會傾向於改採剖腹產。更難得一見的例子裡，恥骨聯合功能失調會在生產後更惡化，需要動手術。不過，大部分的媽媽只要把孩子生下來，身體停止分泌和韌帶放鬆有關的荷爾蒙，韌帶就會恢復正常。

臍帶打結和糾纏

何謂臍帶打結和糾纏？臍帶有時候會打結，或把胎兒糾纏、捆綁起來，經常發生於頸部（此時稱之為臍帶繞頸）。有些結是在分娩期間形成；有的則是孕期當中胎兒動來動去所致。只要結一直是鬆鬆的，就不會引發任何問題，但是如果結收緊了，會阻礙由胎盤到胎兒的血液供輸，而造成缺氧。這種情狀很少出現，最有可能是在寶寶穿過產道，在出生的過程中發生。

普遍性？臍帶打結發生的機率約是百分之

一，但是僅兩千分之一的嬰兒在分娩時會讓結繞得太緊造成困擾。而常見的臍帶繞頸，發生率高達四分之一，但很少會對胎兒構成威脅。臍帶長的寶寶，還有比其月齡大的，打結的風險較大。研究學者認為，營養缺乏影響到臍帶的構造和保護層，或是其他風險因素，例如抽菸或濫用禁藥、懷了多胞胎，或羊水過少，可能會使臍帶打結的機率提高。

研究人員猜測，營養不良會損及臍帶結構以及防護層，或其他危險因子，例如像是懷有多胞胎、羊膜積水，或抽菸用禁藥可能會讓孕婦更容易遇到嚴重的臍帶打結狀況。

徵兆和症狀？臍帶打結最常見的徵兆，就是37週以後胎動顯著減少。要是打結發生於陣痛階段，胎兒監測儀可測到異常的心跳速率。

如何處理？妳可以留意胎兒狀況，尤其到了妊娠後期，只要簡單計算胎動的次數，一發現胎兒活動有任何變化都要通知醫護人員。如果鬆結在分娩時逐漸收緊，醫護人員會測到寶寶的心跳速率遽降，會立即做出適當決定，確保胎兒安全的來到這世上。立即分娩往往是最佳抉擇，而且通常是採行剖腹產。

單一臍動脈（Two-vessel cord）

何謂單一臍動脈？正正常的臍帶內，有三條血管：一是靜脈（將營養素和氧氣帶給胎兒），還有兩條動脈（將胎兒的廢棄物送回胎盤並流回母體的血液中）。但是在某些例子裡，臍帶僅含有兩條血管：一條靜脈，一條動脈。

普遍性？臍帶僅有兩條血管的發生率，若是單胞胎妊娠為1%，而多胞胎則為5%；而白人、超過四十歲、懷多胞胎，以及患有糖尿病的孕婦風險較大。女嬰要比男嬰更可能出現單一臍動脈的情況。

徵兆和症狀？並無明顯徵兆或是症狀，超音波檢查時可偵測到。

如何處理？若是發現臍帶僅有兩條血管，要更加嚴密監控妊娠狀況，因為這種現象會使得胎兒發育不良的風險略微升高。不過，若沒有其他異常狀況，兩條血管的臍帶並不會危及妊娠。寶寶幾乎可以健康地生下來，孕媽媽要先寬心別擔憂。

不尋常地妊娠併發症

下列妊娠併發症大都非常罕見，罹患的機率微乎其微。再次強調，且容我一再提醒，除非有所必要，才來閱讀這一章，即使如此，也只需閱讀適用自己的部分即可。在妊娠期間，萬一被診斷出來患有其中一項的併發症，可利用這裡所提供的資料，認識該項疾病和治療方法（以及在未來的妊娠中如何防範），不過醫師所採用的治療策略可能和此處敘述有所差異。

子癲症

何謂子癇症？子癲前症若未能控制或無法緩

解，就會發展成子癲症（參考826頁）。依據發作時母體所處的妊娠階段，胎兒可能面臨早產風險，因為往往唯一治療法就是把孩子生下來。雖然子癲症對媽媽來說足以致命，在美國因而導致母體死亡的案例少之又少。適切治療並且細心追踪，得到此症的婦女大多能夠在分娩後回復健康。

普遍性？子癲症要比子癲前症要少見得多，2000至3000次妊娠僅發生1次，通常是沒能接受定期產前檢查的孕婦身上。

徵兆和症狀？子癲症一定會先出現子癲前症。最為明顯的症狀是癲癇發作——通常是即將分娩或正在分娩期間。癲癇發作也會在產後出現，多半是在48小時內發作。

如何處理？如果開始癲癇發作，就會給妳氧氣和藥物以中止，而且會在情況穩定的時候引產或剖腹產。發生子癲症的產婦大多會在產後恢復正常，不過還是需要小心追踪，確定血壓不會一直，還有痙攣並未持續出現。

是否可預防？定期產檢有助於確保早期發現子癲前症的症狀。如果診查出妳患有子癲前症，醫生會小心留意妳的狀況（還有血壓），確保病況不會演進成為子癲症。採取步驟試著避免子癲前症，也有助於避免子癲症。

膽汁滯留

何謂膽汁滯留？妊娠期的膽汁滯留情況，是指膽囊內的膽汁正常流動變慢（妊娠荷爾蒙所致），造成肝臟內的膽酸累積，又接著溢入血流中。膽汁滯留最常在妊娠後期發生，因為此時妊娠荷爾蒙的濃度最高。幸好，通常會在生產後消失。

膽汁滯留可能會增加胎兒窘迫、早產或胎死腹中的風險，因此早期診斷早期治療十分重要。

普遍性？每一千次的懷孕，約有1～2人罹患膽汁滯留。比較常見於懷有多胞胎、之前肝臟受傷以及母親或姊妹有此病史的婦女。

徵兆和症狀？往往，唯一引人注意的症狀是嚴重發癢，尤其是手腳，通常出現在妊娠晚期。這種癢不可和皮膚乾燥、拉伸的搔癢混為一談，後者在妊娠期間十分常見而且絕對正常。

如何處理？妊娠期膽汁滯留的治療目標，在於緩和發癢並避免妊娠併發症。可用局部止癢藥、乳液或類固醇治療發癢，有時會用藥協助減少膽酸濃度。若膽汁滯留的狀況會危及母親或胎兒，或許需要提早生產。

深部靜脈栓塞

何謂深部靜脈栓塞？這是指深部靜脈中有血栓形成。這些血栓通常出現在下肢，尤其是大腿。婦女在妊娠、分娩時，特別是產後期間，更容易出現血栓。深部靜脈栓塞的發生是因為大自然很有智慧，擔心分娩時會出血過多，因而提升血液的凝結功能——但有時這樣的功能卻發揮過頭了。另一原因可歸咎於膨脹的子宮，使得下半身的血液難以回流至心臟所造成。如果不予以治療，會導致血栓移往肺部，對患者的生命造成威脅。

普遍性？深部靜脈栓塞的出現率大約五百分之一至兩千分之一（也可能在產後出現）。若是年齡較大、肥胖、缺乏活動、抽菸、自己或家族有血栓病史，或有高血壓、糖尿病，或包括血管疾病在內的各種其他病況，更容易發作。長期臥床而少活動，也會讓妳處於高風險，還有長途搭機也會。

徵兆和症狀？深部靜脈栓塞最為最見的症狀包括有：

- 腿部會有沉重感或疼痛

◆小腿或大腿會觸痛
◆浮腫（程度由輕微到嚴重不等）
◆表層靜脈膨脹
◆足部彎曲時（腳趾朝臉的方向彎曲）小腿會疼痛

如果血栓已移到肺臟（肺栓塞），症狀可能是：

◆胸部疼痛
◆喘不過氣
◆咳嗽且有泡沫狀、帶血絲的痰
◆心跳和呼吸加速
◆嘴唇和指尖發青
◆發燒

如何處理？如果之前的妊娠曾經被診斷出患有深部靜脈栓塞，或任何種類的血栓疾病，要讓醫護人員了解。此外，妊娠期間只要發現僅僅單邊的腳部腫脹、疼痛，應該立刻和醫護人員聯絡。

可用超音波診查出腿部血栓，專門的掃描（通氣-灌注）或電腦斷層（CT）檢查，也都能診出肺部栓塞。如果發現真的出現血栓，可能會用肝素讓血液變稀薄，避免進一步形成血栓（不過快生產時可能需要停止使用肝素，以防生產期間出血過量）。這段期間都會監控妳的凝血能力。

可否預防？保持血流暢通：要有足夠運動，避免長時間久坐，就有助於避免血栓。若要搭機，每隔一、兩小時起身走動，坐著也要動動腳踝。長途搭車也應經常停下來伸展。如果是屬於高危險群，可以穿著彈性襪，以防腿部生成血栓。要是被要求臥床休息，就得採取必要步驟減少風險（參考869頁的建議）。

癌症與妊娠

懷孕令人歡欣，罹癌帶來挑戰，有時這兩件事會恰好同時發生。不管妳是在發現懷孕之前就已面臨癌症病況，或受孕後才診查出癌症，有好多資訊需要搜集，並且和產前照護團隊和癌症治療團隊兩方面一起做決定。

妊娠期的癌症治療，必須小心協調求取平衡，一方面要讓母親得到最佳療效，一方面要限制任何可能對胎兒的危害。所用治療方式會考量眾多因素：孕期已進展多久、所患癌症的種類、癌症的分期，當然還有個人選擇。妳可能會面臨抉擇，究竟是要追求自己的幸福健康，還是要為胎兒著想；這些決定左右為難，一定需要大家協助。

雖然若有必要可以進行手術，醫生通常會將治療（例如化療）延後，等到懷孕的中期或後期再說。可能對寶寶有害的治療，像是放射線，大概就得等產後才能做。若是孕期後段才被診斷出罹癌，則會等到嬰兒出生後再開始治療，或是考慮提早催生引產。還好，若其他因素相同，就算是在孕期診斷出罹患癌症，對於治療的反應和不曾懷孕者效果一樣。

可和美國國家癌症研究院聯絡，取得進一步協助，網址為：cancer.gov；另外還有一個機構，專為懷孕的罹癌婦女服務，可參考：pregnantwithcancer.org。

植入性胎盤

何謂植入性胎盤？這是指胎盤異常緊密附著於子宮壁，端看胎盤細胞的侵入有多深，中度的稱為「穿透性胎盤（placenta percreta）」，嚴重的則為「嵌入性胎盤（placenta increta）」。植入性胎盤會使得胎盤娩出時大出血或血崩的風險升高。

普遍性？遇上這種胎盤異常附著的機率為1/2500；最為常見的要算是植入性胎盤，約占75%。發生植入性胎盤時，胎盤深入子宮壁，但並未突破子宮肌肉。若之前發生過植入性胎盤，而且曾做過一次以上剖腹產，復發風險增加。而發生嵌入性胎盤的機率約為15%，胎盤會穿過子宮肌肉。剩下的10%，是遇到穿透性胎盤，胎盤不僅深入子宮壁以及其肌肉，也穿透子宮壁外部甚至會附著至鄰近的其他器官。

徵兆和症狀？通常並不會有明顯的症狀。需要照都卜勒超音波，或僅能在生產時寶寶出生了，但胎盤並未和子宮壁分離時才發現（正常情況會自動分離娩出）。

如何處理？不幸的是，可做的並不多。大部分的個案中，必須在分娩後以手術摘除胎盤來止血。當紮住暴露的血管，但依舊無法控制出血量時，則必須把整個子宮摘除。

✿ 何時不適合在家生產

可能一開始妳屬於低風險妊娠，心裡已經想好要在家生產，卻出現了某些併發症，這時最好能夠重新檢討原本規畫，選在醫院生產比較妥當（或是醫院附設的生產中心）。以下列出幾種狀況，恐怕得要更動在家生產的方案：

- 出現本章所提出的妊娠併發症（如果能解決的話，妊娠劇吐或膜毛膜下出血並不包括在內）。
- 懷有多胞胎
- 胎位不正

- ◆早產
- ◆寶寶發生胎兒窘迫現象

如果之前曾剖腹產，安排在家生產也不甚安全。雖然有些助產士可接受在家中的VBAC（剖腹後自然產），專家都同意其風險遠大於好處。

血管前置（Vasa Previa）

何謂血管前置？這是指有些情況下，將胎兒和母親連接在一起的血管跑到臍帶之外，散佈於子宮頸膜。當開始陣痛時，子宮頸縮短並張開，會造成血管破裂，有可能危及嬰兒。如果是在產前診斷出這個情形，可能會預先安排剖腹產，而且寶寶幾乎是100%健康出生。

普遍性？血管前置相當少見，約五千兩百分之一的孕婦會遇到。曾經患有前置胎盤、之前做過子宮手術（包括剖腹產），或懷的是多胞胎，風險比較高。經由試管受精懷孕的孕婦，風險也略為增加。

徵兆和症狀？此症一般並無徵兆。

如何處理？診斷性的檢測，例如像是超音波，最好是在妊娠中期用彩色都卜勒超音波，可偵測出血管前置。被診查出有這種狀況的孕婦必須採剖腹產，通常是在37週前，以確保尚未開始自發陣痛。研究者正在探討是否能使用雷射封住位置異常的血管，藉以治療血管前置。更多訊息可研讀vesaprevia.com。

生產和產後階段的併發症

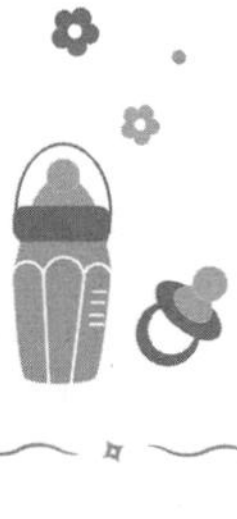

以下病症在陣痛和分娩以前無法事先得知，也就不需事先讀過讓自己擔心，因為在妳生產時或是產後遇上這類併發症的機會極其低微。本章提到這些病症的目的，在於萬一罹患的話可以幫助患者有所了解，或是有些併發症可採取步驟防範下回生產時復發。

胎兒窘迫

何謂胎兒窘迫？「胎兒窘迫」是指胎兒在子宮內氧氣供應減少，可能是在陣痛之前或陣痛期間發生。窘迫現象有眾多可能因素，像是子癇前症、糖尿病不能控制得宜、胎盤早期剝離、羊水過少或過多、臍帶受壓迫或臍帶糾纏、子宮內胎兒成長遲滯。也有可能是母體長期維持一個姿勢不動，例如平躺，壓迫到主要血管，使得胎兒缺氧。持續缺氧或心跳速率降低，對胎兒可能會很嚴重，必須儘速改善——通常得立刻產出（多半是採剖腹產，除非可立即經陰道自然產。）

普遍性？胎兒窘迫的確實發生率難以確定，但據估計約由二十五分之一至百分之一。

徵兆和症狀？在子宮內情況良好的胎兒，心跳強而有規律，而且會有適當的動作回應刺激。

窘迫狀況的寶寶會出現心跳減慢、活動形態改變（甚至完全不動），甚至在子宮內就排出胎便。唯一能讓妳心生懷疑的徵兆是發現胎動減少（28過後），或破水時注意到羊水已受胎便污染。唯一能確定的方法是用胎兒監測器、非壓力測試，或胎兒生理評估超音波。

如何處理？如果是因為發現胎兒的活動有所變化（似乎明顯變慢、停止，十分激動，或是其他令妳擔憂的狀況），覺得可能遇到胎兒窘迫現象，要馬上和醫護人員聯絡。要是破水了發現已有胎便污染（參考頁600），也要和醫生聯絡。一到醫生的診間，或到了醫院（或已陣痛），就會接上胎兒監測器，觀察是否有胎兒窘迫的現象。護士可能讓妳接上氧氣、打點滴補充水分，以便協助血液氧合更好，讓胎兒心跳回復正常。轉向左邊側躺，讓壓力離開主要血管，也可以達到效果。若是上述技巧都沒用，最佳治療就是迅速分娩。如果沒發現任何徵兆，但例行產檢或非壓力測試的時候寶寶似乎處於窘迫狀態，也會採取相同步驟。

臍帶脫垂

何謂臍帶脫垂？陣痛期間，如果臍帶搶在胎兒之前，先滑出子宮頸而進入產道，就稱為臍帶脫垂。如果分娩時臍帶受到壓擠（例如寶寶的頭部壓住脫垂的臍帶），那麼胎兒的氧氣供應便會減少。

普遍性？幸好，臍帶脫垂並不常見，發生率為1/300。某些妊娠併發症會增加風險，包括羊水過多、臀位產或其他胎兒頭部沒能蓋住子宮頸的產式、胎兒大小不足齡，以及早產。也可能是發生在雙胞胎的第二位分娩時。要是發生早產之早期破水，或接近預產期時寶寶的頭還沒「露出」（或是降入產道）就破水，也有潛在風險。

徵兆和症狀？如果臍帶滑落進入陰道，可能真的會有所感覺，甚至還能看得見。臍帶如果受到胎頭擠壓，就會顯示出胎兒窘迫現象。

如何處理？沒有任何辦法可以預知臍帶是否會脫垂。如果懷疑嬰兒的臍帶已經脫垂，但是人還沒到醫院，可以採四肢著地的姿勢，頭部放低而骨盆提高，以減少對臍帶加壓。撥119，或找人火速送妳就醫（送醫途中，躺臥在後座，臀部抬高）。在醫院時，醫護人員會要妳迅速換成另一個不同姿勢，比較容易讓寶寶的頭部鬆開，別讓臍帶受壓。必須儘快將小孩生下，大多是採剖腹產的方式。迅速分娩通常能避免因脫垂臍帶被壓迫而造成的任何問題（例如缺氧）。

✿ 肩難產

何謂肩難產？肩難產是一種生產時的併發症，指的是當寶寶降入產道時，一肩或雙肩卡在母親髖骨。

普遍性？肩難產和胎兒的大小有絕對的關係，也就是說大寶寶最容易發生。2.72公斤的新生兒，肩難產發生率小於1%，但寶寶如果超過4公斤，遇上的機率就會大增。因此，若沒有控制好糖尿病，或患有妊娠糖尿病的孕婦，容易生出巨嬰，在分娩時就更常見肩難產的發生。要是已過了40週，寶寶長得更大，或是前一胎生產時出現肩難產，那麼機率也會提高。此外，還有許多分娩時遭遇肩難產的案例並不具有任何上述的危險因子。

徵兆和症狀？胎兒頭部露出來以後，肩膀娩出以前，產程的進展半途中止。可能在這之前都一直如常進展，但突然發生這個狀況。

如何處理？胎兒的肩膀卡在骨盆內的時候，有各式各樣的方法可以用來解救胎兒，例如像是：讓母親換個姿勢，膝蓋彎起壓在肚子上；或在產婦髖骨正上方對其腹部加壓，或是胎兒還在子宮裡的時候試著轉動其肩膀。如果媽媽行動自如（例如，並沒有打無痛分娩），轉成四肢著地的姿勢或許有所助益。某些案例中，比如胎兒預估重量大於4.5公斤而且媽媽患有糖尿病，若不管什麼狀況預估胎兒大於5公斤，或之前生產發生肩難產，醫生可能會建議剖腹，以避免陰道產的各種併發症，包括肩難產在內。

可否預防？體重增加要維持在建議範圍之內，有助於減低胎兒過大而無法通過產道的風險；糖尿病或妊娠糖尿病也要小心控制。

嚴重會陰撕裂傷

何謂嚴重會陰撕裂傷？寶寶的頭在推擠通過子宮頸和陰道的柔弱組織時，壓力造成陰部和肛門之間的會陰部撕裂。

常見的是一級撕裂傷（僅表皮破損）和二級撕裂傷（皮膚和陰道肌肉裂開），但嚴重撕裂傷（三級：靠近會陰部並且波及陰道表皮、組織及會陰部肌肉；四級：確實切入肛門括約肌）會造成疼痛，不僅增加產後復原時間，失禁以及骨盆底發生問題的風險也升高。撕裂傷也可能發生於子宮頸。

普遍性？任何行自然產的孕婦都可能發生撕裂傷，而且多達半數會在生產過後至少有小的撕裂傷。三級和四級撕裂傷就少見得多。

徵兆與症狀即刻的症狀就是出血；待撕裂處修補之後，傷口癒合之際會感到疼痛和觸痛。

如何處理？一般而言，大於2公分的撕裂傷，或持續出血的傷口，必須予以縫合。如果在生產期間並未接受麻醉的話，可能需要先局部麻醉。

如果妳遇到撕裂傷或是實施會陰切開術，可用坐浴、冰敷、桃金孃製劑、麻醉噴劑，或是單純讓患部透氣，都有助於更快癒合、較少疼痛（見695頁）。

可否預防？預產期之前約一個月，做些會陰部按摩和凱格爾運動（見578、353頁），可協助讓會陰部位更柔軟易彎，當寶寶的頭部冒出時更能伸展開來。陣痛期間對會陰部施加熱敷以及按摩，有助於避免撕裂傷。不過，陣痛之前所做的會陰按摩只對初產婦有幫助。分娩期間做會陰熱敷和按摩，可有助於避免撕裂傷。讓分娩過程放慢而受到控制（感到逼迫時才出力，而不是依照某個固定時間表），可讓會陰部更有時間伸展開來，也就較不會被撕裂。有些醫生建議四肢著地趴著生產較不會發生撕裂傷，蹲姿或仰躺則讓撕裂的機會略微上升。

子宮破裂

何謂子宮破裂？子宮壁上有弱點（幾乎都是在之前子宮手術的位置，像是剖腹產或摘除子宮肌瘤），因陣痛和分娩期間所施加的張力而裂開。子宮破裂會導致無法控制的出血進入腹腔，或在極少見的情況下，會造成部分胎盤或胎兒進入腹腔。

普遍性？幸好，不曾接受剖腹產或子宮手術的孕婦，極少遇上子宮破裂。即使之前有過剖腹產經驗，子宮破裂的機率也僅有百分之一（而且多次尚未陣痛即剖腹的婦女，其機率還更低得多）。即使之前剖腹產這次想嘗試自然產（VBAC），子宮破裂的機會僅有百分之一，多次未經陣痛即剖腹產的孕婦，風險更低得多。以下狀況的孕婦，子宮破裂風險最高：之前剖腹產這次想嘗試自然產（VBAC）而且已用前列腺素甚或催產素（商品名：Pitocin），與胎盤相關的異常狀況（像是胎盤提早剝離、植入性胎盤），或是與胎位有關的異常（例如胎兒呈橫位），也會提高子宮破裂的風險。已生過六胎或更多小孩，或是子宮過度擴張（由於懷有多胞胎，或是羊水過多），更常遇到子宮破裂的狀況。

徵兆和症狀？最常見的子宮破裂徵兆是腹部

撕裂痛（有什麼東西「裂開來」的那種感覺），然後在陣痛期間腹痛和觸痛的情形便擴散開來。通常，胎兒監測器會顯現出寶寶的心跳速率突然明顯下降。母親可能會出現低血量的徵兆，像是心跳加快、低血壓、頭暈、呼吸急促，或失去意識。

如何處理？如果之前曾接受剖腹產，或是做過要把子宮壁完全切開的手術，在考慮生產方式的時候就應權衡風險，若是想要採自然產時更應小心（參考539頁）。不要誘發陣痛，使得原VBAC期間本就極低的風險又再更低。要是真的出現子宮破裂，必須立即進行剖腹產，接著進行子宮的修補。也可能要投以抗生素，避免感染。

如何預防？風險較高的孕婦，例如像是之前剖腹產，陣痛期間接上胎兒監測器，可警示醫護人員子宮破裂即將發生或正在發生。曾經剖腹產而想嘗試自然產的產婦，除非某些特殊狀況不應該進行催生引產，要和產科醫生討論。

子宮外翻

何謂子宮外翻？子宮外翻是一種罕見的生產併發症，是指部分的子宮壁崩潰而把裡面翻出（其實就像極了襪子從內往外翻），有時甚至會凸出穿過子宮頸，並進入陰道內。目前尚不明瞭有那些狀況會造成子宮外翻，但許多病例包括如下情況：胎盤和子宮的分離不夠完全，當胎盤接著由產道排出之際牽扯子宮。如果未發現或未處理，子宮外翻可能會導致出血和休克。但發生率極低，此症絕少出現，也不太可能沒被發現或未做處理。

普遍性？子宮外翻極其稀少，據報其發生率約為兩千分之一至五萬分之一。如果前次生產曾發生過，風險就比較高。還有一些其他因素會使子宮外翻的極罕見機率稍微升高，包括像是：陣痛拖太久（超過24小時）、之前多次自然產，或使用硫酸鎂（為中止提前陣痛所用）。如果妊娠後期子宮太過鬆弛或是臍帶拉得太緊，也比較容易發生子宮外翻。

徵兆和症狀？子宮外翻的症狀包括：

- ◆腹部疼痛。
- ◆出血過多。
- ◆母體出現休克徵兆。
- ◆若完全外翻，在陰道內便可以看到子宮。

如何處理？如果曾遇過子宮外翻，要知道自己有此風險，而且要告知醫護人員。要是真的發生了，醫師會試著用手把子宮推回原位，然後給妳催產素（藥名Pitocin），促使鬆軟的肌肉收縮。在少之又少的病例中，當上述辦法無法產生效用，就得進行手術。不管是什麼狀況，都可能需要輸血，補償子宮外翻期間損失的血液。還會施用抗生素來防範感染。

如何預防？婦女一旦罹患過子宮外翻，那麼再發生的風險便會提高。因此，過去如果曾經出現過這種情形，一定要讓醫護人員知道。

產後大量出血

何謂產後出血？生產後的出血稱為惡露，是正常現象。但有時子宮在分娩後並不如預期的收縮，會導致產後大量出血——造成在胎盤剝離處過多而難以止住的嚴重出血。產後出血也可能是由未經縫合的陰道或子宮頸撕裂傷所造成。

若是胎盤的殘餘物被留在子宮內，或是附著於子宮壁，出血也可能是在生產後的一到兩週才發生。感染也會導致產後大量出血，一分娩馬上就發作，或是過幾週之後才出現。

普遍性？約2～4％的生產會發生產後大量出血。有下列情形便可能發生出血過多，包括：

- ◆子宮過度放鬆而無法收縮，原因則是出於冗長而疲憊的陣痛。

◆子宮因懷有多胞胎、胎兒過大、或羊水過多而過度膨脹。
◆分娩困難遇到狀況。
◆分娩後胎盤碎片殘留（未被醫生發現）。
◆胎盤畸形，或胎盤早期剝離。
◆因子宮肌瘤而無法均勻收縮。
◆產婦在分娩時的整體虛弱狀況（例如因為貧血、子癇前症、或極度疲倦）。
◆產婦曾經服用會干擾血液凝結的藥物或草藥（例如阿斯匹靈、布洛芬、銀杏，或大劑量的維生素Ｅ）。
◆極罕見的情況下，產後出血的原因是起於母體先前未被診斷出來的遺傳性出血疾病。

徵兆和症狀？產後出血的症狀包括有：
◆每小時的出血量足以浸濕一片以上的衛生護墊，連續好幾個小時。
◆幾天過後，仍有多量、鮮紅的出血。
◆排出相當大的血塊（像檸檬一般大小或更大）；小的血塊實屬正常。
◆產後初期幾天過後，下腹部疼痛或浮腫。

失去大量血液的婦女會覺得虛弱無力、喘不過氣來、暈眩，或心跳加快。

如何處理？產後會有出血，但是如果在產後第一週發現以上列舉的症狀，或是異常大量出血，應立即通知醫護人員。如果出血情況嚴重，被認為是屬於大出血的話，可能會需要打點滴補充水分，甚至是輸血。

如何預防？胎盤娩出後，醫護人員會檢查，確定其完整無缺——子宮內無任何殘留的胎盤（不然會造成過多出血或感染）。也可能會給妳催產素（Pitocin），或是按摩子宮以促進收縮，並藉此將出血減到最少。如果妳要哺餵母乳的話，儘可能快點開始哺餵，也有助於子宮收縮。避免會干擾血液凝結的任何補充劑或藥物，也可減少異常產後出血的機率。

✿ 產後感染

何謂產後感染？絕大多數的產婦在分娩後都可恢復正常，不會有任何問題，但有時生產會讓妳容易受到感染。這是因為生產過程留下許多開放傷口：子宮（胎盤附著處）、子宮頸、陰道內、會陰部（尤其是有做會陰切開術或撕裂傷未經縫合的話），或是剖腹的傷口。要是有導尿，產後感染也會發生在膀胱或腎臟。若胎盤殘渣遺留在子宮內，也會導致感染。但最為常見的產後感染是子宮內膜炎，也就是子宮內膜遭到感染。

雖然有些感染會很危險，尤其是那種沒被發現或未經治療的病例。感染現象往往只是會讓產後復原較慢較難，而且讓妳得要花費時間、精力，不能全心投入此刻最優先的事情：也就是和寶寶彼此熟識。光是為了這個理由，只要懷疑出現任何感染狀況，就應立刻尋求協助。

普遍性？約8%的生產會出現感染。採剖腹產或是提早破水的孕婦，受感染風險較高。

徵兆和症狀？產後感染的症狀，依其感染的部位而各不相同，但幾乎都會有以下現象：

- 發燒
- 感染的部位發疼或觸痛
- 分泌物有難聞的惡臭（若是子宮感染則由陰道排出，若傷口感染則是傷口的分泌）

◆打冷顫

如何處理？如果產後發燒超過攝氏38度一天以上，應通知醫護人員；要是燒得更高溫，或是發現上述其他的症狀，那就得更早和醫師連絡。如果是受到感染，可能要接受抗生素治療，（要是在授乳的話，就會用適合哺乳的藥劑）。即使很快就會覺得舒服許多，但仍得做完整個療程不要斷藥。抗生素治療期間要吃益生菌（但要間隔兩小時以上），可避免相關的腹瀉、陰道酵母菌感染，或鵝口瘡（要是有在餵母乳，媽媽和寶寶都可能發生）。而且得多休息，並飲用大量流質。

如何預防？生產過後，對傷口的照護及清潔要鉅細靡遺（觸碰會陰部位以前，務必要把雙手清洗乾淨，上完廁所要由前向後擦拭，產後期間的出血不要使用衛生棉條，而要用大型的衛生棉墊），絕對有助於防範感染。

妳必須知道的：若是需要臥床休息

臥到床休息這個包羅萬象的說法，依然是個常見的孕期醫生指示，如今越來越多是叫做「限制活動」，不同醫生可能表示不同的意

思——每位孕婦接到的指示也可能並不相同。也許是每隔幾小時要坐下伸伸腿，也許還加上要把吸塵器交給另一半負責，還得有一陣子沒法上健身房鍛練，也許是每天至少大半時間要待在床上——而且懷孕的最後幾星期（或幾個月）得住院。不論是採取哪種型式，也不管怎麼稱呼，據估計在美國約有百分之二十的妊娠依然被指示需要臥床。這數字或許正漸漸減少，不過大概並不像許多醫生、孕婦甚至是ACOG所想的那樣。

這個歷經時代考驗的做法，如今是否已經風光不再？恐怕未必。依然有許多理由促使醫生建議要限制活動，不過最簡單的想法是因為醫生想要避免早產之類妊娠併發症的時候，其實也沒有其他療法可用——然而，他們總覺得自己得要「做點什麼」才好。

某幾類孕婦比較可能到後來需要臥床，包括像是：超過35歲（因為一般來說出現併發症的機率更高）、懷有多胞胎、由於子宮頸閉鎖不全而有早產記錄、孕期出血（例如先兆性流產）、患有特殊妊娠併發症例（例如子癲前症）、患有某些慢性病，或有先兆性流產的準媽媽。

臥床休息的注意要項

是否被要求必須臥休息？乖乖爬上床蓋好被子之前，先核對以下所列清單：

◆ 與保險公司聯絡。讓他們曉得妳被醫生要求臥床休息（若有需要，提出醫生給的文件）。問看看是不是能支付什麼居家照顧服務。還要問問能不能支付物理治療、租借醫療器材，甚至是按摩的費用。也可以徵詢如果孩子早產的話能不能由保險公司買單。

◆申請失能給付。對一個即將迎接新成員的家庭來說，臥床休息造成巨大經濟衝擊（因此要確定臥床休息確實必需）。如果妳沒法工作，可和公司的人資部門談談（如果有的話），了解是否符合短期失能保險條件（應該可以，不過妳和醫生得要提出證明文件）——如果有投保的話，還要問問臥床期間「請假」是否合乎「家庭及醫療因素」規定範圍（參考310頁）。

◆探詢在家工作的可能做法。如果你的工作性質還有雇主都有彈性，臥床休息期間或許可以至少做些部分工時。即使妳的工作並不能如此安排，也可探詢一番能夠這麼做的其他機會。

◆把電話準備好。確定已把臥床休息期間可能會用到的聯絡電話全都更新（像是醫生、藥局、醫院，以及緊急時可提供協助的鄰居、親友）。

◆申請幾個線上或電話叫餐、購物宅配、線上諮詢、帶狗散步、洗衣等等店家，如果經濟許可的話，開始利用送貨到府的服務。

◆若有可能，雇用幫手。或尋求親朋好友還有鄰居協助。你會需要有人能打掃、做雜事、帶小孩（如果家裡還有別的孩子）、搭便車（如果有大孩子要去上學、參加活動、和朋友出去玩）、備餐還有洗衣。如果朋友和鄰居願意幫忙，建議他們可用線上工具安排事情，例如像是 lotsahelpinghands.com、carecalendar.org 或者 mealbaby.com。

◆把大門鑰匙留給會來訪的人（或交給鄰居、管理員或門房），不用每次門鈴響都得下床。若有可能，請一位鄰居幫忙收快遞。

◆買或租一個可放在床頭（或沙發旁）的小冰箱，裝滿飲料、切好的蔬果、起司、優格和其他涼冰冰的零嘴。或可考慮用內附冰袋的保冷箱，每天補充。

◆設好充電設備，筆記型電腦、手機、平板還有其他各式各樣電器產品都會用到。各類接線都要放在隨手可得的地方。

不同程度的臥床休息

如果醫護人員要妳限制活動，一般就會籠統地說是需要「臥床休息」。不過，遵守的指令可能還有附加細項，詳列什麼可做、什麼絕對不該做。以下列出各種不同程度臥床休息的詳情，如果接到如此指示，一定要和醫生充分溝通，確保自己不會做得比實際需要還更嚴格。

按時休息～為了避免之後得要完全臥床，有些醫生會要求帶有風險因子的準媽媽（例如多胞胎或母體年齡較大）每天按指示休息。所要求的可能是：每天工作結束時要雙腳抬高坐著，或躺下至少兩小時，或醒著的時候每隔四小時就要側躺休息一小時，最好是側左邊，不過只要側躺就可以了。有些醫師可能要求在妊娠後期縮短每日工作時數，並限制像是做運動、爬樓梯，或是久站久坐之類的活動。

有限度的臥床～如果是如此要求，通常是禁止去辦公室上班（不過在舒適的家中工作或許還行）、開車，以及做家事（總算有值得慶幸之處！）。坐起來並沒有關係（腳部墊高），也可以站著做份三明治或淋浴沖澡。每個月（甚至每週）回診當然也行。必須遵守有限度臥床指示的孕婦，可以有時躺躺床，有時坐坐沙發，但是應該盡量減少上下樓梯。可能要做些輕度的物理治療。

嚴格臥床～這通常是說，除了去上廁所或很快沖個澡（可以的話最好能用個淋浴椅），整天都得平躺。如果家裡有樓梯，那就要挑一層樓，只在那一層活動。（有些孕婦會得到允許能夠每天上下一回；有的則是每週只能一次。）嚴格臥床就沒法自行下廚，除非身邊有人可幫忙供餐上點心，要在床邊有個小冰箱或冰櫃。也可能會指示要在家做些輕度的物理治療。

住院安胎～有些孕婦需要持續監控，就得住院。住院的話，大多時間都得躺在病床上。不過，考量到長久沒有活動的問題，若接獲指示要住院安胎，可能也會要妳在住院期間接受輕度物理治療，這很棒，因為可以讓肌肉保持活動，但對妳和胎兒都相當安全。如果因為已經出現前期陣痛而入院，需要受到持續監控並且注射安胎藥品。要是能成功制止陣痛，也許需要多住院幾天，確保得到完全臥床休息。床鋪可能會設為某個斜度（腳比頭還高），以便重力可以協助妳的寶寶儘可能在子宮裡多待久一點，把握機會成長發育。

下半身靜養～沒說錯，就是那個意思：不可行房。但是「不可行房」的意思依各人解讀而有所不同，要記得問清楚在妳的情況下確切指示如何。或許表示不可插入陰道（陰莖、手指、假陽具、按摩棒等等），也可能是說不可口交或肛交，也許只表示不可以做到高潮。若是發現出血，比如妊娠前期的先兆早產，或妊娠後期因前置胎盤而起，大概就會得到如此指示，或因為之前有早產先例，或此次懷孕期發生早期宮縮，或因為子宮頸乏力。

臥床安胎的缺點

雙腳不落地好幾週甚至好幾個月，不管是上床躺、坐坐沙發或入院，對身體都會造成負擔。長期缺乏活動會導致臀部和背部疼痛、肌肉流失（一旦分娩就更難恢復身材）、皮膚搔癢（即褥瘡）、骨質流失，甚至腿部出現栓塞。如此做法也會加劇普通的妊娠症狀，像是胃灼熱、便秘、腿部腫脹，而且妊娠糖尿病風險增加，因為妳的身體並不能以它原本速率代謝葡萄糖。臥床可能會減少食慾，讓妳無法吃得夠多，以便供給身體（或胎兒）養分。另一方面，在床上的時光數也數不盡，導致漫不在乎吃個不停——若是百無聊賴的話更有可能，這就造成體重過度增加，更何況無法藉由原有一般活動和運動燃燒熱量。

但臥床也要付出心理成本。長時間缺乏活動和妊娠憂鬱症還有焦慮症有關，要是被關在室內更是嚴重，與那些可讓腦子和身體忙碌起來的活動互不相干，無法有社會交往、運動（以及所釋出的荷爾蒙）、性愛（也是一樣），工作的刺激，甚或曬到太陽（會提振心情調節睡眠）。當然也有損失，少掉一些「正常」的妊娠經驗（身旁每個人都超貼心、熱情、心懷敬意——不管走到哪，挺個大肚子就讓妳覺得自己與眾不同）。心理衝擊（和身體的影響一樣）可能會在分娩後持續，這就和產後憂鬱症以及焦慮症的高度風險有關。

寫給爸爸們

「妻子需要臥床該怎麼辦」

懷著身孕的人活動受限，絕不是開玩笑的，要是規定必需嚴格臥床，那更是不得了，當然並不是給你放假。事實上，你得要超時工作，才有辦法把家務、雜事都做到好——再加上各種各樣新工作，從特助、管家、大廚（還要裝水）、司機、主婦、拍鬆枕頭、業餘心理學家（叫大眾心理學家也行）、碎唸對象（女人家要有地方發洩），全都和原本工作搞在一塊。家裡還有其他孩子？你也得負責照顧他們，餵孩子吃飯，這還是最基本的呢。當然，媽媽去臥床你就累了，不過，要是能把眼光放在最後那個大禮，媽媽健康新生兒健壯，這些辛苦都不算什麼。以下列出一些訣竅，可助你（還有另一半）應付被迫臥床休息時的種種狀況。

安排持續不斷的有訪客～當然，她眼裡只有你，不過待在家裡過了這麼多個漫長而無趣的日子，你的伴侶會很想要換個口味，見見不同的人。可和親朋好友一起安排輪流來訪，和你愛人閒聊。這對她有益，你也可以趁機喘口氣。

來點娛樂～如果是你，一直悶在家也會覺得乏味無趣。弄些遊戲來，挑一部電視影集下載回來兩人一起觀賞，還可以查查附近哪家餐廳的外送最美味，上網訂購。用她喜歡的音樂來點驚喜。

一塊做運動～也許她只能繞著走，要是有你陪在身邊，散步也會變得趣味十足。是不是能用少些重量，讓上半身動一動？不妨拿起你的啞鈴，趁她做屈臂的時候也做幾個擴胸。如果醫生允許，可以鼓勵她空踩腳踏車，或拉拉腳板，你在旁邊陪著踩飛輪。她躺在床上轉脖子，你就在一旁做幾個仰臥起坐。

在家約會～或許沒法出門看電影、上餐廳吃大餐，還是可以在家裡（或醫院病房內）約會。注意服裝（最棒的那件睡衣），放點晚餐音樂，端出燭臺和美食，請她最愛的餐館外送（或是做她最喜歡的菜）。氣氛或許和她記憶裡的約會不一樣，能從每日的枯燥等待之中解脫出來，絕對大受歡迎。

如果你還負擔得起，或者保險能支付，請按摩師來好好做個產前按摩（不過要確定醫生同意）。看看附近的美甲沙龍能否同意到府服務，預訂一次美甲療程（如果預算許可）。如果超過你的能力，或她沒興趣，可以自己動手幫她按按背部，一起在家敷臉（上網查家裡應該有原料的那幾種，例如燕麥或酪梨），或自告奮勇幫她塗塗腳趾甲油。

每位懷著身孕的孕婦都能從中重拾信心，得要臥床休息的孕婦更可以從此獲益。是沒錯，你一直都覺得美麗、性感，就算好幾天沒洗頭，好幾個星期沒化妝，也是一樣動人。不過你的想法有讓她知道了嗎？講出來……而且要儘量多說。

傾聽，提供依靠～有時她會需要有地方發洩，而且大部分是時是由你擔任接收端，收下她心中種種挫折。為達到最佳效果，要用耐心、貼心、同理心回應。多聊聊，不論心情好壞都要接納——提醒她，你眼裡她是那麼美麗、健壯，是你的偶像，而且這段時間一定會過去，努力的成果就是襁褓中的可愛寶寶——在這之前要讓她能暢所欲言盡情發洩。不過，可別完全把自己的感受置之不顧。偶爾也要讓自己休息片刻（因此才需要安排訪客輪流來拜訪），讓好哥們助一臂之力。臥床休息並不輕鬆，照顧臥床的人更是辛苦。

留意她的情緒～因為臥床而被困，妊娠憂鬱症和焦慮症的風險就會增加。要留意這些徵兆（參考271頁），如果有發現的話，要採取必要步驟尋求協助。也要小心產後憂鬱症（參考750頁），因為妊娠期臥床也會增加其風險。擔心自己的情緒嗎？新手爸媽都有可能發作憂鬱症。要和醫師聯絡，確定自己能夠獲得所需幫助。

幫她回復～別以為在床上躺了那麼久，生產之後立刻就能接著扛起帶小孩的長期工作。事實上，剛好相反。活動受限的時間越長，體力變得越不行——精神和體力都更少。這就表示她會比一般情況的新手媽媽更容易累，而不是更有活力，而且在產後恢復期會更需要更多協助。伸出你的援手，而且體力需要恢復時也是同樣道理——但別忘了孩子生下來之後，你們倆都會有好一陣子覺得十分疲累。

臥床時可別光躺著

想到可以躺在床上，一疊雜誌讓妳看個夠，還有電視遙控器在手，實在是相當吸引人，直到被囑付要臥床休息才會知道根本不是這麼一回事。很可惜，臥床不是開睡衣派對，一旦發現事實真相，要不了多久，整天躺著就毫無誘人之處。因此，臥床的重點是為了健康的妊娠和健康的寶寶，還得提醒自己，醫護人員一定是有充足理由，才會要你別下床——至少是要暫時告別行程排得滿滿的生活型態。

一旦弄清楚醫生確切的意思，什麼活動可做（什麼活動不行），可運用以下幾個秘訣把副作用減到最低。

身體方面。妳可能會很訝異，雖然要求少做點事，還是有很多事可以做呢。例如像是：

◆ 儘量多動。醫護人員應會允許——事實上還會交待——做些低衝擊的運動（散步、輕度的上半身重訓，下半身用抗力橡皮筋），可減少肌肉流失並維持肌力。

◆ 儘量多拉筋，越多越好。在醫護人員指導之下，腿部伸展、旋轉腳踝、拉拉腳板，有助於避免血栓並保持肌肉強健。舉起雙臂再放下、轉轉肩膀、擴擴胸（手指靠在背後擴胸），做些類似動作保持上半身肌力。還有別忘了凱格爾運動，即使臥床也能做。

◆注意飲食的質與量。準媽媽如果食欲不振，體重會下滑，而且小寶寶的出生體重也會比較低。所以，要是發現自己食欲減退，要多方攝取營養而且容易消化的點心（高纖食品，例如像是水果乾，也可對抗便秘）。當然，要是發現自己吃得太多（出於無聊或者憂鬱），體重過多也可能會造成困擾，所以也得留意是否嚼個不停，安排好隨時可以取用健康的點心。

◆多喝水。活動時（比如跑步時）很容易記得補充水分，不過臥床時很難想到要喝水。確保水份足夠，有助於儘量減少浮腫和便秘，這兩現象都會因為少動而加劇。

◆保持舒適。如果一天大部分時間都被限制在床上，側躺，不要仰躺，可將流至胎兒的血量增到最大，差不多每隔一小時換一邊，減少身體疼痛並避免褥瘡。可取個枕頭墊著頭，（一或兩個）抱枕夾在兩膝間的腹部下方，如果有助於身體平衡，甚至也可以放個枕頭在背後。在床上稍稍坐起（尤其是吃過東西之後），可控制胃食道逆流不會過度。

心理層面。過著活動受限的生活，可能會很難調適——如果妳平常十分好動的話更是不容易。有的時候，找些事忙可分散注意力。不妨試試：

◆多與外界接觸。當然，妳會想要和親朋好友保持連繫，透過電話、簡訊、視訊和社交媒體——這樣才有辦法和最愛妳的人傾訴。不過妳可能會發現其他同病相憐的孕婦更具同理心，更能提供支持。請上網站 WhatToExpect.com（別忘了還有 WhatToExpect app 可用）。或是參考874頁列出的其他線上資源，為高風險妊娠的孕婦提供協助。

◆安排好一天的活動。試著建立每天的規律，即使只不過是走幾步路去沖個澡（如果醫生同意的話）。

◆在家工作。如果工作性質容許，不妨一試。不過，先要取得醫生同意，很清楚妳的極限在哪（例如說，可承擔的壓力有多少）。

◆為新生兒做準備。訂好新生兒的用品，找位陪產員、授乳顧問、小兒科醫師，甚至是托嬰的辦法——全都可上網進行。

◆做一份嬰兒歌單。現在就可以開始播放，肚子裡的小寶寶在之後比較能夠得到安撫。此外，妳也需要音樂撫慰心情（在這當下，妳可能會覺得和原始人沒兩樣）。

◆看看線上的節目。簡單講就是：追劇。

◆做些手工藝。打毛線、剪貼，或是拼布（要是不會，可上YouTube找教學影片，或請教手巧的朋友）。為小寶寶做紀念品的時候一定會忙得忘了煩憂。

◆整理。徹底把筆記電腦和手機清乾淨，換上最新版的程式和app，把相片上載到數位相框。擬個寶寶出生時要通知的名單，設計紙本或電子式的新生兒通知。確定妳已有他們的地址，或是電子郵件信箱。要是確定不想用手寫，甚至可以先把住址名條印出。在此同時，可以先訂購郵票。

◆社交活動。辦場睡衣派對——叫批薩或請朋友每一帶一道菜來。如果沒法出門參加寶寶派對，請朋友們到家裡來辦一場。

◆打扮、整理。可別落入「反正也沒人會來找我」的境地。外表打扮一下，心情也跟著變好，不管是不是有誰來訪。梳梳頭、上點妝，肚子上 些香噴噴的乳液（皮膚很容易得乾澀發癢），自己在家做個臉、修指甲。如果負擔得起，甚至可以請美髮師或美甲師到府服務。（偷偷給朋友來點小暗示，這一定會是寶寶產前派對的絕佳禮物）。

◆開始寫日記。這時正好可以開始把自己的各種想法記錄下來，或記在線上的日記，或利用《*What to Expect Pregnancy Journal and Organizer*》服務。或者可以考慮寫信給尚未出生的孩子，將妊娠期間的點點滴滴記下，等孩子長大後一起分享。對臥床靜養安胎有很多情緒反應想要找個地方發洩是嗎？也可以把這些心情都記錄下來。

◆經營孕婦部落格。一直想寫點東西？現在可是大好良機。

◆注意力擺在最終將會獲得的大獎。把胎兒的超音波影像加框掛起來，放在身邊，或設成手機或平板的桌面圖——心情不好的時候，就可以讓妳想起，這時哪都不去，是為了一個最棒的理由。

臥床休息與其他家人

是否擔心臥床休息的話會對其他家人造成影響，像是另一半、別的孩子（連毛小孩也算在內）？對他們的影響，可能超過妳所預期：

另一半～如果妳接到指示需要臥床休息，那麼另一半就得更加費力工作。依據妳所受限制，他可能得要負責大部分的清潔打掃、洗衣、雜務、日用品採購、做飯——這還不算原來的工作。而且這段期間恐怕也沒法做愛，兩人要一起攜手度過，彼此溫柔對待，和顏悅色。而且，雖然在家悶了整天很想有人在身旁聽妳傾訴，應該鼓勵他偶爾也要出去和朋友聚聚——這是為了他好，當然妳也可以獲益。

還有其他孩子嗎？另一半恐怕要把全部的事情都攬下才行。即然他負起大部分的重擔，特別應該試著尊重他帶孩子的風格和手法，即使和妳大不相同。

孩子們～如果家裡還有其他大孩子，尤其是年齡正好需要緊跟著媽媽的話，限制活動可能更添挑戰。大概得要少玩一些互相搔癢、躲迷藏之類的遊戲，更多些扮家家酒、唸書、拼圖、著色、圖版遊戲。妳也可以花些時間和孩子一起看看他們小時候的相片，有助於適應即將有新成員加入的想法。不過，可別把得要臥床休息都怪罪到未出世的小寶寶身上，因為這樣會造成同袍之間競爭的心態。應該要說，醫生交待要臥床休息，為的是讓小寶寶長得健康而強壯。若有可能，請人每天都帶孩子到外頭跑跑，消耗一些能量有助於和妳在一起時玩些靜態遊戲。

沒法「全程陪伴」大孩子而心生愧咎？這想法可以理解，不過應該試著別在意。可別忘了，孩子只要能和媽媽相處都很棒，就算是只能躺著抱一抱都值得珍惜。

寵物～能和主人一塊躺在床上或沙發上，大部分的貓都是求之不得，有些狗也還蠻喜歡的。不過，對於那些活蹦亂跳，比較需要互動遊玩的，媽媽的活動受限真是讓牠們的生活上了枷鎖。需要陪著出去好好散個步的也是一樣。當然，另一半可以把照顧寵物的工作全都攬過去做（要是有必要，可以找看看幫忙帶狗散步的人），不過，要是毛小孩特別黏，也得要多多安撫。

媽媽們相互扶持

每回妊娠都會帶來挑戰，但高危險妊娠（或是出現併發症）的挑戰又再更多。

如果有人相伴，一定比較容易面對這些挑戰，因為她們承受和妳一樣的問題（或是已經走過），當然最能了解妳會遇到什麼狀況。在妳住家附近，說不定能找到支持團體，為妳所面臨的特殊妊娠狀況發聲（可請教醫護人員），也可以上網找到類似團體如：What To Expect.Com.Sidelines.Org, betterbedrest.org. and keepemcookin.com。

臥床休息告一段落

乍聽之下違反直覺，不過妳休息得越久，越累——而且要是得臥床一段時間，更是千真萬確。如果肌肉沒勁，有氧能力衰退讓妳爬幾個階梯就喘不過氣來，即使最小的努力都像重大成就。再加上陣痛、分娩、恢復期，還有新手父母難以成眠，可以想見，妳一定要比一般的媽媽更辛苦，更勞累。

對產後的期待要實際。考慮到之前身體所經歷的這些狀況，產後不要自我要求過嚴。即使只是在床上躺了幾個星期，心肺能力或肌肉強度就是不可能和臥床休息之前一樣。因此，要讓自己有時間復原，並擬定鍛練計劃慢慢重新恢復之前的體能水準。如果778頁列出的產後運動都很難，修改調整也無妨，隨著精力和肌肉都增加，逐步鍛練起來。想要恢後原本體力，散步、產後瑜珈和游泳等項目都很適合。只要持續努力再加上醫生、家人、朋友協助，用不著擔心，一定可以順利達成目標。

CHAPTER

20

面對妊娠喪失

原本以爲懷孕是個歡樂時刻，
既期待又興奮，夾雜著粉紅色和藍色的白日夢，
想像可以和即將出生的寶貝在一起。
通常是這樣沒錯，卻不表示每次都能如願。
即使只在超音波上看過寶寶，
妳和腹中寶寶的連繫會隨著日子逐漸增長。
萬一希望落空夢想破滅，勢必會感受到那種難以言喻的傷痛。
只有遭遇過懷孕落空或胎死腹中，
才能親身體會那種痛眞是難以言喻。
本章是要幫助妳和另一半，
了解事情原委、處理傷痛，
面對生命中最難熬的低潮。

不同類型的妊娠喪失

早期流產

何謂早期流產？流產是指胚胎或胎兒能在外面存活以前，便自發性從子宮排出，導致妊娠無預期中止。發生在妊娠初期三個月，稱為早期流產。八成的流產發生在妊娠初期（發生在妊娠初期的末段至第20週之間，算是晚期流產，參考886頁）。

早期流產通常和胚胎的染色體或其他遺傳缺陷有關，但也可能是荷爾蒙或其他因素所造成，大部分的早期流產往往無法確切判定原因。運動、性交、工作勞累、提舉重物、突然驚嚇、情緒壓力、跌倒或輕微衝擊腹部等等，並不會造成流產，即使是最為嚴重的孕吐狀況也不可能誘發流產。

普遍性？早期流產要比婦女同胞們所知更常發生。雖然無法確定，但研究人員估計超過40%的受孕是以流產告終，然而半數以上發生得很早，甚至還沒質疑到是懷孕便流掉了，因此常常在不知不覺中進行，而被當作是正常或有時較為大量的月經。不同種類的早期流產，可參考881頁表格。

妳一定會想要知道……

絕大多數曾經流產的婦女，未來都可以有一個完全正常而健康的妊娠經驗。

徵兆和症狀？流產的症狀可能包括以下幾項，或全部都會出現：

◆下腹或背部中央痙攣或疼痛（有時極嚴重）

◆如月經般的大量陰道出血（可能會有血塊甚或組織物）

◆持續出現輕微血污超過三天

◆妊娠早期常見的孕徵，像是乳房觸痛和孕吐明顯減少或消失（並非像是妊娠初期告終時那樣漸漸消退）

◆醫生檢查時會發現子宮頸似乎已打開

◆超音波看不到胚胎（羊膜囊中空無一物）

◆超音波偵測不到心跳

如何處理？若醫師發現子宮頸已擴張，甚或超音波已測不到心跳（而且妳的妊娠週數正確），就會認為流產已經發生或正在發生。很不幸，這種狀況下怎麼做也不能阻止流產。

若由於痙攣而十分疼痛，醫生會建議用止痛藥。如果有需要，千萬別吝於提出鎮痛請求。

多數的流產都是完全流產，也就是說，子宮的內容物都會經由陰道排出（所以才會有這麼多的出血）。但有時流產並不完全，特別是在妊娠初期的後段，有部分的妊娠產物仍留在子宮內（稱為不完全流產，參考882頁）；或是超音波已不能測到心跳，表示胚胎或胎兒已經死亡，但是並沒有流血（稱為過期流產）。不論是哪種情況，子宮終究得清空，才能恢復正常的月經週期（並依個人意願再試著懷孕）。有幾個方式可達成這個目標：

◆觀望處置。妳和醫生可能會選擇順其自然，等身體自行排出妊娠物。等待過期流產或是不完全流產所需的時間差異甚大，由幾天到（某些病例）三或四個星期都有可能。

◆用藥。服用藥物（通常是口服 misoprostol 藥錠，或以陰道塞劑的方式）可迫使身體排出胎兒組織以及胎盤，過期流產或是不完全流產都能用，萎縮卵——著床的受精卵並未發育（參考本頁表格中文字）——也適用（參考本頁上方表格中文字）。需時多久因人而異，不過，通常最多幾天就會完全排乾淨（但出血還會多持續幾天）。用藥的副作用可能包括：噁心、嘔吐、絞痛、下痢。

◆手術。另一選擇是進行小手術，稱為子宮內膜刮除術（D & C）。手術時，醫師會把子宮頸張開，小心將胎兒組織和胎盤由子宮移除（可能是用真空吸取）。之後的出血通常不會持續超過一週。雖然少有副作用，刮除術還是有很小的感染風險。

滲血了嗎？

懷孕的時候，如果發現內褲或衛生紙上有紅色（或粉紅或褐色），一定十分嚇人。不過並不是所有滲血或出血現象都代表流產或孩子即將不保。有些孕婦在整個孕程中都會斷斷續續滲血。參考224頁，了解有許多出血滲血的原因和流產無關。

有時滲血、大出血和／或痙攣就表示先兆性流產。那也並不表示妳一定會失去孩子。有關先兆性流產，可參考821頁。

發現滲血或出血的時候，如果不確定是否應和醫生連絡，可參考818頁表格。如果已流產或正在流產，本章可助妳調適。

要採取什麼方式呢？妳和醫生可以參酌下列因素再做定奪，包括：

◆手流產的進展狀況為何。如果出血和絞痛情形已經很嚴重了，那麼流產大概已經進行到半途上了。如果是這種情形，那麼聽任流產自然進展，要比採行刮除術來得好。不過要是沒有出血，misoprostol 或刮除術或許是更為理想的選擇。

◆流產的進展狀況為何。如果出血和絞痛情形已經很嚴重了，那麼流產大概已經進行到半途上了。如果是這種情形，那麼聽任流產自然進展，要比採行刮除術來得好。不過要是

沒有出血，misoprostol 或刮除術或許是更為理想的選擇。

◆妊娠進展到什麼階段。懷胎越久，胚胎的組織越多，越是可能需要仰賴刮除術把子宮完全清乾淨。

◆妳的身心狀況。對孕婦與其配偶來說，胎死腹中之後還要等待自然流產，這在生理和心理上都是一種虛耗。已然夭折的胎兒依然留存在體內，恐怕難以接受流產這件事。趕快走完這個過程，也可以讓妳早點恢復月經週期，等時機成熟，再試著受孕。

◆風險與利益。由於子宮內膜刮除術是侵入性的，所以風險略高（當然還是很低）。然而，對某些婦女來說，越早完全流產，處理乾淨，好處遠大於其中的小小風險。採順其自然的方式流產也自有它的風險存在，也就是說無法完全將子宮內部清理乾淨，這麼一來便有

賴刮除術來為自然啟動的情況做收尾工作。

◆流產的評估。若是實施子宮內膜刮除術，藉由胎兒組織的檢驗，比較容易評估流產起因。如果不是初次流產，也可對組織做基因檢測，有助於評估復發機率，並提供一些終結之道。

◆如果是自然流產，而且身、心兩方面都能夠承擔，可把排出的妊娠物留下來，用滅菌杯或小容器盛裝，以供後續檢驗。妊娠進展到什麼階段。懷胎越久，胚胎的組織越多，越是可能需要仰賴刮除術把子宮完全清乾淨。

◆妳的身心狀況。對孕婦與其配偶來說，胎死腹中之後還要等待自然流產，這在生理和心理上都是一種虛耗。已然夭折的胎兒依然留存在體內，恐怕難以接受流產這件事。趕快走完這個過程，也可以讓妳早點恢復月經週期，等時機成熟，再試著受孕。

◆風險與利益。由於子宮內膜刮除術是侵入性的，所以風險略高（當然還是很低）。然而，對某些婦女來說，越早完全流產，好處遠大於其中的小小風險。採順其自然的方式流產也自有它的風險存在，那就是無法完全把子宮清除乾淨，這麼一來便有賴刮除術來為自然啟動的情況做收尾工作。

◆流產的評估。若是實施子宮內膜刮除術，藉由胎兒組織的檢驗，比較容易評估流產起因。如果不是初次流產，也可對組織做基因檢測，有助於評估復發機率，並提供一些終結之道。

如果是自然流產（雖然身、心雙方面都可能極度難受）可把排出的妊娠物留下來，用滅菌杯或小容器盛裝，以供後續檢驗。

早期流產的分類

如果遇上早期流產，不論正式的醫學名稱如何，一樣會覺得很難過。但是，弄清楚不同種類的流產，或許可以讓妳聽懂醫師所用的術語。

化學性懷孕～化學性懷孕是說卵子已受孕，但是未能成功發育或是完全植入子宮。可能是月經沒來，而且懷疑已經懷孕了；甚至可能驗孕得到陽性反應，因為身體已分泌少量但可測出的妊娠荷爾蒙 hCG。然而若是化學性懷孕，並沒有胚囊或是胎盤，終結時就像是月經一般。專家估計，高達百分之70的受孕是化學性懷孕，而且就算是遇到了也不會曉得。十分早期的驗孕陽性反應然後是月經晚到（遲了幾天到一星期），往往就是化學性懷孕唯一的徵兆。

萎縮卵～萎縮卵（或無胚胎妊娠）指的是受精卵附著至子宮壁，開始發育出胎盤（這會分泌 hCG），但後來無法發育成胚胎。如此留下一個空的胚囊（可在超音波上看到）。專家認為，約半數的早期流產是萎縮卵造成。多半的萎縮卵流產發生於妊娠初期最開始。有的甚至是女子本身都還不曉得已經受孕，而且最後結束時就像是月經來遲。另一些案例是只在做例行超音波檢查時發現，此時（第5或第6週之後）只見到胚囊但裡面沒有胚胎。

過期流產～過期流產是指胚胎或胎兒已死亡，但沒有被排出子宮，至少暫時留著。通常一開始並沒有徵兆（例如，沒有出血），而且某些案例中還會繼續分泌荷爾蒙，讓妳的身體以為依然處於懷孕狀態。通常要到妊娠初期尾聲第一次做超音波時，發現用胎心音儀偵測不到心跳，才知是過期流產。事實上，妳是在毫無心理準備的情況下了解真相，抱著期待能聽到胎兒心跳聲，結果事與願違，更感到痛苦難當。有些孕婦會注意到原有的孕徵消失（不過這現象本身並不表示已經流產了），以及較少見狀況會出現棕色分泌物。

不完全流產～若胚胎已活不下去，有些胎盤組織仍留在子宮內，而部份隨著污血排出，則稱為不完全流產。發生不完全流產時，孕婦會持續腹部絞痛、出血（有時量甚大），子宮頸仍擴張。因為仍有殘留的胎盤組織在子宮內，持續分泌hCG，仍可在驗血時測出，並未如預期般下降。而且仍有部分妊娠組織能在超音波上看到。

不論採行哪種處置，也不管這個痛苦經驗的結束過程是快是慢，這對妳來說都是一種很煎熬的痛失，可參考891頁協助如何面對。

流產與年齡

越來越多年齡較大的婦女懷孕生下健康寶寶，往往是在她們人生得意之時，當然還有另一半往往也是年齡較大。不過平均而論，懷孕年齡增加，流產風險也增加。那是因為年長媽媽的卵子較老（可能另一半的精子也較老），更可能帶有基因缺陷而導致胚胎無法存活。這些胚胎最常流掉。因此，20歲的流產機率為百分之10至15，35歲孕婦則有百分之20機率，40歲的達到百分之40，45歲的流產風險為百分之80。

若是藉由先進的生殖科技受孕，例如試管嬰兒（超過40的婦女更有可能採用），因植入前的基因篩檢，流產風險低（但並未排除），這方法僅把看似健康可存活的胚胎植入，健康妊娠的機會自然被墊高。

葡萄胎

何謂葡萄胎～即卵子受精後沒能導致正常懷孕，成為一團不正常的胞囊（又稱水囊狀胎塊），但是並無胎兒。某些情況下，會有可看得出來的胚胎或胎兒組織（但沒能發育），此時稱為部分葡萄胎。

葡萄胎是受精時發生異常，可能是由父親那方而來的兩組染色體和母親那方的一組染色體混合（部分葡萄胎），或根本沒有母系染色體（完全葡萄胎）。這種狀況大都可在受孕後幾週內發現。

妳一定會想要知道……

曾經遇到葡萄胎並不表示復發風險較高。事實上，僅1～2%的女性會再度遇到同樣的情況。

普遍性？幸好，葡萄胎相當罕見，發生率僅為千分之一。孕婦年齡小於20歲或大於35歲，或是之前曾多次流產，遇到葡萄胎的可能性略增。

徵兆與症狀？葡萄胎在一開始看似正常妊娠，但孕婦可能會發現如下症狀：

- 妊娠初期出現深褐色或鮮紅的陰道滲血
- 嚴重噁心、嘔吐
- 偶爾會有不舒服的絞痛

醫生可能會注意到其他徵象，包括：

- 高血壓
- 子宮要比預期來得大
- 子宮摸起來像麵糰般柔軟（而不結實）
- 不見胚胎或胎兒組織，或組織無法存活（若

以超音波檢查）

◆母親的甲狀腺荷爾蒙濃度過高

如何處理？若是超音波檢查顯示是葡萄胎，異常組織必須藉由子宮內膜刮除術清除（請認清，即使裡頭有胚胎或胎兒組織，也沒法存活，也就是說無法發育成寶寶）。後續的追蹤十分重要，要確定沒有變成惡性，例如像是絨毛膜癌（參考左方表格），不過幸好經過治療的葡萄胎甚少會轉變成惡性。

絨毛膜癌

絨毛膜癌是一種極其罕見的妊娠相關癌症（每40000個妊娠僅出現1次），是由胎盤的細胞長出。這個病症最常見於葡萄胎、流產、妊娠中止或子宮外孕之後發生，殘留的胎盤即使沒有胚胎依然會繼續生長。僅15%是在正常妊娠後產生。

這項疾病的徵兆包括：流產、懷孕、或摘除葡萄胎後的間歇性出血；排出異常組織；妊娠中止後，hCG濃度還是很高且沒有回復正常；在陰道、子宮或肺臟出現腫瘤以及（或是）腹痛。

如果被診斷出罹患絨毛膜癌，大可放心。雖說任何癌症都有其風險，絨毛膜癌對於化學治療和放射線治療的反應極為良好，且治癒率超過90%。子宮切除術幾乎絕無必要，因為這種癌症對化學治療藥物的反應甚佳。

更棒的是，若能早期發現早期治療，生育力不受影響，不過通常建議要等絨毛膜癌的治療完成之後再過1年，不再有患病跡象再嘗試懷下一胎。

子宮外孕

何謂子宮外孕？在子宮外著床無法存活的妊娠，謂為子宮外孕（又叫輸卵管妊娠），最常見的著床部位是在輸卵管，通常是由於有東西（例如輸卵管上的疤痕）阻礙或減緩受精卵往子宮移動。子宮外孕也會發生在子宮頸、卵巢或是腹腔。很不幸，子宮外孕無法繼續正常妊娠。

超音波可檢測出子宮外孕，往往可早至第5週。如果未能及早發現及早治療的話，那麼受精卵便會在輸卵管內繼續成長，導致輸卵管破裂，日後就無法把受精卵帶往子宮。此外，破裂的輸卵管如果不加以治療，會造成嚴重、甚至母體致命的內出血以及休克。好在，趕快治療（通常是手術或用藥）便能避免輸卵管破裂並消除母親的風險，同時保有生育能力。

普遍性？約占全部妊娠狀況的2％。易有子宮外孕風險的婦女包括：有子宮內膜異位病史、骨盆腔發炎疾病、先前有過子宮外孕或輸卵管手術，以及抽菸、染有性病、使用只含黃體酮的避孕藥時卻懷孕。子宮內避孕器並不會增加子宮外孕的風險，不過，要是裝了子宮內避孕器卻懷孕，更可能形成子宮外孕。

徵兆與症狀？就和許多流產案例一樣，初期徵兆是不正常出血。不過若是子宮外孕，還會劇烈絞痛，還伴隨著觸痛，通常是在下腹部（通常是開始悶痛然後演變成痙攣和絞痛）。排便、咳嗽、或走動時，疼痛則會加劇。若是輸卵管破裂，可能會在腹腔內大出血，而妳會感到：

- 劇烈腹痛
- 直腸受壓迫
- 肩痛（由於血液蓄積在橫隔膜下所導致）
- 更大量的陰道出血
- 暈眩、昏厥甚至休克

如何處理？如果確定為子宮外孕（通常是藉由超音波和驗血診斷出來），很可惜沒有方法能夠繼續此次懷孕。妳可能需要接受（腹腔鏡）手術移除輸卵管妊娠，或是用藥（胺甲葉酸），中止異常妊娠。在有些個案中，則可以判定出子宮外孕不再成長，並可期待過些時日便會自行消失，因而可以排除手術的必要性。

輸卵管內的懷孕殘留物會損害輸卵管，因此必須追蹤檢驗 hCG 濃度，以確認管中的懷孕物質已被完全清除或被身體吸收。

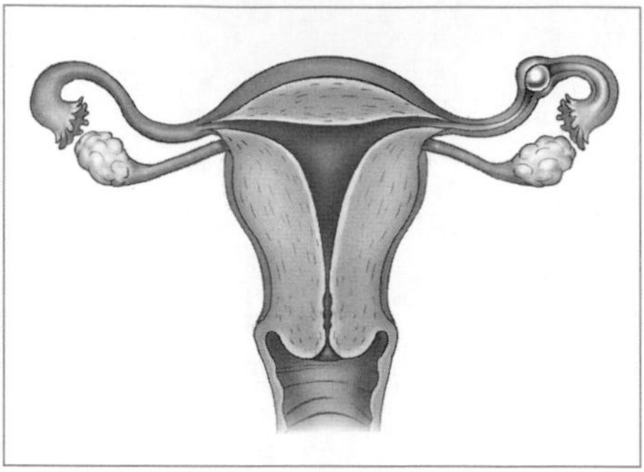

發生子宮外孕時，受精卵在子宮以外的地方著床。圖中，卵子著床在輸卵管內。

妳一定會想要知道……

因子宮外孕而接受治療的婦女，有半數以上會在一年之內受孕並且妊娠正常。

萬一遇到早期流產

早期流產對父母而言，當下固然難以承受，但通常是因為胚胎或胎兒的狀況不正常使然。一般說來，早期流產是一種自然天擇，讓不健全的胚胎或胎兒流失（不健全的原因有出於遺傳上的異常、在子宮的著床不良、母體遭受感染、突發的意外，或其他不明原因），因為此胚胎沒法生存下去。

話雖如此，即便在這麼早期，失去寶寶還是令人十分傷痛。要容許自己傷心難過，這是療癒過程的必要部分。還得要記住，妳的感受不會只有一種，因為每個人都以不同方式領會如此悲傷。或許妳要比預期還更難過，也可能比自己以為更快振作起來，準備好往前邁進，又或者妳會感受到萬般情緒全都湧上心頭。以妳自己的方式和步調哀悼、療癒。把妳的感受與配偶十分要緊，向其他人尋求支持（尤其是同樣經歷流產之痛的婦女）也可能大有幫助。不過，還是要說，覺得怎麼好就怎麼做。別讓惡罪感——流產並不是妳的錯。

適應流產，詳情請參考891頁。做爸爸的可參考903頁表格中文字。

晚期流產

何謂晚期流產？妊娠初期結束到第20週之間胎兒沒法繼續存活，就稱為晚期流產。雖然醫學名詞是「流產」，而且即使寶寶仍然算是活不下來（無法在子宮外存活），更能明顯感受到流產的損失，因為此時已更能感受到妊娠狀況——尤其是妳已經見到肚子鼓脹起來、感覺到孩子踢動，超音波螢幕下讚嘆小小漂亮的五官。可參考894頁，適應如此痛徹人心的損失。

普遍性？晚期流產的發生率約為千分之六。晚期流產通常是和母體健康狀況有關（慢性病，例如抗磷酸脂抗體症候群，或是比較少見的，糖尿病控制不佳），子宮的狀況、子宮頸閉鎖不全（參考052頁）、細菌感染未經治療，或可能是胎盤的問題。有時，晚期流產是由於胚胎的染色體或其他遺傳異常。

徵兆和症狀？晚期流產的徵兆和症狀包括：

◆ 也大量的出血（可能有血塊），特別還伴有腹部絞痛

◆子宮頸已經擴張（產檢時發現）

◆超音波或胎心儀沒有心跳

◆胎兒的活動完全停歇（如果媽媽已開始感覺到持續的胎動）

如何處理？如果出現代表流產的那種大出血以及疼痛痙攣，很遺憾大概沒法做什麼阻止無法避免的自然過程。流產可能已經完全排出，或醫生會需要做刮除術，移除任何妊娠遺留物。若流產並未自動開始，但例行產檢或超音波檢查時發現已沒有胎心音，可能需要入院使用 misoprostol 引產，或施行類似內膜刮除的手術，即擴張宮頸和清宮術（D&E），用來取出胎兒及胎盤。咸認 D&E 要比引產安全，因為感染和出血風險會減低，不過要先和醫生問過不同做法的利弊得失。若選用引產，根據妊娠進展程度，或有可能將孩子抱在懷裡，如此或有助於哀傷歷程（詳見 894 頁）。

晚期流產會讓人心痛，而且身體也會痛，如果有需要可請求用藥。

妳一定會想要知道……

若是可判定晚期流產的起因，就有可能預防悲劇一再上演。如果元凶是先前未被診斷出來的子宮頸閉鎖不全（子宮頸無力），那麼下次妊娠初期便施以環紮法，在子宮頸開始擴張以前便進行，以預防流產的發生（參考 052 頁）。如果是慢性病使然，例如糖尿病、高血壓或肥胖症，那麼在未來懷孕以前，便應該妥善控制。如果是子宮畸型，或因長有肌瘤、息肉而致子宮扭曲，或生有隔膜（有一片組織將子宮腔整個分隔成兩部分），有些個案則可以藉助手術加以矯正。出現抗體誘發胎盤發炎甚或凝血，可在之後懷孕時用低劑量阿斯匹靈和肝素注射加以治療。有些晚期流產的因素，例如像是急性感染，極不可能復發。

寶寶過世後退奶

如且果妳承受著失去寶寶的巨大傷痛，最不願意有其他事情提醒妳原本可以享受當媽媽的樂趣。很遺憾地，雖然妊娠以悲劇收場，身體仍舊會自動發出泌乳信號，而且妳的胸部也已裝滿原本要餵養小寶寶的母乳。這在身心兩方面都極難應付，可是胸部脹痛也會讓妳身受痛苦。冷敷、溫和的止痛藥以及支撐胸罩，有助於把可能感受到的身體不適減到最輕。避免沖熱水浴、刺激乳頭以及由乳房擠出母乳，可協助避免母乳進一步製造。幾天之後腫脹就會消退。

胎死腹中

何謂胎死腹中？只要妊娠過了第20週，寶寶在子宮內沒了，都稱為胎死腹中。大多是在開始陣痛之前發生，不過有小部分的死胎是在陣痛分娩期間發生。過了這麼多個月和腹中孩子建立親密連繫，準備迎接新生兒、感覺並親眼見到寶寶踢動，胎死腹中絕對會讓妳肝腸寸斷。

普遍性？胎死腹中的發生率約為160分之1。孩子會在子宮裡發生不幸，原因可能像是：新生兒缺陷（約百分之15的死胎具有一種以上的新生兒缺陷）；胎兒發育不良（約占死胎的百分之35）；胎盤出狀況（約占百分之20）；臍帶糾纏（約百分之2）；母體身患慢性病，像是糖尿病、高血壓或肥胖症（約百分之10）；還有就是子宮或胎兒感染（約為百分之10）。嚴重外傷（例如，重大車禍或難產期間缺氧）也可能會導致胎死腹中。

徵兆與症狀？如果胎兒活動突然停下來，孕婦可能會懷疑是否孩子已經不行了。超音波檢查會確認胎兒心跳已經終止。分娩期間，可藉由胎兒監測器或都卜勒儀曉得胎兒已沒了心跳。

如何處理？即使寶寶不再有生命跡象，讓妳擔心是否發生慘事，也還用不著盤算要到處公告孩子已死在子宮裡。聽到看不見寶寶心跳的消息，妳大概會落入一團不可置信的悲傷當中。對妳來說，懷著一個不再活生生的胎兒而繼續過著正常生活，這是何等困難，甚至於不可能。據研究顯示，胎兒被診斷為死亡以後，如果將分娩時間拖延三天以上，那麼這位孕婦在產下死胎以後，更可能為嚴重的抑鬱情緒所苦。基於這個緣故，當醫師在決定下一步該如何處置時，會將孕婦的心理狀態一併列入考量。如果陣痛即將開始，或已經開始，那麼胎死腹中的胎兒大概可以娩出。要是未見明顯徵兆顯示陣痛即將開始，那麼究竟要立即進行引產，抑或容許孕婦先行返家，直到陣痛自然開始，這就要看距離足月還有多少時日，同時兼顧孕婦的身心狀況。大多醫生建議要在1至2日內引產。

引產後，會把胎兒、胎盤和臍帶拿去做詳細檢驗，以協助判定為何胎兒會死亡。AGOC建議，經父母同意，所有死胎都應做基因檢測。若父母同意，也可進行解剖檢查。醫生也會建議妳做些檢查，不過多達半數以上的案例當中，檢查到最後也無法判定為何胎死腹中。

妳必須知道的：流產應如何調適面對

個別化的療癒過程

談到如何面對流產或是其他妊娠喪失，並沒有什麼單純的情緒管理藥方可供遵循。每對夫妻面對、調適並整理心情的方式，都不盡相同。也許妳會發現自己極度悲傷，甚至為此變了個樣，而且療癒過程出乎意料地緩慢。或者，也可能處理起來比較就事論事，只把這次妊娠失敗當作是生兒育女必經的崎嶇之路。妳也許會發現難過一陣子之後，很快的就能將此經歷拋諸腦後，並沒有拖延下去，反倒選擇向前看，繼續努力。

有好幾個因素會影響妳對流產的感受：花了多久時間懷上孩子（費時越久，通常越覺得痛苦）；是否藉由生殖科技之助受孕（有時受孕所用到的科技越是先進，失去的感受越深），妳的年齡（如果感覺到生理時鐘帶來的壓力，失落感也可能會更強，因為會擔心「快沒時間了」）；懷孕的週數（懷胎越久，越有時間和腹中孩子建立情感連繫）；還有之前曾經流產過多少次（每流產一次，哀痛就會累積，或可能導致某種無助感，甚至不再有所反應）。做爸爸的也會悲傷，但方式不太一樣

（參考898頁）。

記得，只要妳認為正常，那就是對於妊娠喪失的正常反應。為求療癒繼續過日子，要能真實領會自己的感受。

無論為何或何時流產，都會造成深層的痛苦。每個人都以不同方式處理流產，以下提出一些建議方案。

✿ 如何應付妊娠初期流產

對準父母來說，在懷孕極早期流產，並不表示傷痛會比較淡薄。即使根本沒見過這個孩子，或許只有超音波檢查時打過照面，妳仍然清楚知道有個生命在自己身體裡成長，而且彼此之間可能已經有所連繫，不論多麼抽象。突然，幾個月以來（甚至是幾年以來、幾十年以來）的興奮之情一瞬間被迫中止，可以想見，妳會為此難過心碎，生氣這一切居然發生在妳身上，妳可能憤恨懷孕或有小孩的親朋好友。一開始，妳可能會睡不著、吃不下，無法接受事實，也許會哭個不停，或者一滴眼淚也流不出來。以上都是面對妊娠喪失時可能會出現的自然反應，要記得，這些反應都是再正常不過了。

有些夫妻能以平常心看待初期流產，很容易就接受這次妊娠沒法成功，準備好繼續向前，並且迫不急待要再努力嘗試。另一些人覺得相當困難，甚至某些案例中，就和應付後期才發生的同樣艱難。究竟是為什麼呢？首先，因為好多夫妻一開始對懷孕這件事守口如瓶，即便是至親好友也不例外，一直要到第三個月過後才敢四處報喜，這意味著難以獲得支持。縱使是得知懷孕、甚或被告知流產消息的人，他們所提供的支持還是會比後期流產時來得少。他們會以這樣的說詞來淡化妊娠喪失的嚴重性：「不用擔心，可以再試試看！」或是說「這麼早就流掉算妳運氣好。」他們無法理解不管什麼時候失去孩子，都是莫大打擊。

話雖如此，萬一流產的話（或是子宮外孕，或是葡萄胎），千萬別忘了妳擁有悲傷的權利，也有此需要。用妳的方式來表達悲傷，有助於面對傷痛，最終可以邁步向前。

若是沒有留下什麼實體足供道別，多少會比較難以說再見——這是復原過程當中相當重要的步驟。或許可以考慮舉行一場小型追思會，觀禮的來賓只限於非常親近的至親密友，甚至只有妳的伴侶。妳也可以私下一對一、透過支持團體或上網，和其他有初期流產經驗的人分享妳的內在感受。有許多婦女在育齡年間至少流產過一次，所以妳會很驚訝地發現，相識的人當中，原來有這麼多人具有相同的經驗，只是從來不曾向妳吐露，或是根本絕口不提。如果妳不願把自己的心情公開，或覺得沒有必要，那就別做，對自己有益處的話才採取這個方法。許多針對那些較後期妊娠喪失的因應方法，也會有所幫助。

要接受這樣的情形，讓流失的孩子在妳心中永遠保有一席之地，並容許自己在早夭孩子的預產期週年，或發生流產的週年，甚至是多年以後，感到悲傷或沮喪。如果覺得有所助益，可規畫在那個時間做點振奮心情又能紀念的事情（至少在最初幾年），包括栽種一些新的花草或一棵樹、在公園內恬靜野餐等。

哀悼流失的孩子儘管正常（而且對於適應於原本生活也很重要），可是心境也該隨著時間而逐漸好轉（許多婦女要花6個月時間才會覺得好過些，還有的會長達兩年之久）。要是做不到，或持續難以面對每天的日常生活——食不下嚥或睡不安眠，無法專心在工作上，變得孤僻和親友不相往來，或是一直覺得十分焦慮（流產後，焦慮要比憂鬱更為普遍），恐怕就得尋求專業諮商甚至其他治療師協助，幫助妳復原。關於如何調適流產，參考897頁表格中文字。

提醒自己，妳可以再次懷孕，生出健康娃娃。大多數的婦女只是一時流產，而且這現象正表示妳有生孕能力。

產後憂鬱症與妊娠喪失

失去孩子的父母大有理由感到悲傷。不過，有些人的悲傷情緒會受產後憂鬱症甚或焦慮影響，更為加深。若不去理會，產後憂鬱症會讓妳無法經歷邁向療癒所必經的悲傷階段。雖然產後憂鬱症很難和失去孩子所帶來的憂愁情緒區分，不論是哪種抑鬱心情都需尋求協助。如果出現憂鬱症的徵兆，譬如對日常活動失去興趣、無法入眠、沒有食欲、極度悲傷影響到行為能力，別猶豫，馬上尋求幫助。告訴負責產檢的醫生，或是平常去看的醫師，請求轉介給心理健康的專業人員。治療可以幫助妳過得好些（如果有必要的話，還需用藥）。

如何應付妊娠中期流產

「流產」兩字幾乎總是會讓人想到痛苦、悲傷——再怎麼說，不管何時失去孩子都是個傷痛的事情。不過「流產」也幾乎總是發生在妊娠最開始那幾週，那時在體內深處孕育的新生命特別脆弱、抽象、無法觸及，那時小倆口往往還把這個喜訊保護得很好，怕愛得太深難以承受失落的苦楚。妳有為了流產做過什麼準備嗎？當然沒有，但是如果真的發生了，即使沒能接受，至少妳在妊娠的初期比較合乎妳的預期。

正因為如此，妊娠中期流產帶來相當重大的

衝擊。這個時候發生，讓妳毫無防備——開始見到、甚至感覺到肚子裡有個實實在在的生命。原本只是一團細胞，然後成了小蝌蚪，神奇地變了胎兒——如果妳之前不敢做太多想像它的未來將會如何，到了妊娠中期，這些夢想幾乎可以肯定已經開始了。一切都很正常，一切都恰到好處，妳總算可以鬆口氣。

可是，突然之間不再正常——出了什麼可怕的錯誤。悲痛與震憾可能會讓妳透不過氣來，不知是否還能好好呼吸——還會一直要問，為什麼會這樣？如果有什麼問題，為什麼不在妊娠初期就發生，至少那時妳還對此機率有心理準備。妳花了那麼多星期那麼多個月和寶寶建立起情感，而且肚子也凸了起來，甚至說不定已能感受到生命的悸動，為什麼要挑這個時間發生憾事？究竟是為什麼會給我遇上？

而且，就像是孩子沒了這消息還不夠讓人心碎，妳可能還得去醫院承受陣痛分娩之苦。經歷把孩子生下來的過程，卻不能把寶寶帶回家，確實是件難以承受的沉重負擔。身處醫院裡充滿喜悅的一角，欣喜的父母們在此慶賀新生命　生，妳卻是來這面對悲劇結局。更過份的是，回家之後，兩手空空心碎片片，除了心情需要療癒，還得應付身體復原的挑戰。即使妳不需經歷陣痛分娩而是採子宮內膜刮除術或擴張宮頸和清宮術，依然要面對上述情況。

如果可以讓妳選擇是否要把寶寶抱在胸前仔細端詳，請慎重考慮清楚。雖然抱著才失去的小小生命可能覺得不太自然，當時間過去，能再回過頭來看的時候，憶起曾有那麼一段短暫的相處時光，或許可以提供若干慰藉。這麼做也有助於讓孩子不在的事實更為落實——雖然這痛苦的事實可能是妳避之惟恐不及，卻能幫妳展開邁向療癒之路必經的悲傷歷程。

對準父母來說，在懷孕極早期流產，並不會表示傷痛會比較淡薄。無論何時流失胎兒，隨之而來的悲傷情緒絕對真實。即使根本沒見過這個孩子，或許只有超音波檢查時打過照面，妳仍然清楚知道有個生命在自己身體裡成長，而且彼此之間可能已經有所連繫，不論多麼抽象。從發現自己懷孕的那一刻開始，就有各種關於寶寶的白日夢，想像自己當媽媽的樣子。突然，幾個月以來（甚至是幾年以來、幾十年以來）的興奮之情一瞬間被迫中止，可以想見，妳會為此難過心碎，生氣憤恨這一切居然發生在妳身上，妳可能會躲著親朋好友（尤其是懷孕或有小孩的）。一開始，妳可能會睡不著、吃不下，無法接受事實，也許會哭個不停，或者一滴眼淚也流不出來。以上都是面對妊娠喪失時可能會出現的自的反應，要記得，這些反應都是再正常不過了。如果可選的話，也可以考慮弄一個紀念資料本或回憶盒，把寶寶的足印、手印、一縷髮絲、相片，全都收藏起來。談到的時候用名字稱呼——要是之前還沒取個名字，現在不妨為它挑一個。如果你想要的話，和醫生、護士和悲傷諮商師討論埋葬或火化孩子的不同做法。不過要記得，在這令人心碎的時刻，妳和另一半覺得怎麼做才對，就怎麼做——不要覺得被迫非得依循別人所建議的方式不可。

究竟會感受到多少痛苦，又會持續多久？悲傷沒有時限，既不嫌多也不怕少。每個人都不一樣，妳只需以自己的方式，按照自己的步調療癒。——和另一半去度個假，和其他也曾遭遇類似情況的婦女在線上聊天，或者（如果有辦法的話）嘗試馬上再懷一胎。也許很快就會覺得舒緩得多，也許要花很長時間。不論如何，都完全正常。關於艱難的調適過程，參考897頁表格中文字。

最後，要記得（而且要再三提醒自己），並不是妳害孩子流掉，而且流產不是妳的錯。不管是否找到造成流產的原因，一定要記住這一點。

艱難的適應過程

遇到流產，妳不僅是為寶寶傷心，更是為了希望、夢想和原本以為即將到來的新生命而悲痛——雖然尚未出生卻好像已活過許久。悲傷的過程再怎麼艱難，都算是要向那個生命致敬，紀念寶寶在妳肚子裡那段期間兩人建立起的感情連繫——要讓自己的悲傷情緒充分舒發。以下幾項或許可助妳適應面對：

◆讓時間化解。悲傷過程通常包含好幾個步驟（包括否認和孤立、氣憤、沮喪和接受），不過每個人都以不同方式體驗、恢復。只要感覺前進的時候到了，不用匆忙，但也無需留連。

◆以自己的方式領會。也許妳會覺得易怒、脾氣差、焦慮、沮喪。即使愛妳的人陪在身旁，還是感到孤單、空洞。或可能妳感覺到悲傷情緒來得快去得也快，又滿懷希望想要再試一次。這一次都很正常。

◆如果需要的話大可哭出來。只要覺得自己有此需要，多久多常都沒關係。要是不想哭，也是可以的——同樣再正常不過。

◆寫下來。逐日記錄妳的感覺——悲傷的、焦慮的、氣憤的，不能和別人分享的。

◆放下罪惡感。不管是在妊娠的早期還是晚期流產，幾乎每位失去寶寶的媽媽都會想方設法責備自己。也許妳會回顧之前所吃所喝的任何東西，每回把妊娠維生素吐掉或忘了吃——或妳會覺得說不定是運動太認真或做愛，或提過重物或工作上的壓力。也許妳會怪罪對於身懷六甲生出矛盾情緒，要是懷孕並非出於計劃更是如此。這些自責的感情再也正常不過，女人都常會這樣，可以理解。其實呢：事實上失去寶寶並不是妳的錯。妳不需負擔責任。如果妳難以放下罪惡感，要去找專業支持。

◆要認可做爸爸的也是同樣悲傷。失去寶寶的爸爸，可能會和失去寶寶的媽一樣那麼哀痛——只不過他們表達還有處理的過程不同。表面上的理由像是：寶寶在妳肚子裡，寶寶也是在妳肚裡沒了。不過，也可能是因為他想要為了妳表現得更加堅強（請記得，好壞尚且不論，荷爾蒙的設計、文化的訓練和傳統的教養，就是這麼打造男人）。他的痛苦感受可能因挫折感而更加嚴重，甚至是因沒法做到男人自以為應做到的事情而氣憤（還是一樣，無關好壞）：保護，修復。他

沒能保護兩人共同創造出的孩子，也沒法修復已發生的悲劇。他可能哭不出來，或可能努力不要在妳面前哭，可能會禁欲，也可能退縮，或者用工作或其他活動分心——這些做法都不表示他沒有感受到妳的那種痛苦，也不表示心痛沒那麼真實。如果妳發覺另一半就是這麼回事，而且行有餘力，可鼓勵他把心情與妳分享。和另一位也曾失去寶寶的爸爸談一談，說不定會有幫助。不過如果另一半根本不願談自己的感受，也要諒解才好。讓他以自己的方法度過傷痛，和妳以自己的方式面對一樣。

◆彼此相互關照。哀傷這種事可能過於個人。妳和另一半可能會沉迷於自己的痛苦當中，沒留什麼能量可以關照對方。不過要記得，你們兩是一起成功有了寶

寶，也是一起沒了寶寶，如果能一起為寶寶哀悼，療癒得最好。雖說一定會有時候想要自己一個人靜一靜，也要留些時間和另一半分享心情。可考慮一起去尋求悲傷諮商，往往會比個別諮商效果更好。或可參加夫妻一起的支持團體。不僅有助於讓兩人都舒緩些，也可以幫助保有雙方關係，甚至更為加深。

◆不要單獨面對外界。如果害怕友善的面孔探詢寶寶狀況如何，可請一位朋友作陪，在前幾次面對外界時上場代打。要確定妳工作的場合、其他經常光顧的地方，都有接到通知說明妳沒了孩子，也就用不著額外多花時間解說。

◆要理解有些親朋好友並不了解該說什麼。有些人可能會不舒服而退縮。另一些人可能會說些話幫不上忙反而造成傷害（像是「哦，再接再厲就好啦」）。雖然他們絕對是出於好心，可能不曉得另一個寶寶也沒法取代失去那個的地位，而且早在孩子出生之前爸爸媽媽就已和他們建起連繫。如果經常聽到傷人的言語，請一位親密的朋友或親戚告訴他人知道，妳情願他們只說真是遺憾。

◆向有經驗的人尋求支持。妳可在為了失去寶寶的爸爸媽媽所設當地或網上支持團體（試試 compassionatefriends.org，或國內的 share.org）。不過要試著別讓此等團體變成抱著悲傷不放（而不放手）的方法。

◆照顧好自己。面對痛苦心情，個人的生理需求可能是心裡佔有最不重要的地位。萬萬不可。好好進食，充足睡眠還有運動，不僅在於維持健康，也有助於恢復。

三不五時要中斷一下脫離悲傷境地，看場電影或上餐廳享用美食。如果妳覺得回復正常生活恐怕算是背叛了逝去的孩子，或可協助在精神上請求許可再享生命。妳可試著用「一封信」的型式這麼做。總而言之，要讓這生繼續下去，就得繼續活著。

- **轉向宗教救贖。**如果覺得宗教可帶來舒緩平和。對於某些悲傷的爸爸媽媽來說，信仰是個很大的慰藉。至於另一些人，悲劇會讓他們懷疑自己的信仰。還有的，宗教不是答案，而有可能是靈性。再次強調，悲傷取決在妳，抉擇也在妳手上。
- **痛苦會隨時間淡化。**一開始，每天都不好過，然後會摻雜幾個日子還不錯——到最後，好過的日子會多於不好的日子。完全康復要花上將近兩年時間，不過最糟的狀況通常會持續3到6個月（有些人只需幾個星期）。如果過6到9個月之後，悲痛之情依然是妳的生活重心，要是沒法集中精神或難以應付日常生活，或是對別的事情都提不起勁，請尋求協助。要記住，產後憂鬱症也可能會讓療癒過程渾沌不明；參考894頁表格中文字。

如何面對重覆流產

承受一次流產就已經夠難受的了。如果遇到一次以上，可能會覺得又更極度困難——每回遭受打擊，就比上一次又更加難挨。妳可能感覺受挫、沮喪、憤怒、生氣以及/或無法專注於日常生活（或除流產之外別的都不在乎）。不僅心理要比身體花更久時間療癒，悲傷感也會淡化。此外，痛苦的情緒會導致身體症狀，包括頭痛、沒有食欲或狂吃、失眠，極度勞累。（有些夫妻就連反覆流產都能就事論事來看，那也完全正常）。

時間也許無法療癒一切——總是有一小塊心被取走——不過最終總是會有所助益。在此同時，知識會有很大力量（儘可能找出可能是什麼造成妳流產，妳和醫生可以採取什麼措施預防下次再次發生；參考043頁），不過耐心和別人的支持將會是最好的藥物。和其他曾經遭受同樣痛苦的人分享心情，也可以多所幫助。最重要的是要試著放掉任何罪惡感或自責。遇到多次流產的女士往往會認為是自己身體出問題，無法達成最根本的女性功能。然而流產絕非妳的錯。反而應該要試著專注於妳之前有多強（即使並沒有一直都感覺到），想要有個孩子是多麼有決心。

代理孕母，依然是個人損失

若是一對男女完全無法受孕以及（或）沒法自己把胎兒養大，往往會把代理孕母視為「帶來新生命」。但是就和傳統方式受孕的妊娠一樣，代理孕母有時也會以流產或死胎告終。如果代理孕母遇到流產，依然可能像自己懷胎失去孩子一樣極度痛苦——要是妳在找代理孕母協助之前就曾經流產，可能會覺得命運真是折磨人。代理孕母應該是個奇蹟，終於能夠把妳和另一半長久以來期盼卻無法自然辦到的寶寶帶到世上。經濟上的支出可能很龐大，但情感投入更大得多。

雖然失去孩子不是發生在妳身上——甚至並不是用妳的卵（或另一半的精子）受孕——妳還是會像遇到這種狀況的夫妻一樣五味雜陳，心碎、生氣、憤怒（甚至是針對代理孕母）、罪惡感，無一不有。而且妳也有權感到悲傷。本章可協助妳度過這個過程。

✿ 如何應付生產期間或產後死胎

孩子有時候是在陣痛或分娩期間死亡，有時候則是一出生便過世。姑且不論是哪一種情形，妳的世界都會因此崩潰。好幾個月以來都在等著這個小孩，而今卻只能兩手空空地回家。

世界上再大的痛苦，恐怕都比不上失去孩子所帶來的傷痛。此時此刻，雖然難以完全消除妳所感受到的心情，還是可以採取一些步驟，緩和無可避免的悲傷心情：

◆ 看看孩子，抱抱孩子，為孩子取名。要接受失去孩子的事實，並從這個傷痛中復原，悲傷是必經的路，可是要哀悼未曾謀面又沒有名字的孩子，這就有所困難。縱使孩子是畸形的，專家還是建議看一看孩子，要強過沒有見過面。把孩子抱在懷裡，為它取個名字，這會讓死亡對妳來說更為真實，也更容易從中復原。簡單的一些動作可以達成目標，不然也沒機會了：洗個澡、換尿布、穿衣服，用布包起來、親一親。之後回憶時，盡量專注意在妳想記得的那些細節——大大的眼睛、長長的睫毛、漂亮的手和細緻的手指頭、以及一頭濃密的頭髮。如果妳還沒給孩子取名字，可考慮現在做，這樣妳就能有個名字永遠留念。

◆ 尋求必要的支持。有些陪伴婦特別專門協助悲傷的父母適應。醫院也有悲傷諮商師可提供協助。尋求所需協助。

◆ 如果暫且不想，千萬別急著說再見。要求足夠時間充分利用。有些醫院可能會提供CuddleCots，這種冷藏設備可以讓父母親有更多時間與寶寶相處、道別。

◆ 收集和寶寶有關的紀念物。照片或可考慮畫像（NowILayMeDownToSleep.org 可提供協助），還可以考慮留下寶寶的手印、足印、一撮頭髮，日後當妳思及失去的孩子時，可以握有實質的遺物追憶。

◆會有人請妳同意進行基因檢測，還可能對寶寶做屍檢。如果妳決定這麼做，試著不要逃避事實，不管多困難都一樣。和醫師討論解剖報告和其他醫療報告，幫妳接受這個已發生的事實，並且助在妳決定未來懷孕時有所助益。

◆要求家人留下家中妳為孩子所準備的一切。回到家裡，如果當成一副好像什麼都沒發生過的樣子，只會更難接受過去所發生的種種。最好是由妳自己親手動手打包送走這些東西。

◆視需要私下紀念，或是舉行公開儀式。安排一場葬禮，土葬或火化，讓妳有個重要的機會說再見。如果要辦紀念會，想怎麼辦就怎麼辦。也許是個完全私人的典禮，只讓妳和另一半分享彼此的情緒，或者是邀請親朋好友或鄰里街坊共聚一堂與妳作伴。

◆如果有幫助的話，可用孩子的名義做些你覺得有意義的事情。在自己的後院或社區公園裡種一棵樹，或新種一片花圃，藉以紀念妳的孩子。捐贈書籍給專為貧困孩童設立的托兒機構；或是捐款給協助弱勢孕婦或新手媽媽的機構或者診所，或是修建兒童遊戲場的組織。

寫給爸爸們

「男人也會悲傷」

寶寶要靠兩人一起才能受孕。驗出懷孕時兩人一起慶祝。一起看超音波照出的影像。一起查看孕程app了解孩子按週成長發育，從藍莓那麼小到桃子那麼大，甚至還更大。一起計劃、盼望、作夢、想像為人父母的生活，三人的家庭等等。一起猜測（可能還一起曉得）寶寶是男是女，一起為寶寶取名字，挑選生產時的作法，甚至說不定還一起去參加媽媽教室，或登記好寶寶用品禮單。

然而，一瞬間，這些計劃、希望和夢想全都完蛋。不論是發生於妊娠前早期或後期，甚或剛要出生前後不久，你們倆一起造出的寶寶沒了。兩人同樣陷入悲痛當中——雖說是同悲，也許各有各的方式。

失去寶寶所帶來的悲傷，可能會有各種型態、外觀，強度與程度，有好多因素與之相關（包括已懷孕多久、花多少時間受孕、懷孕是否在計劃當中），當然爸爸和媽媽的反應也會不同。我們可以說，媽媽難過的不僅是抽象概念（和寶寶一起過生活的白日夢和想像），也有身體上可感受到的實際損失。再怎麼說，你

們一起造出的寶寶是在另一半肚子裡生長發育。可以想見，也可以預期，人們的同情都會以另一半為主角——擁抱、安慰、協助甚至是醫療。支持的網絡會針對如何助她調適，而且你也會成為提供支持的人之一。可是你自己怎麼辦？什麼時候才輪到你悲傷呢？

在你克服傷痛往前邁進的路上，要記得以下幾點：

那也是你的損失。人們可能會說：「很遺憾她的孩子沒了。」失去兩人共同創造的孩子，甚至連你自己都會說是「她失去孩子」。然而，為了能悲傷而後療癒，就需要承認既然是兩人一起造出寶寶而且計劃共同撫育孩子長大，當然是一起沒了孩子。或許表達、處理悲傷的方式不一樣，但那也是你的損失。

悲傷是個人的事。遇到流產或死胎，每個

的人悲傷各不相同，爸爸和媽媽也不同（妊娠失敗或孩子沒了的人都是如此——男女差異在這方面並無不同）。也許你能很快度過，或者要比較慢才會化解。也許強度出乎意料，或者比你原本預期少得很。應該有什麼感覺，或該持續多久，並沒有什麼需要遵循的規則——對另一半來說也是同樣道理。

堅強的人依然會難過。荷爾蒙會讓男女的基本構成不同，然而文化的預期也有作用，這兩者都會影響到你對於流產的反應。你可能會自動轉換成「保護者」角色模式，依需要變得堅強起來——要是另一半特別柔弱，就得變得更為堅強。她哭得越慘，你可能越是覺得必須忍住眼淚，戴上勇敢的面具。不過若是有辦法，要儘量別讓那面具妨礙情感流露。儘一切努力，做她的堅實後盾，但三不五時要視需求讓情緒有所發洩。最重要的是，依自己感覺行

事。如果覺得難過，也沒有問題。如果要哭，那也沒問題。如果情緒不太有起伏，也沒問題的。

一起會更有效率。有時小倆口各自為了流產而暗自傷悲，不過這種做法並不足取。往往這是因為溝通不良而且表態矛盾所致，男方想要表現堅強的一面，女方則因此以為流產對他來說並沒有那麼嚴重。女方轉而去找別人尋求支持，卻沒人想到要幫他一把。或者，女方沉溺於自己的悲傷情緒（以及身體承受的後遺症），甚至沒能了解其實男方也是心中悲痛。然而，研究顯示如果兩人一起攜手度過，療癒比較快——克服悲傷情緒的最有效率方法就是要彼此分享，不能靠各自努力。即使你覺得一開始很難面對彼此，至少要彼此作伴。兩人一塊參加諮商，效果特別好。了解到悲傷往往會讓夫妻更加緊密，而且一起承受痛苦有助於兩

人皆能好好面對傷痛，並獲療癒。

找出自己的一條路。打從一開始，這件事是兩人協力。不過，說不定你得要為自己的悲傷情緒另外找個出口。或許可以向朋友尋求支持，尤其是曾經有相同經歷的更好。或是上網找找同樣遇到流產狀況的爸爸。也可能你寧願獨自一人品嘗。偶爾，心中悲苦的爸爸會轉而從酒精或娛樂用藥尋求舒解——不過雖然這些東西可減輕痛苦，但可別忘了這種做法並不能解決問題，別把目標和手段搞混了。若你遇到上癮或沮喪的徵象，馬上尋求必要協助。

痛失雙胞胎其中之一

痛失其中一個雙胞胎的父母（或是三胞胎或四胞胎的其中多個），必須在同一時間慶祝誕生卻又哀悼死亡，妳可能會覺得太過衝突而難以調適，可是這兩者都是極其重要且不可或缺的過程。如果能理解自己何以會有這樣的感受，或許就能夠幫助妳好過一些。可能會有的感受如下：

寶寶專屬的安寧照護

如果寶寶恐怕會胎死腹中或生出之後沒法存活太久，有許多醫院、安寧病房以及診所可為依然願意懷胎到底的家庭提供安寧照護方案。它們會照顧做爸媽的，也會帶著尊重和憐惜之心鄭重看待腹中胎兒。請上網站perinatalhospice.org，可找到一個清單，依州別載明各種不同方案。

如果已被告知寶寶出生後大概沒法存活多久，一旦用盡各種挽救生命的努力，也可以將健康器官捐給有需要的小孩——這麼一來，可為妳自己的慘烈損失帶來些許撫慰。遇上這種狀況，新生兒專家或有辦法提供有用資訊，協助妳在身、心兩方面為此做好準備。

◆覺得心都碎了。擁有一個孩子的事實並不會化解失去另一個孩子的哀傷。即使歡慶其他孩子的誕生，妳仍有權利為失去的孩子感到哀傷。事實上，感到悲傷是療癒過程的重要部分。依據上一節為悲傷父母所提供的方法，可以讓妳更容易接受孩子去世的事實。

◆也許會覺得高興，但不知該如何表現。為倖存的那個寶寶感到興奮，似乎多少不太適宜，甚至對不起沒能活下的那位。有這種感覺很自然，但妳必須試著放掉這種想法。好好疼愛、照顧活下來的兄弟姊妹，是紀念去世寶寶的最好方法——而且，這也是為了活著的寶寶著想。

◆也許想要慶祝，但不知是否合宜。寶寶新生，總是值得慶賀，就算傳來的消息是憂喜參半。如果舉辦新生兒歡迎會，卻沒能公開妳失去了一個孩子，會讓妳覺得不舒服，可以考慮先為逝去的那位寶寶辦個追思會或葬禮。

◆可能把寶寶的死看成處罰，或許是因為妳不確定自己想要或能處理養育多胞胎的工作，或因為妳想要女孩更甚於想要男孩（或反過來）。雖然這類罪惡感在遭遇各種流產之苦的父母親身上十分普遍，卻是完成沒有根據。妳做的事（或心中的思緒、想像或期望）都不可能會導致失去孩子。

◆也許會覺得失望，不能擁有多胞胎。失去這種興奮的感覺會很難過，特別是為了迎接多胞胎，這幾個月已做了許多想像和計畫。看到那些多胞胎用的整套嬰兒用品，可能感到非常遺憾。別感到罪惡，這完全合情合理。

◆也許會害怕難以和親戚朋友解釋自己的狀況，尤其是這些人都好期待著雙胎胞的生。為減輕這項負擔，可以委由一位朋友或近親把訊息散播出去，就不需親自說明。一開始幾個星期，出門的時候可以找個人陪妳同行，如果遇到有人提問，便可以幫忙解釋其中原委，免得妳必須開口重提傷心事。

◆也許會難以應付親戚朋友的反應和評語。親戚朋友為了幫忙，在歡迎活著的孩子時，可能會大肆慶祝，可是對夭折孩子卻絕口不提。或者，他們會要妳忘掉那個孩子，好好珍惜活著的寶寶。這些行為和話語雖然出於善意，卻可能讓妳十分沮喪和受傷。不要猶豫，把妳的感受告訴大家，尤其是比較親近的人。

◆也許會覺得太過沮喪，難以照顧新生兒，或者，如果還沒分娩，變得不能好好照顧自己，為寶寶提供最佳保障。可別被不開心或矛盾情結打敗，會有情緒很正常，完全可以理解。然而，務必要確認自己得到必要的協助，讓孩子的身心需求都獲得滿足。支持團體能幫上忙，諮商也會有所助益。

◆也許會覺得自己孤立無援，深陷痛苦深淵。從曾有相同遭遇的人那裡獲得支持，會有莫大的幫助，可以從當地的支持團體或上網找到這類的支持。不妨聯絡多胞胎喪失服務中心（CLIMB），網址是climb-support.org。

這樣的狀況，可能引發出各種情緒，不論現在的感受如何，給自己一點時間。隨著時間流逝，妳的心境一定會逐漸好轉，生活也會過得更好。

流產後繼續嘗試懷孕

流產之後，下決心再次嘗試懷孕生子，並不是那麼容易，更不像妳身邊的那些親戚朋友想得那麼簡單。這是個重大的個人決定，也可能會是個痛苦抉擇。判斷是否（以及何時）再試一次的時候，可考慮以下幾項：

◆失去一個（或更多）孩子，需要勇氣才能再試一次，也需要眾多支持。

◆每個人各自有合適的機緣。也許只需短時間，就覺得情感上做好準備，就可以再嘗試受孕，或許得花費更久時間。不需逼迫自己（或被別人逼迫）太快努力；也別三心二意或自我設限而做些不必要的等待。順著自己的心，心理創傷痊癒、已準備好可以再試一次的時候，自己就會察覺到。

◆生理方面也必須準備就緒。找醫生檢查妳的狀況是否需要等待。通常，只要做好心理建設覺得沒有問題，就可以開始嘗試（而且要等排卵週期穩定）。事實上，研究顯示，流產之後最開始3次月經的受孕機率要高於平常。如果有必要等上一段較長的時間（若是葡萄胎，可能就要如此），如果尚未就緒，利用機會把體質調到最佳狀況。

◆再次懷孕心中可能會增添疑慮。如今妳已經曉得，並不是所有妊娠都能得到好結果，也就是說，不再把一切都視為理所當然。妳可能會比之前更緊張，尤其是度過上回妊娠失敗的那個週數之前，要是分娩時或剛分娩完才發生不幸，那麼整個懷孕期間都可能忐忑不安。妳大概會節制自己的興奮之情，也許是不安多過欣喜，這狀況如此強烈，甚至遲遲無法與新生兒建立親子連繫，直到不再害怕愛了之後又再失去。也可能會極度在意各種妊娠症狀：有的會帶來希望（胸部發脹、孕吐、頻尿），而有些讓人焦慮（骨盆刺痛、腹部絞痛）。當妳遇到其他妊娠失敗之後又再度懷胎的婦女，就會發現這一切都完全可以理解，而且也是完全正常。但要確定，如果這些情緒讓妳無法顧及新的妊娠狀況，立刻尋求協助並找出解決之道。

期待最終的獎賞——迫切地想抱在懷裡的寶寶，不要回想之前失去的孩子，可以讓妳保持積極進取。銘記在心，曾經遇過妊娠失敗或嬰兒產出後過世的婦女，絕大多數都能再接再厲，正常懷孕並生育完全健康的寶寶。流產後再度嘗試的詳情，請參考《*What to Expect Before You're Expecting*》。

附錄

媽媽和寶寶孕期健康檢查表

第 3 個月	第 2 個月	第 1 個月

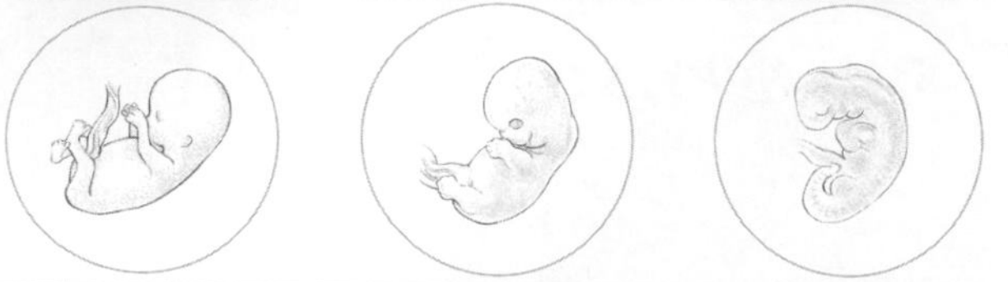

第 3 個月	第 2 個月	第 1 個月
2.5 ～ 7.5 公分	0.2 ～ 1.2 公分	比芝麻小

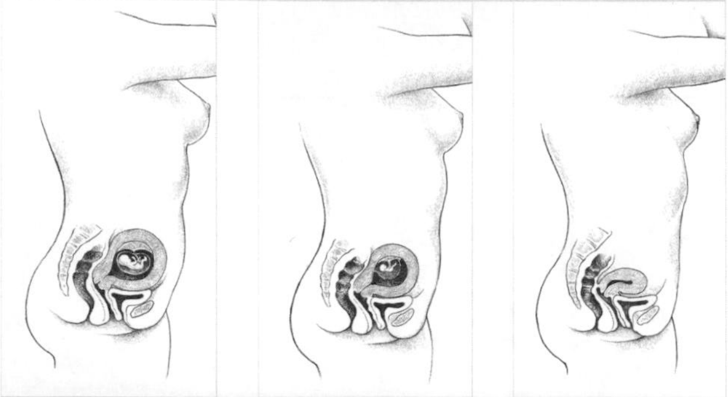

本月的產檢項目

第 3 個月	第 2 個月	第 1 個月
□ 體重和血壓	□ 體重和血壓	□ 確認懷孕
□ 驗尿 ※	□ 驗尿 ※	□ 完整病史
□ 手腳浮腫	□ 手腳浮腫	□ 血液檢查 ※
□ 腿部靜脈曲張	□ 腿部靜脈曲張	□ 驗尿 ※
□ 胎心音	□ 任何特殊徵狀	□ 血液篩檢 ※
□ 子宮大小、形狀	□ 列出妳的疑問	□ 傳染疾病檢查
□ 子宮底高度		□ 子宮頸抹片檢查
□ 任何特殊徵狀		□ 遺傳疾病
□ 列出妳的疑問		□ 血糖檢驗
詳見 288 頁	詳見 247 頁	詳見 199 頁

※ 血液檢查：血型、Rh 狀態、hCG 值、貧血。
※ 驗尿：尿糖、尿蛋白尿血球、潛血反應、細菌感染。
※ 血液篩檢：抗體數值。

孕婦體重變化

第 9 週：	第 5 週：	第 1 週：
第 10 週：	第 6 週：	第 2 週：
第 11 週：	第 7 週：	第 3 週：
第 12 週：	第 8 週：	第 4 週：
第 13 週：		

第 7 個月	第 6 個月	第 5 個月	第 4 個月
			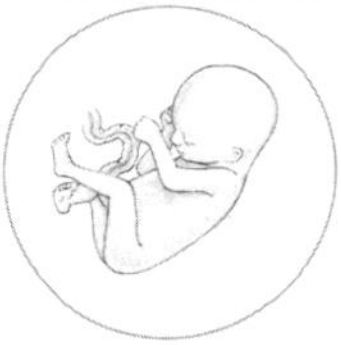
40 ～ 46 公分	20 ～ 38 公分	14 ～ 20 公分	10 ～ 13 公分
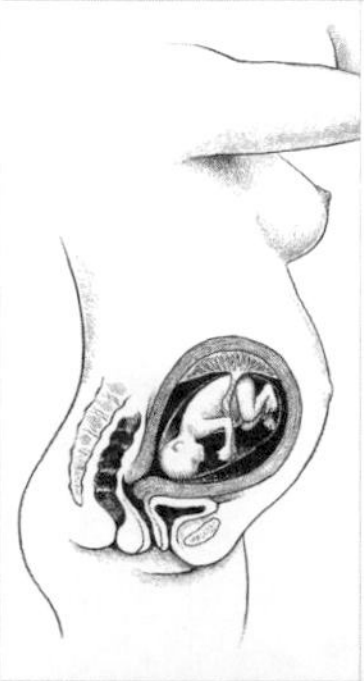	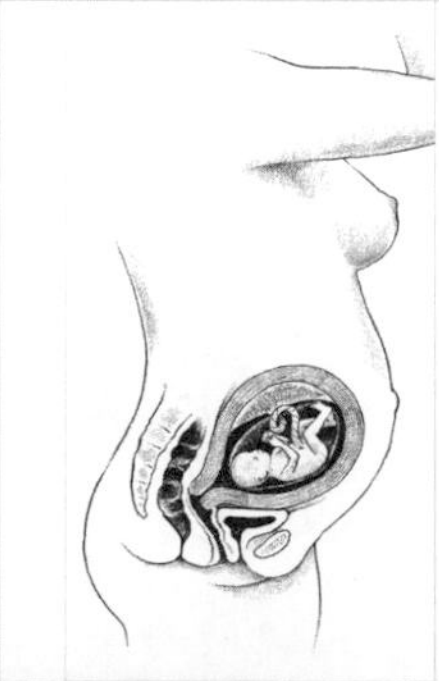	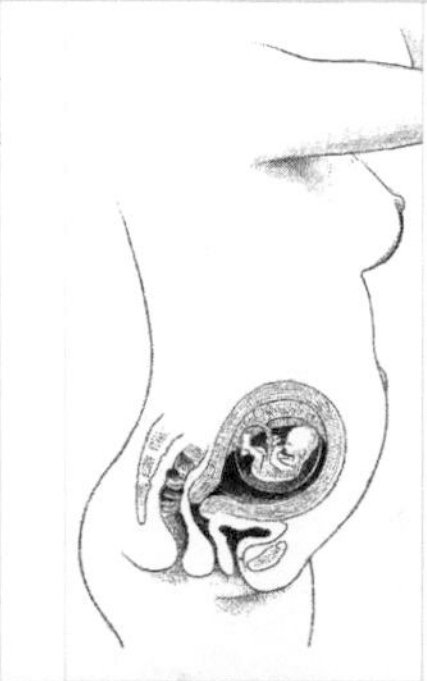	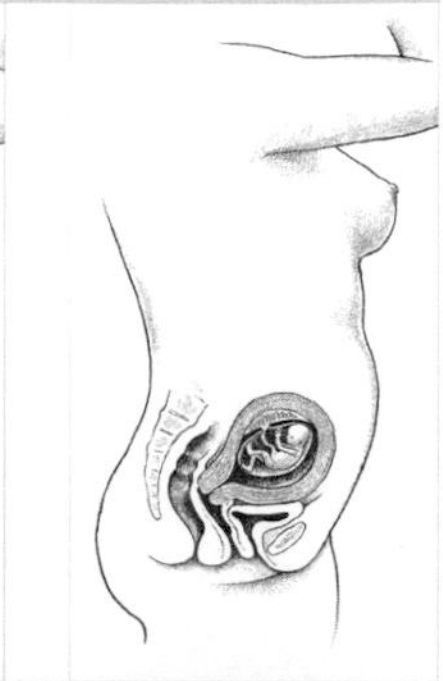

本月的產檢項目

☐ 體重和血壓	☐ 體重和血壓	☐ 體重和血壓	☐ 體重和血壓
☐ 驗尿 ※	☐ 驗尿 ※	☐ 驗尿 ※	☐ 驗尿 ※
☐ 手腳浮腫	☐ 手腳浮腫	☐ 手腳浮腫	☐ 手腳浮腫
☐ 腿部靜脈曲張	☐ 腿部靜脈曲張	☐ 腿部靜脈曲張	☐ 腿部靜脈曲張
☐ 胎心音	☐ 胎心音	☐ 胎心音	☐ 胎心音
☐ 胎兒大小、胎位	☐ 子宮大小、胎位	☐ 子宮大小、形狀	☐ 子宮大小、形狀
☐ 子宮底高度	☐ 子宮底高度	☐ 子宮底高度	☐ 子宮底高度
☐ 妊娠血糖測試	☐ 任何特殊徵狀	☐ 任何特殊徵狀	☐ 任何特殊徵狀
☐ 貧血測試	☐ 列出妳的疑問	☐ 列出妳的疑問	☐ 列出妳的疑問
☐ 任何特殊徵狀			
☐ 列出妳的疑問			
詳見 472 頁	詳見 434 頁	詳見 382 頁	詳見 332 頁

孕婦體重變化

第 28 週：	第 23 週：	第 18 週：	第 14 週：
第 29 週：	第 24 週：	第 19 週：	第 15 週：
第 30 週：	第 25 週：	第 20 週：	第 16 週：
第 31 週：	第 26 週：	第 21 週：	第 17 週：
	第 27 週：	第 22 週：	

✿ 想問醫生的事 ✿

第 9 個月	第 8 個月

50 ～ 55 公分	48 ～ 50 公分
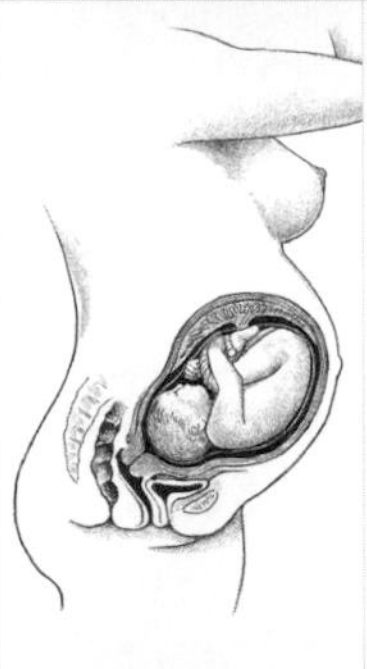	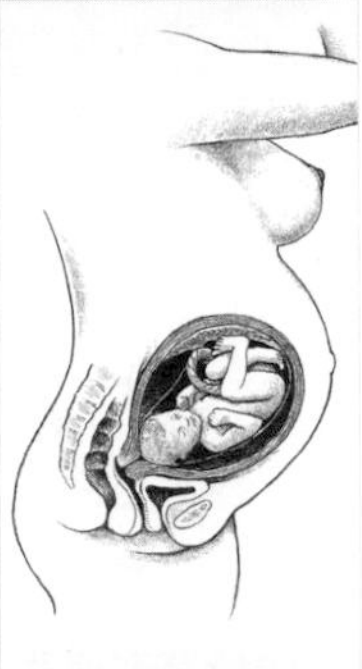

本月的產檢項目	
☐ 體重和血壓	☐ 體重和血壓
☐ 驗尿 ※	☐ 驗尿 ※
☐ 手腳浮腫	☐ 手腳浮腫
☐ 腿部靜脈曲張	☐ 腿部靜脈曲張
☐ 胎心音	☐ 胎心音
☐ 胎兒大小、胎位	☐ 胎兒大小、胎位
☐ 產式	☐ 子宮底高度
☐ 子宮底高度	☐ B 群鏈球菌檢驗
☐ 子宮頸變薄擴張	☐ 任何特殊徵狀
☐ 列出妳的疑問	☐ 列出妳的疑問
詳見 567 頁	詳見 516 頁

孕婦體重變化	
第 36 週	第 32 週
第 37 週	第 33 週
第 38 週	第 34 週
第 39 週	第 35 週
第 40 週	

懷孕知識百科/Heidi Murkoff著；崔宏立, 賴孟怡譯. -- 六版. -- 臺北市：笛藤, 2022.05
944面；15.4 x 21.6公分
譯自：What to expect when you're expecting, 5th ed.
ISBN 978-957-710-856-2(精裝)
1.CST: 懷孕 2.CST: 分娩 3.CST: 產後照護
429.12 111006546

What to Expect When You're Expecting (5thedition)
By HEIDI MURKOFF

《最新修訂版》

懷孕知識百科

2024年1月15日　六版第２刷　定價890元

原書名 ： What to Expect When You’re Expecting 5th edition
原作者 ： Heidi Murkoff
原書內頁插圖 ： Karen Kuchar

譯　者	崔宏立・賴孟怡
封面設計	王舒玗
編　輯	林子鈺・賴巧凌
編輯協力	斐然有限公司
總編輯	賴巧凌
編輯企劃	笛藤出版
發行所	八方出版股份有限公司
發行人	林建仲
地　址	台北市中山區長安東路二段171號3樓3室
電　話	(02) 2777-3682
傳　真	(02) 2777-3672
總經銷	聯合發行股份有限公司
地　址	新北市新店區寶橋路235巷6弄6號2樓
電　話	(02)2917-8022・(02)2917-8042
製版廠	造極彩色印刷製版股份有限公司
地　址	新北市中和區中山路二段380巷7號1樓
電　話	(02)2240-0333・(02)2248-3904
郵撥帳戶	八方出版股份有限公司
郵撥帳號	19809050